Max-Planck-Institut für ausländisches öffentliches Recht und Völkerrecht

Beiträge zum ausländischen öffentlichen Recht und Völkerrecht

Begründet von Viktor Bruns

Herausgegeben von
Armin von Bogdandy · Rüdiger Wolfrum

Band 226

Sarah Wolf

Unterseeische Rohrleitungen und Meeresumweltschutz

Eine völkerrechtliche Untersuchung am Beispiel der Ostsee

Submarine Pipelines and Marine Environmental Protection: The Example of the Baltic Sea under Public International Law

(English Summary)

Springer
the language of science

ISSN 0172-4770
ISBN 978-3-642-23288-6 ISBN 978-3-642-23289-3 (eBook)
DOI 10.1007/978-3-642-23289-3
Springer Heidelberg Dordrecht London New York

Die Deutsche Nationalbibliothek verzeichnet diese Publikation in der Deutschen Nationalbibliografie; detaillierte bibliografische Daten sind im Internet über http://dnb.d-nb.de abrufbar.

Einbandentwurf: WMXDesign GmbH, Heidelberg

Gedruckt auf säurefreiem Papier

Springer ist Teil der Fachverlagsgruppe Springer Science+Business Media (www.springer.com)

Vorwort

Die vorliegende Arbeit ist eine überarbeitete und aktualisierte Fassung (Stand Juli 2010) meiner von der Juristischen Fakultät der Ruprecht-Karls-Universität Heidelberg im Wintersemester 2009/10 angenommenen Dissertation.

Mein besonderer Dank gilt meinem Doktorvater, Herrn Professor Dr. Dr. h.c. Rüdiger Wolfrum. Er hat mich bei der Erstellung der Arbeit beständig unterstützt, mir die notwendigen Freiräume gelassen und mir in jeder Phase der Arbeit das erforderliche Vertrauen entgegengebracht. Ihm verdanke ich nicht nur meine Begeisterung für das internationale Seerecht, sondern auch stets hilfreiche Ratschläge bei beruflichen Weichenstellungen. Danken möchte ich meinem Doktorvater auch für eine sehr lehrreiche und intensive Zeit als wissenschaftliche Mitarbeiterin am Max-Planck-Institut für ausländisches öffentliches Recht und Völkerrecht in Heidelberg sowie dafür, dass es mir während dieser Zeit möglich war, einen sechsmonatigen Aufenthalt am Interamerikanischen Gerichtshof für Menschenrechte in Costa Rica sowie im Seerechtsreferat des Auswärtigen Amtes zu absolvieren.

Herrn Professor Dr. Burkhard Hess danke ich für die rasche Erstellung des Zweitgutachtens und die darin enthaltenen hilfreichen Anregungen. Den Direktoren des Max-Planck-Instituts für ausländisches öffentliches Recht und Völkerrecht in Heidelberg, Herrn Professor Dr. Armin von Bogdandy und Herrn Professor Dr. Dr. h.c. Rüdiger Wolfrum, bin ich für die Aufnahme der Arbeit in die Schriftenreihe des Instituts zu Dank verpflichtet.

Ein ganz besonderer Dank gilt den Freunden, Kollegen und Gästen am Max-Planck-Institut in Heidelberg, die mich nicht nur bei der Erstellung der Dissertation und der Arbeit am Institut kontinuierlich unterstützt, sondern auch die Zeit in Heidelberg außerordentlich bereichert haben. Hervorheben möchte ich an dieser Stelle meine Freunde Dr. Clemens Feinäugle, Isabel Röcker, Maja Smrkolj, Fabiana Godinho McArthur und Dr. Markus Benzing (die beide als meine „Zimmergenossen" am unmittelbarsten von den „Diss-Schwankungen" betroffen waren), Ulrike und Dr. Ramin Moschtaghi, Simone Malz, Dr. Jakob Pichon, Jürgen Friedrich, Jochen Braig, Dr. Nele Matz-Lück, Dr. Holger Hestermeyer, Dr. Imen Gallala, María Pía Carazo Ortiz und Mariela

Morales-Antoniazzi (stellvertretend für die wunderbare „Latino-Gemeinschaft“ am Institut), Andrea Ernst sowie Dr. Diana Zacharias.

Herzlichen Dank auch den Mitarbeitern der Bibliothek des Max-Planck-Institutes für ihre stete Hilfsbereitschaft beim Suchen und Finden von Büchern, Aufsätzen und Online-Ressourcen sowie den Mitarbeitern der EDV insbesondere für die hervorragende „Notfallbetreuung“. Yvonne Klein und Marina Filinberg aus dem Sekretariat von Professor Wolfrum sei gedankt für ihre beständige und sehr persönliche Unterstützung. Der Redaktion des Max-Planck-Institutes habe ich für die Hilfe bei der redaktionellen Umsetzung zu danken.

Professorin Dr. Silja Vöneky, Dr. Nele Matz-Lück sowie Dr. Clemens Feinäugle danke ich herzlich dafür, dass sie Teile der Arbeit gelesen und mir sehr hilfreiche inhaltliche Anregungen gegeben haben. Mein ganz besonderer Dank gilt Esther Schmidt, die sich die Arbeit im Ganzen „zugemutet“ und mich auf dem weiten Weg der Dissertation sehr unterstützt hat. Ulrike Moschtaghi danke ich für die Durchsicht der englischen Zusammenfassung sowie Felix Ewinger, Heike Schmidt und Tina Wessel für die Korrektur der Arbeit. Sie und viele andere Freunde und Familienmitglieder – insbesondere meine langjährige Freundin Susanne Klumpp, mein Bruder David Wolf und meine Großmutter Rosina Schweitzer – haben mich während der nicht immer einfachen Dissertationsphase persönlich unterstützt. Ihnen allen gebührt großer Dank.

Von ganzem Herzen möchte ich schließlich den beiden Personen danken, die mir diese Arbeit und so vieles andere überhaupt erst ermöglicht und die mich immer uneingeschränkt unterstützt haben: meinen Eltern, Anne und Heinz Wolf. Ihnen ist diese Arbeit gewidmet.

Berlin, im Juli 2010 Sarah Wolf

Inhaltsverzeichnis

Abkürzungsverzeichnis

AFDI	Annuaire Français de Droit International
AJIL	American Journal of International Law
AVR	Archiv des Völkerrechts
AWZ	Ausschließliche Wirtschaftszone(n)
BBergG	Bundesberggesetz
BGB	Bürgerliches Gesetzbuch
BGBl.	Bundesgesetzblatt
BGH	Bundesgerichtshof
BGHZ	Entscheidungen des Bundesgerichtshofes in Zivilsachen
BMU	Bundesministerium für Umwelt, Naturschutz und Reaktorsicherheit
BSAP	Baltic Sea Action Plan
BSH	Bundesamt für Seeschifffahrt und Hydrographie
BSPA	Baltic Sea Protected Area(s)
BTDS	Bundestagsdrucksache
BUND	Bund für Umwelt und Naturschutz
BYBIL	British Yearbook of International Law
CBD	Convention on Biological Diversity
CO_2	Kohlenstoffdioxid
DDR	Deutsche Demokratische Republik
DFÜ	Übereinkommen zur Durchführung des Teiles XI des Seerechtsübereinkommens der Vereinten Nationen
DVBl.	Deutsches Verwaltungsblatt
EA	Europa-Archiv
EC	European Community
(UN)ECE	United Nations Economic Commission for Europe
ECOSOC	United Nations Economic and Social Council

ECT	Energy Charter Treaty
EEZ	Exclusive Economic Zone(s)
EG	Europäische Gemeinschaft
EGBGB	Einführungsgesetz zum Bürgerlichen Gesetzbuche
EIA	Environmental Impact Assessment
EIS	Environmental Impact Statement
EK	Espoo-Konvention, Konvention über die Umweltverträglichkeitsprüfung im grenzüberschreitenden Rahmen
EP	Europäisches Parlament/European Parliament
EPIL	Encyclopedia of Public International Law
EPL	Environmental Policy and Law
et al.	et alii, et aliae (und andere)
EU	Europäische Union
EuGH	Europäischer Gerichtshof
FAZ	Frankfurter Allgemeine Zeitung
FR	Frankfurter Rundschau
FSÜ	Konvention über den Festlandsockel, United Nations Convention on the Continental Shelf
GYIL	German Yearbook of International Law
HELCOM	Helsinki-Kommission
HSÜ	Konvention über die Hohe See, United Nations Convention on the High Seas
HÜK	Helsinki-Übereinkommen, Übereinkommen über den Schutz der Meeresumwelt des Ostseegebiets
HVDC	High Voltage Direct Current
ICJ	International Court of Justice
ICJ Reports	International Court of Justice, Reports of Judgments, Advisory Opinions and Orders
ICLQ	International and Comparative Law Quarterly
ICNT	Informal Composite Negotiating Text
ICPC	International Cable Protection Committee
IDI	Institut de Droit International

IEA	International Energy Agency
IGH	Internationaler Gerichtshof
IJMCL	International Journal of Marine and Coastal Law
ILA	International Law Association
ILC	International Law Commission
ILM	International Legal Materials
IMB	Internationale Meeresbodenbehörde
IMO	International Maritime Organization
ISBA	International Seabed Authority
ISGH	Internationaler Seegerichtshof
ISNT	Informal Single Negotiating Text
ITLOS	International Tribunal for the Law of the Sea
ITLOS Reports	International Tribunal for the Law of the Sea, Reports of Judgments, Advisory Opinions and Orders
IVU	Integrierte Vermeidung und Verminderung der Umweltverschmutzung
JCP	Baltic Sea Joint Comprehensive Environmental Action Programme
JZ	JuristenZeitung
KMÜ	Konvention über das Küstenmeer, United Nations Convention on the Territorial Sea and the Contiguous Zone
KSV	Kabelschutzvertrag, International Convention for the Protection of Submarine Telegraph Cables
L. J.	Law Journal
LNG	Liquefied Natural Gas
L. Rev.	Law Review
MARPOL	International Convention on the Prevention of Pollution from Ships
MP	Marine Policy
MPAs	Marine Protected Areas
MSP	Maritime spatial planning, maritime Raumordnung

NATO	North Atlantic Treaty Organization
NEGP	North European Gas Pipeline
NEPA	National Environmental Policy Act
NGO(s)	Non-Governmental Organization(s)
NJIL	Nordic Journal of International Law
NordÖR	Zeitschrift für öffentliches Recht in Norddeutschland
NUR	Natur und Recht
NVwZ	Neue Zeitschrift für Verwaltungsrecht
NYIL	Netherlands Yearbook of International Law
ODIL	Ocean Development and International Law
OECD	Organization for Economic Cooperation and Development
OSPAR	Übereinkommen zum Schutz der Meeresumwelt des Nordostatlantiks
PID	Project Information Document
PLUTO	Pipeline under the Ocean
PSSA(s)	Particular Sensitive Sea Area(s)
RBDI	Revue Belge de Droit International
RECIEL	Review of European Community and International Environmental Law
RGBl.	Reichsgesetzblätter
RSNT	Revised Single Negotiating Text
SAC(s)	Special Area(s) of Conservation
SEA	Strategic Environmental Assessment
sm	Seemeile(n)
SRU	Der Rat von Sachverständigen für Umweltfragen
SRÜ	Seerechtsübereinkommen der Vereinten Nationen
SUA-Konvention	Convention for the Suppression of Unlawful Acts Against the Safety of Maritime Navigation
SUA-Protokoll	Protocol for the Suppression of Unlawful Acts Against the Safety of Fixed Platforms Located on the Continental

SUA-Protokoll 2005	Protocol of 2005 to the Protocol for the Suppression of Unlawful Acts Against the Safety of Fixed Platforms Located on the Continental Shelf
SUP	Strategische Umweltprüfung
SWP	Stiftung Wissenschaft und Politik
SZ	Süddeutsche Zeitung
TEN	Transeuropäische Netze
UdSSR	Union der Sozialistischen Sowjetrepubliken
UN	United Nations
UNCLOS	United Nations Convention for the Law of the Sea/United Nations Conference on the Law of the Sea
UN-GA	United Nations General Assembly
UNICPOLOS	United Nations Open-ended Informal Consultative Process on Oceans and the Law of the Sea
UNTS	United Nations Treaties Series
USA	United States of America
UVP	Umweltverträglichkeitsprüfung
UVS	Umweltverträglichkeitsstudie
VN	Vereinte Nationen
WWF	World Wide Fund for Nature
YIEL	Yearbook of International Environmental Law
ZaöRV	Zeitschrift für ausländisches öffentliches Recht und Völkerrecht
ZUR	Zeitschrift für Umweltrecht

Einleitung: Problemidentifikation und Fragestellung

(1) Aufgrund der zunehmenden Vernetzung internationaler Energiemärkte und der wachsenden Abhängigkeit großer Industriestaaten von Öl- und Gasimporten[1] haben unterseeische Rohrleitungen[2] als maritimes Transportmedium in den letzten Jahrzehnten an Bedeutung gewonnen. Meeresrohrleitungen dienen zum einen dazu, Offshore-Plattformen untereinander oder mit Anlagen an Land zu verbinden. Zum anderen werden Seerohrleitungen verlegt, um Öl und Gas von einer Küste an eine andere zu transportieren, unabhängig von der Offshore-Förderung. Insbesondere solche unabhängigen Transportrohrleitungen treten in Konkurrenz zum Transportmedium Schiff. Trotz der zunehmenden Bedeutung solcher Seerohrleitungen wird der Großteil des auf dem Seeweg beförderten Erdöls und -gases immer noch per Schiff und nicht in Meeresrohrleitungen transportiert. Auch in absehbarer Zukunft wird die Seeschifffahrt mangels anderer wirtschaftlich konkurrenzfähiger Technologien der zentrale Verkehrsträger für die Bewältigung des weltweiten Güteraustausches bleiben.[3]

Verheerende Tankerunglücke wie der Zusammenstoß des Tankers *Baltic Carrier* mit einem Frachter am 29. März 2001 vor der deutschen Ostseeküste oder die *Exxon Valdez*-Katastrophe vom 24. März 1989 vor

---

[1] Die Begriffe „Erdöl" und „Erdgas" bzw. „Öl" und „Gas" werden in der vorliegenden Arbeit untechnisch verwendet und nicht weiter spezifiziert. Unter den Begriff Erdöl bzw. Öl fallen insbesondere Rohöl, Heizöl, Ölderivate und -Raffinate. Bei Erdgas handelt es sich um ein Gasgemisch, dessen Hauptbestandteil Methan ist und dessen chemische Zusammensetzung je nach Fundstätte schwankt. Auch diesbezüglich wird nicht auf chemische Einzelheiten eingegangen.

[2] Im Englischen „submarine pipelines", im Französischen „pipelines sousmarins", im Spanischen „tuberías submarinas". Die Begriffe „unterseeische Rohrleitung/Pipeline", „seeverlegte Rohrleitung/Pipeline", „Meeresrohrleitung/-pipeline", „submarine Rohrleitung/Pipeline", „untermeerische Rohrleitung/Pipeline" und „Seerohrleitung/-pipeline" werden in der Arbeit synonym verwendet und beziehen sich auf Rohrleitungen, die am oder im Meeresboden verlegt werden – nicht jedoch auf Rohrleitungen, die durch Seen führen.

[3] Vgl. *J. Basedow*, Perspektiven des Seerechts, (9) 10.

der Küste Alaskas haben die Gefahren des maritimen Transports von Erdöl und -gas in den Blickpunkt der Öffentlichkeit gerückt. Infolge des immer dichter werdenden Schiffsverkehrs und der katastrophalen Auswirkungen von Öleinleitungen auf Flora und Fauna ganzer Küstenregionen sind seeverlegte Pipelines im Vergleich zum Transport per Schiff mittlerweile ein sicheres und umweltschonendes alternatives Transportmedium – trotz der Gefahren für die Meeresumwelt, die bei Verlegung, Betrieb und (Nicht-)Entfernung unterseeischer Rohrleitungen bestehen. Des Weiteren sind unterseeische Öl- und Gasleitungen, gerade beim Transport über weite Strecken, trotz hoher Bau- und Unterhaltungskosten, aufwendiger Verlegemethoden und kostspieliger Untersuchungen des Meeresbodens im Trassenverlauf ökonomischer als der Seetransport per Schiff. Auch vor dem Hintergrund der aktuellen Klimadebatte bieten seeverlegte Rohrleitungen eine umweltschonende Alternative zu den mit Schiffsdiesel betriebenen Tankschiffen.

Eine Ölkatastrophe mit ähnlich verheerenden Auswirkungen wie bei den zahlreichen Tankerunglücken der vergangenen Jahrzehnte ist bei seeverlegten Rohrleitungen bisher nicht eingetreten. An dieser Einschätzung ändert auch die Ölkatastrophe im Golf von Mexiko nichts, dem bisher „schwersten Ölunfall der Geschichte“[4], der am 20. April 2010 mit der Explosion der Bohrplattform *Deepwater Horizon* begann und dessen längerfristige Auswirkungen noch nicht abzusehen sind.[5] Dieses Unglück hat die nur schwer kalkulierbaren und beherrschbaren Risiken der Offshore-Förderung von Erdöl und -gas der Weltöffentlichkeit vor Augen geführt sowie die Unbeherrschbarkeit der Lagerstätten im Meer in mehreren 1.000 Metern Tiefe, bedingt insbesondere durch den enormen Druck, mit dem das Erdöl aus einer einmal angezapften Lagerstätte austritt.

Die Gefahren der Öl- und Gasförderung in flachen und küstennahen Gewässern, die bereits seit den 1970er Jahren in beträchtlichem Umfang stattfindet, sind mittlerweile relativ gut beherrschbar. Anders ist die Gefahrenlage bei einer Förderung in der Tiefsee und in klimatisch anspruchsvollen Regionen wie der Arktis. In technischer, ökologischer und finanzieller Hinsicht ist eine Förderung dieser Vorkommen schwierig: Der Abbau in mehreren 1.000 Metern Tiefe und in Gebieten mit

---

4 *S. Liebrich*, Apokalypse in Öl, *SZ*, Thema das Tages, 12./13. Juni 2010, 2.

5 Die Schätzungen des austretenden Öls variieren und werden ständig nach oben korrigiert. Glaubwürdige und unabhängige wissenschaftliche Schätzungen liegen zwischen drei und sechs Millionen Liter pro Tag. Siehe *C. Schrader*, Eine „Exxon Valdez“ pro Woche, *SZ*, Thema das Tages, 12./13. Juni 2010, 2.

schwierigen klimatischen Bedingungen wie der Arktis erfordert hoch entwickelte Technologie und Logistik sowie hohen Kapitaleinsatz bei erheblichen finanziellen und ökologischen Risiken.[6] Ähnliches gilt für sog. Gashydrate.[7] Zwar ist auch das Energiepotential dieser Methanvorkommen auf dem Festlandsockel erheblich, sie könnten eine bedeutende Energiereserve für die Menschheit darstellen, wenn konventionelle Gas- und Ölreserven erschöpft sind.[8] Jedoch birgt auch der Abbau dieser Methanhydrate nicht zu unterschätzende ökonomische, technische und ökologische Risiken.[9]

---

6 Siehe *R. Lagoni/A. Proelß*, Festlandsockel und ausschließliche Wirtschaftszone, (161) 174, Rn. 27. Vor der Küste Angolas wird beispielsweise bereits in einer Tiefe von bis zu 1.400 m Öl gefördert. Siehe *S. Zierul*, Goldrausch in der Tiefsee, *SZ*, Wissen, 23. Januar 2009, 16. Knapp ein Drittel der schrumpfenden Ölreserven liegt unter dem Meer. Die Kosten der Tiefseeförderung liegen etwa 30 Mal so hoch wie bei der Ölförderung an Land. Aus *S. Liebrich*, Apokalypse in Öl, *SZ*, Thema das Tages, 12./13. Juni 2010, 2.

7 Gashydrate sind eisähnliche, brennbare Verbindungen aus Wasser und Gas (insbesondere Methan, daher auch Methanhydrate genannt), die nur unter hohem Druck und/oder bei niedrigen Temperaturen stabil sind und in erheblichen Mengen in den arktischen Permafrostgebieten und im und am Meeresboden vorkommen. Weitere Informationen zu Gashydraten auf der Webseite des Leibniz-Instituts für Meereswissenschaften (IFM-Geomar), abrufbar unter: http://www.ifm-geomar.de/index.php?id=gh-allgemein (Stand Juli 2010). Siehe auch *M.C. Pröfrock*, Energieversorgungssicherheit im Recht der EU/EG, 179 m. w. N.

8 Bereits 1999 schloss die US-Energiebehörde nicht aus, dass Methanhydrat als fossilem Energieträger in den nächsten zwei Jahrzehnten die Rolle zuwachsen könnte, die das Erdöl im 20. Jahrhundert gespielt hat. Aus *R. Lagoni/A. Proelß*, Festlandsockel und ausschließliche Wirtschaftszone, (161) 173, Rn. 25. Siehe auch *R. Friebe*, Hoffen auf die Tiefsee, *SZ*, Wissen, 29. Juli 2009, 16.

9 Zum einen müssen ökonomische und technisch sichere Produktionstechnologien entwickelt werden. Zum anderen sind die Risiken hoch, dass durch Rutschungen, die beim Abbau verursacht werden, riesige Flutwellen (*Tsunamis*) ausgelöst werden. Zudem ist Methanhydrat, das unter atmosphärischen Bedingungen brennt (deshalb auch die Bezeichnung „brennendes Eis"), ein zwanzigmal stärkeres Treibhausgas als CO_2. Dies kann bei einer Freisetzung in größeren Mengen einen kaum abschätzbaren Einfluss auf das globale Klima und den Kohlenstoffkreislauf haben. Siehe *R. Lagoni/A. Proelß*, Festlandsockel und ausschließliche Wirtschaftszone, (161) 173, Rn. 25. Siehe zu den Gefahren eines Abtauens der Methanhydrat-Vorkommen in der Arktis *V. Mrasek*, Auftauendes Methaneis: Sibiriens Klimagas-Tresor öffnet sich, *spiegel online*, 16. April 2008,

Die Förderung der in der Tiefsee und der Arktis gelagerten Vorkommen, auch der Methanhydrate, wird in Zukunft wegen der immer knapper werdenden Ressourcen, der steigenden Nachfrage und technischen Innovationen, z. B. ferngesteuerten Unterwasserplattformen und automatischen Tauchrobotern, sicherlich an Bedeutung gewinnen.[10] Doch hat gerade die Umweltkatastrophe vor der US-amerikanischen Küste im Golf von Mexiko gezeigt, wie komplex und langwierig es ist, ein Ölleck auf dem Meeresgrund in 1.500 Metern Tiefe zu schließen und den enormen Druck zu beherrschen, unter dem derartige Lagerstätten stehen.[11] Inwieweit dies zu einem längerfristigen Umdenken bei der Tiefsee-Förderung und zu einer neuen Einschätzung der Nutzen und Risiken der Offshore-Förderung führen und Wege aus der generellen Abhängigkeit von Öl und Gas aufzeigen wird, werden die kommenden Jahre zeigen.

Derartige technisch unbeherrschbare und ökologisch verheerende Gefahren existieren bei seeverlegten Transportleitungen nicht, die unabhängig von einer Offshore-Förderung Öl und Gas von einer Küste an eine andere transportieren. Tritt Öl oder Gas aus einer solchen reinen Transportrohrleitung aus, führt dies zu einem sofortigen Druckabfall in der Leitung und damit zu einer Aktivierung von Schotten bzw. einer Deaktivierung der Pumpen.[12] Die Menge an Öl und Gas, die bei einem Leck in einer Rohrleitung ins Meer austreten kann, ist also, anders als bei Unfällen im Zusammenhang mit der Offshore-Förderung, begrenzt, so dramatisch die damit verbundenen ökologischen Konsequenzen auch sein mögen.

---

abrufbar unter: http://www.spiegel.de/wissenschaft/natur/0,1518,547716,00.html (Stand Juli 2010).

10 Siehe zu den Technologien *A. Stirn*, Auf Montage am Meeresboden, *SZ*, Wissen, 19./20. Juni 2010, 20; *C. Schrader*, Im Tiefenrausch, *SZ*, Wissen, 19./20. Juni 2010, 20, mit Abbildungen.

11 Doch auch davor gab es vergleichbare Unfälle, als beispielsweise am 21. August 2009 in der Timorsee vor der Nordküste Australiens eine Bohrstelle außer Kontrolle geriet. Erst nach zehn Wochen gelang es, das Leck zu schließen. Siehe *S. Liebrich*, Denn sie wissen nicht, was sie tun, *SZ*, Thema des Tages, 27. Mai 2010, 2. 1979 brauchte der Ölkonzern *Pemex* neun Monate, um auf der mexikanischen Seite des Golfs von Mexiko ein Leck in nur 50 Metern Tiefe zu stopfen. Aus *C. Schrader*, Sparen und sterben, *SZ*, 16. Juni 2010, 8.

12 Siehe *W. Wiese*, Seeverlegte Rohrleitungen im Völkerrecht, 346 m. w. N.; *M. Roelandt*, La condition juridique des pipelines, 179.

(2) Aktuelles medienwirksames Beispiel einer unterseeischen Rohrleitung ist die *Nord Stream-Pipeline*, die in der Ostsee verlegt wird.[13] Als am 8. September 2005 Russland und Deutschland den Bau zweier parallel verlaufender, ca. 1.200 Kilometer langer unterseeischer Rohrleitungen von St. Petersburg nach Greifswald in einem Rahmenvertrag vereinbarten, rückten insbesondere umweltschutz- und sicherheitsbezogene Aspekte seeverlegter Rohrleitungen in den Blickpunkt der (europäischen) Öffentlichkeit. In bisher kaum gekanntem Maße wurde die Öffentlichkeit durch die Medien, aber auch im Rahmen offizieller Mechanismen wie einer Umweltverträglichkeitsprüfung (UVP, im Englischen „Environmental Impact Assessment", EIA) über Einzelheiten des Projektes informiert und daran beteiligt. In der öffentlichen Debatte spielten neben den Auswirkungen auf die Meeresflora und -fauna insbesondere die Rechte und Pflichten einzelner Ostseeanrainerstaaten sowie sicherheitsbezogene Probleme eine Rolle, beispielsweise die von versenkter Munition im Bereich der Trasse ausgehenden Gefahren.

Am Beispiel der *Nord Stream-Pipeline* wird deutlich, dass bei aktuell realisierten bzw. geplanten Pipeline-Projekten Umweltaspekte immer bedeutender werden. Zwar wurden auch bei früheren Vorhaben, z. B. bei der Ende der 1970er Jahre in der Nordsee verlegten *Ekofisk-*

---

13 Bis Oktober 2006 firmierte das Projekt unter dem Namen *North European Gas Pipeline* (NEGP), in den Medien meist *Ostseepipeline* genannt, auch *Gazprom-Gaspipeline*, *Nordeuropäische Pipeline* oder *Nordeuropäische Gasleitung*. Das Projekt begann 1997 mit einer umfangreichen Machbarkeitsstudie. An dem gemeinsamen Unternehmen *Nord Stream AG* (früher *North European Gas Pipeline Company*) halten *Gazprom*, der größte russische Energiekonzern, 51 %, *E.ON Ruhrgas* und *BASF/Wintershall* jeweils 15,5 % sowie die niederländische *Gasunie* und die französische *GDF Suez* jeweils 9 %. Siehe *M. Gassmann*, Eon und BASF reduzieren Anteil an Ostseepipeline, *Financial Times Deutschland*, 30. Juli 2009, 4. Die *Nord Stream AG* ist als Aktiengesellschaft ins Schweizer Handelsregister eingetragen, Hauptsitz der Gesellschaft ist Zug in der Schweiz, eine Niederlassung gibt es in Moskau. Die erste Pipeline soll Ende 2011, die zweite 2012 in Betrieb genommen werden. Siehe *Nord Stream AG*, Presse-Hintergrundinformation: Neue Wege der Gasversorgung für Europa, Januar 2008, 2 unter: http://www.nord-stream.com/uploads/media/Nord_Stream_Press_Release_Background_info_ger.pdf (Stand Juli 2010). Siehe zur Entwicklung des Projekts *R. Tarnogórski*, North European Gas Pipeline, (104) 106 ff.; *R. Götz*, Die Ostseegaspipeline, 1 f.; *C. Abromeit*, Die Ostseepipeline, (354) 355; *R. Wolf*, Rechtliche Rahmenbedingungen für die geplante Ostsee-Pipeline, (24) 25; *K. Kim*, Ostseepipeline „Nord Stream" – ein meeresumweltrechtliches Problem?, (170) 171; *L. Simonet*, Le Gazoduc Nord Stream et la Mer Baltique, (81) 82.

Emden-Pipeline, Umweltgefahren und Sicherheit[14] seeverlegter Rohrleitungen diskutiert, jedoch in weitaus geringerem Umfang als heutzutage.[15] Bezüglich der *Nord Stream-Pipeline* sind z. B. Fortgang und Inhalt der in den Anrainerstaaten durchgeführten Umweltverträglichkeitsprüfungen detailliert dokumentiert, nach der Notifizierung des Projektes im November 2006 wurden im Rahmen der Konsultationen 129 Stellungnahmen von Behörden, Verbänden, Vereinen und Privatpersonen abgegeben und veröffentlicht.[16]

(3) Unterscheidungskriterien für verschiedene Arten seeverlegter Rohrleitungen sind neben dem transportierten Produkt insbesondere Funktion und Zweck sowie Lage der Pipeline. In der vorliegenden Arbeit werden unterseeische Rohrleitungen untersucht, in denen für die zivile wirtschaftliche Nutzung Erdöl und Erdgas transportiert werden.

(a) Hinsichtlich der Anforderungen an Bau und Betrieb einer Pipeline ist zunächst entscheidend, welches *Produkt* in der Rohrleitung transportiert wird (sog. Durchsatz). Bei unterseeischen Gaspipelines beispielsweise bedarf es Verdichterstationen, wohingegen Erdölpipelines

---

[14] Im Englischen wird diesbezüglich zwischen „security" und „safety" unterschieden. „Safety" meint im Wesentlichen „Betriebssicherheit" oder „betriebliche Sicherheit". Unterseeische Rohrleitungen müssen u. a. vor Gefahren geschützt werden, die von der Rohrleitung bzw. dem verwendeten Material selbst ausgehen, wie z. B. vor undichten Verschweißungen und Korrosion, wobei gerade bei letzterem auch Einflüsse von außen mit einbezogen werden müssen. Diese äußeren Einflüsse, meist Umwelteinflüsse, führen in der Regel zu ungewollten Unfällen. „Security" hingegen bezieht sich auf äußere Einflüsse und Gefahren, die auf bewusste oder sogar rechtswidrige Handlungen von dritter Seite zurückzuführen sind (Piraterie, Terrorismus, Kriminalität). Gegen diese Gefahren von außen kann eine Seerohrleitungen z. B. durch die Einrichtung von Sicherheitszonen geschützt werden. Siehe zu den Begriffen „security" und „safety" *R. Brinkmann/D. Peters*, Herausforderung maritime Sicherheit, (43) 46 f.; *U. Jenisch*, Sicherheit auf See, (154) 154.

[15] Siehe ausführliche Fallstudie zur *Ekofisk-Emden-Pipeline* bei *J. Crowley*, The Ekofisk-Emden Gas Pipeline, (39) 50 ff.

[16] Von den 129 Stellungnahmen kamen allein 50 aus Finnland und je 29 aus Deutschland und Schweden – jedoch keine aus Russland. Siehe Presse-Hintergrundinformation, *Nord Stream*: Neue Wege der Gasversorgung für Europa, Januar 2008, 4, abrufbar unter: http://www.nord-stream.com/uploads/media/Nord_Stream_Press_Release_Background_info_ger.pdf (Stand Juli 2010). Siehe auch *Y. Mishalchenko*, Statement: Law and Economics – Aspects of National and International Regulation, (133) 138; *S. Thielbeer*, Gefürchtete Pipeline, *FAZ*, 24. Dezember 2007, 6.

Druckstationen benötigen. Zwar ist es durchaus denkbar, auch andere Flüssigkeiten, Gase oder kleinteilige Feststoffe per Rohrleitung zu transportieren (z. B. Wasser, pulverisierte Kohle oder Phosphate).[17] Solche Produkt-Rohrleitungen sind an Land insbesondere zum Transport von Kohle und Wasser zu finden. Unterseeische Rohrleitungen, die andere Produkte als Erdgas, Erdöl oder damit zusammenhängende Erzeugnisse transportieren, sind jedoch bisher nicht bekannt.[18] In einigen Jahren soll jedoch eine seeverlegte Rohrleitung fertig gestellt werden, die Wasser vom türkischen Festland auf den türkischen Teil Zyperns transportieren soll, um dort die Wasserknappheit zu lindern.[19] Rohrleitungen werden auch verlegt, um Abwässer oder sonstige Abfallprodukte von Land aus ins Meer zu leiten. Derartige Rohrleitungen werden nur am Rande behandelt, eine eigenständige Bedeutung haben sie für die Arbeit nicht.

Der Schwerpunkt wird in der vorliegenden Arbeit allein auf den Transport von Erdöl und Erdgas gelegt, da der Seetransport anderer Produkte praktisch wenig relevant ist und Öl und Gas eine enorme wirtschaftliche und geostrategische Bedeutung zukommt.

(b) Die Arbeit ist des Weiteren auf Rohrleitungen beschränkt, die *wirtschaftlichen zivilen Zwecken* dienen. Militärische Rohrleitungen, wie z. B. das zur Versorgung der Alliierten seit 1944 im Kanal verlegte PLUTO-Rohrleitungssystem, werden nicht behandelt.[20] Ebenso ausgeklammert werden militärische Aspekte der Nutzung seeverlegter Rohrleitungen, der Schutz von Rohrleitungen in Kriegszeiten sowie kriegsvölkerrechtliche Besonderheiten.[21] Diese Szenarien bringen ganz andere

---

[17] Siehe *W. Wiese*, Seeverlegte Rohrleitungen im Völkerrecht, 39, 52 ff. m. w. N.; siehe auch *J. Soubeyrol*, La condition juridique des pipe-lines en droit international, (157) 157; *R. Lagoni*, Pipelines, EPIL, 296, erwähnt Raffinerieprodukte und Chemikalien.

[18] Siehe *W. Wiese*, Seeverlegte Rohrleitungen im Völkerrecht, 40.

[19] *G. Höhler*, Türkei baut Wasserleitung nach Zypern, *Stuttgarter Zeitung*, 24. Juli 2008, abrufbar unter: http://www.s-wasserforum.de/index.php?idcatside=295 (Stand Juli 2010).

[20] Bei *W. Wiese*, Seeverlegte Rohrleitungen im Völkerrecht, 359 ff. Details zu militärischen Rohrleitungen; 40 f. Details zum PLUTO-Rohrleitungssystem („pipeline under the ocean").

[21] Anders als Seekabel haben unterseeische Rohrleitungen kaum Beachtung im Kriegsvölkerrecht gefunden. Siehe *W. Wiese*, Seeverlegte Rohrleitungen im Völkerrecht, 370 ff.; siehe zu Bedeutung, Zerstörung und Schutz unterseeischer Kabel in Kriegszeiten und den Regelungen im Versailler Vertrag von 1919 *A.P.*

Probleme mit sich als seeverlegte Rohrleitungen, die in Friedenszeiten zu zivilen wirtschaftlichen Zwecken genutzt werden, als dass diese hier erschöpfend behandelt werden könnten.

(c) Der Schwerpunkt der vorliegenden Arbeit liegt auf Rohrleitungen, die in der *Ostsee* verlegt und genutzt werden. Das Beispiel der Ostsee ist wegen seiner Aktualität, praktischen Relevanz und der Verschränkung von globaler und regionaler Ebene besonders interessant.

Die *Lage* einer unterseeischen Rohrleitung ist auch in anderer Hinsicht von Bedeutung: Führt eine seeverlegte Rohrleitung von einem Offshore-Feld eines Küstenstaates an dessen Festland? Führt sie von der Küste eines Staates an die eines anderen Staates, wie die *Nord Stream-Pipeline*? Führt sie über den Meeresboden jenseits nationaler Hoheitsbefugnisse? Die Lage bzw. Trassenführung einer Rohrleitung hat entscheidenden Einfluss darauf, welchen Staaten Rechte und Pflichten zukommen bzw. ob anderen Institutionen wie der Internationalen Meeresbodenbehörde (IMB, International Seabed Authority, ISBA) Kompetenzen zugewiesen werden.

Das Recht zur Verlegung unterseeischer Rohrleitungen steht den Staaten als Adressaten und Träger der Freiheiten der Hohen See zu, die für die unter ihrer Hoheitsgewalt stehenden juristischen und natürlichen Personen das Recht zur Verlegung geltend machen können. Diesen sog. verlegenden Staaten[22] kommen u. a. Pflichten im Bereich des marinen Umweltschutzes und der Sicherheit seeverlegter Rohrleitungen zu. In küstenstaatlichen Meereszonen können sich diese Rechte und Pflichten der verlegenden Staaten mit denen der Küstenstaaten überschneiden und ergänzen. Auch regionale Organisationen, wie die Helsinki-Kommission (HELCOM) für den Ostseeraum, können Kompetenzen in Bezug auf Seepipelines ausüben. In Bezug auf in der Tiefsee jenseits nationaler Hoheitsbefugnisse verlegte Rohrleitungen können auch der IMB Befugnisse zukommen.

Die Tatsache, dass seeverlegte Rohrleitungen wie die *Nord Stream-Pipeline* häufig durch verschiedene Meereszonen unterschiedlicher Küstenstaaten sowie die Hohe See führen, hat ein abgestuftes und ver-

---

Higgins, Submarine Cables and International Law, (27) 27 ff.; *L. Schuster*, Landtelegraphen und unterseeische Kabel im Krieg, 32 ff.; *P. Jouhannaud*, Les câbles sous-marins, 167 ff.; *R. Lagoni*, Submarine Cables, EPIL, 50 f.

22 D. h. die Staaten, deren Hoheitsgewalt der Eigentümer oder Betreiber einer unterseeischen Rohrleitung unterliegt. Die Begriffe „verlegender Staat“ und „Verlegestaat“ werden im Folgenden synonym verwendet.

schränktes Kompetenzsystem zur Folge – zwischen verlegenden Staaten, Küstenstaaten, durch deren Meereszonen eine Rohrleitung führt, sowie internationalen Organisationen, insbesondere der IMB, und regionalen Institutionen wie der HELCOM.

Doch nicht nur die genannten „Akteure“ müssen bei Verlegung, Betrieb, Unterhaltung und möglicher Entfernung seeverlegter Rohrleitungen in die Pflicht genommen werden, um eine Verschmutzung der Meeresumwelt durch Rohrleitungen zu vermeiden. Auch andere Staaten, in deren Verantwortungsbereich Meeresaktivitäten fallen, die unterseeische Rohrleitungen in Gefahr bringen können, insbesondere die Schifffahrt, Fischereiaktivitäten und die Ausbeutung der natürlichen Ressourcen des Meeresbodens, sind als Flaggen- oder Küstenstaaten zu Maßnahmen berechtigt und verpflichtet, die dem Schutz von Rohrleitungen dienen. Die diesbezüglichen Bestimmungen schützen die Meeresumwelt vor einer Verschmutzung durch Rohrleitungen indirekt bzw. mittelbar, indem sie beispielsweise dem Flaggenstaat aufgeben, die Unterbrechung bzw. Beschädigung einer Rohrleitung durch ein unter seiner Flagge fahrendes Schiff unter Strafe zu stellen. Solche Bestimmungen nehmen ein Verhalten bzw. Unterlassen anderer Meeresnutzer zum Anknüpfungspunkt, das negative Auswirkungen auf die Sicherheit der Rohrleitung haben kann.

(4) Vor diesem Hintergrund behandelt die vorliegende Arbeit die völkerrechtlichen Rechte und Pflichten, die den Staaten, insbesondere den verlegenden Staaten und Küstenstaaten, sowie internationalen Organisationen bei Verlegung, Betrieb, Unterhaltung und (Nicht-)Entfernung unterseeischer Rohrleitungen gewährt bzw. auferlegt werden, um deren Sicherheit zu gewährleisten und eine Verschmutzung der Meeresumwelt zu vermeiden, zu verringern und zu überwachen.

(a) Der Schwerpunkt der Arbeit liegt dabei auf *internationalen Verträgen globaler und regionaler Reichweite*. Europarechtliche Vorgaben für Verlegung, Betrieb und Entfernung seeverlegter Rohrleitungen werden nur am Rande behandelt. Auch nationale Gesetze, die Verlegung und Betrieb von Seerohrleitungen regeln, werden nicht näher beleuchtet.[23]

---

[23] Siehe für Deutschland zu den Regelungen des Bundesberggesetzes vom 13. August 1980 (BBergG; BGBl. 1980 I, 1310; letzte Änderung BGBl. 2006 I, 2833) *P. Ehlers*, Nutzungsregime in der AWZ, (51) 55 f.; *G. Janssen*, Einrichtung von Meeresschutzgebieten in der Ostsee, 245 f., 276. Siehe zu den Anforderungen des deutschen Rechts für den Bau der *Nord Stream-Pipeline* ausführlich *R. Wolf*, Rechtliche Rahmenbedingungen für die geplante Ostsee-Pipeline, (24) 28 ff.; *WWF Germany*, Eco-check for submarine pipelines in the Baltic Sea, 12 ff.

Sowohl im europäischen als auch im nationalen Recht existieren zahlreiche Regelungen, die auf seeverlegte Rohrleitungen anwendbar sind, so dass eine umfassende Darstellung den Rahmen der Arbeit sprengen würde. Aufgrund der Bedeutung des bereits erwähnten UVP-Verfahrens für die Seerohrleitungsverlegung ist jedoch am Rande auf europa- und nationalrechtliche Vorgaben für ein UVP-Verfahren einzugehen.

Die Arbeit konzentriert sich auf *multilaterale Rechtsinstrumente* und Strukturen, deren Zusammenspiel, Verschränkung und Überlagerung. Bi- oder trilaterale Abkommen, die im Zuge der Errichtung grenzüberschreitender unterseeischer Rohrleitungen abgeschlossen werden,[24] oder die bei Errichtung und Betrieb unterseeischer Rohrleitungen anwendbar sein könnten,[25] sind nur am Rande Gegenstand der Untersuchung, da anders als im bilateralen Verhältnis gerade das mehrpolige Interessen- und Kompetenzgefüge multilateraler Regime besondere Anforderungen an die rechtliche Ausgestaltung stellt.

(b) Die Thematik des *Meeresumweltschutzes* bzw. *marinen Umweltschutzes*[26] ist in Bezug auf seeverlegte Rohrleitungen aus diversen Gründen besonderes interessant. Zum einen gewinnen die die Umwelt schützenden Vorgaben für Seerohrleitungen wegen der zunehmenden multikausalen Verschmutzungsgefahren für die Meeresumwelt und des gesteigerten Interesses der Weltöffentlichkeit für den Umweltschutz immer mehr an Bedeutung. Dies veranschaulichen auch die Diskussionen über die Gefahren der *Nord Stream-Pipeline*. Zum anderen sind

---

[24] Wie beispielsweise das Abkommen zwischen der Bundesrepublik Deutschland und dem Königreich Norwegen über den Transport von Gas durch eine Rohrleitung vom norwegischen Festlandsockel und von anderen Gebieten in die Bundesrepublik Deutschland, 20. April 1993; BGBl. 1994 II, 591. Siehe Details zur Staatenpraxis in Form bi- und trilateraler Abkommen *W. Wiese*, Seeverlegte Rohrleitungen im Völkerrecht, 98 ff.

[25] Wie z. B. das deutsch-polnische Abkommen über die Zusammenarbeit auf dem Gebiet des Umweltschutzes vom 7. April 1994; BGBl. 1998 II, 282.

[26] Diese beiden Begriffe werden synonym verwendet. In Publikationen ist häufig auch von „maritimem Umweltschutz" die Rede. Der Ausdruck „maritim" wird grundsätzlich dann angewendet, wenn es um Nutzungen des Meeres durch den Menschen und eine vom Menschen geprägte Sichtweise geht, beispielsweise maritimer Handel oder maritime (also vom Menschen geschaffene) Zonen wie die AWZ. Im Unterschied dazu bezieht sich „marin" auf das Meer als solches, den Raum Meer (z. B. marine Ökosysteme) und seine Ressourcen (marine Ressourcen).

folgende strukturelle Gesichtspunkte für die vorliegende Arbeit entscheidend.

Der Meeresumweltschutz steht an der Schnittstelle zwischen internationalem Seerecht[27] und Umweltvölkerrecht[28]: Während der Meeresumweltschutz sachlich ein Bestandteil des Umweltvölkerrechts ist, ist er räumlich-medial dem Seerecht zuzuordnen, was zu einer partiellen Überschneidung der beiden Materien führt.[29] Beide Sachgebiete zählen zu den Völkerrechtsgebieten, die sich beständig und schnell neuen Entwicklungen und Anforderungen anpassen müssen sowie von einer besonderen Dynamik geprägt sind. Das internationale Umweltrecht beeinflusst das Regelungswerk für den Schutz und die Bewahrung der Meeresumwelt, was u. a. darin deutlich wird, dass im Umweltvölkerrecht entwickelte Prinzipien wie das Verhütungs- oder Vorsorgeprinzip auch im Seerecht ihren Niederschlag gefunden haben – und in einigen Bereichen im Seerecht mittlerweile spezifischer ausgestaltet sind als in umweltvölkerrechtlichen Verträgen.

Im Bereich des marinen Umweltschutzes sind Verschränkung und Zusammenspiel verschiedener Regelungsebenen besonders ausgeprägt und bedeutsam für die effektive Um- und Durchsetzung umweltschutzbezogener Regelungen. Das Seerechtsübereinkommen der Vereinten Nationen (SRÜ)[30] gibt als „Verfassung der Meere" den völkerrechtlichen Rahmen vor, der in anderen internationalen Konventionen konkretisiert wird. Hierbei spielen neben globalen Übereinkommen regionale Abkommen eine herausragende Rolle, die häufig einem umfassenden und ganzheitlichen Ansatz bezüglich aller Aspekte des Meeresumweltschutzes in einer bestimmten Region folgen. Die Schutzregime beider Ebe-

---

[27] Das hier behandelte sog. öffentliche Seerecht (im Englischen „law of the sea", im Französischen „droit de la mer", im Spanischen „derecho del mar") als Teil des Völkerrechts ist vom sog. privaten Seerecht („maritime law" oder „admiralty law", „droit maritime", „derecho marítimo") als Teil des internationalen Privatrechts abzugrenzen.

[28] Zum Umweltvölkerrecht oder internationalen Umweltrecht zählen alle Normen, von denen sich Staaten und internationale Organisationen bei ihrem umweltrelevanten Handeln unmittelbar oder mittelbar leiten lassen. Siehe *U. Beyerlin*, Umweltvölkerrecht, 2, Rn. 4.

[29] Siehe *A. Proelß*, Meeresschutz, 33, Fn. 60.

[30] United Nations Convention on the Law of the Sea, 10. Dezember 1982, UN Doc. A/CONF. 62/122 with Corr. 3 and Corr. 8; UNCLOS III, Official Records, Vol. XVII (1984), 151-221; ILM 21 (1982), 1261-1354; UNTS Bd. 1833 (1994), 397-581.

nen werden oft von Kontroll- bzw. Verwaltungsinstitutionen begleitet. Für den regionalen Bereich ist beispielhaft die HELCOM anzuführen, das verwaltende Organ des Übereinkommens über den Schutz der Meeresumwelt des Ostseegebiets (Helsinki-Übereinkommen, HÜK)[31]. Einen Sonderstatus in diesem Kompetenzgefüge nehmen europarechtliche Regelungen und Institutionen ein.

(c) Die völkerrechtlichen Bestimmungen, die direkt oder indirekt dem Schutz unterseeischer Rohrleitungen und dem Meeresumweltschutz dienen, sind vielfältig und können nicht in Gänze einer näheren Untersuchung unterzogen werden. So können beispielsweise Schutzzonen ausgewiesen werden, in denen Verlegung und Betrieb von Rohrleitungen eingeschränkt oder ganz untersagt werden.[32]

Die *Verpflichtungen im Bereich des Verfahrens* – insbesondere die Pflichten zur Information, Kooperation und zu einer Beteiligung der Öffentlichkeit – gewinnen im nationalen, europäischen und internationalen Recht zunehmend an Bedeutung: Ohne die verfahrensrechtlichen Pflichten liefen die materiellen Normen häufig leer, da gerade im multilateralen Verhältnis von Staaten Verfahren zur Koordinierung, Kooperation und gegenseitiger Information entscheidend für die erfolgreiche Einhaltung, Um- und Durchsetzung völkerrechtlicher Rechte und

---

[31] Übereinkommen über den Schutz der Meeresumwelt des Ostseegebiets (Convention on the Protection of the Marine Environment of the Baltic Sea), 22. März 1974; ILM Vol. 13 (1974), 546 ff. Am 9. April 1992 wurde eine neue Helsinki-Konvention unterzeichnet, die am 17. Januar 2000 in Kraft trat; UNTS Bd. 2099, 195 ff.; deutsche Fassung abgedruckt in BGBl. 1994 II, 1397-1410.

[32] Beispiele sind europarechtliche Schutzgebiete wie „Special Areas of Conservation" (SACs, siehe Flora-Fauna-Habitat-Richtlinie, Richtlinie 92/43/EWG des Rates vom 21. Mai 1992 zur Erhaltung der natürlichen Lebensräume sowie der wildlebenden Tiere und Pflanzen, Amtsbl. Nr. L 206 vom 22. Juli 1992, 7-50) oder die im Rahmen der International Maritime Organization (IMO) ausgewiesenen „Particular Sensitive Sea Areas" (PSSAs, siehe Guidelines for the Identification and Designation of PSSA, letzte Änderung durch IMO Resolution A.982 (24) vom 1. Dezember 2005, abrufbar unter: http://www.imo.org/environment/mainframe.asp?topic_id=1357, Stand Juli 2010), in denen aufgrund der ökologischen Besonderheit der Gebiete das Legen und der Betrieb von Rohrleitungen eingeschränkt werden können. Siehe *K. Kim*, Ostseepipeline „Nord Stream" – ein meeresumweltrechtliches Problem?, (170) 176 zur Flora-Fauna-Habitat-Richtlinie sowie zur Vogelschutz-Richtlinie (Richtlinie 70/409/EWG des Rates vom 2. April 1979 über die Erhaltung der wildlebenden Vogelarten, Amtsbl. Nr. L 103 vom 25. April 1979, 1 ff.).

Pflichten sind. Umweltvölkerrecht und Seerecht sehen deshalb bereits seit langem – verstärkt jedoch in den letzten Jahrzehnten – verfahrensrechtliche Verpflichtungen vor, um einen möglichst umfassenden und effektiven Schutz der marinen Umwelt zu garantieren und durchzusetzen.

Auf diesen verfahrensbezogenen Verpflichtungen liegt der Schwerpunkt der vorliegenden Arbeit, da diese bei Verlegung unterseeischer Rohrleitungen besonders wichtig sind, was anhand der UVP deutlich wird. Die UVP ist anschauliches Beispiel für die Überlagerung zwischen internationalem Seerecht und Umweltvölkerrecht einerseits und der unterschiedlichen Ebenen andererseits. Die UVP kann allgemein definiert werden als ein innerstaatliches systematisches Verfahren zur Beurteilung der voraussichtlichen grenzüberschreitenden Auswirkungen einer geplanten Tätigkeit auf die Umwelt. Sie ist als Verfahren der Gefährdungseinschätzung im präventiven Bereich des Umweltschutzes anzusiedeln und basiert auf bedeutenden umweltvölkerrechtlichen Prinzipien, insbesondere dem Verhütungs- und Vorsorgeprinzip, dem Verbot erheblicher grenzüberschreitender Umweltbeeinträchtigungen, dem Gebot der Rücksichtnahme auf die Umwelt anderer Staaten sowie dem Kooperationsprinzip. Eine UVP ist im internationalen (globalen wie regionalen), europäischen und nationalen Recht vorgesehen.

(d) Die *Ostsee* eignet sich – neben der Aktualität des Projekts *Nord Stream-Pipeline* – aus diversen Gründen für die vorliegende Untersuchung: Sie ist aufgrund der natürlichen geologischen und hydrographischen Begebenheiten und des geringen Salz- und Sauerstoffgehalts des Ostseewassers ökologisch besonders sensibel und ein Meeresgebiet, das intensiv genutzt wird. Deshalb sind auch die Verlegung und Nutzung unterseeischer Öl- und Gasleitungen in der Ostsee besonders umstritten. Am schwerwiegendsten sind hierbei die Belastungen der Meeresumwelt im Vorfeld der Inbetriebnahme einer Rohrleitung, z. B. während der Untersuchungen des Meeresbodens oder des Verlegevorgangs. Zudem lagern in der Ostsee 100.000 Tonnen militärischer Altlasten wie chemische Kampfstoffe, Munition und Minen, die eine Verlegung von Seepipelines besonders gefährlich machen. Die Ostsee ist darüber hinaus ein Meer von enormer energie- und geopolitischer Bedeutung.

In Bezug auf die Ostsee lassen sich anhand der UVP Verflechtung und Ergänzung internationaler – globaler wie regionaler – und europarechtlicher Vorgaben und Ebenen besonders gut veranschaulichen. Das regional auf die Ostsee begrenzte HÜK verpflichtet jede Vertragspartei dazu, die HELCOM sowie jede andere betroffene Vertragspartei über eine beabsichtigte Tätigkeit zu benachrichtigen, die wahrscheinlich erhebliche nachteilige Auswirkungen auf die Meeresumwelt des Ostseegebiets haben wird und für die aufgrund des Völkerrechts oder einer supranationalen Vorschrift eine UVP erforderlich ist (Art. 7 Abs. 1 HÜK). Eine UVP für unterseeische Rohrleitungen ist diesbezüglich sowohl international als auch in europäischen wie nationalen Regeln vorgesehen: Die internationale Konvention über die Umweltverträglichkeitsprüfung im grenzüberschreitenden Rahmen (sog. Espoo-Konvention, EK)[33] sieht für Öl- und Gaspipelines ab einer bestimmten Größe eine UVP vor, wenn es wahrscheinlich ist, dass die beabsichtigte Tätigkeit erhebliche nachteilige grenzüberschreitende Auswirkungen hat (Art. 2 Abs. 3 i.V.m. lit. 8 Anhang I EK). Auf europäischer Ebene existieren drei Richtlinien, die im Bereich des UVP-Verfahrens von Bedeutung sind.[34] Im nationalen Bereich soll am Beispiel des deutschen UVP-Gesetzes[35] kurz auf die nationalen Anforderungen an eine UVP eingegangen werden.

(5) Vor diesem Hintergrund werden in der vorliegenden Arbeit die völkerrechtlichen Rechte und Pflichten der Staaten dahingehend untersucht, ob das internationale See- und Umweltrecht den Staaten ausrei-

---

[33] Konvention über die Umweltverträglichkeitsprüfung im grenzüberschreitenden Rahmen, Convention on Environmental Impact Assessment in a Transboundary Context, 25. Februar 1991, in Kraft getreten am 10. September 1997; UNTS Bd. 1989, 309 ff.; 30 ILM (1991), 800 ff.; deutsche Fassung BGBl. 2002 II, 1406-1436.

[34] Richtlinie 85/337/EWG des Rates vom 27. Juni 1985 über die Umweltverträglichkeitsprüfung bei bestimmten öffentlichen und privaten Projekten (Amtsbl. Nr. L 175 vom 5. Juli 1985, 40-48), geändert durch Richtlinie 97/11/EG des Rates vom 3. März 1997 (Amtsbl. Nr. L 73 vom 14. März 1997, 5-11), sowie durch Richtlinie 2003/35/EG des Europäischen Parlaments und des Rates vom 26. Mai 2003 (Amtsbl. Nr. L 156, 25. Juni 2003, 17-24). Richtlinie 96/61/EG des Rates vom 24. September 1996 über die integrierte Vermeidung und Verminderung der Umweltverschmutzung (Amtsbl. Nr. L 257, 10. Oktober 1996, 26-40). Da die IVU-Richtlinie mehrfach und in wesentlichen Punkten geändert wurde, findet sich aus Gründen der Übersichtlichkeit und Klarheit eine kodifizierte Fassung dieser Richtlinie in der Richtlinie 2008/1/EG des Europäischen Parlaments und Rates vom 15. Januar 2008 (Amtsbl. Nr. L 24, 29. Januar 2008, 8-29). Richtlinie 2001/42/EG des Europäischen Parlaments und Rates vom 27. Juni 2001 über die Prüfung bestimmter Pläne und Programme (Amtsbl. Nr. L 197 vom 21. Juli 2001, 30-37).

[35] Gesetz über die Umweltverträglichkeitsprüfung (UVP-Gesetz) vom 25. Juni 2005 (BGBl. I, 1757, 2797), zuletzt geändert durch Artikel 2 des Gesetzes vom 23. Oktober 2007 (BGBl. I, 2470).

chende Handlungsinstrumentarien zur Verfügung stellt, um den Meeresumweltschutz bei Verlegung und Betrieb unterseeischer Rohrleitungen zu garantieren und durchzusetzen. Dabei sollen insbesondere folgende Fragen erörtert werden:

Inwiefern konkretisieren und ergänzen die für den Ostseeraum einschlägigen internationalen Umweltschutzkonventionen den im SRÜ gesteckten Rechtsrahmen für verlegende Staaten und Küstenstaaten? Wie sind die Rechte und Pflichten zwischen verlegenden Staaten und Küstenstaaten im völkerrechtlichen Pipelinerechtsregime aufgeteilt? Wie werden auf den unterschiedlichen Ebenen Interessenkollisionen zwischen verlegenden Staaten und Küstenstaaten gelöst? Welche Rolle kommt der IMB und der HELCOM zu? Welche Rolle spielen die verfahrensbezogenen Verpflichtungen der Information, Kooperation und Beteiligung der Öffentlichkeit bei Verlegung und Betrieb unterseeischer Rohrleitungen? Wo finden diese ihren Anknüpfungspunkt? Wie sind diese Verfahrenspflichten auf den unterschiedlichen Ebenen ausgestaltet?

Erster Teil: Unterseeische Rohrleitungen: Historie, Definition und Meeresverschmutzung in der Ostsee

Kapitel 1: Geschichtlicher Überblick über die Verlegung unterseeischer Kabel und Rohrleitungen

Bereits vor Tausenden von Jahren begann die Entwicklung von Transportmedien, insbesondere um große Städte mit Wasser zu versorgen. Vorläufer moderner Rohrleitungen gab es schon lange, bevor die konventionellen Verkehrsmittel Eisenbahn, Kraftfahrzeug, Schiff und Flugzeuge erfunden wurden.[1] Im Altertum war der Wassertransport durch Leitungen verbreitet, ca. 5.000 v. Chr. wurden in China Wasser und später Salzsole durch Leitungen aus aneinander gereihten und mit Lehm verdichteten Bambusrohren, die zum Teil über fünf km lang waren, für Haushalte und für den Bergbau befördert.[2] Auch Erdgas wurde in China bereits seit 940 v. Chr. durch Bambusröhren in Salzminen transportiert.[3] Im Römischen Reich war die Wasserversorgung über unterirdisch verlegte Leitungen und Aquädukte einzigartig.[4] Auch die Hochkulturen in Ägypten und Griechenland verdanken ihre Entwicklung zu einem großen Teil der Wasserversorgung durch Rohrleitungen.[5]

In Deutschland wurden die ersten mit den heutigen Pipelines verwandten Leitungen aus Baumstämmen gefertigt, sog. Deicheln.[6] Zwischen 80

---

1 *W. Wiese*, Seeverlegte Rohrleitungen im Völkerrecht, 27.

2 *F.P. Hellin*, Pipelines in Europa, 11; *J. Soubeyrol*, La condition juridique des pipe-lines en droit international, (157) 157.

3 *F.P. Hellin*, Pipelines in Europa, 11; *W. Wiese*, Seeverlegte Rohrleitungen im Völkerrecht, 28.

4 Siehe zu Details *W. Wiese*, Seeverlegte Rohrleitungen im Völkerrecht, 28 f. m. w. N.

5 *W. Wiese*, Seeverlegte Rohrleitungen im Völkerrecht, 29 m. w. N.

6 Siehe zum Folgenden *W. Wiese*, Seeverlegte Rohrleitungen im Völkerrecht, 30 m. w. N.

und ca. 260 n. Chr. wurde Köln durch einen 100 km langen Aquädukt, den sog. Römerkanal, aus der Eifel mit Wasser versorgt. 1361 wurde in Nürnberg eine Wasserleitung aus Holzrohren gebaut, die erst 500 Jahre später durch Eisenrohre ersetzt wurde. Eine 31 km lange Soleleitung wurde 1619 in Bayern fertig gestellt. Die beginnende Industrialisierung im 18. Jahrhundert brachte den für die heutige Verbreitung von landverlegten Rohrleitungen entscheidenden Durchbruch.[7]

Die Entwicklung seeverlegter Kommunikations- und Transportmedien begann erst viele Jahrhunderte später, als Kommunikation und Warenaustausch über weite Distanzen und Ozeane hinweg an Bedeutung gewannen und technische Neuerungen einen solchen Austausch ermöglichten. Im Jahre 1850 wurde im Englischen Kanal zwischen Dover und Calais das erste unterseeische Telegrafenkabel verlegt, das jedoch nach nur wenigen Betriebsstunden von einem Fischer zerschnitten wurde. Bereits ein Jahr später, am 13. November 1851, wurde ein neues Seekabel[8] zwischen den beiden Städten für den öffentlichen Telegrafenverkehr eröffnet.[9] Dieses Ereignis steht am Anfang der Verlegung unzähliger unterseeischer Kabel zur Daten- und Informationsvermittlung sowie zur Übertragung elektrischer Energie.[10]

---

[7] Details *W. Wiese*, Seeverlegte Rohrleitungen im Völkerrecht, 30 f. m. w. N., ausführliche Übersicht zu landverlegten Rohrleitungen 31 ff.

[8] Ebenso wie in Bezug auf unterseeische Rohrleitungen werden die Begriffe „unterseeisches Kabel“, „seeverlegtes Kabel“, „Meereskabel“, „submarines Kabel“, „untermeerisches Kabel“ und „Seekabel“ in der Arbeit synonym verwendet.

[9] Ausführlich zur Verlegung von Seekabeln *R. Lagoni/A. Proelß*, Festlandsockel und ausschließliche Wirtschaftszone, (161) 200 ff., Rn. 116 ff.; *E. Wagner*, Submarine cables and protection provided by the law of the sea, (127) 127 ff.; *J. Chappez*, Les câbles sous-marins de télécommunications, (760) 760 ff.; *R. Lagoni*, Legal Aspects of Submarine HVDC Cables, 1 f.; *W. Wiese*, Seeverlegte Rohrleitungen im Völkerrecht, 39 ff.; *S. Coffen-Smout/G.J. Herbert*, Submarine Cables, (441) 442; *R.-J. Dupuy/D. Vignes*, A Handbook on the New Law of the Sea, Vol. II, 988 m. w. N.

[10] Siehe *R. Lagoni/A. Proelß*, Festlandsockel und ausschließliche Wirtschaftszone, (161) 200 f., Rn. 116 m. w. N.

I. Entwicklung und Bedeutung der Verlegung unterseeischer Kabel

Die meisten Seekabel dienen der Daten- und Informationsübermittlung. Seeverlegte Glasfaserkabel (sog. „fibre optic submarine telecommunication cables“) haben zwar durch die weltweite Datenübermittlung per Satellit Konkurrenz bekommen – ersetzt wurden sie durch diese allerdings nicht: Mit technisch immer hochwertigeren unterseeischen Kabeln, die abhörsicherer als die Satellitenkommunikation sind, lassen sich größere Datenmengen in kürzerer Zeit übertragen.[11] 95 % des internationalen Datenverkehrs basieren immer noch auf unterseeischen Kabeln, weniger als 5 % auf Satellitenkommunikation.[12] Nach Schätzungen dienen Seekabel zu ¾ der Internetkommunikation und werden demnach zutreffend auch als „major arteries of the international ‚information highway‘“[13] oder als „Rückgrat der sich entwickelnden weltweiten Informationsgesellschaft“[14] bezeichnet. Wie abhängig die moderne Kommunikationsgesellschaft von unterseeischen Kabeln ist,

---

[11] Satellitenkommunikation eignet sich insbesondere für Katastrophengebiete, isolierte Regionen und kleine Inselstaaten. Die Vorzüge von Kabeln überwiegen jedoch in der Regel aufgrund ihrer hohen Verlässlichkeit, Kapazität und Sicherheit. Sie sind des Weiteren kostengünstiger und es gibt weniger Verzögerungen. Siehe anschauliche Powerpoint-Präsentation des *ICPC*, About Submarine Telecommunication Cables, Folie 11 zu den Vorteilen von Kabeln einerseits und der Satellitenkommunikation andererseits (http://www.iscpc.org/publications/About_Cables_in_PDF_Format.pdf, Stand Juli 2010). Siehe auch *R. Lagoni*/*A. Proelß*, Festlandsockel und ausschließliche Wirtschaftszone, (161) 201, Rn. 118; *H. Loch*, Untergrundorganisation, (52) 55; *R. Lagoni*, Submarine Cables, EPIL, 48; *J. Chappez*, Les câbles sous-marins de télécommunications, (760) 761, 778; *W. Graf Vitzthum*, Der Rechtsstatus des Meeresbodens, 149; *E. Wagner*, Submarine cables and protection provided by the law of the sea, (127) 129; *S. Coffen-Smout*/*G.J. Herbert*, Submarine Cables, (441) 441.

[12] Die transozeanische Internetkommunikation wird zu fast 100 % über Seekabel abgewickelt. Siehe *M.P. Green*/*D.R. Burnett*, Security of International Submarine Cable Infrastructure, (557) 559; *P. Vrancken*, Submarine Telecommunication Cables in the Territorial Sea, (282) 282; *S. Coffen-Smout*/*G.J. Herbert*, Submarine Cables, (441) 441 f.

[13] *E. Wagner*, Submarine cables and protection provided by the law of the sea, (127) 127.

[14] *W. Kopf*/*R.R. Lemos Pereira*, Ordnungspolitische Rahmenbedingungen für Seekabel, (389) 389; siehe auch *F. Schätzing*, Der Schwarm, 438; *M.P. Green*/*D.R. Burnett*, Security of International Submarine Cable Infrastructure, (557) 557: „backbone of an international network“.

zeigte sich im Dezember 2006, als ein Seebeben den Meeresboden in der Luzonstraße südlich von Taiwan erschütterte und 30 Seekabel beschädigte, mit der Folge, dass der Internetverkehr in der Region China und Japan für fünf Wochen nicht mehr oder nur mit Verzögerungen funktionierte.[15]

Einem anderen Zweck, dem der Übertragung elektrischer Energie über das Meer, dienen die sog. Starkstromkabel (Hochspannungs-Gleichstrom-Übertragungskabel, „high voltage direct current cables", HVDC). Das erste solche Kabel wurde 1954 zwischen der Insel Gotland und dem schwedischen Festland verlegt.[16] Seeverlegte Stromkabel sind für Offshore-Windparks von großer Bedeutung, sie werden insbesondere dazu verwendet, um die in den Windparks gewonnene Energie an die Küste zu führen.[17]

Heute sind alle Kontinente mit Ausnahme der Antarktis durch Seekabel untereinander und mit zahlreichen Inseln verbunden. In Randmeeren wie der Nord- und Ostsee ist die Zahl der Seekabel besonders hoch.[18] In der Ostseeregion liegen ca. 36 Telekommunikationskabel.[19] Dieses

---

[15] Siehe *H. Sietz*, Für fünf Wochen war es still im World Wide Web, *FAZ*, Technik und Motor, 16. Oktober 2007, T1.

[16] Weitere Details bei *R. Lagoni/A. Proelß*, Festlandsockel und ausschließliche Wirtschaftszone, (161) 201, 202, Rn. 119. Siehe hierzu ausführlich *R. Lagoni*, Legal Aspects of Submarine HVDC Cables, 1 ff.

[17] Siehe *H. Loch*, Untergrundorganisation, (52) 52; *R. Lagoni/A. Proelß*, Festlandsockel und ausschließliche Wirtschaftszone, (161) 202, Rn. 119; *R. Lagoni*, Submarine Cables, EPIL, 48; *FAZ*, Wattstärke im Wattenmeer, Wirtschaft, 20. August 2009, 10. Nach den Plänen der Bundesregierung, den Anteil erneuerbarer Energien zu erhöhen, könnten bis zum Jahre 2030 allein die Windräder auf See 15 % des heutigen Strombedarfs decken. Aus *C.D. Hermanns/K. Thomsen*, Abwehrrechte gegen Hochspannungsleitungen zur Anbindung von Offshore-Windparks an das Stromnetz, (51) 51. *E. Brandt/J. Deher*, Die Genehmigung von Kabeln zur Ableitung von Strom aus Offshore-Erzeugung, (138) 138, nennen ein Potential von 40 % gemessen am Stromverbrauch in Deutschland, dessen gesamte Ausschöpfung wegen kollidierender Nutzungen und rechtlicher Einschränkungen jedoch nicht möglich sein dürfte.

[18] *R. Lagoni/A. Proelß*, Festlandsockel und ausschließliche Wirtschaftszone, (161) 201, Rn. 116. *H. Loch*, Untergrundorganisation, (52) 55, bezeichnet die Nordsee als ein „hoch entwickelte[s] Unterwassertransport- und -durchleitungsgebiet".

[19] Einschließlich dem zur Nordsee gehörenden Skagerrak. Siehe Webseite des International Cable Protection Committee (ICPC): http://www.iscpc.org/ (Stand Juli 2010). Siehe auch *A. Ballschmidt-Boog*, Küstenökosysteme der Ost-

weit verzweigte Kabelnetzwerk führt in vielen Regionen dazu, dass andere Meeresnutzungen erschwert bzw. behindert werden, weshalb insbesondere in Küstennähe Seekabel meist in den Meeresuntergrund eingebettet werden.[20]

II. Entwicklung und Bedeutung der Verlegung unterseeischer Rohrleitungen

1. Geschichtlicher Überblick

Die Nutzung unterseeischer Rohrleitungen begann erst im Jahre 1934, als die ersten Rohrleitungen zur Beladung von Tankschiffen vor Haifa, Tripolis und im Persischen Golf verlegt wurden.[21] Infolge der zunehmenden Ausbeutung von Erdöl- und Erdgas-Offshore-Feldern wurden Meeresrohrleitungen in Europa seit den 1960er Jahren vermehrt dazu verwendet, Offshore-Felder untereinander und/oder mit dem Festland zu verbinden.[22] Seit März 1967 wurde Erdgas vom West-Sole-Feld auf dem britischen Festlandsockel der Nordsee über eine Distanz von 67 km nach Easington transportiert.[23] Die *Norpipe*, die seit Mitte der 1970er Jahre Erdöl vom Ekofisk-Feld auf dem norwegischen Festland-

---

see, 35 f. Siehe zur Rolle des ICPC *S. Coffen-Smout/G.J. Herbert*, Submarine Cables, (441) 443.

[20] Verlegungstechnik, Technologie und Zweck unterseeischer Kabel haben sich im Laufe der Zeit erheblich verändert. Insbesondere wurden Material, Isolierung und Schutzmantel der Seekabel sowie Art und Weise der Verlegung verbessert. Siehe im Detail *R. Lagoni/A. Proelß*, Festlandsockel und ausschließliche Wirtschaftszone, (161) 201, Rn. 117.

[21] Zehn Jahre später, im Oktober 1944, wurde das PLUTO-Rohrleitungssystem („pipeline under the ocean") verlegt, um die alliierten Truppen in Frankreich von England aus mit Kraftstoff zu versorgen; es wurde später bis Mainz verlängert, zwischen 1945 und 1949 allerdings wieder vom Meeresboden geborgen. Siehe *R. Lagoni/A. Proelß*, Festlandsockel und ausschließliche Wirtschaftszone, (161) 202, Rn. 120. Details *W. Wiese*, Seeverlegte Rohrleitungen im Völkerrecht, 40 f. m. w. N.

[22] Zu einem Zeitpunkt, als in den USA und im Vorderen Orient schon mehrere 100 km lange Rohrleitungen in Betrieb waren. Siehe *W. Wiese*, Seeverlegte Rohrleitungen im Völkerrecht, 27 f.

[23] *W. Wiese*, Seeverlegte Rohrleitungen im Völkerrecht, 42 m. w. N., 43 ff. zu weiteren Gasleitungen.

sockel ins 349 km entfernte Teesport an der englischen Ostküste und Erdgas über den dänischen Festlandsockel nach Emden transportiert, war die erste Rohrleitung, die „im Transit“ über einen fremden Festlandsockel verlief.[24] Weitere Transitleitungen sind die sog. *Zeepipe*, die seit 1993 vom Sleipner-Feld vor der norwegischen Küste Gas über drei fremde Festlandsockel – den dänischen, deutschen und niederländischen – ins belgische Zeebrügge transportiert, und die sog. *Europipe*, die seit Oktober 1995 ebenfalls vom norwegischen Festlandsockel Gas nach Emden leitet.

Wurden noch Mitte des 20. Jahrhunderts Rohrleitungen außerhalb der Küstenmeere als Fiktion bezeichnet,[25] so gibt es mittlerweile in allen Weltmeeren zahlreiche Seerohrleitungen, die über Seegrenzen hinweg zwischen Staaten oder Kontinenten Öl und Gas transportieren, zum Teil in erheblichen Tiefen. Das weltweit dichteste Netz seeverlegter Öl- und Gasleitungen befindet sich im nördlichen Teil des Golfs von Mexiko, dort wurden erste Rohrleitungen bereits in den 1950er Jahren verlegt.[26] Auch im Persischen Golf, in dem nach Schätzungen bis zu 50 % der weltweiten Erdölressourcen lagern, gibt es zahlreiche Seepipelines.[27] In der Nordsee sind seit den 1970er Jahren über 6.000 km unterseeische Rohrleitungen verlegt worden.[28] In der Ostsee gibt es hingegen bisher nur wenige unterseeische Rohrleitungen, die von Plattformen zur Küste führen. Neben der *Nord Stream-Pipeline* sind auch in der Ostsee einige Rohrleitungen in Planung, beispielsweise Gaspipelines

---

[24] Siehe *R. Lagoni/A. Proelß*, Festlandsockel und ausschließliche Wirtschaftszone, (161) 202, Rn. 120; Details zum Projekt bei *J. Crowley*, The Ekofisk-Emden Gas Pipeline, (39) 50 ff.; *W. Wiese*, Seeverlegte Rohrleitungen im Völkerrecht, 43 ff. m. w. N.

[25] Aus *W. Wiese*, Seeverlegte Rohrleitungen im Völkerrecht, 128. Auch für *W. Graf Vitzthum*, Der Rechtsstatus des Meeresbodens, 150, zeichneten sich 1972 küstenferne Pipelines für Öl und Gas nicht ab.

[26] *W. Wiese*, Seeverlegte Rohrleitungen im Völkerrecht, 41.

[27] Details bei *M. Roelandt*, Pipelines dans le droit de la mer, 56 ff.

[28] Zu den Details bezüglich der in der Nordsee verlegten Erdöl- und Erdgas-Rohrleitungen siehe *M.M. Roggenkamp*, Petroleum Pipelines in the North Sea, (92) 99 ff.; *P. Harrison*, Offshore Oil and Gas, (319) 329 ff.; sehr ausführlich *M. Roelandt*, Pipelines dans le droit de la mer, 31 ff., 32 Schaubild zur Nordsee, 191 ff. zum Rechtsregime und zur nationalen Gesetzgebung in Bezug auf die in der Nordsee verlegten Leitungen. Anschauliche Übersicht zur Nordsee „Netzwerk im Dunkeln“ bei *H. Loch*, Untergrundorganisation, (52) 53.

zwischen Finnland und Estland (sog. *Balticconnector*)[29] sowie zwischen Dänemark und Polen (sog. *Baltic Pipe*)[30]. Die Länge der weltweit verlegten Öl- und Gaspipelines hat sich seit 1989 auf inzwischen ca. 10.000 bis 15.000 km verdoppelt.[31]

2. *Aktueller energie- und geopolitischer Hintergrund*

Die knapper werdenden Ressourcen und der steigende Energiebedarf in vielen Teilen der Welt (China, Indien) führen dazu, dass Energieressourcen teurer und wirtschaftspolitisch wie geostrategisch zu einem immer bedeutenderen Machtfaktor werden. Dabei ist problematisch, dass ein großer Teil der Energiereserven in politischen Krisenregionen wie der Golfregion oder in politisch und ökonomisch instabilen Regionen liegt. Russland hat die mit Abstand größten Reserven an Erdgas, die mehr als ein Viertel der weltweit nachgewiesenen Erdgasreserven darstellen. Russland ist des Weiteren der zweitgrößte Ölexporteur und ist damit zweifellos eine der bedeutendsten Energiegroßmächte.[32] Erdgas gewinnt – gerade im Vergleich zum Erdöl – als Energieträger an Bedeutung, der Erdgasanteil im gesamten Energiemix ist deutlich ansteigend, insbesondere auch in Europa. Dies liegt u. a. an der positiven Umweltbilanz von Erdgas, gerade im Vergleich zu Erdöl.[33]

---

[29] Informationen unter: http://www.gasum.com/aboutgasum/Pages/Baltic connector.aspx (Stand Juli 2010).

[30] Siehe zu den geplanten Pipelines *S. Klumbyte*, Environment Protection: Pipelines, (66) 66 f.

[31] *K. Castringius*, Meeresschutzgebiete, 44.

[32] Russland hat hat die meisten Gasreserven weltweit, Iran halb so viele, gefolgt von Quatar und den Vereinigten Arabischen Emiraten. Siehe Grafik bei *C. Bolesch*, Gazprom will unter EU-Aufsicht wieder Gas liefern, *SZ*, 9. Januar 2009, 7; siehe auch *Y. Grigoryev*, The Russian Gas Industry, (125) 125; *R. Götz*, Russlands Erdöl und der Welterdölmarkt, 26. *R. Wolf*, Rechtliche Rahmenbedingungen für die geplante Ostsee-Pipeline, (24) 24 f., zur Rolle von Gazprom (über 50 % im Staatseigentum) als zentralem russischen Akteur. Gazprom besitzt 17 % aller Gasreserven, siehe *J. Dahlkamp u. a.*, Giftiger Cocktail, *Der Spiegel 35/2008*, 78.

[33] Erdgas hat den niedrigsten CO_2-Emmissionswert aller fossilen Energieträger (dieser liegt z. B. 40 % unter dem von Kohle) und ist damit umweltschonender als andere fossile Energieträger. Siehe hierzu *G. Pörzgen*, Gasprom: Die Macht der Pipeline, 11 ff.; *R. Wolf*, Rechtliche Rahmenbedingungen für die geplante Ostsee-Pipeline, (24) 24; siehe auch *Nord Stream AG*, Facts Ausgabe 9/1

Diese Erdöl- und -gasvorkommen stellen die entscheidende Machtressource der jeweils herrschenden politischen Elite dar und werden als Macht- und Druckmittel eingesetzt („Politisierung der Energiemärkte").[34] Dies zeigt sich auch in der Arktis, in der die Anrainerstaaten um die dort vermuteten 25 % der weltweiten Erdöl- und -gasvorkommen konkurrieren und möglichst weitreichende Ansprüche auf sog. erweiterte Festlandsockel geltend machen.[35] In diesem Zusammenhang wird auch der Transport von Erdöl und -gas in land- sowie seeverlegten Rohrleitungen politisiert. Verlegung und Betrieb von Rohrleitungen sind nicht nur Teil der Energie- und Verkehrspolitik, sondern auch ein Instrument der Sicherheits- und allgemeinen Außenpolitik.[36] Die Trassenführung von Pipelines, Leitungsrechte sowie Durchleitungsgebühren sind in diesem strategischen Spiel von entscheidender Bedeutung.[37]

Dies wurde erneut Anfang 2009 im Gasstreit zwischen der Ukraine und Russland deutlich: Die Lieferung russischen Gases durch Rohrleitungen, die u. a. durch die Ukraine führen, wurde erschwert bzw. zeitweilig ganz gestoppt, was in mehreren Staaten, auch der EU, zu Engpässen führte.[38] Dieser Gasstreit zeigte Deutschland und Europa, wie wichtig die *Nord Stream-Pipeline* für die Gasversorgung Europas ist, da russisches Gas dann – ohne Umwege durch osteuropäische Transitländer – direkt nach Deutschland geliefert werden kann. Dies würde die europä-

– 2009, 2, abrufbar unter: http://www.nord-stream.com/de/press0/newsnewsletter.html (Stand Juli 2010).

34 Siehe *R. Wolf*, Rechtliche Rahmenbedingungen für die geplante Ostsee-Pipeline, (24) 24; siehe zur Politisierung der Ressource Öl *E. Harks*, Der globale Ölmarkt, 22 f.

35 Siehe *B. Girg*, Tauwetter am Nordpol: Kalter Krieg um Rohstoffe?, 3 f.; *D. König/T. Neumann*, Streit um die Arktis, (20) 21 ff.

36 Ähnlich *W. Wiese*, Seeverlegte Rohrleitungen im Völkerrecht, 58.

37 Siehe *R. Wolf*, Rechtliche Rahmenbedingungen für die geplante Ostsee-Pipeline, (24) 24. Manche sehen sogar einen – möglichen oder bereits bestehenden – „Krieg um Energie", siehe *W. Panjuschkin/M. Sygar*, Gazprom: Das Geschäft mit der Macht, 299.

38 Siehe Bericht bei *spiegel-online*, Russische Gaslierferungen über Ukraine komplett gestoppt, 7. Januar 2009, abrufbar unter: http://www.spiegel.de/wirtschaft/0,1518,599858,00.html (Stand Juli 2010). Zu den Auswirkungen in den einzelnen Staaten *SZ*, Schulkinder singen gegen Kälte an, 9. Januar 2009, 7.

ische Gasversorgung unabhängiger von Differenzen zwischen Russland und den ehemaligen Ostblockstaaten machen.[39]

Es wurde jedoch auch deutlich, in welchem Umfang Russland seine Gasreserven und die Ukraine sowie andere osteuropäische Staaten ihnen zustehende Durchleitungsrechte und Transitgebühren als Macht- und Druckmittel einsetzen, auch gegen westeuropäische Staaten. Insbesondere die EU als weltweit größter Energieimporteur ist bei rückläufiger Eigenproduktion und steigendem Bedarf abhängig von russischen Importen.[40] Durch Diversifizierung wird verstärkt seit Beginn der 1990er Jahre versucht, die Abhängigkeit Europas vom größten Erdgasimporteur Russland zu minimieren.[41] Besonders wichtig in diesem Zu-

---

[39] Siehe *M. Kröger*, Russland schwört Deutschland auf langen Gasstreit ein, *spiegel-online*, 6. Januar 2009, abrufbar unter: http://www.spiegel.de/wirtschaft/0,1518,599831,00.html (Stand Juli 2010); *F. Nienhuysen*, Das Gas fließt, *SZ*, 21. Januar 2009, 7.

[40] Bis 2015 muss die EU 75 % ihres Erdgasverbrauches durch Importe abdecken, die *Nord Stream-Pipeline* soll dann ca. 25 % dieses zusätzlichen Gasimportbedarfs decken. Siehe *Nord Stream AG*, Presse-Hintergrundinformation, Neue Wege der Gasversorgung für Europa, Januar 2008, 2 unter http://www.nordstream.com/uploads/media/Nord_Stream_Press_Release_Background_info_ger.pdf (Stand Juli 2010). Siehe auch *A. Knudsen*, Sicherheitsrisiko Ostseepipeline, (9) 9. Siehe Details zur Abhängigkeit Europas von Energieimporten *M.C. Pröfrock*, Energieversorgungssicherheit im Recht der EU/EG, 22 f.; *D. Bimboes*, Die Ostseepipeline, 2 ff. Im November 2008 äußerte der russische Premier *V. Putin* Zweifel daran, ob Europa tatsächlich so viel Gas brauche, wie Russland durch die *Nord Stream-Pipeline* liefern könne, und zweifelte an der Notwendigkeit des Baus der Pipeline. Alternativ wäre, insbesondere bei einem geringeren Bedarf, ein Transport des verflüssigten Gases in Tankern möglich. Siehe *S. Zekri*, Putin stellt Pipeline infrage, *SZ*, 13. November 2008, 8; *S. Zekri*, Die Kunst des Drohens, *SZ*, 14. November 2008, 9.

[41] Siehe *F. Nienhuysen*, Das Gas fließt, *SZ*, 21. Januar 2009, 7; *spiegel-online*, Russland liefert wieder Gas nach Europa, 13. Januar 2009, abrufbar unter: http://www.spiegel.de/wirtschaft/0,1518,600924,00.html (Stand Juli 2010). *Y. Grigoryev*, The Russian Gas Industry, (125) 125, beziffert Europas Abhängigkeit von russischem Gas auf ¼. Siehe Details zu Vorkommen und Nachfrage bezüglich europäischer Staaten für das Jahr 1993 *UNECE*, Gas Networks in Europe, 1 ff. Siehe ausführlich *R. Götz*, Russian Gas and European Energy Security, 9 ff. Grafik zu Europas Gasquellen bei *M. Winter/J. Rubner*, Die Kunst, an einem Strang zu ziehen, *SZ*, 17./18. Januar 2009, 8. Siehe zur Energiesicherheit der EU ausführlich *H.-H. Schröder/D.M. Tull (Hrsg.)*, Europäische Energiesicherheit 2020, 7 ff. Nach Angaben von *J. Dahlkamp u. a.*, Giftiger Cock-

sammenhang ist eine im europäischen Rahmen geplante Pipeline, die Westeuropa ab 2012 an die Gasreserven des Kaspischen Meeres und des Mittleren Ostens, insbesondere Irans, anbinden soll (sog. *Nabucco Pipeline*).[42] Russland hat in Konkurrenz zur *Nabucco Pipeline* das Projekt der sog. *South Stream Pipeline* zusammen mit Italien initiiert: Geplant ist eine Gaspipeline, die von Russland über das Schwarze Meer in die EU führen soll.[43] Auch anhand dieses Beispiels wird deutlich, welche energie- und machtpolitische Bedeutung see- und landverlegte Rohrleitungen haben, und dass es für Staaten entscheidend ist, Verlegung und Betrieb solcher Transportrohrleitungen ihrem Einfluss und ihrer Kontrolle zu unterwerfen.

---

tail, *Der Spiegel 35/2008*, 79, kauft Deutschland Erdgas zu 44,1 % in Russland ein.

42 Siehe *N. Richter/A. Boecker/G. Herrmann/S. Zekri*, Ostsee-Pipeline: Eine Verbindung unter Druck, *SZ*, 5./6. Juli 2008, 3; *R. Wolf*, Rechtliche Rahmenbedingungen für die geplante Ostsee-Pipeline, (24) 25; *C. Gammelin*, Verpuffte Energie, *SZ*, 14. November 2008, 14; *K. Brill*, Europa will sich gegen Engpässe bei Gas-Lieferungen wappnen, *SZ*, 27. April 2009, 9; *K. Strittmatter*, 2000 Kilometer Politik, *SZ*, 13. Juli 2009, 2. Zu den europäischen Pipelineprojekten auch *D. Schraven*, Mehr Gas per Schiff, *Welt am Sonntag*, 15. Juni 2008, WS 2.

43 Siehe nähere Informationen zum Projekt bei *S. Zekri*, Wettlauf um die Pipeline nach Europa, *SZ*, 16./17. Mai 2009, 7; *G. Pörzgen*, Gasprom: Die Macht der Pipeline, 58 f. Siehe übersichtliche Karte zu bestehenden und geplanten Gaspipelines im russisch-europäischen Raum bei *R. Götz*, Gasproms Zukunftsstrategie: Marktbeherrschung und Expansion, 3.

Kapitel 2: Definition, Technik und Vergleich zu unterseeischen Kabeln

I. Definition und Arten unterseeischer Rohrleitungen

1. Definition des Terminus unterseeische Rohrleitung

Eine unterseeische Rohrleitung ist ein unterseeisch verlegter, durch die Verbindung von meist stählernen Rohren gebildeter Hohlkörper, durch den mit Hilfe von Druck materielles Fördergut (Flüssigkeiten, Gas oder fein getrennte Feststoffe) transportiert wird.[44] Der Begriff Rohrleitung fungiert als Oberbegriff und erfasst insbesondere Erdgas- und Erdölleitungen als häufigste und wichtigste Art unterseeischer Rohrleitungen. Auch internationale Konventionen wie das SRÜ verwenden meist den allgemeinen Begriff Rohrleitung, nur an wenigen Stellen unterscheiden die Bestimmungen zwischen verschiedenen Arten von Rohrleitungen.

Das SRÜ führt nur in Art. 124 Abs. 2 SRÜ[45] in Bezug auf die Transitfreiheit von Binnenstaaten „Rohrleitungen und Gasleitungen" gesondert auf.[46] Da jedoch weder Art. 124 Abs. 2 SRÜ noch die anderen Bestimmungen des SRÜ rechtlich zwischen Rohrleitungen im Allgemeinen und Gasleitungen unterscheiden, ist die explizite Nennung von Gasleitungen und die Nichterwähnung von Ölleitungen in Art. 124 Abs. 2 SRÜ nicht von weiterer Bedeutung. Art. 124 Abs. 2 SRÜ erfasst

---

[44] Siehe zur Definition *R. Lagoni/A. Proelß*, Festlandsockel und ausschließliche Wirtschaftszone, (161) 203, Rn. 122; *R. Lagoni*, Pipelines, EPIL, 296; *W. Wiese*, Seeverlegte Rohrleitungen im Völkerrecht, 26 m. w. N.; *P. Hess*, Die rechtliche Behandlung der Rohrleitungen zur Beförderung von flüssigen und gasförmigen Brenn- und Treibstoffen, 8 ff.

[45] Art. 124 Abs. 2 SRÜ: „Binnenstaaten und Transitstaaten können durch Vereinbarung in die Verkehrsmittel Rohrleitungen und Gasleitungen sowie andere als die in Abs. 1 genannten einbeziehen."

[46] Bereits die Vorschläge, die zu Beginn und im Laufe der Dritten Seerechtskonferenz vorgebracht wurden, unterschieden zwischen Rohr- und Gasleitungen. Siehe Vorschlag von 1973, abgedruckt bei *M.H. Nordquist* (ed.), UNCLOS Commentary, Vol. III, 402, Para. 124.2: „For the purpose of this Convention: (…) (d) The term ‚means of transport' includes: (…) (iii) Pipelines, gaslines (…)." Siehe auch die entsprechende Bestimmung des ISNT und RSNT, abgedruckt bei *M.H. Nordquist* (ed.), UNCLOS Commentary, Vol. III, 403 f., Para. 124.4, 124.5: „Land-locked States and transit States may, by agreement between them, include as means of transport pipelines and gas lines (…)."

demnach alle Arten unterseeischer Rohrleitungen, also auch solche, in denen Erdöl transportiert wird.

Eine andere Unterscheidung ist bedeutender: Nach der EK ist eine UVP nur bei „Öl- und Gaspipelines großen Durchmessers“ (sog. „large-diameter oil and gas pipelines“) erforderlich.[47] Zum einen wird hier nach Größe bzw. Durchmesser der Pipeline differenziert, zum anderen nach dem transportierten Produkt Öl und Gas. Gerade der See-Transport von Öl und Gas birgt erhöhte Risiken für die Meeresumwelt und stellt die Verlegetechnik vor andere technische Anforderungen als der unterseeische Transport anderer Produkte (z. B. von Trinkwasser).[48] Daraus erklärt sich, dass die EK nur Öl- und Gasleitungen und nicht Wasser- oder andere Produktleitungen betrifft. In rechtlicher Hinsicht werden Öl- und Gasleitungen trotz der technischen Unterschiede und der unterschiedlichen Gefährdungslagen beim Transport von Öl oder Gas im internationalen Recht ansonsten weitgehend gleich behandelt.

2. *Arten unterseeischer Rohrleitungen*

Wie bereits in der Einführung erwähnt, weisen unterschiedliche Arten von Rohrleitungen insbesondere hinsichtlich ihrer Lage und ihres Verwendungszwecks bzw. ihrer Funktion Besonderheiten auf, es können insbesondere verschiedene Normen oder Rechtsregime zur Anwendung kommen. Die folgende Liste unterschiedlicher Arten seeverlegter Rohrleitungen soll einen Überblick über die wichtigsten Arten seeverlegter Rohrleitungen geben und ist nicht abschließend:

Die bereits erwähnten grenzüberschreitenden (transnationalen) seeverlegten Rohrleitungen werden hier weit verstanden als alle Rohrleitungen, die über das Staatsgebiet eines Küstenstaates[49] hinaus verlegt werden.

---

[47] Siehe Anhang I lit. 8 EK. Details zur Begriffsbestimmung, insbesondere ab wann eine Pipeline einen großen Durchmesser hat, siehe unten S. 334 ff.

[48] Unterseeische Leitungen, die andere Produkte als Erdgas, Erdöl oder damit zusammenhängende Produkte transportieren, sind bisher nicht realisiert. In einigen Jahren soll jedoch eine seeverlegte Wasserrohrleitung fertiggestellt werden, die Wasser vom türkischen Festland auf den türkischen Teil Zyperns transportiert, um dort die Wasserknappheit zu lindern.

[49] Zum Staatsgebiet gehören nach Art. 2 Abs. 1, 2 SRÜ auch das Küstenmeer eines Küstenstaates und dessen Meeresboden und -untergrund, jedoch nicht der Festlandsockel bzw. die Zone *sui generis* AWZ, dem Küstenstaat kom-

Eine bedeutende Art grenzüberschreitender Seerohrleitungen sind sog. Land-See-Land-Rohrleitungen („coast-to-coast pipelines", Transportrohrleitungen), die vom Territorium eines Küstenstaates entlang des Meeresbodens in das Territorium eines anderen Küstenstaates führen, die also die Territorien zweier Staaten verbinden. Hierunter fallen u. a. Rohrleitungen, die Öl oder Gas von einer an Land befindlichen Lagerstätte zu einem anderen Staat auf dem Seeweg transportieren.

Sog. „field-to-coast pipelines" („transmission lines") führen von einer Anlage („installation")[50], mit der im Küstenmeer bzw. auf dem Festlandsockel eines Küstenstaates Erdöl und/oder Erdgas abgebaut werden, an die Küste des fördernden Küstenstaates oder eines anderen, meist benachbarten Staates. Solche Rohrleitungen stehen in unmittelbarem Zusammenhang mit der Ausbeutung der natürlichen Ressourcen des Festlandsockels, was zu Besonderheiten hinsichtlich ihrer Rechtsstellung und der anzuwendenden Normen führen kann.

Sog. „field-to-field pipelines" (auch „inter-field pipelines") sind Rohrleitungen, die zwei oder mehrere Öl- oder Gasfelder miteinander verbinden, die sich im Küstenmeer bzw. auf dem Festlandsockel eines Staates oder mehrerer Staaten befinden.[51] Auch in diesem Fall können sich Besonderheiten daraus ergeben, dass die Rohrleitungen in direktem Zusammenhang mit der Ausbeutung der natürlichen Ressourcen des Festlandsockels stehen.

Daran anknüpfend sind sog. Feldleitungen (auch „infield pipelines" oder „intra-field pipelines") Rohrleitungen, die innerhalb eines Ölfeldes oder eines aus mehreren Feldern bestehenden Vorkommens zum Transport des Fördergutes zu einem zentralen Speicher, einem Schiffsverladeterminal (sog. „loading lines") oder zu einer Rohrleitung, die an Land führt, eingesetzt werden.[52] Bei solchen Pipelines schließt sich wegen des engen Zusammenhangs zu den Ausbeutungsrechten des Küstenstaates

---

men aber in diesen Zonen bestimmte souveräne Rechte und Hoheitsbefugnisse zu. Siehe hierzu ausführlich S. 93 ff.

[50] Dieser Terminus ist im internationalen Seerecht von großer Bedeutung, die Terminologie ist jedoch nicht immer einheitlich und dem Begriff kann eine unterschiedliche Reichweite zukommen. Siehe im Einzelnen unten S. 189 ff.

[51] Siehe zu den Kategorien auch *M.M. Roggenkamp*, Petroleum Pipelines in the North Sea, (92) 95.

[52] Siehe *W. Wiese*, Seeverlegte Rohrleitungen im Völkerrecht, 50; *M. Roelandt*, Pipelines dans le droit de la mer, 76 f., verwendet für diese Rohrleitungen den Oberbegriff „flow lines".

die Frage an, ob solche Feldleitungen dem Regime der Förderanlagen unterliegen.

Anlandende Rohrleitungen sind Rohrleitungen, die in das Hoheitsgebiet des Küstenstaates (die inneren Gewässer oder das Küstenmeer) führen oder dieses durchqueren.[53]

Von diesen anlandenden Rohrleitungen zu unterscheiden sind sog. Transitrohrleitungen, die auf oder durch den Festlandsockel eines fremden Küstenstaates führen.

Erdöl und Erdgas können auch auf dem Meeresboden jenseits nationaler Hoheitsbefugnisse, dem sog. Gebiet, abgebaut und dann per Pipeline in das Territorium eines Staates transportiert werden. Diese Möglichkeit ist zwar bis dato wegen der enormen Kosten und aus technischen Gründen kaum praktisch relevant. Infolge der steigenden Rohölpreise und der Ressourcenknappheit erscheint es aber wichtig, auch diese Option zu untersuchen. Bei solchen Rohrleitungen könnte der IMB eine besondere Rolle zukommen.

Die *Nord Stream-Pipeline* ist eine grenzüberschreitende Land-See-Land Rohrleitung, die auf dem Seeweg von Russland nach Deutschland führt. Die *Nord Stream-Pipeline* führt bei der Insel *Bornholm* durch das Küstenmeer Dänemarks und ist damit für Dänemark eine sog. anlandende Rohrleitung. Als Transitrohrleitung führt sie u. a. durch die schwedische AWZ.

II. Technik und Kosten der Verlegung unterseeischer Rohrleitungen

Die ersten Seepipelines waren elastische Stahl- oder Bleileitungen mit einem Durchmesser von 75 mm und wurden ähnlich einem Seekabel von den Trommeln eines Kabelschiffs aus verlegt.[54] Heutzutage beträgt der Durchmesser einer Meerespipeline durchschnittlich zwischen 600 und 1.400 mm.[55] Die Rohrleitungstechnik hat in den vergangenen Jahrzehnten erhebliche Fortschritte erzielt, insbesondere was Material,

---

[53] Siehe Details zum Begriff und Rechtsregime unten S. 184 ff., 226 ff.

[54] *R. Lagoni/A. Proelß*, Festlandsockel und ausschließliche Wirtschaftszone, (161) 202, Rn. 121.

[55] Die *Nord Stream-Pipeline* beispielsweise ist 1.400 mm dick. Zu den durschnittlichen Durchmessern von Rohrleitungen *IEA*, Natural Gas Transportation, 47.

Technik der Verlegung und Untersuchungen des Meeresbodens im Bereich der Trasse anbelangt.[56]

1. Funktionsweise unterseeischer Erdgas- und Erdölleitungen

Die Verlegung von Rohrleitungen am oder im Meeresboden und der Transport von Öl und Gas durch solche Pipelines bringen einige Besonderheiten im Vergleich zu Landrohrleitungen mit sich. Unterseeische Rohrleitungen müssen insbesondere in großer Tiefe einem enormen Druck und niedrigen Temperaturen standhalten. Sie sind der Korrosion durch Salzwasser sowie externen Gefahren ausgesetzt, u. a. Abbauarbeiten in der Nähe der Rohrleitung oder Erdrutschen.

Tritt Öl aus einer unterseeischen Rohrleitung aus, so stellt dies eine unmittelbare Verschmutzungsgefahr für die Meeresumwelt dar, da Öl in physikalischer, chemischer und biologischer Hinsicht die Meeresumwelt verändert und zudem eine der Hauptursachen und eines der größten Probleme mariner Verschmutzungen darstellt.[57] Bei seeverlegten Gasrohrleitungen hingegen ist die Gefahrenlage anders:[58] Die schädlichen Auswirkungen eines Gasaustritts auf Meeresflora und -fauna sind geringer als beim Ölaustritt. Wird in einer Gaspipeline der maximale Druck überschritten, so stoppen Absperrventile den Gasfluss und das verbleibende Gas steigt aufgrund des Dichteunterschiedes an die Wasseroberfläche und verdichtet sich in der Atmosphäre zu einem Gas-Luft-Gemisch. Wegen des Verdünnungseffektes ist das Explosionsrisiko gering. Jedoch ist der Treibhauseffekt von Erdgas, das überwiegend aus Methan besteht, enorm hoch.

---

[56] Zertifizierungsorganisationen wie die norwegische *Det Norske Veritas* oder der *Germanische Lloyd* entwickeln technische Standards für Seerohrleitungen. Siehe zur Qualitätskontrolle der Rohre für die *Nord Stream-Pipeline* bei Herstellung, Bau und Betrieb *Nord Stream AG*, Facts Ausgabe 8/11 – 2008, 3, abrufbar unter: http://www.nord-stream.com/fileadmin/Dokumente/1__PDF/4__Newsletter/8/NORD_STREAM_FACTS_ISSUE_8_GERMAN.pdf (Stand Juli 2010). Die nachfolgenden Ausführungen beziehen sich – sofern nicht anders gekennzeichnet – insbesondere auf Hintergrundinformationen, die in Bezug auf die *Nord Stream-Pipeline* der Öffentlichkeit zugänglich gemacht wurden. Siehe unter: http://www.nord-stream.com/de (Stand Juli 2010).

[57] Siehe *H. Esmaeili*, The Legal Regime of Offshore Oil Rigs, 147 m. w. N.

[58] Siehe hierzu *K. Kim*, Ostseepipeline „Nord Stream“ – ein meeresumweltrechtliches Problem?, (170) 172.

Auch die Funktionsweisen seeverlegter Erdöl- und Erdgasleitungen weisen Besonderheiten auf. Bei Erdölleitungen wird das Erdöl durch Druck-Kreiselpumpen in Bewegung gesetzt, die in regelmäßigen Abständen installiert werden müssen, um einen gleichmäßigen Fluss zu garantieren.[59] Hierbei hängen Geschwindigkeit und Anzahl der benötigten Pumpen von Rohrdurchmesser, Distanz und Zähigkeit des transportierten Mediums ab. Verschiedene Ölprodukte können auch nacheinander transportiert werden.[60] Durch ferngesteuerte Schieber kann das Produkt in Abzweigungen zu den Abnehmern entlang der Leitung geschickt werden.

Statt Pumpstationen haben Erdgasleitungen Verdichterstationen, die den Druck in der Rohrleitung je nach Notwendigkeit drosseln oder erhöhen.[61] Gerade bei langen Strecken ist es erforderlich, dass das Gas in der Rohrleitung heruntergekühlt wird, was zu Temperaturanomalien und einer Eisbildung entlang der Pipeline führen und damit die Meeresflora und -fauna entlang der Rohrleitung verändern kann.[62] Auch Lärm und Vibrationen, die sowohl beim Gas- als auch beim Öltransport in

---

[59] Siehe *M. Roelandt*, Pipelines dans le droit de la mer, 81.

[60] Bei solchen „multi product pipelines" ist der Ausschuss durch Vermischung gering bzw. kann durch den Einsatz von Trennvorrichtungen wie Plastikkugeln weiter minimiert werden, weshalb die Wirtschaftlichkeit solcher Pipelines nicht beeinträchtigt ist. Siehe *W. Wiese*, Seeverlegte Rohrleitungen im Völkerrecht, 53, 56 m. w. N.

[61] Gaspipelines brauchen nach je 100 bis 150 km eine Verdichterstation, siehe *C. Schrader*, Leere Leitungen erzeugen Druck, *SZ*, 9. Januar 2009, 7. Der Druck, dem die *Nord Stream-Pipeline* standhalten muss, liegt zwischen 220 und 100 bar. Dabei nimmt der Druck entlang der Rohrleitung ab, am höchsten ist er am Ausgangspunkt, am niedrigsten am Endpunkt. Siehe *A. Stirn*, 100 000 Röhren zwischen Finnland und Rügen, *SZ*, 2./3. Mai 2009, 22. Siehe auch *IEA*, Natural Gas Transportation, 47 f. mit Schaubild; *Welt am Sonntag*, 15. Juni 2008, WS 5.

[62] Siehe *WWF Germany*, Eco-check for submarine pipelines in the Baltic Sea, 11; siehe auch *K. Kim*, Ostseepipeline „Nord Stream" – ein meeresumweltrechtliches Problem?, (170) 172. Entlang eines unterseeischen Kabels erhitzt sich das Meerwasser im Gegensatz hierzu, was ebenfalls zu erheblichen Veränderungen der betroffenen Flora und Fauna sowie der Struktur des Meeresbodens führen kann.

Seerohrleitungen entstehen, können sich auf die Meeresumwelt auswirken.[63]

Beim Pipelinetransport über lange Strecken und in Rohren großen Durchmessers mit hohem Innendruck ist i. d. R. eine Wartungsplattform erforderlich, um die Betriebssicherheit der Pipeline zu gewährleisten. In regelmäßigen Abständen müssen die Leitungen von außen und innen (durch Drucktests) überprüft und gewartet werden. Neuere hochentwickelte Inspektions- und Messgeräte (sog. Molche) ermöglichen eine sichere Wartung und Säuberung seeverlegter Rohrleitungen auch ohne eine zusätzliche Wartungsplattform, die weitere Kosten verursacht und deren Errichtung mit küstenstaatlichen Interessen konfligieren kann.[64]

2. *Verlegetechnik und Untersuchungen des Meeresbodens*

Meeresrohrleitungen werden von speziellen Verlegeschiffen („lay barges") aus über einen Ausleger bzw. eine Pipelineablauframpe („stinger") auf den Meeresboden herabgelassen.[65] In Küstennähe werden wegen der geringen Wassertiefe kleinere Verlegeschiffe mit geringerem Tief-

---

63 *K. Kim*, Ostseepipeline „Nord Stream" – ein meeresumweltrechtliches Problem?, (170) 172, schätzt diese Auswirkungen (bezogen auf Gaspipelines) als geringfügig ein.

64 Bei den Inspektionsläufen werden die Molche mit Hilfe des Gasdrucks durch die Leitung getrieben. Sie sind mit Sensoren ausgestattet und spüren Unregelmäßigkeiten auf, die sowohl durch innere Einwirkung als auch äußere Korrosion entstehen können. Siehe *A. Stirn*, 100 000 Röhren zwischen Finnland und Rügen, *SZ*, 2./3. Mai 2009, 22. Siehe zu den Problemen der Reparatur sog. „deep water pipelines" Ende der 1980er Jahre *C.J. Smith*, Offshore Pipelines in European Maritime Areas, (62) 63.

65 Dabei ist der „stinger" am Heck des Schiffes befestigt und stützt die Pipeline, um die Belastungen während des Verlegeprozesses möglichst gering zu halten. Siehe zur Entwicklung der „lay barges" sowie zu den Verlegemethoden *C.J. Smith*, Offshore Pipelines in European Maritime Areas, (62) 62 f.; *M. Roelandt*, Pipelines dans le droit de la mer, 28 f. zum Verlegevorgang, 30 Schaubild; siehe zum Verlegevorgang auch *S.J. de Groot*, The Impact of Laying and Maintenance of Offshore Pipelines on the Marine Environment, (1) 3 f. Die Verlegeleistung moderner Verlegeschiffe beträgt – je nach Wassertiefe – bis zu 3 km täglich.

gang verwendet.[66] Die einzelnen Rohrstränge aus Stahlblechen werden zunächst an Land gefertigt. Sie werden innen mit einer Anti-Friktionsbeschichtung und außen mit einer Korrosionsschutzbeschichtung versehen, die durch eine Betonummantelung verstärkt wird, die den Rohren zusätzliches Gewicht und Stabilität auf dem Meeresboden verleiht.[67] An Bord werden die Rohrstränge dann von innen und außen zusammengeschweißt und per Ultraschall auf Schweißdefekte überprüft. Jede Schweißnaht – die Schwachstellen moderner Rohrleitungen – wird mit einem Korrosionsmantel isoliert und mit einem Stahlblechgehäuse umhüllt.[68] Der Innenraum der Rohrleitung wird zum Schutz der Schweißnähte ausgegossen. Vor Inbetriebnahme soll die *Nord Stream-Pipeline* 24 h lang mit einer wässrigen Flüssigkeit und einem höheren Druck durchspült werden, um die Rohrleitung auf Lecks zu testen.[69]

Heute werden Rohrleitungen entweder am Meeresboden verlegt (meist in Leitungsgräben, sog. „trenches“) oder in den Meeresuntergrund eingespült oder eingegraben, insbesondere wo dies zum Schutz der Leitung und unter Berücksichtigung anderer Freiheiten der Hohen See wie der Fischerei und der Schifffahrt erforderlich ist. Die *Nord Stream-Pipeline* wird im Bereich des als Natura 2000-Gebiet geschützten Greifswalder Bodden in 15 m breite und vier bis fünf m tiefe Gräben

---

66 Siehe zu den technischen Problemen der Anlandung unterseeischer Rohrleitungen *R.J. Stuart*, Developments in the Design of Subsea Pipelines, (14) 16.

67 Siehe zur Fertigung der Rohre *A. Stirn*, 100 000 Röhren zwischen Finnland und Rügen, *SZ*, 2./3. Mai 2009, 22; *T. Koch*, Millimeterarbeit der Pipeline-Schmiede in Mühlheim, *Welt am Sonntag*, 15. Juni 2008, WS 6. Siehe zum Korrosionsschutz *R.J. Stuart*, Developments in the Design of Subsea Pipelines, (14) 18; *S.J. de Groot*, The Impact of Laying and Maintenance of Offshore Pipelines on the Marine Environment, (1) 2 f.; *W. Müller-Michaelis*, Öl und Gas aus der Nordsee, (55) 58, erwähnt Korrosionsschutz durch Bitumen (Erdpech) und Beton. Siehe zu den Arten von Rohrleitungen *J.M. Anderson*, Decommissioning Pipelines and Subsea Equipment, 2.2. Scale of the Problem.

68 Die Nähte der einzelnen Rohre der *Nord Stream-Pipeline* werden in Schrumpfschläuche gewickelt und von einem Mantel aus Polyurethan umschlossen. Siehe *A. Stirn*, 100 000 Röhren zwischen Finnland und Rügen, *SZ*, 2./3. Mai 2009, 22.

69 *A. Stirn*, 100 000 Röhren zwischen Finnland und Rügen, *SZ*, 2./3. Mai 2009, 22.

eingegraben.[70] Bei sandigem Untergrund kann die Meeresrohrleitung nicht immer mit dem Meeresboden verankert werden, was dazu führen kann, dass die Rohrleitung z. B. wegen Strömungen ihre Lage verändert und somit andere Meeresnutzungen behindert.[71] Auf Stützkonstruktionen verlegte Rohrleitungen – wegen eines felsigen Meeresbodens oder aus Stabilitätsgründen – sind unter Wasser eher selten.[72]

Hinsichtlich der Auswahl der Pipelinetrasse ist entscheidend, dass unterseeische Rohrleitungen möglichst um geologisch problematische Gebiete wie Felsriffe oder Schluchten sowie um ökologisch sensible Gebiete, militärische Sperrzonen, wichtige Schifffahrtsrouten oder Munitionsverklappungsgebiete herum verlegt werden und Kreuzungen mit anderen unterseeischen Kabeln und Rohrleitungen möglichst vermieden werden.[73] Zu diesem Zweck wird vor Beginn der Verlegung unterseeischer Rohrleitungen in einem mehrstufigen und Jahre dauernden Verfahren der Meeresboden im Trassenverlauf mit Multisensoren und Sonarsystemen geophysikalisch untersucht.[74] Einerseits werden Flora, Fauna und Sedimentstruktur des Meeresbodens (felsig, sandig) erforscht, andererseits wird der Meeresboden im Hinblick auf Objekte wie Schiffwracks oder militärische Altlasten (Minen, Fässer mit Giftgas)

---

70 *WWF Germany*, Hintergrundinformation: Öko-Check für die Ostsee-Pipeline, 1, 2. Siehe zu den Methoden des Eingrabens *S.J. de Groot*, The Impact of Laying and Maintenance of Offshore Pipelines on the Marine Environment, (1) 4 ff. Siehe zum Phänomen des sog. „self burial of subsea pipelines", insbesondere bei aktivem sandigen Meeresgrund, *R.J. Stuart*, Developments in the Design of Subsea Pipelines, (14) 14 f. *K. Castringius*, Meeresschutzgebiete, 44, nennt zwei bis drei m tiefe Gräben.

71 Siehe *W. Wiese*, Seeverlegte Rohrleitungen im Völkerrecht, 283. Siehe zu den technischen Problemen der Pipeline-Stabilität *R.J. Stuart*, Developments in the Design of Subsea Pipelines, (14) 17 f.

72 *W. Wiese*, Seeverlegte Rohrleitungen im Völkerrecht, 202.

73 Siehe hierzu *Nord Stream AG*, Facts Ausgabe 8/11 – 2008, abrufbar unter: http://www.nord-stream.com/fileadmin/Dokumente/1__PDF/4__Newsletter/8/NORD_STREAM_FACTS_ISSUE_8_GERMAN.pdf (Stand Juli 2010).

74 Nähere Informationen zur dreiphasigen Untersuchung des Trassenverlaufs der *Nord Stream-Pipeline* unter: http://www.nord-stream.com/fileadmin/Dokumente/ger/Nord_Stream_Background_memo_Munitions_de.pdf (Stand Juli 2010). Siehe auch *S. Thielbeer*, Munition auf dem Meeresgrund, *FAZ*, 29. Dezember 2007, 5.

untersucht, die die Rohrleitung gefährden könnten.[75] Sofern ökologisch sensible Gebiete nicht gemieden werden können, sind eine schonende Verlegetechnik, mögliche Zeitfenster der Verlegung (wie die Vermeidung von Brutzeiten) und die Frage, was nach der Stilllegung der Pipeline passiert, entscheidend.[76] Unebenheiten des Meeresbodens können durch Abtragung oder Auffüllen ausgeglichen werden. So ist beispielsweise geplant, in den felsigen Böden der finnischen und schwedischen Ostseegebiete Schluchten und Felsriffe einzuebnen, um der *Nord Stream-Pipeline* ein sicheres Bett zu schaffen.[77] Aufgrund der Vielzahl seeverlegter Kabel und Rohrleitungen, gerade in Randmeeren wie der Nord- und Ostsee, lässt es sich zudem häufig nicht vermeiden, dass sich Rohrleitungen und Kabel kreuzen, was zu technischen und rechtlichen Problemen führen kann.[78]

3. Stilllegung unterseeischer Rohrleitungen

Wird eine seeverlegte Rohrleitung stillgelegt, so stellt sich die Frage, ob die Rohrleitung am oder im Meeresgrund verbleiben kann oder (teilweise) geborgen werden muss.[79] Die Stilllegung einer Meeresrohrleitung kommt in Betracht, wenn die Betriebs- und Unterhaltungskosten

---

[75] Siehe *S. Thielbeer*, Munition auf dem Meeresgrund, *FAZ*, 29. Dezember 2007, 5. Siehe detaillierte Vorschläge zu einem sog. „Standard Monitoring Programme", in dem u. a. Umfang und Art und Weise der Untersuchungen vorgegben werden *WWF Germany*, Eco-check for submarine pipelines in the Baltic Sea, 23 f.

[76] Siehe *WWF Germany*, Eco-check for submarine pipelines in the Baltic Sea, 11.

[77] *WWF Germany*, Hintergrundinformation: Öko-Check für die Ostsee-Pipeline, 1 f.

[78] Häufig werden dann sog. „crossing agreements" geschlossen. Siehe ausführlich *R. Lagoni*, Legal Aspects of Submarine HVDC Cables, 37 ff., 42 ff.; *H. Loch*, Untergrundorganisation, (52) 55, stellt fest, dass die Kosten wegen der steigenden Zahl der Brückenkonstruktionen die Rentabilität neuer Kabel und Rohrleitungen in Frage stellen.

[79] Siehe u. a. Kleine Anfrage der Fraktion *Bündnis 90/DIE GRÜNEN*, Ökologische Konsequenzen der geplanten Ostseepipeline und Prüfung alternativer Streckenverläufe, 14. März 2008, Deutscher Bundestag, 16. Wahlperiode, BTDS 16/8627, 5, abrufbar unter: http://dip21.bundestag.de/dip21/btd/16/086/1608627.pdf (Stand Juli 2010).

außer Verhältnis stehen zum Ertrag,[80] aber auch dann, wenn infolge von Korrosion oder einer Beschädigung der Pipeline die Meeresumwelt gefährdet ist. Gerade in letzterem Fall ist es aber schwierig zu entscheiden, ob eine stillgelegte Pipeline immer auch entfernt werden muss, da eine Entfernung mehr Risiken mit sich bringen kann als der Verbleib einer Rohrleitung am Meeresboden, insbesondere wenn diese eingegraben oder mit Beton beschwert ist. Des Weiteren besteht die Möglichkeit der alternativen Nutzung einer stillgelegten Pipeline, z. B. für wissenschaftliche Zwecke oder als künstliches Riff.[81] Die Entfernung einer Meeresrohrleitung kann aber insbesondere aus Gründen der Sicherheit der Schifffahrt oder der Schleppnetzfischerei geboten sein.[82]

Aus zwei Gründen ist die Problematik einer vollständigen oder teilweisen Entfernung einer Seepipeline bisher nicht in größerem Ausmaß aktuell geworden:[83] Zum einen haben die meisten Rohrleitungen wegen ihren hohen Lebensdauer das Ende ihrer Nutzung noch nicht erreicht. Zum anderen wird eine Stilllegung verzögert, da die Bergung einer unterseeischen Rohrleitung große technische Schwierigkeiten und Gefahren für die Meeresflora und -fauna mit sich bringt und sehr teuer ist.

4. Kosten des Seerohrleitungs-Transports

Die Kosten der Verlegung unterseeischer Rohrleitungen sind höher als bei der Verlegung terrestrischer Leitungen. Sie werden von unterschiedlichen Faktoren wie der Länge der Leitung, dem Transportvolumen, der Wassertiefe und der Eigenschaft des Meeresbodens determiniert, wobei die Kosten des Gastransports in einer Meeresrohrleitung aufgrund der komplizierten Technologie ca. zehn Mal so hoch sind wie der Transport

---

[80] Zu den wirtschaftlichen Aspekten siehe *J.M. Anderson*, Decommissioning Pipelines and Subsea Equipment, 1. Introduction.

[81] Siehe zu den biologischen Effekten künstlicher Strukturen *S.J. de Groot*, The Impact of Laying and Maintenance of Offshore Pipelines on the Marine Environment, (1) 22 f.

[82] *WWF Germany*, Eco-check for submarine pipelines in the Baltic Sea, 11, nennt als zwei weitere wichtige Gründe die mögliche erneute Verwendung des Stahls und die Tatsache, dass möglichst vermieden werden sollte, dass zu viele anthropogene Strukturen auf dem Meeresboden dauerhaft verbleiben.

[83] Zum Folgenden *J.M. Anderson*, Decommissioning Pipelines and Subsea Equipment, Abstract; 4. The Decommissioning Process; 6. Conclusion.

einer entsprechenden Menge Öls.[84] Im Durchschnitt kann bei modernen Gasleitungen wie der *Nord Stream-Pipeline* davon ausgegangen werden, dass die Kosten bei über 5 Mio. Euro pro verlegtem km liegen, wobei ein Großteil für die kostenintensiven Untersuchungen des Meeresbodens aufgewendet werden muss.[85] Die Gesamtkosten der *Nord Stream-Pipeline* werden auf ca. 7, 4 Mrd. Euro geschätzt.[86] Diese hohen Kosten erfordern einen möglichst kurzen und direkten Trassenverlauf einer Seepipeline.[87]

Im Vergleich zu anderen maritimen Transportmedien bringt der Transport per Meeresrohrleitung einige Vorteile mit sich.[88] Da Transportweg und Transportgefäß eine Einheit bilden, entfällt die kostenintensive Zurückführung leerer Transportgefäße. Des Weiteren wird nur das Transportgut, nicht aber das Transportmittel selbst bewegt, was Infrastrukturmaßnahmen weitestgehend entbehrlich macht und Energie für den Antrieb spart, ein Vorteil in ökonomischer wie ökologischer Hinsicht. Der Transport erfolgt schnell und kontinuierlich und ist weniger abhängig von äußeren Einflüssen wie schlechter Witterung oder starkem Wellengang. Den enormen (einmaligen) Verlegungskosten stehen deshalb relativ niedrige Personal-, Energie- und Instandhaltungskosten gegenüber.[89] Des Weiteren ist die Lebensdauer von Seepipelines länger als die von Schiffen.

---

[84] Siehe *W. Wiese*, Seeverlegte Rohrleitungen im Völkerrecht, 47 f. m. w. N.; siehe ausführlich zu den Kosten *IEA*, Natural Gas Transportation, 59 ff.

[85] *W. Wiese*, Seeverlegte Rohrleitungen im Völkerrecht, 48, bezieht sich auf unterschiedliche Schätzungen der Verlegungskosten pro km, die jedoch nur bis in die 1990er Jahre hinein reichen.

[86] *Nord Stream AG*, Facts Ausgabe 9/1 – 2009, 1, abrufbar unter: http://www.nord-stream.com/de/press0/news-newsletter.html (Stand Juli 2010). Frühere Schätzungen gingen noch von ca. 5 Mrd. Euro aus. Siehe auch *E. Steiner*, Das stockende Unterwasserprojekt, *Welt am Sonntag*, 15. Juni 2008, WS 6.

[87] Siehe *W. Wiese*, Seeverlegte Rohrleitungen im Völkerrecht, 48 m. w. N.

[88] Vor- und Nachteile des Rohrleitungstransports im Wesentlichen entnommen aus *W. Wiese*, Seeverlegte Rohrleitungen im Völkerrecht, 54 ff. m. w. N. Siehe auch *P. Hess*, Die rechtliche Behandlung der Rohrleitungen zur Beförderung von flüssigen und gasförmigen Brenn- und Treibstoffen, 5 f.

[89] Vgl. *J. Soubeyrol*, La condition juridique des pipe-lines en droit international, (157) 159 f.; *W. Graf Vitzthum*, Der Rechtsstatus des Meeresbodens, 150, schätzte im Jahre 1972 den Transport bei der Erdölgewinnung vom Kontinentalhang auf Tankern als rentabler ein.

Rohrleitungen sind daher nicht nur aus technischer Sicht und unter Umweltgesichtspunkten, sondern auch unter Berücksichtigung der wirtschaftlichen Interessen das sicherste maritime Transportmittel.[90] Der Betrieb einer Rohrleitung ist allerdings erst ab einem bestimmten Transportvolumen und nur dann wirtschaftlich, wenn ihre Transportkapazität (weitestgehend) ausgeschöpft wird. Ein eingeschränkter Betrieb einer unterseeischen Rohrleitung bei reduziertem Transportvolumen ist technisch schwierig und wirtschaftlich wenig rentabel.[91]

III. Vergleich zu unterseeischen Kabeln

Ein unterseeisches Kabel ist ein auf dem Meeresuntergrund oder im Meeresuntergrund verlegter, gegenüber der Umgebung isolierter Leiter aus Metall (gewöhnlich Kupfer) oder Glasfaser zur Übertragung von elektrischer Energie oder Lichtimpulsen.[92]

Da die potentielle Gefährdung für die Meeresumwelt bei Rohrleitungen wegen der transportierten Produkte Öl oder Gas sehr viel größer ist als bei der Nachrichtenübermittlung und dem Stromtransport dienenden Unterwasserkabeln, sind Umweltschutzbestimmungen und Fragen der Sicherheit bei Pipelines wichtiger.[93] Auch in technischer Hinsicht wer-

---

[90] *W. Wiese*, Seeverlegte Rohrleitungen im Völkerrecht, 347 m. w. N.

[91] Siehe *W. Wiese*, Seeverlegte Rohrleitungen im Völkerrecht, 56 f.; siehe auch *P. Harrison*, Offshore Oil and Gas, (319) 328.

[92] Aus *R. Lagoni/A. Proelß*, Festlandsockel und ausschließliche Wirtschaftszone, (161) 202, 203, Rn. 122. Auf den Zweck des Kabels (Telegraphie-, Telefon-, Datenübertragungs- oder Stromkabel) kommt es für die Definition nicht an.

[93] Aufzählung der Unterschiede bei *W. Wiese*, Seeverlegte Rohrleitungen im Völkerrecht, 364; siehe zu den Unterschieden auch *M. Roelandt*, La condition juridique des pipelines, 231; *J. Crowley*, The Ekofisk-Emden Gas Pipeline, (39) 39 f. Jedoch können auch Seekabel die Meeresumwelt gefährden. Nach *K. Castringius*, Meeresschutzgebiete, 45, und *F. Schätzing*, Der Schwarm, 436, stören elektrische Felder oder Magnetfelder von Tiefseekabeln z. B. die Orientierung von Lachsen und Aalen und beeinträchtigen das Larvenwachstum. Heutzutage ist die elektromagnetische Verschmutzung durch Starkstromleitungen durch die Verwendung bipolarer Kabel, bei denen sich die Magnetfelder im Bestfall aufheben, minimiert. Siehe *R. Lagoni*, Völkerrechtliche Vorgaben für die Anwendung des Umweltschadensgesetzes, 43, Fn. 94; eingehend *H. Loch*, Untergrundorganisation, (52) 52. Siehe zu den von unterseeischen Kabeln aus-

fen seeverlegte Rohrleitungen größere Probleme auf und beeinträchtigen die küstenstaatlichen Ausbeutungsinteressen in der Regel mehr als Seekabel.[94]

Seekabel sind hingegen durch konfligierende Meeresnutzungen, insbesondere Schifffahrt (Ankern), Baggerarbeiten und Fischerei (Einsatz von Schleppnetzen, sog. „bottom trawling"), gerade in flachen Gewässern einer gesteigerten Gefahr einer externen Beschädigung ausgesetzt.[95] Sie sind aber auch leichter zu reparieren als Rohrleitungen.[96] Seekabeln droht als weitere Gefahr die sog. „submarine cable depredation": Meist in Küstennähe werden erhebliche Teilstücke seeverlegter Kabel gekappt und vom Meeresboden gehoben, um diese dann zu verkaufen.[97]

---

gehenden Gefahren für die Meeresumwelt ausführlich *R. Lagoni*, Legal Aspects of Submarine HVDC Cables, 59 ff. Siehe zur Technik der Seekabelverlegung *W. Kopf/R.R. Lemos Pereira*, Ordnungspolitische Rahmenbedingungen für Seekabel, (389) 390; *E. Brandt/J. Deher*, Die Genehmigung von Kabeln zur Ableitung von Strom aus Offshore-Erzeugung, (138) 138 f.

94 Rohrleitungen können beispielsweise nur unter bestimmten topologischen Voraussetzungen verlegt werden, Kabel hingegen überall. Ist beim Rohrleitungstransport die Errichtung von Pump- oder anderen Begleitinstallationen auf fremdem Festlandsockel erforderlich, kann es zu einer weitergehenden Beeinträchtigung der küstenstaatlichen Ausbeutungsrechte kommen als bei Kabeln. Siehe *J. Soubeyrol*, La condition juridique des pipe-lines en droit international, (157) 180.

95 Weshalb Seekabel meist in den Meeresboden eingegraben werden und ihre Lage bekanntgemacht wird. Siehe zu konfligierenden Meeresnutzungen und Kabeln *E. Wagner*, Submarine cables and protection provided by the law of the sea, (127) 129 ff., zur Rolle des ICPC 134. Siehe zu Beschädigungen an Seekabeln durch sog. „beamtrawls" *S.J. de Groot*, Beamtrawls and Submarine Telephone Cables, (285) 285 ff. Eingehend *H. Loch*, Untergrundorganisation, (52) 52.

96 Sog. Kabel-Schiffe sind auf die Reparatur von unterseeischen Kabeln spezialisiert und weltweit an strategischen Punkten stationiert. Wenn ein Kabel beschädigt wird und repariert werden muss, läuft ein Kabel-Schiff binnen 24 h aus. Kabel-Eigner haben zu diesem Zweck sog. „Maintenance Agreements" abgeschlossen, siehe Details *E. Wagner*, Submarine cables and protection provided by the law of the sea, (127) 132; siehe auch *H. Sietz*, Für fünf Wochen war es still im World Wide Web, *FAZ*, Technik und Motor, 16. Oktober 2007, T1.

97 Insbesondere im südostasiatischen Raum wird seit 2007 vermehrt von Diebstählen berichtet, bei denen bis zu 100 km lange Teilstücke seeverlegter fi-

Trotz dieser bedeutenden Unterschiede werden submarine Rohrleitungen und Kabel im internationalen Seerecht im Wesentlichen rechtlich gleich behandelt. Die Anpassung und Gleichstellung von Seekabeln und -rohrleitungen hatte ihren Ausgangspunkt auf der Ersten Seerechtskonferenz und setzte sich auch während der Beratungen des SRÜ fort.[98] Diese historisch bedingte Gleichbehandlung ist in vielerlei Hinsicht nicht zufriedenstellend, da beide Transportmittel technisch wie rechtlich bedeutende Unterschiede aufweisen, insbesondere was den Meeresumweltschutz und die Einschränkungen der küstenstaatlichen Rechte anbelangt.[99] Doch auch wenn sich die Unterschiede zwischen Seerohrleitungen und -kabeln im SRÜ nur in wenigen Normen *expressis verbis* finden,[100] so gewinnen sie zunehmend an Bedeutung. Gerade Gesichtspunkte der Sicherheit und des Meeresumweltschutzes haben dazu geführt, dass Seerohrleitungen im neueren Seerecht und Umweltvölkerrecht anderen Mechanismen unterworfen werden als Seekabel, insbesondere der Pflicht zu einer UVP.

---

beroptischer Kabel gestohlen werden. Siehe Details *M.P. Green/D.R. Burnett*, Security of International Submarine Cable Infrastructure, (557) 559 ff.

[98] Ein zu Beginn der Dritten Seerechtskonferenz vorgelegter und abgelehnter Vorschlag Maltas sah – basierend auf den Unterschieden – eine Trennung der Bestimmungen über Kabel und Rohrleitungen vor und stärkte das Recht der Kabellegung im Vergleich zum Legen von Rohrleitungen. Siehe Details des maltesischen Vorschlags *W. Wiese*, Seeverlegte Rohrleitungen im Völkerrecht, 364 ff.

[99] Ähnliche Kritik siehe *J. Soubeyrol*, La condition juridique des pipe-lines en droit international, (157) 184 f.; *I. von Münch*, Internationales Seerecht, Legal aspects of drilling for and transportation of oil and gas on the high seas, with special reference to the situation in the North Sea and the Baltic Sea, 247; *J. Crowley*, The Ekofisk-Emden Gas Pipeline, (39) 58.

[100] Insbesondere in Art. 79 Abs. 2, 3; Art. 51 Abs. 2; Art. 113 S. 1; Art. 145 lit. (a); 207 SRÜ. Auf die Besonderheiten der jeweiligen Normen ist einzugehen, wenn diese im Laufe der Untersuchung relevant werden.

Kapitel 3: Meeresverschmutzung und Nutzungskonflikte in der Ostsee

Aufgrund der permanenten und stationären Nutzung der Meere durch seeverlegte Rohrleitungen und der Gefährlichkeit der in Rohrleitungen transportierten Produkte Öl und Gas bergen unterseeische Rohrleitungen sowohl in ökologischer als auch in geopolitischer Hinsicht ein erhöhtes Gefährdungs- und Konfliktpotential, gerade in einem ökologisch sensiblen Meer mit geringer geographischer Ausdehnung wie der Ostsee.

Die Ostsee ist wegen ihrer Lage – sie stellt die maritime Verbindung zwischen Russland als wichtigem Energieexporteur und der EU dar – geopolitisch und -strategisch sehr bedeutend und wegen ihres besonders sensiblen Ökosystems durch sich intensivierende Meeresnutzungen stark gefährdet. Sie ist ein halbumschlossenes Meer i. S. d. Art. 122 SRÜ[101] und ist von neun Staaten[102] umgeben und mit der Nordsee über einen engen Ausgang verbunden.[103] Des Weiteren besteht die Ostsee ganz aus den Küstenmeeren und AWZ der Küstenstaaten und ist damit vollständig verzont, was dazu führt, dass es in der Ostsee keinen Meeresraum jenseits nationaler Hoheitsbefugnisse gibt, weder hinsichtlich

---

[101] Art. 122 SRÜ: „Im Sinne dieses Übereinkommens bedeutet ‚umschlossenes oder halbumschlossenes Meer' einen Meerbusen, ein Becken oder ein Meer, die von zwei oder mehr Staaten umgeben und mit einem anderen Meer oder dem Ozean durch einen engen Ausgang verbunden sind oder die ganz oder überwiegend aus den Küstenmeeren und den ausschließlichen Wirtschaftszonen von zwei oder mehr Küstenstaaten bestehen." *J.-C. Posselt*, Umweltschutz in umschlossenen und halbumschlossenen Meeren, 112 ff., ausführlich zu den Tatbestandsmerkmalen des Art. 122 SRÜ. *R. Platzöder*, Völkerrechtliche und politische Auswirkungen der Dritten Seerechtskonferenz der Vereinten Nationen auf Nord- und Ostsee, 115 ff., zur Entstehungsgeschichte auf der Dritten Seerechtskonferenz.

[102] Russland, Estland, Lettland, Litauen, Polen, Deutschland, Dänemark, Schweden und Finnland.

[103] Sog. *Kleiner* und *Großer Belt*, *Öresund*, *Kattegat* und *Skagerrak*, letzteres gehört zur Nordsee. Nach Art. 1 HÜK zählt das *Kattegat* zur Ostsee, siehe auch http://www.helcom.fi/environment2/nature/en_GB/facts/ (Stand Juli 2010). Siehe zum Konzept der halbumschlossenen Meere *M.A. Fitzmaurice*, International Legal Problems of the Environmental Protection of the Baltic Sea, 10 ff.; ausführlich *J.-C. Posselt*, Umweltschutz in umschlossenen und halbumschlossenen Meeren.

des Meeresbodens noch der Wassersäule.[104] Dies führt zum einen dazu, dass die Freiheiten der Hohen See in der Ostsee weitreichenden Einschränkungen unterworfen sind, auch die Freiheit der Verlegung unterseeischer Rohrleitungen. Zum anderen überschneiden sich aufgrund der geringen geographischen Ausdehnung die zonalen Ansprüche der Anrainerstaaten. Einige Grenzziehungskonflikte in der Ostsee sind immer noch nicht beigelegt, z. B. zwischen Polen und Dänemark im Bereich der Insel *Bornholm*.[105]

I. Ökologische Besonderheiten der Ostsee: Gesteigerte Verschmutzungsgefahr

Die Ostsee ist eines der am meisten verschmutzten Meere der Welt und ökologisch außerordentlich sensibel, weshalb sie eines besonderen Schutzes bedarf.[106] Auch heute noch sind die Gefährdungen für Meeresflora und -fauna der Ostsee groß, auch wenn sich deren Zustand – u. a. wegen einer verstärkten Kooperation im Bereich des Meeresumweltschutzes auf regionaler und europäischer Ebene – in den letzten Jahren

---

[104] Siehe nur *W. Erbguth*, Nationales Infrastrukturrecht zur See, (265) 267. Nach *P. Ehlers*, Diskussion zu *S. Klumbyte*, Environment Protection: Pipelines, (66) 73, gibt es ein kleines Stück Hohe See zwischen Polen und Deutschland, was jedoch für die Einordnung als halbumschlossenes Meer keinen Unterschied macht. Die Anrainerstaaten haben jedoch an vielen engen Stellen der Ostsee sog. „high seas corridors" in ihren Küstenmeeren im Interesse der Schifffahrtswege geschaffen. Siehe hierzu *U. Jenisch*, The Baltic Sea: The Legal Regime and Instruments for Co-operation, (47) 47, 52.

[105] Siehe Übersicht der Seegrenzen in der Ostsee *G.H. Gornig/G. Despeux*, Seeabgrenzungsrecht in der Ostsee, 13 ff.; 143 ff. zur Weitergeltung der Seegrenzen nach dem Untergang der UdSSR und DDR; 204 ff., 306 ff. zu den in der Ostsee geschlossenen Abgrenzungsverträgen sowie den verwendeten Abgrenzungsmethoden. Siehe auch *E. Franckx*, Maritime Boundary Delimitation in the Baltic Sea, (167) 169 ff.; *ders.*, Maritime Boundaries in the Baltic Sea, (249) 256 ff.; *ders.*, Les délimitations maritimes en mer Baltique, (37) 50 ff.; *U. Jenisch*, The Baltic Sea: The Legal Regime and Instruments for Co-operation, (47) 56.

[106] Siehe *M. Fitzmaurice*, The 1992 Convention on the Baltic Sea Environment, (24) 24; *U. Bahnsen*, Zur Internalisierung grenzüberschreitender externer Effekte, 96 f. zum Zustand der Ostsee bis zum Jahre 2000; *V. Frank*, The European Community and Marine Environmental Protection in the International Law of the Sea, 35.

verbessert hat.[107] Gründe für die besondere Gefährdungslage der Ostsee sind neben anthropogenen Einflüssen und der intensiven Nutzung der Ostsee als Transportweg und zur Ausbeutung lebender und nichtlebender Ressourcen die natürlichen Begebenheiten in der Ostsee.[108]

1. Die Ostsee: Ein ökologisch besonders sensibles Meer

Die Ostsee ist aufgrund der natürlichen geologischen und hydrographischen Begebenheiten und des geringen Salz- und Sauerstoffgehalts des Ostseewassers ökologisch besonders sensibel. Sie ist bei einer durchschnittlichen Wassertiefe von nur 55 m sehr flach[109] und zudem ein Brackwassergebiet, d. h. ihr Salzgehalt ist gering und starken Schwankungen unterworfen, was den lebenden Organismen eine hohe Anpassungsfähigkeit abverlangt.[110] Der geringe Salzgehalt ist u. a. damit zu erklären, dass der Ostsee durch Flüsse in großen Mengen Süßwasser zugeführt wird und der Austausch mit salz- und sauerstoffreichem Wasser aus der Nordsee unregelmäßig und langsam ist und über 20 Jah-

---

[107] Siehe nur *O. Truc*, L'état de la santé de la Baltique, une des mers les plus polluées au monde, montre des premiers signes d'améloration, *Le Monde*, 4. September 2009, 4.

[108] Siehe Darstellung der natürlichen Charakteristika sowie der menschlichen Einflüsse http://www.helcom.fi/environment2/nature/en_GB/nature/ (Stand Juli 2010). Siehe ausführlich *SRU*, Meeresumweltschutz für Nord- und Ostsee, 85 ff., Rn. 143 f., mit anschaulicher Karte zur Topograhpie der Ostsee. Siehe auch *M. List*, Umweltschutz in zwei Meeren, 131 ff.; *R. Wolfrum*, The Protection of the Baltic Sea: The Convention on the Protection of the Marine Environment of the Baltic Sea Area, (71) 72; *U. Jenisch/R. Wagner*, La Mer Baltique, (99) 100 ff.

[109] Am tiefsten ist das Landsort-Tief (in der Nähe der schwedischen Insel Gotland) mit 459 m. Siehe *A. Ballschmidt-Boog*, Küstenökosysteme der Ostsee, 31 m. w. N.; *SRU*, Meeresumweltschutz für Nord- und Ostsee, 85, Rn. 143, nennt eine durchschnittliche Wassertiefe von 52 m.

[110] Die Ostsee ist das größte Brackwassermeer der Erde. Brackwasser ist Wasser mit einem Salzgehalt von 0,1 bis 1 %. Wasser mit geringerer Salinität ist Süßwasser, mit höherem Salzgehalt Salzwasser. Siehe hierzu *R. Salchow*, Die Belastung der Nord- und Ostsee, (9) 14 f.; *M. Fitzmaurice*, The 1992 Convention on the Baltic Sea Environment, (24) 24; siehe ausführlich *G. Siedler/G. Hatje*, Temperatur, Salzgehalt und Dichte, (43) 43 ff.

re dauert.[111] Zudem heizt der Klimawandel die Ostsee auf, in bestimmten Bereichen um bis zu vier Grad seit dem Jahr 2000, was das sensible Ökosystem weiter durcheinanderbringt und Nahrungsnetze zerstört.[112] Der langsame Austausch mit dem sauerstoffhaltigen Meerwasser aus der Nordsee und die Einleitungen von Nährstoffen (u. a. Düngemittel und Abwasser), die meist mit Flusswasser in die Ostsee transportiert werden, führt insbesondere dazu, dass Schadstoffe wie Öl sehr lange in der Ostsee verbleiben.[113]

2. *Verschmutzungsgefahren in der Ostsee: Unterseeische Rohrleitungen im Vergleich zu anderen Meeresnutzungen*

Neben diesen ökologischen Besonderheiten der Ostsee führen verschiedenartige und intensive Nutzungen sowie militärische Altlasten aus beiden Weltkriegen und aus Zeiten des Kalten Krieges dazu, dass die Ostsee eines der am meisten gefährdeten Meeresgebiete weltweit ist.

---

[111] Die Angaben schwanken zwischen 20 und 40 Jahren, meist werden 25 oder 30 Jahre angegeben. Siehe *P. Ehlers*, Der Schutz der Ostsee – Ein Beitrag zur regionalen Zusammenarbeit, (661) 661; *ders.*, Marine Environment Protection – The Baltic Example, (93) 93 f.; *M. Fitzmaurice*, The 1992 Convention on the Baltic Sea Environment, (24) 24; *U. Jenisch*, The Baltic Sea: The Legal Regime and Instruments for Co-operation, (47) 48, 50, beziffert den Wasseraustausch auf 20 bis 40 Jahre. Siehe zu den Zuströmen *A. Ballschmidt-Boog*, Küstenökosysteme der Ostsee, 31 f.

[112] Siehe *A. Grosse*, Nord- und Ostsee – zu warm auch in der Tiefe, *Hamburger Abendblatt*, 3. Juli 2009, 25.

[113] Siehe *P. Ehlers*, Der Schutz der Ostsee – Ein Beitrag zur regionalen Zusammenarbeit, (661) 661. Zudem treten in der Ostsee verstärkt Eutrophierungserscheinungen auf: In der einstmals nährstoffarmen Ostsee nehmen der Nährstoffgehalt und damit das Wachstum von Pflanzen (wie Algen) zu sowie der Sauerstoffgehalt des Wassers stetig ab, was u. a. zu einem Fischsterben führt. Siehe *A. Ballschmidt-Boog*, Küstenökosysteme der Ostsee, 32 f.; *R. Dieter*, Das Umweltregime der Ostsee, 34 ff.; *M. Fitzmaurice*, The 1992 Convention on the Baltic Sea Environment, (24) 24; *U. Bahnsen*, Zur Internalisierung grenzüberschreitender externer Effekte, 92 f. Siehe zu den Einträgen in die Ostsee *H. Herata*, Die Stoffeinträge in Nord- und Ostsee, (47) 48 ff. Zur Eutrophierung *SRU*, Meeresumweltschutz für Nord- und Ostsee, 100 ff., Rn. 187 ff.

a) Verschmutzungsursachen

Auch in der Ostsee sind die von Land ausgehenden Verschmutzungen die bedeutendste Verschmutzungsursache, insbesondere die Einleitungen aus verschmutzten Flüssen und das Einleiten von Abwasser ins Meer. Des Weiteren ist die Ostsee u. a. durch Öleinträge gefährdet, die infolge der Schifffahrt in die Ostsee gelangen.[114] Der auch in der Ostsee zunehmende Schiffsverkehr, insbesondere von Gefahrgütern wie Erdöl und -gas, erhöht die Gefahren für das sensible Ökosystem Ostsee.[115] Neben Verschmutzungen, die mit dem normalen Schiffsbetrieb zusammenhängen, wie Ballastwasser oder Tankwaschungen (sog. betriebsbedingten Verschmutzungen), steigt die Gefahr von Tankerunfällen mit bekanntermaßen verheerenden Konsequenzen.[116]

---

[114] Siehe zu den Öleinträgen *P. Ehlers*, Der Schutz der Ostsee – Ein Beitrag zur regionalen Zusammenarbeit, (661) 661; *SRU*, Meeresumweltschutz für Nord- und Ostsee, 98, Rn. 181; *R. Dieter*, Das Umweltregime der Ostsee, 41 ff. m. w. N.

[115] Weltweit steigt der Seetransport von Waren kontinuierlich an, über 90 % des Welthandels werden über das Meer abgewickelt, die Verschiffung von Rohöl und Raffinaten macht dabei 40 % der gesamten zur See beförderten Fracht aus. Siehe Details *H. Schult*, Das völkerrechtliche Schiffssicherheitsregime, 23 m. w. N., 38 ff. Siehe zum Schiffsverkehr in der Ostsee *R. Dieter*, Das Umweltregime der Ostsee, 17 ff.; *U. Jenisch*, The Baltic Sea: The Legal Regime and Instruments for Co-operation, (47) 48. Siehe zum Einfluss des Schiffsverkehrs auf die Meeresumwelt der Ostsee *A.C. Brusendorff/P. Ehlers*, The HELCOM Copenhagen Declaration, (351) 353 f.

[116] Tankerkatastrophen wie der Untergang des Öltankers *Prestige* im November 2002 mit ihren verheerenden Auswirkungen auf Flora und Fauna ganzer Küstenregionen rücken nur einen Aspekt der Gefahren des Transports von Öl und Gas in den Blickpunkt der Öffentlichkeit. Nur 14 % der weltweiten Öleinträge (andere Quellen sprechen von 22 %) stammen von Tankerunglücken, der weitaus größere Teil rührt von Öleinleitungen her, die mit dem normalen Schiffsbetrieb zusammenhängen. Siehe *H. Schult*, Das völkerrechtliche Schiffssicherheitsregime, 23 m. w. N. Bei Doppelhüllentankern bietet ein Freiraum zwischen Tanks und Außenhülle, der meist mit Ballastwasser gefüllt ist, mehr Sicherheit gegen das Auslaufen des geladenen Öls im Falle eines Lecks oder bei Unfällen. Da aber viele Flaggenstaaten, insbesondere Billigflaggenstaaten („flag of convenience States“) wie Liberia, ihren aus der Flaggenhoheit fließenden Verpflichtungen, insbesondere in Bezug auf die Sicherheit der Schiffe und den Meeresumweltschutz, nicht nachkommen und u. a. eine effektive Durchsetzung internationaler Konventionen nicht gewährleisten, bleibt der Seetransport von Gefahrgütern wie Erdöl oder -gas immer noch gefährlich.

Die Öleinleitungen in die Ostsee gehen zwar fast ausschließlich von Schiffen aus, sie treten aber auch im Zusammenhang mit dem Abbau von Erdöl und dessen Transport durch unterseeische Rohrleitungen auf, wenn diese beispielsweise korrodieren oder beschädigt werden. Eine weitere Gefahrenquelle stellt das Verklappen von Abfällen („Dumping") dar, das zum einen die Meeresumwelt belastet, zum anderen aber auch andere Meeresnutzungen wie die Schifffahrt, die Fischerei und das Legen unterseeischer Kabel und Rohrleitungen behindert. Zudem lagern in der Ostsee 100.000 t militärischer Altlasten wie chemische Kampfstoffe, Munition und Minen, die bis in die 1960er Jahre in der Ostsee verklappt wurden, und die im Zusammenhang mit Aktivitäten am Meeresboden und der Schleppnetzfischerei eine große Gefahr darstellen.[117] Auch die Ausbeutung der lebenden und nicht-lebenden Ressourcen, wie die zunehmende Offshore-Förderung von Erdöl und -gas, belastet das sensible Ökosystem Ostsee.

b) Unterseeische Rohrleitungen im Vergleich zum Schiffstransport

Die Verschmutzungsgefahren, die von Pipelines einerseits und Tankern andererseits als wichtigsten maritimen Transportmedien ausgehen, sind unterschiedlich gelagert. Beim Schiffstransport von Erdöl und -gas stellen unfall- und betriebsbedingte Einleitungen gefährlicher Stoffe die größte Bedrohung für die Meeresumwelt dar. Doch auch die Verwendung von Ballastwasser, das gerade bei größeren Schiffen zur Stabilität wichtig ist, bereitet zunehmend ökologische Probleme: Am Ausgangspunkt werden mit dem Meerwasser lebende Tiere und Pflanzen aufgenommen, beim Entleeren der Tanks am Ziel gelangen diese Organismen in neue Lebensräume, in denen sie das ökologische Gleichgewicht gefährden können.[118] Eine nicht zu unterschätzende Gefahr sind bei entflammbaren Tankladungen wie Gas auch Explosionen oder Brände.[119]

---

[117] Siehe *S. Thielbeer*, Munition auf dem Meeresgrund, *FAZ*, 29. Dezember 2007, 5; *A. Stirn*, 100 000 Röhren zwischen Finnland und Rügen, *SZ*, 2./3. Mai 2009, 22. Details *SRU*, Meeresumweltschutz für Nord- und Ostsee, 100, Rn. 185 f.; *R. Dieter*, Das Umweltregime der Ostsee, 43 f.

[118] Siehe zur Problematik der Einschleppung fremder Organismen eingehend *J. Lenz/H.-G. Andres/S. Gollasch/M. Dammer*, Einschleppung fremder Organismen in Nord- und Ostsee, 1 ff.

[119] Gas wird in verflüssigter Form als sog. „Liquefied Natural Gas" (LNG) in Ladetanks von Flüssiggastankern als Massengut transportiert. Erst die Ver-

Des Weiteren stellen Schiffsabgase (Schwefel, Feinstaub, CO_2, Ruß) eine weitaus größere Gefahr für die Gesundheit der Menschen und das Weltklima dar als bislang angenommen.[120]

Doch auch seeverlegte Rohrleitungen bergen Risiken für die Meeresumwelt. Neben Korrosionen (häufig durch Hochspannungskabel verursacht)[121] und mechanischen Defekten einer Seepipeline können externe Faktoren wie maritime Aktivitäten (Schiffsunfälle, Schleppnetzfischerei[122], Ankern, Meeresbodenaktivitäten) oder ungünstige Umweltbedingungen (Strömungen, Stürme, Erdrutsche)[123] die Sicherheit einer Seerohrleitung und damit die Meeresumwelt gefährden. Bei den externen Faktoren machen durch Anker hervorgerufene Beschädigungen ca. 90 % der durch Pipelines verursachten Meeresverschmutzung aus.[124]

---

flüssigung von Gasen macht deren Seetransport aufgrund der Volumenverringerung ökonomisch sinnvoll, wenn auch technisch aufwendig. Diese sog. LNG-Tanker sind wegen der hohen Produktionskosten (ca. 200 Mio. US$) und der Notwendigkeit, den Druck im Tank beständig stabil zu halten, selten. Siehe hierzu *G. Pörzgen*, Gasprom: Die Macht der Pipeline, 13 ff., 15: „Flüssigerdgas könnte in Zukunft nach Einschätzung von Energieexperten zum ‚Öl des 21. Jahrhunderts' werden." Siehe auch *B.D. Cole*, Sea Lanes and Pipelines, 79 ff.

120 Siehe Bericht von *A. Bojanowski*, Unter schwarzer Fahne, *SZ*, Wissen, 8. November 2007, 22. Danach tragen Schiffe ca. 1/12 zum technisch-industriellen Schwefeldioxid-Ausstoß weltweit bei, sie emittieren knapp 1/6 der vom Menschen verursachten Stickoxide und verursachen 2,7 % aller vom Menschen verursachten CO_2-Emmissionen (Stand 2000). *S. Börnecke*, Klimakiller Schiff, *FR*, Wirtschaft, 15. August 2009, 15, beziffert den Beitrag der See- und Binnenschifffahrt zu den CO_2-Emmissionen auf 4,5 %.

121 Siehe *R. Lagoni*, Diskussion zu *S. Klumbyte*, Environment Protection: Pipelines, (66) 75.

122 Siehe zu in der Nordsee durchgeführten Experimenten zu den Auswirkungen der Schleppnetzfischerei auf nicht bzw. nur teilweise eingegrabene Gaspipelines *S.J. de Groot*, Marine Gas Pipeline in the North Sea, (1) 1 ff., 9; *ders.*, The Impact of Laying and Maintenance of Offshore Pipelines on the Marine Environment, (1) 10 ff. Siehe auch *Nord Stream AG*, Ten Answers About the Pipeline Across the Baltic Sea, 16 f., abrufbar unter: http://www.nord-stream.com/fileadmin/Dokumente/1__PDF/5__Misc/Nord_Stream_10_Answers_Brochure_Eng.pdf (Stand Juli 2010).

123 Siehe *S.J. de Groot*, The Impact of Laying and Maintenance of Offshore Pipelines on the Marine Environment, (1) 7 f. zu Wasserbewegungen, 8 zu Sedimentbewegungen.

124 Dies gilt nicht bei eingegrabenen Rohrleitungen. Siehe hierzu *S. Klumbyte*, Environment Protection: Pipelines, (66) 67 f.; *S.J. de Groot*, The Impact of

Unterseeische Rohrleitungen müssen insbesondere in großer Tiefe einem enormen Druck und niedrigen Temperaturen standhalten.

Tritt Öl aus einer unterseeischen Rohrleitung aus, so verändert dies die Meeresumwelt in physikalischer, chemischer und biologischer Hinsicht unmittelbar. Die schädlichen Auswirkungen eines Gasaustritts auf Meeresflora und -fauna sind geringer als beim Ölaustritt. Das größte Problem ist hier der Treibhauseffekt von Erdgas, das überwiegend aus Methan besteht.

Die Gefahr von Beschädigungen und Korrosionen ist infolge der verbesserten Materialbeschaffenheit, der Ummantelungstechniken und der Eingrabung bzw. Einspülung einer Seepipeline minimiert. Regelmäßige Inspektionen sowie ein daran gekoppeltes Berichts- und Überprüfungssystem können insbesondere Korrosionen und Leckbildungen verhindern.[125] Ein Beschweren und Eingraben seeverlegter Rohrleitungen ist das geeignetste Mittel, um die Rohrleitungen vor einer externen Beschädigung zu schützen und andere Meeresnutzungen möglichst nicht zu beeinträchtigen. Des Weiteren kann eine Seepipeline, die nicht eingegraben werden kann oder sich nach einiger Zeit aus dem Meeresuntergrund erhebt, mit Kies oder Schotter geschützt werden, der über der Leitung eingebracht wird.[126]

Seeverlegte Rohrleitungen haben eine vergleichsweise hohe technische Zuverlässigkeit und sind nicht in dem Maße Umwelteinwirkungen ausgesetzt wie andere maritime Verkehrsträger, insbesondere Schiffe.[127] Zudem ist das Gefahrenpotential durch menschliches Versagen bei Rohrleitungen geringer, da der Rohrleitungsbetrieb elektronisch überwacht wird und Reaktionen auf etwaige Störungen automatisch erfolgen.[128] Im Vergleich zum Seetransport entfallen eine Reihe von Risiko-

---

Laying and Maintenance of Offshore Pipelines on the Marine Environment, (1) 10, 24 zu den durch Anker verursachten Schäden.

125 Siehe *S. Klumbyte*, Environment Protection: Pipelines, (66) 69 f. Zum „surveying" siehe *S.J. de Groot*, The Impact of Laying and Maintenance of Offshore Pipelines on the Marine Environment, (1) 6 f.

126 Siehe hierzu *S.J. de Groot*, The Impact of Laying and Maintenance of Offshore Pipelines on the Marine Environment, (1) 8 f., 16 ff.

127 Siehe *W. Wiese*, Seeverlegte Rohrleitungen im Völkerrecht, 346 m. w. N.

128 Ein Öl- oder Gasaustritt führt zu einem sofortigen Druckabfall in der Leitung und damit einer Aktivierung von Schotten bzw. einer Deaktivierung der Pumpen. Siehe *W. Wiese*, Seeverlegte Rohrleitungen im Völkerrecht, 346 m. w. N.; *M. Roelandt*, La condition juridique des pipelines, 179.

faktoren, wie der Zeitdruck beim Schiffstransport und die Tatsache, dass mangelnde Sicherheit und Ausrüstung von Schiffen und damit einhergehende gesteigerte Umweltgefahren oft wirtschaftliche Vorteile mit sich bringen, bis hin zur Einkalkulierung von Totalverlusten.[129] Im Gegensatz hierzu haben alle am Rohrleitungstransport Beteiligten ein starkes Interesse an einem störungsfreien Betrieb: Wenn die Leitung beschädigt und der Rohrleitungsbetrieb unterbrochen werden, geht wertvolles Transportgut verloren und es entstehen hohe Reparaturkosten.[130] Das Interesse an der Sicherheit einer Rohrleitung ist also nicht nur aus ökologischen Aspekten, sondern auch aus rein ökonomischen gesteigert.[131]

Weitaus schwerwiegender als die dauerhaften betriebsbedingten Einflüsse einer unterseeischen Rohrleitung auf die Meeresumwelt sind jedoch die temporären kumulativen Auswirkungen vor und während des Verlegevorgangs.[132] Diese Faktoren spielen bei der Frage nach der Umweltverträglichkeit einer am Meeresboden verlegten Pipeline die entscheidende Rolle. Durch den Einsatz von Schiffen und Baugeräten kann es in Abhängigkeit von Seegebiet, Jahreszeit und Ausmaß und Art der Aktivitäten zu Störungen der Meeresflora und -fauna kommen.[133] Müssen bei der Verlegung unterseeischer Rohrleitungen im Bereich der Trasse versenkte chemische Waffen oder Minen geräumt werden, z. B. durch Sprengungen, so sind die Belastungen für Meeresflora und -fauna enorm. Allein im Bereich der Trasse der *Nord Stream-Pipeline* im finnischen Meerbusen wurden 50 Minen aufgespürt, die vor Verlegung gesprengt werden müssen.[134] Durch Bagger- und Grabungsarbeiten können zudem eingeschlossene Umweltgifte (u. a. Schwermetalle und Phosphate) aufgewühlt und freigesetzt werden. Bei der Verlegung der *Nord Stream-Pipeline* sind insbesondere im Greifswalder Bodden Sandaufwirbelungen und Zerstörungen des Meeresbodens zu befürch-

---

[129] Siehe *W. Wiese*, Seeverlegte Rohrleitungen im Völkerrecht, 346 f.

[130] Siehe *W. Wiese*, Seeverlegte Rohrleitungen im Völkerrecht, 346 f. m. w. N.

[131] Siehe *W. Wiese*, Seeverlegte Rohrleitungen im Völkerrecht, 347.

[132] *K. Kim*, Ostseepipeline „Nord Stream" – ein meeresumweltrechtliches Problem?, (170) 172, hingegen bezeichnet auch die potentiellen Belastungen für die Meeresumwelt in der Bauphase als minimal.

[133] *K. Castringius*, Meeresschutzgebiete, 44, beurteilt diese lokalen Störungen als insgesamt von geringer Bedeutung.

[134] *A. Stirn*, 100 000 Röhren zwischen Finnland und Rügen, *SZ*, 2./3. Mai 2009, 22.

ten.[135] Darüber hinaus stellt der zunehmende Verbrauch unterseeischer Flächen durch Kabel und Rohrleitungen eine ernstzunehmende dauerhafte Beeinträchtigung des Nutzungsraumes Meer dar.[136]

Zusammenfassend ist jedoch trotz dieser negativen Auswirkungen der Verlegung und des Betriebs unterseeischer Rohrleitungen festzuhalten, dass deren Verschmutzungspotenzial im Vergleich zum Öl- und Gastransport per Schiff verhältnismäßig gering ist.[137]

II. Nutzungskonflikte in der Ostsee

Unterschiedliche Nutzungsformen des Meeresraumes, die zu Konflikten führen oder sich sogar ausschließen können, zeigen sich auch in der Ostsee.[138] Die Tatsache, dass im Falle der Ostsee eine große Anzahl von Anrainerstaaten um einen Raum geringer Ausdehnung konkurrieren, führt zu einer besonderen Konkurrenzsituation der Nutzungen und zu verstärkten Interessenkonflikten und politischen Spannungen. Zudem gibt die Tatsache, dass die Ostsee zu Zeiten des Kalten Krieges die Grenze zwischen Ost und West bildete und strategisch wie militärisch von besonderer Bedeutung war, diesen Konflikten immer noch eine besondere Brisanz.[139] Nach dem Beitritt der südlichen Anrainerstaaten

---

135 Hierfür bietet die *Nord Stream AG* als Ausgleichsmaßnahme die Renaturierung eines 112 Hektar großen Areals auf der Ostseeinsel Usedom an. Siehe *Die Zeit*, Ostseepipeline: Pünktlicher Baubeginn?, 2. Juli 2009, 27. Siehe zu den Belastungen in der Bauphause auch *K. Kim*, Ostseepipeline „Nord Stream" – ein meeresumweltrechtliches Problem?, (170) 172.

136 Siehe *K. Castringius*, Meeresschutzgebiete, 44.

137 Für die *Nord Stream-Pipeline* wird z. B. angegeben, dass diese bei voller Auslastung jährlich dieselbe Menge Erdgas wie 655 Flüssigerdgastanker liefern wird, mit einer deutlich besseren CO_2-Bilanz. Siehe *Nord Stream AG*, Facts Ausgabe 8/11 – 2008, 2, abrufbar unter: http://www.nord-stream.com/fileadmin/Dokumente/1__PDF/4__Newsletter/8/NORD_STREAM_FACTS_ISSUE_8_GERMAN.pdf. Siehe auch *Nord Stream AG*, The Project and the Environment, The Natural Gas Pipeline Across the Baltic Sea, 18 f., abrufbar unter: http://www.nord-stream.com/fileadmin/Dokumente/1__PDF/5__Misc/The_Project_The_Environment_brochure.pdf (Stand Juli 2010).

138 Siehe Details zu den Nutzungen der Ostsee *A. Ballschmidt-Boog*, Küstenökosysteme der Ostsee, 34 ff.

der Ostsee (Polen und baltische Staaten) zur EU am 1. Mai 2004 wurden viele dieser Spannungen auf die EU-Ebene übertragen.

1. Konflikte und Interessenkollisionen bei der Verlegung unterseeischer Rohrleitungen

Das Verlegen unterseeischer Rohrleitungen bringt verschiedenartige Konfliktpotentiale mit sich. Wirtschaftlich und räumlich konkurriert die Nutzung unterseeischer Rohrleitungen mit dem Schiffstransport der durch die Rohrleitung transportierten Güter Öl und Gas. In einem insbesondere räumlichen (und dadurch auch wirtschaftlichen) Konkurrenzverhältnis stehen unterseeische Rohrleitungen auch zu unterseeischen Kabeln, Fischereiaktivitäten (insbesondere in Bezug auf die Schleppnetzfischerei) und Ausbeutungsaktivitäten auf dem Meeresboden. In einem nur schwer aufzulösenden Konkurrenzverhältnis steht die Verlegung von Seerohrleitungen insbesondere zur Erdöl- und Erdgasförderung, aber auch zur maritimen Kies- und Sandgewinnung.[140] Abbauaktivitäten natürlicher Bodenschätze und die Verlegung unterseeischer Rohrleitungen schließen sich in der Regel gegenseitig aus, es sei denn, Rohrleitungen werden zu Transportzwecken im Zusammenhang mit Offshore-Feldern verlegt.

2. Das Beispiel der Nord Stream-Pipeline

Die divergierenden Interessenlagen der Ostseeanrainer und die daraus resultierenden Interessenkollisionen sowie Nutzungskonkurrenzen in der Ostsee werden am Beispiel der *Nord Stream-Pipeline* deutlich.

Die meisten Ostseeanrainerstaaten äußern ökologische Bedenken gegen den Bau der *Nord Stream-Pipeline* wegen der Unebenheiten des Meeresbodens in der Ostsee, der von verklappter Munition ausgehenden

---

[139] Siehe ausführlich zur Geschichte in der Ostseeregion *J.P. Craven*, The Baltic Sea, (19) 19 ff.; *B.A. Boczek*, Law and Politics in the Baltic Area, (38) 38 ff.; *R. Dieter*, Das Umweltregime der Ostsee, 26 ff., 45 f. Auch heute noch zeichnet sich eine Teilung zwischen Ost und West ab, insbesondere in ökonomischer Hinsicht. Siehe *S. Giguère*, Integration, Growth and Governance in the Baltic Sea Region, (17) 23 f.

[140] Siehe zu den Umweltauswirkungen des Abbaus von Kies und Sand *D. Czybulka/K. Stredak*, Rechtsfragen der marinen Kies- und Sandgewinnung in der Nord- und Ostsee, 24 ff.

Gefahren sowie des Risikos der Beschädigung der Rohrleitung, z. B. durch den Einsatz von Schleppnetzen. Auch die Maßnahmen im Vorfeld der Rohrleitungsverlegung belasten die Meeresumwelt: Zur Verlegung der *Nord Stream-Pipeline* werden ca. 3.000 Hektar Meeresuntergrund durch Aufgraben, Planieren und weitere Maßnahmen verändert, u. a. mit der Gefahr, dass giftiger Bodenschlamm aufgewirbelt wird.[141] Zudem planen die Betreiber der *Nord Stream-Pipeline*, in den felsigen Böden der finnischen und schwedischen Ostsee Schluchten und Felsriffe einzuebnen.[142]

Darüber hinaus soll die *Nord Stream-Pipeline* vor der Inbetriebnahme mit 2,3 Mrd. Liter einer Lösung aus giftigem und umweltgefährdendem Glutaraldehyd, einem Spülwasser gegen Bakterien und Mikroorganismen, gespült werden, um die Innenseiten der Leitung zu säubern; das Abwasser soll anschließend in die Ostsee gepumpt werden. In einer Antwort der Bundesregierung auf eine Anfrage der Fraktion *Bündnis 90/DIE GRÜNEN* vom 28. Januar 2008 heißt es diesbezüglich, Alternativen – von einer geringeren Dosierung bis hin zu einem Verzicht auf Chemikalien – würden geprüft.[143] In ökologischer Hinsicht erscheinen daher weniger der Betrieb der *Nord Stream-Pipeline* als vielmehr der Verlegevorgang und die vorbereitenden Maßnahmen problematisch.[144]

In Schweden mehren sich neben diesen meeresumweltbezogenen auch die sicherheitspolitischen Bedenken:[145] Insbesondere im Zusammen-

---

141 Siehe *WWF Germany*, Hintergrundinformation: Öko-Check für die Ostsee-Pipeline, 2; *N. Richter/A. Boecker/G. Herrmann/S. Zekri*, Ostsee-Pipeline: Eine Verbindung unter Druck, *SZ*, 5./6. Juli 2008, 3.

142 Siehe *R. Wolf*, Rechtliche Rahmenbedingungen für die geplante Ostsee-Pipeline, (24) 25.

143 Kleine Anfrage der Fraktion *Bündnis 90/DIE GRÜNEN*, Reinigung der geplanten Gazprom-Gaspipeline mit Glutaraldehyd, 28. Januar 2008, Deutscher Bundestag, 16. Wahlperiode, BTDS 16/7935, abrufbar unter: http://dip21.bundestag.de/dip21/btd/16/079/1607935.pdf. Antwort der Bundesregierung vom 13. Februar 2008, BTDS 16/8041, 2 f. ausführlich zur Wirkung von Glutaraldehyd sowie den Auswirkungen auf Meeresflora und -fauna, abrufbar unter: http://dip21.bundestag.de/dip21/btd/16/080/1608041.pdf (Stand Juli 2010).

144 So auch *R. Wolf*, Rechtliche Rahmenbedingungen für die geplante Ostsee-Pipeline, (24) 25.

145 Siehe zum Folgenden *A. Knudsen*, Sicherheitsrisiko Ostseepipeline, (9) 10; *N. Richter/A. Boecker/G. Herrmann S. Zekri*, Ostsee-Pipeline: Eine Verbindung unter Druck, *SZ*, 5./6. Juli 2008, 3; *S. Thielbeer*, Gefürchtetet Pipeline,

hang mit dem Bau einer Wartungsstation auf dem schwedischen Festlandsockel – die mittlerweile entbehrlich ist – fürchtete Schweden russische Spionageaktivitäten. In Schweden, in den baltischen Staaten und in Polen wird u. a. kritisiert, dass Russland angedeutet habe, die *Nord Stream-Pipeline* und die notwendigen Begleitinstallationen durch russisches Militär oder eine private bewaffnete Flotte zu schützen, auch mit regelmäßigen Patrouillen in einem 400 m breiten Korridor entlang der Trasse.[146]

In Norwegen trifft die *Nord Stream-Pipeline* neben ökologischen Bedenken insbesondere auf Energie- und Sicherheitsinteressen in der Barentssee. Norwegen, drittgrößter Erdgas- und Erdöl-Exporteur weltweit, strebt eine verstärkte Kooperation mit Russland im Energiesektor an, die bis zu einer gemeinsamen Ausbeutung der Energieressourcen in der Barentssee reichen könnte.[147]

FAZ, 24. Dezember 2007, 6; *L. Simonet*, Le Gazoduc Nord Stream et la Mer Baltique, (81) 82; *D. Bimboes*, Nordeuropa zwischen Konflikt und Kooperation mit Russland, 3 ff.; *Y. Mishalchenko*, Statement: Law and Economics – Aspects of National and International Regulation, (133) 138; siehe zur Route im baltischen Tiefenwasser (insbesondere in der schwedischen AWZ) *Nord Stream AG*, Projektinformation, Status der Nord Stream-Pipeline-Route in der Ostsee, Oktober 2007, 14 ff. (abrufbar unter: http://www.nord-stream.com/uploads/media/Nord_Stream_Route_Status_GERMAN.pdf, Stand Juli 2010). Siehe zu den schwedischen Interessen in der Ostsee *C.-E. Stålvant*, Swedish Interests in the Baltic Sea, (399) 399 ff.

146 Siehe *H. Lindpere*, Some new Maritime Security Issues for the Coastal States of the Baltic Sea, (39) 39 f. m. w. N.; zu den sicherheitspolitischen Bedenken ausführlich *A. Knudsen*, Sicherheitsrisiko Ostseepipeline, (9) 10; siehe auch Kleine Anfrage der Fraktion *Bündnis 90/DIE GRÜNEN*, Ökologische Konsequenzen der geplanten Ostseepipeline und Prüfung alternativer Streckenverläufe, 14. März 2008, Deutscher Bundestag, 16. Wahlperiode, BTDS 16/8627, 1, 5, abrufbar unter: http://dip21.bundestag.de/dip21/btd/16/086/1608627.pdf. Antwort der Bundesregierung vom 2. April 2008, BTDS 16/8692, 9, nach der der Bundesregierung hierzu keine Angaben vorliegen, abrufbar unter: http://dip21.bundestag.de/dip21/btd/16/086/1608692.pdf (Stand Juli 2010).

147 Siehe *D. Bimboes*, Nordeuropa zwischen Konflikt und Kooperation mit Russland, 8 ff. So gibt es Pläne, die *Nord Stream-Pipeline* auch mit Gas aus dem in der Barentssee liegenden *Schtokman*-Gasfeld zu speisen. Siehe *R. Götz*, Wird Deutschland „Energiedrehscheibe" für Russlands Erdgas?, 3 f.; *A. Knudsen*, Sicherheitsrisiko Ostseepipeline, (9) 9. Nach Angaben der IEA kündigte *Gazprom* im Oktober 2006 jedoch an, die Entwicklung des *Schtokman*-Gasfeldes alleine voranzutreiben und andere internationale Unternehmen nicht zu beteiligen. Siehe *IEA*, Natural Gas Market Review 2007, 40 f.

Ökonomisch und strategisch motivierter Widerstand regt sich insbesondere in den baltischen Staaten und Polen, die eine Rohrleitungsverlegung auf ihrem Staatsgebiet favorisieren, um sich Einfluss und Transitgebühren zu sichern.[148] Insbesondere zwischen Polen und Deutschland kam es immer wieder zu politischen Spannungen infolge sicherheitspolitischer, geostrategischer und ökonomischer Differenzen im Zusammenhang mit dem Bau der *Nord Stream-Pipeline*.[149] Die baltischen Staaten und Polen fürchten, dass die *Nord Stream-Pipeline* nachteilige Auswirkungen auf ihre Energieversorgungssicherheit haben könnte: Zum einen würde die Möglichkeit, Gas aus alternativen Quellen zu erhalten, verringert. Zum anderen verlören die bestehenden Gaspipelines von Russland nach Westeuropa, die sog. *Jamal Pipeline* (über Weißrussland und Polen) und die sog. *Druschba Pipeline* (Nordstrang über Weißrussland und Polen) an Bedeutung. Den betroffenen Staaten würden damit Durchleitungsgebühren und Kontrollmöglichkeiten abhanden kommen, was die Möglichkeiten politischer Einflussnahme verringern und die betroffenen Staaten energiepolitisch isolieren würde.[150] Alternativ zur *Nord Stream-Pipeline* war zunächst mit der *Bernstein Pipeline* (*Amber Pipeline*) eine Trassenführung über Land, auch durch die baltischen Staaten, erwogen worden, was jedoch insbesondere aus strategischen und finanziellen Gründen abgelehnt wurde.[151]

---

[148] Siehe *Y. Mishalchenko*, Statement: Law and Economics – Aspects of National and International Regulation, (133) 138; ausführlich zu Polen *K.-O. Lang*, Polens Energiepolitik, 1 ff.; siehe auch *R. Tarnogórski*, North European Gas Pipeline, (104) 108 ff., 115; *D. Bimboes*, Die Ostseepipeline, 21 ff.; *FAZ*, Das Gas der Ostseepipeline ist schon verkauft, 2. August 2007, 13.

[149] Siehe *K. Krohn/J. Reckmann*, Balten und Polen schmieden Pläne gegen die Ostseepipeline, *FR*, 25. Juli 2007, 8; ausführlich zu den deutsch-polnischen Energiebeziehungen *K.-O. Lang*, Polens Energiepolitik, 30 ff.

[150] Siehe *R. Wolf*, Rechtliche Rahmenbedingungen für die geplante Ostsee-Pipeline, (24) 25; *R. Götz*, Die Ostseegaspipeline, 3; *A. Knudsen*, Sicherheitsrisiko Ostseepipeline, (9) 9, 11; *K.-O. Lang*, Polens Energiepolitik, 10; *S. Zekri*, Putin stellt Pipeline infrage, *SZ*, 13. November 2008, 8; *D. Bimboes*, Die Ostseepipeline, 8 f. Siehe auch Kleine Anfrage der Fraktion *Bündnis 90/DIE GRÜNEN*, Ökologische Konsequenzen der geplanten Ostseepipeline und Prüfung alternativer Streckenverläufe, 14. März 2008, Deutscher Bundestag, 16. Wahlperiode, BTDS 16/8627, 3 f., abrufbar unter: http://dip21.bundestag.de/dip21/btd/16/086/1608627.pdf (Stand Juli 2010).

[151] Diese Trassenführung wäre nach Schätzungen 50 % billiger gewesen als die seeverlegte Pipeline, es wären jedoch Transitgebühren angefallen. Siehe *R. Wolf*, Rechtliche Rahmenbedingungen für die geplante Ostsee-Pipeline, (24) 25;

Vor diesem Hintergrund ist auch der Streit zwischen Polen und Dänemark zu sehen, die sich überlappende Ansprüche auf eine AWZ südlich der dänischen Insel *Bornholm* geltend machen. Aufgrund der ungeklärten Grenzziehung zwischen Polen und Dänemark im Bereich der Insel *Bornholm* wurde 2007 beschlossen, die *Nord Stream-Pipeline* nördlich der Insel *Bornholm* in dänischem Küstenmeer zu verlegen.[152] Nach erneuten Untersuchungen wurde der Routenverlauf der *Nord Stream-Pipeline* bei der Insel *Bornholm* nochmals geändert: Die Pipeline soll nun in der sog. „S-Route" südlich der Insel *Bornholm* verlegt werden, was die Gesamtlänge der Rohleitung und die überquerten Kabel verringern sowie hinsichtlich des Meeresumweltschutzes und der Risiken für die Schifffahrt und Fischerei von Vorteil sein soll.[153]

Ähnliches spielte sich im finnischen Meerbusen ab: Die ursprünglich geplante Route der *Nord Stream-Pipeline* führte durch die finnische AWZ.[154] Auf Drängen der finnischen Regierung, die sich auf Bedenken

---

siehe auch *R. Götz*, Die Ostseegaspipeline, 2 f. *S. Thielbeer*, Gefürchtetet Pipeline, *FAZ*, 24. Dezember 2007, 6, zu einer Machbarkeitsstudie in Bezug auf eine alternative Trassenführung an Land, nach der die Kosten um 15 % höher und die Umweltrisiken größer gewesen wären. Siehe auch *Nord Stream AG*, Ten Answers About the Pipeline Across the Baltic Sea, 6 f., abrufbar unter: http://www.nord-stream.com/fileadmin/Dokumente/1__PDF/5__Misc/Nord_Stream_10_Answers_Brochure_Eng.pdf. Alternativrouten über Land werden nach wie vor gefordert, siehe u. a. Pressemitteilung zum Bericht des Petitionsausschusses des Europaparlaments, Umweltrisiko durch Kampfmunition in der Ostsee, 28. Mai 2008, abrufbar unter: http://www.europarl.europa.eu/news/expert.save/infopress_page/051-29914-147-05-22-909-20080526IPR29913-26-05-2008-2008-false/default_de.htm (Stand Juli 2010).

152 Siehe *FAZ*, Das Gas der Ostseepipeline ist schon verkauft, 2. August 2007, 13. Trotz einer Verlängerung der Pipeline um acht km, erneuten Trassenuntersuchungen und Transitgebühren im dänischen Küstenmeer wurde die neue Route beschlossen, um Bauverzögerungen infolge des ungeklärten Grenzverlaufs zu verhindern (bis hin zu jahrelangen Grenzziehungsstreitigkeiten vor einem internationalen Gericht), aber auch, um das bekannte chemische Entsorgungsgebiet östlich *Bornholms* zu meiden.

153 Siehe *Nord Stream AG*, Facts Ausgabe 8/11 – 2008, 4, mit Schaubild, abrufbar unter: http://www.nord-stream.com/fileadmin/Dokumente/1__PDF/4__Newsletter/8/NORD_STREAM_FACTS_ISSUE_8_GERMAN.pdf (Stand Juli 2010).

154 *Nord Stream AG*, Projektinformation: Status der Nord Stream-Pipeline-Route in der Ostsee, Oktober 2007, 7 ff. mit Schaubild zur Route im Finnischen Meerbusen, abrufbar unter: http://www.nord-stream.com/uploads/media/Nord_Stream_Route_Status_GERMAN_03.pdf (Stand Juli 2010). Siehe

hinsichtlich des Meeresumweltschutzes berief, wurde erwogen, die Rohrleitung durch die estnische AWZ zu führen. Nachdem Estland, ebenfalls wegen der Risiken für die Meeresumwelt, alle Untersuchungen in der estnischen AWZ untersagte, kehrte das Konsortium wieder zum ursprünglichen Plan zurück.[155]

Auch in den deutschen Medien wird das Projekt *Nord Stream-Pipeline* kritisch gesehen. Kritikpunkte sind insbesondere mögliche negative ökologische Auswirkungen.[156] Zwei kleine Anfragen der Fraktion *Bündnis 90/DIE GRÜNEN*, schwerpunktmäßig zu den ökologischen Konsequenzen der *Nord Stream-Pipeline*, beschäftigten die Bundesregierung zwischen Januar und April 2008.[157] Im Rahmen der innerstaatlichen Konsultationen nach der Notifizierung des *Nord Stream-*

---

zu den finnischen Meereszonen und Grenzstreitigkeiten in der Ostsee *K. Hakapää*, National Interests and Policies of Finland in the Baltic Sea, (387) 389 ff.

155 Siehe *Tagesspiegel online*, Energieversorgung. Estland boykottiert Ostsee-Pipeline, 20. September 2007; siehe auch *S. Thielbeer*, Gefürchtetet Pipeline, *FAZ*, 24. Dezember 2007, 6. Siehe zur Planung der Route im finnischen Meerbusen *Nord Stream AG*, Projektinformation, Status der Nord Stream-Pipeline-Route in der Ostsee, Oktober 2007, 7 ff. (abrufbar unter: http://www.nord-stream.com/uploads/media/Nord_Stream_Route_Status_GERMAN.pdf, Stand Juli 2010). Siehe auch *H. Lindpere*, Some new Maritime Security Issues for the Coastal States of the Baltic Sea, (39) 40 f.; *A. Knudsen*, Sicherheitsrisiko Ostseepipeline, (9) 10; *L. Simonet*, Le Gazoduc Nord Stream et la Mer Baltique, (81) 88.

156 Siehe *N. Richter/A. Boecker/G. Herrmann/S. Zekri*, Ostsee-Pipeline: Eine Verbindung unter Druck, *SZ*, 5./6. Juli 2008, 3. Auch über die Problematik, dass der Verlauf der *Nord Stream-Pipeline* marine russische Kriegsgräber aus dem Zweiten Weltkrieg stören könnte, wurde öffentlich diskutiert. Siehe *The Economist*, Pipelines from Russia – Dead souls. A gas pipeline and Soviet war graves, 17. Mai 2008, 38.

157 Kleine Anfrage der Fraktion *Bündnis 90/DIE GRÜNEN*, Reinigung der geplanten Gazprom-Gaspipeline mit Glutaraldehyd, 28. Januar 2008, Deutscher Bundestag, 16. Wahlperiode, BTDS 16/7935, abrufbar unter: http://dip21.bundestag.de/dip21/btd/16/079/1607935.pdf. Antwort der Bundesregierung vom 13. Februar 2008, BTDS 16/8041, abrufbar unter: http://dip21.bundestag.de/dip21/btd/16/080/1608041.pdf. Kleine Anfrage der Fraktion *Bündnis 90/DIE GRÜNEN*, Ökologische Konsequenzen der geplanten Ostseepipeline und Prüfung alternativer Streckenverläufe, 14. März 2008, Deutscher Bundestag, 16. Wahlperiode, BTDS 16/8627, 1, 5, abrufbar unter: http://dip21.bundestag.de/dip21/btd/16/086/1608627.pdf. Antwort der Bundesregierung vom 2. April 2008, BTDS 16/8692, abrufbar unter: http://dip21.bundestag.de/dip21/btd/16/086/1608692.pdf (Stand Juli 2010).

Pipeline-Projektes wurden allein in Deutschland 29 Stellungnahmen von Behörden (z. B. Bundesamt für Naturschutz), Organisationen (z. B. WWF und BUND) und Unternehmen (beispielsweise der Deutschen Telekom) abgegeben und veröffentlicht.[158]

Die EU steht dem Projekt *Nord Stream-Pipeline* insgesamt positiv gegenüber und nahm das Projekt im Dezember 2000 in die Liste der Transeuropäischen Netze (TEN) auf.[159] Gerade auch im Zusammenhang mit dem russisch-ukrainischen Gasstreit Anfang 2009 wurde mehrfach von europäischer Seite betont, wie wichtig eine Pipeline sei, die Deutschland und damit auch andere EU-Staaten unterseeisch unter Umgehung von Transitstaaten direkt mit Russland verbinde, um die europäische Gasversorgung nicht zum Spielball der Auseinandersetzungen zwischen Russland und anderen ehemaligen Ostblock-Staaten zu machen.[160] Jedoch auch auf europäischer Ebene mehren sich Kritikpunkte an der *Nord Stream-Pipeline*: So werden beispielsweise in einem Bericht des Petitionsausschusses des Europäischen Parlaments über die Umweltauswirkungen der geplanten *Nord Stream-Pipeline* (und abgeschwächt in der darauf basierenden Resolution des Europäischen Parlaments) die Gefahren beim Bau der Pipeline, beispielsweise durch die in der Ostsee lagernde Munition, sowie die Notwendigkeit der Durchführung einer unabhängigen UVP und einer bedeutenderen Rolle der EU betont.[161]

---

[158] Siehe zu den Stellungnahmen aus den Anrainerstaaten nähere Informationen unten S. 360 ff.

[159] Siehe Details unter http://www.nord-stream.com/de/the-pipeline/project-significance/status-ten.html. Informationen zu den „TEN-E Guidelines“ abrufbar unter: http://europa.eu/rapid/pressReleasesAction.do?reference=MEMO/06/304&format=HTML&aged=1&language=EN&guiLanguage=en (Stand Juli 2010).

[160] Siehe *spiegel-online*, Gasstreit: EU-Kommissar Verheugen plädiert für Ostsee-Pipeline, 18. Januar 2009, abrufbar unter: http://www.spiegel.de/wirtschaft/0,1518,601906,00.html (Stand Juli 2010).

[161] Siehe Bericht über die Umweltauswirkungen der geplanten Ostsee-Pipeline zwischen Russland und Deutschland (Petitionen 0614/2007 und 0952/2007), 2007/2118 (INI), 4. Juni 2008, Plenarsitzungsdokument A6-0225/2008, abrufbar unter: http://www.europarl.europa.eu/sides/getDoc.do?pubRef=-//EP//NONSGML+REPORT+A6-20080225+0+DOC+PDF+V0//DE. Resolution des EP vom 8. Juli 2008, P6_TA(2008)0336, abrufbar unter: http://www.europarl.europa.eu/sides/getDoc.do?type=TA&reference=P6-TA-2008-0336&language=EN&ring=A6-2008-0225 (Stand Juli 2010).

Kapitel 4: Zusammenfassung

Unterseeische Kabel und Rohrleitungen sind – wie landverlegte Kabel und Rohrleitungen – im modernen Informations- und Technologiezeitalter von einer so überragenden Bedeutung, dass sie im internationalen, europäischen und nationalen Recht eine besondere Rolle einnehmen. Unterseeische Kabel haben trotz der Konkurrenztechnologie Satellit kaum an Bedeutung verloren. Das internationale Kabelnetzwerk ist immer noch das Rückgrat des modernen Informationszeitalters.

Ähnliches gilt für seeverlegte Rohrleitungen: Zwar wird immer noch ein Großteil des Erdöls und Erdgases auf dem Seeweg per Schiff transportiert, seeverlegte Rohrleitungen gewinnen jedoch zunehmend an Bedeutung. Mittlerweile hat sich für den Transport von Öl und Gas regional und zum Teil global eine Infrastruktur von Rohrleitungsnetzen entwickelt, neben den Tankerrouten die „Arterien der Energieversorgung".[162] Der enge Zusammenhang seeverlegter Rohrleitungen zur Machtressource Öl und Gas lässt auch Rohrleitungen zu einem bedeutenden sicherheits- und geopolitischen Faktor werden, regional und global. Zudem spielen Pipelines eine zunehmende Rolle für die Energieversorgungssicherheit insbesondere der EU.

Diese geostrategische und sicherheitspolitische Bedeutung seeverlegter Pipelines zeigt sich besonders anschaulich anhand der in der Ostsee verlegten *Nord Stream-Pipeline*. Die Ostsee ist im Bereich der Energieversorgung in zweierlei Hinsicht von Bedeutung ist: zum einen als Produktionsstätte, zum anderen als Transportweg. Wegen ihrer ökologischen Besonderheiten als halbumschlossenes Meer mit einem geringen Salz- und Sauerstoffgehalt ist die Ostsee ökologisch sehr sensibel und durch verschiedenartige und intensive Nutzungen der Anrainerstaaten besonders gefährdet.

Die ökologischen Bedenken gegen die zunehmende Verwendung seeverlegter Pipelines spiegeln sich auch in den Reaktionen der Ostsee-Anrainerstaaten und der Öffentlichkeit auf den Bau der *Nord Stream-Pipeline* wider. Neben diese umweltbezogene Kritik treten sicherheits-, energie- und geopolitische Bedenken, die auch innerhalb der EU geäußert werden, insbesondere in Bezug auf die wachsende Abhängigkeit

---

[162] In *Nord Stream AG*, The Project and the Environment, The Natural Gas Pipeline Across the Baltic Sea, 20 f., wird die *Nord Stream-Pipeline* als „undersea highway for natural gas" bezeichnet, abrufbar unter: http://www.nord-stream.com/fileadmin/Dokumente/1__PDF/5__Misc/The_Project_The_Enviro nment_brochure.pdf (Stand Juli 2010).

europäischer Staaten von russischem Erdöl und -gas. Letzterer Aspekt ist ein Kritikpunkt, der zwar nicht nur das Transportmittel Rohrleitung betrifft, jedoch gerade im Zusammenhang mit der *Nord Stream-Pipeline* und anderer Rohrleitungen, die von Russland ausgehen, besonders kontrovers diskutiert wird.

Im Vergleich zum Schiffstransport der Gefahrgüter Erdöl und -gas ist die ökologische Bilanz des maritimen Transportmediums Rohrleitung relativ gut. Aufgrund des Eingrabens der Seerohrleitung, der Betonummantelung und regelmäßiger Inspektionen treten Beschädigungen durch Korrosion und andere Meeresnutzer und damit zusammenhängende Gefährdungen der Meeresumwelt selten auf. Bedeutender sind mögliche Belastungen der Meeresumwelt im Vorfeld der Inbetriebnahme einer Rohrleitung, z. B. durch Untersuchungen des Meeresbodens, den Verlegevorgang selbst und die Säuberung der Pipeline, sowie eine mögliche Nichtentfernung der Rohrleitung nach deren Stilllegung. Diese Gefahren können jedoch gerade in der Ostsee durch die weitreichenden Bestimmungen im Bereich des Meeresumweltschutzes der anwendbaren internationalen Konventionen, insbesondere die Pflicht zur Durchführung einer UVP, weitestgehend gebannt werden.

Zweiter Teil: Rechte und Pflichten in Bezug auf unterseeische Rohrleitungen und Meeresumweltschutz nach dem Seerechtsübereinkommen der Vereinten Nationen (SRÜ)

Das Seerechtsübereinkommen der Vereinten Nationen (SRÜ)[1], am 10. Dezember 1982 in Montego Bay, Jamaika, von 117 Staaten unterzeichnet und am 16. November 1994 in Kraft getreten, ist mit 160 Vertragsstaaten (inklusive der EU, Stand Juli 2010)[2] sachlich wie räumlich das bedeutendste universelle Übereinkommen im Bereich des internationalen Seerechts. Bis Mitte des 20. Jahrhunderts beruhte das internationale Seerecht primär auf Völkergewohnheitsrecht, lediglich einzelne Aspekte waren durch internationale Übereinkommen geregelt, wie z. B. der Schutz unterseeischer Telegrafenkabel im Kabelschutzvertrag (KSV) von 1884.[3] Das 20. Jahrhundert war im Bereich des Seerechts von Kodifizierungsanstrengungen auf multilateraler Ebene, global und regional, geprägt.[4] Erste Versuche des Völkerbundes, im Jahre 1930 Teilkomplexe

---

1 United Nations Convention on the Law of the Sea, 10. Dezember 1982, UN Doc. A/CONF. 62/122 with Corr. 3 and Corr. 8; UNCLOS III, Official Records, Vol. XVII (1984), 151-221; ILM 21 (1982), 1261-1354; UNTS Bd. 1833 (1994), 397-581.

2 Alle Ostseeanrainer sind Vertragsstaaten des SRÜ. Das SRÜ sieht neben der Unterzeichnung durch Staaten ausdrücklich auch die Möglichkeit der Beteiligung Internationaler Organisationen vor (Art. 305 Abs. 1 lit. (f) i.V.m. Anlage XI SRÜ). Diese Möglichkeit wurde auf die EU zugeschnitten, wovon diese 1998 auch Gebrauch machte. Siehe Beschluss 98/392/EG des Rates vom 23. März 1998 über den Abschluss des Seerechtsübereinkommens der Vereinten Nationen vom 10. Dezember 1982 und des Übereinkommens vom 28. Juli 1994 zur Durchführung des Teils XI des Seerechtsübereinkommens durch die Europäische Gemeinschaft (Amtsbl. L 179 vom 23. Juni 1998, 1-2).

3 International Convention for the Protection of Submarine Telegraph Cables, 14. März 1884; deutsche Fassung RGBl. 1888 I, 167 ff.; RGBl. 1926 II, 134.

4 Das internationale Seerecht war insbesondere im 20. Jahrhundert großen Veränderungen ausgesetzt und war in seiner Progressivität Vorbild für andere Völkerrechtsordnungen. *W. Graf Vitzthum*, Der Meinungsstreit um ein internationales Meeresregime, (11) 17, beschrieb 1972 eine „Phase des Umbruchs"

des Seerechts, insbesondere das Küstenmeer betreffend, zu regeln, scheiterten.[5] Die immer vielfältigeren und intensiveren Nutzungsformen der Hohen See machten deutlich, dass es eines internationalen Regimes bedurfte, um die verschiedenen Nutzungsinteressen der Staaten zu koordinieren und gleichzeitig die Nutzbarkeit der See im Sinne einer nachhaltigen Entwicklung im Interesse des Bestandsschutzes zu sichern.[6]

Im Rahmen der UN wurde seit Beginn der 1950er Jahre der Versuch einer Kodifikation und Weiterentwicklung des internationalen Seerechts unternommen. Zu diesem Zweck wurden drei Seerechtskonferenzen einberufen – die Genfer Seerechtskonferenzen 1958 und 1960 sowie die Dritte Seerechtskonferenz der Vereinten Nationen von 1973-1982. Die auf der Ersten Seerechtskonferenz am 29. April 1958 angenommenen Genfer Übereinkommen (Konvention über die Hohe See (HSÜ)[7], Konvention über den Festlandsockel (FSÜ)[8], Konvention über das Küstenmeer (KMÜ)[9]) waren zwar ein erster wichtiger Schritt zur

---

des Meeresvölkerrechts. *E. Mann Borgese*, The Process of Creating an International Ocean Regime to Protect the Ocean's Resources, (23) 23, schrieb 1993: „The marine revolution we are living through today (…).“; 37: „(…) [T]he oceans are our great laboratory for the making of a new world order (…).“

[5] Siehe zu den Versuchen des Völkerbundes *T. Scovazzi*, The UNCLOS and the New Trends in the International Law of the Sea, (321) 321; *G. Dahm/J. Delbrück/R. Wolfrum*, Völkerrecht, Band I/2, 340, § 116 m. w. N.; *C.J. Colombos*, The International Law of the Sea, 103 ff., § 115 ff.; *C. Gloria*, 12. Kapitel: Internationales öffentliches Seerecht, (816) 819, Rn. 3; *E. Franckx*, The 200-Mile Limit, (467) 469 m. w. N.; *A. E. Boyle*, Further Developments in the Law of the Sea Convention: Mechanisms for Change, (563) 563.

[6] Siehe *G. Dahm/J. Delbrück/R. Wolfrum*, Völkerrecht, Band I/2, 340, § 116. Insofern wird von der Bildung eines „internationalen Verwaltungsrechts für die Hohe See“ gesprochen.

[7] United Nations Convention on the High Seas, 29. April 1958, in Kraft getreten am 30. September 1962; UNTS Bd. 450, 11 ff.; BGBl. 1972 II, 1089 ff.

[8] United Nations Convention on the Continental Shelf, 29. April 1958, in Kraft getreten am 10. Juni 1964; UNTS Bd. 499, 311 ff.

[9] United Nations Convention on the Territorial Sea and the Contiguous Zone, 29. April 1958, in Kraft getreten am 10. September 1964; UNTS Bd. 516 (1964), 205-282. Neben den genannten drei Konventionen wurden 1958 das Übereinkommen über Fischerei und die Erhaltung der biologischen Reichtümer der Hohen See (Convention on Fishing and Conservation of the Living Resources of the High Seas, 29. April 1958, in Kraft getreten am 20. März 1966; UNTS Bd. 559, 285 ff.) sowie das Fakultative Protokoll über die obligatorische

Schaffung eines internationalen Rechtsrahmens für die Nutzung der See. Jedoch war ihre Rezeption durch die Staaten nicht umfassend genug und es zeigte sich bereits wenige Jahre nach ihrem Abschluss, dass u. a. die zunehmende nationale Inanspruchnahme von Meereszonen seit Beginn der 1960er Jahre und die Möglichkeiten des Tiefseebergbaus weitere und detailliertere Regelungen notwendig machten.[10]

Auf der Zweiten Seerechtskonferenz der UN, die 1960 in Genf stattfand, konnte man sich nicht auf den Abschluss eines internationalen Seerechtsabkommens verständigen. Erst 1982, auf der Dritten Seerechtskonferenz, gelang es nach beinahe zehn Jahre dauernden Beratungen, in Form des SRÜ ein umfassendes Regelungswerk für alle Bereiche des Meeres (Hohe See, Meeresboden, küstenstaatliche Meereszonen) sowie Inhalt, Umfang und Grenzen meeresbezogener Tätigkeiten zu schaffen.

Das SRÜ bildet seit seinem Inkrafttreten am 16. November 1994 den rechtlichen Rahmen für die Nutzung und Nutzbarmachung der Meere, der in anderen universellen und regionalen Konventionen konkretisiert wird. Es ist insofern auf normative Fortentwicklung angelegt.[11] Wegen seines Charakters als Rahmenkonvention und als wichtigstes universelles seerechtliches Übereinkommen wird das SRÜ auch als „Verfassung der Meere" bzw. „Verfassung für die Meere" bezeichnet.[12] Das SRÜ

Beilegung von Streitigkeiten (Optional Protocol of Signature concerning the Compulsory Settlement of Disputes, 29. April 1958, in Kraft getreten am 30. September 1962; UNTS Bd. 450, 169 ff.) angenommen.

[10] Siehe *G. Dahm/J. Delbrück/R. Wolfrum*, Völkerrecht, Band I/2, 341, § 116.

[11] Das Seerecht ist dabei besonders flexibel und dynamisch und ein gutes Beispiel für die sich weiter verdichtende Ordnung des Völkerrechts. Siehe *U. Jenisch*, 10 Jahre neues Internationales Seerecht, (79) 86; *E. Franckx*, The 200-Mile Limit, (467) 481 f.; siehe auch *A. Kiss/D. Shelton*, International Environmental Law, 445.

[12] Siehe Ausführungen des Präsidenten der Dritten Seerechtskonferenz *T.T.B. Koh*, A Constitution of the Oceans, abrufbar unter: http://www.un.org/Depts/los/convention_agreements/texts/koh_english.pdf (Stand Juli 2010). Beispielhaft auch UN Doc. A/CONF. 199/20, Report of the World Summit on Sustainable Development, Resolution 2, Plan of Implementation of the World Summit on Sustainable Development, 4. September 2002, 24, para. 30 (a): „the overall legal framework for ocean activities". Siehe auch *W. Graf Vitzthum*, Raum und Umwelt im Völkerrecht, 417, Rn. 38; *F. Pardo Segovia*, Zonas marítimas previstas en la Convención sobre el Derecho del Mar, (97) 97; *T. Sco-*

übernahm viele Bestimmungen der Genfer Vorgängerkonventionen und normierte vielfach geltendes Völkergewohnheitsrecht. In einigen Bereichen wurden im SRÜ jedoch das bestehende Recht weiterentwickelt oder vertieft – beispielsweise hinsichtlich der Zone *sui generis* AWZ, der Freiheiten der Hohen See[13] und im Bereich des Meeresumweltschutzes – sowie neue Institute geschaffen, insbesondere im Bereich des Tiefseebergbaus.[14] Das Besondere am SRÜ ist, dass es die Neuordnung aller Rechts- und Nutzungsverhältnisse in Friedenszeiten für alle Seegebiete in einer Konvention bündelt und einen einheitlichen verbindlichen Rechtsrahmen für die Ausübung maritimer Tätigkeiten bietet.[15] Der globale Geltungsbereich des SRÜ wird in der Wirkung zur Neuordnung von Recht und Raum von keinem anderen Regelungswerk erreicht und hat damit historische und weltpolitische Bedeutung.[16]

Ausgehend von den Bestimmungen des SRÜ werden im Folgenden auch die Regelungen des FSÜ, HSÜ, KMÜ und der Kabelschutzkonvention von 1884 untersucht, sofern sie von den Bestimmungen des SRÜ abweichen, spezielle Regeln enthalten oder bei der Auslegung von Bedeutung sein können. Das Verhältnis des SRÜ zu anderen Verträgen regelt Art. 311 SRÜ, der in Abs. 1 bestimmt, dass das SRÜ zwischen den Vertragsstaaten Vorrang vor den Genfer Übereinkommen von 1958 hat. Nach Art. 311 Abs. 2 SRÜ ändert das SRÜ nicht die Rechte und Pflichten der Vertragsstaaten aus anderen Übereinkünften, die mit dem SRÜ vereinbar sind und andere Vertragsstaaten in dem Genuss ihrer Rechte oder in der Erfüllung ihrer Pflichten aus dem SRÜ nicht beeinträchtigen.[17]

---

vazzi, The UNCLOS and the New Trends in the International Law of the Sea, (321) 321 f.

[13] Der Begriff Freiheiten der Meere oder Meeresfreiheiten ist weniger genau als der Terminus Freiheit(en) der Hohen See, da diese Freiheiten unauflösbar mit der Hohen See verbunden sind. Deshalb wird im Folgenden nur der Begriff Freiheit bzw. Freiheiten der Hohen See verwendet, wenn nicht von einer spezifischen Freiheit die Rede ist.

[14] Siehe *T. Scovazzi*, The UNCLOS and the New Trends in the International Law of the Sea, (321) 322; *K. Doehring*, Völkerrecht, § 9 See- und Wasserrecht, 227, Rn. 517, bezeichnet den Tiefseebergbau als „absolut neue Kreation".

[15] Vgl. *U. Jenisch*, 10 Jahre neues Internationales Seerecht, (79) 80.

[16] *U. Jenisch*, 10 Jahre neues Internationales Seerecht, (79) 79, 86.

[17] Art. 237 SRÜ enthält eine spezielle Konkurrenz-Vorschrift in Bezug auf den Schutz und die Bewahrung der Meeresumwelt, siehe hierzu Fn. 190.

Kapitel 1: Freiheit und Recht der Verlegung unterseeischer Rohrleitungen, System maritimer Zonen und Meeresumweltschutz nach dem SRÜ

Alle Staaten – Küsten- wie Binnenstaaten[18] – haben nach Art. 87 Abs. 1 lit. (c) SRÜ die Freiheit und nach Art. 112 Abs. 1 SRÜ das Recht, auf dem Boden der Hohen See unterseeische Rohrleitungen zu verlegen. In Art. 112 SRÜ ist die allgemeine Freiheit zur Verlegung zum Recht jedes Staates erstarkt, auf dem Boden der Hohen See jenseits des Festlandsockels Rohrleitungen zu legen.[19] Als Recht kann die Verlegefreiheit anderen Staaten entgegengesetzt und gegen Private durchgesetzt werden, ihre Verletzung durch andere Völkerrechtssubjekte löst völkerrechtliche Verantwortlichkeit aus.[20]

Die in Art. 87 Abs. 1 SRÜ allgemein aufgezählten Freiheiten der Hohen See gelten – mit Ausnahme der Fischereifreiheit – grundsätzlich nicht nur im Bereich der Hohen See, sondern auch für die AWZ (siehe Art. 58 Abs. 1 SRÜ). Für das Legen unterseeischer Kabel und Rohrleitungen im Bereich des Festlandsockels gibt es mit Art. 79 Abs. 1 SRÜ eine Sonderbestimmung, in der allen Staaten das Recht zuerkannt wird, auf dem Festlandsockel unterseeische Kabel und Rohrleitungen zu verlegen. Das SRÜ hat auch in Bezug auf die Verlegefreiheit weitestgehend die Regelungen des HSÜ (Art. 2 Nr. 3, 26 HSÜ) und des FSÜ (Art. 4 FSÜ) übernommen, hat aber einige Änderungen eingeführt, die die neue Meeresordnung widerspiegeln, insbesondere in Bezug auf das Festlandsockelregime und die Zone *sui generis* AWZ.[21]

---

18 Siehe zur Definition dieses Terminus und zur Transitfreiheit der Binnenstaaten unten S. 177 ff.

19 *R. Lagoni/A. Proelß*, Festlandsockel und ausschließliche Wirtschaftszone, (161) 204, Rn. 128; siehe auch *W. Wiese*, Seeverlegte Rohrleitungen im Völkerrecht, 200. Art. 112 SRÜ spezifiziert also für den Boden der Hohen See jenseits des Festlandsockels die Ausübung dieser allgemeinen Verlegefreiheit und wiederholt oder betont diese nicht lediglich. In diese Richtung interpretieren *J. Crowley*, The Ekofisk-Emden Gas Pipeline, (39) 42, 45, und *M.-R. Simonnet*, La Convention sur la Haute Mer, 135 f., Art. 2 und 26 HSÜ bzw. Art. 87 und 112 SRÜ.

20 *R. Lagoni/A. Proelß*, Festlandsockel und ausschließliche Wirtschaftszone, (161) 204, Rn. 128.

21 Siehe *R.-J. Dupuy/D. Vignes*, A Handbook on the New Law of the Sea, Vol. II, 987.

I. Staats- und Nichtstaatsgebiete und Jurisdiktion im Seerecht

Die Hoheitsbefugnisse über Seepipelines sowie Inhalt und Umfang der Rechte und Pflichten der Staaten variieren je nach der Lage der Rohrleitung auf dem Meeresboden jenseits nationaler Hoheitsbefugnisse oder innerhalb küstenstaatlicher Meereszonen. Um die Hoheitsbefugnisse sowie die Reichweite der Rechte und Pflichten der einzelnen Staaten näher zu bestimmen, müssen grenzüberschreitende seeverlegte Rohrleitungen in Abschnitte aufgeteilt werden.

Für den Bereich des Meeres ist die Differenzierung zwischen Staatsgebiet und Nichtstaatsgebiet grundlegend, da sich hieraus Inhalt und Umfang der Rechte und Pflichten der Staaten, auch als Küstenstaaten, ableiten:[22] Zum Staatsgebiet gehören die inneren Gewässer, Archipelgewässer und das Küstenmeer. In diesem sog. maritimen Aquitorium übt der Küstenstaat Souveränität aus, die jedoch in bestimmten Bereichen eingeschränkt ist. Zum Nichtstaatsgebiet zählen zum einen die küstenstaatlichen Funktionshoheitsräume mit funktional begrenzten küstenstaatlichen souveränen Rechten und Hoheitsbefugnissen (Anschlusszone, AWZ und Festlandsockel). Den anderen Teil des Nichtstaatsgebietes bilden die Staatengemeinschaftsräume (sog. „commons"), die der Staatengemeinschaft insgesamt zugeordnet sind: Die nicht-internationalisierte Hohe See sowie der internationalisierte Staatengemeinschaftsraum, das sog. Gebiet, das der IMB als internationaler Organisation unterstellt ist und insoweit (partiell) international verwaltet wird.

Daran anknüpfend bedarf auch der Begriff der Hoheitsbefugnisse bzw. der Jurisdiktion eines Staates (im Englischen „jurisdiction") einer genaueren Bestimmung. Jurisdiktion bedeutet die rechtmäßige Gewalt eines Staates, die Rechte und Pflichten von natürlichen und juristischen Personen zu bestimmen und durchzusetzen sowie deren Verhalten zu kontrollieren.[23] Ein Staat übt seine Jurisdiktion zunächst aus, indem er Vorschriften erlässt (legislative Jurisdiktion, „legislative jurisdiction", „prescriptive jurisdiction", „jurisdiction to regulate"); indem er im Rahmen seiner judikativen Jurisdiktion („judicial jurisdiction", „adjudicative jurisdiction") Prozeduren schafft, um Verletzungen seiner Gesetze zu identifizieren und mit Konsequenzen zu versehen; und als

---

22 Begrifflichkeiten sowie nachfolgende Ausführungen entnommen aus *W. Graf Vitzthum*, Raum und Umwelt im Völkerrecht, 397 ff. Rn. 2 ff., anschauliche Übersicht 397.

23 *B.H. Oxman*, Jurisdiction of States, EPIL, Rn. 3.

Durchsetzungskompetenz („executive jurisdiction“, „enforcement jurisdiction“), indem er Rechtsfolgen zwangsweise durchsetzt.[24]

Grundlegender Anknüpfungspunkt für die Ausübung von Jurisdiktion ist zunächst das Staatsgebiet: Diese territoriale Jurisdiktion ist in der vorliegenden Arbeit insbesondere zur Bestimmung der küstenstaatlichen Souveränität in den inneren Gewässern und dem Küstenmeer relevant – sowie im Sinne einer funktionalen Jurisdiktion für die AWZ bzw. den Festlandsockel.[25] Anknüpfungspunkt für die staatliche Hoheitsgewalt ist aber auch die Nationalität einer natürlichen oder juristischen Person. Dieses Nationalitätsprinzip ist in der vorliegenden Arbeit entscheidend, um insbesondere für die Hohe See das Verhältnis zwischen dem handelnden Unternehmen als Privatrechtssubjekt und dem Staat als Adressat völkerrechtlicher Normen zu bestimmen.[26] Abweichend von diesen beiden Prinzipien kann ein Staat auch nach dem sog. Universalitätsprinzip Jurisdiktion ausüben, im Bereich der Hohen See beispielsweise bei Pirateriefällen.[27]

II. Freiheit und Recht der Verlegung unterseeischer Rohrleitungen als Freiheit der Hohen See

Das Meer war und ist einer der bedeutendsten Räume der Kommunikation und Kooperation zwischen Staaten, weshalb die Freiheiten der Hohen See auch als Kommunikationsfreiheiten bzw. -rechte (*ius communicationis*) bezeichnet werden.[28] Gerade die Freiheit der Verlegung

---

[24] Siehe *B.H. Oxman*, Jurisdiction of States, EPIL, Rn. 3.

[25] Siehe eingehend *B.H. Oxman*, Jurisdiction of States, EPIL, Rn. 11 ff., 18 ff.; *M. Gavouneli*, Functional Jurisdiction in the Law of the Sea, 39 ff., zum Territorialitätsprinzip im Seerecht ausführlich 7 ff.

[26] Siehe Details für die Verlegefreiheit unten S. 122 ff.

[27] Siehe eingehend *M. Gavouneli*, Functional Jurisdiction in the Law of the Sea, 19 ff. Siehe auch unten S. 166 ff.

[28] Der IGH berief sich beispielsweise im *Corfu Channel Case* (Urteil vom 9. April 1949, ICJ Reports 1949, (4) 22) auf „the principle of the freedom of maritime communication“. Ähnlich *Nicaragua v. United States* (Case Concerning Military and Paramilitary Activities in and Against Nicaragua, Urteil vom 27. Juni 1986, ICJ Reports 1986, (14) 111-112, para. 214. Siehe *I. Brownlie*, Principles of Public International Law, 226; *M.M. Roggenkamp*, Petroleum

unterseeischer Rohrleitungen zu Transportzwecken und der Verlegung von Seekabeln zu Kommunikationszwecken ist wichtiger Bestandteil dieses *ius communicationis*.

1. Geschichtliche Entwicklung der Verlegefreiheit

Die Freiheit zur Verlegung unterseeischer Kabel und Rohrleitungen, die erst Mitte des 20. Jahrhunderts völkerrechtlich den allgemeinen Freiheiten der Hohen See zugeordnet wurde, zählt nicht zu den traditionellen Freiheiten der Hohen See wie die Schifffahrt und die Fischerei.[29] Seehandel gibt es schon seit Jahrtausenden, und damit auch die Notwendigkeit, diesen durch Normen und Gebräuche zu regeln.[30] Frühe seerechtliche Elemente einer „völkerrechtlichen" Ordnung in der vorklassischen Antike waren meist auf den Seehandel und dessen Sicherheit, insbesondere die Gefahren der Piraterie, ausgerichtet. Aus dem regen maritimen Güteraustausch, insbesondere im Ostmittelmeerraum, entwickelte sich bereits im 5. Jahrhundert v. Chr. trotz der Seedominanz der damals herrschenden Staaten (insbesondere der Kreter) eine frühe und noch wenig konkretisierte Freiheit der Meere.[31] Im Römischen

---

Pipelines in the North Sea, (92) 94 f. Andere beschreiben das Meer als ein Medium der Kommunikation, siehe *M.N. Shaw*, International Law, 490.

29 *W. Wiese*, Seeverlegte Rohrleitungen im Völkerrecht, 209, bezeichnet die Verlegefreiheit als „junge" Meeresfreiheit. *R.-J. Dupuy/D. Vignes*, A Handbook on the New Law of the Sea, Vol. I, 390 f., hingegen zählen die Verlegefreiheit zu den traditionellen Freiheiten, neue Freiheiten seien die wissenschaftliche Meeresforschung und die Errichtung von künstlichen Inseln und Anlagen. Auch *M. Roelandt*, La condition juridique des pipelines, 109, gesteht der Rohrleitungsverlegung den Rang einer traditionellen Freiheit zu. *J. Crowley*, The Ekofisk-Emden Gas Pipeline, (39) 48: „(...) it was almost by accident that the laying of submarine pipelines came to be included under the regime for the freedom of the high seas."

30 Siehe *W. Graf Vitzthum*, Begriff, Geschichte und Rechtsquellen des Seerechts, (1) 12, Rn. 15. Detailliert zur Geschichte der Freiheit der Meere *R. Wolfrum*, Die Internationalisierung staatsfreier Räume, 123 ff.; *F. Stier-Somlo*, Die Freiheit der Meere und das Völkerrecht, 34 ff.; *G. Fioravanzo*, La Libertà dei Mari, 13 ff.; *H. Prawitz*, Die Freiheit der Meere in Friedenszeiten, 2 ff. *M.-R. Simonnet*, La Convention sur la Haute Mer, 21 ff.; *G. Gidel*, Le droit international public de la mer, Tome I, 127 ff. Kritisch zur Eurozentristik im Seerecht *R.P. Anand*, Non-European Sources of the Law of the Sea, (19) 22 f.

31 Siehe zu den Details *W. Graf Vitzthum*, Begriff, Geschichte und Rechtsquellen des Seerechts, (1) 10 ff., Rn. 11 ff.

Reich erstarkte die Freiheit der Hohen See zu einem Rechtsprinzip, das als Teil des *ius gentium* angesehen wurde: Das Meer gehöre allen gemeinsam und seine Nutzung stehe allen Menschen zu.[32]

Eng verbunden mit dem Prinzip der Freiheit der Meere ist der Name *Hugo Grotius*, der 1609 in seinem berühmten Werk „Mare liberum"[33] das Prinzip der Freiheit der Hohen See klar herausarbeitete und systematisch begründete: Das Meer solle keinem Staat ausschließlich gehören, sondern der Schifffahrt, dem Handel und der Fischerei aller Staaten zugänglich sein.[34] Einige Jahre später, 1635, schrieb der bekannteste Vertreter der Gegenposition, *John Selden*, sein berühmtes Werk „Mare clausum"[35], in dem er die britischen Ansprüche auf weite Teile des Nordostatlantiks rechtfertigte.[36] Erst mit der Durchsetzung freiheitlicher Ideen im 19. Jahrhundert ist der Grundsatz der Freiheit der Hohen See, wenn auch mit Einschränkungen, zum endgültigen Durchbruch gelangt.[37]

In der Ostsee ist das Prinzip der Freiheit der Hohen See auf stärkeren Widerstand als in anderen Meeren gestoßen, u. a. wegen der geographischen Besonderheit als halbumschlossenes Meer. Im 16. und 17. Jahrhundert erhoben die Anrainerstaaten, v. a. Schweden und Russland, den Anspruch, Souveränität bzw. Hegemonie über die Ostsee auszuüben (*Dominium Maris Baltici*).[38] Die UdSSR behandelte die Ostsee sogar

---

32 Aus *W. Graf Vitzthum*, Begriff, Geschichte und Rechtsquellen des Seerechts, (1) 21 f., Rn. 39 m. w. N.

33 *H. Grotius*, Mare liberum, quod Batavis competit ad Indicana commercia, dissertatio.

34 *R. Wolfrum*, Hohe See und Tiefseeboden, (287) 296, Rn. 10; anschaulich zur geschichtlichen Entwicklung *W. Graf Vitzthum*, Begriff, Geschichte und Rechtsquellen des Seerechts, (1) 32 ff., Rn. 66 ff.; *G. Dahm/J. Delbrück/R. Wolfrum*, Völkerrecht, Band I/2, 344 f., § 117.

35 *J. Selden/M.Z. Boxhorn/P. Heuterus*, Mare clausum, seu De Dominio Maris.

36 *R. Wolfrum*, Hohe See und Tiefseeboden, (287) 296, Rn. 10; Details siehe *W. Graf Vitzthum*, Begriff, Geschichte und Rechtsquellen des Seerechts, (1) 32 ff., Rn. 66 ff.

37 *R. Wolfrum*, Hohe See und Tiefseeboden, (287) 296, Rn. 10; Details siehe *W. Graf Vitzthum*, Begriff, Geschichte und Rechtsquellen des Seerechts, (1) 37 ff., Rn. 81 ff.

38 Siehe ausführlich *L. Gelberg*, Maritime Cooperation of the Baltic States, 17 ff.; siehe auch *A. Verdross/B. Simma*, Universelles Völkerrecht, 724, § 1125;

bis in die 1990er Jahre als „mare clausum“, was u. a. Einschränkungen für die Schifffahrtsfreiheit von Nicht-Anrainerstaaten zur Folge hatte.[39] Heutzutage wird nicht mehr angezweifelt, dass die Freiheiten der Hohen See auch in (halb-)umschlossenen Meeren wie der Ostsee und dem Mittelmeer gelten, auch wenn sich in solchen Meeren durch deren geringe geographische Ausdehnung die Verzonung der Meere und die Ausweitung küstenstaatlicher Kompetenzen stärker auswirken als in großen Ozeanen.

In die Epoche der Anerkennung der Freiheiten der Hohen See fällt auch die Inbetriebnahme des ersten unterseeischen Kabels und des ersten rechtlichen Instrumentes zum Schutz unterseeischer Kabel, der Kabelschutzkonvention von 1884, die eine der ersten internationalen Konventionen überhaupt darstellt.[40] Seit Mitte der 1850er Jahre wurden auf dem Meeresboden Kabel verlegt, ohne dass das Recht der Kabelverlegung je ernsthaft in Frage gestellt wurde.[41] Ende des 19. und Anfang des 20. Jahrhunderts – insbesondere als Folge der Erfahrungen des Ersten Weltkrieges – standen Zerstörungen sowie der Schutz seeverlegter Kabel in Kriegszeiten im Vordergrund.[42] Für seeverlegte Rohrleitungen hat sich erst seit Mitte des 20. Jahrhunderts eine Staatenpraxis herausgebildet, was sich auch in der Entwicklung des internationalen Rechtsregimes für unterseeische Rohrleitungen widerspiegelt.

U. Jenisch, The Baltic Sea: The Legal Regime and Instruments for Cooperation, (47) 53 f.; *U. Jenisch/R. Wagner*, La Mer Baltique, (99) 118 f.

[39] Siehe *G. Dahm/J. Delbrück/R. Wolfrum*, Völkerrecht, Band I/2, 344, § 117 m. w. N.; Details *I. von Münch*, Internationales Seerecht, Die gegenwärtige Situation der Ostsee und die Zusammenarbeit zwischen den Anliegerstaaten, 162 ff.; siehe auch *R. Dieter*, Das Umweltregime der Ostsee, 55 f.; *M.A. Fitzmaurice*, International Legal Problems of the Environmental Protection of the Baltic Sea, 11 f.; *H.-J. Kiderlen*, The Baltic: Mare Clausum Lutheranum, (48) 48 ff.

[40] Siehe *J. Soubeyrol*, La condition juridique des pipe-lines en droit international, (157) 179.

[41] Siehe *M.S. MacDougal/W.T. Burke*, The Public Order of the Oceans, 780 f.

[42] Siehe *A.P. Higgins*, Submarine Cables and International Law, (27) 27 ff.; *L. Schuster*, Landtelegraphen und unterseeische Kabel im Krieg, 32 ff.; *P. Jouhannaud*, Les câbles sous-marins, 167 ff.; *V. Perdrix*, Les câbles sous-marins, 130 ff.

a) Internationale Konvention zum Schutz unterseeischer Telegrafenkabel (1884)

Eine Konvention zum Schutz unterseeischer Telegrafenkabel wurde bereits wenige Jahre nach der Verlegung des ersten Kabels 1869 von den USA und 1879 vom *Institut de Droit International* (IDI) vorgeschlagen.[43] Nach diesen ersten Vorschlägen dauerte es jedoch nochmals 15 Jahre, bis in Paris 1884 der Kabelschutzvertrag (KSV) unterzeichnet wurde.[44] Der KSV sollte Telegrafenkabel vor anderen traditionellen Nutzungen der See, insbesondere der Schifffahrt und der Fischerei, schützen und die telegrafische Kommunikation dauerhaft aufrechterhalten. Trotz der Beschränkung des Titels auf unterseeische Telegrafenkabel ist Art. I KSV[45] so weit gefasst, dass nicht nur Telegrafenkabel, sondern auch sonstige dem Fernmeldewesen, insbesondere der Telefonie dienende Kabel, erfasst werden, die heute zusammenfassend als Fernmeldekabel bezeichnet werden.[46] Auch der elektronische Datenverkehr via Internet zählt zum Fernmeldewesen, weshalb der KSV auch auf Kabel anwendbar ist, die zum Zwecke der Internetkommunikation verlegt werden. Da es zum Zeitpunkt der Verabschiedung des KSV

---

[43] Zu den Vorschlägen siehe *R.-J. Dupuy/D. Vignes*, A Handbook on the New Law of the Sea, Vol. II, 977; *R. Lagoni*, Submarine Cables, EPIL, 49; *M.S. MacDougal/W.T. Burke*, The Public Order of the Oceans, 780; *C.J. Colombos*, The International Law of the Sea, 381, § 399; *R. Wolfrum*, Die Internationalisierung staatsfreier Räume, 236 f.; *V. Perdrix*, Les câbles sous-marins, 21 ff. Am 16. Mai 1864 wurde zwischen Brasilien, Haiti, Frankreich, Italien und Portugal ein Vertrag zum Schutz unterseeischer Kabel vereinbart, der jedoch nie in Kraft trat. Siehe *R.-J. Dupuy/D. Vignes*, A Handbook on the New Law of the Sea, Vol. II, 977.

[44] International Convention for the Protection of Submarine Telegraph Cables, 14. März 1884; deutsche Fassung RGBl. 1888 I, 167 ff.; RGBl. 1926 II, 134. Ausführliche Untersuchung der Kabelschutzkonvention bei P. *Jouhannaud*, Les câbles sous-marins, 94 ff.; W. *Heller*, Das internationale Seekabelrecht in Friedenszeiten, 151 ff.; ausführlich zu den zwei Sitzungen V. *Perdrix*, Les câbles sous-marins, 33 ff., 82 ff.

[45] Art. I KSV: „The present Convention applies outside territorial waters to *all legally established submarine cables* landed on the territories, colonies or possessions of one or more High Contracting Parties." (Hervorhebung hinzugefügt).

[46] *E. Beckert/G. Breuer*, Öffentliches Seerecht, 507, Rn. 1459; siehe auch *W. Heller*, Das internationale Seekabelrecht in Friedenszeiten, 151; a. A. offenbar *E. Wagner*, Submarine cables and protection provided by the law of the sea, (127) 135.

noch keine Praxis des unterseeischen Rohrleitungstransports gab, bezieht sich die Konvention nicht auf seeverlegte Rohrleitungen.

Ziel des KSV ist es, Kabel vor Unterbrechung und Behinderung zu schützen und damit eine möglichst störungsfreie Telekommunikation über den Seeweg zu garantieren, Schwerpunkt bilden strafrechtliche (Art. II KSV)[47] und zivilrechtliche (Art. IV, VI, VII KSV) Vorschriften. Der KSV setzt zwar das Recht der Staaten, auf dem Meeresboden Kabel verlegen zu dürfen, notwendigerweise voraus, eine ausdrückliche Erwähnung oder Konkretisierung findet sich allerdings in dem Abkommen nicht.[48] Der KSV enthält auch keine Bestimmungen, die verlegenden Staaten konkrete Rechte und Pflichten mit Bezug zum Meeresumweltschutz gewähren bzw. auferlegen.[49]

Der KSV wird überwiegend positiv bewertet und ist 125 Jahre nach seiner Verabschiedung immer noch in Kraft.[50] Für die vorliegende Arbeit ist er von Bedeutung, da er wesentlich die Bestimmungen zu seeverlegten Kabeln und Rohrleitungen des HSÜ, FSÜ und SRÜ beeinflusst hat und diese Konventionen ergänzt, insbesondere die zivil- und strafrechtlichen Bestimmungen des SRÜ (Art. 113-115 SRÜ).

---

[47] Zu den Details der strafrechtlichen Bestimmung siehe *M. Lautenbach*, Die Strafbarkeit der Beschädigung unterseeischer Telegraphenkabel auf hoher See, 12 ff.

[48] Vgl. *D.P. O'Connell/I.A. Shearer*, The International Law of the Sea, Vol. I, 508; *R.-J. Dupuy/D. Vignes*, A Handbook on the New Law of the Sea, Vol. II, 978, 979; *R. Lagoni*, Submarine Cables, EPIL, 48; *J. Soubeyrol*, La condition juridique des pipe-lines en droit international, (157) 180: „Le principe de liberté figurait pour les câbles dans la convention de 1884 (...)."

[49] Einige Vorschriften entfalten allerdings eine die Umwelt schützende Wirkung, z. B. Art. III KSV: „The High Contracting Parties undertake that, on granting a concession for landing a submarine cable, they will insist, so far as possible, upon proper measures of safety being taken, both as regards the track of the cable and its dimensions."

[50] Siehe *P. Vincent*, Droit de la Mer, 135: „(...) fonctionne à l'entière satisfaction de tous." *E. Wagner*, Submarine cables and protection provided by the law of the sea, (127) 134, räumt dem KSV völkergewohnheitsrechtlichen Status ein. *S. Coffen-Smout/G.J. Herbert*, Submarine Cables, (441) 443, nehmen eine kritische Haltung ein und bezeichnen den KSV u. a. als „outdated".

b) Erste Seerechtskonferenz der Vereinten Nationen: Genfer Seerechtsübereinkommen (1958)

Die ersten völkerrechtlichen Instrumente, die die Verlegefreiheit als Freiheit der Hohen See näher konkretisierten, waren die Genfer Seerechtsabkommen von 1958. Das Recht der Verlegung unterseeischer Kabel als Freiheit der Hohen See wurde erstmalig in einer Resolution des IDI während der Konferenz von Lausanne im Jahr 1927 ausdrücklich erwähnt, in der der Versuch unternommen wurde, die Freiheiten der Hohen See zusammenzufassen.[51] Im Jahr 1948 legte die *International Law Association* (ILA) einen Entwurf – wohl den ersten – einer Bestimmung über das Recht vor, auf dem Festlandsockel Rohrleitungen zu verlegen.[52]

Ausführlich diskutiert wurde die Freiheit, unterseeische Rohrleitungen verlegen zu dürfen, erstmalig auf den Tagungen der *International Law Commission* (ILC)[53] zur Vorbereitung der Ersten Seerechtskonferenz.

---

[51] Siehe Para. I.3. der Resolution „La Navigation en Haute Mer" vom 1. September 1927: „L'Institut de Droit international déclare que le principe de la liberté de la mer comporte notamment les conséquences qui suivent: (...) 3. Liberté d'immersion en haute mer des câbles sous-marins; (...)."; abrufbar unter: http://www.idi-iil.org/idiF/resolutionsF/1927_lau_03_fr.pdf (Stand Juli 2010). Des Weiteren werden die Staaten u. a. aufgerufen, die Regeln der Londoner Konferenz von 1913 zu ratifizieren; siehe Para. 1 der Resolution „Câbles sous-marins" vom 1. September 1927; abrufbar unter: http://www.idi-iil.org/idiF/resolutionsF/1927_lau_04_fr.pdf (Stand Juli 2010). Siehe *C.J. Colombos*, The International Law of the Sea, 64, § 77; siehe zu den Resolutionen der Londoner Konferenz von 1913: *J. Soubeyrol*, La condition juridique des pipe-lines en droit international, (157) 179; *M. Roelandt*, La condition juridique des pipelines, 103.

[52] Der entsprechende Entwurf lautete: „The recognition of the control and jurisdiction of the coastal state over the sea-bed and subsoil of the continental shelf outside territorial waters does not affect (...) the existing international law with regard to the laying and operation of cables or pipelines on the sea-bed, subject however to the right of the coastal state to take reasonable measures in connection with the exploration and exploitation of the resources of the continental shelf." Diese Vorschrift ist Art. 4 FSÜ und Art. 79 SRÜ schon relativ ähnlich. Siehe *W. Wiese*, Seeverlegte Rohrleitungen im Völkerrecht, 121; siehe auch *M. Roelandt*, La condition juridique des pipelines, 113 f.

[53] Die ILC wurde 1948 von der UN-GA zur fortschreitenden Weiterentwicklung und Kodifizierung des Völkerrechts eingesetzt, sie arbeitet seitdem insbesondere Kodifikationsentwürfe aus. Siehe kritische Analyse der Rolle der ILC bei *C. Tomuschat*, The International Law Commission, (77), 77 ff.; Bezug

Die ILC befasste sich erstmals während ihrer zweiten Sitzungsperiode 1950 mit dem Seerecht, es wurden insbesondere Entwürfe für internationale Konventionen über das Küstenmeer, die Hohe See und den Festlandsockel vorbereitet.[54]

aa) Beratungen der International Law Commission (ILC) 1950-1956

Während der Beratungen der ILC von 1950-1956 lag der Schwerpunkt der Entwürfe und Kontroversen auf dem Schutz unterseeischer Kabel und weniger auf Grundsatzfragen des Verlegungsrechts oder auf der Problematik seeverlegter Rohrleitungen.[55] Es wurde insbesondere bezweifelt, dass es eine Staatenpraxis bezüglich der Verlegung unterseeischer Rohrleitungen in Friedenszeiten gebe.[56] Trotz dieser Zurückhaltung war jedoch bereits im ersten Bericht der ILC an die UN-GA von 1950 das Prinzip festgeschrieben, dass alle Staaten berechtigt seien, auf dem Boden der Hohen See Telefon- und Telegrafenkabel zu verlegen; dieses Prinzip solle auch für Rohrleitungen gelten.[57]

---

zum *Sixth Legal Committee* der UN-GA siehe *Sir F. Berman*, The ILC within the UN's Legal Framework, (107) 107 ff.

54 HÜK und FSÜ wurden während der Beratungen der ILC wegen partieller Überschneidungen meist gemeinsam diskutiert, weshalb auch im Folgenden die Beratungen im Wesentlichen zusammen dargestellt werden sollen.

55 Siehe zu den Beratungen der ILC, den Sitzungsperioden sowie den einzelnen Vorschlägen ausführlich *W. Wiese*, Seeverlegte Rohrleitungen im Völkerrecht, 121 ff.; *W. Heller*, Das internationale Seekabelrecht in Friedenszeiten, 108 ff.; *M. Roelandt*, La condition juridique des pipelines, 104 ff.; *R.-J. Dupuy/D. Vignes*, A Handbook on the New Law of the Sea, Vol. II, 979 f.; *J.L. de Azcárraga*, Régimen Jurídico de los Espacios Marítimos, 69 f.; *M.-R. Simonnet*, La Convention sur la Haute Mer, 134.

56 Siehe *W. Wiese*, Seeverlegte Rohrleitungen im Völkerrecht, 122 m. w. N. Rohrleitungen schienen insgesamt von geringer praktischer Relevanz, siehe *R.-J. Dupuy/D. Vignes*, A Handbook on the New Law of the Sea, Vol. I, 373.

57 Report of the International Law Commission to the General Assembly, Doc. A/1316, ILC Yearbook II (1950), (364) 384 Nr. 192: „(…) considered that the same principle should apply to pipelines."

bb) Beratungen zu den Genfer Übereinkommen 1958

Die Erste Seerechtskonferenz der UN, die am 24. Februar 1958 in Genf stattfand, endete am 29. April 1958 mit dem Abschluss der bereits erwähnten vier Genfer Seerechtsübereinkommen (sowie eines Fakultativprotokolls). Die die Verlegung von Rohrleitungen betreffenden Entwürfe der ILC wurden im Wesentlichen unverändert im HSÜ und FSÜ übernommen. Während der Beratungen der Ersten Seerechtskonferenz waren unterseeische Rohrleitungen von geringer praktischer Bedeutung und spielten im Vergleich zu unterseeischen Kabeln lediglich eine untergeordnete Rolle.

Art. 2 HSÜ (basierend auf Art. 26 des Entwurfes von 1956) konkretisiert den Grundsatz der Freiheit der Hohen See dahingehend, dass kein Staat für sich das Recht in Anspruch nehmen kann, einen Teil der Hohen See seiner Souveränität zu unterstellen, da diese allen Nationen offensteht. Nach Art. 2 Nr. 3 HSÜ umfasst die Freiheit der Hohen See u. a. die Freiheit, unterseeische Kabel und Rohrleitungen zu legen, die unter angemessener Berücksichtigung der Interessen der anderen Staaten an der Freiheit der Hohen See ausgeübt wird. Art. 26 Abs. 1 HSÜ (basierend auf Art. 61 des Entwurfes von 1956) enthält das Recht, auf dem Grund der Hohen See unterseeische Kabel und Rohrleitungen zu legen.

Neu war der auf einen Vorschlag Dänemarks zurückgehende Art. 26 Abs. 3 HSÜ, nach dem ein Staat beim Legen von Kabeln und Rohrleitungen auf bereits vorhandene Kabel und Rohrleitungen gebührend Rücksicht zu nehmen hat, insbesondere deren Reparaturmöglichkeiten nicht beeinträchtigen darf. Gemäß Art. 26 Abs. 2 HSÜ und Art. 4 FSÜ darf der Küstenstaat das Legen oder die Unterhaltung seeverlegter Kabel und Rohrleitungen nicht behindern, vorbehaltlich seines Rechts, angemessene Maßnahmen zur Erforschung des Festlandsockels und zur Ausbeutung der natürlichen Ressourcen zu ergreifen. Eine erste die Meeresumwelt schützende Vorschrift mit direktem Bezug zu unterseeischen Rohrleitungen findet sich in Art. 24 HSÜ, der bestimmt, dass jeder Staat Vorschriften zu erlassen hat, um die Verschmutzung der Meere infolge des Ablassens von Öl aus Schiffen oder Rohrleitungen oder infolge der Ausbeutung und Erforschung des Meeresgrundes und Meeresuntergrundes zu verhüten.[58]

---

[58] Siehe Details zu Art. 24 HSÜ unten S. 118 ff.

c) Dritte Seerechtskonferenz der Vereinten Nationen (1973-1982): Seerechtsübereinkommen der Vereinten Nationen (1982)

Bereits im Jahre der Zeichnung der Genfer Abkommen 1958 beschloss das *Sixth Legal Committee* der UN-GA, im Frühjahr 1960 eine Zweite Seerechtskonferenz abzuhalten, auf der insbesondere die Breite des Küstenmeeres, auf die man sich 1958 nicht einigen konnte, diskutiert werden sollte.[59] Diese Zweite Seerechtskonferenz wurde jedoch ohne Abschluss eines Abkommens beendet. Im Dezember 1967 wurde aufgrund der Initiative des maltesischen Botschafters *Arvid Pardo* von der UN-GA ein *ad hoc*-Komitee eingesetzt, das sich mit Fragen der friedlichen Nutzung des Meeresbodens jenseits nationaler Hoheitsbefugnisse auseinandersetzen sollte und das ein Jahr später in ein ständiges Komitee umgewandelt wurde.[60]

Während der elf Sitzungsperioden der Dritten Seerechtskonferenz der UN war die Verlegefreiheit von untergeordneter Bedeutung, die Beratungen waren weniger intensiv als in den 1950er Jahren.[61] Die Aufzählung der Freiheiten der Hohen See in Art. 87 Abs. 1 SRÜ geht auf Art. 2 Nr. 3 HSÜ zurück, hinzugefügt wurden die Freiheit der Errichtung künstlicher Inseln und Anlagen sowie die Freiheit der wissenschaftlichen Meeresforschung. Art. 112 Abs. 1 SRÜ enthält, wie die Vorgängervorschrift Art. 26 Abs. 1 HSÜ, das Recht, auf dem Boden der Hohen See jenseits des Festlandsockels unterseeische Kabel und Rohrleitungen zu verlegen.

Art. 79 Abs. 1 SRÜ gewährt, in Anknüpfung an Art. 26 Abs. 2 HSÜ sowie Art. 4 FSÜ, das Verlegungsrecht allen Staaten auch auf dem Festlandsockel. Im Vergleich zu den Genfer Konventionen von 1958 wur-

---

[59] Siehe *P.C. Jessup*, The United Nations Conference on the Law of the Sea, (234) 234; *R. Amarasuriya*, The Third United Nations Conference on the Law of the Sea, (137) 139.

[60] Siehe *R. Amarasuriya*, The Third United Nations Conference on the Law of the Sea, (137) 141 f. Die von 1968 bis zu Beginn der Seerechtskonferenz im Jahre 1973 in diesem Meeresbodenkomitee eingebrachten Vorschläge in Bezug auf Rohrleitungen fanden jedoch – bis auf eine Ausnahme, Art. 79 Abs. 3 SRÜ – keinen Niederschlag in den Entwürfen der Dritten Seerechtskonferenz bzw. der endgültigen Fassung des SRÜ. Siehe *W. Wiese*, Seeverlegte Rohrleitungen im Völkerrecht, 145; ausführlich zu dem *Pardo*-Entwurf *F. Münch*, Der Pardo-Entwurf zum Meeresvölkerrecht, (47) 47 ff.

[61] Siehe zu den einzelnen Sitzungsperioden ausführlich *J.B. Morell*, The Law of the Sea, 51 ff.; sehr detailliert zu den Sitzungen der einzelnen Komitees *R.-J. Dupuy/D. Vignes*, A Handbook on the New Law of the Sea, Vol. I, 176 ff.

den die Rechte der Küstenstaaten in Bezug auf die Verlegefreiheit in Art. 79 Abs. 2, 3 SRÜ auf dem Festlandsockel gestärkt, insbesondere hinsichtlich des Meeresumweltschutzes und der Trassenführung. Im SRÜ fanden also erstmalig in einem internationalen Vertrag unterseeische Rohrleitungen eine größere Beachtung als unterseeische Kabel. Dies ist insbesondere darauf zurückzuführen, dass die Staaten die Gefahren für Meeresflora und -fauna bei Verlegung, Betrieb und (Nicht-)Entfernung unterseeischer Gas- und Erdölleitungen erkannten und nach Möglichkeiten suchten, diesen zu begegnen.

d) Zusammenfassung

Zusammenfassend lässt sich zur Entwicklung der Verlegefreiheit festhalten, dass diese sich von anderen „klassischen" Freiheiten der Hohen See, insbesondere der Schifffahrtsfreiheit, unterscheidet. Die Verlegefreiheit war und ist, sowohl was die Staatenpraxis anbelangt, als auch hinsichtlich ihrer Rezeption in internationalen Konventionen und Foren, im Vergleich gerade zur Schifffahrtsfreiheit von geringer Bedeutung. Die Diskussionen über die Freiheiten der Schifffahrt und deren Beschränkungen intensivierten sich zu Beginn des 17. Jahrhunderts mit den Werken von *Hugo Grotius* und *John Selden*. Die Ausgestaltung des internationalen Seerechts war maßgeblich von diesen Diskussionen beeinflusst.

Erst 150 Jahre später begannen kurz nach Verlegung des ersten unterseeischen Kabels die Diskussionen darüber, wie diese vor Beschädigungen geschützt werden können. Eine Konkretisierung und Ausgestaltung der Verlegefreiheit als Freiheit der Hohen See erreichte man erst in den 1950er Jahren mit den Beratungen der ILC und der Ersten Seerechtskonferenz. Zu diesem Zeitpunkt wurden auch erstmals vertieft Verlegung und Betrieb unterseeischer Rohrleitungen reflektiert.

Die Dritte Seerechtskonferenz fiel in die Zeit, in der unterseeische Rohrleitungen im Vergleich zu Seekabeln erstmals an Bedeutung gewannen – aufgrund der zunehmenden Anzahl von Seerohrleitungen und der gesteigerten Aufmerksamkeit der internationalen Gemeinschaft für den Meeresumweltschutz. Dies zeigt sich auch darin, dass mit Art. 79 Abs. 2 und 3 SRÜ zum ersten Mal Vorschriften verabschiedet wurden, die Seerohrleitungen mehr Aufmerksamkeit schenken als Seekabeln.

Dieser Trend scheint sich in den letzten 25 Jahren seit Verabschiedung des SRÜ verstärkt zu haben, wenn man neben Diskussionen in der Öffentlichkeit (gerade über die *Nord Stream-Pipeline*) die Entwicklungen auf internationaler Ebene betrachtet. Insbesondere im regionalen Bereich wird zunehmend versucht, den Gefahren einer durch Rohrleitungen verursachten Verschmutzung zu begegnen, beispielsweise im Rahmen der EK, in der auch und gerade für Rohrleitungen das Verfahren einer UVP vorgesehen ist.

2. *Verlegefreiheit im Bereich der Hohen See und des Gebiets*

Die in Art. 87 Abs. 1 SRÜ[62] aufgeführten Freiheiten der Hohen See sind nach dem eindeutigen Wortlaut („unter anderem") nicht abschließend. Keine Nutzungsform der Hohen See ist *a priori* ausgeschlossen, gestattet wird über das Prinzip der Freiheit der Hohen See grundsätzlich jede denkbare Nutzung der Hohen See (z. B. der Tiefseebergbau), sofern diese Nutzung mit dem Status der Hohen See, anderen Nutzungen und den Bestimmungen des SRÜ vereinbar ist.[63]

Das in Art. 87 Abs. 1 SRÜ niedergelegte Prinzip der Freiheit der Hohen See beinhaltet zunächst eine negative Komponente, d. h. es zielt auf die Beseitigung bzw. Abwehr aller Regelungen oder Zwangsmaßnahmen, die gegen die Nutzung der See von dritten Staaten oder internati-

---

[62] Art. 87 Abs. 1 SRÜ: „Die Hohe See steht allen Staaten, ob Küsten- oder Binnenstaaten, offen. Die Freiheit der Hohen See wird gemäß den Bedingungen dieses Übereinkommens und den sonstigen Regeln des Völkerrechts ausgeübt. Sie umfasst für Küsten- und Binnenstaaten unter anderem (a) die Freiheit der Schifffahrt, (b) die Freiheit des Überflugs, (c) die Freiheit, vorbehaltlich des Teiles VI, unterseeische Kabel und Rohrleitungen zu legen, (d) die Freiheit, vorbehaltlich des Teiles VI, künstliche Inseln und andere nach dem Völkerrecht zulässige Anlagen zu errichten, (e) die Freiheit der Fischerei unter den Bedingungen des Abschnitts 2, (f) die Freiheit der wissenschaftlichen Forschung vorbehaltlich der Teile VI und XIII."

[63] *G. Dahm/J. Delbrück/R. Wolfrum*, Völkerrecht, Band I/2, 345, § 117; 400, § 126; siehe auch *R.R. Churchill/A.V. Lowe*, The Law of the Sea, 205, 206; *D. König*, Durchsetzung internationaler Bestands- und Umweltschutzvorschriften auf Hoher See, 59; *A. Bleckmann*, Völkerrecht, 218, Rn. 668. *S.J. Burton*, Freedom of the Seas, (1135) 1172 ff., zur Frage, ob der Tiefseebergbau eine Freiheit der Hohen See darstellt.

onalen Organisationen gesetzt werden.[64] Neben dieser Abwehrfunktion enthält das Prinzip der Freiheit der Hohen See auch einen Aspekt der Staatengleichheit bzw. ein Element gegenseitiger Rücksichtnahme: Im Bereich der Hohen See herrscht Forschungs- und Nutzungsfreiheit, gleichberechtigt für jeden Staat, unter gebührender Berücksichtigung der Interessen anderer Staaten (Art. 87 Abs. 2 SRÜ).[65] Grundsätzlich sind das Legen und der Betrieb unterseeischer Rohrleitungen auf dem Boden der Hohen See erlaubnis- und genehmigungsfrei.

Die Vorschriften über die Hohe See (Teil VII SRÜ) gelten nach der negativ formulierten Definition des Art. 86 S. 1 SRÜ horizontal für alle Teile des Meeres, die nicht zur AWZ, zum Küstenmeer oder zu den inneren Gewässern eines Staates oder zu den Archipelgewässern eines Archipelstaates gehören. Die Hohe See umfasst also den jenseits nationaler Hoheitsbefugnisse gelegenen Teil des Meeres, wobei für die Zone *sui generis* AWZ klargestellt wird, dass Art. 86 SRÜ keine Beschränkungen der Freiheit zur Folge hat, die alle Staaten in der AWZ in Übereinstimmung mit Art. 58 SRÜ genießen (Art. 86 S. 2 SRÜ). Insofern reflektiert Art. 86 SRÜ die Tatsache, dass das SRÜ Meereszonen geschaffen hat, in denen die Küstenstaaten zwar ausschließliche Nutzungsrechte ausüben, für die sie jedoch keine Gebietshoheit beanspruchen können, und in denen u. a. die Bestimmungen zur Verlegefreiheit weiter gelten.[66]

Neben dieser horizontalen Definition der Hohen See bedarf es aber auch in vertikaler Hinsicht einer Spezifizierung: Für alle Bereiche der See, auch für die Hohe See, muss zwischen Meeresboden, Meeresgrund

---

64 *G. Dahm/J. Delbrück/R. Wolfrum*, Völkerrecht, Band I/2, 346, § 117 m.w.N.

65 Art. 87 Abs. 2 SRÜ: „Diese Freiheiten werden von jedem Staat unter gebührender Berücksichtigung der Interessen anderer Staaten an der Ausübung der Freiheit der Hohen See sowie der Rechte ausgeübt, die dieses Übereinkommen im Hinblick auf Tätigkeiten im Gebiet vorsieht."

66 *G. Dahm/J. Delbrück/R. Wolfrum*, Völkerrecht, Band I/2, 342, § 116. Insoweit unterscheidet sich Art. 86 SRÜ von Art. 1 des HSÜ, der sich nur auf das Küstenmeer und die inneren Gewässer bezog – 1958 war das Konzept der AWZ noch nicht so weit entwickelt, dass es in das HSÜ aufgenommen wurde. Siehe zur Definition der Hohen See im HSÜ *M.-R. Simonnet*, La Convention sur la Haute Mer, 11 ff.

und Meeresuntergrund[67] einerseits und der darüber befindlichen Wassersäule andererseits unterschieden werden. Da Rohrleitungen in den Meeresgrund eingegraben oder auf dem Meeresboden verlegt werden, ist diese Unterscheidung für die Verlegefreiheit essentiell.

Je nach Meeresgebiet können zwei unterschiedliche Regelungswerke für den Meeresgrund und die Wassersäule zur Anwendung kommen, die in Einklang zu bringen sind. Das Problem stellt sich im Bereich der Hohen See sowie für die küstenstaatliche Meereszone AWZ in vergleichbarer Weise. Der „Boden der Hohen See" (siehe Art. 112 SRÜ) ist gleichzeitig auch das sog. Gebiet, das nach der Legaldefinition des Art. 1 Abs. 1 Nr. 1 SRÜ „den Meeresboden und den Meeresuntergrund jenseits der Grenzen des Bereichs nationaler Hoheitsbefugnisse" umfasst und für das Teil XI SRÜ ein komplexes Regelungswerk enthält.

In der Meereszone *sui generis* AWZ kommen dem Küstenstaat bestimmte souveräne Rechte und Hoheitsbefugnisse zu, die insbesondere in Teil V SRÜ geregelt sind. Gleichzeitig übt der Küstenstaat souveräne Rechte über den Festlandsockel aus, dessen Regime in Teil VI SRÜ spezifiziert ist. In Bezug auf die küstenstaatlichen Gewässer kommen also grundsätzlich AWZ- und Festlandsockel-Regime zur Anwendung. Kann der Küstenstaat einen sog. erweiterten Festlandsockel geltend machen, der sich jenseits der üblichen 200 sm ausdehnt, unterfällt der Meeresgrund jenseits dieser 200 sm dem Festlandsockel-Regime. Die sich über dem erweiterten Festlandsockel befindliche Wassersäule ist Teil der Hohen See, da bei der AWZ eine Ausdehnung über 200 sm hinaus nicht möglich ist. Ähnliches gilt, wenn der Küstenstaat keine AWZ eingerichtet hat.

a) Rechtsstatus der Hohen See

Gemäß Art. 87 Abs. 1 SRÜ steht die Hohe See allen Staaten, ob Küsten- oder Binnenstaaten, offen. Eine positive Definition des Rechtsstatus der Hohen See enthält das SRÜ nicht, es stellt lediglich (negativ) fest, dass die Hohe See nicht von einzelnen Staaten okkupiert werden darf (Art. 89 SRÜ).[68] Versuche in der Literatur, den Rechtsstatus der

---

[67] Siehe uneinheitliche Formulierung des Art. 1 Abs. 1 Nr. 1 SRÜ: im Englischen „sea-bed and ocean floor and subsoil thereof", im Deutschen „Meeresboden und Meeresuntergrund".

[68] Art. 89 SRÜ: „Kein Staat darf den Anspruch erheben, irgendeinen Teil der Hohen See seiner Souveränität zu unterstellen." Siehe *T. Treves*, High Seas,

Hohen See positiv als *res nullius*[69] oder als *res communis omnium*[70] zu qualifizieren, haben sich als schwierig erwiesen.[71] Das SRÜ hat die Frage des Gemeingebrauchs der Hohen See jeweils durch detaillierte Regelungen gelöst, so dass eine abstrakte Einordnung nicht mehr notwendig ist.[72] Charakteristika der Hohen See sind das Fehlen territorialer Souveränität und das Verbot staatlicher Okkupation, beides Grundlagen für die Freiheiten der Hohen See.[73] Dabei stehen Okkupationsverbot und Freiheit der Hohen See in einem unauflösbaren inneren Zusammenhang: Das Verbot der Okkupation ist die Voraussetzung dafür, dass auch in Zukunft das Prinzip der Freiheit der Hohen See aufrechterhalten werden kann; von daher erfährt das Okkupationsverbot wiederum seine Legitimation.[74]

b) Rechtsstatus des Gebiets

Unterseeische Rohrleitungen werden auf dem Meeresboden der Hohen See verlegt. Der Boden der Hohen See ist gleichzeitig das sog. Gebiet, das nach der Legaldefinition des Art. 1 Abs. 1 Nr. 1 SRÜ „den Meeresboden und den Meeresuntergrund jenseits der Grenzen des Bereichs

---

EPIL, Rn. 2. Vgl. die fast identische Formulierung des Art. 2 S. 1 HSÜ. Dieses Okkupationsverbot der Hohen See ist dem *ius cogens* zuzuordnen. Siehe *G. Dahm/J. Delbrück/R. Wolfrum*, Völkerrecht, Band I/2, 342, § 116.

69 Stellvertretend statt vieler *L. Cavaré*, Le Droit International Public Positif, Tome II, 718; *C. Rousseau*, Droit International Public, 228.

70 Stellvertretend statt vieler *A. Cassese*, International Law, 90; *A. Verdross/B. Simma*, Universelles Völkerrecht, 728 § 1129; *C.J. Colombos*, The International Law of the Sea, 66, § 79 ; *P. Guggenheim*, Lehrbuch des Völkerrechts, Band I, 408; *F. Berber*, Lehrbuch des Völkerrechts, Band I, 337.

71 *G. Dahm/J. Delbrück/R. Wolfrum*, Völkerrecht, Band I/2, 342 f., § 116 m. w. N.; *I. Brownlie*, Principles of Public International Law, 224, verwendet den Ausdruck *res extra commercium*; siehe zum Ganzen kritisch *G. Gidel*, Le droit international public de la mer, Tome I, 213 ff.; siehe zu den Theorien auch *S.J. Burton*, Freedom of the Seas, (1135) 1151 ff.

72 Siehe *K. Doehring*, Völkerrecht, § 9 See- und Wasserrecht, 228, Rn. 519.

73 *G. Dahm/J. Delbrück/R. Wolfrum*, Völkerrecht, Band I/2, 343, § 116; *R. Wolfrum*, Die Internationalisierung staatsfreier Räume, 127; siehe schon *F. Berber*, Lehrbuch des Völkerrechts, Band I, 337.

74 *G. Dahm/J. Delbrück/R. Wolfrum*, Völkerrecht, Band I/2, 343, § 116.

nationaler Hoheitsbefugnisse" umfasst[75] und für das Teil XI SRÜ ein spezielles Regelungswerk enthält.[76] Bei dem Gebiet handelt es sich um einen sog. internationalisierten globalen Staatengemeinschaftsraum, der zur Gewährleistung einer bestimmten Nutzungsordnung der IMB unterstellt wurde (sog. funktionale Internationalisierung).[77]

Das Verhältnis der Vorschriften über die Freiheiten der Hohen See und das Regime für den Teil des Meeresbodens jenseits nationaler Hoheitsbefugnisse regelt Art. 135 SRÜ, nach dem weder Teil XI noch die aufgrund seiner Bestimmungen gewährten oder ausgeübten Rechte den Rechtsstatus der Gewässer über ihnen berühren. Beide Regime bestehen nebeneinander und müssen in Einklang gebracht werden, was sich auch aus dem Rücksichtnahmegebot der Art. 87 Abs. 2 und Art. 147 Abs. 1 und 3 SRÜ[78] ergibt.

Anders als die Schifffahrt oder Fischerei ist die Verlegung unterseeischer Kabel und Rohrleitungen von einer stationären und permanenten Nutzung des Meeresbodens gekennzeichnet. Noch zu Beginn der 1950er Jahre wurden Bedenken geäußert, die Nutzung des Meeresbodens unter das allgemeine Prinzip der Freiheit der Hohen See zu fassen.[79] Letztlich setzte sich aber die Ansicht durch, dass sich das Prinzip

---

75 Anders im englischen Wortlaut: „(...) ‚Area' means the sea-bed and the ocean floor and subsoil thereof, beyond the limits of national jurisdiction; (...)."

76 Siehe ausführlich zum Verhältnis von Teil XI und Teil VII SRÜ *A.G. Oude Elferink*, The Regime of the Area, (143) 144 ff.

77 Vgl. *W. Graf Vitzthum*, Raum und Umwelt im Völkerrecht, 432 f., Rn. 59.; *ders.*, Neue Weltwirtschaftsordnung und neue Weltmeeresordnung, (455) 462: „universalistische Tendenzen". *R. Wolfrum*, Die Internationalisierung staatsfreier Räume, 681, 694, verwendet in Bezug auf die Internationalisierung den Begriff „territoriale Internationalisierung", wenn internationale Organisationen einbezogen werden, sowie den Begriff der „funktionalen Internationalisierung", wenn einzelne Staaten an die Stelle der internationalen Organisation treten, die auf die Weise quasi Wächterfunktionen im Interesse der Staatengemeinschaft übernehmen.

78 Art. 147 Abs. 1, 3 SRÜ: „(1) Bei Tätigkeiten im Gebiet ist auf andere Tätigkeiten in der Meeresumwelt in angemessener Weise Rücksicht zu nehmen. (...) (3) Bei anderen Tätigkeiten in der Meeresumwelt ist auf die Tätigkeiten im Gebiet in angemessener Weise Rücksicht zu nehmen." Siehe hierzu auch *M. Roelandt*, La condition juridique des pipelines, 160 f.

79 Details *R. Wolfrum*, Die Internationalisierung staatsfreier Räume, 236 m. w. N. Siehe ausführlich hierzu, insbesondere zu den einzelnen Positionen der Völkerrechtler *W. Heller*, Das internationale Seekabelrecht in Friedenszeiten, 50 ff.

der Freiheit der Hohen See sowie das Okkupationsverbot auch auf den Meeresboden erstrecken.[80] Des Weiteren gibt Art. 145 SRÜ der IMB auf, zum Schutz der Meeresumwelt Bestimmungen zu erlassen, in denen u. a. die von der Errichtung und dem Betrieb seeverlegter Rohrleitungen ausgehenden Gefahren berücksichtigt werden. Aufgrund dieser Bestimmungen ist eine Rohrleitungsverlegung im Gebiet also grundsätzlich auch nach Teil XI zulässig.[81]

c) Verlegefreiheit und Okkupationsverbot

Der räumliche Bezug zum Meeresboden und die Tatsache, dass bei der Verlegung unterseeischer Rohrleitungen und Kabel auch das sog. Gebiet mit einem speziellen Regelungswerk betroffen ist, ist eine wichtige Besonderheit der Verlegefreiheit im Vergleich z. B. zur Schifffahrtsfreiheit. Des Weiteren ist die Verlegung von Rohrleitungen und Kabeln stationär und dauerhaft (und nicht nur vorübergehend wie die Schifffahrts- oder Fischereifreiheit). Wegen des stationären Bezugs und ihrer langen Bestandsdauer können andere Meeresnutzungen erheblich eingeschränkt sein, beispielsweise die Ausbeutung der Ressourcen des Meeresbodens in einem Gebiet, in dem Kabel oder Rohrleitungen verlegt wurden. Aufgrund dieser beider Komponenten ist gerade für das Verlegen von Rohrleitungen und Kabeln das Okkupationsverbot entscheidend.[82]

---

80 Siehe *R. Wolfrum*, Die Internationalisierung staatsfreier Räume, 236 m. w. N.; *W. Graf Vitzthum*, Der Rechtsstatus des Meeresbodens, 236 ff. ausführlich zum Meinungsstreit über eine Okkupation des Meeresbodens. Siehe auch *K. Hakapää*, Marine Pollution in International Law, 285.

81 So auch z. B. *M. Roelandt*, La condition juridique des pipelines, 160; *W. Wiese*, Seeverlegte Rohrleitungen im Völkerrecht, 203. Wenn es sich bei der Ausübung der Verlegefreiheit um eine „Tätigkeit im Gebiet" handelt, können besondere Bestimmungen gelten, siehe unten S. 149 ff.

82 Siehe zum Nachfolgenden und zum Verhältnis zwischen Verlegefreiheit und Okkupationsverbot *G. Dahm/J. Delbrück/R. Wolfrum*, Völkerrecht, Band I/2, 386, § 122; *R. Wolfrum*, Hohe See und Tiefseeboden, (287) 323 f., Rn. 95; *R. Lagoni/A. Proelß*, Festlandsockel und ausschließliche Wirtschaftszone, (161) 204, Rn. 129; *W. Wiese*, Seeverlegte Rohrleitungen im Völkerrecht, 357 f. m. w. N.; *W. Kilian*, Neue Tendenzen zur Einengung der Meeresfreiheit, 75 f.; *R. Lagoni*, Submarine Cables, EPIL, 48; *ders.*, Legal Aspects of Submarine HVDC Cables, 41 m. w. N. Irritierend ist, dass *R.-J. Dupuy/D. Vignes*, A Handbook on the New Law of the Sea, Vol. I, 373 in Bezug auf unterseeische Kabel und

Gemäß Art. 137 Abs. 1 SRÜ darf kein Staat über einen Teil des Gebiets oder seiner Ressourcen Souveränität oder souveräne Rechte beanspruchen oder ausüben; ebenso wenig darf sich ein Staat oder eine natürliche oder juristische Person einen Teil des Gebiets oder seiner Ressourcen aneignen.[83] Dieses Okkupationsverbot gilt insbesondere auch für die Verlegung unterseeischer Kabel und Rohrleitungen und stellt eine Konkretisierung des Okkupationsverbotes des Art. 89 SRÜ dar.

Auf dem Boden der Hohen See verlegte Rohrleitungen sind nicht als Teil des Staatsgebiets des verlegenden Staates zu verstehen, denn das Verlegen der Rohrleitung hat keine Okkupation des Meeresbodens in der Nähe der Rohrleitung zur Folge, es entsteht daher kein „Rohrleitungsterritorium“. Bei der Verlegung unterseeischer Rohrleitungen handelt es sich lediglich um eine Form der Nutzung des Meeresbodens, nicht um seine Okkupation. Andere Nutzungen können in der Nachbarschaft bereits verlegter Rohrleitungen zwar erschwert sein, insbesondere aufgrund des Rücksichtnahmegebots, sie sind jedoch nicht ausgeschlossen. So dürfen andere Staaten beispielsweise über bereits verlegte Kabel und Rohrleitungen selbst solche verlegen.

d) Inhalt und Umfang der Verlegefreiheit

Bei der Untersuchung von Inhalt und Umfang der Verlegefreiheit im Bereich des Meeresbodens jenseits nationaler Hoheitsbefugnisse ist insbesondere zu fragen, welche Handlungen von der Verlegefreiheit umfasst sind: Nur die eigentliche Verlegung und der Betrieb, einschließlich Unterhaltungs- und Reparaturmaßnahmen? Oder bereits Maßnahmen im Vorfeld wie eine Trassenuntersuchung? Wie verhält es sich mit der (Nicht-)Entfernung einer nicht mehr genutzten bzw. aufgegebenen Rohrleitung?

Das SRÜ verwendet diesbezüglich keine einheitliche Terminologie: Sowohl in Art. 87 Abs. 1 lit. (c) SRÜ als auch in Art. 79 Abs. 1 und 112 Abs. 1 SRÜ ist nur von Legen einer Rohrleitung die Rede („to lay“). An anderer Stelle finden sich die Begriffe Legen oder Unterhaltung einer Rohrleitung (Art. 79 Abs. 2 SRÜ, „laying or maintenance“), Festlegung der Trasse (Art. 79 Abs. 3 SRÜ, „delineation of the course“), Be-

---

Rohrleitungen nicht nur von dauerhafter Nutzung, sondern Okkupation des Meeresbodens sprechen.

[83] Siehe ausführlich hierzu *R. Wolfrum*, Die Internationalisierung staatsfreier Räume, 395 f.

trieb (Art. 58 Abs. 1 SRÜ a. E., „operation") und Reparatur von Rohrleitungen (Art. 79 Abs. 5, 114 SRÜ, „repairing"). Art. 51 Abs. 2 S. 2 SRÜ bezieht sich auf die Unterhaltung und den Ersatz unterseeischer Kabel in Archipelgewässern („maintenance and replacement"). Art. 145 lit. (a) SRÜ spricht von „Errichtung, Betrieb oder Unterhaltung von (…) Rohrleitungen" („construction and operation or maintenance"). Untersuchungen des Meeresbodens vor der Verlegung der Rohrleitung und deren mögliche Entfernung oder Maßnahmen zum Schutz der Rohrleitung werden im SRÜ nicht ausdrücklich erwähnt.[84]

Zunächst müssen die unterschiedlichen Begriffe gegeneinander abgegrenzt werden. Unter den Begriff des Legens ist der eigentliche Verlegevorgang zu subsumieren, also das Niederbringen eines Rohrleitungsstranges von einem Verlegungsschiff auf den Meeresboden.[85] Wird die Rohrleitung in den Meeresboden eingegraben oder eingespült, zählen auch die damit zusammenhängenden Tätigkeiten noch zum Verlegevorgang.

Unter Betrieb einer Rohrleitung versteht man deren bestimmungsgemäße Nutzung.[86] In Abgrenzung dazu umfasst die Unterhaltung einer Rohrleitung Maßnahmen zur Aufrechterhaltung des Betriebs, d. h. neben der Reparatur regelmäßige Inspektionen, Maßnahmen zur Überprüfung der Funktionsfähigkeit der Rohrleitung sowie den Ersatz einzelner schadhafter Teile.[87] Da die Verlegefreiheit ohne das Recht des bestimmungsgemäßen Betriebs und das Recht zur Unterhaltung praktisch wertlos wäre, müssen solche Maßnahmen unter das Verlegungsrecht gefasst werden.[88]

---

84 Im Gegensatz zu Art. 60 Abs. 3 SRÜ, der die Beseitigung künstlicher Inseln, Anlagen und Bauwerke betrifft, oder Art. 60 Abs. 4 – 7 SRÜ in Bezug auf Sicherheitszonen um Anlagen.

85 *W. Wiese*, Seeverlegte Rohrleitungen im Völkerrecht, 198.

86 *E. Rauch*, Military Uses of the Ocean, (238) 251 f., schreibt, dass der Begriff „operation" eine militärische Konnotation als „military action, or the carrying out of military mission, strategic, tactical, service, training or administrative". Diese Interpretation ist zu eng.

87 Auch Art. 145 lit. (a) SRÜ unterscheidet zwischen den Begriffen „Betrieb oder Unterhaltung" bzw. „operation or maintenance". Siehe *M. Roelandt*, La condition juridique des pipelines, 128; *W. Wiese*, Seeverlegte Rohrleitungen im Völkerrecht, 198 f.

88 *W. Wiese*, Seeverlegte Rohrleitungen im Völkerrecht, 198 m. w. N.; so für Art. 79 SRÜ *R. Lagoni/A. Proelß*, Festlandsockel und ausschließliche Wirt-

Eng mit der Frage des Ersatzes von Rohrleitungen verknüpft ist die Problematik der Entfernung aufgegebener oder nicht mehr genutzter Rohrleitungen. Anders als in Art. 60 Abs. 3 SRÜ in Bezug auf künstliche Inseln, Anlagen und Bauwerke enthält das SRÜ keine Vorschrift zur Entfernung unterseeischer Rohrleitungen. Ob die Staaten zur Entfernung einer seeverlegten Rohrleitung nach deren Stilllegung berechtigt oder sogar verpflichtet sind, ist umstritten.[89]

Des Weiteren stellt sich die Frage, ob bereits Untersuchungen des Meeresbodens im Bereich der geplanten Trassenführung, die teilweise Jahre vor Verlegung der Rohrleitung durchgeführt werden, unter die Verlegefreiheit fallen. Zu den vorbereitenden Maßnahmen gehören Untersuchungen der Oberflächenstruktur des Meeresbodens, da gegebenenfalls Erhebungen abgetragen bzw. Einbuchtungen aufgeschüttet werden müssen, um einen gleichförmigen Verlauf der Rohrleitung zu gewährleisten. Weiterhin zählen zu den Vorbereitungsmaßnahmen Untersuchungen der Beschaffenheit des Meeresuntergrundes, wozu meist auch Probebohrungen erforderlich sind, das Auffinden von Hindernissen wie Schiffswracks oder Lagerstätten von Munition sowie ökologische Untersuchungen der Flora und Fauna des betroffenen Gebietes.[90] Eine Erweiterung des Begriffs des Legens über den eigentlichen Legevorgang hinaus auf Erkundungsmaßnahmen und vorbereitende Maßnahmen erscheint sachgerecht, da ohne ein Recht zur Durchführung von Erkundungsmaßnahmen das eigentliche Verlegungsrecht leer liefe.[91] Aus Umweltschutz- und Sicherheitsgründen ist der verlegende Staat zu solchen vorbereitenden Maßnahmen i. d. R. sogar verpflichtet.

Die Freiheit bzw. das Recht der Verlegung unterseeischer Rohrleitungen auf dem Boden der Hohen See umfasst demnach grundsätzlich alle notwendigen Maßnahmen, die das Legen und die dauerhafte Nutzung und Funktionsfähigkeit einer Rohrleitung ermöglichen, insbesondere das Recht, Rohrleitungen zu legen, zu betreiben, zu unterhalten, zu reparieren, zu ersetzen, eine Trasse festzulegen und Erkundungsmaßnah-

---

schaftszone, (161) 205, Rn. 130. Siehe auch *J. Chappez*, Les câbles sous-marins de télécommunications, (760) 770.

89 Details siehe unten S. 141 ff.

90 Siehe Aufzählung der vorbereitenden Maßnahmen für Seekabel bei *R. Lagoni*, Legal Aspects of Submarine HVDC Cables, 65 f.

91 Siehe *M. Roelandt*, La condition juridique des pipelines, 128; *W. Wiese*, Seeverlegte Rohrleitungen im Völkerrecht, 261.

men des Meeresbodens durchzuführen. Andernfalls liefe das in Art. 87 Abs. 1 lit. (c) und 112 SRÜ gewährte Recht der Verlegung ins Leere.

3. *Zusammenfassung*

Das Prinzip der Freiheit der Hohen See ist seit der ersten Hälfte des 19. Jahrhunderts als Prinzip des Völkergewohnheitsrechts anerkannt.[92] Eine der bedeutendsten Leistungen des Völkerrechts seit dem Ausgang des Mittelalters liegt in dem Freihalten der Hohen See von der territorialen Souveränität der Küstenstaaten, obwohl es immer wieder Versuche gegeben hat, das Meer völlig oder weitgehend einer nationalen Kontrolle zu unterstellen.[93] Dabei war der Unilateralismus der Küstenstaaten eine der Hauptantriebskräfte, vielleicht sogar die treibende Kraft schlechthin, für die Entwicklung des Seerechts.[94] Diese Tendenzen einer sog. „Terran(e)isierung des Meeres“[95] bzw. einer „creeping jurisdicti-

---

[92] Siehe *D. König*, Durchsetzung internationaler Bestands- und Umweltschutzvorschriften auf Hoher See, 57 m. w. N.; *H. Schwörbel*, Freiheit der Meere und Meistbegünstigung, 25 ff. Der Grundsatz der Freiheit der Hohen See wird teilweise als eine Norm des zwingenden Völkerrechts i. S. d. Art. 53 des Wiener Übereinkommens über das Recht der Verträge (BGBl. 1985 II, 926 ff.) angesehen. Diese Ansicht vertreten u. a. *W. Graf Vitzthum*, Raum und Umwelt im Völkerrecht, 435, Fn. 193; sowie *C.-G. Hasselmann*, Die Freiheit der Handelsschiffahrt, 74; a. A. *G. Dahm/J. Delbrück/R. Wolfrum*, Völkerrecht, Band I/2, 346, § 117 m. w. N. Letztgenannte halten dieser Ansicht entgegen, dass während der Dritten Seerechtskonferenz gerade von Seiten der Entwicklungsländer Kritik an dem Grundsatz der Freiheit der Hohen See geäußert wurde und auch in dogmatischer Hinsicht die Kriterien für die Entstehung von *ius cogens* nicht erfüllt seien.

[93] *G. Dahm/J. Delbrück/R. Wolfrum*, Völkerrecht, Band I/2, 340, § 116. *T. Scovazzi*, The UNCLOS and the New Trends in the International Law of the Sea, (321) 348 f., gibt jedoch zu bedenken, dass gerade die Schaffung von Meereszonen wie der AWZ und des Festlandsockels zu einer Erosion des Prinzips der Freiheiten der Hohen See geführt habe.

[94] *T. Treves*, The Law of the Sea Convention Ten Years after Entry into Force: Positive Developments and Reasons for Concern, (349) 353. Siehe zum Unilateralismus der Küstenstaaten *M. Gavouneli*, Functional Jurisdiction in the Law of the Sea, 82 ff.

[95] Im Englischen „terraneisation“. Begriff geprägt von *W. Graf Vitzthum*, Die Gleichschaltung von Land und Meer, (49) 50, 60 ff.; *ders.*, From the Rhodian Sea Law to UNCLOS III, (1) 14. *Ders.*, Neue Weltwirtschaftsordnung und neue Weltmeeresordnung, (455) 461, verwendet auch den Begriff „Kolonisie-

on"[96] sind heftiger Kritik ausgesetzt und schränken die Freiheiten der Hohen See zugunsten der Küstenstaaten zunehmend ein.

Auch das Recht der Verlegung von Kabeln und Rohrleitungen ist mittlerweile Bestandteil des Völkergewohnheitsrechts.[97] Die Verlegung von Kabeln und Rohrleitungen auf dem Boden der Hohen See weist im Vergleich zu anderen Freiheiten der Hohen See Besonderheiten auf, da die Verlegefreiheit eine stationäre und dauerhafte Nutzung impliziert und andere Meeresnutzungen mehr eingeschränkt werden als bei der Ausübung anderer Freiheiten der Hohen See. Trotz dieser Besonderheiten sind bei der Ausübung der Verlegefreiheit das Fehlen staatlicher Gebietshoheit sowie das damit zusammenhängende Okkupationsverbot gewahrt.

III. Küstenstaatliche Meereszonen und unterseeische Rohrleitungen

Der Umfang der Freiheiten der Hohen See ist eng mit den Rechten und Pflichten der Küstenstaaten in deren Meereszonen verknüpft. Diese Freiheiten unterliegen je nach Art der Zone und ausgeübter Freiheit unterschiedlichen Beschränkungen bzw. gelten überhaupt nicht mehr. Nachfolgend sollen die inneren Gewässer und das Küstenmeer sowie die AWZ und der Festlandsockel näher untersucht werden. Für das Legen und den Betrieb unterseeischer Rohrleitungen finden sich in der Anschlusszone, einer bis zu 24 sm breiten und an das Küstenmeer angrenzenden küstenstaatlichen Kontrollzone, keine besonderen Bestimmungen (siehe Art. 33 SRÜ, Art. 24 KMÜ). Gleichfalls ergeben sich keine Besonderheiten in Bezug auf die Verlegefreiheit in Meerengen, die

---

rung der Meere". *Ders.*, Terranisierung des Meeres, (129) 136: „Das Meer wird vom letzten freien Raum zum kolonisierbaren siebten Kontinent."

96 Siehe hierzu *E. Franckx*, The 200-Mile Limit, (467) 471 m. w. N., 476 ff. ausführlich zu den Ursprüngen dieses sog. „Craven's Law" und der Definition dieses Begriffs.

97 Siehe *G. Dahm/J. Delbrück/R. Wolfrum*, Völkerrecht, Band I/2, 386, § 122; *R. Lagoni/A. Proelß*, Festlandsockel und ausschließliche Wirtschaftszone, (161) 204, Rn. 128; *R. Wolfrum*, Hohe See und Tiefseeboden, (287) 323, Rn. 95; kritischer *W. Wiese*, Seeverlegte Rohrleitungen im Völkerrecht, 373 m. w. N. Die ILC stellte bereits 1956 fest, dass die Bestimmungen über das Verlegungsrecht bestehendes internationales Recht darstellten, obwohl damals nur sehr wenige unterseeische Rohrleitungen verlegt waren. Siehe *D.P. O'Connell/I.A. Shearer*, The International Law of the Sea, Vol. II, 822.

der internationalen Schifffahrt dienen (siehe Art. 34 ff. SRÜ). Für Archipelgewässer findet sich in Art. 51 Abs. 2 SRÜ[98] eine Sonderbestimmung für unterseeische Kabel, die jedoch aus zwei Gründen für die vorliegende Untersuchung nur am Rande von Bedeutung ist und deshalb nicht näher untersucht wird: Zum einen ist sie – wohl mangels damaliger Staatenpraxis – auf Seekabel beschränkt, zum anderen gibt es in der Ostsee keine Archipele (siehe Definition des Art. 46 lit. (a), (b) SRÜ).

1. Küstenmeer und innere Gewässer: Aquitoriale Souveränität des Küstenstaates

Innere Gewässer, Küstenmeer und Archipelgewässer bilden den maritimen Teil des Staatsgebietes von Küstenstaaten, d. h. die Souveränität des Küstenstaates erstreckt sich auf diese küstennahen Meereszonen, weshalb sie auch unter dem Begriff „maritimes Aquitorium" zusammengefasst werden.[99] Bemessungsgrundlage für die Breite dieser Zonen sind die sog. Basislinien, normalerweise die Niedrigwasserlinie entlang der Küste (siehe Art. 6 SRÜ, Art. 3 KMÜ): Die landwärts der Basislinie gelegenen Gewässer bilden nach Art. 8 Abs. 1 SRÜ (Art. 5 Abs. 1 KMÜ) die inneren Gewässer des Küstenstaates, seewärts der Basislinie schließt sich das bis zu 12 sm breite Küstenmeer an (siehe Art. 3 SRÜ).[100] Gemäß Art. 2 Abs. 1 und 2 SRÜ (Art. 1, 2 KMÜ) erstreckt sich die Souveränität des Küstenstaates nicht nur auf die Wassersäule, sondern auch auf den Luftraum über dem Küstenmeer und den Meeresboden und Meeresuntergrund des Küstenmeeres.

---

98 Art. 51 Abs. 2 SRÜ: „Ein Archipelstaat nimmt Rücksicht auf die von anderen Staaten gelegten unterseeischen Kabel, die durch seine Gewässer führen, ohne das Ufer zu berühren. Ein Archipelstaat gestattet die Unterhaltung und den Ersatz dieser Kabel, nachdem ihm ihre Lage und Absicht, sie zu reparieren oder zu ersetzen, ordnungsgemäß mitgeteilt worden ist." Siehe Details bei *R.-J. Dupuy/D. Vignes*, A Handbook on the New Law of the Sea, Vol. II, 984; ausführlich zur Entstehungsgeschichte sowie zur Anwendbarkeit auf unterseeische Rohrleitungen *W. Wiese*, Seeverlegte Rohrleitungen im Völkerrecht, 193 ff.; *M. Roelandt*, La condition juridique des pipelines, 155 ff.

99 Begriff geprägt von *W. Graf Vitzthum*, Maritimes Aquitorium und Anschlusszone, (63) 69, Rn. 1; *ders.*, Raum und Umwelt im Völkerrecht, 416, Rn. 38.

100 Ausführlich zu den Basislinien *K. Trümpler*, Grenzen und Abgrenzungen des Küstenmeeres, 23 ff.

a) Rechtsnatur und Ausdehnung

Nachdem die Ausdehnung des Küstenmeeres lange Zeit kontrovers war und die Staaten sich weder auf der Ersten Seerechtskonferenz 1958 noch auf der insbesondere zu diesem Thema einberufenen Zweiten Seerechtskonferenz von 1960 auf eine Breite des Küstenmeeres einigen konnten, kristallisierte sich zu Beginn der Dritten Seerechtskonferenz die Anerkennung eines 12 sm breiten Küstenmeeres heraus. Inzwischen haben ca. 130 Staaten ein 12 sm breites Küstenmeer eingerichtet, das mittlerweile als Grundsatz des Völkergewohnheitsrechts gilt.[101] Die (meisten) Küstenstaaten ließen sich darauf ein, ihr Küstenmeer nicht weiter als 12 sm auszudehnen, im Ausgleich für weitreichende souveräne Rechte und Hoheitsbefugnisse in den Funktionshoheitsräumen AWZ und Festlandsockel.[102]

Neben der räumlichen Ausdehnung des Küstenmeeres waren auch Rechtsnatur bzw. Rechtsstatus des Küstenmeeres sowie die im Küstenmeer geltenden Rechte und Pflichten des Küstenstaates und dritter Staaten jahrhundertelang umstritten. Die Spannbreite der Meinungen reichte von der Ansicht, der küstennahe Streifen bleibe Teil der Hohen See und der Küstenstaat übe lediglich funktional begrenzte Rechte aus, bis zur Bejahung der vollen und uneingeschränkten Souveränität des Küstenstaates über das Küstenmeer, inklusive des Rechtes, fremde Nutzungen gänzlich auszuschließen.[103] Die zwischen diesen beiden Extremen vermittelnde Position erhielt schließlich auf der vom Völkerbund 1930 einberufenen Haager Konferenz zur Kodifizierung des Völker-

---

[101] Siehe *S. Wolf*, Territorial Sea, EPIL, Rn. 9; Siehe Übersicht bei *C. Gloria*, 12. Kapitel: Internationales öffentliches Seerecht, (816) 833, Rn. 5; ausführlich zur räumlichen Ausdehnung des Küstenmeeres *B. Hofmann*, Das Küstenmeer im Völkerrecht, 49 ff.; zu den Verhandlungen der Genfer Seerechtskonferenzen *A.H. Dean*, The Geneva Conferences on the Law of the Sea, (607) 610 ff.; sowie *P.C. Jessup*, The United Nations Conference on the Law of the Sea, (234) 238 f., 241 ff.

[102] Siehe zu den Küstenstaaten, die ein breiteres Küstenmeer in Anspruch nehmen, wie Somalia, El Salvador und Liberia: *K. Trümpler*, Grenzen und Abgrenzungen des Küstenmeeres, 185 f. m. w. N. AWZ und Festlandsockel mit jeweils 200 sm Ausdehnung können demnach als Substitut für ein 200 sm breites Küstenmeer bezeichnet werden. So für die AWZ *P. Daillier/A. Pellet/N.Q. Dinh*, Droit international public, 1176, § 683.

[103] Siehe *S. Wolf*, Territorial Sea, EPIL, Rn. 7; ausführlich zur Entwicklung *W. Graf Vitzthum*, Maritimes Aquitorium und Anschlusszone, (63) 114 ff., Rn. 102 ff.

rechts breite Zustimmung: Das Küstenmeer unterliegt der Souveränität des Küstenstaates, diesem steht grundsätzlich die uneingeschränkte Regelungs- und Durchsetzungskompetenz auch gegenüber fremden Schiffen und Nutzungen Dritter zu – jedoch mit der weitreichenden Einschränkung des Rechts der friedlichen Durchfahrt durch das Küstenmeer, das allen Staaten offensteht. Die aquitoriale Souveränität des Küstenstaates über das Küstenmeer ist also von vornherein, konstituierend und untrennbar mit einer eingeschränkten Gebietshoheit verbunden.[104] Dies gilt nicht für die inneren Gewässer, in denen – mit der Ausnahme des Art. 8 Abs. 2 SRÜ – das Recht der friedlichen Durchfahrt nicht besteht.[105]

b) Zustimmungsvorbehalt des Küstenstaates: Kein Recht der friedlichen Passage von Rohrleitungen im Küstenmeer

Auf den drei Seerechtskonferenzen spielte die Verlegung unterseeischer Kabel und Rohrleitungen im Küstenmeer kaum eine Rolle, die Verhandlungen waren dominiert von den Auseinandersetzungen über die Grenzen und Abgrenzungen des Küstenmeeres sowie über Inhalt und Reichweite des Rechts der friedlichen Durchfahrt. So wurde zwar auf den Beratungen der ILC zur Ersten Seerechtskonferenz über die Rechte der Küstenstaaten bezüglich unterseeischer Kabel im Küstenmeer diskutiert, Rohrleitungen wurden jedoch nur am Rande erwähnt.[106]

Abgesehen vom Recht der friedlichen Durchfahrt bedürfen grundsätzlich alle Tätigkeiten anderer Staaten in fremdem Küstenmeer (und in den inneren Gewässern) der Zustimmung des Küstenstaates, dieser kann (bzw. soll) deren Ausübung und Modalitäten regeln. Des Weiteren kommen dem Küstenstaat im Küstenmeer Rechte und Pflichten zu, u. a. im Bereich des Meeresumweltschutzes. Aufgrund der aquitorialen Souveränität, die der Küstenstaat im Küstenmeer und in den inneren Gewässern ausübt, dürfen Rohrleitungen dort nur mit seiner Erlaubnis gelegt werden und unterliegen seiner uneingeschränkten Gebietsho-

---

[104] *W. Graf Vitzthum*, Maritimes Aquitorium und Anschlusszone, (63) 119, Rn. 113.

[105] *P.-M. Dupuy*, Droit international public, 757, 759, spricht deshalb von „annexion conditionnée" im Hinblick auf das Küstenmeer und die Anschlusszone, hingegen von „annexion totale" der inneren Gewässer.

[106] Vgl. *D.P. O'Connell/I.A. Shearer*, The International Law of the Sea, Vol. I, 508.

heit.[107] Die Verlegung von Seekabeln und -rohrleitungen im Küstenmeer bzw. in den inneren Gewässern steht unter dem Erlaubnisvorbehalt des Küstenstaates, der die Modalitäten von Verlegung, Betrieb und einer möglichen Entfernung seeverlegter Rohrleitungen und Kabel, beispielsweise in Form von Auflagen, regeln darf bzw. unter Umständen aus Gründen des Meeresumweltschutzes bzw. aus Sicherheitsaspekten dazu verpflichtet sein kann.

Ein dem Recht der friedlichen Durchfahrt analoges „Recht der friedlichen Kabel- oder Rohrleitungspassage" existiert weder im Küstenmeer[108] noch in den inneren Gewässern[109]. Auch im KMÜ war ein solches Transitrecht für fremde Kabel und Rohrleitungen nicht vorhanden, was damals auf Kritik gestoßen ist.[110] Einer Übertragung der Grundsätze des Rechts der friedlichen Durchfahrt auf Rohrleitungen steht u. a. entgegen, dass unterseeische Rohrleitungen auf unabsehbar lange Zeit verlegt werden und immobil sind, während die Schifffahrt nur eine zeitlich und örtlich begrenzte Nutzung darstellt.[111] Eine analoge Anwendung der Regeln über die friedliche Durchfahrt auf die Verlegung von Seekabeln und -rohrleitungen ist demnach nicht möglich, da bereits der Sachverhalt und die jeweilige Interessenlage verschieden sind. Der Küs-

---

[107] Vgl. *R. Lagoni/A. Proelß*, Festlandsockel und ausschließliche Wirtschaftszone, (161) 205, Rn. 133; ebenso *M.C. Pröfrock*, Energieversorgungssicherheit im Recht der EU/EG, 182; *W. Wiese*, Seeverlegte Rohrleitungen im Völkerrecht, 186 m. w. N.; *M. Roelandt*, La condition juridique des pipelines, 99, 166; *M.M. Roggenkamp*, Petroleum Pipelines in the North Sea, (92) 94; *J. Crowley*, The Ekofisk-Emden Gas Pipeline, (39) 40; *D.P. O'Connell/I.A. Shearer*, The International Law of the Sea, Vol. II, 820, spricht von exklusiver Autorität der Küstenstaaten.

[108] *S. Wolf*, Territorial Sea, EPIL, Rn. 40; *R. Lagoni/A. Proelß*, Festlandsockel und ausschließliche Wirtschaftszone, (161) 205, Rn. 133; *M. Roelandt*, La condition juridique des pipelines, 101 f.; ausführlich zum „friedlichen Durchlegen" durch das Küstenmeer *W. Wiese*, Seeverlegte Rohrleitungen im Völkerrecht, 190 f. Zustimmend *K. Castringius*, Meeresschutzgebiete, 102. Ohne weitere Begründung und entgegen dem Wortlaut wendet *G. Janssen*, Einrichtung von Meeresschutzgebieten in der Ostsee, 243, Art. 79 Abs. 1 SRÜ auch auf das Küstenmeer an: „Diese Festlandsockelregelung erfasst auch das Küstenmeer."

[109] *R. Lagoni*, Internal Waters, EPIL, 154.

[110] Siehe *M.-R. Simonnet*, La Convention sur la Haute Mer, 136; *J. Soubeyrol*, La condition juridique des pipe-lines en droit international, (157) 180, bedauert diese Lücke.

[111] *W. Wiese*, Seeverlegte Rohrleitungen im Völkerrecht, 191.

tenstaat ist nicht verpflichtet, die Verlegung von Rohrleitungen in seinem Küstenmeer zuzulassen. Er kann die Zustimmung zur Verlegung eines Kabels oder einer Rohrleitung nach seinem Ermessen geben oder verweigern.[112] Der Küstenstaat darf seine Souveränität jedoch, was ausdrücklich in Art. 2 Abs. 3 SRÜ (Art. 1 Abs. 2 KMÜ) niedergelegt ist, nur nach Maßgabe des SRÜ und der sonstigen Regeln des Völkerrechts ausüben, sich also beispielsweise nicht rechtsmissbräuchlich verhalten (siehe auch Art. 300 SRÜ[113]).

2. *AWZ: Ressourcenorientierter Raum sui generis*

Im Gegensatz zum maritimen Aquitorium ist die AWZ ein sog. küstenstaatlicher Funktionshoheitsraum, d. h. der Küstenstaat hat keine Souveränität über die AWZ, er übt jedoch ausschließliche, funktional begrenzte und derivative souveräne Rechte und Hoheitsbefugnisse[114] aus, insbesondere im Bereich der Ausbeutung der natürlichen Ressourcen, der Errichtung künstlicher Inseln und Anlagen und zum Schutz und zur Bewahrung der Meeresumwelt (siehe Art. 56 SRÜ).[115] In den Funk-

---

[112] Siehe *M.-R. Simonnet*, La Convention sur la Haute Mer, 136; *W. Wiese*, Seeverlegte Rohrleitungen im Völkerrecht, 190 f.; *K. Castringius*, Meeresschutzgebiete, 102.

[113] Art. 300 SRÜ: „Die Vertragsstaaten erfüllen die aufgrund dieses Übereinkommens übernommenen Verpflichtungen nach Treu und Glauben und üben die in dem Übereinkommen anerkannten Rechte, Hoheitsbefugnisse und Freiheiten in einer Weise aus, die keinen Rechtsmissbrauch darstellt."

[114] Siehe zur Abgrenzung der beiden Begriffe *R. Lagoni/A. Proelß*, Festlandsockel und ausschließliche Wirtschaftszone, (161) 233 f., Rn. 223 f.; Einzelheiten siehe *L. Gündling*, Die 200 Seemeilen-Wirtschaftszone, 116 ff.

[115] Art. 56 SRÜ: „(1) In der ausschließlichen Wirtschaftszone hat der Küstenstaat (a) souveräne Rechte zum Zweck der Erforschung und Ausbeutung, Erhaltung und Bewirtschaftung der lebenden und nichtlebenden natürlichen Ressourcen der Gewässer über dem Meeresboden, des Meeresbodens und seines Untergrunds sowie hinsichtlich anderer Tätigkeiten zur wirtschaftlichen Erforschung und Ausbeutung der Zone wie der Energieerzeugung aus Wasser, Strömung und Wind; (b) Hoheitsbefugnisse, wie in den diesbezüglichen Bestimmungen dieses Übereinkommens vorgesehen, in Bezug auf (i) die Errichtung und Nutzung von künstlichen Inseln, von Anlagen und Bauwerken; (ii) die wissenschaftliche Meeresforschung; (iii) den Schutz und die Bewahrung der Meeresumwelt; (c) andere in diesem Übereinkommen vorgesehene Rechte und Pflichten. (2) Der Küstenstaat berücksichtigt bei der Ausübung seiner Rechte und der Erfüllung seiner Pflichten aus diesem Übereinkommen in der aus-

tionshoheitsräumen AWZ und Festlandsockel bleibt die Zuordnung von Rechten trotz ihres zum Teil erheblichen normativen Umfangs unterhalb der Schwelle der Übertragung von Gebietshoheit; die Rechtsstellung der Küstenstaaten ist nicht territorial, sondern funktional begründet und entsprechend beschränkt (partielles Nutzungsmonopol bzw. partielle Funktionshoheit des Küstenstaates).[116]

a) Rechtsnatur und Ausdehnung

Seinen Ursprung hat das Konzept der AWZ in der Einrichtung küstenstaatlicher Fischereizonen mit ausschließlichen oder präferenziellen Ausbeutungs- bzw. Schutzrechten des Küstenstaates. Anders als das Konzept des Festlandsockels, das durch die USA angestoßen wurde, wurden die ersten Fischereizonen (und später sog. Wirtschaftszonen) seit Ende der 1940er Jahre im lateinamerikanischen Raum eingerichtet, eine Entwicklung, die Anfang der 1970er Jahre von afrikanischen und arabischen Staaten aufgegriffen wurde.[117] Mit dem Konzept der Wirtschaftszonen wollten die Entwicklungsländer ihre technologisch benachteiligte Position hinsichtlich der Hochseefischerei kompensieren, erhofften sich einen wirtschaftlichen Ausgleich für ihren schmalen Festlandsockel und wollten ihre wirtschaftliche Unabhängigkeit sichern, insbesondere durch die Forderung nach souveränen Rechten über die natürlichen Ressourcen in den Wirtschaftszonen.[118] Die AWZ, auch als „ressourcenorientierter Raum *sui generis*" bezeichnet, ist also primär wirtschaftlich ausgerichtet, alle wirtschaftlich relevanten Nutzungen

---

schließlichen Wirtschaftszone gebührend die Rechte und Pflichten anderer Staaten und handelt in einer Weise, die mit dem Übereinkommen vereinbar ist." Siehe zum Begriff der küstenstaatlichen Funktionshoheitsräume *W. Graf Vitzthum*, Raum und Umwelt im Völkerrecht, 424 f., Rn. 49; *R. Lagoni/A. Proelß*, Festlandsockel und ausschließliche Wirtschaftszone, (161) 228 f., Rn. 216 f.

[116] *W. Graf Vitzthum*, Raum und Umwelt im Völkerrecht, 400, Rn. 10.

[117] Siehe ausführlich zur geschichtlichen Entwicklung *L. Gündling*, Die 200 Seemeilen-Wirtschaftszone, 38 ff.; *R. Wolfrum*, The Emerging Customary Law of Marine Zones, (121) 132 ff.; *R. Lagoni/A. Proelß*, Festlandsockel und ausschließliche Wirtschaftszone, (161) 222 ff., Rn. 203 ff.

[118] Siehe *G. Dahm/J. Delbrück/R. Wolfrum*, Völkerrecht, Band I/1, 521, § 81.

werden dem Küstenstaat vorbehalten.[119] Umweltschutzrechtliche Aspekte in küstenstaatlichen Meereszonen jenseits des Küstenmeeres rückten 1970 in den Vordergrund, als Kanada zur Vermeidung der Meeresverschmutzung durch Schiffe in seinen arktischen Gewässern eine sog. Umweltschutzzone einrichtete (*Arctic Waters Pollution Prevention Act*).[120]

Auch in Bezug auf die AWZ waren Ausdehnung, Rechtsstatus und Umfang küstenstaatlicher Rechte und Pflichten lange umstritten, insbesondere im Meeresbodenausschuss und während der Dritten Seerechtskonferenz der Vereinten Nationen. Die Staaten einigten sich schließlich dahingehend, die AWZ als Zone *sui generis* auszuformulieren, die einer besonderen Rechtsordnung unterliegt (siehe Art. 55, 56 SRÜ), und die sich bis zu 200 sm jenseits der Basislinien erstrecken darf (Art. 57 SRÜ).[121] Die AWZ wurde zwar aus der Definition der Hohen See herausgenommen (Art. 86 SRÜ), die Freiheiten der Hohen See sollten jedoch weiter gelten – mit Ausnahme der Fischereifreiheit dritter Staaten und mit Einschränkungen der anderen Freiheiten der Hohen See. Nutzungsrechtlich ist die AWZ demnach als Meereszone *sui generis* zu qualifizieren, funktional und räumlich zwischen Küstenmeer und Hoher See angesiedelt.[122] Der IGH qualifizierte das Institut der 12-Seemeilen-Fischereizone in seinem Urteil im *Fisheries Jurisdiction Case* 1974 als

---

[119] *W. Graf Vitzthum*, Raum und Umwelt im Völkerrecht, 426 Überschrift; 427, Rn. 51.

[120] Canadian Legislation on Arctic Pollution and Territorial Sea and Fishing Zones, Act to Prevent Pollution of Areas of the Arctic Waters Adjacent to the Mainland and Islands of the Canadian Arctic, 26. Juni 1970; ILM 9 (1970), 543-552. Siehe zum Umweltschutzzonenkonzept *R. Wolfrum*, Der Umweltschutz auf Hoher See, (201) 206 f., 210 f.; *S. Wolf*, Ecological Protection Zones, EPIL, Rn. 1 ff.; *dies.*, Neue Tendenzen zur Ausdehnung küstenstaatlicher Umweltkompetenzen auf See, (73) 90 ff.

[121] *R. Lagoni/A. Proelß*, Festlandsockel und ausschließliche Wirtschaftszone, (161) 229, Rn. 217, bezeichnen dieses als „Exklusionsregime"; (161) 228 f., Rn. 216, kritisch zur undifferenzierten Bezeichnung als Zone *sui generis*; siehe ausführlich zur Rechtsnatur *F. Orrego Vicuña*, The Exclusice Economic Zone, 16 ff., 49 ff.; sowie *B. Kwiatkowska*, The 200 Mile Exclusive Economic Zone, 230 ff.

[122] Siehe *R. Lagoni/A. Proelß*, Festlandsockel und ausschließliche Wirtschaftszone, (161) 222, Rn. 203; 230, Rn. 218.

tertium genus zwischen Küstenmeer und Hoher See.[123] Anders als beim Festlandsockel, bei dem das „Ob“ der Inanspruchnahme nicht im Ermessen des Küstenstaates steht (siehe Art. 77 Abs. 3 SRÜ), gelangt das Regime der AWZ nur insoweit zur Anwendung, als der Küstenstaat durch einseitigen Akt eine AWZ einrichtet und die souveränen Rechte und Hoheitsbefugnisse in Anspruch nimmt.[124]

Das Konzept der AWZ wurde bereits während der Beratungen der Dritten Seerechtskonferenz weitgehend in die Praxis umgesetzt, ohne auf nennenswerten Widerstand zu stoßen, die AWZ ist insofern „das Paradigma des relativ schnellen Entstehens von Völkergewohnheitsrecht – durch eine Vielzahl paralleler, ‚interaktiver' Akte von Staaten“.[125] Aktuell haben ca. 120 Staaten eine AWZ eingerichtet, was zu einer wesentlichen Umverteilung der Meeresgebiete und zu einer deutlichen Verringerung des internationalen Seegebiets geführt hat.[126] Das Institut der AWZ ist in seinen Grundzügen mittlerweile völkergewohnheitsrechtlich anerkannt, insbesondere die Rechtsnatur der AWZ als Zone *sui generis* mit funktional begrenzten küstenstaatlichen Hoheitsrechten und deren Ausdehnung auf bis zu 200 sm.[127]

b) Verlegefreiheit in der AWZ

Gemäß Art. 58 Abs. 1 SRÜ genießen alle Staaten, Küsten- wie Binnenstaaten, in der AWZ vorbehaltlich der diesbezüglichen Bestimmungen

---

[123] *Fisheries Jurisdiction Case* (United Kingdom of Great Britain and Northern Ireland v. Iceland), Urteil vom 25. Juli 1974, ICJ Reports 1974, (3) 24, para. 54.

[124] Siehe *R. Lagoni/A. Proelß*, Festlandsockel und ausschließliche Wirtschaftszone, (161) 231, Rn. 220 m. w. N.; siehe auch *J. Crowley*, The Ekofisk-Emden Gas Pipeline, (39) 46.

[125] *W. Graf Vitzthum*, Raum und Umwelt im Völkerrecht, 428, Rn. 54.

[126] *G. Dahm/J. Delbrück/R. Wolfrum*, Völkerrecht, Band I/1, 523, § 81.

[127] Siehe *G. Dahm/J. Delbrück/R. Wolfrum*, Völkerrecht, Band I/1, 531 f., § 81; siehe ausführlich *D.J. Attard*, The Exclusive Economic Zone, 277 ff.; *B. Kwiatkowska*, The 200 Mile Exclusive Economic Zone, 27 ff. Allerdings ist die gewohnheitsrechtliche Geltung einzelner Detailregelungen des Teil V und XII des SRÜ noch nicht nachgewiesen, z. B. im Bereich der Fischerei (Art. 61 ff. SRÜ) oder die komplizierten Regelungen der Verschmutzung durch Schiffe (Art. 211, 220, 223 ff. SRÜ). Siehe *H. Schult*, Das völkerrechtliche Schiffssicherheitsregime, 133 m. w. N.

die in Art. 87 genannten Freiheiten, u. a. der Verlegung unterseeischer Kabel und Rohrleitungen, sowie andere völkerrechtlich zulässige, mit diesen Freiheiten zusammenhängende Nutzungen des Meeres, insbesondere im Rahmen des Betriebs unterseeischer Kabel und Rohrleitungen, die mit den anderen Bestimmungen des SRÜ vereinbar sind. Welche Bedeutung der Zusatz „andere völkerrechtlich zulässige, mit diesen Freiheiten zusammenhängende Nutzungen des Meeres“ hat, wird aus dem Text nicht klar. Einer besonderen Erwähnung des Betriebs seeverlegter Kabel und Rohrleitungen hätte es nicht bedurft, da die Verlegefreiheit auch Verlegung, Betrieb sowie Unterhaltungs- und Reparaturarbeiten umfasst. Art. 58 Abs. 2 SRÜ verweist im Zusammenhang mit der Verlegefreiheit auf Art. 112 bis 115 SRÜ, die in der AWZ gelten, soweit sie mit Teil V SRÜ nicht unvereinbar sind. Das *ius communicationis* Verlegefreiheit gilt also in der AWZ weiter, jedoch mit einigen in den küstenstaatlichen Rechten und Hoheitsbefugnissen fußenden Modifikationen.

Die Thematik der Weitergeltung der Freiheiten der Hohen See (mit Ausnahme der Fischereifreiheit) in der AWZ war während der Dritten Seerechtskonferenz Gegenstand schwieriger Verhandlungen: Die maritimen Staaten beharrten darauf, dass die in der AWZ geltenden Freiheiten in qualitativer wie quantitativer Hinsicht die gleichen sein sollten wie die traditionellen Freiheiten der Hohen See.[128] Die Staaten einigten sich während der Dritten Seerechtskonferenz schließlich darauf, das Recht dritter Staaten zur Verlegung von Rohrleitungen und Kabeln in der AWZ aufrechtzuerhalten und diese nicht unter die Kontrolle der Küstenstaaten zu stellen.[129] Der Ausgleich zwischen den küstenstaatlichen und den drittstaatlichen Rechten in der AWZ manifestiert sich in Art. 56 Abs. 2 SRÜ und Art. 58 Abs. 3 SRÜ: Sowohl Küsten- als auch Drittstaaten müssen bei der Ausübung ihrer Rechte und bei der Erfüllung ihrer Pflichten in der AWZ die wechselseitigen Rechte und Pflichten gebührend berücksichtigen.[130]

Da Seekabel und Rohrleitungen auf dem Meeresboden verlegt werden und das AWZ-Regime des SRÜ trotz der Bezugnahme auf den Meeresboden und Untergrund (z. B. in Art. 56 Abs. 1 lit. (a) SRÜ) primär auf die Wassersäule bezogen ist, finden sich in den AWZ-Bestimmungen

---

128 Siehe *B. Kwiatkowska*, The 200 Mile Exclusive Economic Zone, 199 m. w. N.

129 *S. Kaye*, International measures, (377) 398, 399.

130 Details zum Rücksichtnahmegebot in der AWZ siehe unten S. 251 ff.

des SRÜ keine besonderen Regeln zu unterseeischen Rohrleitungen und Kabeln, sofern diese nicht in Zusammenhang mit den küstenstaatlichen Ausbeutungsrechten der nicht-lebenden Ressourcen stehen. In der Praxis unterliegen unterseeische Rohrleitungen in der AWZ dem Festlandsockelrecht, da es keine schwimmenden Rohrleitungen gibt und der AWZ-Meeresgrund und -untergrund mit dem Festlandsockel in der Regel identisch ist.[131] Gerade hinsichtlich der Rohrleitungs- und Kabelverlegung wird die Problematik der Dualität zwischen AWZ- und Festlandsockel-Regime relevant (siehe auch Art. 56 Abs. 3 SRÜ).

3. Festlandsockel: Erforschungs- und Ausbeutungsmonopol des Küstenstaates

Gemäß Art. 77 Abs. 1 SRÜ (Art. 2 Abs. 1 FSÜ) übt der Küstenstaat über den Festlandsockel souveräne Rechte zum Zweck seiner Erforschung und zur Ausbeutung seiner natürlichen Ressourcen aus, ihm kommt ein „Erforschungs- und Ausbeutungsmonopol" zu.[132] Der Küstenstaat hat demnach im Bereich des Festlandsockels keine Souveränität, auch der Festlandsockel ist ein sog. Funktionshoheitsraum, ähnlich der AWZ. Nach Art. 77 Abs. 2 SRÜ (Art. 2 Abs. 2 FSÜ) sind diese Rechte insoweit ausschließlich, als niemand ohne ausdrückliche Zustimmung des Küstenstaates Erforschungs- oder Ausbeutungsaktivitäten unternehmen darf.[133] Der Festlandsockel erstreckt sich normalerweise auf bis zu 200 sm von der Basislinie, in Ausnahmefällen bis zu 350 sm von der Basislinie bzw. bis 100 sm von der 2500-Meter-Wassertiefenlinie (sog. erweiterter Festlandsockel, siehe Regelungswerk des Art. 76 SRÜ[134]).

---

[131] *R. Lagoni/A. Proelß*, Festlandsockel und ausschließliche Wirtschaftszone, (161) 205, Rn. 131. Siehe auch *R. Lagoni*, Legal Aspects of Submarine HVDC Cables, 25.

[132] Begrifflichkeit von *W. Graf Vitzthum*, Raum und Umwelt im Völkerrecht, 428 Überschrift.

[133] Siehe zur Auseinandersetzung über die Begriffe „sovereign rights" und „exclusive rights" auf der Ersten Seerechtskonferenz *H. Meyer-Lindenberg*, Das Genfer Übereinkommen über den Festlandsockel, (5) 17 ff.; *M.M. Whiteman*, Convention on the Continental Shelf, (629) 635.

[134] Siehe auch die Vorgängervorschrift des Art. 1 FSÜ. Siehe insgesamt zur Bedeutung und Weitergeltung des FSÜ ausführlich: *R. Lagoni/A. Proelß*, Festlandsockel und ausschließliche Wirtschaftszone, (161) 181 f., Rn. 47 ff.; zur al-

a) Rechtsnatur und Ausdehnung

Ihren Ausgangspunkt nahm die Idee küstenstaatlicher Kompetenzen über den küstennahen Meeresboden im Konzept des Festlandsockels mit der sog. *Truman-Proklamation*[135], als US-Präsident *Truman* am 28. September 1945 die ausschließliche Jurisdiktion und Kontrolle der USA auf die marinen Ressourcen des Festlandsockels ausweitete.[136] Das Konzept des Festlandsockels, dessen Status als Funktionshoheitsraum sowie die küstenstaatlichen Rechte und Freiheiten anderer Staaten gelten seit Mitte der 1950er Jahre als Völkergewohnheitsrecht.[137] Die grundsätzliche Breite des Festlandsockels von 200 sm ist ebenfalls völkergewohnheitsrechtlich anerkannt. Der völkergewohnheitsrechtliche Status des komplizierten und bisher wenig praktizierten Regelungswerks des Art. 76 SRÜ kann allerdings angezweifelt werden.

Wie bereits oben angedeutet, gelangt das Regime des Festlandsockels unabhängig von einer tatsächlichen oder nominellen Besitzergreifung oder einer ausdrücklichen Erklärung des Küstenstaates zur Anwendung (siehe Art. 77 Abs. 3 SRÜ, Art. 2 Abs. 3 FSÜ). Auf den Beratungen der ILC seit 1950 spielte die Frage eine entscheidende Rolle, ob die küstenstaatlichen Rechte am Festlandsockel durch die Okkupation einer *res nullius* oder *ipso iure* entstünden: Man einigte sich auf das *ipso iure*-Konzept, damit kein anderer Staat („first occupier") als der jeweilige Küstenstaat die Rechte am Festlandsockel in Anspruch nehmen könne.[138] Auf der Ersten Seerechtskonferenz wurde erneut über das *ipso iu-*

ternativen Definition des Art. 76 SRÜ 186 ff., Rn. 64 ff.; sowie anschaulich zur komplizierten Methode der Festlegung der äußeren Grenze 188 ff., Rn. 74 ff.

135 Presidential Proclamation No. 2667 concerning the Policy of the United States with Respect to the Natural Resources of the Subsoil and Sea Bed of the Continental Shelf, 28. September 1945; Department of State Bulletin 13 (1945), 485; ST/LEG/SER.B/1, 38.

136 Siehe zur Entwicklung vor 1945 *R. Lagoni/A. Proelß*, Festlandsockel und ausschließliche Wirtschaftszone, (161) 174 ff., Rn. 29 ff.; ausführlich zur geschichtlichen Entwicklung danach, 176 ff., Rn. 32 ff.

137 Siehe statt vieler *W. Graf Vitzthum*, Raum und Umwelt im Völkerrecht, 429, Rn. 55; siehe ausführlich zur Staatenpraxis *M.L. Jewett*, The Evolution of the Legal Regime of the Continental Shelf, (153) 157 ff.

138 Siehe zu den Beratungen der ILC *M.L. Jewett*, The Evolution of the Legal Regime of the Continental Shelf, (153) 165 f. m. w. N.; 170 ff. zur rechtswissenschaftlichen Debatte über die Thematik; 176 ff. zur Rechtssprechung internationaler Gerichte und Schiedsgerichte. Siehe auch *S. Kaye*, International measures, (377) 381.

re-Konzept diskutiert, das letztendlich Eingang in Art. 2 Abs. 3 FSÜ fand.[139] In den *North Sea Continental Shelf Cases* von 1969 bestätigte der IGH dies, indem er den Festlandsockel als „natural prolongation of the land territoriy“ qualifizierte, die souveränen Rechte stünden dem Küstenstaat *ipso facto* und *ab initio* zu.[140]

b) Dualität von AWZ- und Festlandsockelregime

Hat der Küstenstaat über dem Festlandsockel eine AWZ eingerichtet, stellt sich die Frage, ob AWZ- und Festlandsockelregime parallel zur Anwendung kommen und in welchem Verhältnis beide zueinander stehen. Die diesbezüglich für den Festlandsockel entscheidende Vorschrift ist Art. 78 Abs. 1 SRÜ. Dieser bestimmt, dass die Rechte des Küstenstaates am Festlandsockel weder den Rechtsstatus der darüber befindlichen Gewässer noch den des Luftraums über diesen Gewässern berühren.[141] Hat der Küstenstaat also eine AWZ eingerichtet, so bleiben die Gewässer über dem Festlandsockel dem AWZ-Regime unterstellt. Für die AWZ legt Art. 56 Abs. 3 SRÜ fest, dass die in diesem Artikel niedergelegten Rechte hinsichtlich des Meeresbodens und seines Untergrundes in Übereinstimmung mit Teil VI (betreffend den Festlandsockel) ausgeübt werden.[142]

---

[139] Siehe zu den Beratungen der Ersten Seerechtskonferenz *M.L. Jewett*, The Evolution of the Legal Regime of the Continental Shelf, (153) 167 ff.

[140] *North Sea Continental Shelf Cases* (Federal Republic of Germany v. Denmark; Federal Republic of Germany v. Netherlands), Urteil vom 20. Februar 1969, ICJ Reports 1969, (3) 22, para. 19. Siehe hierzu *W. Graf Vitzthum*, Raum und Umwelt im Völkerrecht, 429, Rn. 55; *J. Crowley*, The Ekofisk-Emden Gas Pipeline, (39) 41; *S. Kaye*, International measures, (377) 380; ausführlich *M.L. Jewett*, The Evolution of the Legal Regime of the Continental Shelf, (153) 179 ff.

[141] Zur Verhandlungsgeschichte des Art. 78 SRÜ *D.P. O'Connell/I.A. Shearer*, The International Law of the Sea, Vol. I, 579 f. Art. 3 FSÜ war fast wortlautgleich formuliert, setzte aber den Rechtsstatus der darüber befindlichen Gewässer „als Hohe See“ fest, da damals das Konzept der AWZ noch keinen Eingang in die Genfer Konventionen gefunden hatte. Art. 3 FSÜ wurde auf der Ersten Seerechtskonferenz mit großer Mehrheit und ohne größeren Diskussionen angenommen, siehe *S. Oda*, International Law of the Resources of the Sea, 100.

[142] Angesichts des Wortlautes „Recht“ und der fehlenden Erwähnung von „Hoheitsbefugnissen“ könnte zwar zutreffen, dass sich Art. 56 Abs. 3 SRÜ nur

Zum Teil wird vertreten, das anwendbare Recht sei abhängig von der Art der Verlegung der Rohrleitung: Für eingegrabene oder auf dem Meeresgrund verlegte Rohrleitungen gelte das Festlandsockelrecht; für schwebende, schwimmende, an Bojen befestigte oder auf Stützkonstruktionen verlegte Pipelines das AWZ-Regime.[143] Eine derartige Differenzierung ist jedoch zum einen realitätsfern, da es weder schwebende noch auf Stützkonstruktionen verlegte Rohrleitungen gibt.[144] Zum anderen sprechen systematische Gründe gegen eine solche Differenzierung: Mit dem Verweis in Art. 56 Abs. 3 SRÜ auf das Festlandsockelrecht wird dieses, insbesondere der für Rohrleitungen bedeutende Art. 79 SRÜ, in das AWZ-Regime inkorporiert und damit eine einheitliche Ordnung für den Festlandsockel und den Grund und Untergrund der AWZ gewährleistet.[145] Eine solche Inkorporation der Vorschriften über den Festlandsockel in das AWZ-Regime kann auch mit Hilfe der Verweisung des Art. 58 Abs. 1 SRÜ auf Art. 87 Abs. 1 (c) SRÜ begründet werden, da der Vorbehalt in letztgenannter Bestimmung „vorbehaltlich des Teiles VI" indirekt auch einen Verweis auf Art. 79 SRÜ darstellt.[146] Auch die Passage in Art. 58 Abs. 1 SRÜ „vorbehaltlich der diesbezüglichen Bestimmungen dieses Übereinkommens" wird als Verweisung auf Art. 79 SRÜ interpretiert.[147] Darüber hinaus kann die allgemein gehaltene Formulierung des Art. 56 Abs. 1 lit. (c) SRÜ „andere in diesem

auf Art. 56 Abs. 1 lit. (a) SRÜ bezieht. So *R. Lagoni/A. Proelß*, Festlandsockel und ausschließliche Wirtschaftszone, (161) 232, Rn. 221. Es steht jedoch außer Frage, dass auch hinsichtlich anderer Nutzungsrechte des Meeresbodens – wie z. B. die Verlegung von Rohrleitungen – das AWZ- und das Festlandsockelregime in Einklang zu bringen sind. Art. 56 Abs. 3 SRÜ zeigt, dass die Regelungen ineinander greifen.

143 Ähnlich *L. Gündling*, Die 200 Seemeilen-Wirtschaftszone, 205 f.; siehe auch *M. Roelandt*, Pipelines dans le droit de la mer, 145 ff.

144 Siehe *W. Wiese*, Seeverlegte Rohrleitungen im Völkerrecht, 157.

145 Siehe *R. Lagoni/A. Proelß*, Festlandsockel und ausschließliche Wirtschaftszone, (161) 186, Rn. 63; 262, Rn. 276; *W. Wiese*, Seeverlegte Rohrleitungen im Völkerrecht, 163 f.

146 So *B. Kwiatkowska*, The 200 Mile Exclusive Economic Zone, 201; siehe auch *R. Lagoni*, Legal Aspects of Submarine HVDC Cables, 23; mit ausführlicher Begründung *W. Wiese*, Seeverlegte Rohrleitungen im Völkerrecht, 159 ff.

147 So *L. Gündling*, Die 200 Seemeilen-Wirtschaftszone, 205; siehe auch *D.J. Attard*, The Exclusive Economic Zone, 124; *R. Lagoni*, Völkerrechtliche Vorgaben für die Anwendung des Umweltschadensgesetzes, 43.

Übereinkommen vorgesehene Rechte und Pflichten" als Verweis auf Art. 79 SRÜ angesehen werden.[148]

Hat der Küstenstaat über seinem Festlandsockel eine AWZ eingerichtet, so gelangen AWZ- und Festlandsockelregime also grundsätzlich parallel zur Anwendung. Die beiden Regime überlagern und ergänzen sich, soweit sich nichts anderes aus den SRÜ-Bestimmungen ergibt.[149] Man spricht insoweit von einer Dualität der beiden Rechtsordnungen.[150] Auch der IGH hat 1985 im *Libya/Malta Continental Shelf Case* festgestellt, dass die beiden Konzepte, trotz ihrer Unterschiede, verbunden seien.[151]

Die Ergänzung dieser beiden Regime wird u. a. hinsichtlich des Art. 80 SRÜ deutlich, der für küstenstaatliche Inseln, Anlagen und Bauwerke „sinngemäß" auf die entsprechende AWZ-Vorschrift des Art. 60 SRÜ verweist. Diese Bestimmung zeigt aber auch, dass die Regelungen der anderen Rechtsordnung nicht immer in Gänze oder ohne Modifikationen gelten, sondern eben nur „sinngemäß" (*mutatis mutandis*), was den Unterschieden und Besonderheiten der beiden Regime Rechnung trägt.

Schwierigkeiten können aufgrund der unterschiedlichen Regelung der Befugnisse des Küstenstaates gegenüber Drittstaaten auftreten: Gelten nach Art. 58 Abs. 1 i.V.m. Art. 87 SRÜ die Freiheiten der Hohen See – mit Ausnahme der Fischereifreiheit – in der AWZ weiter, so verfolgt Art. 78 Abs. 2 SRÜ einen anderen Ansatz, da der Küstenstaat nach die-

---

[148] So *B. Kwiatkowska*, The 200 Mile Exclusive Economic Zone, 230; *W. Wiese*, Seeverlegte Rohrleitungen im Völkerrecht, 163.

[149] Siehe *Lagoni/A. Proelß*, Festlandsockel und ausschließliche Wirtschaftszone, (161) 248, Rn. 252 m. w. N.; *W. Wiese*, Seeverlegte Rohrleitungen im Völkerrecht, 164. *P.-M. Dupuy*, Droit international public, 775, Rn. 655, spricht von „des rapports très étroits" zwischen Festlandsockel und AWZ. *W. Graf Vitzthum*, Raum und Umwelt im Völkerrecht, 432, Rn. 58, sieht in dieser Überlagerung und Verdichtung zu einem Bündel ausschließlicher Befugnisse die Tendenz zur Annäherung an den Status des Küstenmeeres in der 200-Seemeilen-Zone.

[150] *W. Wiese*, Seeverlegte Rohrleitungen im Völkerrecht, 155 m. w. N.; ausführlich *L. Gündling*, Die 200 Seemeilen-Wirtschaftszone, 200 ff.

[151] *Case Concerning the Continental Shelf* (Libyan Arab Jamahiriya v. Malta), Urteil vom 3. Juni 1985, ICJ Reports 1985, (4) 33, para. 34: „Although the institutions of the continental shelf and the exclusive economic zone are different and distinct, the rights which the exclusive economic zone entails over the sea-bed of the zone are defined by reference to the regime laid down for the continental shelf." Siehe auch *M.N. Shaw*, International Law, 523.

ser Vorschrift lediglich verpflichtet ist, in Ausübung seiner Rechte am Festlandsockel die Rechte anderer Staaten nicht zu verletzen oder unangemessen zu beeinträchtigen.[152] In Bezug auf die Verlegefreiheit wird diese Problematik anhand des Art. 79 SRÜ und der diesbezüglichen Rechte des Küstenstaates gelöst, der in das AWZ-Regime inkorporiert wird. Deshalb bestehen für die Verlegefreiheit im AWZ- und Festlandsockelregime keine relevanten Unterschiede.[153]

c) Verhältnis Festlandsockel- und Hohe-See-Rechtsordnung

Die Problematik, in welchem Verhältnis Festlandsockel- und Hohe-See-Rechtsordnung zueinander stehen, stellt sich zum einen im Falle eines erweiterten Festlandsockels, da bei der AWZ eine Ausdehnung über 200 sm hinaus nicht möglich ist. Zum anderen wird dies relevant, wenn der Küstenstaat keine AWZ eingerichtet hat. Auch in diesen Fällen ist auf Art. 78 Abs. 1 SRÜ zu rekurrieren:[154] Hat der Küstenstaat keine AWZ eingerichtet, so bleiben die Gewässer über dem Festlandsockel Hohe See. Für den erweiterten Festlandsockel gilt gleichermaßen, dass die Gewässer über dem Teil des Festlandsockels jenseits der 200 sm bzw. der Außengrenze der AWZ Teil der Hohen See sind.

Die Dualität zwischen Hohe-See- und Festlandsockel-Regime ist in Bezug auf seeverlegte Rohrleitungen deshalb nicht weiter problematisch, da für auf dem erweiterten Festlandsockel verlegte Rohrleitungen *per definitionem* der Vorbehalt des Art. 87 Abs. 1 lit. (c) SRÜ „vorbehaltlich des Teiles VI" gilt, d. h. also insbesondere Art. 79 SRÜ anwendbar ist.[155] Umgekehrt gelten aber auch die straf- und zivilrechtlichen Bestimmungen der Hohen See (Art. 113-115 SRÜ) auf dem erweiterten Festlandsockel oder bei Nichteinrichtung einer AWZ sinngemäß.[156] Die

---

[152] *W. Wiese*, Seeverlegte Rohrleitungen im Völkerrecht, 156; ausführlich *L. Gündling*, Die 200 Seemeilen-Wirtschaftszone, 204 ff.

[153] Anders *S. Kaye*, International measures, (377) 400: „(…) the two regimes approach the issue of cables and pipelines slightly differently."

[154] Siehe *R. Lagoni/A. Proelß*, Festlandsockel und ausschließliche Wirtschaftszone, (161) 186, Rn. 63.

[155] *W. Wiese*, Seeverlegte Rohrleitungen im Völkerrecht, 202, problematisiert die Dualität für auf Stützkonstruktionen verlegte Rohrleitungen, was aber in der Praxis nicht relevant ist.

[156] Ähnlich *M.H. Nordquist* (ed.), UNCLOS Commentary, Vol. II, 917, Para. 79.8(e).

in Teil VI den Küstenstaaten gewährten Befugnisse sind durch diesen Verweis integraler Bestandteil der Definition der Verlegefreiheit für den Bereich des Festlandsockels, d. h. die Beschränkungen des Art. 79 SRÜ gelten für Rohrleitungen auf dem Festlandsockel unmittelbar.[157]

d) Verlegefreiheit auf dem Festlandsockel

Grundsätzlich umfasst die Verlegefreiheit auf dem Festlandsockel neben dem eigentlichen Verlegevorgang auch Betrieb, Unterhaltung und Reparatur der Rohrleitung, da auch hier das Verlegerecht andernfalls leer laufen würde.[158] Zwar ist in Art. 79 Abs. 1 SRÜ nur von „legen" die Rede, aus Sinn und Zweck der Vorschrift und systematisch aus Art. 79 Abs. 2 und 5 SRÜ ergibt sich jedoch, dass dieses Recht nicht auf das Verlegen beschränkt ist, sondern auch Betrieb, Unterhaltung und Reparatur der Rohrleitung umfasst.[159] Auch das Recht des Küstenstaates, auf seinem eigenen Festlandsockel selbst Rohrleitungen zu verlegen, ergibt sich aus Art. 79 Abs. 1 SRÜ; es gehört bezogen auf die AWZ nach Art. 56 Abs. 1 lit. (c) SRÜ zu seinen anderen in diesem Übereinkommen vorgesehenen Rechten und Pflichten.[160]

---

157 Ähnlich *W. Wiese*, Seeverlegte Rohrleitungen im Völkerrecht, 159 ff., 200 f. Eine solche Einschränkung der Verlegefreiheit *per definitionem* gibt es für den Bereich des Meeresbodens jenseits des Festlandsockels nicht. Ein solcher definitionsimmanenter Vorbehalt findet sich hingegen auch in Art. 87 Abs. 1 lit. (d) SRÜ bezüglich künstlicher Inseln und Anlagen. Die Errichtung künstlicher Inseln und Anlagen ist ebenso wie das Legen von Rohrleitungen und Kabeln im Gegensatz zu den klassischen Freiheiten der Hohen See durch eine langfristige und stationäre Nutzung gekennzeichnet, die einige Besonderheiten mit sich bringt und andere Nutzungen auf unabsehbar lange Zeit behindern sowie die Rechte des Küstenstaates an der Ausbeutung der natürlichen Ressourcen des Festlandsockels weiter einschränken kann als andere Meeresnutzungen, wie die in Art. 87 Abs. 1 lit. (a) SRÜ vorbehaltlos gewährte Schifffahrtsfreiheit. Siehe *W. Wiese*, Seeverlegte Rohrleitungen im Völkerrecht, 367 m. w. N.

158 Siehe *R. Lagoni/A. Proelß*, Festlandsockel und ausschließliche Wirtschaftszone, (161) 205, Rn. 130.

159 Siehe *R. Lagoni/A. Proelß*, Festlandsockel und ausschließliche Wirtschaftszone, (161) 205, Rn. 130.

160 *R. Lagoni/A. Proelß*, Festlandsockel und ausschließliche Wirtschaftszone, (161) 205, Rn. 131; siehe auch *W. Wiese*, Seeverlegte Rohrleitungen im Völkerrecht, 177 f., der zutreffend die Ansicht widerlegt, die Verlegung einer Rohrlei-

Art. 79 Abs. 1 SRÜ hat weder im HSÜ noch im FSÜ eine direkte Vorgängervorschrift. Allerdings wird das Verlegerecht auf dem Festlandsockel indirekt in zwei Vorschriften bestätigt: Gemäß Art. 26 Abs. 2 HSÜ[161] und Art. 4 FSÜ[162] darf der Küstenstaat das Legen oder die Unterhaltung seeverlegter Kabel und Rohrleitungen nicht behindern, vorbehaltlich seines Rechts, angemessene Maßnahmen zur Erforschung des Festlandsockels und zur Ausbeutung der natürlichen Ressourcen zu ergreifen. Diese beiden Bestimmungen sind (fast) wortlautgleich und als Vorläufer des Art. 79 Abs. 2 SRÜ anzusehen.

Die Weitergeltung der Verlegefreiheit auf dem Festlandsockel spielte insbesondere während der Beratungen der ILC zur Vorbereitung der Ersten Seerechtskonferenz eine wichtige Rolle.[163] Art. 26 Abs. 2 HSÜ und Art. 4 FSÜ gehen auf Art. 61 Abs. 2[164] und Art. 70[165] des Entwurfes zurück, den die ILC in ihrem letzten Bericht an die UN-GA 1956 vorlegte.[166] Art. 61 Abs. 2 des Entwurfes von 1956, der bei den Vor-

---

tung durch den Küstenstaat sei als Ausübung des Nutzungsrechts nach Art. 77 Abs. 1 SRÜ zu sehen und nicht als Ausübung der Meeresfreiheit.

161 Art. 26 Abs. 2 HSÜ: „Subject to its right to take reasonable measures for the exploration of the continental shelf and the exploitation of its natural resources, the coastal State may not impede the laying or maintenance of such cables or pipelines."

162 Art. 4 FSÜ: „Subject to its right to take reasonable measures for the exploration of the continental shelf and the exploitation of its natural resources, the coastal State may not impede the laying or maintenance of *submarine* cables or pipelines *on the continental shelf*." Hervorhebungen durch die Autorin hinzugefügt, um die Unterschiede zu Art. 26 Abs. 2 HSÜ zu verdeutlichen, die jedoch unwesentlich sind.

163 Ausführlich zur Verhandlungsgeschichte der Art. 26 Abs. 2 HSÜ und Art. 4 FSÜ *M. Roelandt*, La condition juridique des pipelines, 114 ff.

164 Art. 61 Abs. 2 des Entwurfes von 1956: „Subject to its right to take reasonable measures for the exploration of the continental shelf and the exploitation of its natural resources, the coastal State may not impede the laying or maintenance of such cables or pipelines."

165 Art. 70 des Entwurfes von 1956: „Subject to its right to take reasonable measures for the exploration of the continental shelf and the exploitation of its natural resources, the coastal State may not impede the laying or maintenance of submarine cables on the continental shelf."

166 Report of the International Law Commission to the General Assembly, covering the work of its eighth session, 23. April – 4. Juli 1956, Document A/3159, ILC Yearbook II (1956), 253 ff.

schriften über die Hohe See stand, aber auf den Festlandsockel bezogen war, erwähnte Rohrleitungen. Art. 70 dieses Entwurfes, der bei den Bestimmungen zum Festlandsockel stand, erwähnte Rohrleitungen hingegen nicht. Warum Rohrleitungen in Art. 61 Abs. 2 des Entwurfes von 1956 aufgenommen wurden, in Art. 70 dieses Entwurfes aber nicht, lässt sich anhand der Konferenzmaterialien nicht nachvollziehen.[167] Dies führte zu einer widersprüchlichen Rechtslage betreffend die Rohrleitungsverlegung auf dem Festlandsockel, die auf der Ersten Seerechtskonferenz mit Verabschiedung der Art. 26 Abs. 2 HSÜ und Art. 4 FSÜ aufgehoben wurde, indem die beiden Bestimmungen vereinheitlicht wurden und nun beide auf Rohrleitungen Bezug nehmen.

Diese widersprüchliche Rechtslage in Bezug auf die Verlegung unterseeischer Rohrleitungen auf dem Festlandsockel zeigt, wie schwer sich die ILC damit tat, das Verlegerecht auf dem Festlandsockel auf Rohrleitungen auszuweiten. Die Verlegefreiheit im Bereich der Hohen See wurde bereits 1955 auf unterseeische Rohrleitungen erweitert, was 1956 bestätigt wurde.[168] Das Verlegerecht auf dem Festlandsockel war zwar bereits 1951 für Kabel anerkannt, für Rohrleitungen jedoch erst 1956 (widersprüchlich) bzw. 1958 (einheitlich). In den jeweiligen Entwürfen führte die ILC mangelnde praktische Relevanz und mögliche Einschränkungen küstenstaatlicher Rechte als Begründung dafür an, warum die Verlegefreiheit auf dem Festlandsockel zwar für Seekabel, jedoch nicht für unterseeische Rohrleitungen gelten solle.[169]

---

[167] Die Wiederholung und Abweichung im Entwurf der ILC beruhte nach einer Bemerkung des Berichterstatters *François* auf der Eile, in der der Entwurf formuliert wurde, kann also als Irrtum bezeichnet werden. *W. Wiese*, Seeverlegte Rohrleitungen im Völkerrecht, 142 f. m. w. N.; siehe zu den Vorschlägen von 1956 auch *D.P. O'Connell/I.A. Shearer*, The International Law of the Sea, Vol. II, 822; *R.-J. Dupuy/D. Vignes*, A Handbook on the New Law of the Sea, Vol. II, 979, 981.

[168] Art. 2 Abs. 3 und 34 Abs. 1 des Entwurfes für die Hohe-See-Konvention von 1955 sowie Art. 27 Abs. 3 und Art. 61 Abs. 1 des Entwurfes von 1956.

[169] Siehe Report of the International Law Commission covering the work of its third session, 16. Mai - 27 Juli 1951, Doc. A/1858, ILC Yearbook II (1951), (123) 142: „(...) If it were decided to lay pipelines on the continental shelf of another country, the question would be complicated by the fact that pumping stations would have to be installed at certain points, and these might hamper the exploitation of the subsoil more than cables. Since the question does not appear to have any practical importance at the present time, and there is no certainty that it will ever arise, it was not thought necessary to insert a special provision to this effect." Siehe auch *W. Wiese*, Seeverlegte Rohrleitungen im Völkerrecht,

Anhand dieser Verhandlungsgeschichte wird deutlich, dass das Verlegerecht auf dem Festlandsockel für unterseeische Rohrleitungen weiter reichende Einschränkungen küstenstaatlicher Rechte mit sich bringt als die Verlegung von Seekabeln. Daraus erklärt es sich auch, dass der Zustimmungsvorbehalt des Art. 79 Abs. 3 SRÜ nach dem Wortlaut der Vorschrift auf Rohrleitungen beschränkt ist. Aufgrund dieser Überlegungen liegt auch der Schluss nahe, die küstenstaatlichen Rechte bezüglich seeverlegter Pipelines auf dem Festlandsockel weiter zu interpretieren als in Bezug auf seeverlegte Kabel.

In den *Continental Shelf Cases* von 1969 bezeichnete der IGH das in Art. 4 FSÜ (dem Vorgänger des Art. 79 Abs. 2 SRÜ) enthaltene Verbot, das Legen und Unterhalten von Rohrleitungen auf dem Festlandsockel zu behindern, als Bestandteil des Völkergewohnheitsrecht.[170]

e) Zusammenfassung zur AWZ und zum Festlandsockel

Nach dem Grundsatz der Dualität des AWZ- und Festlandsockelregimes kommen beide Regime grundsätzlich parallel zur Anwendung, wenn der Küstenstaat über seinem Festlandsockel eine AWZ eingerichtet hat, die beiden Regime überlagern und ergänzen sich. Die entscheidende Vorschrift für Verlegung unterseeischer Rohrleitungen auf dem Festlandsockel bzw. in der AWZ ist Art. 79 SRÜ, der insbesondere über Art. 56 Abs. 3 SRÜ in das AWZ-Regime inkorporiert wird. Auch die Dualität zwischen Hohe-See- und Festlandsockel-Regime ist in Bezug auf seeverlegte Rohrleitungen nicht weiter problematisch, da für auf dem erweiterten Festlandsockel verlegte Rohrleitungen *per definitionem* der Vorbehalt des Art. 87 Abs. 1 lit. (c) SRÜ „vorbehaltlich des Teiles VI" gilt, d. h. also insbesondere Art. 79 SRÜ anwendbar ist.

Die Befürchtung, die küstenstaatlichen Ausbeutungsrechte könnten durch die Verlegung von unterseeischen Rohrleitungen beeinträchtigt werden, war neben der geringen Staatenpraxis anfangs der Beweggrund dafür, die Freiheit der Verlegung von Seerohrleitungen nicht auf den Festlandsockel auszudehnen. Dies geschah erst während der Beratun-

---

130 ff. m. w. N.; *R.-J. Dupuy/D. Vignes*, A Handbook on the New Law of the Sea, Vol. II, 981; *M. Roelandt*, La condition juridique des pipelines, 121 f.

170 *North Sea Continental Shelf Cases* (Federal Republic of Germany v. Denmark; Federal Republic of Germany v. Netherlands), Urteil vom 20. Februar 1969, ICJ Reports 1969, (3) 39, para 65. Zweifelnd *W. Wiese*, Seeverlegte Rohrleitungen im Völkerrecht, 373 f.

gen der Dritten Seerechtskonferenz. Allerdings wurde diese Freiheit durch die Vorschriften des Art. 79 Abs. 2, 3 SRÜ weitgehenden Einschränkungen im Bereich des Meeresumweltschutzes und hinsichtlich der küstenstaatlichen Ausbeutungsrechte und -interessen unterworfen. Zudem führte die Bestimmung des Art. 79 Abs. 4 SRÜ dazu, dass der Küstenstaat auch auf dem Festlandsockel für eine beträchtliche Anzahl sog. anlandender Rohrleitungen erweiterte Bedingungen festlegen kann.[171]

IV. Meeresumweltschutz und unterseeische Rohrleitungen

Der Meeresumweltschutz[172] steht an der Schnittstelle zwischen internationalem Seerecht und Umweltvölkerrecht[173]: Während der Meeresumweltschutz sachlich ein Bestandteil des Umweltvölkerrechts ist, ist er räumlich-medial dem Seerecht zuzuordnen, was zu einer partiellen Überschneidung der beiden Materien führt.[174] Im SRÜ ist der Meeresumweltschutz insbesondere in Teil XII SRÜ „Schutz und Bewahrung der Meeresumwelt"[175] geregelt.

---

[171] Siehe Details hierzu unten S. 226 ff.

[172] Der hier behandelte Meeresumweltschutz im engeren Sinne ist – in Abgrenzung zum Meeresschutz im weiteren Sinne – der Schutz der Meeresumwelt vor Verschmutzung durch Stoffe und Energie. Meeresumweltschutz umfasst also insbesondere die verschiedenen Ursachen einer Meeresverschmutzung (z. B. Dumping oder Verschmutzung vom Land aus), nicht aber den Bestands- und Artenschutz. Während Bestandsschutz die Erhaltung der lebenden Ressourcen, also von Arten, die vom Menschen genutzt werden, erfasst, ist Artenschutz dem Schutz der marinen Flora und Fauna um ihrer Erhaltung willen gewidmet. Siehe *A. Proelß*, Meeresschutz, 32.

[173] Zum Umweltvölkerrecht oder internationalen Umweltrecht zählen alle Normen, von denen sich Staaten und internationale Organisationen bei ihrem umweltrelevanten Handeln unmittelbar oder mittelbar leiten lassen. Siehe *U. Beyerlin*, Umweltvölkerrecht, 2, Rn. 4.

[174] Siehe *A. Proelß*, Meeresschutz, 33, Fn. 60.

[175] In internationalen Konventionen werden häufig die Begriffe Schutz („protection") und Bewahrung („preservation") der Meeresumwelt verwendet, wobei sich der Begriff „Schutz" auf den Schutz vor Verschmutzung und damit die Vermeidung eines potentiellen Schadens bezieht. Der Begriff „Bewahrung der Meeresumwelt" ist weiter und zielt auf deren Erhaltung und Pflege. Siehe

Infolge der zunehmenden Nutzung der Meere, der multikausalen Verschmutzungsgefahren für die Meeresumwelt und des gesteigerten Interesses der Weltöffentlichkeit für den Umweltschutz gewinnen umweltschützende Vorgaben für Seerohrleitungen an Bedeutung. Dies veranschaulichen auch die Diskussionen über die Gefahren der *Nord Stream-Pipeline* für die Meeresflora und -fauna der Ostsee. Die Maßnahmen zur Vermeidung der Meeresverschmutzung können repressiv i.S. einer Reaktion auf bereits eingetretene Verschmutzungen oder präventiv sein, d. h. darauf zielen, durch Vorfeldmaßnahmen eine Verschmutzung möglichst zu vermeiden.

Das SRÜ enthält nur wenige Vorschriften, die sich explizit auf seeverlegte Rohrleitungen beziehen und aus denen sich für verlegende Staaten, Küstenstaaten und/oder die IMB konkrete umweltschutzrechtliche und sicherheitsbezogene Standards für Verlegung, Betrieb, Unterhaltung und Entfernung unterseeischer Rohrleitungen entwickeln lassen. Beispiel für eine solche Bestimmung ist Art. 79 Abs. 2 SRÜ.

Auch in Teil XII SRÜ findet sich keine Bestimmung mit ausdrücklichem Bezug zu seeverlegten Rohrleitungen. Für andere Bereiche, insbesondere die Meeresverschmutzung durch Schiffe, gibt Teil XII SRÜ sowohl für die Hohe See als auch die küstenstaatlichen Meereszonen ein detailliert ausgestaltetes und abgestuftes Kompetenzgefüge für Flaggen-, Küsten- und Hafenstaaten vor (siehe insbesondere Art. 211, 217-221, 226 SRÜ). Ein solches fehlt für Meeresrohrleitungen.[176] Verlegung, Betrieb und (Nicht-)Entfernung unterseeischer Rohrleitungen werden aber von den allgemeinen Bestimmungen des SRÜ im Bereich des Meeresumweltschutzes erfasst.[177] Diese in Teil XII SRÜ niedergelegten

---

H. Esmaeili, The Legal Regime of Offshore Oil Rigs, 153 m. w. N.; *R. Wolfrum*, Die Entwicklung des Seerechts zum Recht der marinen Umwelt, (69) 71.

[176] Nach *T. Stoll*, Meeresschutz im Küsten- und Offshore-Bereich, (666) 672, spielen in Bezug auf die Verlegung von Kabeln und Rohrleitungen Aspekte des Meeresumweltschutzes keine besondere Rolle. Diese Aussage trifft im Großen und Ganzen – insbesondere im Vergleich zur Schifffahrt und den diesbezüglichen SRÜ-Regelungen – sicherlich zu, wird aber in ihrer Allgemeinheit gerade der Bedeutung des Art. 79 Abs. 2 SRÜ nicht gerecht.

[177] Dabei ist nachfolgend nicht auf alle Grundprinzipien des Meeresumweltschutzes bzw. des Umweltvölkerrechts einzugehen, sondern nur auf die für die Seerohrleitungsverlegung besonders wichtigen und im SRÜ reflektierten. Siehe zum Grundsatz des gemeinsamen Erbes der Menschheit („common heritage of mankind“) unten S. 147 ff. Das Prinzip der gemeinsamen, aber unterschiedlichen Verantwortlichkeit („common but differentiated responsibility“), das auf dem Prinzip der Gleichheit („equity“) basiert, sieht u. a. Erfüllungshilfe für

Rahmenbestimmungen im Bereich des Meeresumweltschutzes und die darin zum Ausdruck kommenden Grund- bzw. Strukturprinzipien des Umweltvölkerrechts sind als solche zu allgemein gehalten, als dass ihnen konkretisierende Verhaltenspflichten der Staaten entnommen werden könnten. Sie bieten jedoch wichtige Anknüpfungspunkte für eine Auslegung und werden in anderen Bestimmungen des SRÜ und anderen Konventionen mit Bezug zum Meeresumweltschutz näher ausgestaltet.

Für die vorliegende Untersuchung besonders relevant sind das in Art. 194 Abs. 2 SRÜ festgesetzte Verbot grenzüberschreitender Umweltbeeinträchtigungen sowie das in Art. 194 Abs. 4 SRÜ niedergelegte Rücksichtnahmegebot. Diese beiden Bestimmungen stehen in engem Zusammenhang mit den dem internationalen Seerecht zugrundeliegenden allgemeinen Rücksichtnahmegeboten und werden im Zusammenhang mit diesen näher untersucht.[178] Entscheidend für Verlegung und Betrieb von Seepipelines ist auch die in Art. 123 und 197 SRÜ näher beschriebene Zusammenarbeit der Staaten im Bereich des Meeresumweltschutzes auf globaler und regionaler Ebene. Auch diese beiden Normen werden bei der Frage nach einer Pflicht zu einer Kooperation näher erläutert, einem grundlegenden Prinzip des internationalen Seerechts, das in engem Zusammenhang mit dem Rücksichtnahmegebot steht.[179]

1. Begriffsbestimmungen im Bereich des Meeresumweltschutzes

a) Meeresumwelt

Der Begriff Meeresumwelt ist in vielen Bestimmungen des SRÜ genannt, eine Definition dieses Begriffes findet sich jedoch im SRÜ nicht. Aus den *travaux préparatoires* des SRÜ ergibt sich, dass die Meeresumwelt die Wasseroberfläche, den darüber befindlichen Luftraum, die Wassersäule und den Meeresboden jenseits der Hochwasserlinie ein-

---

Entwicklungsländer durch Technologietransfer vor, um die Meeresumwelt zu schützen und zu bewahren und die Meeresverschmutzung zu verhüten, zu verringern und zu überwachen (siehe Art. 202, 203 SRÜ). Siehe allgemein hierzu *C. Glass*, Die gemeinsame, aber differenzierte Verantwortlichkeit, 258 ff. Siehe auch *R. Wolfrum*, The Impact of UNCLOS on the Progressive Development of International Law, (615) 619, 622 ff.; *A. Epiney/M. Scheyli*, Umweltvölkerrecht, 124 f.

[178] Siehe unten S. 239 ff.

[179] Siehe unten S. 261 ff.

schließlich der dazugehörigen Ökosysteme umfassen soll.[180] In jüngerer Zeit wurden in die Definition der Meeresumwelt neben dem Schutz der Natur, insbesondere der Pflanzen- und Tierwelt, auch der Schutz der Landschaft, des Klimas, der Gesundheit und Sicherheit des Menschen und sozialer Zustände einbezogen, z. B. in Art. 1 lit. (vii) EK.[181]

Die moderne Definition der Meeresumwelt reicht also über einen rein anthropozentrischen Begriff hinaus, der die Funktion des Umweltschutzes allein auf den Nutzen für die Menschen ausrichtet. Die Umwelt als solche wird als schutzwürdig erachtet, was insbesondere in Art. 194 Abs. 5 SRÜ zum Ausdruck kommt.[182] Nach dieser Bestimmung gehören zu den von den Staaten zu ergreifenden Maßnahmen im Bereich des Meeresumweltschutzes die erforderlichen Maßnahmen zum Schutz und zur Bewahrung seltener oder empfindlicher Ökosysteme sowie des Lebensraums gefährdeter, bedrohter oder vom Aussterben bedrohter Arten und anderer Formen der Tier- und Pflanzenwelt. Bei der Verlegung unterseeischer Rohrleitungen ist also u. a. auf seltene oder empfindliche Ökosysteme Rücksicht zu nehmen, insbesondere wenn diese von einem der globalen, regionalen oder nationalen marinen Schutzgebiete erfasst werden, sog. „Marine Protected Areas“ (MPAs). In diesen kann das Legen von Rohrleitungen verboten sein.[183]

---

[180] Siehe *M.H. Nordquist* (ed.), UNCLOS Commentary, Vol. IV, 42 f., Para. 192.11(a); *J.C. Friedland*, Der Schutz der biologischen Vielfalt der Tiefseehydrothermalquellen, 81.

[181] Nach Art. 1 lit. (vii) EK bedeutet Auswirkungen „jede Auswirkung einer geplanten Tätigkeit auf die Umwelt, insbesondere auf die *Gesundheit und Sicherheit des Menschen, auf die Pflanzen- und Tierwelt, auf Boden, Luft, Wasser, Klima, Landschaft und geschichtliche Denkmäler oder andere natürliche Bauwerke* oder eine Wechselwirkung zwischen mehreren dieser Faktoren; hierzu zählen außerdem Auswirkungen auf das *kulturelle Erbe oder auf sozioökonomische Bedingungen* infolge von Veränderungen dieser Faktoren.“ (Kursivschreibweise hinzugefügt). Siehe *G. Hafner*, Meeresumwelt, Meeresforschung und Technologietransfer, (347) 362, Rn. 29.

[182] Details *G. Hafner*, Meeresumwelt, Meeresforschung und Technologietransfer, (347) 362 f., Rn. 29 f.

[183] Siehe *G. Janssen*, Einrichtung von Meeresschutzgebieten in der Ostsee, 247. MPAs sind sowohl im internationalen, europäischen wie nationalen Recht vorgesehen, ihr Regelungsgehalt variiert zum Teil erheblich, gerade hinsichtlich der damit einhergehenden Beeinträchtigungen für Meerestätigkeiten, insbesondere für die Schifffahrtsfreiheit. Dies auch nur oberflächlich zu erfassen, würde den Rahmen der Arbeit sprengen. Siehe hierzu *S. Wolf*, Marine Protected Areas, EPIL, Rn. 1 ff. Siehe zu Art. 194 Abs. 5 SRÜ *A. Ballschmidt-Boog*, Küstenöko-

b) Verschmutzung der Meeresumwelt

Mit dem Begriff der Meeresumwelt eng verbunden ist der Begriff Verschmutzung der Meeresumwelt, der ebenfalls sehr weit gefasst ist.[184] Art. 1 Abs. 1 Nr. 4 SRÜ definiert „Verschmutzung der Meeresumwelt" als „unmittelbare oder mittelbare Zuführung von Stoffen oder Energie durch den Menschen in die Meeresumwelt einschließlich der Flussmündungen, aus der sich abträgliche Wirkungen wie eine Schädigung der lebenden Ressourcen sowie der Tier- und Pflanzenwelt des Meeres, eine Gefährdung der menschlichen Gesundheit, eine Behinderung der maritimen Tätigkeiten einschließlich der Fischerei und der sonstigen rechtmäßigen Nutzung des Meeres, eine Beeinträchtigung des Gebrauchswerts des Meerwassers und eine Verringerung der Annehmlichkeiten der Umwelt ergeben oder ergeben können."

Das Legen unterseeischer Rohrleitungen stellt *per se* keine „Verschmutzung der Meeresumwelt" i. S. d. Art. 1 Abs. 1 Nr. 4 SRÜ dar, sondern ist als Wahrnehmung einer Freiheit der Hohen See besonders geschützt.[185] Jedoch können diverse Handlungen, Unterlassungen oder Ereignisse, die im Zusammenhang mit der Verlegung seeverlegter Rohrleitungen stehen, unter den Begriff der Meeresverschmutzung subsumiert werden. Wird eine Rohrleitung beschädigt oder korrodiert diese, so kann das austretende Erdöl u. a. die lebenden marinen Ressourcen bedrohen. Werden bei Waschungen einer Rohrleitung vor deren Inbetriebnahme die Umwelt gefährdende Mittel verwendet, die dann ins Meer geleitet werden, so kann auch dies Meeresflora und -fauna schädigen und die menschliche Gesundheit gefährden.[186]

c) Schaden an der Meeresumwelt

Der Begriff „Schaden an der Meeresumwelt" ist von dem Begriff der Meeresverschmutzung zu trennen, da ihm eine eigenständige Bedeu-

---

systeme der Ostsee, 55 f.; *G. Janssen*, Einrichtung von Meeresschutzgebieten in der Ostsee, 244.

[184] Siehe zur Entwicklung der Definition des Begriffs „marine pollution" *K. Hakapää*, Marine Pollution in International Law, 35 ff.

[185] Auch das Liegenlassen einer stillgelegten Rohrleitung stellt grundsätzlich keine Verschmutzung dar. Siehe *R. Lagoni/A. Proelß*, Festlandsockel und ausschließliche Wirtschaftszone, (161) 217, Rn. 185. Details hierzu unten S. 141 ff.

[186] Siehe Näheres hierzu unten S. 129 ff.

tung zukommt. Der Terminus Schaden ist im SRÜ nicht näher definiert, wird aber an einigen Stellen erwähnt, z. B. in Art. 194 Abs. 2 SRÜ. Danach ergreifen die Staaten alle notwendigen Maßnahmen, damit die ihren Hoheitsbefugnissen oder ihrer Kontrolle unterstehenden Tätigkeiten so durchgeführt werden, dass anderen Staaten und ihrer Umwelt kein Schaden durch Verschmutzung zugefügt wird. Wie sich bereits aus dem Wortlaut des Art. 194 Abs. 2 SRÜ entnehmen lässt, ist der Schaden, den die Staaten und ihre Umwelt erleiden, Folge einer Meeresverschmutzung. Beides, Meeresverschmutzung und daraus resultierende Schäden, gilt es zu vermeiden.

Die Definition des Schadens umfasst – was auch in Art. 194 Abs. 2 SRÜ zum Ausdruck kommt – nach einer neueren Entwicklung nicht nur die „klassischen" Schäden an Leib und Leben oder Eigentum sowie die einklagbaren Kosten angemessener Vorsorge- oder Bekämpfungsmaßnahmen, sondern auch – über den anthropozentrischen Ansatz hinaus – den Schaden an der Umwelt selbst.[187] Die Anerkennung des Schadens an der Umwelt als eigenständiger ökologischer Schaden, den es zu ver-

---

[187] Siehe *G. Hafner*, Meeresumwelt, Meeresforschung und Technologietransfer, (347) 364, Rn. 32 m. w. N. Siehe detailliert zum Begriff des ökologischen Schadens *S. Erichsen*, Der ökologische Schaden im internationalen Umwelthaftungsrecht, 13 ff.; kritische Analyse für das Seerecht *W. Heintschel von Heinegg*, Ökologisierung des Schadensbegriffs, (83) 86 ff.; siehe auch *R. Wolfrum/C. Langenfeld*, Umweltschutz durch internationales Haftungsrecht, 410 ff. Eine präzisere Definition des Terminus Schaden im Bereich der Geltendmachung und Einklagbarkeit von Schadensersatzansprüchen enthalten die „Draft Principles on the Allocation of Loss in the Case of Transboundary Harm Arising out of Hazardous Activities" von 2006: Gemäß Prinzip 2 lit. (a) (iii) dieser Draft Articles umfasst der Begriff Schaden u. a. „loss or damage by impairment of the environment". Prinzip 2 der ILC Draft Principles 2006: „(...) (a) ‚damage' means significant damage caused to persons, property or the environment; and includes: (i) loss of life or personal injury; (ii) loss of, or damage to, property, including property which forms part of the cultural heritage; (iii) loss or damage by impairment of the environment; (iv) the costs of reasonable measures of reinstatement of the property, or environment, including natural resources; (v) the costs of reasonable response measures; (...)." Abrufbar unter: http://untreaty.un.org/ilc/texts/instruments/english/draft%20articles/9_10_2006.pdf. Der Kommentar zu den Draft Principles von 2006 spezifiziert wie folgt: „Impairment includes injury to, modification, alteration, deterioration, destruction or loss. This entails diminution of quality, value or excellence in injurious fashion (...)." Siehe Principle 2 Commentary 13, 129, abrufbar unter: http://untreaty.un.org/ilc/texts/instruments/english/commentaries/9_10_2006.pdf (Stand Juli 2010).

meiden gilt, stellt eine bemerkenswerte Entwicklung im Bereich des Umweltschutzes dar. Hinsichtlich der Geltendmachung und Einklagbarkeit von Schadensersatzansprüchen wird diese Entwicklung besonders deutlich: Mittlerweile ist eine Tendenz erkennbar, den Schaden an der Umwelt als solchen als ersatzfähigen Schaden anzuerkennen – und nicht mehr nur Eigentumsschäden oder die Kosten von Vorsorge- und Bekämpfungsmaßnahmen.[188]

d) Auswirkungen und Umweltbeeinträchtigungen

Der Terminus „Auswirkungen", der u. a. in Art. 204 Abs. 2 SRÜ zu finden ist, ist im SRÜ ebenfalls nicht definiert. Eine Definition findet sich allerdings in Art. 1 lit. (vii) EK, nach dem der Begriff der „Auswirkungen" jede Auswirkung einer geplanten Tätigkeit auf die Umwelt, insbesondere auf die Gesundheit und Sicherheit des Menschen, auf die Pflanzen- und Tierwelt, auf Wasser und Klima mit einschließt. Nach Art. 204 Abs. 2 SRÜ sind die Staaten verpflichtet, ständig die Auswirkungen aller Tätigkeiten, die sie genehmigen oder selbst durchführen, zu überwachen, um festzustellen, ob diese Tätigkeiten die Meeresumwelt verschmutzen können. Der Begriff der Auswirkungen wird also insbesondere in Bezug gesetzt zu einer Verschmutzung der Meeresumwelt bzw. zu nachteiligen Auswirkungen auf die Umwelt. Ein mit den Begriffen der Umweltverschmutzung und der Auswirkungen zusammenhängender Terminus ist der der (erheblichen grenzüberschreitenden) Umweltbeeinträchtigungen.[189]

2. Das SRÜ als Rahmenkonvention

Die Vorschriften des SRÜ sind in vielen Bereichen Rahmenbestimmungen, die allgemeine Pflichten, z. B. eine allgemeine Kooperationspflicht

---

[188] Der „klassische" Ansatz ist u. a. im „Liability Annex" des Antarktisvertrages (Annex VI to the Protocol on Environmental Protection to the Antarctic Treaty, Liability Arising from Environmental Emergencies, see Final Report of the Twenty-Eight Antarctic Treaty Consultative Meeting, Antarctic Treaty Secretariat (ed.), Stockholm, 6. – 17. Juni 2005, 63; abrufbar unter: http://www.ats.aq/documents/recatt/Att249_e.pdf) niedergelegt (Stand Juli 2010). Siehe hierzu *S. Addison-Agyei*, The Liability Annex, (313) 314; *S. Vöneky*, The Liability Annex, (165) 185; *R. Wofrum/S. Wolf*, The Antarctic Liability Regime, (161) 183.

[189] Dieser wird unten näher erläutert, siehe S. 239 ff.

oder ein generelles Rücksichtnahmegebot, vorgeben, die dann in anderen völkerrechtlichen Übereinkommen konkretisiert werden. Dies zeigt sich besonders deutlich im Bereich des Meeresumweltschutzes: Teil XII SRÜ über „Schutz und Bewahrung der Meeresumwelt", der mit seinen über 40 Artikeln einer der umfassendsten Teile des SRÜ ist, enthält v. a. Rahmenvorschriften, die allgemein formuliert sind und konkretisierungs- und implementierungsbedürftig sind. Teil XII SRÜ schafft als „umbrella treaty" im Bereich des Meeresumweltschutzes den Rahmen, der in anderen völkerrechtlichen Konventionen regionalen und globalen Ausmaßes[190] konkretisiert wird.[191] Zu Recht wird Teil XII SRÜ deshalb auch als „Herzstück" des globalen marinen Umweltschutzes bezeichnet.[192]

Ein weiteres wichtiges Wesensmerkmal des SRÜ ist es, dass es im Bereich des marinen Umweltschutzes den Staaten zwar Regelungs- und Durchsetzungskompetenzen hinsichtlich der einzelnen Verschmut-

---

[190] Das Verhältnis der Verpflichtungen, die sich aus anderen Übereinkünften über den Schutz und die Bewahrung der Meeresumwelt ergeben, regelt Art. 237 SRÜ, der insofern spezieller ist als Art. 311 SRÜ, welcher allgemein das Verhältnis zu anderen internationalen Abkommen betrifft. Gemäß Art. 237 Abs. 1 SRÜ berührt Teil XII weder die bestimmten Verpflichtungen, die Staaten aufgrund früher geschlossener besonderer Übereinkommen und Abkommen über den Schutz und die Bewahrung der Meeresumwelt übernommen haben, noch Übereinkünfte, die zur Ausgestaltung der im SRÜ enthaltenen allgemeinen Grundsätze geschlossen werden können. Art. 237 Abs. 2 SRÜ bestimmt, dass die von den Staaten aufgrund besonderer Übereinkünfte übernommenen bestimmten Verpflichtungen hinsichtlich des Schutzes und der Bewahrung der Meeresumwelt in einer Weise erfüllt werden sollen, die mit den allgemeinen Grundsätzen und Zielen des SRÜ vereinbar sind. Siehe auch *A. E. Boyle*, Further Developments in the Law of the Sea Convention: Mechanisms for Change, (563) 575; *ders.*, The Environmental Jurisprudence of ITLOS, (369) 380 f., zur Rechtsprechung des ISGH zum Verhältnis zwischen SRÜ und regionalen Verträgen.

[191] UN Doc. A/44/461, Law of the Sea, Protection and Preservation of the Marine Environment, Report of the Secretary General, 18. September 1989, 5, para. 7: „(...) Part XII is expressly designed to operate as an ‚umbrella' for further global, regional and national actions." *A. Proelß*, Meeresschutz, 26 m. w. N., und *A. Platzöder/W. Graf Vitzthum*, Zur Neuordnung des Meeresvölkerrechts, 134, sprechen vom SRÜ als einem „master-" oder „umbrella treaty". Siehe auch *E. Franckx*, Regional Marine Environment Protection Regimes, (307) 311, 315; *A. E. Boyle*, Further Developments in the Law of the Sea Convention: Mechanisms for Change, (563) 564.

[192] *W. Graf Vitzthum*, Raum und Umwelt im Völkerrecht, 474, Rn. 144.

zungsursachen zuweist und sie dabei an internationale Regeln und Standards bindet.[193] Das SRÜ enthält allerdings kein materielles Umweltschutzrecht, sondern beschränkt sich auf eine Kompetenzverteilung zum Erlass von solchem materiellen Umweltschutzrecht.[194]

Dieses Fehlen von materiellem Umweltschutzrecht wird für Seepipelines in Art. 79 Abs. 2 SRÜ deutlich, der zwar dem Küstenstaat für den Festlandsockel das Recht zugesteht, angemessene Maßnahmen zur Verhütung, Verringerung und Überwachung der Verschmutzung durch Rohrleitungen zu treffen. Welche Maßnahmen dieses Recht umfasst, konkretisiert der genannte Artikel nicht. Er bestimmt auch nicht, welcher Maßstab an die Angemessenheit anzulegen ist. Hier verbleibt ein weiter Gestaltungsspielraum, der durch Interpretation und mit Hilfe anderer völkerrechtlicher Übereinkommen zu füllen ist.

3. Ganzheitlicher und zonenübergreifender Ansatz des SRÜ

Teil XII SRÜ liegt ein ganzheitlicher Ansatz zugrunde, der jede Verschmutzungsursache erfasst, um einen möglichst umfassenden Schutz der marinen Umwelt zu gewährleisten. Grundlage und Ausgangspunkt des marinen Umweltschutzes ist die allgemeine und umfassende Verpflichtung des Art. 192 SRÜ, nach der die Staaten verpflichtet sind, die Meeresumwelt zu schützen und zu bewahren.[195] Diese auch gewohnheitsrechtlich geltende Grundverpflichtung bezweckt den Schutz der Meere an sich, z. T. wird ihr auch *erga omnes*-Qualität zuerkannt.[196]

---

[193] Siehe *R. Wolfrum*, Die Internationalisierung staatsfreier Räume, 635.

[194] *R. Wolfrum*, Die Internationalisierung staatsfreier Räume, 635, 650. Trotz dieses Verzichts auf Regelungen im materiellen Sinne wird deutlich, dass die Dritte Seerechtskonferenz die Notwendigkeit eines globalen, von der gesamten Staatengemeinschaft getragenen, marinen Umweltschutzes erkannt hat. Siehe auch *A. Ballschmidt-Boog*, Küstenökosysteme der Ostsee, 54; *U. Beyerlin*, Umweltvölkerrecht, 110, Rn. 223. Kritischer *R. Platzöder*, Völkerrechtliche und politische Auswirkungen der Dritten Seerechtskonferenz der Vereinten Nationen auf Nord- und Ostsee, 111: „Zum eigentlichen Schutz der marinen Umwelt hat die Dritte Seerechtskonferenz der Vereinten Nationen keinen wesentlichen Beitrag geleistet."

[195] Trotz ihrer Unbestimmtheit enthält die Norm nicht nur eine politische, sondern eine rechtliche Verpflichtung. Siehe *A. Proelß*, Meeresschutz, 77.

[196] Siehe *W. Graf Vitzthum*, Raum und Umwelt im Völkerrecht, 437, Rn. 142; zustimmend, wenn auch kritischer, *A. Proelß*, Meeresschutz, 32 ff. m. w. N.

Die Bestimmung gründet auf der Überlegung, dass der Schutz der marinen Umwelt ein gemeinsamer Belang („common concern“) der Staatengemeinschaft ist und den Interessen heutiger und zukünftiger Generationen dient.

An Art. 192 SRÜ anknüpfend bestimmt der ebenfalls allgemein und umfassend formulierte Art. 194 Abs. 1 SRÜ, dass die Staaten, „je nach den Umständen einzeln oder gemeinsam, alle mit diesem Übereinkommen übereinstimmenden Maßnahmen [ergreifen], die notwendig sind, um die Verschmutzung der Meeresumwelt ungeachtet ihrer Ursache zu verhüten, zu verringern und zu überwachen; sie setzen zu diesem Zweck die geeignetsten ihnen zur Verfügung stehenden Mittel entsprechend ihrer Möglichkeiten ein und bemühen sich, ihre diesbezügliche Politik aufeinander abzustimmen.“ Art. 194 Abs. 1 SRÜ ist damit insbesondere Ausdruck des Verhütungsprinzips („marine pollution prevention“), das darauf abzielt, marine Verschmutzungen möglichst zu vermeiden.[197]

Aufgrund seines ganzheitlichen Ansatzes umfasst Art. 194 Abs. 1 SRÜ auch Verschmutzungen, die durch unterseeische Rohrleitungen verursacht werden. Die Staaten müssen demnach alle notwendigen Maßnahmen ergreifen, um eine Verschmutzung der Meeresumwelt durch Rohrleitungen zu verhüten, zu verringern und zu überwachen. Diese Maßnahmen müssen jedoch in Einklang mit dem SRÜ stehen, d. h. die Staaten dürfen beispielsweise nicht gegen die zonale Ordnung des SRÜ verstoßen, insbesondere nicht die Rechte des Küstenstaates in seinem Küstenmeer untergraben.

Bereits in Art. 194 Abs. 1 SRÜ ist eine Kooperation der Staaten im Bereich des Meeresumweltschutzes angelegt, da die Staaten, je nach den Umständen, einzeln oder gemeinsam handeln. Für Rohrleitungen ist eine solche Kooperation besonders wichtig, da Pipelines meist in verschiedenen Meereszonen verlegt werden und damit eine Kooperation der betroffenen Staaten unerlässlich ist. Hinsichtlich der Koordinierung und Kooperation enthält der zweite Halbsatz des Art. 194 Abs. 1 SRÜ jedoch lediglich eine Bemühenspflicht („bemühen sich, ihre diesbezügliche Politik aufeinander abzustimmen“) und ist damit schwächer for-

---

[197] Siehe hierzu *D.M. Dzidzornu*, Four Principles in Marine Environment Protection, (91) 97 f. Auch das Vorsorgeprinzip hat seinen Niederschlag in Art. 194 SRÜ gefunden, siehe *R. Wolfrum*, Die Entwicklung des Seerechts zum Recht der marinen Umwelt, (69) 72.

muliert als andere im SRÜ enthaltene Kooperationspflichten, wie z. B. Art. 197 SRÜ.[198]

Dieser zweite Halbsatz des Art. 194 Abs. 1 SRÜ enthält auch noch eine weitere wichtige Einschränkung: Die Staaten setzen zum Zwecke des Umweltschutzes die geeignetsten ihnen zur Verfügung stehenden Mittel entsprechend ihren Möglichkeiten ein. Dies bedeutet, dass die Staaten zwar geeignete Mittel einsetzen müssen, um eine Verschmutzung der Meeresumwelt durch Rohrleitungen zu verhüten, zu verringern und zu überwachen. Diese Verpflichtung reicht jedoch nur so weit, als ihnen die Mittel zur Verfügung stehen und ihren Möglichkeiten entsprechen. Diese die Verpflichtung der Staaten abschwächende Formulierung kann jedoch in der Regel nicht dazu führen, dass sich Staaten beispielsweise auf fehlende Finanzmittel berufen können, um Maßnahmen zur Vermeidung einer Beschädigung der Rohrleitungen und damit einhergehenden Verschmutzungen (wie Trassenuntersuchungen) nicht oder nur oberflächlich durchführen zu müssen.

Des Weiteren ist Teil XII SRÜ zonenübergeifend. Dies bedeutet zum einen, dass viele Bestimmungen an „die Staaten“ allgemein gerichtet sind, also nicht nach Küsten-, Flaggen- oder Hafenstaaten differenzieren. Zum anderen unterscheiden die meisten Vorschriften im Bereich des Meeresumweltschutzes auch nicht nach bestimmten Meereszonen.[199] Die Grundnormen des SRÜ im Bereich des Meeresumweltschutzes erfassen demnach grundsätzlich alle Arten und in allen Zonen verlegte unterseeische Rohrleitungen, auch wenn sich je nach Art oder Lage der Rohrleitung Besonderheiten ergeben können.

4. Quellenbezogener Ansatz des SRÜ

In Art. 194 Abs. 3 SRÜ wird zunächst der ganzheitliche Ansatz des SRÜ betont, in den vier Unterabsätzen lit. (a) bis (d) werden daran anknüpfend verschiedene Verschmutzungsarten aufgezählt. Dies verdeutlicht den sog. quellenbezogenen Ansatz des SRÜ: Entsprechend der anthropogenen Quellen der Bedrohung der Meeresumwelt wird die

---

[198] Details hierzu siehe unten S. 261 ff.

[199] Andere SRÜ-Artikel wiederum enthalten ein Stufensystem in dem Sinne, dass sie zunächst alle Staaten adressieren (siehe Art. 211 Abs. 1 SRÜ in Bezug auf die Verschmutzung durch Schiffe), um dann die Pflichten für Flaggen- (Abs. 2), Hafen- (Abs. 3), und Küstenstaaten (Abs. 4 für das Küstenmeer, Abs. 5, 6 für die AWZ) weiter zu spezifizieren.

Meeresverschmutzung nach ihrer Herkunft eingeteilt. Teil XII SRÜ enthält in den Art. 207 ff. SRÜ detaillierte Regelungen für sechs bestimmte Verschmutzungsursachen, in denen den Staaten Regelungs- und Durchsetzungsbefugnisse nach dem SRÜ zukommen:[200] Verschmutzungen vom Land aus (Art. 207, 213 SRÜ), die zwei Drittel der Gesamtverschmutzung der Weltmeere ausmachen; Verschmutzungen durch Meeresbodenaktivitäten im Bereich nationaler Jurisdiktion (Art. 208, 214 SRÜ); Verschmutzungen durch Tätigkeiten im sog. Gebiet (Art. 209, 215 SRÜ); Verschmutzungen durch das Einbringen von Abfällen und anderen gefährlichen Stoffen (Art. 210, 216 SRÜ); durch Schiffe verursachte Verschmutzungen, die ca. 12 % der Gesamtverschmutzung ausmachen und die durch den gewöhnlichen Betrieb eines Schiffes (insbesondere Abwässer) oder als Folge von Schiffsunglücken auftreten können (Art. 211, 217-221 SRÜ); sowie eine Verschmutzung aus der Luft oder durch die Luft (Art. 212, 222 SRÜ). Dieser quellenbezogene Ansatz, dem auch die meisten internationalen Konventionen im Bereich des Meeresumweltschutzes folgen, führt zwar zu einer Zersplitterung des Meeresschutzregimes, ist allerdings infolge der hohen Spezialität und Technizität der entsprechenden Regelungen auch kaum vermeidbar.[201]

In den Art. 207 ff. SRÜ sind nicht alle möglichen Verschmutzungsursachen explizit genannt. So fehlen z. B. Bestimmungen, die ausdrücklich Verschmutzungen durch Rohrleitungen betreffen. Eine Ausnahme ist Art. 207 SRÜ, der Rohrleitungen für den bestimmten Fall der Verschmutzung von Land aus erwähnt, in seinem Anwendungsbereich jedoch beschränkt ist.[202] In Art. 24 HSÜ[203], mit Art. 25 HSÜ[204] die Vor-

---

200 So auch *R. Wolfrum*, Der Umweltschutz auf Hoher See, (201) 201; *A. Verdross/B. Simma*, Universelles Völkerrecht, 733 f., § 1134. Es werden nicht immer diese sechs verschiedenen Verschmutzungsquellen unterschieden. Manche gehen von drei Verschmutzungsarten aus: Verschmutzungen durch Schiffe; Meeresbodenaktivitäten; von Land und durch die Luft verursachte Verschmutzungen. Siehe *P. Vincent*, Droit de la Mer, 174 f.

201 Siehe *A. Proelß*, Meeresschutz, 125; kritisch *R. Wolfrum*, Die Internationalisierung staatsfreier Räume, 635.

202 Siehe Details zu Art. 207 SRÜ unten S. 131 ff.

203 Art. 24 HSÜ: „Jeder Staat hat, unter Berücksichtigung bestehender vertraglicher Bestimmungen, Vorschriften zu erlassen, um die Verschmutzung der Meere infolge des Ablassens von Öl aus Schiffen oder Rohrleitungen oder infolge der Ausbeutung und Erforschung des Meeresgrundes und Meeresuntergrundes zu verhüten." Da die zu erlassenden Vorschriften in Art. 24 HSÜ nicht

gängervorschrift des Teil XII SRÜ in den Genfer Übereinkommen, war die Verschmutzung der Meere infolge des Ablassens von Öl aus Rohrleitungen noch ausdrücklich als Verschmutzungsursache genannt. Unter Ablassen von Öl aus Rohrleitungen („discharge of oil from (...) pipelines") i. S. d. Art. 24 HSÜ dürfte nur vorsätzliches Handeln fallen, da der Begriff Ablassen auf ein bewusstes Handeln hindeutet.[205] Art. 24 HSÜ erfasst also ein unbeabsichtigtes Austreten von Öl aus Rohrleitungen infolge von Korrosion oder einer Beschädigung nicht.[206]

Diese Beschränkung des Art. 24 HSÜ auf eine vorsätzlich herbeigeführte Verschmutzung durch Rohrleitungen und das Fehlen einer Bestimmung im SRÜ, die sich auf Seerohrleitungen bezieht, führen jedoch nicht dazu, dass von Rohrleitungen verursachte Verschmutzungen nicht vom SRÜ erfasst werden. In Anbetracht des ganzheitlichen Ansatzes des SRÜ im Bereich des Meeresumweltschutzes steht außer Frage, dass die Meeresumwelt auch vor einer von Rohrleitungen ausgehenden Verschmutzung geschützt werden soll.

5. Zusammenfassung

Aufgrund des ganzheitlichen Ansatzes, den das SRÜ unter umweltrechtlichen Gesichtspunkten verfolgt, und der Etablierung allgemeiner Prinzipien des Umweltvölkerrechts wird das SRÜ zu Recht auch als

---

näher beschrieben werden, wird dieser Artikel als zu vage bezeichnet. Siehe *W. Wiese*, Seeverlegte Rohrleitungen im Völkerrecht, 349; siehe auch *J. Crowley*, The Ekofisk-Emden Gas Pipeline, (39) 43; *M. Roelandt*, La condition juridique des pipelines, 180; *A. E. Boyle*, Marine Pollution under the Law of the Sea Convention, (347) 351.

[204] Art. 25 HSÜ betrifft die Verhütung einer Verseuchung des Meeres durch die Versenkung radioaktiver Abfälle. Art. 24 und 25 HSÜ richten sich an die Staaten allgemein und beschränken sich in ihrem Wortlaut nicht auf die Hohe See. Deshalb können sie auch in den küstenstaatlichen Meereszonen die Staaten zu Maßnahmen verpflichten.

[205] So auch *W. Wiese*, Seeverlegte Rohrleitungen im Völkerrecht, 350.

[206] Aus Art. 24 HSÜ lässt sich zudem kein striktes Verbot des Ablassens von Öl auf Hoher See ableiten. Es handelt sich bei dieser Vorschrift vielmehr um eine Konkretisierung des in Art. 2 HSÜ enthaltenen Rücksichtnahmegebots. *D. König*, Durchsetzung internationaler Bestands- und Umweltschutzvorschriften auf Hoher See, 60; siehe auch *R. Wolfrum*, Die Internationalisierung staatsfreier Räume, 245.

„große Umweltkonvention" bezeichnet.[207] Teil XII SRÜ ist auch deshalb so bedeutend, da die Bedrohung der Meeresumwelt durch von Menschen verursachte Verschmutzungen – gemessen an der generellen Entwicklung menschlicher Aktivitäten zur See – erst relativ spät in das allgemeine Bewusstsein gerückt ist, stand doch Jahrhunderte lang die von *Hugo Grotius* geprägte Annahme von der Unermesslichkeit des Meeres und der Unerschöpflichkeit seiner Ressourcen im Vordergrund.[208]

Der ganzheitliche und zonenübergreifende Ansatz des SRÜ ist von großer Bedeutung, da infolge technischer Innovationen oder des Klimawandels neue Meeresnutzungen hinzukommen oder sich neue Gebiete (wie der Tiefseeboden oder die Polarmeere) für Meerestätigkeiten öffnen können, die zur Zeit der Annahme des SRÜ noch nicht ausgeübt wurden bzw. die einer Nutzung noch nicht offen standen. Hieraus können sich neue und kumulative Gefährdungen für die Meeresumwelt ergeben, die nicht von den „klassischen" Verschmutzungsursachen erfasst werden. Dies gilt gerade für untermeerische Rohrleitungen, deren Bedeutung, Anzahl und Verschmutzungspotential in den 1970/80er Jahren noch nicht in Gänze erfasst werden konnte. Deshalb ist es besonders wichtig, dass sich das SRÜ mit Hilfe des ganzheitlichen Ansatzes neuen Verschmutzungsgefahren anpassen und das internationale Seerecht angemessen auf diese reagieren kann.

Dieser ganzheitliche und zonenübergreifende Ansatz des SRÜ führt dazu, dass Rohrleitungen von den allgemeinen Rechten und Pflichten erfasst werden, obwohl sie nicht als eine gesonderte Verschmutzungsursache in Art. 207 ff. SRÜ genannt sind. Art. 24 HSÜ, der die Staaten explizit dazu auffordert, eine vorsätzliche Verschmutzung durch Rohrleitungen zu verhüten, kann nicht als Argument angeführt werden, dass im internationalen Seerecht nur vorsätzliche Verschmutzungen durch Rohrleitungen erfasst und geregelt werden. Von den Bestimmungen des SRÜ im Bereich des Meeresumweltschutzes werden auch Verschmutzungen erfasst, die unbeabsichtigt bzw. aufgrund von Fahrlässigkeit auftreten, z. B. bei der Korrosion einer Rohrleitung.

---

[207] Siehe *A. Proelß*, Meeresschutz, 74 f. Siehe auch *J. Stevenson/B. Oxman*, The Future of UNCLOS, (488) 496: „The Convention is the strongest comprehensive environmental treaty now in existence or likely to emerge for quite some time."

[208] Siehe *G. Hafner*, Meeresumwelt, Meeresforschung und Technologietransfer, (347) 355, Rn. 1.

Kapitel 2: Rechte und Pflichten in Bezug auf unterseeische Rohrleitungen und Meeresumweltschutz jenseits nationaler Hoheitsbefugnisse: Verlegende Staaten und Internationale Meeresbodenbehörde (IMB)

I. Rechtsstellung und Hoheitsbefugnisse bezüglich unterseeischer Rohrleitungen

1. Rechtsstellung und Staatszugehörigkeit unterseeischer Rohrleitungen: Staaten als Adressaten und Träger der Verlegefreiheit

Anknüpfungspunkt für Rechtsnatur und Rechtsstellung einer unterseeischen Rohrleitung sind zunächst die Eigentumsverhältnisse.[209] Rohrleitungen sind Sachen im Eigentum von Privatrechtssubjekten oder Staaten, die sie auf dem Meeresboden verlegt haben. Andere Staaten haben das Eigentum an den Rohrleitungen zu respektieren, sie dürfen z. B. fremde Rohrleitungen grundsätzlich nicht entfernen.[210]

Der Eigentümer einer Seepipeline, für die *Nord Stream-Pipeline* das Konsortium *Nord Stream AG*[211], kann andere mit den Mitteln des Zivilrechts von jeder Einwirkung auf seine Rohrleitung ausschließen. So erfolgen beispielsweise Vereinbarungen über Kreuzungen von seeverlegten Rohrleitungen und/oder Kabeln durch privatrechtlichen Vertrag zwischen den jeweiligen Eigentümern.

Anknüpfend an die Eigentumsverhältnisse stellt sich die Frage, wer hinsichtlich der Verlegung unterseeischer Rohrleitungen Adressat völkerrechtlicher Rechte und Pflichten ist, wie das SRÜ die Staatszugehörigkeit seeverlegter Rohrleitungen regelt und welchen Unterschied es

---

[209] Zu den nachfolgenden Ausführungen siehe insbesondere *R. Lagoni/A. Proelß*, Festlandsockel und ausschließliche Wirtschaftszone, (161) 204, Rn. 126. Nach Ansicht von *J. Soubeyrol*, La condition juridique des pipe-lines en droit international, (157) 162, hingegen wird die Rechtsnatur der Rohrleitungen weniger durch den Begriff des Eigentums bestimmt bzw. charakterisiert, als vielmehr durch deren Rolle und Funktion. Siehe auch *IEA*, Natural Gas Transportation, 73 ff., zur Eigentümerschaft bei Pipelines und dem Verhältnis zwischen Verkäufer und Käufer des transportierten Produkts.

[210] Siehe *G. Dahm/J. Delbrück/R. Wolfrum*, Völkerrecht, Band I/2, 386, § 122.

[211] Ursprünglicher Name war *North European Gas Pipeline Company*, Informationen siehe unter: http://www.nord-stream.com/de.html (Stand Juli 2010).

macht, ob der Staat selbst oder juristische Personen des Privatrechts eine unterseeische Rohrleitung verlegen?

Die Bestimmungen über die Freiheiten der Hohen See richten sich direkt an die Staaten. So steht nach Art. 87 Abs. 1 SRÜ die Hohe See den Staaten offen. Gemäß Art. 112 Abs. 1 SRÜ hat jeder Staat das Recht, auf dem Boden der Hohen See jenseits des Festlandsockels unterseeische Kabel und Rohrleitungen zu verlegen. Der Staat ist als Völkerrechtssubjekt also Anknüpfungspunkt für die völkerrechtlichen Rechte und Pflichten und die Freiheiten der Hohen See.

In der Regel werden Pipelines aber von juristischen Personen des Privatrechts verlegt, wie im Beispiel der *Nord Stream-Pipeline* von dem Konsortium *Nord Stream AG*. Nach dem eindeutigen Wortlaut der Art. 79 Abs. 1, 87 Abs. 1 und 112 Abs. 1 SRÜ stehen die Freiheiten der Hohen See, auch die Verlegefreiheit, juristischen Personen des Privatrechts nicht offen.[212] Eine in dieser Hinsicht genauere Formulierung findet sich in Art. 116 Abs. 1 SRÜ: „Jeder Staat hat das Recht, dass seine Angehörigen Fischerei auf Hoher See ausüben können (…).“ Im Seerecht übernimmt der Staat als Völkerrechtssubjekt eine Art „Mittlerfunktion“, d. h. an ihn richten sich die Freiheiten der Hohen See und die diesbezüglichen Rechte und Pflichten, die er dann in innerstaatliches Recht umsetzt.[213] Da Privatpersonen oder -gesellschaften grundsätzlich keine Adressaten seerechtlicher Rechte und Pflichten sind, sind sie im Verhältnis zu anderen Staaten auf den Schutz ihres Heimatstaates angewiesen, der für sie als seiner Hoheitsgewalt unterstehende Personen das Recht zur Verlegung geltend machen kann.[214]

Das SRÜ enthält keine Bestimmung, in der die Staatszugehörigkeit für unterseeische Rohrleitungen und Kabel geregelt ist. Für Schiffe be-

---

[212] Siehe *W. Wiese*, Seeverlegte Rohrleitungen im Völkerrecht, 210; so auch *R. Lagoni*, Legal Aspects of Submarine HVDC Cables, 13, mit der Begründung, die Vorschriften seien nicht „self-executing“. A. A. *M.H. Nordquist* (ed.), UNCLOS Commentary, Vol. III, 264, Para. 112.8(b): „The term therefore refers to the right of States or their nationals to lay cables and pipelines.“ Auch während der Beratungen der ILC wurde angeführt, dass es eine rein redaktionelle Frage sei, ob sich die Vorschriften direkt an Individuen wenden oder als Pflichten der Staaten formuliert werden sollten. Siehe *W. Wiese*, Seeverlegte Rohrleitungen im Völkerrecht, 136 f.

[213] Bei einer Nicht-Umsetzung der völkerrechtlichen Pflichten in nationales Recht kommt der Grundsatz der Staatenverantwortlichkeit zum Tragen.

[214] Siehe *W. Wiese*, Seeverlegte Rohrleitungen im Völkerrecht, 210; siehe auch *J. Crowley*, The Ekofisk-Emden Gas Pipeline, (39) 41.

stimmt Art. 91 Abs. 1 SRÜ, dass diese die Staatszugehörigkeit des Staates besitzen, dessen Flagge zu führen sie berechtigt sind, dem sog. Flaggenstaat.[215] Aus Art. 92 SRÜ ergibt sich die Besonderheit, dass Schiffe nur unter der Flagge eines einzigen Staats fahren dürfen. Für den Fall, dass ein Schiff unter den Flaggen von zwei oder mehreren Staaten fährt und von diesen beliebig Gebrauch macht, kann es einem Schiff ohne Staatszugehörigkeit gleichgestellt werden.[216]

Diese Bestimmung zeigt, dass seeverlegte Rohrleitungen nicht unbedingt Schiffen gleichgestellt werden können: Das Verbot, „unter mehr als einer Flagge zu fahren“, passt bei Rohrleitungen nicht, da zwei oder mehr Staaten verlegende Staaten sein können, insbesondere wenn die Rohrleitung im Eigentum von mehreren Unternehmen steht, die in verschiedenen Staaten registriert sind. Zudem ergibt sich für Rohrleitungen die Besonderheit, dass diese stationär auf dem Meeresboden verlegt werden. Auch passt die Problematik eines Flaggenwechsels auf seeverlegte Rohrleitungen nicht.

Trotz dieser Unterschiede kann der Grundgedanke des Art. 91 Abs. 1 SRÜ auf unterseeische Rohrleitungen übertragen werden. Dies bedeutet, dass Seerohrleitungen dem Recht des Staates unterliegen, unter dessen Personalhoheit das verlegende Unternehmen bzw. der Eigentümer oder Betreiber der Rohrleitung infolge einer Eintragung oder Registrie-

---

[215] Art. 91 Abs. 1 SRÜ: „Jeder Staat legt die Bedingungen fest, zu denen er Schiffen seine Staatszugehörigkeit gewährt, sie in seinem Hoheitsgebiet in das Schiffsregister einträgt und ihnen das Recht einräumt, seine Flagge zu führen. Schiffe besitzen die Staatszugehörigkeit des Staates, dessen Flagge zu führen sie berechtigt sind. Zwischen dem Staat und dem Schiff muss eine echt Verbindung bestehen.“ Siehe allgemein zu diesem sog. „genuine link“ und zum sog. „balance of interest approach“ zur Begründung von Jurisdiktion *M.M. Roggenkamp*, Petroleum Pipelines in the North Sea, (92) 98 f. Siehe auch *M. Gavouneli*, Functional Jurisdiction in the Law of the Sea, 13 ff., 34 ff. zur Jurisdiktion des Flaggenstaates.

[216] Art. 92 SRÜ: „(1) Schiffe fahren unter der Flagge eines einzigen Staates und unterstehen auf Hoher See seiner ausschließlichen Hoheitsgewalt, mit Ausnahme der besonderen Fälle, die ausdrücklich in internationalen Verträgen oder in diesem Übereinkommen vorgesehen sind. Ein Schiff darf seine Flagge während einer Fahrt oder in einem angelaufenen Hafen nicht wechseln, außer im Fall eines tatsächlichen Eigentumsübergangs oder eines Wechsels des Registers. (2) Ein Schiff, das unter den Flaggen von zwei oder mehr Staaten fährt, von denen es nach Belieben Gebrauch macht, kann keine dieser Staatszugehörigkeiten gegenüber dritten Staaten geltend machen; es kann einem Schiff ohne Staatszugehörigkeit gleichgestellt werden.“

rung oder aufgrund seines Geschäftssitzes steht.[217] Auf Rohrleitungen, die auf dem Boden der Hohen See verlegt werden, ist demnach das Recht des Staates anzuwenden, dem der Eigentümer oder Betreiber der Rohrleitung unterliegt.[218] Diesen Staat bezeichnet man als verlegenden Staat. Für Seerohrleitungen und -kabel ergibt sich diese Schlussfolgerung auch aus Art. 114 SRÜ. In dieser Bestimmung wird der Staat zum Erlass von entsprechenden Schadensersatzvorschriften verpflichtet, dessen Gerichtsbarkeit die Personen unterstehen, die Eigentümer eines unterseeischen Kabels oder einer unterseeischen Rohrleitung auf Hoher See sind und die beim Legen oder bei der Reparatur einer unterseeischen Rohrleitung oder eines Kabels ein anderes Kabel oder eine andere Rohrleitung beschädigen oder unterbrechen.[219]

Dabei werden die Staatszugehörigkeit juristischer Personen des Privatrechts und das Verhältnis zwischen verlegendem Staat als Träger der Verlegefreiheit und Unternehmen, das die Rohrleitung tatsächlich verlegt, nach innerstaatlichem Recht bestimmt.[220] Verlegung, Betrieb und Unterhaltung von Seerohrleitungen durch Privatpersonen erfolgt auf der Grundlage und in Übereinstimmung mit diesem nationalen Recht.[221] Hierbei ist nach der überwiegenden Auffassung der tatsächli-

---

[217] Siehe *R. Lagoni*, Legal Aspects of Submarine HVDC Cables, 13; *M.M. Roggenkamp*, Petroleum Pipelines in the North Sea, (92) 97 f. zum Nationalitätsprinzip. Siehe zu den unterschiedlichen Theorien und möglichen Jurisdiktionskonflikten *B.H. Oxman*, Jurisdiction of States, EPIL, Rn. 20, 50 ff. Siehe auch Art. 109 Abs. 3 lit. (b) SRÜ: „Wer nicht genehmigte Rundfunksendungen betreibt, kann gerichtlich verfolgt werden (…) (b) vom Staat, in dem die Anlage *eingetragen* ist; (…).“ (Hervorhebung hinzugefügt). Siehe hierzu *S. Kaye*, International measures, (377) 387 f., 423, Missverständnis in Bezug auf ein Registrierungs-System für Kabel und Pipelines.

[218] *W. Wiese*, Seeverlegte Rohrleitungen im Völkerrecht, 197 m. w. N.; siehe auch *M. Roelandt*, La condition juridique des pipelines, 166 f.; *M.M. Roggenkamp*, Petroleum Pipelines in the North Sea, (92) 102.

[219] Art. 114 SRÜ: „Jeder Staat erlässt die erforderlichen Gesetze und sonstigen Vorschriften, die vorsehen, dass die seiner Gerichtsbarkeit unterstehenden Personen, die Eigentümer eines unterseeischen Kabels oder einer unterseeischen Rohrleitung auf Hoher See sind und die beim Legen oder bei der Reparatur dieses Kabels oder dieser Rohrleitung die Unterbrechung oder Beschädigung eines anderen Kabels oder einer anderen Rohrleitung verursachen, die dadurch entstandenen Reparaturkosten tragen.“

[220] Vgl. *B.H. Oxman*, Jurisdiction of States, EPIL, Rn. 19.

[221] Siehe für Seekabel *R. Lagoni*, Legal Aspects of Submarine HVDC Cables, 13.

che bzw. effektive Verwaltungssitz des Unternehmens entscheidend (sog. Sitzstaats- bzw. Sitztheorie).[222]

Fungiert die Personalhoheit als Bindeglied zwischen Staat und Unternehmen, schließt sich die Frage an, was passiert, wenn ein Unternehmen an eine ausländische juristische Person des Privatrechts verkauft wird. Grundsätzlich geht die Personalhoheit von dem ursprünglichen Staat auf den Staat über, dessen Recht der neue Eigentümer unterliegt. Werden Teile eines Unternehmens an eine ausländische juristische Person des Privatrechts verkauft, besitzt die Rohrleitung die Staatszugehörigkeit beider Staaten, diese üben dann gemeinsam ihre Hoheitsgewalt aus. Bei Übergang der Personalhoheit bzw. bei gemeinsamer Ausübung der Hoheitsgewalt müssen zwischen den betroffenen Staaten Staatsverträge geschlossen werden, um eine lückenlose Ausübung und Kontrolle der Hoheitsbefugnisse zu garantieren und mögliche Unterschiede im innerstaatlichen Recht anzugleichen.

2. *Hoheitsbefugnisse über Rohrleitungen auf dem Boden der Hohen See*

Das SRÜ enthält auch keine dem Art. 92 Abs. 1 SRÜ entsprechende Regelung einer ausschließlichen Hoheitsgewalt über unterseeische Rohrleitungen für die Hohe See.[223] Für Rohrleitungen im Bereich der

[222] Die Sitzstaats- bzw. Sitztheorie wird im kontinentaleuropäischen Raum und auch vom BGH vertreten. Als Sitz gilt der Ort, an dem die grundlegenden Entscheidungen der Unternehmensleitung über die laufenden Geschäftsführungsakte getroffen werden (siehe BGHZ 1997, (269) 272 m. w. N.). *M.M. Roggenkamp*, Petroleum Pipelines in the North Sea, (92) 101 zur norwegischen Rechtslage. Nach der insbesondere im angelsächsischen Raum vertretenen Gründungstheorie wird eine juristische Person dem Staat zugerechnet, nach dessen Recht sie gegründet wurde. Die Kontrolltheorie stellt auf die Staatsangehörigkeit des Leitungspersonals und/oder der Kapitalseigner ab. Der IGH hat in der *Barcelona Traction*-Entscheidung jedoch entschieden, dass diese Theorie keine allgemeine Regel des Völkerrechts sei (*Case Concerning the Barcelona Traction, Light and Power Company, Limited*, Urteil vom 5. Februar 1970, ICJ Reports (1970), 4 ff.). Auf die Einzelheiten der Theorien kann hier nicht eingegangen werden, siehe hierzu *R. Dolzer*, Wirtschaft und Kultur, 524 f., Rn. 54.

[223] Art. 92 Abs. 1 SRÜ: „Schiffe fahren unter der Flagge eines einzigen Staates und unterstehen auf Hoher See seiner ausschließlichen Hoheitsgewalt (...)." Siehe *R. Lagoni/A. Proelß*, Festlandsockel und ausschließliche Wirtschaftszone, (161) 205, Rn. 134. Siehe *S. Kaye*, International measures, (377) 387 f., zur Juris-

Hohen See kann mangels Staatshoheit nicht der Grundsatz *lex rei sitae* gelten, also nicht das Recht des Staates, in dem sich die Sache befindet.[224] Die engste Verbindung besteht jenseits nationaler Hoheitsbefugnisse zu den verlegenden Staaten.[225]

Die Hoheitsbefugnisse über Rohrleitungen ergeben sich aus der Freiheit und dem Recht der Staaten, auf dem Boden der Hohen See unterseeische Rohrleitungen zu verlegen und zu betreiben.[226] Wenn ein Staat Rohrleitungen legen und betreiben darf, muss er Verlegung und Betrieb auch rechtlich regeln und tatsächlich kontrollieren dürfen.[227] Indem der Staat seine Freiheit und sein Recht zur Verlegung und zum Betrieb seeverlegter Rohrleitungen wahrgenommen und diese Aktivitäten auf der Grundlage seiner innerstaatlichen Vorschriften genehmigt hat, muss er die in diesem Zusammenhang erforderlichen Gesetze und Vorschriften erlassen und diese grundsätzlich auch durchsetzen dürfen.[228] Für Rohrleitungen jenseits nationaler Hoheitsbefugnisse können jedoch auch der IMB bestimmte Kompetenzen zustehen.[229]

Verlegt ein Staat eine Rohrleitung in fremdem Küstenmeer, übt er über diese Rohrleitung wegen der Souveränität des Küstenstaates keine Hoheitsbefugnisse aus.[230] Auf dem Festlandsockel bzw. in der AWZ kom-

---

diktion über Anlagen, die ebenfalls im SRÜ nur am Rande erwähnt wird (siehe Art. 109 SRÜ).

224 Siehe beispielsweise Art. 43 Abs. 1 EGBGB (in der Fassung der Bekanntmachung vom 21. September 1994, BGBl. I, 2494; BGBl. 1997 I, 1061; zuletzt geändert durch Artikel 2 des Gesetzes vom 24. September 2009, BGBl. I, 3145): „Rechte an einer Sache unterliegen dem Recht des Staates, in dem sich die Sache befindet."

225 Beck'scher Online-Kommentar Bamberger/Roth-*Spickhoff*, Art. 43 EGBGB, Rn. 6, bezieht sich hierbei auf den Grundgedanken des Art. 46 EGBGB: „Besteht mit dem Recht eines Staates eine wesentlich engere Verbindung als mit dem Recht, das nach den Artikeln 43 und 45 maßgebend wäre, so ist jenes Recht anzuwenden."

226 *R. Lagoni/A. Proelß*, Festlandsockel und ausschließliche Wirtschaftszone, (161) 206, Rn. 136.

227 *R. Lagoni/A. Proelß*, Festlandsockel und ausschließliche Wirtschaftszone, (161) 206, Rn. 136. Nach Art. 194 Abs. 3 lit. (d) SRÜ ist der Staat hierzu zum Schutz der Umwelt sogar verpflichtet.

228 So *R. Lagoni/A. Proelß*, Festlandsockel und ausschließliche Wirtschaftszone, (161) 206, Rn. 136.

229 Siehe hierzu unten S. 154 ff.

230 Siehe Näheres unten S. 175 ff.

men neben dem verlegenden Staat auch dem Küstenstaat bestimmte Rechte und Pflichten bezüglich unterseeischer Rohrleitungen und u. U. sogar Hoheitsbefugnisse über diese zu.[231]

3. Zusammenfassung und Anwendung auf die Nord Stream-Pipeline

Eine unterseeische Rohrleitung ist eine Sache im Eigentum von Privatrechtssubjekten oder Staaten. Sie unterliegt dem Recht des Staates, der die Rohrleitung selbst verlegt bzw. unter dessen Personalhoheit die Privatpersonen oder -gesellschaften stehen, die die Rohrleitung verlegen oder betreiben. Dieser verlegende Staat übt jenseits nationaler Hoheitsbefugnisse grundsätzlich auch die alleinigen Hoheitsbefugnisse über eine solche Rohrleitung aus. In küstenstaatlichen Meereszonen sind diese Hoheitsbefugnisse eingeschränkt bzw. stehen dem Küstenstaat zu.

Am Beispiel der *Nord Stream-Pipeline* soll verdeutlicht werden, welche Staaten als verlegende Staaten angesehen werden können. Initiiert wurde das Projekt von Russland und Deutschland. An dem gemeinsamen Unternehmen *Nord Stream AG* halten die russische *Gazprom* 51 %, *E.ON Ruhrgas* und *BASF/Wintershall* aus Deutschland jeweils 15,5 % sowie die niederländische *Gasunie* und die französische *GDF Suez* jeweils 9 %. Die *Nord Stream AG* ist als Aktiengesellschaft ins Schweizer Handelsregister eingetragen, Hauptsitz der Gesellschaft ist Zug in der Schweiz, eine Niederlassung gibt es in Moskau.[232] Für die *Nord Stream-Pipeline* wären also Russland, Deutschland, die Niederlande und Frankreich verlegende Staaten, da in diesen die hinter dem Konsortium stehenden Unternehmen ihren Sitz haben bzw. registriert sind. Jedoch könnte auch die Schweiz verlegender Staat der *Nord Stream-Pipeline* sein, da die *Nord Stream AG* als Aktiengesellschaft ins Schweizer Handelsregister eingetragen ist und ihren Hauptsitz in Zug hat.

Gerade bei Projekten wie der *Nord Stream-Pipeline*, bei denen mehrere Unternehmen aus unterschiedlichen Staaten involviert sind, zeigt sich, dass eine Kooperation zwischen den verlegenden Staaten untereinander entscheidend ist, um die Sicherheit der Rohrleitung zu garantieren und die Meeresumwelt effektiv zu schützen.

---

[231] Details siehe unten S. 187 ff.

[232] Siehe http://www.nord-stream.com/de/company.html (Stand Juli 2010).

II. Konkrete Rechte und Pflichten der Staaten zur Vermeidung und Verringerung einer durch unterseeische Rohrleitungen verursachten Verschmutzung

Konkrete Rechte und Pflichten der Staaten in Bezug auf eine Vermeidung, Verringerung und Überwachung der durch eine Seerohrleitung verursachten Verschmutzung können sich zum einen aus den im SRÜ in den Art. 207 ff. SRÜ speziell ausgestalteten Verschmutzungsursachen ergeben, zum anderen aus den allgemein gehaltenen Bestimmungen des SRÜ, insbesondere aus den Grundprinzipien des Meeresumweltschutzes, der Pflicht zur Kooperation und dem Rücksichtnahmegebot.

1. Verlegung und Betrieb unterseeischer Rohrleitungen als Einbringen i. S. d. Art. 210 SRÜ?

Art. 210 SRÜ verpflichtet die Staaten, Gesetze und sonstige Vorschriften zu erlassen und andere notwendigen Maßnahmen zu ergreifen, um eine Verschmutzung der Meeresumwelt durch ein Einbringen („Dumping") zu verhüten, verringern und überwachen (Art. 210 Abs. 1, 2 SRÜ). Art. 210 SRÜ könnte sowohl für verlegende Staaten als auch für Küstenstaaten (siehe Art. 210 Abs. 5 SRÜ) anwendbar sein, wenn das Verlegen unterseeischer Rohrleitungen, deren Ummantelung oder Einbettung im Meeresboden bzw. deren Nicht-Entfernung als Einbringen i. S. d. Art. 210 SRÜ zu klassifizieren wären.

Einbringen im klassischen Sinne ist das Verklappen von Müll oder sonstigen gefährlichen Stoffen auf See. Die Definition des „Einbringens" in Art. 1 Abs. 1 Nr. 5 lit. (a) SRÜ[233] ist grundsätzlich so weit gefasst, dass unterseeische Rohrleitungen unter die „sonstigen auf See errichteten Bauwerke" fallen könnten.[234] Allerdings umfasst „Einbringen" nach Art. 1 Abs. 1 Nr. 5 lit. (b) (ii) SRÜ nicht „das Absetzen von Stoffen zu

---

[233] Art. 1 Abs. 1 Nr. 5 lit. (a) SRÜ: „Im Sinne diese Übereinkommens bedeutet ‚Einbringen' (dumping) (i) jede vorsätzliche Beseitigung von Abfällen oder sonstigen Stoffen von Schiffen, Luftfahrzeugen, Plattformen oder sonstigen auf See errichteten Bauwerken aus, (ii) jede vorsätzliche Beseitigung von Schiffen, Luftfahrzeugen, Plattformen oder sonstigen auf See errichteten Bauwerken."

[234] So auch *R. Lagoni/A. Proelß*, Festlandsockel und ausschließliche Wirtschaftszone, (161) 203 f., Rn. 125. Siehe auch Art. 1 lit. (f) (ii) des Übereinkommens zum Schutz der Meeresumwelt des Nordostatlantiks von 1992 (OSPAR-Übereinkommen), der Einbringen als jede im Meeresgebiet erfolgende vorsätzliche Beseitigung von Offshore-Rohrleitungen definiert.

einem anderen Zweck als dem der bloßen Beseitigung, sofern es nicht den Zielen dieses Übereinkommens widerspricht." Weder das Verlegen der Rohrleitung selbst noch das Umklammern der Rohrleitung mit Beton dient der bloßen Beseitigung dieser Materialien. Das Verlegen unterseeischer Rohrleitungen widerspricht auch nicht den Zielen des SRÜ, sondern genießt als Ausübung der Freiheit der Hohen See im internationalen Seerecht gerade einen besonderen Schutz. Ein Einbringen eines gefährlichen Stoffes ist auch dann mangels Vorsätzlichkeit zu verneinen, wenn Öl oder Gas infolge einer Beschädigung versehentlich aus einer Rohrleitung austreten.[235] Somit fallen Verlegen, Ummantelung und Betrieb einer Seerohrleitung bereits *per definitionem* aus dem Anwendungsbereich des Art. 1 Abs. 1 Nr. 5 SRÜ heraus.

Gegen die Anwendbarkeit der Dumping-Vorschriften spricht noch ein weiteres Argument: Das Einbringen ist neben Art. 210 SRÜ durch die internationale Konvention über die Verhütung der Meeresverschmutzung durch das Einbringen von Abfällen und anderen Stoffen von 1972 (sog. Londoner Dumping-Konvention)[236] geregelt, die einen Mindeststandard für die zu erlassenden Bestimmungen der Staaten setzt (siehe Art. 210 Abs. 4, 6 SRÜ[237]). Die Definition des Einbringens in Art. 3 Abs. 1 lit. (a) und (b) der Londoner Dumping-Konvention ist wortlautgleich mit der des Art. 1 Abs. 1 Nr. 5 lit. (a) und (b) SRÜ. 2006 trat das Protokoll zur Londoner Dumping-Konvention von 1996[238] in Kraft, das die Londoner Dumping-Konvention von 1972 ersetzt. Dieses

[235] So auch *W. Wiese*, Seeverlegte Rohrleitungen im Völkerrecht, 354.

[236] Convention on the Prevention of Marine Pollution by Dumping of Wastes and Other Matter, 13. November 1972, in Kraft getreten am 30. August 1975, zuletzt 1993 geändert; UNTS Bd. 1046, 120 ff.; BGBl. 1977 II, 180 ff.

[237] Art. 210 Abs. 4 und 6: „(4) Die Staaten bemühen sich, insbesondere im Rahmen der zuständigen internationalen Organisationen oder einer diplomatischen Konferenz, weltweite und regionale Regeln, Normen und empfohlene Gebräuche und Verfahren zur Verhütung, Verringerung und Überwachung einer solchen Verschmutzung aufzustellen. Diese Regeln, Normen und empfohlenen Gebräuche und Verfahren werden nach Bedarf von Zeit zu Zeit überprüft. (...) (6) Die innerstaatlichen Gesetze, sonstigen Vorschriften und Maßnahmen dürfen bei der Verhütung, Verringerung und Überwachung dieser Verschmutzung nicht weniger wirkungsvoll sein als die weltweiten Regeln und Normen."

[238] Protocol to the Convention on the Prevention of Marine Pollution by Dumping of Wastes and Other Matter, 7. November 1996, in Kraft getreten am 24. März 2006, ILM 36 (1997), 1 ff.

Dumping-Protokoll von 1996 verfolgt einen restriktiveren Ansatz als die Konvention von 1972 (und das SRÜ), indem es in Art. 4 das Einbringen jeglicher Abfälle mit Ausnahme der in Annex I gelisteten verbietet (sog. „reverse list", u. a. Klärschlamm, Fischabfälle), für deren Verklappen allerdings eine Ausnahmebewilligung erforderlich ist. Würde man die Verlegung bzw. Ummantelung einer Rohrleitung unter die Definition des Einbringens subsumieren, wäre nach dem Londoner Dumping-Protokoll von 1996 mittlerweile zumindest eine Ausnahmebewilligung für das Verlegen der Rohrleitung vonnöten (bzw. das Verlegen wäre gänzlich verboten). Dies würde in Widerspruch zur Verlegefreiheit stehen und diese aushöhlen.

Demnach fallen weder Verlegung, Ummantelung, Einbettung noch Betrieb einer seeverlegten Rohrleitung unter die Definition des „Dumping" i. S. d. Art. 1 Abs. 1 Nr. 5 lit. (a) SRÜ.[239] Werden Rohrleitungen vor der Inbetriebnahme mit antikorrosiv wirkenden Flüssigkeiten durchgespült, die danach ins Meer geleitet werden, könnte dies ebenfalls als Einbringen qualifiziert werden, sofern man Rohrleitungen unter den Begriff „sonstige auf See errichtete Bauwerke" subsumiert. Je nach verwendetem Mittel könnte eine solche Spülung verboten sein oder bedürfte einer Genehmigung. Des Weiteren stellt sich die Frage, ob in der Nicht-Entfernung aufgegebener bzw. nicht mehr genutzter Rohrleitungen ein Einbringen zu sehen ist.[240]

2. Verschmutzung vom Land aus: Anwendbarkeit des Art. 207 SRÜ auf unterseeische Rohrleitungen?

Gemäß Art. 207 Abs. 1, 2 SRÜ erlassen die Staaten Vorschriften und ergreifen andere notwendige Maßnahmen zur Verhütung, Verringerung und Überwachung der Verschmutzung der Meeresumwelt vom Land aus, einschließlich der von Flüssen, Flussmündungen, Rohrleitungen und Ausflussanlagen ausgehenden Verschmutzung. Im SRÜ wird nicht näher erläutert, welche Rohrleitungen von dieser Bestimmung erfasst werden. Aufgrund des offenen Wortlautes könnte von dieser Vorschrift zum einen eine bewusste Verschmutzung durch von Land aus verlegte Rohrleitungen erfasst sein, z. B. durch Abwasserrohrleitungen. Zum anderen könnte aber auch eine unfallbedingte Verschmutzung als Ver-

---

[239] Siehe *W. Wiese*, Seeverlegte Rohrleitungen im Völkerrecht, 348; *E.D. Brown*, The Significance of a Possible EC EEZ, (115) 132.

[240] Siehe hierzu unten S. 143 ff.

schmutzung vom Land aus bezeichnet werden, wenn beispielsweise bei einer Beschädigung einer Pipeline Öl oder Gas austritt. Daher stellt sich die Frage, ob von Sinn und Zweck der Vorschrift auch solche Rohrleitungen erfasst werden, die zu reinen Transportzwecken verlegt werden, und bei deren Inbetriebnahme oder Betrieb unfallbedingte Verschmutzungen auftreten.

Diesbezüglich ist aufgrund der fehlenden Spezifizierung im SRÜ auf das HÜK zurückzugreifen, das für eine Verschmutzung vom Lande aus detaillierter ist.[241] Gemäß Art. 2 Abs. 2 HÜK bezeichnet der Ausdruck „Verschmutzung vom Lande aus“ die „Verschmutzung des Meeres durch punktuelle oder diffuse Einträge aus allen Quellen an Land, die auf dem Wasser- oder Luftweg oder unmittelbar von der Küste aus ins Meer gelangen. Er umfasst auch die Verschmutzung durch eine vorsätzliche Beseitigung unter dem Meeresboden mit Zugang vom Land aus durch Tunnel, Rohrleitungen oder andere Mittel.“ Grundsätzlich sind die Staaten verpflichtet, Maßnahmen zur Verhütung und Verringerung aller Verschmutzungen, die von Land ausgehen, zu treffen – unabhängig davon, ob die Verschmutzung vorsätzlich oder fahrlässig herbeigeführt wurde, unfallbedingt oder bloße Folge der durch verschiedene Einflüsse bedingten Verschmutzung ist, z. B. von Flüssen. Sowohl Art. 210 SRÜ als auch Art. 2 Abs. 2 S. 1 HÜK enthalten keine Einschränkung, sondern erfassen Einträge aus allen Quellen an Land. Doch wie stellt sich die Rechtslage bei Rohrleitungen dar? Art. 2 Abs. 2 S. 2 HÜK spezifiziert, dass eine Verschmutzung vom Land aus auch die Verschmutzung durch eine vorsätzliche Beseitigung unter dem Meeresboden mit Zugang vom Land aus durch u. a. Rohrleitungen erfasst. In Bezug auf Rohrleitungen, die von Land ins Meer führen, wird der Schwerpunkt also auf die vorsätzliche Beseitigung gelegt.

Dies legt den Schluss nahe, dass auch Art. 207 SRÜ nach seinem Sinn und Zweck nur solche Rohrleitungen erfasst, die eigens zur Einleitung von Abwasser und anderen Stoffen vom Land aus ins Meer verlegt werden. Nicht erfasst werden jedoch Transportrohrleitungen, die vom Land aus ins Meer verlegt werden, um Erdöl oder Erdgas oder andere Stoffe zu transportieren.[242] Art. 207 SRÜ könnte auch dann einschlägig sein, wenn eine von Land aus verlegte Seerohrleitung mit antikorrosiv

241 Ob und inwieweit die Bestimmungen des HÜK bzgl. einer Verschmutzung vom Lande aus (insbesondere Art. 2 Abs. 2, 6 i.V.m. Anlage III HÜK) auf Verlegung und Betrieb unterseeischer Rohrleitungen anwendbar sind, ist unten näher zu untersuchen, siehe S. 293 ff.

242 So auch *W. Wiese*, Seeverlegte Rohrleitungen im Völkerrecht, 355.

wirkenden Mitteln gespült wird und diese dann ins Meer geleitet werden. Für diesen konkreten Fall greifen auch die Regeln über ein „Dumping".

Aus diesen Überlegungen heraus ist Art. 207 SRÜ bei Verlegung und Betrieb seeverlegter Transportrohrleitungen nicht einschlägig und kann demnach die Rechte und Pflichten der verlegenden Staaten hinsichtlich der Verlegefreiheit – außer für den besonderen Fall der Spülung einer Rohrleitung mit gefährlichen Stoffen – nicht konkretisieren.

3. Warneinrichtungen und Sicherheitszonen als präventive Maßnahmen

Seerohrleitungen sind insbesondere durch ankernde Schiffe und Schleppnetzfischerei gefährdet. Zunächst könnten entlang einer unterseeischen Rohrleitung Sicherheitszonen („safety zones") mit Einschränkungen für die Freiheiten der Hohen See eingerichtet werden, um sie vor einer Beschädigung zu schützen (a).[243] Ein die Schifffahrts- und Fischereifreiheit weniger beeinträchtigendes Mittel wären eine Kennzeichnung seeverlegter Pipelines, z. B. durch Bojen, und das Verzeichnen der Lage der Rohrleitung in Seekarten (b).

a) Sicherheitszonen entlang unterseeischer Rohrleitungen: Schifffahrts-, Anker- und Fischereiverbote

Die Frage, ob den verlegenden Staaten das Recht bzw. die Pflicht zukommt, entlang unterseeischer Rohrleitungen jenseits nationaler Hoheitsbefugnisse sog. Sicherheitszonen zu errichten, ist umstritten.

aa) Sicherheitszonen im SRÜ

Das SRÜ gewährt Staaten in drei Fällen das Recht, Sicherheitszonen einzurichten: Gemäß Art. 60 Abs. 4-6 SRÜ können angemessene Sicherheitszonen in Bezug auf künstliche Inseln, Anlagen und Bauwerke auf dem Festlandsockel errichtet werden. Da diese Vorschrift nur für den Festlandsockel gilt und auf dessen Besonderheiten zugeschnitten

---

[243] Siehe zur diesbezüglichen Staatenpraxis *W. Wiese*, Seeverlegte Rohrleitungen im Völkerrecht, 274 ff.

ist, kann sie nicht auf den Meeresboden jenseits nationaler Hoheitsbefugnisse ausgedehnt werden.[244]

Art. 260 SRÜ sieht vor, dass um wissenschaftliche Forschungsanlagen herum Sicherheitszonen errichtet werden können, und die Staaten sicherstellen, dass ihre Schiffe diese Sicherheitszonen beachten. Art. 260 SRÜ ist, da er auf wissenschaftliche Forschungsanlagen beschränkt ist, nicht auf Rohrleitungen anwendbar.

Schließlich bestimmt Art. 147 Abs. 2 lit. (c) SRÜ, dass um Anlagen herum, die für Tätigkeiten im Gebiet benutzt werden, Sicherheitszonen mit entsprechenden Markierungen errichtet werden, um die Sicherheit sowohl der Schifffahrt als auch der Anlagen zu gewährleisten. Art. 147 Abs. 2 lit. (c) SRÜ könnte einschlägig sein, wenn das Legen und der Betrieb unterseeischer Rohrleitungen unter den Begriff „Tätigkeiten im Gebiet" zu subsumieren und seeverlegte Rohrleitungen Anlagen i. S. d. Vorschrift wären.[245]

Diese Bestimmungen zeigen, dass das SRÜ den Begriff der Sicherheitszone mit dem Terminus der „Anlage" verbindet, dessen Definition in den verschiedenen Vorschriften des SRÜ jedoch nicht einheitlich ist. Im SRÜ findet sich hingegen keine Norm, die eine Sicherheitszone in Bezug auf seeverlegte Kabel oder Rohrleitungen explizit vorsehen würde.

bb) Historische Entwicklung

Bereits während der Beratungen des KSV wurde die Errichtung sog. Respekt- oder Sicherheitszonen entlang eines Kabels diskutiert, um beispielsweise ein Ankern zu verbieten. Diese Vorschläge wurden jedoch mit Hinweis auf die Freiheiten der Hohen See verworfen.[246] In Art. V KSV findet sich lediglich eine Abstandspflicht für Fahrzeuge und Fischereigeräte von Schiffen, die Kabel verlegen.[247] Diese Bestimmung ist

---

244 Zur Frage, ob bzw. welche Rohrleitungen Anlagen sind, auf die Art. 60 Abs. 4-6 SRÜ angewandt werden könnte, siehe unten S. 191 ff.

245 Diese Fragen werden unten im Hinblick auf Tätigkeiten im Gebiet und die Rolle der IMB näher beleuchtet, siehe S. 149 ff.

246 Siehe Details *W. Heller*, Das internationale Seekabelrecht in Friedenszeiten, 61 f.

247 Art. V KSV: „Vessels engaged in laying or repairing submarine cables shall conform to the regulations as to signals which have been, or may be, adopted by mutual agreement among the High Contracting Parties, with the view of preventing collisions at sea. When a ship engaged in repairing a cable exhibits

zeitlich auf den Verlegevorgang beschränkt und enthält keine generelle Abstandspflicht für ein Gebiet, in dem ein Seekabel verlegt ist.

Auch während der Beratungen der ILC wurde mehrfach diskutiert, ob Staaten berechtigt sind, Sicherheitszonen entlang unterseeischer Rohrleitungen oder Kabel zu errichten. Anders als bei Anlagen sollten diese Sicherheitszonen weniger Schifffahrts-, sondern vielmehr Fischerei- und Ankerverbote (sog. „restricted zones") in einem bestimmten Bereich von bis zu 250 m zum Gegenstand haben.[248] Schiffen sollte es also weiterhin erlaubt sein, über eine Rohrleitung zu fahren. So wurde 1956 ein Vorschlag der Niederlande diskutiert, ob ein Küstenstaat Sicherheitszonen entlang einer Rohrleitung errichten dürfe.[249] Nach Meinung des Berichterstatters *François* hätte ein solches Verbot eine weitreichende Beeinträchtigung der Schifffahrts- und Fischereifreiheit bedeutet und wäre ungerechtfertigt gewesen. Des Weiteren wäre es in der Praxis sehr schwierig, die Grenzen einer solchen Zone zu markieren.[250] Auch über die Möglichkeit von Warneinrichtungen entlang einer Rohrleitung bzw. eines Kabels und der Veröffentlichung der Lage wurde auf den Tagungen der ILC beraten.[251] Eingang in das FSÜ oder HSÜ fanden diese Vorschläge nicht.

cc) Sicherheitszonen und andere Freiheiten der Hohen See

Bei Anlagen und Bauwerken, wie z. B. Bohrinseln, können die Einschnitte für die Freiheiten der Hohen See, die mit der Errichtung von Sicherheitszonen einhergehen, aus folgenden Gründen gerechtfertigt

---

the said signals, other vessels which see them, or are able to see them, shall withdraw to or keep beyond a distance of one nautical mile at least from the ship in question, so as not to interfere with her operations. Fishing gear and nets shall be kept at the same distance. Nevertheless, fishing vessels which see, or are able to see, a telegraph-ship exhibiting the said signals, shall be allowed a period of 24 hours at most within which to obey the notice so given, during which time they shall not be interfered with in any way. The operations of the telegraph-ships shall be completed as quickly as possible."

248 *W. Wiese*, Seeverlegte Rohrleitungen im Völkerrecht, 277 m. w. N.; *S. Kaye*, International measures, (377) 398.

249 *W. Wiese*, Seeverlegte Rohrleitungen im Völkerrecht, 140, 277 f.

250 Siehe zum Ganzen *S. Kaye*, International measures, (377) 398; *W. Heller*, Das internationale Seekabelrecht in Friedenszeiten, 151.

251 *W. Wiese*, Seeverlegte Rohrleitungen im Völkerrecht, 132 f.

werden: Zum einen sind diese Zonen räumlich begrenzt, zum anderen treten Kollisionen zwischen Schiffen und festen Anlagen häufig auf und auch militärische oder terroristische zielgerichtete Angriffe auf solche Anlagen sind nicht unwahrscheinlich, was jeweils mit erheblichen Gefahren für Leib und Leben der sich auf der Anlage befindlichen Personen und für die Meeresumwelt verbunden ist.[252]

Bei unterseeischen Rohrleitungen sind sowohl die tatsächlichen sowie räumlichen Gegebenheiten als auch die Gefahrenlage anders: Das bloße Kreuzen eines Schiffes über eine seeverlegte Rohrleitung bringt diese noch nicht in Gefahr.[253] Im Gegensatz hierzu ist aufgrund der Kollisionsgefahr bei Anlagen und Bauwerken bereits das bloße Fahren in deren Nähe gefährlich – für die Schiffe und die Anlagen gleichermaßen.[254] Gefahren für unterseeische Rohrleitungen gehen insbesondere durch Ankern oder Fischereiaktivitäten (Schleppnetzfischerei) aus, auch wenn eine Beschädigung, insbesondere bei eingegrabenen oder mit Beton beschwerten Rohrleitungen, sehr unwahrscheinlich ist.

Eine Sicherheitszone mit einem generellen Schifffahrtsverbot entlang der gesamten Rohrleitung bzw. des gesamten Kabels (sog. „exclusion zone") wäre unverhältnismäßig, da die Schifffahrtsfreiheit – aufgrund der Vielzahl seeverlegter Rohrleitungen und Kabel in allen Weltmeeren – in einem kaum zu ermessenden Ausmaße beeinträchtigt wäre. Aber auch bei der Errichtung von Schutzzonen entlang seeverlegter Rohrleitungen und Kabel mit bloßen Anker- und Fischereiverboten würden sich zum einen praktische Probleme wegen der Ausdehnung des weltweiten Seerohrleitungs- und Seekabelnetzes ergeben. Zum anderen wä-

---

[252] Siehe *H. Esmaeili*, The Legal Regime of Offshore Oil Rigs, 122 m. w. N. Von 1973 bis Juli 1995 wurden allein auf dem britischen Festlandsockel 463 Vorfälle berichtet, in denen Schiffe mit Bohrinseln kollidierten. *H. Esmaeili*, The Legal Regime of Offshore Oil Rigs, 129, 137, führt jedoch auch hinsichtlich der Effizienz von Sicherheitszonen um Bohrinseln Zweifel an. *S. Kaye*, International measures, (377) 389 ff., 404 ff. zu militärischen oder terroristischen zielgerichteten Angriffen auf Anlagen.

[253] Von der sehr unwahrscheinliche Gefahr abgesehen, dass ein Schiff eine Rohrleitung kreuzt, um schwere Gegenstände o. ä. abzuwerfen mit der Intention, die Rohrleitung zu beschädigen.

[254] Siehe zum Szenario eines terroristischen Anschlags auf eine Öl- oder Gasförderplattform und der Problematik, dass Sicherheitszonen für ein solches Szenario nicht angemessen bzw. effektiv sind, sowie zum sog. „Hot Pursuit" nach Art. 111 SRÜ in einem solchen Falle *S. Kaye*, International measures, (377) 405 ff.

ren auch hier die Einschränkungen für die Schifffahrts- bzw. Fischereifreiheit erheblich.

Demnach umfasst die Freiheit der Rohrleitungsverlegung selbst grundsätzlich kein Recht, entlang einer Rohrleitung Sicherheitszonen zu errichten, da dies die anderen Freiheiten der Hohen See, insbesondere die Schifffahrts- und Fischereifreiheit, zu sehr einschränken würde und dem Rücksichtnahmegebot konträr wäre.[255]

dd) Sicherheitszonen und Meeresumweltschutz

Ein Recht bzw. eine Pflicht zur Errichtung von Schutzzonen entlang einer Rohrleitung könnte allerdings aus den meeresumweltschutzbezogenen Vorschriften des SRÜ hergeleitet werden, insbesondere aus Art. 194 Abs. 3 lit. (c) und (d) SRÜ, nach denen die Staaten Maßnahmen in Bezug auf Anlagen und Bauwerke erlassen, um u. a. Unfälle zu verhüten und die Sicherheit beim Einsatz auf See zu gewährleisten.[256] Fallen Rohrleitungen unter „Anlagen und Geräte, die bei der Erforschung oder Ausbeutung der natürlichen Ressourcen des Meeresbodens (...) eingesetzt werden“ (lit. (c))? Oder fallen sie unter den Begriff „andere Anlagen und Geräte, die in der Meeresumwelt betrieben werden“ (lit. (d))?

---

[255] Siehe für Kabel *W. Wiese*, Seeverlegte Rohrleitungen im Völkerrecht, 273; siehe auch *S. Klumbyte*, Environment Protection: Pipelines, (66) 71. A. A. *J. Chappez*, Les câbles sous-marins de télécommunications, (760) 776, der vorschlägt, neben der Bekanntmachung nicht vergrabener Kabel Sicherheitszonen um diese Kabel zu errichten. A. A. auch *S. Kaye*, International measures, (377) 422, der für Ankerverbote entlang einer Rohrleitung eintritt.

[256] Art. 194 Abs. 3 SRÜ: „Die nach diesem Teil ergriffenen Maßnahmen haben alle Ursachen der Verschmutzung der Meeresumwelt zu erfassen. Zu diesen Maßnahmen gehören unter anderem solche, die darauf gerichtet sind, soweit wie möglich auf ein Mindestmaß zu beschränken (...) (c) die Verschmutzung durch Anlagen und Geräte, die bei der Erforschung oder Ausbeutung der natürlichen Ressourcen des Meeresbodens und seines Untergrunds eingesetzt werden, insbesondere Maßnahmen, um Unfälle zu verhüten und Notfällen zu begegnen, die Sicherheit beim Einsatz auf See zu gewährleisten und den Entwurf, den Bau, die Ausrüstung, den Betrieb und die Besetzung solcher Anlagen oder Geräte zu regeln; (d) die Verschmutzung durch andere Anlagen und Geräte, die in der Meeresumwelt betrieben werden, insbesondere Maßnahmen, um Unfälle zu verhüten und Notfällen zu begegnen, die Sicherheit beim Einsatz auf See zu gewährleisten und den Entwurf, den Bau, die Ausrüstung, den Betrieb und die Besetzung solcher Anlagen oder Geräte zu regeln.“

Der Begriff Anlagen und Geräte ist hier, insbesondere wegen des ganzheitlichen Ansatzes des SRÜ und der Tatsache, dass Art. 194 SRÜ als Auffangvorschrift fungiert, weit zu verstehen. Werden Rohrleitungen im Zusammenhang mit der Ausbeutung der natürlichen Ressourcen des Meeresbodens betrieben, fallen sie unter Art. 194 Abs. 3 lit. (c) SRÜ, alle anderen unterseeischen Rohrleitungen können unter lit. (d) subsumiert werden.[257] Der verlegende Staat ergreift also insbesondere Maßnahmen, um Unfälle zu verhüten und Notfällen zu begegnen, die Sicherheit beim Einsatz auf See zu gewährleisten und den Entwurf, den Bau, die Ausrüstung, den Betrieb und die Besetzung solcher Anlagen und Geräte zu regeln. Hieraus können materielle Standards für Entwurf, Bau und Betrieb unterseeischer Rohrleitungen abgeleitet werden, auch wenn diese in der Vorschrift nicht näher spezifiziert sind.

Unter Maßnahmen zur Verhütung von Unfällen und Gewährleistung der Sicherheit könnte auch die Errichtung von Sicherheitszonen entlang von Rohrleitungen fallen. Aufgrund der möglichen weitreichenden Einschränkungen der Freiheiten der Hohen See anderer Staaten durch solche Sicherheitszonen entlang einer Rohrleitung ist bei einer solchen Interpretation des Art. 194 Abs. 3 lit. (c) und (d) SRÜ äußerste Zurückhaltung geboten, was auch im speziellen Rücksichtnahmegebot des Art. 194 Abs. 4 SRÜ festgelegt ist.

Zusammenfassend ist festzuhalten, dass verlegende Staaten weder das Recht haben noch in der Pflicht sind, entlang einer unterseeischen Rohrleitung eine Sicherheitszone – im Sinne eines Schifffahrts-, Fischerei- oder Ankerverbotes – zu errichten, da dies die anderen Freiheiten der Hohen See unangemessen beschränken bzw. ganz verhindern würde und mit dem Rücksichtnahmegebot nicht vereinbar wäre.[258]

b) Kennzeichnungs-, Warn- und Veröffentlichungspflicht

Es schließt sich die Frage an, ob verlegende Staaten auf Hoher See andere Schutz- bzw. Warnmaßnahmen ergreifen dürfen bzw. müssen, um

---

257 Siehe auch *M. Roelandt*, Pipelines dans le droit de la mer, 85, 181; *W. Wiese*, Seeverlegte Rohrleitungen im Völkerrecht, 152 m. w. N., 352; sowie *R. Lagoni/A. Proelß*, Festlandsockel und ausschließliche Wirtschaftszone, (161) 204, Rn. 125, die allerdings nicht dahingehend differenzieren, wann lit. (c) oder lit. (d) Art. 194 Abs. 3 SRÜ anwendbar sind.

258 Siehe *W. Wiese*, Seeverlegte Rohrleitungen im Völkerrecht, 140, 273; siehe für Kabel *R. Lagoni*, Submarine Cables, EPIL, 48.

das Risiko einer Beschädigung der Rohrleitung und damit einer Verschmutzung zu minimieren. In Betracht kommen insbesondere eine Kennzeichnung der Lage der Rohrleitung, z. B. durch Bojen, und ein Verzeichnen der Rohrleitungsroute in Seekarten.

aa) Warneinrichtungen entlang einer unterseeischen Rohrleitung

Es würde andere Meerestätigkeiten ebenfalls unverhältnismäßig beeinträchtigen, wenn entlang einer Meeresrohrleitung Warneinrichtungen wie Bojen eingerichtet werden würden. Aufgrund der steigenden Anzahl unterseeischer Kabel und Rohrleitungen und deren zunehmender Länge wäre es auch nicht praktikabel, alle Kabel und Rohrleitungen mit Bojen zu kennzeichnen. Demnach besteht keine Kennzeichnungspflicht für unterseeische Rohrleitungen.[259] Aufgrund der Tatsache, dass andere Meeresnutzungen durch Kennzeichnungen und Warnmittel unverhältnismäßig beeinträchtigt werden können, kommt sogar ein grundsätzliches Verbot der Kennzeichnung von Rohrleitungen in Betracht. Eine kurzfristige Kennzeichnung ist nur dann zu rechtfertigen, um ankernde Schiffe oder Fischereiboote vor einer noch nicht eingegrabenen Rohrleitung zu warnen, da in diesem konkreten Fall die Rohrleitung erheblich gefährdet ist und die Einschränkungen für andere Freiheiten der Hohen See zeitlich wie räumlich begrenzt sind.[260] Zudem kommt eine Kennzeichnung in küstennahen Gebieten, insbesondere Hafeneinfahrten, in Betracht.[261]

bb) Bekanntgabe der Lage einer unterseeischen Rohrleitung und Eintragung in Seekarten

Die Staaten sind aber berechtigt, die Lage einer eigenen Rohrleitung öffentlich bekannt zu geben und in Seekarten verzeichnen zu lassen, was in der Praxis in der Regel auch getan wird.[262] Es gab auf der Dritten

---

[259] So auch *W. Wiese*, Seeverlegte Rohrleitungen im Völkerrecht, 321; a. A. *J. Soubeyrol*, La condition juridique des pipe-lines en droit international, (157) 182.

[260] So *W. Wiese*, Seeverlegte Rohrleitungen im Völkerrecht, 321.

[261] Siehe hierzu unten S. 179 ff.

[262] Siehe für Kabel die Datenbank „cable data“ des *International Cable Protection Committee* (ICPC) unter: http://www.iscpc.org/ (Stand Juli 2010).

Seerechtskonferenz auch Überlegungen, der IMB Befugnisse in Bezug auf die Markierung der Lage von Rohrleitungen oder deren Eintragung in Seekarten einzuräumen.[263] Ob sich aus den umweltbezogenen Bestimmungen des SRÜ, insbesondere aus Art. 194 Abs. 3 lit. (c) und (d) SRÜ, sowie aus dem Rücksichtnahmegebot auch eine Pflicht der Bekanntgabe herleiten lässt, ist fraglich.

Bereits während der Beratungen der ILC und auf der Genfer Seerechtskonferenz wurde eine solche Pflicht zur Bekanntgabe der Lage seeverlegter Kabel und Rohrleitungen bzw. deren Veröffentlichung in Seekarten diskutiert. Dies wurde aber aus militärstrategischen Gründen mehrheitlich abgelehnt (siehe auch Art. 302 SRÜ).[264] So wurde während der Genfer Seerechtskonferenz 1958 ein Vorschlag Italiens diskutiert, die Lage der Kabel und Rohrleitungen auf Seekarten zu verzeichnen, dem sich die Staaten jedoch aus Angst vor Zerstörungen im Krieg widersetzten.[265]

Zwar können auch noch heute sicherheitspolitische Bedenken gegen eine Veröffentlichung der Lage von Rohrleitungen angeführt werden. Doch sind solche Überlegungen heutzutage bei zivil genutzten Rohrleitungen, gerade in der Ostsee, nicht mehr so entscheidend. Bei Rohrleitungen ist die Gefahr, dass nach einer Veröffentlichung der Lage die Rohrleitung durch strafrechtliche oder terroristische Akte beschädigt oder zerstört wird, äußerst gering, insbesondere bei mit Beton beschwerten oder eingegrabenen Rohrleitungen im Bereich der Hohen See.[266] Ein weiteres Argument für eine Veröffentlichungspflicht ist, dass

---

[263] Details zur Rolle der IMB siehe unten S. 153 ff.

[264] Siehe ausführlich *W. Wiese*, Seeverlegte Rohrleitungen im Völkerrecht, 320. Art. 302 SRÜ: „(...) das Übereinkommen [ist] nicht so auszulegen, als habe der Vertragsstaat in Erfüllung seiner Verpflichtungen aus dem Übereinkommen Informationen zu erteilen, deren Preisgabe seinen wesentlichen Sicherheitsinteressen entgegensteht."

[265] Siehe *M.-R. Simonnet*, La Convention sur la Haute Mer, 142 f.

[266] Einige Autoren betonen die Gefahr terroristischer Anschläge auf Rohrleitungen und die Notwendigkeit der Schutzmaßnahmen vor solchen Angriffen, ohne das Gefahrenpotential jedoch zu spezifizieren. Siehe *H. Lindpere*, Some new Maritime Security Issues for the Coastal States of the Baltic Sea, (39) 39; *Z. Brodecki/D. Pyć*, Statement: Maritime Security – General Concept, (152) 162; *I. Gawłowicz/P. Łaski*, Russian-German North Gas Pipeline in View of Public International Law, (149) 161. *W. Heintschel von Heinegg*, Terrorism, NATO, Rules of Engagement, (103) 105, sieht die *Nord Stream-Pipeline* neben Schiff-

die Strafbarkeit gemäß Art. 113 SRÜ für die Beschädigung oder Unterbrechung einer Rohrleitung voraussetzt, dass die Lage der Rohrleitung in Seekarten bekanntgemacht worden ist.[267]

Da militärstrategische und sicherheitspolitische Bedenken gegen eine Veröffentlichung der Lage einer Seepipeline heutzutage nicht mehr so bedeutend sind und hinter die Gefahren für andere Meeresnutzungen und für die Meeresumwelt zurücktreten, ist mittlerweile grundsätzlich eine Pflicht zur Veröffentlichung bzw. Kennzeichnung zivil genutzter Rohrleitungen in Seekarten anzunehmen. Für die küstennahen flachen Gewässer kann etwas anderes gelten, da hier die Gefahr einer Beschädigung oder Zerstörung größer ist, insbesondere im Bereich, in dem die Rohrleitung anlandet.[268] Auch bei Rohrleitungen, die in unmittelbarem Zusammenhang mit Anlagen zur Erdöl- und Erdgasförderung stehen, ist die Gefahr größer, dass sie – als Folge eines terroristischen Anschlags auf die Förderanlagen – beschädigt oder zerstört werden. Bei Kabeln sind die Bedenken, die gegen eine Veröffentlichung ihrer Lage sprechen, gravierender, da Kabel ein geeigneteres und leichteres Ziel terroristischer Anschläge und strafrechtlicher Delikte wie Diebstahl darstellen, mit der möglichen Konsequenz, dass die Kommunikation ganzer Regionen gestört oder gekappt wird.[269]

4. Pflicht zur Entfernung aufgegebener/nicht mehr genutzter Rohrleitungen

Werden Rohrleitungen nicht mehr genutzt bzw. aufgegeben, erscheint es meist aus Gründen des Umweltschutzes bzw. aus Sicherheitsgründen geboten, diese zu entfernen. Des Weiteren sprechen die Interessen anderer Staaten an der Ausübung der Freiheiten der Hohen See, insbesondere Fischereiinteressen und das Interesse an der Verlegung anderer Kabel und Rohrleitungen, dafür, Rohrleitungen nach deren Stilllegung vom Meeresboden zu bergen. Problematisch sind aber die enormen Kosten einer solchen Entfernung und Entsorgung, die nicht geringer sind als

---

fahrtsrouten, Fährverbindungen und Häfen in der Ostsee als mögliches Ziel von Terroristen.

[267] Siehe *R. Lagoni/A. Proelß*, Festlandsockel und ausschließliche Wirtschaftszone, (161) 213, Rn. 170 m. w. N.

[268] Siehe hierzu unten S. 180 ff.

[269] Siehe *M.P. Green/D.R. Burnett*, Security of International Submarine Cable Infrastructure, (557) 557 ff.

die der Verlegung selbst.[270] In einigen Fällen kann auch bezweifelt werden, ob eine Pflicht zur Entfernung von Rohrleitungen nach deren Stilllegung aus Umweltschutzgesichtspunkten überhaupt sinnvoll ist, da der Vorgang der Bergung selbst mit Gefahren für die marine Flora und Fauna verbunden ist.[271] Darüber hinaus könnten Seerohrleitungen nach der Stilllegung u. U. anderweitig genutzt werden, z. B. zur wissenschaftlichen Forschung oder als künstliches Riff. Geboten ist eine – zumindest teilweise – Entfernung aber dann, wenn von einer Rohrleitung erhebliche Gefahren für die Tier- und Pflanzenwelt des Meeres ausgehen oder andere Meeresnutzungen unverhältnismäßig beeinträchtigt werden.

Eine Vorschrift, die explizit eine Beseitigungspflicht seeverlegter Pipelines für den Meeresboden jenseits nationaler Hoheitsbefugnisse und/oder die küstenstaatlichen Meereszonen vorsieht, fehlt im SRÜ. Für Anlagen oder Bauwerke auf dem Festlandsockel sieht Art. 60 Abs. 3 SRÜ eine Beseitigungspflicht zur Gewährleistung der Sicherheit der Schifffahrt vor, wobei auf Belange der Fischerei, den Schutz der Meeresumwelt sowie Rechte und Pflichten anderer Staaten gebührend Rücksicht zu nehmen ist. Auch eine teilweise Entfernung kann je nach den Umständen erlaubt oder gar geboten sein.[272] Art. 60 Abs. 3 SRÜ ist auf den Festlandsockel beschränkt und kann nicht auf den Meeresboden jenseits nationaler Hoheitsbefugnisse ausgedehnt werden. Auf Hoher See könnte sich eine solche Pflicht zur Entfernung aus Art. 210 SRÜ (unter a) und dem allgemeinen Rücksichtnahmegebot bzw. den Vorschriften des Meeresumweltschutzes (unter b) ergeben.

---

[270] Siehe *W. Wiese*, Seeverlegte Rohrleitungen im Völkerrecht, 293 m. w. N.

[271] *W. Wiese*, Seeverlegte Rohrleitungen im Völkerrecht, 309 m. w. N.; so auch *R. Lagoni/A. Proelß*, Festlandsockel und ausschließliche Wirtschaftszone, (161) 216, Rn. 182.

[272] Art. 60 Abs. 3 SRÜ: „Alle aufgegebenen oder nicht mehr benutzten Anlagen oder Bauwerke sind zu beseitigen, um die Sicherheit der Schifffahrt zu gewährleisten; dabei sind die allgemein anerkannten internationalen Normen zu berücksichtigen, die in dieser Hinsicht von der zuständigen internationalen Organisation festgelegt sind. Bei der Beseitigung ist auch auf die Fischerei, den Schutz der Meeresumwelt sowie die Rechte und Pflichten anderer Staaten gebührend Rücksicht zu nehmen. Tiefe, Lage und Ausdehnung nicht vollständig beseitigter Anlagen oder Bauwerke sind in geeigneter Weise bekanntzumachen."

a) Nicht-Entfernung einer unterseeischen Rohrleitung als Einbringen i. S. d. Art. 210 SRÜ?

Das bloße Unterlassen des Entfernens einer Rohrleitung als „Dumping" zu qualifizieren, würde sehr weit gehen, da wegen des Wortlautes „Einbringen" grundsätzlich nur aktive Tätigkeiten von den Dumping-Bestimmungen erfasst werden.[273] Ein weiteres Argument gegen die Qualifizierung der Nicht-Entfernung einer Seepipeline als „Dumping" kann man dem Übereinkommen zum Schutz der Meeresumwelt des Nordostatlantiks von 1992 (OSPAR-Übereinkommen)[274] entnehmen: Art. 1 lit. (g) (iii) OSPAR-Übereinkommen bestimmt, dass das „vollständige oder teilweise Zurücklassen einer außer Betrieb genommenen (...) Offshore-Rohrleitung, sofern dies in Übereinstimmung mit den einschlägigen Bestimmungen des Übereinkommens und mit sonstigen Regeln des Völkerrechts erfolgt (...)" nicht vom Begriff des Einbringens erfasst wird.[275] Legt man also den Rechtsgedanken des OSPAR-Übereinkommens zugrunde, so ist das vollständige oder teilweise Zurücklassen einer Rohrleitung kein „Dumping", sofern dies in Einklang mit den Regeln des SRÜ und des Völkerrechts geschieht.

Wird eine aufgegebene oder nicht mehr genutzte Rohrleitung auf dem Meeresboden belassen, liegt demnach kein Einbringen i. S. d. Art. 1 Abs. 1 Nr. 5 SRÜ (bzw. der Londoner Dumping-Konvention und deren Protokoll von 1996) vor, weshalb weder Art. 210 SRÜ noch die Londoner Dumping-Konvention bzw. deren Protokoll von 1996 anwendbar sind.[276] Eine Pflicht zur Entfernung ergibt sich also weder aus

---

[273] So auch *W. Wiese*, Seeverlegte Rohrleitungen im Völkerrecht, 312.

[274] Convention for the Protection of the Marine Environment of the North-East Atlantic, 22. September 1992, in Kraft getreten am 25. März 1998; BGBl. 1994 II, 1360 ff.

[275] Details hierzu siehe *W. Wiese*, Seeverlegte Rohrleitungen im Völkerrecht, 313 ff. Das OSPAR-Übereinkommen stellt auch an anderen Stellen die Begriffe „Zurücklassen" und „Einbringen" gegenüber. *R. Higgins*, Abandonment of Energy Sites and Structures, (6) 13, zu den 1991 angenommenen *Oslo Commission Guidelines*. Siehe auch *E.D. Brown*, The Significance of a Possible EC EEZ, (115) 132.

[276] Siehe *R. Lagoni/A. Proelß*, Festlandsockel und ausschließliche Wirtschaftszone, (161) 217, Rn. 186; *W. Wiese*, Seeverlegte Rohrleitungen im Völkerrecht, 312; *E.D. Brown*, The Significance of a Possible EC EEZ, (115) 130 f.; *R. Higgins*, Abandonment of Energy Sites and Structures, (6) 12 f., zur Frage, ob die alternative Nutzung einer Plattform als künstliches Riff als Dumping zu klassifizieren ist.

Art. 210 SRÜ noch aus der Londoner Dumping-Konvention bzw. deren Protokoll von 1996. Wird eine geborgene Rohrleitung an anderer Stelle vorsätzlich im Meer beseitigt, ist ein Einbringen allerdings zu bejahen, da eine solche Handlung nicht mehr unter den Schutzzweck der Verlegefreiheit fällt und die Definition des Einbringens in diesem Fall greift, sofern man Rohrleitungen unter den Begriff „sonstige auf See errichtete Bauwerke" subsumiert.[277]

b) Pflicht zur Entfernung: Allgemeine Pflichten im Bereich des Meeresumweltschutzes und Rücksichtnahmegebot

Auch aus den allgemeinen Bestimmungen des SRÜ lässt sich eine generelle Pflicht zum Entfernen unterseeischer Rohrleitungen grundsätzlich nicht entnehmen.[278] Da das Legen unterseeischer Rohrleitungen keine „Verschmutzung der Meeresumwelt" i. S. d. Art. 1 Abs. 1 Nr. 4 SRÜ darstellt, sondern die Wahrnehmung einer Freiheit und die Ausübung eines Rechts, liegt eine Verschmutzung als solche nicht schon deshalb vor, weil eine aufgegebene oder nicht mehr genutzte Rohrleitung auf dem Meeresboden verbleibt.[279] Dementsprechend ergibt sich auch aus den allgemeinen umweltrechtlichen Verpflichtungen der Art. 192, 194 SRÜ grundsätzlich keine Pflicht zur Beseitigung. Jedoch kann eine teilweise oder vollständige Beseitigung nach den konkreten Umständen geboten sein, wenn von der verbleibenden Rohrleitung in erheblichem Maße abträgliche Wirkungen für die Meeresumwelt zu erwarten sind.[280]

Ähnliches gilt für das Rücksichtnahmegebot (Art. 87 Abs. 2 SRÜ): Im besonderen Fall einer erheblichen Behinderung der Schifffahrt, der Fischerei oder von Meeresbodenaktivitäten durch eine verbleibende Rohrleitung kann die Pflicht zur gebührenden Berücksichtigung der Interessen anderer Staaten zu einer Beseitigungspflicht erstarken. Dies gilt

---

[277] Vgl. *R. Lagoni/A. Proelß*, Festlandsockel und ausschließliche Wirtschaftszone, (161) 207, Rn. 186.

[278] *R. Lagoni/A. Proelß*, Festlandsockel und ausschließliche Wirtschaftszone, (161) 217, Rn. 184.

[279] Siehe *W. Wiese*, Seeverlegte Rohrleitungen im Völkerrecht, 313; *R. Lagoni/A. Proelß*, Festlandsockel und ausschließliche Wirtschaftszone, (161) 217, Rn. 185.

[280] *R. Lagoni/A. Proelß*, Festlandsockel und ausschließliche Wirtschaftszone, (161) 217, Rn. 185.

insbesondere dann, wenn die Behinderungen nicht durch andere Maßnahmen wie Warneinrichtungen zu vermeiden sind und ein Untätigbleiben rechtsmissbräuchlich i. S. d. Art. 300 SRÜ wäre.[281]

Allerdings ist bei einer solchen Interpretation aus mehreren Gründen Zurückhaltung geboten: Zum einen ist nach dem eindeutigen Wortlaut des Art. 60 Abs. 3 SRÜ eine Beseitigungspflicht für Anlagen (die in der Regel zu einer weitergehenden Beeinträchtigung und Gefährdung führen als Rohrleitungen) auf dem Festlandsockel nur aus Gründen der Sicherheit der Schifffahrt gegeben. Auf Belange der Fischerei, des Meeresumweltschutzes sowie die Rechte und Pflichten anderer Staaten ist lediglich „gebührend Rücksicht zu nehmen". Für Anlagen und Bauwerke auf dem Festlandsockel haben die SRÜ-Verfasser sich demnach bewusst dagegen entschieden, eine generelle Beseitigungspflicht aus Gründen des Meeresumweltschutzes festzulegen.[282] Des Weiteren stellt die Beseitigungspflicht die verlegenden Staaten (und Küstenstaaten) vor enorme finanzielle und technische Probleme. Eine vollständige Beseitigung aller Seepipelines erscheint bei der Vielzahl der Rohrleitungen, die mittlerweile auf dem Meeresboden liegen, auch unrealistisch.[283] Verlegende Staaten sind jedoch in der Pflicht, aufgegebene oder nicht mehr genutzte Rohrleitungen, die nicht beseitigt werden, in so einem Zustand zu erhalten, dass andere legitime Nutzungen des Meeres nicht beeinträchtigt werden und die Meeresumwelt nicht gefährdet wird, was Unterhaltungsmaßnahmen einschließen kann.[284]

Da Leitlinien fehlen, wann eine Rohrleitung als nicht mehr genutzt bzw. stillgelegt gilt und ob und in welchem Umfang sie dann beseitigt werden muss, ist jeweils eine Prüfung im Einzelfall vorzunehmen.[285] Der beste und häufig gewählte Weg, um eine (teilweise) Entfernung unterseeischer Rohrleitungen nach deren Stilllegung zu gewährleisten,

---

[281] Siehe *R. Lagoni/A. Proelß*, Festlandsockel und ausschließliche Wirtschaftszone, (161) 217, Rn. 184; *W. Wiese*, Seeverlegte Rohrleitungen im Völkerrecht, 308 bejahend zu Art. 87 Abs. 2; 307 ablehnend hingegegen zu Art. 112 Abs. 2 SRÜ.

[282] Siehe Näheres hierzu unten S. 220 ff.

[283] Sehr kritisch zu einer Beseitigungspflicht in Bezug auf Art. 60 Abs. 3 SRÜ äußert sich auch *W. Wiese*, Seeverlegte Rohrleitungen im Völkerrecht, 301 m. w. N.

[284] Ähnlich *R. Higgins*, Abandonment of Energy Sites and Structures, (6) 15.

[285] Siehe *J.M. Anderson*, Decommissioning Pipelines and Subsea Equipment, 6. Conclusions.

sind bilaterale Verträge zwischen den verlegenden Staaten mit Bestimmungen über die Hebung seeverlegter Rohrleitungen vom Meeresboden.[286] Des Weiteren schließt sich die Frage an, ob eine Pflicht zur (teilweisen) Entfernung aufgegebener bzw. nicht mehr genutzter Rohrleitungen bei der UVP bereits festgelegt werden kann, insbesondere durch Auflagen dahingehend, dass Rohrleitungen so konstruiert sein müssen, dass sie nach Einstellung des Betriebs entfernt werden können.[287]

Insgesamt ist eine Tendenz dahingehend zu erkennen, dass neuere völkerrechtliche Instrumente – wie das Londoner Dumping-Protokoll von 1996 – den Staaten weitreichende Verpflichtungen auferlegen, Ölplattformen vollständig zu entfernen und nicht im Meer zu entsorgen.[288] Diese Entwicklung spiegelt den wachsenden Einfluss wider, den der Meeresumweltschutz auf an sich zulässige Meeresnutzungen hat. Dies führt dazu, dass in zunehmendem Maße Meeresnutzungen aus Gründen des Schutzes und der Bewahrung der Meeresumwelt eingeschränkt oder sogar verboten werden. Ähnliches gilt aufgrund der steigenden Nutzung des Meeresraumes und der neuartigen Nutzungsmöglichkeiten auch für den Einfluss des Rücksichtnahmegebots. Demnach besteht mittlerweile auf der Grundlage der Bestimmungen des Meeresumweltschutzes und des Rücksichtnahmegebots eine Pflicht zur vollständigen oder teilweisen Entfernung einer unterseeischen Rohrleitung, wenn erhebliche Gefahren für die Meeresumwelt oder unverhältnismäßige Einschränkungen für andere Freiheiten der Hohen See drohen. Dies gilt insbesondere für Rohrleitungen, die in durch Seebeben oder Rutschungen des Meeresbodens gefährdeten Gebieten verlegt werden.[289] Eine Beseitigungspflicht einer stillgelegten Pipeline ist auch dann anzunehmen, wenn in dem betreffenden Gebiet andere Meeresbodentätigkeiten ausgeübt werden oder geplant sind. Zu bedenken ist jedoch nochmals, dass der Vorgang der Bergung und die damit zusammenhängenden Tätigkeiten ebenfalls einen Eingriff in die Meeresumwelt darstellen. Deshalb kann es aus Gründen des Meeresumweltschutzes sogar erforderlich sein, eine Rohrleitung im Meeresboden zu belassen, nachdem die entsprechenden Sicherheitsmaßnahmen getroffen wurden. Dies gilt ins-

---

[286] Siehe ausführlich zu zwischenstaatlichen Verträgen *W. Wiese*, Seeverlegte Rohrleitungen im Völkerrecht, 294 ff.; 297 ff. zur nationalen Rechtssetzung.

[287] Oder lösen Pläne für eine (teilweise) Entfernung eine neue UVP-Pflicht aus? Siehe zu diesen Fragen unten S. 338 ff.

[288] Siehe *H. Esmaeili*, The Legal Regime of Offshore Oil Rigs, 205, 219.

[289] Siehe *R. Higgins*, Abandonment of Energy Sites and Structures, (6) 15 f.

besondere bei eingegrabenen und mit dem Meeresboden verwachsenen Rohrleitungen.[290]

III. Verschmutzungen durch Tätigkeiten im Gebiet und Rolle der Internationalen Meeresbodenbehörde (IMB)

Teil XI SRÜ enthält ein komplexes Regelungswerk für den küstenfernen Meeresboden jenseits nationaler Hoheitsbefugnisse, das sog. Gebiet. Für die Ostsee ist dieses Regime zwar nicht von Bedeutung, da die Ostsee vollständig verzont ist und es somit keinen Meeresboden jenseits nationaler Hoheitsbefugnisse mehr gibt. Aufgrund der Bedeutung des Gebiets, das nahezu 50 % der Erdoberfläche umfasst, der besonderen Dynamik, die Teil XI SRÜ innewohnt, und der bedeutenden Rolle der Internationalen Meeresbodenbehörde (IMB, International Seabed Authority, ISBA) bedarf Teil XI SRÜ jedoch auch in der vorliegenden Arbeit einer Untersuchung.

1. Das Gebiet als Internationalisierter Staatengemeinschaftsraum

Gemäß Art. 134 Abs. 1 SRÜ gilt Teil XI für das Gebiet, d. h. nach der Definition des Art. 1 Abs. 1 Nr. 1 SRÜ für den Meeresboden und -untergrund jenseits der Grenzen nationaler Hoheitsbefugnisse, also jenseits des (erweiterten) Festlandsockels. Das Regime, das in Teil XI geschaffen und im Durchführungsübereinkommen zu Teil XI von 1994 (DFÜ)[291] ergänzt wurde, ist geprägt von wirtschaftlichen Gesichtspunkten, vom Gedanken der Solidarität, der Kooperation und der Ressourcen- und Umweltschonung und beruht auf der Vergemeinschaftung des Meeresbodens und seiner Ressourcen.[292] Alle nicht-lebenden

---

[290] Ähnlich *R. Lagoni/A. Proelß*, Festlandsockel und ausschließliche Wirtschaftszone, (161) 216, Rn. 182.

[291] Übereinkommen zur Durchführung des Teiles XI des Seerechtsübereinkommens der Vereinten Nationen (DFÜ) vom 10. Dezember 1982, 28. Juli 1994; BGBl. II, S. 2565 ff. Zwar ist im DFÜ von einer Änderung des Regimes nicht die Rede, es greift aber dennoch deregulierend in dessen Substanz ein. Siehe *W. Graf Vitzthum*, Raum und Umwelt im Völkerrecht, 440 f. Rn. 71.; Details *E.D. Brown*, The 1994 Agreement, (5) 5 ff.

[292] Siehe zur Verknüpfung zwischen internationalem Seerecht und Weltwirtschaftsordnung anschaulich *R. Wolfrum*, Die UN-Seerechtskonvention in der

(mineralischen) Ressourcen des Gebiets und das Gebiet selbst werden in Art. 136 SRÜ zum gemeinsamen Erbe der Menschheit („common heritage of mankind") erklärt, was die diesbezügliche Verantwortung der Staaten und der IMB gegenüber der Menschheit und Natur hervorhebt.[293]

Der Begriff „common heritage of mankind"[294] geht auf einen Vorschlag des maltesischen Botschafters *A. Pardo* zurück, den dieser 1967 in einer Verbalnote der UN-GA unterbreitete.[295] Seine Ideen in Bezug auf den Tiefseebergbau sind weitgehend im SRÜ reflektiert. Insbesondere von den Entwicklungsländern wurde das Tiefseebergbauregime des SRÜ begrüßt, da gerade sie davon profitieren sollen, dass die Erlöse aus Tätigkeiten im Gebiet der gesamten Menschheit zugute kommen sollen (siehe Art. 137 Abs. 2, 140 SRÜ).[296] Zunächst gab es Widerstände wichtiger Industriestaaten gegen das wirtschaftliche und verteilungspolitische Regime des Teil XI, die durch das DFÜ zu Teil XI weitestgehend überwunden werden konnten.[297] Die Entwicklung hin zu einer Internationalisierung des Tiefseebodens und der Übertragung wichtiger staatlicher Befugnisse an eine internationale Organisation war zu einem gro-

Perspektive der Neuen Weltwirtschaftsordnung, (97) 97 ff.; *W. Graf Vitzthum*, The Search for Sectoral World Orders, (273) 273 ff., spricht in dieser Hinsicht von „sektoralen Weltordnungen". *Ders.*, Raum und Umwelt im Völkerrecht, 439, Rn. 66.

293 *U. Jenisch*, 10 Jahre neues Internationales Seerecht, (79) 80.

294 *W. Graf Vitzthum*, Raum und Umwelt im Völkerrecht, 439, Rn. 66, verwendet den Begriff „internationalisiertes Menschheitserbe". Siehe ausführlich zur Entwicklung *R. Wolfrum*, Die Internationalisierung staatsfreier Räume, 331 ff., 389 ff.; *ders.*, The Principle of Common Heritage, (312) 312 ff.; zu den Elementen anschaulich *ders.*, Hohe See und Tiefseeboden, (287) 336, Rn. 146. Siehe auch *J. Brunnée*, Common Areas, Common Heritage, and Common Concern, (550) 557 ff., 561 ff. *J.C. Friedland*, Der Schutz der biologischen Vielfalt der Tiefseehydrothermalquellen, 63 ff., 66 ff. zu den einzelnen Elementen des Prinzips, 71 ff. zur Rechtsqualität.

295 Siehe zum Vorschlag *A. Pardos* und der Entwicklung des Konzeptes *R.-J. Dupuy/D. Vignes*, A Handbook on the New Law of the Sea, Vol. I, 142 ff.

296 *P. Daillier/A. Pellet/N.Q. Dinh*, Droit international public, 1211, § 700.

297 Siehe *M. Herdegen*, Völkerrecht, 7. Aufl., 206 Rn. 2; *W. Graf Vitzthum*, Raum und Umwelt im Völkerrecht, 439, Rn. 66; 440, Rn. 70; *E.D. Brown*, Freedom of the High Seas Versus the Common Heritage of Mankind, (521) 521 ff., zeigt anschaulich die widerstreitenden Interessen der Entwicklungsländer und der Industriestaaten auf.

ßen Teil dadurch motiviert, der „creeping jurisdiction" der Küstenstaaten in Bezug auf den Meeresboden Einhalt zu gebieten.[298]

Bereits im Jahre 1976 bildete sich eine Regel des Völkergewohnheitsrechts heraus, wonach dem Tiefseeboden ein rechtlicher Sonderstatus dahingehend zukommt, dass eine nationale Aneignung ausgeschlossen ist.[299] Die Ordnung für das Gebiet ist bisher jedoch nur in ihren Grundzügen zu Gewohnheitsrecht erstarkt.[300] So sind insbesondere das Gebot der Rücksichtnahme auf konkurrierende Meeresnutzungen sowie die Verpflichtung, die Meeresumwelt vor negativen Auswirkungen aus dem Tiefseebergbau zu schützen, gewohnheitsrechtlich anerkannt.[301]

2. *Verlegefreiheit als Tätigkeit im Gebiet*

Eine Rohrleitungsverlegung im Gebiet ist grundsätzlich auch nach Teil XI zulässig.[302] Allerdings können diesbezüglich Besonderheiten gelten, insbesondere, wenn es sich bei der Ausübung der Verlegefreiheit um eine sog. „Tätigkeit im Gebiet" handelt.

a) Rohrleitungen in Zusammenhang mit dem Tiefseebergbau

Gemäß Art. 134 Abs. 2 SRÜ werden die „Tätigkeiten im Gebiet" durch Teil XI geregelt, wobei Art. 1 Abs. 1 Nr. 3 SRÜ diesen Begriff als „alle Tätigkeiten zur Erforschung und Ausbeutung der Ressourcen des Gebiets" definiert. „Ressourcen" im Sinne des Teil XI wiederum bedeutet „alle festen, flüssigen oder gasförmigen mineralischen Ressourcen in situ, die sich im Gebiet auf oder unter dem Meeresboden befinden, einschließlich polymetallischer Ressourcen" (Art. 133 lit. (a) SRÜ).[303]

---

298 Siehe *E. Franckx*, The 200-Mile Limit, (467) 478 m. w. N.

299 *R. Wolfrum*, Hohe See und Tiefseeboden, (287) 336, Rn. 145.

300 *Graf Vitzthum*, Raum und Umwelt im Völkerrecht, 441, Rn. 72; siehe ausführlich *R. Wolfrum*, Hohe See und Tiefseeboden, (287) 342 ff., Rn. 172 ff.

301 Siehe *R. Wolfrum*, Hohe See und Tiefseeboden, (287) 345, Rn. 182.

302 Siehe oben S. 81 ff.

303 Siehe kritisch zur Frage, ob Art. 133 lit. (a) SRÜ andere als mineralische Ressourcen von Teil XI ausschließt, so dass nur das Hohe-See-Regime anwendbar sei: *A.G. Oude Elferink*, The Regime of the Area, (143) 152 ff.

Es stellt sich die Frage, ob Erdöl und -gas mineralische Ressourcen i. S. d. Art. 133 lit. (a) SRÜ und damit des Teil XI SRÜ sind. Zum Teil wird für Erdöl verneint, dass es sich um eine mineralische Ressource i. S. d. Teil XI SRÜ handele.[304] In früheren Entwürfen (1975-1980) zur Definition des Begriffs mineralische Ressourcen waren beispielhaft u. a. Erdöl und -gas als flüssige bzw. gasförmige Substanzen aufgeführt.[305] Insbesondere mangels detaillierter Informationen über die möglicherweise auszubeutenden Ressourcen des Gebiets einigte man sich schließlich auf eine weite Formulierung ohne eine Aufzählung einzelner Rohstoffe, um nicht bestimmte, bisher eventuell noch nicht bekannte Ressourcen des Meeresbodens von der Anwendbarkeit des Teil XI SRÜ auszuschließen.

Dies bedeutet, dass auch Erdöl und Erdgas unter den Begriff der mineralischen Ressourcen des Art. 133 lit. (a) SRÜ zu subsumieren sind. Demnach werden auch Tätigkeiten zur Erforschung und Ausbeutung von Erdöl- und Erdgas-Ressourcen des Gebiets von Teil XI erfasst. Bisher wurde zwar aus technischen und finanziellen Gründen noch nicht damit begonnen, jenseits des Festlandsockels fossile Brennstoffe zu fördern. In Zukunft erscheinen solche Aktivitäten jedoch durchaus möglich, da ein Abbau auf dem Tiefseeboden wegen technischer Fortschritte immer wahrscheinlicher und wegen der knappen und immer teurer werdenden Rohstoffe auch finanziell attraktiver und rentabler wird.[306] So kaufte Deutschland von der IMB im Jahre 2006 ein 75.000 km^2 großes Areal des Meeresbodens im Pazifik, in dem es unter der

---

[304] So *G. Dahm/J. Delbrück/R. Wolfrum*, Völkerrecht, Band I/2, 410, § 128; zustimmend *J.C. Friedland*, Der Schutz der biologischen Vielfalt der Tiefseehydrothermalquellen, 62.

[305] Siehe *M.H. Nordquist* (ed.), UNCLOS Commentary, Vol. VI, 72 ff., Paras. 133.4-7, 133.10(b). Beispielhaft Art. 1 ISNT: „For the purpose of this Convention (...) (iv) ‚mineral resources' means any of the following categorizations: (a) liquid or gaseous substances such as petroleum, gas (...)." (*id.*, 72, Para. 133.4). Siehe eingehend zur Entwicklung des Begriffs Ressourcen des Gebiets *J.C. Friedland*, Der Schutz der biologischen Vielfalt der Tiefseehydrothermalquellen, 122 ff.

[306] Vor der Küste Angolas z. B. wird in einer Tiefe bis 1.400 m Öl gefördert. Siehe *S. Zierul*, Goldrausch in der Tiefsee, *SZ*, Wissen, 23. Januar 2009, 16. Auch im Rahmen des IMB-Regelwerkes werden bereits Bestimmungen über die im Gebiet gelegenen Methanhydrate angedacht. Siehe *M. Gavouneli*, From Unity to Fragmentation?, (205) 221.

Ägide der IMB und dem System des Teil XI SRÜ mineralische Ressourcen, insbesondere sog. Manganknollen, abbauen darf.[307]

Folglich fallen Rohrleitungen, die in unmittelbarem Zusammenhang mit der Ausbeutung der Ressourcen des Gebiets stehen, unter das Regelungswerk des Gebiets.[308] Denkbar sind Rohrleitungen, die ähnlich wie auf dem Festlandsockel das gewonnene Gas und Öl vom Meeresboden auf eine schwimmende oder am Meeresboden verankerte Plattform, ein Schiff oder an Land leiten.

b) Unabhängige Transportrohrleitungen

Problematischer erscheint es, die Bestimmungen des Teil XI SRÜ auf solche Rohrleitungen anzuwenden, die Erdöl und Erdgas von einem Festlandsockel bzw. Staatsgebiet über den Meeresboden jenseits nationaler Hoheitsbefugnisse zu einem anderen Festlandsockel bzw. Staatsgebiet transportieren. Stellen Verlegung, Betrieb und Entfernung solcher Rohrleitungen „Tätigkeiten im Gebiet" dar?

Der Begriff „Tätigkeiten im Gebiet" bezieht sich nach der Legaldefinition des Art. 1 Abs. 1 Nr. 3 SRÜ explizit auf die Ressourcen des Gebiets. Dies ist bei Rohrleitungen, die nicht im Gebiet gewonnene Ressourcen im Transit durch das Gebiet leiten, nicht der Fall. Auch Art. 147 Abs. 2 SRÜ, der Bedingungen für Anlagen festlegt, die für Tätigkeiten im Gebiet benutzt werden, spricht dagegen, Rohrleitungen, die eine von Ausbeutungsanlagen unabhängige Transportfunktion erfüllen, in den Begriff der „Tätigkeiten im Gebiet" einzubeziehen.[309] Zudem wäre es unverhältnismäßig, bei Transportrohrleitungen, die mit der Ausbeutung der Ressourcen des Gebiets nicht im Zusammenhang stehen, die Erlöse aus dieser Tätigkeit anteilig der gesamten Menschheit zukommen zu lassen (siehe insbesondere Art. 140 Abs. 1 und 2 SRÜ). Aufgrund dieser Überlegungen fallen Verlegung, Betrieb oder Entfernung

---

[307] Siehe *S. Zierul*, Goldrausch in der Tiefsee, *SZ*, Wissen, 23. Januar 2009, 16.

[308] So auch *R.R. Churchill/A.V. Lowe*, The Law of the Sea, 239 f. Siehe enge Interpretation auch bei *J.C. Friedland*, Der Schutz der biologischen Vielfalt der Tiefseehydrothermalquellen, 134.

[309] Art. 147 Abs. 2 SRÜ orientiert sich dabei stark an Art. 60 SRÜ. Siehe *W. Wiese*, Seeverlegte Rohrleitungen im Völkerrecht, 205.

solcher von den Ressourcen des Gebiets unabhängiger Transportrohrleitungen nicht unter den Begriff „Tätigkeiten im Gebiet".[310]

Ob diesbezüglich eine Regelungslücke besteht, die während der Verhandlungen des SRÜ nicht erkannt wurde und die durch Interpretation bzw. Analogie geschlossen werden kann, ist anzuzweifeln. Zum einen wird die Rohrleitungsverlegung von den Bestimmungen über die Hohe See erfasst – und im Übrigen auch von einigen allgemeinen Bestimmungen des Teil XI, was sogleich zu zeigen sein wird. Zum anderen gab es während der Beratungen des SRÜ und auch schon vorher Diskussionen, das „common heritage"-Prinzip auch auf andere Tätigkeiten im Bereich der Hohen See, z. B. die Fischerei, auszuweiten.[311] Diese weitergehenden Vorschläge wurden jedoch abgelehnt. Ein spezielles Regelungswerk wurde nur für die Ausbeutung der mineralischen Ressourcen geschaffen, deren Bedeutung und Ausbeutbarkeit damals allerdings überschätzt wurde.

Zusammenfassend fallen Rohrleitungen, die in unmittelbarem Zusammenhang mit der Ausbeutung der Ressourcen des Gebiets stehen, als „Tätigkeiten im Gebiet" unter das Regelungswerk des Gebiets. Verlegung, Betrieb oder Entfernung von Transportrohrleitungen, die von den Ressourcen des Gebiets unabhängig sind, können hingegen nicht unter den Begriff „Tätigkeiten im Gebiet" subsumiert werden. Ob und ggf. welche Vorschriften aus Teil XI SRÜ auf solche unabhängigen Transportleitungen anzuwenden sind und welche Rolle der IMB zukommt, ist sogleich zu untersuchen. Wichtig kann dies insbesondere dann werden, wenn derartige Transportleitungen in Konkurrenz zu bereits eingeleiteten oder geplanten Tiefseebergbau-Aktivitäten stehen.

---

310 So *A.G. Oude Elferink*, The Regime of the Area, (143) 174 f.: „(...) uses that do not involve the exploration and exploitation of the Area, such as the laying of submarine cables and pipelines, or navigation, can be exercised as high seas freedoms under the conditions set out by the Convention and international law." A. A. *W. Wiese*, Seeverlegte Rohrleitungen im Völkerrecht, 205, der zwar auch die hier geäußerten Bedenken anbringt, jedoch dann ohne weitere schlagkräftige Argumente schreibt: „Das Legen und Unterhalten von Rohrleitungen aufgrund dieser begrifflichen Überlegungen nicht als ‚Tätigkeiten im Gebiet' anzusehen, ist dennoch nicht überzeugend."

311 Bereits in den 1960er Jahren gab es Vorschläge, nicht nur den Meeresboden, sondern auch die Hohe See zum gemeinsamen Erbe der Menschheit zu erklären, siehe nur *E. Mann Borgese*, The Ocean Regime, Art. II Draft Statute, 9.

3. *Rolle der IMB in Bezug auf unterseeische Rohrleitungen*

a) Aufteilung der Regelungs- und Durchsetzungskompetenzen im Gebiet

Die Regelungs- und Durchsetzungskompetenzen für Tätigkeiten im Gebiet sind zwischen der IMB und den Staaten aufgeteilt.[312] Gemäß Art. 209 Abs. 1 SRÜ werden zur Verhütung, Verringerung und Überwachung der Verschmutzung der Meeresumwelt durch Tätigkeiten im Gebiet in Übereinstimmung mit Teil XI SRÜ internationale Regeln, Vorschriften und Verfahren aufgestellt. Art. 209 SRÜ verweist damit auf das von der IMB erlassene Sekundärrecht.[313] Hinsichtlich der Durchsetzung des von der IMB erlassenen Sekundärrechts findet sich in Art. 215 SRÜ ein Verweis auf Teil XI SRÜ.[314]

Im Gegensatz hierzu richtet sich Art. 209 Abs. 2 SRÜ an die Staaten, die Gesetze und sonstigen Vorschriften zur Verhütung, Verringerung und Überwachung der Verschmutzung durch Tätigkeiten im Gebiet zu erlassen, die von Schiffen oder mittels Anlagen, Bauwerken und anderen Geräten durchgeführt werden, die ihre Flagge führen oder mit ihrer Genehmigung betrieben werden. Diese nationalen Regeln dürfen hierbei nicht weniger wirkungsvoll sein als das von der IMB erlassene Sekundärrecht. In eine ähnliche Richtung weist Art. 139 Abs. 1 SRÜ, der

---

312 Siehe hierzu *J.E. Harders*, Deep Sea-Bed Mining and the Protection of the Environment, (431) 433 ff.; *J.C. Friedland*, Der Schutz der biologischen Vielfalt der Tiefseehydrothermalquellen, 85, kritisiert diesen zweigleisigen Ansatz, der einem effektiven Umweltschutz im Gebiet entgegenstehe.

313 Von Bedeutung ist insbesondere der 2000 verabschiedete sog. *Mining Code*, der das Verfahren für das Aufsuchen und die Ausbeutung von Manganknollen (polymetallischen Knollen) regelt. Regulation 31 (Regulations on Prospecting and Exploration for Polymetallic Nodules in the Area, ISBA/6/A/18 vom 4. Oktober 2000) enthält detaillierte Bestimmungen zum Meeresumweltschutz und bezieht sich u. a. auf das Vorsorgeprinzip. Siehe zum Manganknollenregelwerk *J.C. Friedland*, Der Schutz der biologischen Vielfalt der Tiefseehydrothermalquellen, 86 ff; *M. Bothe*, The Protection of the Marine Environment against the Impacts of Seabed Mining, (221) 221 ff. Des Weiteren berät die IMB seit 2004 auch über Vorschriften zur Prospektion und Ausbeutung polymetallischer Sulfidlagerstätten und Kobaltkrusten, die dem Mining Code ähnlich sind. Siehe hierzu *J.E. Harders*, Deep Sea-Bed Mining and the Protection of the Environment, (431) 435 ff.; *J.C. Friedland*, Der Schutz der biologischen Vielfalt der Tiefseehydrothermalquellen, 93 f.

314 Siehe zu Art. 215 SRÜ auch *J.-C. Posselt*, Umweltschutz in umschlossenen und halbumschlossenen Meeren, 199 ff.

die Staaten, unter deren Kontrolle eine Tätigkeit im Gebiet durchgeführt wird, dafür verantwortlich macht, dass die Bestimmungen des Teil XI SRÜ eingehalten werden.[315]

Tätigkeiten im Gebiet werden demnach zwei Rechtsordnungen unterworfen, die die Bestimmungen des SRÜ konkretisieren: Zum einem dem von der IMB verabschiedeten und durchzusetzenden Sekundärrecht; zum anderen den Vorschriften der Staaten, die die Kontrolle über die entsprechenden Tätigkeiten ausüben und diese Regelungen dann auch durchsetzen.[316]

b) Rolle der IMB in Bezug auf Tätigkeiten im Gebiet

Die IMB organisiert, regelt und kontrolliert alle Bergbauaktivitäten im Gebiet, von der Aufsuchung über die Exploration bis zur Ausbeutung der Ressourcen des Gebiets (siehe Art. 153 SRÜ[317]). Gemäß Art. 157 Abs. 1 SRÜ ist die IMB die Organisation, durch welche die Vertrags-

---

[315] Art. 139 Abs. 1 SRÜ: „Die Vertragsstaaten sind verpflichtet sicherzustellen, dass die im Gebiet ausgeübten Tätigkeiten in Übereinstimmung mit diesem Teil durchgeführt werden, gleichviel ob es sich um Tätigkeiten dieser Staaten selbst oder um die ihrer staatlichen Unternehmen oder natürlicher oder juristischer Personen handelt, welche die Staatsangehörigkeit von Vertragsstaaten besitzen oder tatsächlich der Kontrolle dieser Staaten oder ihrer Staatsangehörigen unterliegen."

[316] Siehe *D. König*, Durchsetzung internationaler Bestands- und Umweltschutzvorschriften auf Hoher See, 94 f.; siehe auch *R. Wolfrum*, Legitimacy of International Law and the Exercise of Administrative Functions, (2039) 2051 ff.

[317] Art. 153 SRÜ: „(1) Die Tätigkeiten im Gebiet werden von der Behörde im Namen der gesamten Menschheit in Übereinstimmung mit diesem Artikel und mit den sonstigen einschlägigen Bestimmungen dieses Teiles und der einschlägigen Anlagen sowie mit den Regeln, Vorschriften und Verfahren der Behörde organisiert, ausgeübt und überwacht. (...) (4) Die Behörde übt die erforderliche Kontrolle über die Tätigkeiten im Gebiet aus, um die Einhaltung der einschlägigen Bestimmungen dieses Teiles und der betreffenden Anlagen sowie der Regeln, Vorschriften und Verfahren der Behörde und der in Übereinstimmung mit Absatz 3 bestätigten Arbeitspläne zu gewährleisten. (...) (5) Die Behörde ist berechtigt, jederzeit alle nach diesem Teil vorgesehenen Maßnahmen zu ergreifen, um zu gewährleisten, dass seine Bestimmungen eingehalten und dass die ihr aufgrund dieses Teiles oder aufgrund eines Vertrags obliegenden Kontroll- und Regelungsaufgaben wahrgenommen werden. Die Behörde ist berechtigt, alle Anlagen im Gebiet zu überprüfen, die im Zusammenhang mit Tätigkeiten im Gebiet benutzt werden. (...)."

staaten in Übereinstimmung mit Teil XI die Tätigkeiten im Gebiet organisieren und überwachen, insbesondere im Hinblick auf die Verwaltung der Ressourcen des Gebiets.[318] Alle Tätigkeiten im Gebiet unterliegen dem ausdrücklichen Zustimmungsvorbehalt der IMB.

Die IMB übt gemäß Art. 153 Abs. 4 SRÜ die erforderliche Kontrolle über die Tätigkeiten im Gebiet aus, um die Einhaltung der einschlägigen Bestimmungen des Teil XI SRÜ und der betreffenden Anlagen sowie ihrer Regeln, Vorschriften und Verfahren zu gewährleisten. Gemäß Art. 153 Abs. 5 SRÜ ist die IMB berechtigt, jederzeit alle nach Teil XI SRÜ vorgesehenen Maßnahmen zu ergreifen, um zu gewährleisten, dass ihre Bestimmungen eingehalten und dass die ihr obliegenden Kontroll- und Regelungsaufgaben wahrgenommen werden. Die IMB ist nach dieser Vorschrift des Weiteren berechtigt, alle Anlagen im Gebiet zu überprüfen, die im Zusammenhang mit Tätigkeiten im Gebiet benutzt werden.

aa) Schutz der Meeresumwelt im Gebiet (Art. 145 SRÜ)

Der auf den Meeresumweltschutz bezogene Art. 145 SRÜ bestimmt Folgendes: „Hinsichtlich der Tätigkeiten im Gebiet werden in Übereinstimmung mit diesem Übereinkommen die notwendigen Maßnahmen ergriffen, um die Meeresumwelt vor schädlichen Auswirkungen, die sich aus diesen Tätigkeiten ergeben können, wirksam zu schützen. Zu diesem Zweck beschließt die Behörde geeignete Regeln, Vorschriften und Verfahren, um unter anderem (a) die Verschmutzung und sonstige Gefahren für die Meeresumwelt, einschließlich der Küste, sowie Störungen des ökologischen Gleichgewichts der Meeresumwelt zu verhüten, zu verringern und zu überwachen, wobei insbesondere auf die Notwendigkeit zu achten ist, die Meeresumwelt vor schädlichen Auswirkungen von Tätigkeiten wie Bohr-, Dresch- und Baggerarbeiten, Abfallbeseitigung, Errichtung, Betrieb oder Unterhaltung von Anlagen, Rohrleitungen und sonstigen mit diesen Tätigkeiten im Zusammenhang

---

[318] „Organisieren“ meint in diesem Zusammenhang die sog. „prescriptive jurisdiction“ der IMB, wohingegen der Begriff „Überwachen“ die Durchsetzungskompetenz betrifft. Siehe zu den Kompetenzen und Funktionen der IMB ausführlich *R. Wolfrum*, Die Internationalisierung staatsfreier Räume, 512 ff.; siehe auch *J.-L. Gaster*, der Meeresbodenbergbau unter der Hohen See, 181 ff.; *J.C. Friedland*, Der Schutz der biologischen Vielfalt der Tiefseehydrothermalquellen, 76 ff.; *R. Wolfrum*, Legitimacy of International Law and the Exercise of Administrative Functions, (2039) 2046 ff. zum Aufbau der IMB.

stehenden Geräten zu schützen; (b) die natürlichen Ressourcen des Gebiets zu schützen und zu erhalten sowie Schäden für die Tiere und Pflanzen der Meeresumwelt zu vermeiden."

Art. 145 SRÜ ist Ausdruck des ökologischen Elements des „common heritage"-Prinzips und fordert in S. 2 lit. (b) auch die Erhaltung der lebenden Ressourcen des Tiefseebodens für zukünftige Generationen.[319] Die IMB hat gemäß Art. 145 SRÜ in Bezug auf den Meeresumweltschutz bei Tätigkeiten im Gebiet weitreichende Regelungskompetenzen, denen keine inhaltlichen Bindungen vorgegeben sind; damit wird ihr ein weiter Gestaltungsspielraum eröffnet.[320] Auch das DFÜ sieht wichtige Bestimmungen im Bereich des Meeresumweltschutzes vor, so bezieht sich z. B. Abschnitt 1 (7) der Anlage des DFÜ auf die Durchführung einer UVP.[321] Art. 147 Abs. 2 lit. (c) SRÜ bestimmt des Weiteren, dass Sicherheitszonen um Anlagen, die für Tätigkeiten im Gebiet benutzt werden, mit entsprechenden Markierungen errichtet werden, um die Sicherheit sowohl der Schifffahrt als auch der Anlagen zu gewährleisten.

Die IMB ist eines der wenigen Beispiele dafür, dass die Staaten einer internationalen Organisation entscheidende Durchsetzungsbefugnisse im Bereich des marinen Umweltschutzes übertragen haben.[322] Die IMB

---

[319] *J.C. Friedland*, Der Schutz der biologischen Vielfalt der Tiefseehydrothermalquellen, 70. Kritisch zum Inhalt von Art. 145 SRÜ: *R. Wolfrum*, Purposes and Principles of International Environmental Law, (308) 323: „This provision is dissatisfying with regard to environmental protection as it is void of substance."

[320] Siehe *D. König*, Durchsetzung internationaler Bestands- und Umweltschutzvorschriften auf Hoher See, 92. *J.C. Friedland*, Der Schutz der biologischen Vielfalt der Tiefseehydrothermalquellen, 83; siehe Details zu den Kompetenzen *Y. Tanaka*, Reflections on the Conservation and Sustainable Use, (129) 133 f.

[321] Abschnitt 1 (7) der Anlage des DFÜ zu Teil XI: „Ein Antrag auf Bestätigung eines Arbeitsplans ist mit einer Einschätzung möglicher Folgen der vorgeschlagenen Tätigkeiten auf die Umwelt und mit einer Beschreibung eines Programms für ozeanographische und ökologische Bestandsuntersuchungen entsprechend den von der Behörde beschlossenen Regeln, Vorschriften und Verfahren zu versehen." Siehe *E.D. Brown*, The 1994 Agreement, (5) 16; siehe auch *Y. Tanaka*, Reflections on the Conservation and Sustainable Use, (129) 134; sowie *J.-L. Gaster*, der Meeresbodenbergbau unter der Hohen See, 227 f.

[322] *D. König*, The Enforcement of the International Law of the Sea, (1) 2. Ein noch bedeutenderes Beispiel ist die Internationale Schifffahrtsorganisation, die IMO.

nimmt dabei eine progressive Rolle in dem Sinne ein, dass für den Tiefseebergbau ein Regime für den Umweltschutz ausgearbeitet wird, bevor die entsprechende Tätigkeit begonnen hat.[323]

bb) Rohrleitungen in Zusammenhang mit dem Tiefseebergbau

Verlegung, Betrieb und Entfernung von Rohrleitungen, die in unmittelbarem Zusammenhang mit Ausbeutungstätigkeiten im Gebiet stehen, bedürfen, da sie Tätigkeiten im Gebiet darstellen, der Zustimmung der IMB (siehe insbesondere Art. 153, 157 Abs. 1, 2 SRÜ). Die IMB kann solche Leitungen verhindern, sie von Auflagen abhängig machen und z. B. eine Entfernung der Rohrleitung nach deren Stilllegung fordern. Sie ist des Weiteren (neben den Einzelstaaten) aus Art. 145 SRÜ verpflichtet, einheitliche Sicherheitsstandards betreffend die Konstruktion, das Verlegen und den Betrieb solcher Rohrleitungen zu erlassen, um die Gefahren für die Meeresumwelt zu verhüten, zu verringern und zu überwachen, die natürlichen Ressourcen des Gebiets zu schützen und zu erhalten sowie Schäden für Meeresflora und -fauna zu vermeiden.[324] Gemäß Art. 147 Abs. 2 lit. (c) SRÜ kann (bzw. muss) die IMB Sicherheitszonen um Anlagen herum und damit auch entlang einer Rohrleitung errichten, die mit einer solchen Anlage im Zusammenhang steht.

c) Rolle der IMB in Bezug auf unabhängige Transportleitungen

Eine Kompetenz der IMB ergibt sich ausdrücklich nur für Rohrleitungen, die in unmittelbarem Zusammenhang mit der Ausbeutung der Res-

---

[323] *U. Jenisch*, 10 Jahre neues Internationales Seerecht, (79) 80, bezeichnet die Rolle der IMB deshalb als bemerkenswert, da das internationale Recht in der Regel reaktiv ausgerichtet ist. Auch die Seerechtsresolution der UN-GA aus dem Jahre 2005 erwähnt die Kompetenz der IMB in Bezug auf den Abbau von Gashydraten, einer in Zukunft möglichen Tätigkeit im Gebiet. Siehe A/RES/59/24, Oceans and the law of the sea, 4. Februar 2005, Para. 82: „*Notes* the potential for gas hydrates as one source for energy development, as well as the possible associated risks, including those in the context of climate change, and encourages States and, if appropriate, the Authority and the international scientific community to continue to cooperate in deepening the understanding of the issues and in investigating the feasibility, methodology, safety and environmental impacts of the extraction of gas hydrates from the seabed, their distribution and their use.“

[324] Ähnlich *M. Roelandt*, La condition juridique des pipelines, 163.

sourcen des Gebiets stehen, da, wie bereits dargestellt, nur diese als „Tätigkeiten im Gebiet" vom Regelungswerk des Teil XI erfasst werden. Tätigkeiten, die nicht im Zusammenhang mit den mineralischen Ressourcen des Gebiets stehen, bedürfen grundsätzlich nicht der Zustimmung der IMB.[325] Bezüglich der Verlegung, des Betriebs und der Entfernung von Transportleitungen, die durch das Gebiet führen, jedoch von der Ausbeutung der Ressourcen des Gebiets unabhängig sind, kommt der IMB demnach grundsätzlich kein Zustimmungsvorbehalt zu.[326] Auch die anderen Regelungs- und Durchsetzungskompetenzen der IMB sind in Bezug auf solche Transportrohrleitungen begrenzt, auch im Bereich des Meeresumweltschutzes. Etwas anderes kann insbesondere dann gelten, wenn Verlegung und Betrieb von Seepipelines in Konkurrenz treten zu Tiefseebergbauaktivitäten.

aa) Verhandlungsgeschichte des SRÜ

Bereits vor Beginn der Dritten Seerechtskonferenz wurden Überlegungen angestellt, einer internationalen Institution für das Gebiet weitreichende Kompetenzen zu übertragen. Ein Inspektionsrecht der international zuständigen Behörde (damals „Regime" genannt) in Bezug auf alle Anlagen auf oder unter dem Meeresboden war in einem Vorschlag von *E. Mann Borgese* aus dem Jahre 1968 enthalten.[327] Auch *A. Pardo* wollte ursprünglich starke internationale Institutionen schaffen (bzw. die bereits bestehenden Institutionen stärken) und diesen die Kompetenz übertragen, den gesamten sog. „ocean space" jenseits nationaler Jurisdiktion sowie alle lebenden und nicht-lebenden Ressourcen im Namen der gesamten Menschheit zu verwalten.[328] 1970 wurde im Meeresbodenkomitee vorgeschlagen, der sog. „International Machinery" (vergleichbar der IMB) Befugnisse bezüglich der Rohrleitungsverlegung

---

[325] So auch *R.R. Churchill/A.V. Lowe*, The Law of the Sea, 239 f.

[326] A. A. *W. Wiese*, Seeverlegte Rohrleitungen im Völkerrecht, 205 f., der ohne weitere Begründung Art. 153 SRÜ auf die Rohrleitungsverlegung im Gebiet anwendet.

[327] *E. Mann Borgese*, The Ocean Regime, Art. V A. 8. Draft Statute, 11: „The Regime is authorized to inspect all stations, installations, equipment and sea vehicles, machines, and capsules on or under the seabed."

[328] *L.B. Sohn*, Managing the Law of the Sea, (285) 289 ff., 291, 293, 303, detailliert zu den Vorschlägen *A. Pardos*, die er als „second idea" oder „second dream" desselben bezeichnet.

einzuräumen: Diese sollte u. a. die Markierung und Eintragung von Seepipelines in Seekarten vornehmen, Berichte über Beschädigungen an Kabeln und Rohrleitungen verfassen und tätig werden, um eine Meeresverschmutzung beim Legen und beim Betrieb von Kabeln und Rohrleitungen zu verhindern.[329] Auch während der Beratungen der Dritten Seerechtskonferenz wurden Überlegungen angestellt, der IMB Befugnisse in Bezug auf die Markierung der Lage von Rohrleitungen sowie auf deren Eintragung in Seekarten einzuräumen.[330]

Die genannten Ideen konnten sich jedoch auf der Dritten Seerechtskonferenz nicht durchsetzen, der Schutz und die Bewahrung der Meeresumwelt der Tiefsee spielten insgesamt nur eine untergeordnete Rolle.[331] Der internationalisierte Ansatz bezieht sich im SRÜ nur auf das klar umgrenzte sog. Gebiet. Weitergehende Internationalisierungstendenzen, insbesondere im Bereich der Hohen See, konnten sich nicht durchsetzen.[332]

Vor diesem Hintergrund werden der Jurisdiktionsumfang und die Jurisdiktionsbeschränkungen auf „Ressourcen im Gebiet" als defizitär beschrieben, verglichen mit den neuen Technologien und kumulativen Gefährdungen der Meeresumwelt.[333] Mit unterschiedlichen Begründungsansätzen wird demnach auch heutzutage versucht, die Kompetenz

---

[329] Study on International Machinery, Report of the Secretary-General, in: Report of the Committee on the Peaceful Uses of the Sea-Bed and the Ocean Floor Beyond the Limits of National Jurisdiction, in: General Assembly, Official Records, 25th Session, Suppl. 21 (A/8021), New York 1970, 104-106. Zitiert aus *W. Wiese*, Seeverlegte Rohrleitungen im Völkerrecht, 208 f.

[330] Siehe zum Ganzen *W. Wiese*, Seeverlegte Rohrleitungen im Völkerrecht, 318 ff. Zudem wurde von Pakistan 1976 vorgeschlagen, der IMB Kompetenzen in Bezug auf ein Einbringen zuzugestehen, was aber auch abgelehnt wurde. Siehe *K. Hakapää*, Marine Pollution in International Law, 285 f. m. w. N.

[331] Siehe *J.C. Friedland*, Der Schutz der biologischen Vielfalt der Tiefseehydrothermalquellen, 96; siehe auch *R. Wolfrum*, Die Internationalisierung staatsfreier Räume, 358, zu den vor der Dritten Seerechtskonferenz gemachten Vorschlägen.

[332] Siehe *D. König*, Durchsetzung internationaler Bestands- und Umweltschutzvorschriften auf Hoher See, 95.

[333] Siehe auch *M. Gavouneli*, Functional Jurisdiction in the Law of the Sea, 146.

der IMB zu stärken und insbesondere auf Maßnahmen im Bereich des Meeresumweltschutzes zu erweitern.[334]

bb) Annexkompetenz der IMB (Art. 157 Abs. 2 SRÜ)

Gemäß Art. 157 Abs. 2 SRÜ werden der IMB auch die mit dem SRÜ in Einklang stehenden Nebenbefugnisse übertragen, die mit der Wahrnehmung der Befugnisse und Aufgaben in Bezug auf Tätigkeiten im Gebiet zusammenhängen und dafür erforderlich sind. Aus dieser sog. Annexkompetenz können der IMB Befugnisse erwachsen, wenn Ausbeutungsaktivitäten im Gebiet durch andere Tätigkeiten gefährdet oder unmöglich werden. Dies kann auch bei Verlegung und Betrieb unterseeischer Rohrleitungen relevant werden. Auf Art. 157 Abs. 2 SRÜ kann die IMB deshalb insbesondere Maßnahmen stützen, um Rohrleitungen in einem Gebiet auszuschließen, in dem die Ressourcen des Gebiets aktiv gefördert werden. Aufgrund des Rücksichtnahmegebots ist bei einer solchen Interpretation jedoch Zurückhaltung geboten, da bei solchen Verboten die anderen im Bereich des Gebiets ausgeübten Freiheiten der Hohen See nicht leerlaufen dürfen.

cc) Rücksichtnahmegebote (Art. 147 Abs. 1, 3 SRÜ)

Gemäß Art. 147 Abs. 1 SRÜ ist bei Tätigkeiten im Gebiet auf andere Tätigkeiten in der Meeresumwelt in angemessener Weise Rücksicht zu nehmen („reasonable regard"). Gegenstück hierzu ist Art. 147 Abs. 3 SRÜ, der bestimmt, dass bei anderen Tätigkeiten in der Meeresumwelt auf Tätigkeiten im Gebiet in angemessener Weise Rücksicht zu nehmen ist. Der Terminus „andere Tätigkeiten in der Meeresumwelt" ist in Teil XI nicht näher definiert, ist aber weit zu verstehen und umfasst alle

---

334 Siehe z. B. *A.G. Oude Elferink*, The Regime of the Area, (143) 143, 150: „Part XI's common heritage principle is relevant for all uses of the Area that concern the exploration and exploitation of the Area, including its living resources." Eine Kompetenzerweiterung in räumlicher Hinsicht fordert *U. Jenisch*, 10 Jahre neues Internationales Seerecht, (79) 84. Er erwähnt eine mögliche neue Aufgabe der Meeresbodenbehörde beim Abbau der Gashydrate auch in Bezug auf den Festlandsockel. Diese Auffassung ist jedoch aufgrund der territorialen Beschränkung der IMB auf das Gebiet und der souveränen Rechte des Küstenstaates zur Ausbeutung der natürlichen Ressourcen des Festlandsockels weder zutreffend noch im Zonensystem des SRÜ zukunftsweisend.

Meeresnutzungen, die nicht Tätigkeiten im Gebiet sind.[335] Auch Verlegung und Betrieb von Rohrleitungen, die nicht im Zusammenhang stehen mit Tätigkeiten im Gebiet, fallen unter den Terminus „andere Tätigkeiten in der Meeresumwelt".[336] Bereits zu Beginn der Dritten Seerechtskonferenz bestand Einigkeit darüber, dass die Nutzungen des Meeresbodens zu keiner „undue interference with the laying and the maintenance of submarine cables and pipelines" führen dürften.[337]

Art. 147 Abs. 1 und 3 SRÜ etablieren zusammen ein Gebot gegenseitiger Rücksichtnahme, das grundsätzlich weder den „Tätigkeiten im Gebiet" noch anderen Tätigkeiten einen Vorrang gibt.[338] Allein die Tatsache, dass die Tätigkeiten im Gebiet zum Nutzen der gesamten Menschheit ausgeübt werden, reicht nicht aus, diesen den Vorrang vor anderen Freiheiten der Hohen See zu geben.[339] Dies würde dem explizit in Art. 147 Abs. 1 und 3 SRÜ niedergelegten Rücksichtnahmegeboten widersprechen.

Aus Art. 147 Abs. 1 und 3 SRÜ kann die Kompetenz der IMB abgeleitet werden, Tiefseebodenaktivitäten mit anderen Nutzungsformen zu koordinieren.[340] So könnte die IMB beispielsweise das Verlegen einer Rohrleitung gemäß Art. 157 Abs. 2 SRÜ in einem Gebiet verbieten, wenn bereits bestehende Ausbeutungsaktivitäten in dem betreffenden Gebiet dadurch gefährdet würden. Jedoch darf auch in einem solchen Fall die Verlegefreiheit nicht leerlaufen. Aufgrund des Rücksichtnah-

---

[335] Ähnlich *W. Wiese*, Seeverlegte Rohrleitungen im Völkerrecht, 207.

[336] *W. Wiese*, Seeverlegte Rohrleitungen im Völkerrecht, 208. *M. Roelandt*, La condition juridique des pipelines, 160, zur Frage, warum nicht der Begriff Freiheiten der Hohen See verwendet wurde.

[337] Aus *W. Wiese*, Seeverlegte Rohrleitungen im Völkerrecht, 208 m. w. N.

[338] *W. Wiese*, Seeverlegte Rohrleitungen im Völkerrecht, 207. Ergänzend hierzu bestimmt Art. 138 SRÜ, dass das allgemeine Verhalten der Staaten in Bezug auf das Gebiet u. a. im Interesse der Förderung der internationalen Zusammenarbeit und gegenseitigen Verständigung den Bestimmungen des Teil XI, den in der UN-Charta niedergelegten Grundsätzen und den sonstigen Regeln des Völkerrechts entsprechen muss.

[339] So aber *T. Treves*, High Seas, EPIL, Rn. 39: „(…) it might be argued, that, because [activities in the area] are conducted on behalf of mankind, they should be given preference over high seas freedoms at least in some cases."

[340] Siehe *G. Dahm/J. Delbrück/R. Wolfrum*, Völkerrecht, Band I/2, 386, § 122; siehe hierzu ausführlich *W. Wiese*, Seeverlegte Rohrleitungen im Völkerrecht, 206 f; *R. Wolfrum*, Hohe See und Tiefseeboden, (287) 324, Rn. 96.

megebots erscheint es zweifelhaft, der IMB bereits dann die Befugnis einzuräumen, die Verlegung von Rohrleitungen und Kabeln zu verhindern, wenn lediglich konkrete Ausbeutungspläne für ein bestimmtes Gebiet bestehen. Hier muss die IMB mit den beteiligten Staaten einen Interessenausgleich suchen. Die bloße abstrakte Möglichkeit der Ausbeutung der Ressourcen im Gebiet reicht nicht aus, die Verlegung von Kabeln und Rohrleitungen generell zu verbieten, da dies die Verlegefreiheit in ungerechtfertigter Weise beeinträchtigen würde.

dd) Schutz der Meeresumwelt im Gebiet (Art. 145 SRÜ)

Auch im Bereich des marinen Umweltschutzes kommen der IMB bei Tätigkeiten im Gebiet, wie bereits gezeigt, weitreichende Befugnisse zu. Wie sieht es jedoch bei Aktivitäten aus, die keine „Tätigkeiten im Gebiet" darstellen? Von Bedeutung ist hier insbesondere, ob sich die in Art. 145 SRÜ der IMB gewährten Kompetenzen auch auf Rohrleitungen erweitern lassen, die nicht im Zusammenhang mit einer „Tätigkeit im Gebiet" stehen.

Aus dem Wortlaut ergibt sich, dass sich Art. 145 SRÜ nur auf „Tätigkeiten im Gebiet" bezieht.[341] Auch wenn die Aufzählung in Art. 145 S. 2 lit. (a) SRÜ als nicht abschließend zu werten ist, macht sie deutlich, dass im Mittelpunkt von Art. 145 SRÜ der Schutz der Meeresumwelt vor den negativen Folgen des Tiefseebergbaus steht, mit dem die dort enumerierten Tätigkeiten zusammenhängen.[342] Die in Art. 145 S. 1 SRÜ enthaltene Verpflichtung richtet sich zunächst an die Einzelstaaten, was ein Querverweis auf Teil XII SRÜ belegt („in Übereinstimmung mit diesem Übereinkommen").[343] Auch die Formulierung in Art. 145 S. 2 SRÜ „zu diesem Zweck" zeigt, dass die von der IMB erlassenen Umweltschutzvorschriften grundsätzlich nur „Tätigkeiten im Gebiet" erfassen.

---

[341] Siehe nur *M. Gavouneli*, Functional Jurisdiction in the Law of the Sea, 143 f.; *J.E. Harders*, Deep Sea-Bed Mining and the Protection of the Environment, (431) 432 f.; *A.G. Oude Elferink*, The Regime of the Area, (143) 157; *J.C. Friedland*, Der Schutz der biologischen Vielfalt der Tiefseehydrothermalquellen, 134 f.

[342] *J.C. Friedland*, Der Schutz der biologischen Vielfalt der Tiefseehydrothermalquellen, 81.

[343] *R. Wolfrum*, Die Internationalisierung staatsfreier Räume, 510.

Doch trotz des engen Wortlautes des Art. 145 SRÜ kommen der IMB im Bereich der Meeresverschmutzung Kompetenzen zu.[344] Diese können insbesondere aus der Annexkompetenz des Art. 157 Abs. 2 SRÜ i.V.m. Art. 145 SRÜ hergeleitet werden. Besteht z. B. die Gefahr, dass im Gebiet verlegte Rohrleitungen durch Tiefseebergbau-Aktivitäten gefährdet werden, so kann die IMB deren Entfernung oder andere Sicherungen vorschreiben, um die Meeresumwelt in dem betroffenen Gebiet zu schützen. Die in Art. 145 lit. (b) SRÜ niedergelegte Pflicht der IMB, die natürlichen Ressourcen des Gebiets zu schützen und zu erhalten sowie Schäden für Meeresflora und -fauna zu vermeiden, kann auch das Recht der IMB umfassen, marine Schutzgebiete einzurichten, in denen der Tiefseebergbau verboten bzw. eingeschränkt ist.[345] Weitergehend wird gefordert, die IMB solle eine leitende Rolle bei der Errichtung mariner Schutzgebiete in Gebieten jenseits nationaler Jurisdiktion einnehmen.[346] Der Schluss liegt nahe, dass von solchen Schutzgebieten der IMB auch andere Aktivitäten wie die Verlegung von Transportleitungen betroffen wären.

4. *Zusammenfassung*

Verlegung, Betrieb und Entfernung von Rohrleitungen, die in unmittelbarem Zusammenhang mit den Ausbeutungstätigkeiten im Gebiet stehen, bedürfen der Zustimmung der IMB, da sie Tätigkeiten im Gebiet darstellen. Die IMB kann solche Leitungen verhindern, sie von Auflagen abhängig machen, insbesondere im Bereich des Meeresumwelt-

---

344 Siehe Statement des Generalsekretärs der IMB, in: UN-GA, Report on the Work of the United Nations Open-ended Informal Consultative Process on Oceans and the Law of the Sea at Its Fifth Meeting, U.N. Doc. A/59/122, 1. Juli 2004, 17, para. 66: „The Authority also has a broader regulatory role with respect to the protection and preservation of the marine environment (including its biodiversity) as well as with respect to marine scientific research in the Area generally." *M. Gavouneli*, Functional Jurisdiction in the Law of the Sea, 144: „(...) to cover all pollution control in the Area (...)." Siehe zur Rolle der IMB, insbesondere in Bezug auf marinen Umweltschutz und Biodiversität *A.G. Oude Elferink*, The Regime of the Area, (143) 169 f.

345 *A.G. Oude Elferink*, The Regime of the Area, (143) 170.

346 *T. Scovazzi*, Some Considerations on the Role of the International Sea-Bed Authority, (383) 396; ähnlich auch *S. Kaye*, Implementing high seas biodiversity conservation, (221) 225; zustimmend *A.G. Oude Elferink*, The Regime of the Area, (143) 170.

schutzes, und z. B. eine Entfernung der Rohrleitung nach deren Stilllegung fordern.

Bezüglich der Verlegung, des Betriebs und der Entfernung anderer Transportleitungen, die durch das Gebiet führen, jedoch von der Ausbeutung der Ressourcen des Gebiets unabhängig sind, kommt der IMB grundsätzlich kein Zustimmungsvorbehalt zu. Darüber hinaus sind die anderen Regelungs- und Durchsetzungskompetenzen der IMB in Bezug auf solche Transportrohrleitungen begrenzt, auch im Bereich des Meeresumweltschutzes. Die IMB kann jedoch beispielsweise das Verlegen einer Rohrleitung gemäß Art. 157 Abs. 2 SRÜ in einem Gebiet verbieten, wenn bereits bestehende Ausbeutungsaktivitäten in dem betreffenden Gebiet dadurch gefährdet würden. Aufgrund des Rücksichtnahmegebots des Art. 147 Abs. 1 und 3 SRÜ erscheint es zweifelhaft, der IMB bereits bei konkreten Ausbeutungsplänen oder gar wegen der bloßen abstrakten Möglichkeit der Ausbeutung der Ressourcen im Gebiet das Recht einzuräumen, Rohrleitungen im Gebiet zu verbieten. Über den engen Wortlaut des Art. 145 SRÜ hinausgehend kommen der IMB im Bereich der Meeresverschmutzung Kompetenzen zu, die insbesondere aus der Annexkompetenz des Art. 157 Abs. 2 SRÜ i.V.m. Art. 145 SRÜ hergeleitet werden. Besteht z. B. die Gefahr, dass im Gebiet verlegte Rohrleitungen durch Tiefseebergbau-Aktivitäten gefährdet werden, so kann die IMB deren Entfernung oder andere Sicherungen vorschreiben, um die Meeresumwelt in dem betroffenen Gebiet zu schützen.

IV. Durchsetzung der Umweltschutzvorschriften

Im SRÜ finden sich keine Vorschriften, die sich ausdrücklich auf die Durchsetzung der Vorschriften zum Schutz seeverlegter Rohrleitungen und der marinen Umwelt beziehen. Für den Bereich des Meeresumweltschutzes enthalten Art. 213 ff. SRÜ Durchsetzungsvorschriften in Bezug auf die im SRÜ spezifizierten Verschmutzungsursachen. Da jedoch weder die Verlegung, der Betrieb noch die Nicht-Entfernung einer unterseeischen Rohrleitung als „Dumping" i. S. d. Art. 210 SRÜ qualifiziert werden können, ist auch die korrespondierende Vorschrift des Art. 216 SRÜ grundsätzlich nicht anwendbar.[347] Mangels Anwendbarkeit des Art. 207 SRÜ in Bezug auf eine Verschmutzung von Land aus

[347] Siehe oben S. 129 ff.

ist auch die entsprechende Durchsetzungsvorschrift des Art. 213 SRÜ prinzipiell nicht einschlägig.[348] Art. 215 SRÜ verweist, wie bereits erwähnt, für die Durchsetzung in Bezug auf Tätigkeiten im Gebiet auf das Regelungswerk des Teil XI SRÜ.

1. Durchsetzung durch Flaggenstaaten und verlegende Staaten

Indem der Staat seine Freiheit und sein Recht zur Verlegung und zum Betrieb seeverlegter Rohrleitungen wahrnimmt, muss er die in diesem Zusammenhang erforderlichen Gesetze und Vorschriften erlassen und diese auch, außer in einem fremden Küstenmeer und eingeschränkt in einer fremden AWZ bzw. auf einem fremden Festlandsockel, gegenüber dem Eigentümer oder Betreiber einer Rohrleitung, der seiner Hoheitsgewalt untersteht, durchsetzen dürfen.[349] Der verlegende Staat ist also dazu berechtigt und verpflichtet, die im Zusammenhang mit der Verlegefreiheit erforderlichen Gesetze und Vorschriften zu erlassen und diese gegenüber dem Eigentümer oder Betreiber einer Rohrleitung, der seiner Hoheitsgewalt untersteht, durchzusetzen, gerade auch im Bereich der Sicherheit einer Rohrleitungen sowie des Meeresumweltschutzes.

Das Recht, ein Schiff zu durchsuchen und zu überprüfen, das eine Rohrleitung eines anderen Staates im Bereich der Hohen See beschädigt oder zerstört hat, liegt beim Flaggenstaat des Schiffes, da dieser die aus der Flaggenhoheit fließende Hoheitsgewalt und Kontrolle über Schiffe seiner Staatszugehörigkeit ausübt (siehe insbesondere Art. 91, 92, 94 SRÜ).[350] Dem verlegenden Staat, also dem Staat, dessen Hoheitsgewalt der Eigentümer oder Betreiber einer Rohrleitung unterliegt, kommen wegen dieses Grundsatzes der Flaggenhoheit gegen ein solches Schiff grundsätzlich keine Durchsetzungskompetenzen zu.

---

[348] Siehe hierzu oben S. 131 ff.

[349] Siehe *R. Lagoni/A. Proelß*, Festlandsockel und ausschließliche Wirtschaftszone, (161) 206, Rn. 136.

[350] Siehe auch Art. X KSV, der eine Durchsuchung oder gar ein Festhalten des Schiffes jedoch nicht erlaubt. Siehe *R. Lagoni*, Submarine Cables, EPIL, 50. Siehe zur möglichen Anwendbarkeit des Art. 94 Abs. 7 SRÜ im Falle einer Plünderung von Seekabeln *M.P. Green/D.R. Burnett*, Security of International Submarine Cable Infrastructure, (557) 567 ff.

2. *Ausnahmen vom Prinzip der Flaggenhoheit im Bereich der Piraterie*

In besonderen Fällen gelten im Bereich der Hohen See Ausnahmen vom Prinzip der Flaggenhoheit. Für Piraterie ist im internationalen Seerecht festgelegt, dass jeder Staat ein Seeräuberschiff aufbringen, die Personen an Bord des Schiffes festnehmen und die dort befindlichen Vermögenswerte beschlagnahmen kann (Art. 105 SRÜ) und das Schiff anhalten und betreten darf (Art. 110 Abs. 1 lit. (a) SRÜ). Gemäß Art. 100 SRÜ sind alle Staaten in der Pflicht, bei der Bekämpfung der Seeräuberei in größtmöglichem Maße zusammenzuarbeiten. Subsumiert man das vorsätzliche Beschädigen oder Zerstören einer unterseeischen Rohrleitung unter den Begriff der Piraterie, so könnte jeder Staat zu den soeben genannten Maßnahmen gegen ein Schiff berechtigt sein, von dem aus schädigende Handlungen gegen eine Seepipeline vorgenommen werden.

Unter den Begriff der Piraterie fallen *per definitionem* nur Handlungen auf Hoher See bzw. an einem Ort, der keiner Hoheitsgewalt untersteht – also auch Akte in der AWZ, jedoch nach überwiegender Ansicht nicht solche in den inneren Gewässern oder im Küstenmeer (Art. 101 SRÜ).[351] Ob das vorsätzliche Beschädigen oder Zerstören von Seekabeln und -pipelines als Piraterie zu qualifizieren ist, ist umstritten. In einem 1869 von den USA vorgelegten Vorschlag wurde die Unterbrechung eines Kabels der Piraterie gleichgestellt, die einzelnen Staaten sollten gleichsam als „Sachwalter der internationalen Staatengemeinschaft“ agieren.[352] Dieser Aspekt einer „internationalen Polizeiordnung“ begegnete jedoch bereits damals großen Bedenken.[353] Letztendlich konnten sich die Versuche, die Beschädigung von Seekabeln der Pi-

---

[351] Art. 101 SRÜ: „Seeräuberei ist jede der folgenden Handlungen: (a) jede rechtswidrige Gewalttat oder Freiheitsberaubung oder jede Plünderung, welche die Besatzung oder die Fahrgäste eines privaten Schiffes oder Luftfahrzeugs zu privaten Zwecken begehen und die gerichtet ist (i) auf Hoher See gegen ein anderes Schiff oder Luftfahrzeug oder gegen Personen oder Vermögenswerte an Bord dieses Schiffes oder Luftfahrzeugs; (ii) an einem Ort, der keiner staatlichen Hoheitsgewalt untersteht, gegen ein Schiff, ein Luftfahrzeug, Personen oder Vermögenswerte; (...).“

[352] Siehe *R. Wolfrum*, Die Internationalisierung staatsfreier Räume, 237; *R.-J. Dupuy/D. Vignes*, A Handbook on the New Law of the Sea, Vol. II, 977; *S. Kaye*, International measures, (377) 396; ausführlich *M. Roelandt*, La condition juridique des pipelines, 170 ff.; *D. König*, Durchsetzung internationaler Bestands- und Umweltschutzvorschriften auf Hoher See, 103 f.

[353] *R. Wolfrum*, Die Internationalisierung staatsfreier Räume, 237.

raterie gleichzustellen, in der Staatenpraxis jedoch nicht durchsetzen.[354] In der Literatur werden vorsätzliche Beschädigungs- oder Zerstörungshandlungen an Seekabeln unter den Begriff der Piraterie subsumiert.[355] Diese Ansicht hat zur Konsequenz, dass alle Staaten das Recht haben, das „Piraten-Schiff" anzuhalten, zu durchsuchen und ggf. zu beschlagnahmen, sowie in der Pflicht sind, bei der Bekämpfung solcher Akte zusammenzuarbeiten.

Für Seekabel existiert eine reale Gefahr einer vorsätzlichen Beschädigung, da diese oft auf dem Meeresboden verlegt und nicht in den Meeresuntergrund eingegraben werden und demnach leichter zu beschädigen sind. Gerade in den letzten Jahren hat der Diebstahl von Teilstücken seeverlegter Kabel zugenommen, in küstennahen Gewässern, jedoch auch im Bereich der Hohen See. In Bezug auf seeverlegte Rohrleitungen ist diese Problematik jedoch weniger relevant, da ein vorsätzliches Beschädigen oder Zerstören im Bereich der Hohen See – zumal als Akt der Piraterie – wegen der Ummantelung aus Beton und der Tatsache, dass Rohrleitungen meist in den Meeresboden eingegraben werden, wenig realistisch ist.[356] In flachen küstennahen Gewässern, insbesondere in dem Bereich, in dem die Rohrleitung anlandet, ist die Gefahr eines Sabotageaktes größer, was unten näher untersucht wird.[357]

---

[354] Siehe *R. Wolfrum*, Die Internationalisierung staatsfreier Räume, 237. So sieht der KSV bei einer Beschädigung eines unterseeischen Kabels die Strafkompetenz des Flaggenstaates vor und beruht damit auf dem Flaggenstaatsprinzip.

[355] Siehe nur *M.P. Green/D.R. Burnett*, Security of International Submarine Cable Infrastructure, (557) 577 ff. m. w. N., die insbesondere ablehnen, dass zwei Schiffe beteiligt sein müssen, um einen Akt der Piraterie i. S. d. Art. 101 SRÜ anzunehmen (sog. „two vessel limitation"). Siehe in Bezug auf Anlagen auch *S. Kaye*, International measures, (377) 415 f., 419 f., mit dem Versuch, solche Handlungen unter das SUA-Protokoll 2005 (Protocol of 2005 to the Protocol for the Suppression of Unlawful Acts Against the Safety of Fixed Platforms Located on the Continental Shelf, IMO Doc. LEG/CONF. 15/22, 14. Februar 2006, in Kraft getreten am 28. Juli 2010) zu subsumieren.

[356] *S. Kaye*, International measures, (377) 418 f., hingegen hält dieses Szenario auch für Pipelines für realistisch. Auch *U. Jenisch*, Sicherheit auf See, (154) 155, nennt Pipelines und Kabel als mögliche Angriffsziele.

[357] Siehe zum Küstenmeer unten S. 179 ff.

3. *Ausnahmen vom Prinzip der Flaggenhoheit bei terroristischen Akten*

Maritimer Terrorismus grenzt sich zu Piraterie nach dem Zweck der Handlung ab: Während Seeräuber private (meist finanzielle) Zwecke verfolgen, so sind terroristische Akte politisch motiviert – wenn beispielsweise die Internetkommunikation einer Region durch das Beschädigen eines Seekabels lahmgelegt werden soll (z. B. durch elektromagnetische Impulse[358]). Die Gefahren für unterseeische Rohrleitungen, die von terroristischen Anschlägen ausgehen können, sind denen der Piraterie ähnlich. Ebenso wie Akte der Piraterie sind auch Terroranschläge auf Seerohrleitungen, insbesondere im Bereich der Hohen See, unwahrscheinlich.

Die SRÜ-Bestimmungen über Piraterie sind gemäß der Definition des Art. 101 SRÜ nur bei rechtswidrigen Gewalttaten zu privaten Zwecken und nicht bei politisch motivierten Terrorakten anwendbar.[359] Da sich das traditionelle Institut der Piraterie bei der Anwendung auf moderne Formen des Terrorismus auf See als unzureichend erwiesen hat,[360] wurden im Rahmen der IMO am 10. März 1988 die sog. SUA-Konvention[361] sowie das sog. SUA-Protokoll über Plattformen auf dem Festlandsockel[362] angenommen, die beide am 1. März 1992 in Kraft traten.[363] Relevant für die vorliegende Untersuchung könnte das SUA-Protokoll von 1988 sein, das in Anlehnung an die SUA-Konvention be-

---

[358] Siehe Kommentar von *W. Heintschel von Heinegg* sowie Antwort von *M.P. Green* zu *M.P. Green/D.R. Burnett*, Security of International Submarine Cable Infrastructure, (557) 589 f.

[359] *M.P. Green/D.R. Burnett*, Security of International Submarine Cable Infrastructure, (557) 582, schließen demnach auf eine Regelungslücke im internationalen Kabelschutzrecht.

[360] *R. Wolfrum*, Hohe See und Tiefseeboden, (287) 309, Rn. 58.

[361] Convention for the Suppression of Unlawful Acts Against the Safety of Maritime Navigation; UNTS Bd. 1678 (1992), 221 ff.; ILM 27 (1988), 668 ff.

[362] Protocol for the Suppression of Unlawful Acts Against the Safety of Fixed Platforms Located on the Continental Shelf; UNTS Bd. 1678 (1992), 304 ff.

[363] Die SUA-Konvention greift im repressiven Bereich, d. h. sie stellt bestimmte, gegen die Schifffahrt gerichtete Akte außerhalb des Küstenmeers unter Strafe und verbessert die Möglichkeit der strafrechtlichen Verfolgung der Täter nach dem Prinzip des *aut dedere aut iudicare*. Siehe *R. Wolfrum*, Hohe See und Tiefseeboden, (287) 310, Rn. 58 m. w. N.; siehe auch *S. Kaye*, International measures, (377) 389 f.

stimmte Akte gegen sog. „fixed platforms“ unter Strafe stellt (siehe Art. 2 SUA-Protokoll von 1988). Zum einen können Rohrleitungen selbst unter den Begriff der „fixed platforms“ fallen; zum anderen könnte das SUA-Protokoll von 1988 einschlägig sein, wenn bei Anschlägen gegen Offshore-Installationen Rohrleitungen zerstört werden.[364] Da das SUA-Protokoll von 1988 *expressis verbis* aber nur für Plattformen auf dem Festlandsockel und nicht im Bereich der Hohen See anwendbar ist, ist es unten näher zu untersuchen.[365]

Primär bleibt es also bei der Verantwortlichkeit des Flaggenstaates eines Schiffes, von dem aus im Zuge eines terroristischen Anschlags eine seeverlegte Pipeline auf dem Boden der Hohen See jenseits nationaler Hoheitsbefugnisse beschädigt wird.[366] Der Flaggenstaat ist u. a. berechtigt, das Schiff zu durchsuchen, zu überprüfen und ggf. zu beschlagnahmen. Ein solches Szenarium dürfte jedoch, insbesondere in küstenfernen Gewässern, in Bezug auf Rohrleitungen kaum realistisch sein.

V. Zusammenfassung

Konkrete Rechte und Pflichten der verlegenden Staaten jenseits nationaler Hoheitsbefugnisse lassen sich zumeist nur aus den allgemeinen SRÜ-Bestimmungen im Bereich des Meeresumweltschutzes und den Rücksichtnahmegeboten entwickeln.

Weder Art. 210, 216 SRÜ in Bezug auf ein Einbringen noch Art. 207, 213 SRÜ, die die Meeresverschmutzung von Land aus betreffen, konkretisieren die Regelungs- und Durchsetzungskompetenzen der verlegenden Staaten hinsichtlich der Verlegefreiheit. Art. 210 und 207 SRÜ sind jedoch anwendbar, wenn eine Rohrleitung mit antikorrosiv wirkenden Flüssigkeiten durchgespült wird und diese danach ins Meer geleitet werden. Des Weiteren ist Art. 210 SRÜ einschlägig, wenn eine Rohrleitung nach ihrer Stilllegung geborgen und an einer anderen Stelle im Meer versenkt wird, jedoch nicht, wenn eine aufgegebene oder nicht mehr genutzte Rohrleitung auf dem Meeresboden belassen wird. Art.

---

[364] Siehe ausführlich zu Anschlägen auf Offshore-Installationen und den diesbezüglichen Rechten der Staaten *S. Kaye*, International measures, (377) 377 ff., 404 ff. u. a. zu Maßnahmen der Selbstverteidigung.

[365] Siehe unten S. 231 ff. Eingängig *S. Kaye*, International measures, (377) 391 ff.

[366] Siehe auch *S. Kaye*, International measures, (377) 421.

207 SRÜ greift bei Rohrleitungen, die zum Zwecke verlegt werden, Abwässer von Land aus ins Meer zu leiten.

Aus den Bestimmungen im Bereich des Meeresumweltschutzes ergibt sich zum einen die Pflicht, im Vorfeld einer Rohrleitungsverlegung die Trasse zu untersuchen, insbesondere nach möglichen Hindernissen und Gefahrenquellen, z. B. Minen. In Anknüpfung hieran muss der verlegende Staat die Rohrleitung entweder in ausreichendem Abstand um Hindernisse herum legen, oder er muss die Hindernisse räumen. Des Weiteren kommt dem verlegenden Staat die Pflicht zu, eine seeverlegte Rohrleitung regelmäßig zu warten und sicherzustellen, dass von der Rohrleitung keine Gefahren ausgehen bzw. dass die Rohrleitung selbst nicht gefährdet ist, z. B. durch Veränderungen des Meeresbodens. Erfüllt ein verlegender Staat diese Rechtssetzungspflichten im Bereich des Meeresumweltschutzes nicht, so haftet er nach dem Grundsatz der Staatenverantwortlichkeit gegenüber dem Heimatstaat des Geschädigten.[367]

Die Freiheit der Rohrleitungsverlegung selbst umfasst jedoch nicht das Recht, entlang einer Rohrleitung Sicherheitszonen zu errichten, da dies die anderen Freiheiten der Hohen See, insbesondere die Schifffahrts- und Fischereifreiheit, zu sehr einschränken würde und dem Rücksichtnahmegebot konträr wäre. Auch eine Auslegung der umweltschutzbezogenen Bestimmungen des SRÜ, insbesondere des Art. 194 Abs. 3 lit. (c) und (d) SRÜ, führt zu keinem anderen Ergebnis.

Darüber hinaus besteht wegen der soeben genannten Gründe auch keine Kennzeichnungs- und Warnpflicht für unterseeische Rohrleitungen, z. B. mit Bojen. Aufgrund der Tatsache, dass andere Meeresnutzungen durch Kennzeichnungen und Warnmittel im Bereich der Hohen See unverhältnismäßig beeinträchtigt werden können, kommt sogar ein

---

[367] Siehe zur Verantwortlichkeit und Haftung im SRÜ Art. 235 SRÜ: „(1) Die Staaten sind für die Erfüllung ihrer internationalen Verpflichtungen betreffend den Schutz und die Bewahrung der Meeresumwelt verantwortlich. Sie haften in Übereinstimmung mit dem Völkerrecht. (2) Die Staaten stellen sicher, dass in Übereinstimmung mit ihrem Rechtssystem der Rechtsweg für umgehende und angemessene Entschädigung und sonstigen Ersatz für Schäden gegeben ist, die durch Verschmutzung der Meeresumwelt seitens ihrer Gerichtsbarkeit unterstehender natürlicher oder juristischer Personen verursacht werden. (...)." Ausführlich zu Art. 235 SRÜ *R. Lagoni*, Völkerrechtliche Vorgaben für die Anwendung des Umweltschadensgesetzes, 27 ff.; kritisch *R. Wolfrum*, Maritime Pollution – Compensation or Enforcement?, (129) 130; siehe auch *R. Wolfrum/C. Langenfeld*, Umweltschutz durch internationales Haftungsrecht, 39.

Verbot der Kennzeichnung von Rohrleitungen in Betracht. Staaten sind aber berechtigt, die Lage einer eigenen Rohrleitung öffentlich bekannt zu geben und in Seekarten verzeichnen zu lassen. Da militärstrategische und sicherheitspolitische Interessen in Bezug auf den Rohrleitungsschutz heutzutage nicht mehr so bedeutend sind und hinter den Gefahren für andere Meeresnutzungen und für die Meeresumwelt zurücktreten, ist mittlerweile eine Pflicht zur Veröffentlichung bzw. Kennzeichnung zivil genutzter Rohrleitungen in Seekarten anzunehmen.

Eine Pflicht zur Entfernung einer unterseeischen Rohrleitung lässt sich grundsätzlich weder dem Rücksichtnahmegebot noch den allgemeinen umweltrechtlichen Verpflichtungen der Art. 192, 194 SRÜ entnehmen. Eine teilweise oder vollständige Beseitigung kann jedoch nach den konkreten Umständen geboten sein, wenn von der verbleibenden Rohrleitung in erheblichem Maße abträgliche Wirkungen für die Meeresumwelt zu erwarten sind. Ähnliches gilt für das Rücksichtnahmegebot (Art. 87 Abs. 2 SRÜ): Im besonderen Fall einer erheblichen Behinderung der Schifffahrt, der Fischerei oder von Meeresbodenaktivitäten durch eine verbleibende Rohrleitung kann die Pflicht zur gebührenden Berücksichtigung der Interessen anderer Staaten zu einer Beseitigungspflicht erstarken. Dies gilt insbesondere dann, wenn die Behinderungen nicht durch weniger einschneidende Maßnahmen, z. B. durch Warneinrichtungen, zu vermeiden sind.

Die Freiheit der Verlegung unterseeischer Rohrleitungen und Kabel ist gerade im Vergleich zur Schifffahrtsfreiheit im Bereich des Meeresumweltschutzes wenig reguliert.[368] Im Gegensatz hierzu hat die IMO seit ihrer Gründung ein beachtliches Regelwerk im Bereich der Schiffssicherheit und der Vermeidung und Verringerung einer Meeresverschmutzung durch Schiffe geschaffen und dieses beständig weiterentwickelt. Für Rohrleitungen fehlt eine solche Internationale Organisation, der weitreichende Kompetenzen für alle Arten von Rohrleitungen zukommen, die Vertragsstaaten in allen Zonen und Meeren verlegen. Dies wäre jedoch vonnöten, um international (und nicht nur regional) einheitliche Standards bei Verlegung, Betrieb und (Nicht-)Entfernung unterseeischer Rohrleitungen zu schaffen und die Effektivität der allge-

---

[368] *M. Silva Chau*, Zonas marítimas previstas en la Convención sobre el Derecho del Mar, (139) 152, qualifiziert die Verlegefreiheit allerdings als „(...) una de las libertades mejor reguladas y, por tanto, virtualmente más eficientes." Zuzustimmen ist ihm insofern, als er sich auf die Verlegefreiheit auf dem Festlandsockel bezieht.

meinen Bestimmungen des SRÜ für die Sicherheit von Rohrleitungen und den Meeresumweltschutz zu gewährleisten.

Ansätze eines solchen Regelungswerkes für Verlegung, Betrieb und (Nicht-)Entfernung unterseeischer Rohrleitungen jenseits nationaler Hoheitsbefugnisse bestehen bereits: Rohrleitungen, die im Zusammenhang mit der Ausbeutung der Ressourcen des Gebiets stehen und damit „Tätigkeiten im Gebiet“ darstellen, bedürfen der Zustimmung der IMB. Die IMB kann solche Leitungen verhindern, sie von Auflagen abhängig machen und z. B. eine Entfernung nach der Stilllegung fordern. Sollte mit der Ausbeutung der Erdöl- und Erdgas-Reserven im Gebiet begonnen werden, bei dem auch Rohrleitungen zum Einsatz kämen, so wäre die IMB in der Pflicht, in Bezug auf solche Rohrleitungen Bestimmungen zu entwickeln und durchzusetzen, um eine Verschmutzung der Meeresumwelt zu vermeiden (siehe insbesondere Art. 145 SRÜ). Eine Zusammenarbeit mit den verlegenden Staaten wäre dabei unerlässlich.

Verlegung, Betrieb und (Nicht-)Entfernung von Transportrohrleitungen, die durch das Gebiet führen, jedoch von der Ausbeutung der Ressourcen des Gebiets unabhängig sind, können nicht unter den Begriff „Tätigkeiten im Gebiet“ subsumiert werden. Bezüglich der Verlegung, des Betriebs und der Entfernung solcher Transportleitungen kommt der IMB demnach grundsätzlich kein Zustimmungsvorbehalt zu. Aufgrund ihrer aus Art. 157 Abs. 2 SRÜ abgeleiteten Annexkompetenz kann die IMB das Verlegen einer Rohrleitung in einem Gebiet verbieten, wenn bereits bestehende Ausbeutungsaktivitäten dadurch gefährdet würden. Grenzen setzen diesbezüglich die Rücksichtnahmegebote des Art. 147 Abs. 1, 3 SRÜ. Vor diesem Hintergrund erscheint es zweifelhaft, der IMB diese Befugnis bereits dann einzuräumen, wenn es lediglich konkrete Ausbeutungspläne in einem Gebiet gibt. Die lediglich abstrakte Möglichkeit der Ausbeutung der Ressourcen des Gebiets dürfte nicht ausreichen, um die Verlegung und den Betrieb von Rohrleitungen im Gebiet zu verhindern.

Kapitel 3: Rechte und Pflichten in Bezug auf unterseeische Rohrleitungen und Meeresumweltschutz in küstenstaatlichen Meereszonen: Verlegende Staaten und Küstenstaaten

I. Meeresumweltschutz in küstenstaatlichen Meereszonen: Anwendbarkeit des Art. 208 SRÜ (Verschmutzungen durch Tätigkeiten auf dem Meeresboden)

Die allgemeinen Bestimmungen der Art. 192 ff. SRÜ sind, soweit sie sich an „die Staaten" richten und keine weiteren Einschränkungen aufweisen, auch auf Küstenstaaten bzw. in küstenstaatlichen Meereszonen anwendbar. Ansonsten variieren die Rechte und Pflichten der verlegenden Staaten und Küstenstaaten in Bezug auf Verlegung, Betrieb, Unterhaltung und (Nicht-)Entfernung seeverlegter Rohrleitungen je nach der Art der küstenstaatlichen Meereszone. Konkrete Rechte und Pflichten in Bezug auf eine Vermeidung, Verringerung und Überwachung der durch Seerohrleitungen verursachten Verschmutzungen können sich zunächst aus den im SRÜ speziell ausgestalteten Verschmutzungsursachen ergeben.

Der ein Einbringen betreffende Art. 210 Abs. 5 SRÜ ist auf seeverlegte Rohrleitungen auch in küstenstaatlichen Meereszonen grundsätzlich nicht anwendbar, da, wie oben ausführlich dargestellt, Verlegung, Einbettung, Ummantelung, Betrieb und Nicht-Entfernung unterseeischer Rohrleitungen kein Einbringen i. S. d. Art. 1 Abs. 1 Nr. 5 lit. (a) SRÜ darstellen.[1]

Des Weiteren wurde bereits oben untersucht, dass Art. 207 und 213 SRÜ in Bezug auf eine Verschmutzung vom Land aus nach ihrem Sinn und Zweck und ihrer Entstehungsgeschichte keine Transportrohrlei-

---

1 Dies gilt auch für Art. 216 SRÜ. Siehe zum Ganzen oben S. 129 ff, auch zu den Ausnahmen. Art. 210 Abs. 5 SRÜ: „Das Einbringen innerhalb des Küstenmeeres und der ausschließlichen Wirtschaftszone oder auf dem Festlandsockel darf nicht ohne ausdrückliche vorherige Genehmigung des Küstenstaates erfolgen; dieser ist berechtigt, ein solches Einbringen nach angemessener Erörterung mit anderen Staaten, die wegen ihrer geographischen Lage dadurch Nachteile erleiden könnten, zu erlauben, zu regeln und zu überwachen." Die Anwendbarkeit des Art. 210 Abs. 5 SRÜ mit seinem küstenstaatlichen Erlaubnisvorbehalt würde auf dem Festlandsockel bzw. in der AWZ das Recht der Rohrleitungsverlegung des Art. 79 Abs. 1 SRÜ aushöhlen, ist dieses doch – bis auf die Festlegung der Trasse (siehe Art. 79 Abs. 3 SRÜ) – genehmigungsfrei.

tungen erfasst, die von Land aus ins Meer verlegt werden, um Erdöl oder Erdgas oder andere Stoffe zu transportieren.[2]

Einer näheren Erörterung bedürfen an dieser Stelle Art. 208 und 214 SRÜ. Gemäß Art. 208 Abs. 1 SRÜ erlassen die Küstenstaaten Gesetze zur Verhütung, Verringerung und Überwachung der Verschmutzung der Meeresumwelt, die sich aus oder im Zusammenhang mit unter ihre Hoheitsbefugnisse fallenden Tätigkeiten auf dem Meeresboden ergibt (Alt. 1) oder die von künstlichen Inseln, Anlagen und Bauwerken herrührt, die aufgrund der Art. 60 und 80 SRÜ unter ihre Hoheitsbefugnisse fallen (Alt. 2). Nach Art. 208 Abs. 2 SRÜ ergreifen die Staaten andere Maßnahmen, die zur Verhütung, Verringerung und Überwachung einer solchen Verschmutzung notwendig sein können. Art. 208 Abs. 1 SRÜ bezieht sich explizit auf Küstenstaaten, wohingegen Abs. 2 an alle Staaten adressiert ist. Gemäß Art. 214 SRÜ setzen die Staaten ihre in Übereinstimmung mit Art. 208 SRÜ erlassenen Gesetze und sonstigen Vorschriften durch.

Art. 208 Abs. 1 SRÜ bezieht sich auf die Teile der See, die der küstenstaatlichen Jurisdiktion unterfallen, also auf die inneren Gewässer, das Küstenmeer, die AWZ und den Festlandsockel.[3] Primär ist Art. 208 Abs. 1 SRÜ auf Anlagen und Bauwerke wie Ölplattformen zugeschnitten, über die der Küstenstaat nach Art. 56 Abs. 1 lit. (a), (b) (i), 60 Abs. 2 SRÜ auf seinem Festlandsockel ausschließliche Hoheitsbefugnisse ausübt und die im Zusammenhang mit der Ausbeutung des Meeresbodens unter küstenstaatlicher Jurisdiktion stehen.[4] Dies ergibt sich auch aus der Verhandlungsgeschichte der Dritten Seerechtskonferenz: Die Entwürfe der Vorgängervorschriften des Art. 208 SRÜ waren auf Verschmutzungen bezogen, die durch die Erforschung und Ausbeutung des Meeresbodens unter küstenstaatlicher Jurisdiktion verursacht wer-

---

2 Art. 207 SRÜ greift jedoch bei Rohrleitungen, die dazu verlegt werden, Abwässer von Land aus ins Meer zu leiten. Art. 207 SRÜ ist zudem anwendbar, wenn Rohrleitungen vor der Inbetriebnahme mit antikorrosiv wirkenden Flüssigkeiten durchgespült werden und diese danach ins Meer geleitet werden. Siehe zum Ganzen oben S. 131 ff.

3 Siehe *M.H. Nordquist* (ed.), UNCLOS Commentary, Vol. VI, 144, Para. 208.10(b); *H. Esmaeili*, The Legal Regime of Offshore Oil Rigs, 153. Siehe zu Art. 208 SRÜ auch *T. Stoll*, Meeresschutz im Küsten- und Offshore-Bereich, (666) 669; *R. Dieter*, Das Umweltregime der Ostsee, 92.

4 *S. Pestke*, Offshore-Windfarmen in der AWZ, 93, weist auf die Verbindung zu Art. 80, 60 SRÜ hin.

den.[5] 1975 schlugen Brasilien, Indien und Peru vor, die Vorläuferbestimmung des Art. 208 SRÜ auf jede Aktivität, die in den Meeresgebieten unter küstenstaatlicher Jurisdiktion stattfindet, auszudehnen; 1978 wiederholte Brasilien einen ähnlichen Vorschlag, beide Vorschläge wurden aber abgelehnt.[6]

Da Anknüpfungspunkt für Art. 208 SRÜ insbesondere die küstenstaatlichen Hoheitsbefugnisse sind und diese je nach Art der Zone und ausgeübter Tätigkeit variieren, muss für das Küstenmeer und die inneren Gewässer einerseits und die AWZ bzw. den Festlandsockel andererseits jeweils bestimmt werden, welche Arten von Rohrleitungen in der jeweiligen Zone von Art. 208 SRÜ erfasst werden.

II. Umweltschutz und Sicherheit von Rohrleitungen im Küstenmeer und in den inneren Gewässern

Der Küstenstaat hat aufgrund seiner Souveränität grundsätzlich das uneingeschränkte Recht, der Rohrleitungsverlegung durch dritte Staaten in seinem Küstenmeer und in seinen inneren Gewässern zuzustimmen, diese zu verweigern oder von Auflagen abhängig zu machen.[7] Ein dem friedlichen Recht der Durchfahrt vergleichbares Recht der Rohrleitungspassage durch das Küstenmeer existiert nicht.[8] Die Erlaubnis für die Verlegung kann entweder unmittelbar dem verantwortlichen Unternehmen erteilt oder in Gestalt eines Abkommens des Küstenstaates mit dem betreffenden Drittstaat vereinbart werden.[9] Innerstaatlich gibt es mehrere Möglichkeiten, Privatpersonen oder -gesellschaften das Legen unterseeischer Rohrleitungen und Kabel zu gestatten, beispielswei-

---

5 Siehe zu den Entwürfen *H. Esmaeili*, The Legal Regime of Offshore Oil Rigs, 154 m. w. N.

6 Siehe *H. Esmaeili*, The Legal Regime of Offshore Oil Rigs, 154 f. m. w. N.

7 Nach dem internationalen Sachenrecht gilt hier der Grundsatz *lex rei sitae*, also das Recht des Staates, in dem sich die Sache befindet. Siehe Art. 43 Abs. 1 EGBGB: „Rechte an einer Sache unterliegen dem Recht des Staates, in dem sich die Sache befindet." Siehe hierzu auch Münchener Kommentar Rebmann/Säcker/Rixecker/Sonnenberger-*Wendehorst*, Art. 43 EGBGB, Rn. 1.

8 Siehe oben S. 91 ff.

9 *W. Wiese*, Seeverlegte Rohrleitungen im Völkerrecht, 186 m. w. N.

se durch Lizenzvergabe oder Leasing des betreffenden Stückes Meeresbodens im Küstenmeer.[10]

Als Bedingungen für das Legen einer Seepipeline kann der Küstenstaat z. B. die Dimension der Rohrleitung, Anforderungen an die Beschaffenheit und technische Sicherheit, die Art und Weise der Verlegung, z. B. das Einspülen oder das Eingraben in den Meeresuntergrund, Anforderungen an den Betrieb und die Unterhaltung sowie u. U. den Punkt festlegen, an dem die Rohrleitung in sein Küstenmeer eintreten soll. Jegliche Handlungen im Vorfeld der Verlegung (wie z. B. Trassenuntersuchungen), Unterhaltungsmaßnahmen oder eine Entfernung der Rohrleitung bedürfen der ausdrücklichen Zustimmung des Küstenstaates.[11] Da das Verbot der Gebührenerhebung im Küstenmeer (Art. 26 Abs. 1 SRÜ[12]) nicht für seeverlegte Rohrleitungen gilt, sind Transitgebühren für Rohrleitungen grundsätzlich zulässig. Der Küstenstaat kann also Abgaben für den Transit oder das Anlanden einer Rohrleitung in seinem Küstenmeer bzw. in seinen inneren Gewässern erheben.

Bei der Verlegung eigener Rohrleitungen ebenso wie bezüglich der Erteilung einer Verlegungserlaubnis darf der Küstenstaat jedoch andere Meeresnutzungen nicht unangemessen und ungerechtfertigt beeinträchtigen. Insbesondere darf er das Recht der friedlichen Durchfahrt fremder Schiffe durch das Küstenmeer, außer in den vom SRÜ vorgesehenen Fällen, nicht behindern (Art. 24 Abs. 1 SRÜ).[13] Des Weiteren ist der Küstenstaat auch im Küstenmeer an die Bestimmungen des SRÜ sowie an die sonstigen Regeln des Völkerrechts gebunden (siehe insbesondere Art. 2 Abs. 3 SRÜ).

Für den Fall, dass durch die Ausdehnung des Küstenmeeres Rohrleitungen, die vormals im Bereich der Hohen See lagen, nunmehr dem Küstenmeer zuzuordnen sind, sieht das SRÜ keinen Bestandsschutz für solche Rohrleitungen vor – mit Ausnahme der Bestimmung über Ar-

---

[10] Siehe zur Regelung in Südafrika bezüglich der Verlegung submariner Telekommunikationskabel im Küstenmeer *P. Vrancken*, Submarine Telecommunication Cables in the Territorial Sea, (282) 282 ff.

[11] Siehe für Trassenuntersuchungen bei der Kabelverlegung *R. Lagoni*, Legal Aspects of Submarine HVDC Cables, 65.

[12] Art. 26 Abs. 1 SRÜ: „Für die bloße Durchfahrt durch das Küstenmeer dürfen von fremden Schiffen keine Abgaben erhoben werden."

[13] Siehe zum Verhältnis von Rohrleitungslegung und Recht der friedlichen Durchfahrt ausführlich *M. Roelandt*, La condition juridique des pipelines, 168 ff.

chipelgewässer (Art. 51 Abs. 2 SRÜ), die jedoch auf das Küstenmeer nicht anwendbar ist.[14] Der Küstenstaat kann demnach grundsätzlich die Entfernung solcher Rohrleitungen verlangen, es sei denn, der verlegende Staat kann sich auf berechtigtes Vertrauen berufen.[15] Ist der Vertrauensschutz zu bejahen, so kann der Küstenstaat weder die Entfernung dieser Rohrleitung verlangen, noch darf er den Rohrleitungsbetrieb wesentlich behindern oder gar verhindern, indem er z. B. seine Zustimmung zu erforderlichen Unterhaltungsmaßnahmen verweigert, da andernfalls der Vertrauensschutz ausgehöhlt würde.[16]

1. Pflicht des Küstenstaates zur Duldung der Anlandung fremder unterseeischer Rohrleitungen: Transitfreiheit der Binnenstaaten (Teil X SRÜ)

Eine sog. Anlandung einer Rohrleitung ist dann gegeben, wenn die Rohrleitung in das Hoheitsgebiet eines Küstenstaates (Küstenmeer und/oder innere Gewässer) oder durch dieses führt. Eine Pflicht des Küstenstaates, die Anlandung einer Rohrleitung zu dulden, kommt insbesondere für Rohrleitungen von Binnenstaaten[17] in Betracht. Für diese wäre das Verlegerecht des Art. 87 Abs. 1 SRÜ (in dem sie ausdrücklich

---

14 Art. 51 Abs. 2 SRÜ: „Ein Archipelstaat nimmt Rücksicht auf die von anderen Staaten gelegten unterseeischen Kabel, die durch seine Gewässer führen, ohne das Ufer zu berühren. Ein Archipelstaat gestattet die Unterhaltung und den Ersatz dieser Kabel, nachdem ihm ihre Lage und Absicht, sie zu reparieren oder zu ersetzen, ordnungsgemäß mitgeteilt worden ist." Siehe *W. Wiese*, Seeverlegte Rohrleitungen im Völkerrecht, 192. *R. Lagoni*, Legal Aspects of Submarine HVDC Cables, 31, wendet die Vorschrift in Analogie aufs Küstenmeer an.

15 *W. Wiese*, Seeverlegte Rohrleitungen im Völkerrecht, 192.

16 Siehe *W. Wiese*, Seeverlegte Rohrleitungen im Völkerrecht, 192. Doch auch wenn der verlegende Staat sich auf berechtigtes Vertrauen berufen kann, bedarf insbesondere der Ersatz der Rohrleitung der Zustimmung des Küstenstaates, da dies einer erneuten Verlegung gleichkommt, die dem küstenstaatlichen Zustimmungsvorbehalt unterliegt. Siehe *M. Roelandt*, Pipelines dans le droit de la mer, 101.

17 Nach Art. 124 Abs. 1 lit. (a) SRÜ bedeutet Binnenstaat „(...) einen Staat, der keine Meeresküste hat; (...)." Den Binnenstaaten kommt u. a. eine wichtige Rolle als „Wächter" zu in Bezug auf Versuche einer weiteren Territorialisierung der Hohen See. Vgl. *H. Tuerk*, The Landlocked States and the Law of the Sea, (91) 112.

genannt sind) praktisch wertlos, wenn sie nicht die Möglichkeit hätten, Seerohrleitungen an die Küste eines Küstenstaates zu legen und von dort aus den Durchsatz weiterzubefördern.[18] Diese sog. Transitfreiheit der Binnenstaaten und deren Recht auf Zugang vom und zum Meer sind in Teil X SRÜ geregelt und stellen einen Ausgleich für deren geographisch nachteilige Lage dar.[19]

Art. 125 Abs. 1 SRÜ gewährleistet den Binnenstaaten zur Ausübung der Freiheiten der Hohen See das Recht auf freien Zugang zum und vom Meer sowie die Freiheit des Transits mit allen Verkehrsmitteln durch das Hoheitsgebiet von Transitstaaten, also auch durch das Küstenmeer und die inneren Gewässer.[20] Zu diesen Verkehrsmitteln gehören Rohrleitungen nach der Definition des Art. 124 Abs. 1 lit. (d) SRÜ nicht, da diese auf mobile Verkehrsmittel, u. a. Schiffe, beschränkt ist. Ein Versuch Afghanistans, diese Vorschrift auf Rohrleitungen auszuweiten, scheiterte während der Dritten Seerechtskonferenz.[21] Gemäß Art. 124 Abs. 2 SRÜ können Binnen- und Transitstaaten jedoch durch Vereinbarung u. a. Rohrleitungen und Gasleitungen in die Verkehrsmittel des Abs. 1 einbeziehen.

Grundsätzlich besteht also nach dem SRÜ kein Transitrecht in Bezug auf Rohrleitungen, dieses ist von bilateralen Verträgen abhängig.[22] Aus der Transitfreiheit des Art. 124, 125 SRÜ ergibt sich demnach kein Recht der Binnenstaaten auf das Anlanden einer seeverlegten Rohrleitung bzw. keine Pflicht der Küstenstaaten, ein Anlanden einer Rohrlei-

---

[18] *W. Wiese*, Seeverlegte Rohrleitungen im Völkerrecht, 189.

[19] Das SRÜ hat die Rechte der Binnenstaaten bestätigt und in einigen Belangen ausgeweitet, dennoch sind deren Rechte an einer maritimen Nutzung beschränkt. Siehe *H. Tuerk*, The Landlocked States and the Law of the Sea, (91) 111. Siehe zur Vorgängervorschrift des Art. 3 HSÜ *W. Wiese*, Seeverlegte Rohrleitungen im Völkerrecht, 81.

[20] Siehe Definition für Transitstaat des Art. 124 Abs. 1 lit. (b) SRÜ: „(...) bedeutet ‚Transitstaat' einen Staat mit oder ohne Meeresküste, der zwischen einem Binnenstaat und dem Meer liegt und durch dessen Hoheitsgebiet Transitverkehr geführt wird; (...)."

[21] Hierzu *W. Wiese*, Seeverlegte Rohrleitungen im Völkerrecht, 81 f. m. w. N.

[22] So *W. Wiese*, Seeverlegte Rohrleitungen im Völkerrecht, 81 m. w. N.; *A. Verdross/B. Simma*, Universelles Völkerrecht, 735, § 1135, stellen die Frage, ob den Binnenstaaten auch dann ein Recht auf Transit zukommt, wenn die in Art. 125 Abs. 2 SRÜ vorgesehene Vereinbarung nicht zustande kommt – ohne diese Frage jedoch zu beantworten.

tung zu dulden, sofern in zwischenstaatlichen Verträgen nichts anderes bestimmt ist. Aus der Sonderbestimmung für anlandende Rohrleitungen des Art. 79 Abs. 4 Alt. 1 SRÜ wird abgeleitet, dass Rohrleitungen nicht ohne Zustimmung des Küstenstaates angelandet werden können und diesem das Recht zustehe, Bedingungen bezüglich der Beschaffenheit, der Unterhaltung und des Betriebs festzulegen.[23] Auch Art. 79 Abs. 4 Alt. 1 SRÜ spricht demnach gegen eine Duldungspflicht des Küstenstaates bezüglich des Anlandens einer Rohrleitung.[24]

Aus dem SRÜ ergibt sich im Ergebnis also keine Pflicht des Küstenstaates, ein Anlanden einer Seerohrleitung zu dulden. Der Küstenstaat kann kraft seiner Souveränität dritten Staaten untersagen, eine Rohrleitung in sein Küstenmeer bzw. seine inneren Gewässer zu führen. Erlaubt er ein Anlanden einer fremden Rohrleitung, kann er die Bedingungen in Bezug auf Beschaffenheit, Unterhaltung, Betrieb und Entfernung der seeverlegten Pipeline festlegen. Ein Anlandungs- bzw. Transitrecht für eine unterseeische Rohrleitung kann in zwischenstaatlichen Verträgen vereinbart werden, insbesondere zwischen Binnenstaaten und Transitstaaten mit Meeresküste.

2. *Schutz unterseeischer Rohrleitungen und Meeresumweltschutz*

Anknüpfungspunkt für die küstenstaatlichen Rechte und Pflichten im Bereich des Meeresumweltschutzes ist Art. 208 Abs. 1 SRÜ, der die allgemeinen Verpflichtungen des Art. 194 SRÜ konkretisiert. Gemäß Art. 208 Abs. 1 SRÜ erlassen die Küstenstaaten Gesetze zur Verhütung, Verringerung und Überwachung der Verschmutzung der Meeresumwelt, die sich aus oder im Zusammenhang mit unter ihre Hoheitsbefugnisse fallenden Tätigkeiten auf dem Meeresboden ergibt. Alle Aktivitäten im Küstenmeer unterfallen aufgrund der Souveränität des Küstenstaates seiner ausschließlichen Jurisdiktion (mit der Ausnahme des Rechts der friedlichen Durchfahrt). Der Küstenstaat ist demnach aus

---

23 *W. Wiese*, Seeverlegte Rohrleitungen im Völkerrecht, 189, mit Verweis zu *J. Crowley*, The Ekofisk-Emden Gas Pipeline, (39) 47.

24 Auch aus Art. 79 Abs. 1 SRÜ, nach dem das Recht der Rohrleitungsverlegung auf dem Festlandsockel allen Staaten und damit auch Binnenstaaten zusteht, kann kein Anspruch hergeleitet werden, Rohrleitungen im Transit über das Territorium eines Küstenstaates oder benachbarten Staates zu verlegen, um die seeverlegte Rohrleitung bis auf das eigene Territorium zu verlängern. Siehe *W. Wiese*, Seeverlegte Rohrleitungen im Völkerrecht, 82, unter Verweis auf Art. 3 HSÜ.

Art. 208 Abs. 1 SRÜ verpflichtet, für das Küstenmeer Gesetze zur Verhütung, Verringerung und Überwachung der Verschmutzung der Meeresumwelt durch Verlegung, Betrieb und (Nicht-)Entfernung einer unterseeischen Rohrleitung zu erlassen, die er nach Art. 214 SRÜ durchsetzt.[25] Der Küstenstaat ist also in der Pflicht, Gesetze zu erlassen und durchzusetzen, die für die Rohrleitungsverlegung in seinem Küstenmeer insbesondere Folgendes regeln: Die Eigentümer oder Betreiber einer Rohrleitung müssen im Vorfeld einer Rohrleitungsverlegung die Trasse untersuchen, insbesondere nach möglichen Hindernissen und Gefahren wie z. B. Minen. Die Rohrleitung muss entweder in ausreichendem Abstand um Hindernisse herum gelegt werden oder diese Hindernisse müssen geräumt werden. Darüber hinaus muss eine seeverlegte Rohrleitung regelmäßig gewartet werden und es muss sichergestellt werden, dass von der Rohrleitung keine Gefahren ausgehen.

a) Die (nicht-)friedliche Durchfahrt von Schiffen und unterseeische Rohrleitungen

aa) Maßnahmen in Bezug auf die friedliche Durchfahrt von Schiffen und unterseeische Rohrleitungen

Bezüglich der friedlichen Durchfahrt durch das Küstenmeer kann der Küstenstaat gemäß Art. 21 Abs. 1 lit. (c) SRÜ Vorschriften zum Schutz von Kabeln und Rohrleitungen verabschieden, die fremde Schiffe bei der friedlichen Durchfahrt beachten müssen (Art. 21 Abs. 4 SRÜ).[26] Art. 21 Abs. 1 lit. (c) SRÜ bezieht sich auf Rohrleitungen des Küstenstaates, aber auch auf Rohrleitungen von Drittstaaten, deren Verlegung der Küstenstaat gestattet hat.[27] Damit zusammenhängend kann der Küstenstaat nach Art. 21 Abs. 1 lit. (f) SRÜ Vorschriften zum Schutz seiner Umwelt und der Verhütung, Verringerung und Überwachung ih-

---

[25] Wegen der exklusiven Autorität des Küstenstaates im Küstenmeer sollte der Schutz seeverlegter Rohrleitungen im Küstenmeer nicht anderen Staaten übertragen werden. So für Kabel *D.P. O'Connell/I.A. Shearer*, The International Law of the Sea, Vol. II, 820.

[26] *W. Wiese*, Seeverlegte Rohrleitungen im Völkerrecht, 186, bezeichnet die Bestimmung zutreffend als Schutzvorschrift zugunsten von Rohrleitungen. Siehe zur Geschichte der Vorschrift *R.-J. Dupuy/D. Vignes*, A Handbook on the New Law of the Sea, Vol. II, 984.

[27] Vgl. *W. Wiese*, Seeverlegte Rohrleitungen im Völkerrecht, 187.

rer Verschmutzung erlassen, die fremde Schiffe bei der friedlichen Durchfahrt gemäß Art. 21 Abs. 4 SRÜ beachten müssen.

Als Vorschriften i. S. d. Art. 21 Abs. 1 lit. (c), (f) SRÜ kommen v. a. Ankerverbote oder Anordnungen in Betracht, bestimmte Gebiete zu meiden, in denen z. B. durch ankernde Schiffe Gefährdungen für Rohrleitungen zu befürchten sind.[28] Bei diesen Maßnahmen ist der Küstenstaat allerdings in der Pflicht, das Recht der friedlichen Durchfahrt nicht auszuhöhlen.[29] Des Weiteren kann der Küstenstaat zur Vermeidung einer Gefährdung der Schifffahrt durch aufgegebene Rohrleitungen bestimmte Schifffahrtswege vorschreiben.[30] Jedoch gilt auch für das Küstenmeer: Die Errichtung einer Sicherheitszone entlang eines (erheblichen) Teilstücks einer Rohrleitung ist unzulässig, wenn diese das Recht der friedlichen Durchfahrt unangemessen beeinträchtigt.

Eine weitere Vorschrift, die Rohrleitungen schützt, ist Art. 24 Abs. 2 SRÜ, wonach der Küstenstaat alle für die Schifffahrt bestehenden und ihm zur Kenntnis gelangten Gefahren – zu denen auch unterseeische Rohrleitungen gehören können – in geeigneter Weise bekannt gibt. Aus Art. 194 Abs. 3 lit. (c) und (d) SRÜ kann der Küstenstaat zu Maßnahmen zur Gewährleitung der Sicherheit unterseeischer Rohrleitungen verpflichtet werden, beispielsweise zur Kennzeichnung von Rohrleitungen durch Bojen in Hafeneinfahrten oder anderen eng umgrenzten Gebieten. In diesen besonderen Fällen sind die Gefahren für die Schifffahrt einerseits und Pipelines andererseits gesteigert sowie die Einschränkungen für die Schifffahrt – räumlich wie inhaltlich – begrenzt. Der Küstenstaat kann auch berechtigt oder sogar verpflichtet sein, die Lage einer Rohrleitung zu veröffentlichen, insbesondere in Hafennähe. In dem Bereich, in dem die Rohrleitung anlandet, spricht gegen die Veröffentlichung der Lage der Rohrleitung, dass diese dann leichter sabotiert werden kann, insbesondere im Rahmen eines terroristischen Angriffs. In der Ostsee dürfte die Gefahr von Angriffen von Piraten oder Terroristen jedoch nicht so schwer wiegen.

---

28 Siehe auch Art. 22 SRÜ. Siehe *W. Wiese*, Seeverlegte Rohrleitungen im Völkerrecht, 187; *M. Roelandt*, La condition juridique des pipelines, 169.

29 So *M. Roelandt*, La condition juridique des pipelines, 99.

30 *W. Wiese*, Seeverlegte Rohrleitungen im Völkerrecht, 318.

bb) Maßnahmen in Bezug auf die nicht-friedliche Durchfahrt von Schiffen und unterseeische Rohrleitungen

In Bezug auf die nicht-friedliche Durchfahrt von Schiffen hat der Küstenstaat weitergehende Kompetenzen: So darf der Küstenstaat insbesondere die erforderlichen Maßnahmen ergreifen, um eine nichtfriedliche Durchfahrt zu verhindern (Art. 25 Abs. 1 SRÜ). Eine Durchfahrt ist friedlich, solange sie nicht den Frieden, die Ordnung oder die Sicherheit des Küstenstaates beeinträchtigt (Art. 19 Abs. 1 SRÜ, Art. 14 Abs. 4 KMÜ). Der Katalog der Tätigkeiten in Art. 19 Abs. 2 SRÜ, nach denen eine Durchfahrt als unfriedlich anzusehen ist, enthält keine Bestimmung zum Schutz von Rohrleitungen. Eine solche Vorschrift wurde 1973 vorgeschlagen, sie wurde jedoch nicht in die Liste der nichtfriedlichen Tätigkeiten aufgenommen.[31] Diese Tatsache spricht gegen eine Ausweitung des Art. 19 Abs. 2 lit. (k) SRÜ[32] auf Beschädigungen von Rohrleitungen.[33] Doch selbst wenn Art. 19 Abs. 2 lit. (k) SRÜ auf Beschädigungen von Rohrleitungen anwendbar wäre, wären nach dem eindeutigen Wortlaut nur vorsätzliche Störungshandlungen von der Vorschrift erfasst, nicht jedoch die fahrlässige Beschädigung einer Rohrleitung.[34]

Eine Subsumtion vorsätzlicher Beschädigungen seeverlegter Rohrleitungen unter den Auffangtatbestand „eine andere Tätigkeit, die nicht unmittelbar mit der Durchfahrt zusammenhängt" des Art. 19 Abs. 2 lit. (l) SRÜ ist möglich. Zu bedenken ist jedoch, dass nicht bereits jede kleinere Beeinträchtigung der Interessen des Küstenstaates zu einer Beeinträchtigung des Friedens, der Ordnung oder der Sicherheit des Küstenstaates führt, da beinahe jede Schifffahrtstätigkeit zu Beeinträchti-

---

[31] Der Vorschlag lautete: „In exercising the right of innocent passage through the territorial sea, foreign ships will not be allowed to perform activities such as (…) (e) Destroying or damaging submarine or aerial cables, tubes, pipe-lines or all forms of installations and constructions." Nachweis bei *W. Wiese*, Seeverlegte Rohrleitungen im Völkerrecht, 187.

[32] Art. 19 Abs. 2 lit. (k) SRÜ: „Die Durchfahrt eines fremden Schiffes gilt als Beeinträchtigung des Friedens, der Ordnung oder der Sicherheit des Küstenstaates, wenn das Schiff im Küstenmeer eine der folgenden Tätigkeiten vornimmt: (…) eine Handlung, die auf die Störung eines Nachrichtenübermittlungssystems oder anderer Einrichtungen oder Anlagen des Küstenstaates gerichtet ist; (…)."

[33] *W. Wiese*, Seeverlegte Rohrleitungen im Völkerrecht, 187; a. A. *M. Roelandt*, La condition juridique des pipelines, 169.

[34] So auch *H. Esmaeili*, The Legal Regime of Offshore Oil Rigs, 125.

gungen küstenstaatlicher Aktivitäten führen kann und das Recht der friedlichen Durchfahrt nicht leerlaufen darf.[35] Zu einer Beeinträchtigung des Friedens, der Ordnung oder der Sicherheit des Küstenstaates führen terroristische Anschläge auf Seerohrleitungen von einem Schiff aus. Gleiches gilt für Akte der Piraterie, die im Küstenmeer als bewaffnete Überfälle („armed robbery") bezeichnet werden.[36]

b) Entfernungspflicht aufgegebener/nicht mehr genutzter Rohrleitungen

Der Küstenstaat kann kraft seiner Souveränität über das Küstenmeer die Entfernung einer von dritten Staaten gelegten und nicht mehr genutzten Rohrleitung verlangen, sofern diese sich nicht auf Vertrauensschutz berufen können. Zudem kann der Küstenstaat die Genehmigung zur Verlegung einer unterseeischen Rohrleitung unter der Auflage erteilen, diese nach Stilllegung zu entfernen.

Aufgrund der Souveränität des Küstenstaates ist eine Pflicht zur Entfernung einer durch den Küstenstaat verlegten Rohrleitung im Küstenmeer grundsätzlich zu verneinen. Etwas anderes kann im Ausnahmefall gelten, wenn im Bereich des Zufahrtweges zu einem Hafen Rohrleitungen den Schiffsverkehr behindern und andere Maßnahmen zur Gefahrenabwehr (wie das Vorschreiben bestimmter Schifffahrtswege) nicht möglich oder nicht hinreichend effektiv sind.[37] Auch aus Art. 208 SRÜ ergibt sich grundsätzlich keine Pflicht zur Beseitigung einer unterseeischen Rohrleitung durch den Küstenstaat. Jedoch kann eine teilweise oder vollständige Beseitigung nach den konkreten Umständen geboten

---

35 So *H. Esmaeili*, The Legal Regime of Offshore Oil Rigs, 125.

36 Siehe zur Definition IMO Draft Code of Practice for the Investigation of the Crimes of Piracy and Armed Robbery Against Ships, Res. A.922(22), Annex, Para. 2.2.: „Armed Robbery against ships means any unlawful act of violence or detention or any act of depredation, or threat thereof, other than an act of piracy, directed against a ship or against persons or property on board such ship, within a State's jurisdiction over such offences." Unter den Begriff der Piraterie fallen *per definitionem* nur Handlungen auf Hoher See bzw. an einem Ort, der keiner Hoheitsgewalt untersteht – also auch Akte in der AWZ, jedoch nach überwiegender Ansicht nicht solche im Küstenmeer (Art. 101 SRÜ).

37 Siehe *W. Wiese*, Seeverlegte Rohrleitungen im Völkerrecht, 317 f.; siehe auch *M. Roelandt*, La condition juridique des pipelines, 183.

sein, wenn von der verbleibenden Rohrleitung in erheblichem Maße abträgliche Wirkungen für die Meeresumwelt zu erwarten sind.[38]

3. Bedingungen für anlandende Rohrleitungen (Art. 79 Abs. 4 Alt. 1 SRÜ)

Fraglich ist, ob für sog. anlandende Rohrleitungen Sonderregeln im Küstenmeer gelten. Die in dieser Hinsicht entscheidende Vorschrift ist Art. 79 Abs. 4 Alt. 1 SRÜ, nach dem das Recht des Küstenstaates, Bedingungen für Rohrleitungen, die in sein Hoheitsgebiet oder sein Küstenmeer führen, durch Teil VI nicht berührt wird.[39] Art. III KSV sah bereits 1884 eine Verpflichtung der Vertragsparteien vor, bei der Erteilung der Ermächtigung für das Anlanden eines unterseeischen Kabels so weit wie möglich auf angemessenen Sicherheitsmaßnahmen zu bestehen, sowohl hinsichtlich der Lage als auch der Dimensionen des Kabels.

In Art. 79 Abs. 4 Alt. 1 SRÜ werden die inneren Gewässer im Gegensatz zum Küstenmeer nicht explizit genannt. Sie fallen jedoch unter den Oberbegriff „Hoheitsgebiet". „In sein Hoheitsgebiet" führen Rohrleitungen von einem benachbarten Küstenmeer aus direkt in die inneren Gewässer des betroffenen Küstenstaates.[40] Die Regelung ist – trotz des Wortlautes „in sein Küstenmeer führen" – auch auf Rohrleitungen anwendbar, die ohne Landberührung lateral durch ein Küstenmeer führen, da die Interessenlage des Küstenstaates in diesem Fall vergleichbar ist.[41] Auch bei solchen Rohrleitungen kann es zu erheblichen Einschränkung der küstenstaatlichen Gebietshoheit kommen.

---

[38] Siehe *R. Lagoni/A. Proelß*, Festlandsockel und ausschließliche Wirtschaftszone, (161) 217, Rn. 185. Nach *W. Wiese*, Seeverlegte Rohrleitungen im Völkerrecht, 312 f., ist das bloße Liegenlassen einer Rohrleitung grundsätzlich nicht als Verschmutzung i. S. d. Art. 208 SRÜ zu sehen.

[39] Diese Sondervorschrift über anlandende Rohrleitungen steht in engem Zusammenhang mit der Souveränität des Küstenstaates über sein Küstenmeer (und seine inneren Gewässer). Siehe *M.H. Nordquist* (ed.), UNCLOS Commentary, Vol. II, 951, Para. 79.8(d).

[40] *R. Lagoni/A. Proelß*, Festlandsockel und ausschließliche Wirtschaftszone, (161) 210, Rn. 157.

[41] Siehe *W. Wiese*, Seeverlegte Rohrleitungen im Völkerrecht, 167; *R. Lagoni/A. Proelß*, Festlandsockel und ausschließliche Wirtschaftszone, (161) 210, Rn. 157; *R. Lagoni*, Pipelines, EPIL, 298.

Ist Art. 79 Abs. 4 Alt. 1 SRÜ darüber hinaus auch auf Rohrleitungen anwendbar, die aus dem Hoheitsgebiet des Küstenstaates herausführen? Der Wortlaut der Bestimmung spricht gegen eine solche weite Interpretation. Rohrleitungen, die aus dem Hoheitsgebiet eines Küstenstaates herausführen, sind meist Rohrleitungen, die der Küstenstaat bzw. eine seiner Jurisdiktion unterstehende Person verlegt, d. h. dem Küstenstaat kommen ohnehin weitgehende Rechte als Verlegestaat zu. Dennoch sind Fälle denkbar, in denen bei einer von dritten Staaten verlegten Rohrleitung die Interessenlage des Küstenstaates vergleichbar sein kann. Dies ist insbesondere bei einer auf der Transitfreiheit beruhenden Verlegung durch Binnenstaaten der Fall. Demnach erscheint es nicht von vorneherein ausgeschlossen, auch Rohrleitungen der Regelung des Art. 79 Abs. 4 Alt. 1 SRÜ zu unterstellen, die aus dem Hoheitsgebiet des Küstenstaates herausführen.[42]

Zum besseren Verständnis des Art. 79 Abs. 4 Alt 1 SRÜ müssen Rohrleitungen, die von dieser Vorschrift erfasst werden, in Abschnitte eingeteilt werden: Bezüglich des Teils der Rohrleitung, der sich im Küstenmeer bzw. in den inneren Gewässern befindet, ergeben sich die weitgehenden Rechte des Küstenstaates bereits aus der Tatsache, dass sich die Souveränität des Küstenstaates auf das Küstenmeer erstreckt. Art. 79 Abs. 4 Alt. 1 SRÜ ist insoweit nicht konstitutiv und hat keinen eigenständigen Regelungsgehalt.[43] Eine Besonderheit ergibt sich für die Bereiche der Rohrleitung jenseits der inneren Gewässer und des Küstenmeeres, da hier die küstenstaatlichen Rechte nach Art. 79 Abs. 4 Alt. 1 SRÜ weiter sind als für andere Rohrleitungen auf dem Festlandsockel – sie sind den aus der Souveränität fließenden Rechten der Küstenstaaten angenähert.[44]

---

[42] Ähnlich *W. Wiese*, Seeverlegte Rohrleitungen im Völkerrecht, 184, der den Wortlaut des Art. 79 Abs. 4 Alt. 1 SRÜ wie folgt liest: „Rohrleitungen, die von oder nach seinem Hoheitsgebiet führen oder in seinem Küstenmeer verlegt wurden."

[43] Siehe *R. Lagoni/A. Proelß*, Festlandsockel und ausschließliche Wirtschaftszone, (161) 210, Rn. 157; *W. Wiese*, Seeverlegte Rohrleitungen im Völkerrecht, 166, 190.

[44] Details siehe unten S. 226 ff.

4. Zusammenfassung zum Küstenmeer und den inneren Gewässern: Verlegung unter der Ägide des Küstenstaates

Der Küstenstaat hat aufgrund seiner Souveränität grundsätzlich das uneingeschränkte Recht, der Rohrleitungsverlegung durch dritte Staaten in seinem Küstenmeer zuzustimmen, diese zu verweigern, von Auflagen abhängig zu machen und durchzusetzen. Doch nicht nur der Verlegevorgang selbst, sondern alle Handlungen im Zusammenhang mit der Rohrleitungsverlegung – Maßnahmen im Vorfeld der Verlegung wie Trassenuntersuchungen, Unterhaltungsmaßnahmen oder eine (Nicht-) Entfernung der Rohrleitung – bedürfen der ausdrücklichen Zustimmung des Küstenstaates.

Der Küstenstaat kann kraft seiner Souveränität über das Küstenmeer auch die Entfernung einer von dritten Staaten gelegten Leitung nach deren Stilllegung verlangen. Eine Pflicht des Küstenstaats nach Art. 208 SRÜ, selbst eine Rohrleitung zu entfernen, kann aber nur im Ausnahmefall angenommen werden, wenn von der verbleibenden Rohrleitung in erheblichem Maße abträgliche Wirkungen für die Meeresumwelt zu erwarten sind, oder wenn im Bereich des Zufahrtweges zu einem Hafen Rohrleitungen den Schiffsverkehr behindern können und andere Maßnahmen zur Gefahrenabwehr nicht möglich sind.

Art. 79 Abs. 4 Alt. 1 SRÜ, der anlandende Rohrleitungen betrifft, ist bezüglich des Teils der Rohrleitung, der sich im Küstenmeer bzw. in den inneren Gewässern befindet, nicht konstitutiv und hat keinen eigenständigen Regelungsgehalt. Aus dem SRÜ ergibt sich auch keine Pflicht des Küstenstaates, ein Anlanden einer Seerohrleitung zu dulden. Der Küstenstaat kann kraft seiner Souveränität dritten Staaten untersagen, eine Rohrleitung in sein Küstenmeer bzw. seine inneren Gewässer zu führen. Erlaubt er ein Anlanden einer fremden Rohrleitung, kann er die Bedingungen in Bezug auf Beschaffenheit, Unterhaltung und Betrieb festlegen. Ein Anlandungs- bzw. Transitrecht einer unterseeischen Rohrleitung kann in zwischenstaatlichen Verträgen vereinbart werden, insbesondere zwischen Binnenstaaten und Transitstaaten mit Meeresküste.

Der Küstenstaat ist nach Art. 208 Abs. 1 SRÜ in der Pflicht, für das Küstenmeer Gesetze zur Verhütung, Verringerung und Überwachung der Verschmutzung der Meeresumwelt durch Verlegung, Betrieb und Liegenlassen einer unterseeischen Rohrleitung zu erlassen. Des Weiteren kann der Küstenstaat Maßnahmen in Bezug auf die friedliche Durchfahrt von Schiffen und die Rohrleitungslegung ergreifen, die jedoch insbesondere das Recht der friedlichen Durchfahrt nicht aushöhlen dürfen. Dies gilt auch für Rohrleitungen, die der Küstenstaat in seinem Küstenmeer selbst verlegt, auch wenn dieses Verlegerecht auf seiner Souveränität gründet. Diese küstenstaatliche Souveränität ist jedoch von vornherein durch das Recht der friedlichen Durchfahrt eingeschränkt. Deshalb ist es für diesen Fall schwierig, eine Vorrangstellung der küstenstaatlichen Souveränität vor dem Recht der friedlichen Durchfahrt anzunehmen. Es erscheint daher in diesem konkreten Fall notwendig, die Souveränitätsinteressen des Küstenstaates und das Recht der friedlichen Durchfahrt in einen angemessenen Ausgleich zu bringen. Diesem Ausgleich zwischen den küstenstaatlichen Interessen und dem Recht der friedlichen Durchfahrt wohnt ein Element der Rücksichtnahme inne, auch wenn im Küstenmeer das Gebot gegenseitiger Rücksichtnahme aufgrund der küstenstaatlichen Souveränität grundsätzlich nicht gilt. Da in den inneren Gewässern – mit der Ausnahme des Art. 8 Abs. 2 SRÜ – das Recht der friedlichen Durchfahrt nicht besteht, ist dieses Element der Rücksichtnahme dort noch weniger ausgeprägt als im Küstenmeer.

III. Umweltschutz und Sicherheit von Rohrleitungen in der AWZ bzw. auf dem Festlandsockel

Umweltschutz- und sicherheitsbezogene Maßnahmen bei Verlegung, Betrieb, Unterhaltung und Entfernung seeverlegter Rohrleitungen werden für die Funktionshoheitsräume AWZ und Festlandsockel zusammen untersucht. Diese beiden Regime kommen nach dem Grundsatz der Dualität des AWZ- und Festlandsockelregimes grundsätzlich parallel zur Anwendung und überlagern und ergänzen sich.[45]

In den SRÜ-Regelungen für die AWZ findet sich keine Vorschrift mit direkter Bezugnahme auf Seerohrleitungen. Gemäß Art. 58 Abs. 1 i.V.m. Art. 87 Abs. 1 lit. (c) SRÜ gilt die Verlegefreiheit auch in der AWZ und steht unter dem Gebot gegenseitiger Rücksichtnahme (Art. 87 Abs. 2 SRÜ). Daran anknüpfend inkorporiert Art. 58 Abs. 2 SRÜ die Vorschriften über die Hohe See in das AWZ-Regime, soweit sie nicht mit diesem unvereinbar sind.[46] Für den Bereich des Meeresum-

---

45 Siehe zur Dualität oben S. 100 ff.

46 Art. 58 Abs. 2 SRÜ bestätigt die Geltung der Art. 113 und 114 SRÜ trotz der Wortlautbeschränkung auf die Hohe See auch für die AWZ und damit auch für den Festlandsockel. Nach Sinn und Zweck gelten Art. 113 und 114 SRÜ

weltschutzes in der AWZ kommen dem Küstenstaat Hoheitsbefugnisse u. a. in Bezug auf den Schutz und die Bewahrung der Meeresumwelt zu, allerdings mit der Einschränkung, dass sie in den entsprechenden Bestimmungen des SRÜ vorgesehen sein müssen (Art. 56 Abs. 1 lit. (b) (iii) SRÜ).[47]

Entscheidende Vorschrift in Bezug auf unterseeische Rohrleitungen auf dem Festlandsockel ist Art. 79 SRÜ, der über Art. 56 Abs. 3 SRÜ in das AWZ-Regime inkorporiert ist: Art. 79 Abs. 1 SRÜ gewährt zum einen allen Staaten das Recht der Rohrleitungsverlegung auf dem Festlandsockel, das auch das Recht des Küstenstaates umfasst, auf dem eigenen Festlandsockel Rohrleitungen zu verlegen. Dieses Verlegerecht ist nicht auf das reine Verlegen beschränkt, sondern umfasst auch Betrieb, Unterhaltung und Reparatur der Rohrleitungen.[48]

Für den Fall, dass durch die Ausdehnung der AWZ oder des Festlandsockels Rohrleitungen, die vormals im Bereich der Hohen See lagen, nunmehr den küstenstaatlichen Meereszonen zuzuordnen sind, stellt sich die Frage nach dem Bestandsschutz für solche Rohrleitungen.[49] Malta brachte 1973 einen Vorschlag ein, der zugunsten bereits verlegter Rohrleitungen auf einem fremden Festlandsockel einen Bestandsschutz hinsichtlich einer Unterhaltung vorsah.[50] Wie im vergleichbaren Fall

---

auch bezüglich eines Festlandsockels, wenn keine AWZ errichtet wurde. Siehe *R. Lagoni/A. Proelß*, Festlandsockel und ausschließliche Wirtschaftszone, (161) 214, Rn. 173; (161) 215, Rn. 177. In Art. 115 SRÜ findet sich keine Beschränkung auf den Bereich der Hohen See, dieser ist demnach auf die AWZ bzw. den Festlandsockel anwendbar. Siehe *W. Wiese*, Seeverlegte Rohrleitungen im Völkerrecht, 343 f.

[47] Art. 56 Abs. 1 lit. (b) (iii) SRÜ ist nicht als allgemeine Ermächtigung zu verstehen, sondern lediglich als Verweisung auf konkrete Ermächtigungen, soweit sie in Teil XII des SRÜ enthalten sind, also z. B. auf Art. 208 SRÜ. Siehe ausführlich zur Entwicklung der meeresumweltschutzbezogenen Kompetenzen des Küstenstaates in der AWZ während der Dritten Seerechtskonferenz *R. Wolfrum*, Die Internationalisierung staatsfreier Räume, 627 ff.

[48] Es umfasst jedoch nicht den Ersatz der gesamten Rohrleitung durch eine neue, da dies einer erneuten Ausübung der Verlegefreiheit gleichkommen und eine erneute Zustimmung zur Trassenführung nach Art. 79 Abs. 3 SRÜ erfordern würde.

[49] Siehe *W. Wiese*, Seeverlegte Rohrleitungen im Völkerrecht, 185.

[50] Der Vorschlag lautete: „(…) the coastal State may not impede the maintenance of submarine pipelines already in position on the seabed of its national ocean space." Abgedruckt in *W. Wiese*, Seeverlegte Rohrleitungen im Völkerrecht, 185 m. w. N.

des Küstenmeeres ist es auch hier entscheidend, ob sich der Betreiber der Rohrleitung auf schützenswertes Vertrauen berufen kann. Besonderheiten für das Verhältnis zwischen verlegendem Staat und Küstenstaat ergeben sich nicht, dieses ist insbesondere durch Art. 79 SRÜ bestimmt.[51]

1. Hoheitsbefugnisse über unterseeische Rohrleitungen auf dem Festlandsockel bzw. in der AWZ

Grundsätzlich hat der Küstenstaat keine Hoheitsbefugnisse über Rohrleitungen in seiner AWZ bzw. auf seinem Festlandsockel. Die Hoheitsbefugnisse der verlegenden Staaten ergeben sich aus Art. 79 Abs. 1 SRÜ. Diese sind aber nicht ausschließlich, sie sind durch die Rechte des Küstenstaates, auf dessen Festlandsockel eine Rohrleitung verläuft, begrenzt. In bestimmten Fällen übt der Küstenstaat Hoheitsbefugnisse auch über Rohrleitungen aus, die ein fremder Staat auf seinem Festlandsockel verlegt. Des Weiteren kann der Grundsatz, dass der Küstenstaat keine Hoheitsgewalt über Rohrleitungen auf seinem Festlandsockel hat, auch vertraglich abgeändert werden.[52] So kann z. B. bestimmt werden, dass die auf dem Festlandsockel verlegten Rohrleitungen den Umwelt- und Sicherheitsvorschriften des Festlandsockelstaates unterliegen.[53]

a) Abgrenzung zum Begriff Anlagen und Bauwerke (Art. 60, 80 SRÜ)

Zur Spezifizierung der Rechtsstellung unterseeischer Rohrleitungen auf dem Festlandsockel ist es erforderlich, diese vom Terminus der „künstlichen Inseln, Anlagen und Bauwerke“ i. S. d. Art. 56 Abs. 1 lit. (b) (i), 60, 80 SRÜ abzugrenzen.[54] Die rechtlichen Regime für Anlagen und

---

51 *W. Wiese*, Seeverlegte Rohrleitungen im Völkerrecht, 186 f.

52 *R. Lagoni/A. Proelß*, Festlandsockel und ausschließliche Wirtschaftszone, (161) 206, Rn. 137 mit Beispielen zur Staatenpraxis.

53 So *R. Lagoni/A. Proelß*, Festlandsockel und ausschließliche Wirtschaftszone, (161) 206, Rn. 137.

54 Im Englischen „artificial islands, installations and structures“; die Vorgängervorschrift des Art. 5 Abs. 2 FSÜ hingegen verwendete die Begriffe Anlagen und Vorrichtungen („installations and other devices“). Art. 80 SRÜ verweist für den Festlandsockel sinngemäß auf die AWZ-Bestimmung des Art. 60 SRÜ. Künstliche Inseln (im Gegensatz zu natürlichen Inseln des Art. 121 Abs. 1 SRÜ) entstehen durch das Aufschütten natürlicher Substanzen (Kies, Sand).

Bauwerke einerseits und Rohrleitungen andererseits weisen entscheidende Unterschiede auf: Gemäß Art. 60 Abs. 1 SRÜ hat der Küstenstaat das ausschließliche Recht zur Errichtung sowie zur Genehmigung und Regelung der Errichtung, des Betriebs und der Nutzung von Anlagen und Bauwerken für die in Art. 56 SRÜ vorgesehenen und für andere wirtschaftliche Zwecke (lit. (b)) sowie von Anlagen und Bauwerken, welche die Ausübung der Rechte des Küstenstaates in der Zone beeinträchtigen können (lit. (c)). Art. 56 Abs. 1 lit. (b) (i) und 60 Abs. 2 SRÜ weisen dem Küstenstaat die ausschließlichen Hoheitsbefugnisse über diese Anlagen und Bauwerke zu. Gemäß Art. 79 Abs. 1 SRÜ hingegen haben alle Staaten das Recht, auf dem Festlandsockel Rohrleitungen zu verlegen, diese unterliegen den Hoheitsbefugnissen des verlegenden Staates. Der Küstenstaat darf das Legen und die Unterhaltung nicht behindern, er darf aber Maßnahmen u. a. im Bereich des Meeresumweltschutzes ergreifen (Art. 75 Abs. 2 SRÜ).

aa) Der Terminus Anlagen und Bauwerke

Weder das FSÜ noch das SRÜ enthalten eine Definition der Begriffe Anlagen und Bauwerke. Während der Verhandlungen der Dritten Seerechtskonferenz wurde mehrmals vergeblich versucht, eine Definition des Terminus „Anlage“ ins SRÜ aufzunehmen. Ein Vorschlag der USA von 1973 wurde abgelehnt, der unter Anlagen alle Einrichtungen fassen wollte mit Ausnahme derer, die in ihrer normalen Funktionsweise auf See mobil sind, also insbesondere Schiffe.[55] Darüber hinaus wurden während der Beratungen der Dritten Seerechtskonferenz Vorschläge abgelehnt, generell alle von Menschenhand geschaffenen Objekte in der AWZ der küstenstaatlichen Jurisdiktion zu unterwerfen.[56]

Anlagen und Bauwerke sind meist ein Begriffspaar: Sie werden aus vom Menschen geschaffenen Materialien (wie Stahl oder Beton) errichtet und mit dem Meeresboden verankert. Anlagen und Bauwerke werden

---

[55] Der US-Vorschlag lautete: „For the purpose of this chapter, the term ‚installations‘ refers to all offshore facilities, installations, or devices other than those which are mobile in their normal mode of operation at sea.“ Siehe *H. Esmaeili*, The Legal Regime of Offshore Oil Rigs, 50 m. w. N. Auch *P. Daillier/A. Pellet/N.Q. Dinh*, Droit international public, 1143 f., § 664, gehen von dieser Unterscheidung aus.

[56] Siehe *M.H. Nordquist* (ed.), UNCLOS Commentary, Vol. II, 584, Para. 60.15(c).

demnach definiert als vom Menschen geschaffene Objekte, die sich durch die Dauerhaftigkeit ihres Standorts und ihre Immobilität auszeichnen und vom Meer umgeben sein müssen.[57] Im Gegensatz zu Bauwerken können Anlagen von einem Standort zu einem anderen transportiert werden, ohne dabei ihre Identität zu verlieren.

bb) Unterseeische Rohrleitungen als Anlagen und Bauwerke?

Der Begriff Anlagen und Bauwerke ist grundsätzlich so weit gefasst, dass Rohrleitungen hierunter fallen könnten – als Anlagen und Bauwerke entweder für die in Art. 56 SRÜ vorgesehenen Zwecke (Art. 60 Abs. 1 lit. (b) Alt. 1 SRÜ), für andere wirtschaftliche Zwecke (lit. (b) Alt. 2) oder als Anlagen, die die Rechtsausübung des Küstenstaates beeinträchtigen können (lit. (c)).

Eine solche generelle Subsumtion von Rohrleitungen unter den Begriff der Anlage hätte zur Konsequenz, dass dem Küstenstaat gemäß Art. 56 Abs. 1 lit. (b) (i), 60, 80 SRÜ Hoheitsbefugnisse über diese Rohrleitung zukämen und er diese genehmigen müsste. Die Sonderbestimmung des Art. 79 SRÜ für die Verlegung unterseeischer Rohrleitungen würde ausgehöhlt. Zudem stünde dies in einem Widerspruch zur Weitergeltung der Verlegefreiheit in der AWZ (Art. 58 Abs. 1 i.V.m. Art. 87 Abs. 1 lit. (c) SRÜ). Auch die Wendung „in Übereinstimmung mit diesem Artikel" in Art. 79 Abs. 1 SRÜ kann als Hinweis auf die abschließende Regelung über Rohrleitungen in Art. 79 SRÜ gewertet werden.[58] Des Weiteren deutet die Gegenüberstellung von Rohrleitungen einerseits und Anlagen und Bauwerken andererseits in Art. 79 Abs. 4 Alt. 2 SRÜ darauf hin, dass Rohrleitungen keine Anlagen i. S. d. Art. 60, 80 SRÜ sind.[59]

Aus diesen systematischen und teleologischen Überlegungen heraus sind Rohrleitungen grundsätzlich nicht unter Art. 60, 80 SRÜ zu subsumieren, da sie völkerrechtlich nicht den Status von Anlagen und Bauwerken besitzen und nicht den küstenstaatlichen Hoheitsbefugnis-

---

57 Siehe zum Begriff *R. Lagoni/A. Proelß*, Festlandsockel und ausschließliche Wirtschaftszone, (161) 250 f., Rn. 257 m. w. N.; siehe auch *E.D. Brown*, The Significance of a Possible EC EEZ, (115) 122 m. w. N.; *S. Pestke*, Offshore-Windfarmen in der AWZ, 90.

58 *W. Wiese*, Seeverlegte Rohrleitungen im Völkerrecht, 149 mit Hinweisen zur Verhandlungsgeschichte.

59 *W. Wiese*, Seeverlegte Rohrleitungen im Völkerrecht, 150 m. w. N.

sen nach Art. 56 Abs. 1 (b) (i) SRÜ und Art. 60 Abs. 2 SRÜ unterliegen.[60] Art. 79 SRÜ ist für Rohrleitungen *lex specialis*, die Hoheitsbefugnisse über seeverlegte Rohrleitungen in der AWZ bzw. auf dem Festlandsockel bleiben beim verlegenden Staat, mit den u. a. in Art. 79 Abs. 2 und 3 SRÜ genannten küstenstaatlichen Kompetenzen.[61] Dies gilt insbesondere für Rohrleitungen, die wie die *Nord Stream-Pipeline* eine unabhängige Transportfunktion erfüllen.

Besondere Arten von Rohrleitungen können jedoch unter bestimmten Umständen dem Rechtsregime der Anlagen und Bauwerke des Art. 56 Abs. 1 lit. (b) (i), 60, 80 SRÜ unterfallen. Nach ihrem Verwendungszweck kann dies insbesondere bei Rohrleitungen zutreffen, die zu künstlichen Inseln, Anlagen und Bauwerken führen oder mit diesen verbunden sind („field-to-coast pipelines"), oder die im unmittelbaren betrieblichen Zusammenhang mit solchen Anlagen stehen („field-to-field pipelines" oder Feldleitungen).[62] Für derartige Rohrleitungen ist Art. 79 Abs. 4 Alt. 2 SRÜ die maßgebliche Norm.

b) Art. 79 Abs. 4 Alt. 2 SRÜ

Art. 79 Abs. 4 SRÜ, für den es keine Vorläufervorschrift im HSÜ oder FSÜ gibt, betrifft zwei Sonderfälle von Rohrleitungen, die bezüglich der Hoheitsbefugnisse und der Kompetenzen des Küstenstaates Besonderheiten aufweisen.[63] Gemäß Art. 79 Abs. 4 SRÜ berührt Teil VI SRÜ

---

[60] Siehe *R. Lagoni/A. Proelß*, Festlandsockel und ausschließliche Wirtschaftszone, (161) 203, Rn. 123; *W. Wiese*, Seeverlegte Rohrleitungen im Völkerrecht, 149 f. m. w. N.; ohne nähere Begründung *R. Wolf*, Rechtliche Rahmenbedingungen für die geplante Ostsee-Pipeline, (24) 26; *E.D. Brown*, The Significance of a Possible EC EEZ, (115) 138; *M.M. Roggenkamp*, Petroleum Pipelines in the North Sea, (92) 107, bezeichnet die Rechte des Küstenstaates in Bezug auf solche Pipelines als „protective jurisdiction".

[61] Siehe auch *M.M. Roggenkamp*, Petroleum Pipelines in the North Sea, (92) 94.

[62] Ähnlich *M. Roelandt*, Pipelines dans le droit de la mer, 85 f., 94 f.; verneinend *R. Lagoni/A. Proelß*, Festlandsockel und ausschließliche Wirtschaftszone, (161) 203, Rn. 123; siehe auch *S. Kaye*, International measures, (377) 40. Ausführliche Untersuchung bei *W. Wiese*, Seeverlegte Rohrleitungen im Völkerrecht, 171 ff.

[63] *W. Wiese*, Seeverlegte Rohrleitungen im Völkerrecht, 165, bezeichnet die Bestimmung, die auf einen Vorschlag der USA von 1974 zurückgeht, als „einzi-

nicht das Recht des Küstenstaates, für Rohrleitungen, die in sein Hoheitsgebiet oder sein Küstenmeer führen, Bedingungen festzulegen (Alt. 1); oder seine Hoheitsbefugnisse über Rohrleitungen zu begründen, die im Zusammenhang mit der Erforschung des küstenstaatlichen Festlandsockels, der Ausbeutung seiner Ressourcen oder dem Betrieb von den küstenstaatlichen Hoheitsbefugnissen unterliegenden künstlichen Inseln, Anlagen oder Bauwerken gebaut oder genutzt werden (Alt. 2). Die erste Alternative des Art. 79 Abs. 4 SRÜ betrifft sog. anlandende Rohrleitungen und die Bedingungen, die der Küstenstaat für solche Rohrleitungen festlegen darf. Diese Regelung hat nicht die Hoheitsbefugnisse über seeverlegte Rohrleitungen zum Gegenstand, sondern sieht erweiterte küstenstaatliche Rechte bei solchen Rohrleitungen vor, weshalb diese Problematik an anderer Stelle untersucht wird.[64]

aa) Bedeutung

Bereits aus dem Wortlaut der zweiten Alternative des Art. 79 Abs. 4 SRÜ wird deutlich, dass diese Bestimmung dem Küstenstaat nicht lediglich erweiterte Kompetenzen zuweist, sondern dass sie dessen Hoheitsbefugnisse über die Rohrleitung regelt. Der verbindliche englische bzw. französische Original-Wortlaut lautet wie folgt: „Nothing in this part affects (…) its jurisdiction over cables and pipelines (…)“ bzw. „Aucune disposition de la présente partie n'affecte (…) sa juridiction sur les câbles et pipelines (…)“. Die amtliche deutsche Übersetzung weicht vom Originalwortlaut ab: „Dieser Teil berührt nicht das Recht des Küstenstaates, (…) seine Hoheitsbefugnisse über Kabel und Rohrleitungen zu begründen (…)“.

Während die englische und französische Fassung von einer bereits bestehenden Hoheitsgewalt über die genannten Rohrleitungen ausgehen, wird dem Küstenstaat nach dem deutschen Wortlaut das Recht eingeräumt, *a priori* offenbar nicht bestehende Hoheitsbefugnisse zu begründen.[65] Entgegen dem amtlichen deutschen Wortlaut muss der Küstenstaat diese Hoheitsbefugnisse jedoch nicht begründen, sie stehen ihm

---

ge substanzielle Neuerung des Seerechtsübereinkommens in Bezug auf Rohrleitungen“.

64 Siehe Einzelheiten in Bezug auf anlandende Rohrleitungen oben S. 184 ff. sowie unten S. 226 ff.

65 *W. Wiese*, Seeverlegte Rohrleitungen im Völkerrecht, 170.

von Rechts wegen zu, wie dem verbindlichen englischen und französischen Wortlaut zu entnehmen ist.[66]

bb) Anwendbarkeit auf unterseeische Rohrleitungen

Art. 79 Abs. 4 Alt. 2 SRÜ betrifft Rohrleitungen, die im Zusammenhang mit den souveränen Erforschungs- und Ausbeutungsrechten des Küstenstaates oder seinen ausschließlichen Hoheitsbefugnissen über Anlagen und Bauwerke gebaut oder genutzt werden, und steht damit in engem Zusammenhang mit Art. 56 Abs. 1 lit. (a), lit. (b) (i), 60 und 77 Abs. 1 SRÜ.[67] Nach dem eindeutigen Wortlaut des Art. 79 Abs. 4 Alt. 2 SRÜ berührt Teil VI über den Festlandsockel nicht die küstenstaatlichen Hoheitsbefugnisse über solche Rohrleitungen, diese sind eine ausschließliche Angelegenheit des Küstenstaates.[68] Grundlage der in Art. 79 Abs. 4 Alt. 2 SRÜ vorgesehenen Hoheitsbefugnisse über die darin genannten Rohrleitungen ist das souveräne Recht des Küstenstaates zur Erforschung und Ausbeutung der natürlichen Ressourcen seines Festlandsockels (Art. 77 Abs. 1 SRÜ).[69]

Dabei betrifft der erste Unterfall des Art. 79 Abs. 4 Alt. 2 SRÜ Rohrleitungen, die von einer Offshore-Förderplattform auf dem Festlandsockel Öl oder Gas an Land transportieren und damit im Zusammenhang mit der Erforschung und Ausbeutung der Festlandsockelressourcen stehen („field-to-coast pipelines“). Der zweite Unterfall betrifft solche Pipelines, die innerhalb eines Feldes oder eines aus mehreren Feldern bestehenden Vorkommens eingesetzt und damit zum Betrieb einer An-

---

66 Siehe *R. Lagoni/A. Proelß*, Festlandsockel und ausschließliche Wirtschaftszone, (161) 207, Rn. 138.

67 Ähnlich *R. Lagoni/A. Proelß*, Festlandsockel und ausschließliche Wirtschaftszone, (161) 207, Rn. 138.

68 *R. Lagoni/A. Proelß*, Festlandsockel und ausschließliche Wirtschaftszone, (161) 207, Rn. 139.

69 *W. Wiese*, Seeverlegte Rohrleitungen im Völkerrecht, 175 m. w. N. *R. Lagoni/A. Proelß*, Festlandsockel und ausschließliche Wirtschaftszone, (161) 207, Rn. 139, hingegen können der Vorschrift nicht entnehmen, ob die Hoheitsbefugnisse des Art. 79 Abs. 4 SRÜ auf der Freiheit und dem Recht des Küstenstaates zum Verlegen von Pipelines beruhen (Art. 79 Abs. 1 SRÜ) oder ob sie in seinen souveränen Rechten und ausschließlichen Hoheitsbefugnissen gemäß Art. 60 Abs. 2 SRÜ wurzeln, in deren Zusammenhang sie ausgeübt werden.

lage gebaut oder genutzt werden (Feldleitungen, „field-to-field pipelines“).[70]

Grundsätzlich haben Rohrleitungen einen von den Installationen, mit denen sie in Verbindung stehen, unabhängigen rechtlichen Status (Grundsatz der Nichtakzessorietät).[71] Die Hoheitsbefugnisse in Bezug auf Rohrleitungen, die der Erforschung und Ausbeutung des Festlandsockels dienen, ergeben sich demnach erst aus Art. 79 Abs. 4 Alt. 2 Unterfall 1 SRÜ und nicht bereits akzessorisch aus Art. 60 Abs. 2 SRÜ.[72] Art. 79 Abs. 4 Alt. 2 Unterfall 2 SRÜ hingegen kann als Durchbrechung des Grundsatzes der Nichtakzessorietät gesehen werden, da er die Hoheitsbefugnisse über die darin genannten Feldleitungen, die keine unabhängige Transportfunktion erfüllen, vom Bestehen der Hoheitsbefugnisse über die Anlagen und Bauwerke, in deren Zusammenhang sie gebaut oder genutzt werden, abhängig macht.[73]

Zusammenfassend ist festzuhalten, dass der Küstenstaat gemäß Art. 79 Abs. 4 Alt. 2 SRÜ Hoheitsbefugnisse über „field-to-coast pipelines“ (Unterfall 1) und „field-to-field pipelines“ sowie Feldleitungen (Unterfall 2) ausübt, die seine ausschließliche Angelegenheit sind und nicht von Teil VI über den Festlandsockel berührt werden.

c) Sonderproblem: Pump- und Begleitinstallationen

An diese Ausführungen anknüpfend soll der Frage nachgegangen werden, welchem Rechtsregime Verdichter-, Pump-, Kontroll- und andere Begleitinstallationen unterliegen. Sind sie Anlagen und Bauwerke i. S. d. Art. 56 Abs. 1 lit. (b) (i), 60, 80 SRÜ, über die der Küstenstaat ausschließliche Hoheitsbefugnisse ausübt? Oder folgen sie dem Rohrleitungs-Regime des Art. 79 SRÜ mit der Konsequenz, dass dem Küstenstaat über diese keine Hoheitsbefugnisse zukommen und er deren Errichtung nicht verhindern kann, sondern nur von Auflagen abhängig machen darf?

---

70 Zur Abgrenzung der beiden Alternativen nach Rechtsstellung und Verhältnis ausführlich *W. Wiese*, Seeverlegte Rohrleitungen im Völkerrecht, 171 ff., 173; siehe auch *M.M. Roggenkamp*, Petroleum Pipelines in the North Sea, (92) 94 f.

71 Siehe *W. Wiese*, Seeverlegte Rohrleitungen im Völkerrecht, 173.

72 So auch *W. Wiese*, Seeverlegte Rohrleitungen im Völkerrecht, 173 f.

73 Siehe *W. Wiese*, Seeverlegte Rohrleitungen im Völkerrecht, 174.

Grundsätzlich fallen solche Einrichtungen unter den Begriff der Anlagen und Bauwerke gemäß Art. 60 Abs. 1 lit. (b) Alt. 2 SRÜ („andere wirtschaftliche Zwecke“) oder lit. (c) SRÜ. Die Interessenlage des Küstenstaates ist bei solchen Begleitinstallationen ähnlich wie bei anderen Anlagen, da sie in vergleichbarer Weise seine Ausbeutungsrechte einschränken können. Die heftige Kontroverse um die Errichtung einer Wartungsstation für die *Nord Stream-Pipeline* auf dem schwedischen Festlandsockel verdeutlicht die gewichtigen küstenstaatlichen sicherheits- und umweltschutzbezogenen Bedenken gegen die Errichtung derartiger Begleitinstallationen.[74]

In der Literatur wird überwiegend angenommen, dass Pump- und Begleitinstallationen, die notwendige Bestandteile einer Rohrleitung sind (also für diese unverzichtbar sind), dem Recht der Rohrleitungen, also insbesondere Art. 79 SRÜ, und damit der Hoheitsgewalt des verlegenden Staates und nicht den ausschließlichen Hoheitsbefugnissen des Küstenstaates nach Art. 56 Abs. 1 lit. (b) (i), 60 Abs. 2 SRÜ unterliegen.[75] Auch in der Staatenpraxis werden z. B. Verdichterstationen, Kontrolleinrichtungen und Fernmeldeeinrichtungen als Begleiteinrichtungen („installations associées“) von Rohrleitungen angesehen.[76]

Der Küstenstaat wäre damit u. a. lediglich befugt, angemessene Umwelt- und Sicherheitsauflagen nach Art. 79 Abs. 2 SRÜ zu erlassen oder den Ort der Begleitinstallation gemäß Art. 79 Abs. 3 SRÜ von seiner

---

[74] Die jedoch für die *Nord Stream-Pipeline* nicht mehr aktuell sind, da auf die Errichtung einer Wartungsstation verzichtet werden kann. Siehe Details oben S. 52 ff.

[75] So argumentiert *R. Lagoni/A. Proelß*, Festlandsockel und ausschließliche Wirtschaftszone, (161) 203, Rn. 124; zustimmend *M.C. Pröfrock*, Energieversorgungssicherheit im Recht der EU/EG, 181; ausführlich und differenzierter *W. Wiese*, Seeverlegte Rohrleitungen im Völkerrecht, 322 ff. m. w. N. Auch die Entstehungsgeschichte des Art. 79 SRÜ spricht hierfür: Während der Beratungen der ILC seit 1951 wurden Rohrleitungen zunächst mit der Begründung nicht in den Wortlaut der Vorschrift betreffend die Verlegefreiheit auf dem Festlandsockel aufgenommen, dass es zu weiter reichenden Einschränkungen küstenstaatlicher Rechte u. a. durch die Errichtung von Pumpinstallationen kommen könne als bei Kabeln. Schließlich einigte man sich aber doch auf die Einbeziehung von Seepipelines mit der Begründung, den zusätzlichen Schwierigkeiten könne mit dem Recht auf angemessene Maßnahmen begegnet werden.

[76] Siehe *M. Roelandt*, Pipelines dans le droit de la mer, 86 ff. zur Staatenpraxis; siehe auch *W. Wiese*, Seeverlegte Rohrleitungen im Völkerrecht, 322 f.

Zustimmung abhängig zu machen.[77] Um einen sachgerechten Interessenausgleich zwischen den Interessen des verlegenden Staates, der ohne eine Begleitinstallation eine Rohrleitung u. U. nicht verlegen kann, und des Küstenstaates zu schaffen, sollte dem Küstenstaat aber zumindest das Recht zuerkannt werden, um Pump- und andere Begleitinstallationen, wenn erforderlich, angemessene Sicherheitszonen zu errichten (Art. 80, 60 Abs. 4 bis 7 SRÜ).[78] Darüber hinaus erscheint es auch erforderlich, Begleitinstallationen der Pflicht zur Entfernung nicht mehr genutzter Anlagen gemäß Art. 60 Abs. 3 SRÜ zu unterwerfen.[79]

Sind Begleitinstallationen jedoch nicht notwendige Bestandteile einer Rohrleitung und für deren Betrieb verzichtbar, so bleibt es bei ausschließlichen Hoheitsbefugnissen des Küstenstaates nach Art. 56 Abs. 1 lit. (b) (i), 60 Abs. 2 SRÜ über derartige Anlagen.

d) Zusammenfassung

Grundsätzlich übt der Küstenstaat keine Hoheitsbefugnisse über Rohrleitungen in seiner AWZ bzw. auf seinem Festlandsockel aus. Die Hoheitsbefugnisse der verlegenden Staaten ergeben sich aus Art. 79 Abs. 1 SRÜ. Diese Hoheitsbefugnisse der verlegenden Staaten sind aber nicht ausschließlich, sie sind durch die Rechte und Pflichten des Küstenstaates, auf dessen Festlandsockel eine Rohrleitung verläuft, begrenzt (insbesondere durch Art. 79 Abs. 2, 3 SRÜ). Auf dem Festlandsockel verlegte Rohrleitungen, insbesondere solche, die eine unabhängige Transportfunktion erfüllen, fallen grundsätzlich nicht unter Art. 60, 80 SRÜ.

In einigen Fällen allerdings übt der Küstenstaat Hoheitsbefugnisse über seeverlegte Rohrleitungen aus, diese sind dann seine ausschließliche Angelegenheit, er ist in Bezug auf solche Rohrleitungen zu umweltschützenden Maßnahmen verpflichtet. Dies ist zum einen der Fall, wenn der Küstenstaat selbst die Rohrleitung verlegt, da er dann auch verlegender Staat ist. Zum anderen übt der Küstenstaat Hoheitsbefugnisse über Seepipelines aus, wenn diese aufgrund spezieller Vorschriften

---

77 *W. Wiese*, Seeverlegte Rohrleitungen im Völkerrecht, 324.

78 Demnach wendet *R. Lagoni*, Pipelines, EPIL, 298, auf Pumpstationen ohne weitere Begründung das Recht der Anlagen an; ohne weitere Begründung ähnlich *M.C. Pröfrock*, Energieversorgungssicherheit im Recht der EU/EG, 181; siehe zur Problematik auch *W. Wiese*, Seeverlegte Rohrleitungen im Völkerrecht, 325, der eine flexible Lösung favorisiert.

79 *W. Wiese*, Seeverlegte Rohrleitungen im Völkerrecht, 325.

ausnahmsweise der küstenstaatlichen Hoheitsgewalt unterfallen. Eine solche Sondervorschrift ist Art. 79 Abs. 4 Alt. 2 SRÜ für sog. „field-to-coast pipelines“, die im Zusammenhang mit der Ausbeutung der Festlandsockelressourcen stehen und insbesondere Öl oder Gas von einer Bohrinsel an Land transportieren. Diese Bestimmung ist des Weiteren einschlägig bei sog. „field-to-field pipelines“ und Feldleitungen, die im Zusammenhang mit dem Betrieb von den küstenstaatlichen Hoheitsbefugnissen unterliegenden künstlichen Inseln, Anlagen oder Bauwerken gebaut oder genutzt werden, und deren Transportfunktion sich auf diese Anlagen beschränkt. Bei den genannten Rohrleitungen ist der Küstenstaat regelmäßig auch verlegender Staat. Ein Küstenstaat übt jedoch auch Hoheitsbefugnisse über solche Rohrleitungen aus, die ein anderer Staat von einer Bohrinsel des Küstenstaates an seine eigene Küste verlegt. Es mag unbefriedigend erscheinen, dass nur bestimmte Rohrleitungen unter Art. 60, 80 SRÜ und damit die küstenstaatlichen Hoheitsbefugnisse fallen, insbesondere vor dem Hintergrund, dass sich der Zweck einer Rohrleitung ändern kann. Die *Nord Stream-Pipeline* könnte beispielsweise nicht mehr nur von Öl oder Gas gespeist werden, das an Land abgebaut wird, sondern auch von einer Offshore-Öl- oder Gasplattform aus. So gibt es bereits Pläne, die *Nord Stream-Pipeline* neben westsibirischem Gas auch mit Gas aus dem in der Barentssee liegenden *Schtokman*-Gasfeld vor der russischen Küste zu speisen.[80] Auf diese Weise würde eine unabhängige Transportpipeline zu einer Rohrleitung, die im Zusammenhang mit der Ausbeutung der Festlandsockelressourcen stünde und damit den küstenstaatlichen Hoheitsbefugnissen unterfiele. In einem solchen Fall dürfte der betroffene Küstenstaat regelmäßig aber auch verlegender Staat sein und damit bereits als solcher Hoheitsbefugnisse über die Pipeline ausüben.

Pump- und Begleitinstallationen, die notwendige Bestandteile einer Rohrleitung sind (also für diese unverzichtbar sind), unterliegen dem Recht der Rohrleitungen, also insbesondere Art. 79 SRÜ, und damit der Hoheitsgewalt des verlegenden Staates und nicht den ausschließlichen Hoheitsbefugnissen des Küstenstaates nach Art. 56 Abs. 1 lit. (b) (i), 60 Abs. 2 SRÜ. Um einen sachgerechten Interessenausgleich zwischen den Interessen des verlegenden Staates und des Küstenstaates zu schaffen, sollte dem Küstenstaat aber zumindest das Recht zuerkannt werden, um Pump- und andere Begleitinstallationen, wenn erforderlich, angemessene Sicherheitszonen zu errichten und diese Installationen der

---

[80] Siehe *R. Götz*, Wird Deutschland „Energiedrehscheibe“ für Russlands Erdgas?, 3 f.; *A. Knudsen*, Sicherheitsrisiko Ostseepipeline, (9) 9.

Pflicht zur Entfernung nicht mehr benutzter Anlagen zu unterwerfen (Art. 80, 60 Abs. 3 bis 7 SRÜ entsprechend). Sind Begleitinstallationen jedoch nicht notwendige Bestandteile einer Rohrleitung und für deren Betrieb verzichtbar, so bleibt es bei ausschließlichen Hoheitsbefugnissen des Küstenstaates nach Art. 56 Abs. 1 lit. (b) (i), 60 Abs. 2 SRÜ über derartige Anlagen.

2. Art. 79 Abs. 2 SRÜ: Angemessene Maßnahmen in Bezug auf den Meeresumweltschutz

Gemäß Art. 79 Abs. 2 SRÜ darf der Küstenstaat das Legen oder die Unterhaltung fremder unterseeischer Kabel nicht behindern, vorbehaltlich seines Rechts, angemessene Maßnahmen zur Erforschung des Festlandsockels, zur Ausbeutung seiner natürlichen Ressourcen und zur Verhütung, Verringerung und Überwachung der Verschmutzung durch Rohrleitungen zu treffen. Der Küstenstaat darf demnach das Legen unterseeischer Rohrleitungen auf seinem Festlandsockel zwar nicht gänzlich verhindern, er darf es aber in Einzelfällen beschränken. Der Küstenstaat kann z. B. die Verlegung von Seerohrleitungen durch Schutzgebiete in seiner AWZ bzw. auf seinem Festlandsockel verbieten.[81] Das Verlegerecht auf fremdem Festlandsockel kann also nicht generell beseitigt werden, seine Anwendung kann aber im Einzelfall beeinträchtigt werden, wobei küstenstaatliche Maßnahmen auch zielgerichtet das Legen und den Betrieb der Rohrleitung berühren dürfen.[82] Aufgrund des Vorbehaltes in Art. 87 Abs. 1 lit. (c) SRÜ („vorbehaltlich des Teiles VI“) gilt Art. 79 Abs. 2 SRÜ auch auf dem erweiterten Festlandsockel.[83] Im Folgenden soll ausgehend von der Verhandlungsgeschichte untersucht werden, welche küstenstaatlichen Maßnahmen im Einzelfall angemessen sind, insbesondere im Bereich des Meeresumweltschutzes.[84]

---

81 *G. Janssen*, Einrichtung von Meeresschutzgebieten in der Ostsee, 275, 285, zieht Art. 194 Abs. 5 SRÜ zur Begründung heran; *R. Lagoni*, Völkerrechtliche Vorgaben für die Anwendung des Umweltschadensgesetzes, 62, bezieht sich auf Art. 79 Abs. 3 SRÜ.

82 Siehe *W. Wiese*, Seeverlegte Rohrleitungen im Völkerrecht, 212 f.; *R. Lagoni/A. Proelß*, Festlandsockel und ausschließliche Wirtschaftszone, (161) 207, Rn. 143.

83 Siehe *W. Wiese*, Seeverlegte Rohrleitungen im Völkerrecht, 242.

84 Inwiefern dieser Vorschrift ein Vorrang entweder des küstenstaatlichen Rechts oder der Verlegefreiheit auf dem Festlandsockel entnommen werden

a) Verhandlungsgeschichte

Art. 26 Abs. 2 HSÜ[85] und Art. 4 FSÜ[86] sind die Vorläufervorschriften des Art. 79 Abs. 2 SRÜ. Die beiden (fast) wortlautgleichen Normen gehen auf Art. 61 Abs. 2 und Art. 70 des Entwurfes der ILC von 1956 zurück. Auf der Genfer Seerechtskonferenz wurde Art. 70 dieses Entwurfes nach einem Vorschlag Großbritanniens und Irlands auf Rohrleitungen ausgeweitet.[87] Ein während der Ersten Seerechtskonferenz eingebrachter Vorschlag Venezuelas, dem Küstenstaat ausdrücklich das Recht einzuräumen, Bestimmungen über die Trasse zu treffen, wurde mit knapper Mehrheit abgelehnt.[88] Ein weiterer von Venezuela gestellter Antrag, dem Küstenstaat das Recht einzuräumen, neben angemessenen Maßnahmen für die Erforschung und Ausbeutung der natürlichen Ressourcen des Festlandsockels auch andere Regelungen zu treffen, die nicht weiter spezifiziert wurden, wurde ebenfalls als zu weitreichend abgelehnt.[89]

---

kann, oder ob kein Vorrang besteht, soll unten näher beleuchtet werden. Siehe S. 255 ff.

85 Art. 26 Abs. 2 HSÜ: „Subject to its right to take reasonable measures for the exploration of the continental shelf and the exploitation of its natural resources, the coastal State may not impede the laying or maintenance of such cables or pipelines."

86 Art. 4 FSÜ: „Subject to its right to take reasonable measures for the exploration of the continental shelf and the exploitation of its natural resources, the coastal State may not impede the laying or maintenance of *submarine* cables or pipelines *on the continental shelf*." Hervorhebungen hinzugefügt, um die Unterschiede zu Art. 26 Abs. 2 HSÜ zu verdeutlichen, die jedoch unwesentlich sind. Detaillierte Interpretation des Begriffs „reasonable measures" des Art. 4 FSÜ bei *W. Heller*, Das internationale Seekabelrecht in Friedenszeiten, 119 ff.

87 Frankreich brachte einen ähnlichen Vorschlag ein. Siehe *W. Wiese*, Seeverlegte Rohrleitungen im Völkerrecht, 143 f. m. w. N.; *R.-J. Dupuy/D. Vignes*, A Handbook on the New Law of the Sea, Vol. II, 983; *M.M. Whiteman*, Convention on the Continental Shelf, (629) 642.

88 Siehe zur Diskussion *W. Wiese*, Seeverlegte Rohrleitungen im Völkerrecht, 144, 244 f. m. w. N.; siehe auch *R.-J. Dupuy/D. Vignes*, A Handbook on the New Law of the Sea, Vol. I, 374; *M. Roelandt*, La condition juridique des pipelines, 122 f.

89 Siehe *H. Meyer-Lindenberg*, Das Genfer Übereinkommen über den Festlandsockel, (5) 23 m. w. N.; *M.M. Whiteman*, Convention on the Continental Shelf, (629) 643 m. w. N.

Art. 26 Abs. 2 HSÜ und Art. 4 FSÜ beschränken die Rechte des Küstenstaates bei einer Kabel- oder Rohrleitungs-Verlegung durch dritte Staaten auf die Erforschung des Festlandsockels und die Ausbeutung der natürlichen Ressourcen. Art. 79 Abs. 2 SRÜ führte eine wichtige Neuerung mit Bezug zu Rohrleitungen ein, indem die Rechte des Küstenstaates auf angemessene Maßnahmen zur Verhütung, Verringerung und Überwachung der Verschmutzung durch Rohrleitungen ausgeweitet wurden. Diese bedeutende Vorschrift, die Anknüpfungspunkt küstenstaatlicher Umweltmaßnahmen bei der Verlegung von Rohrleitungen ist, wurde deshalb nicht auf Kabel ausgeweitet, da zum Zeitpunkt der Verabschiedung des SRÜ die von Kabeln ausgehenden Verschmutzungsgefahren unbekannt waren bzw. unterschätzt wurden.[90] Eine weitere Stärkung küstenstaatlicher Rechte findet sich in Art. 79 Abs. 3 SRÜ, nach dem für die Festlegung der Trasse für das Legen unterseeischer Rohrleitungen die Zustimmung des Küstenstaates erforderlich ist (siehe unter 3.).

b) Umfang und Angemessenheit der küstenstaatlichen Maßnahmen

Die Frage, welche küstenstaatlichen Maßnahmen angemessen („reasonable") i. S. d. Art. 79 Abs. 2 SRÜ sind, ist insbesondere im Lichte des Gebotes der gebührenden Berücksichtigung der Interessen anderer Staaten zu beantworten: Eine Maßnahme ist dann nicht mehr angemessen, wenn sie andere Meeresnutzungen, insbesondere das Verlegerecht, ungerechtfertigt bzw. unangemessen beeinträchtigt.[91] Die Maßnahmen müssen einen bestimmten Schutzzweck haben sowie zur Erreichung dieses Zweckes geeignet und erforderlich sein.[92]

---

90 *R. Lagoni/A. Proelß*, Festlandsockel und ausschließliche Wirtschaftszone, (161) 209, Rn. 152, ziehen daraus den Schluss auf eine unbewusste Regelungslücke, die durch eine entsprechende Anwendung des Art. 79 Abs. 2 SRÜ und unter Rückgriff auf die allgemeine Verpflichtung aus Art. 192 SRÜ zu schließen sei. *R. Lagoni*, Völkerrechtliche Vorgaben für die Anwendung des Umweltschadensgesetzes, 44, Fn. 95, weist darauf hin, dass es bei den früher üblichen Telegrafenkabel keine Verschmutzungsproblematik gab, die erst mit der Verlegung von Starkstromkabeln auftrat.

91 Eingehend *W. Wiese*, Seeverlegte Rohrleitungen im Völkerrecht, 214 f.; *M. Roelandt*, La condition juridique des pipelines, 129 ff.

92 Siehe *R. Lagoni/A. Proelß*, Festlandsockel und ausschließliche Wirtschaftszone, (161) 208, Rn. 146.

Bei einem Blick auf die Verhandlungsgeschichte wird deutlich, dass die Staaten sich während der Beratungen der ILC bewusst für den Maßstab der „angemessenen Maßnahmen" („reasonable measures") und gegen den Standard der „erforderlichen Maßnahmen" („necessary measures") entschieden: Der Begriff „erforderlich" hätte einseitig auf den Schutz der Aktivitäten des Küstenstaates gezielt, während Maßnahmen nur dann „angemessen" sind, wenn auch Erschwerungen für die Verlegefreiheit bei der Abwägung berücksichtigt werden.[93] Dies verdeutlicht, wie wichtig das Gebot gegenseitiger Rücksichtnahme und ein Interessenausgleich auch und gerade für die küstenstaatlichen Funktionshoheitsräume sind. Eine unmittelbare Wirkung des Art. 79 Abs. 2 i.V.m. dem Grundsatz von Treu und Glauben besteht darin, dass der Küstenstaat verlangen kann, von der Verlegung einer unterseeischen Rohrleitung auf seinem Festlandsockel rechtzeitig informiert zu werden, insbesondere über die Art der Rohrleitung und die geplante Trasse.[94]

Dürfen Unterhaltungsmaßnahmen seitens des verlegenden Staates bzw. der Betreiber der Rohrleitung ohne Beteiligung des Küstenstaates durchgeführt werden? Oder ist hierzu seine Zustimmung oder zumindest eine Mitteilung erforderlich?[95] Eine besondere Zustimmung des Küstenstaates zur Durchführung von Unterhaltungsmaßnahmen ist nicht erforderlich, da Unterhaltungsmaßnahmen wie Reparaturen notwendigerweise von der Verlegefreiheit umfasst sind, da ohne sie die Verlegung nicht möglich wäre. Angemessen erscheint aber eine Pflicht zur Mitteilung über Art, Ort und Umfang der Unterhaltungsmaßnahmen. Der Küstenstaat könnte sogar verpflichtet sein, potentielle Konflikte zwischen seinen Rechten und Interessen einerseits und notwendigen Unterhaltungsmaßnahmen andererseits zu vermeiden. Transitgebühren und andere Abgaben kann der Küstenstaat für das Legen und die Unterhaltung einer Rohrleitung auf seinem Festlandsockel nicht verlangen, da dies im Widerspruch zur Verlegefreiheit stünde.[96]

---

[93] Siehe *W. Wiese*, Seeverlegte Rohrleitungen im Völkerrecht, 126 f.; 216 f.

[94] Siehe *R. Lagoni/A. Proelß*, Festlandsockel und ausschließliche Wirtschaftszone, (161) 208, Rn. 148. Ausführlich zu den Diskussionen bezüglich Art. 4 FSÜ *W. Wiese*, Seeverlegte Rohrleitungen im Völkerrecht, 243 f. m. w. N.

[95] Siehe zu dieser Problematik *W. Wiese*, Seeverlegte Rohrleitungen im Völkerrecht, 238.

[96] *R. Lagoni*, Pipelines, EPIL, 298; *W. Wiese*, Seeverlegte Rohrleitungen im Völkerrecht, 182.

Werden im Zusammenhang mit der Verlegung von Rohrleitungen Bohrarbeiten auf dem Festlandsockel erforderlich, beispielsweise Probebohrungen bei Untersuchungen der Beschaffenheit des Meeresuntergrundes, so hat der Küstenstaat das ausschließliche Recht, diese Bohrarbeiten zu genehmigen und zu regeln (siehe Art. 81 SRÜ).

aa) Maßnahmen zur Erforschung und Ausbeutung der natürlichen Ressourcen

In Bezug auf seine souveränen Ausbeutungsrechte i. S. d. Art. 77 Abs. 1 SRÜ kann der Küstenstaat gemäß Art. 79 Abs. 2 SRÜ z. B. die Verlegung einer Rohrleitung durch die Sicherheitszone einer Anlage oder eines Bauwerkes untersagen. Er kann aber auch Maßnahmen hinsichtlich eines Feldes ergreifen, in dem die Erforschung oder Ausbeutung von Öl- oder Gaslagerstätten in nächster Zeit aufgenommen werden soll, wenn dies durch die Verlegung einer Rohrleitung verhindert werden könnte. Diese Pläne müssen sich jedoch konkretisiert haben, die bloße Möglichkeit der Ausbeutung ist nicht ausreichend.[97]

Die Entfernung einer bereits verlegten Rohrleitung kann der Küstenstaat jedoch nicht verlangen, wenn er beabsichtigt, seine Nutzungsrechte im betreffenden Festlandsockel-Gebiet gemäß Art. 77 Abs. 1 SRÜ auszuüben.[98] Bei der Interessenabwägung überwiegen in diesem Fall das Interesse und der berechtigte Vertrauensschutz des verlegenden Staates. Eine nachträgliche Änderung der Trassenführung kann der Küstenstaat nur dann verlangen, wenn er seine Zustimmung zur Trassenführung gemäß Art. 79 Abs. 3 SRÜ ausdrücklich unter dem Vorbehalt einer späteren Lageänderung erklärt hat. Zu den natürlichen Ressourcen i.S.d. Art. 79 Abs. 2 SRÜ zählen neben den lebenden und nicht-lebenden Ressourcen wie Öl und Gas nach Art. 77 Abs. 4 SRÜ[99]

---

97 So auch *R. Lagoni/A. Proelß*, Festlandsockel und ausschließliche Wirtschaftszone, (161) 208 f., Rn. 149; mit Begründung *W. Wiese*, Seeverlegte Rohrleitungen im Völkerrecht, 225 f.; siehe auch *M. Roelandt*, La condition juridique des pipelines, 132 f.

98 Siehe zu den nachfolgenden Ausführungen *W. Wiese*, Seeverlegte Rohrleitungen im Völkerrecht, 237 m. w. N.

99 Art. 77 Abs. 4 SRÜ: „Die in diesem Teil genannten natürlichen Ressourcen umfassen die mineralischen und sonstigen nichtlebenden Ressourcen des Meeresbodens und seines Untergrunds sowie die zu den sesshaften Arten gehörenden Lebewesen, das heißt solche, die im nutzbaren Stadium entweder unbeweglich auf oder unter dem Meeresboden verbleiben oder sich nur in ständigem

auch die zu sesshaften Arten gehörenden Lebewesen des Festlandsockels, so dass der Küstenstaat auch Maßnahmen zum Schutz von Muschel- oder Austernbänken ergreifen kann.[100]

bb) Maßnahmen bei einer Verschmutzung durch unterseeische Rohrleitungen

Hinsichtlich der Verhütung, Verringerung und Überwachung der Verschmutzung durch Rohrleitungen kann der Küstenstaat gemäß Art. 79 Abs. 2 SRÜ nicht nur ein vorsätzliches Ablassen von Öl aus einer Rohrleitung verbieten. Der Küstenstaat kann auch angemessene Maßnahmen ergreifen, um einem ungewollten Austritt von Öl oder Gas aus einer Rohrleitung vorzubeugen.[101] Er kann z. B. Auflagen hinsichtlich der Beschaffenheit des Rohrleitungskörpers (Korrosionsschutz, Betriebsdruck) sowie allgemeine Sicherheitsvorschriften erlassen, beispielsweise die Auflage, eine Rohrleitung einzuspülen, einzugraben oder regelmäßig zu kontrollieren und zu warten.[102] Darüber hinaus kann der Küstenstaat zur Verringerung einer Verschmutzungsgefahr gemäß Art. 79 Abs. 2 SRÜ die Verlegung unterseeischer Rohrleitungen durch anerkannte und für die internationale Schifffahrt wichtige Schifffahrtswege oder durch Ankergebiete verbieten.[103] Auf Art. 79 Abs. 2 SRÜ kann der Küstenstaat auch nachträgliche Maßnahmen stützen, wie

---

körperlichen Kontakt mit dem Meeresboden oder seinem Untergrund fortbewegen können."

[100] *R. Lagoni/A. Proelß*, Festlandsockel und ausschließliche Wirtschaftszone, (161) 209, Rn. 148.

[101] Nach dem Wortlaut des Art. 79 Abs. 2 SRÜ bezieht sich das Kriterium der Angemessenheit auch auf Umweltschutzmaßnahmen. *W. Wiese*, Seeverlegte Rohrleitungen im Völkerrecht, 351, argumentiert hingegen, dass insbesondere die Unbedingtheit des Meeresumweltschutzes dagegen spreche, bei küstenstaatlichen Maßnahmen zur Vermeidung und Verringerung einer Verschmutzung durch Rohrleitungen das Kriterium der Angemessenheit anzulegen. Hier verkennt er jedoch u. a., dass auch im Bereich des Umweltvölkerrechts das Rücksichtnahmegebot gilt, was insbesondere in Art. 194 Abs. 4 SRÜ niedergelegt ist.

[102] Siehe *W. Wiese*, Seeverlegte Rohrleitungen im Völkerrecht, 224 f., mit zutreffendem Verweis auf den Wortlaut des Art. 24 HSÜ, der nur ein vorsätzliches Ablassen von Öl betrifft; 232 ff. zur Staatenpraxis.

[103] *R. Lagoni/A. Proelß*, Festlandsockel und ausschließliche Wirtschaftszone, (161) 213, Rn. 169.

z. B. das Verlangen, eine Rohrleitung nachträglich zu verdecken, wenn Gründe des Meeresumweltschutzes dies erforderlich machen.[104]

cc) Erweiterung des Regelungsvorbehalts

In Bezug auf die AWZ, in der Art. 79 Abs. 2 SRÜ entsprechend anwendbar ist, stellt sich die Frage, ob der Küstenstaat auch angemessene Maßnahmen zum Schutz sonstiger, in Art. 79 Abs. 2 SRÜ nicht ausdrücklich genannter Rechte treffen kann, z. B. in Bezug auf die Energieerzeugung mittels Windkraftanlagen (Art. 56 Abs. 1 lit. (a) SRÜ).[105] Dies ist grundsätzlich zu bejahen, da andernfalls die in der AWZ gewährten Rechte des Küstenstaats unangemessen geschmälert würden. Des Weiteren wird angenommen, der Küstenstaat sei gemäß Art. 79 Abs. 2 SRÜ auch befugt, Maßnahmen zu treffen, wenn weder seine Ausbeutungsrechte noch die Meeresumwelt, sondern Meeresnutzungen dritter Staaten betroffen seien.[106] Der Küstenstaat dürfe zudem auch dann Maßnahmen treffen, wenn absehbar sei, dass die Rohrleitungsverlegung die Rechte dritter Staaten erst zukünftig beeinträchtigen werde, wenn deren Planungen hinreichend konkretisiert seien.[107] Diese Erweiterung ergibt sich auch aus den Rücksichtnahmegeboten der Art. 87 Abs. 2 und Art. 79 Abs. 5 SRÜ. Es ist eine Interessenabwägung im Einzelfall vorzunehmen, dem Küstenstaat kommt hierbei eine ordnende Funktion zu.

---

[104] Siehe *W. Wiese*, Seeverlegte Rohrleitungen im Völkerrecht, 237 m. w. N. Teilweise wird vertreten, der Küstenstaat könne eine nachträgliche Lageänderung verlangen, wenn er die Kosten trage oder sich zumindest daran beteilige. *W. Heller*, Das internationale Seekabelrecht in Friedenszeiten, 124 m. w. N., billigt dem Kabeleigentümer einen Entschädigungsanspruch bzw. einen Anspruch auf Erstattung der Verlegekosten zu. Siehe auch *M. Roelandt*, La condition juridique des pipelines, 133.

[105] Zustimmend *R. Lagoni/A. Proelß*, Festlandsockel und ausschließliche Wirtschaftszone, (161) 209, Rn. 153; *W. Wiese*, Seeverlegte Rohrleitungen im Völkerrecht, 232 f.; siehe auch *S. Kaye*, International measures, (377) 399, der dies offenbar in Art. 58 SRÜ begründet sieht.

[106] Sehr detaillierte Untersuchung bei *W. Wiese*, Seeverlegte Rohrleitungen im Völkerrecht, 226 ff.

[107] So *W. Wiese*, Seeverlegte Rohrleitungen im Völkerrecht, 230.

c) Zusammenfassung zu Art. 79 Abs. 2 SRÜ

Gemäß Art. 79 Abs. 2 SRÜ darf der Küstenstaat das Legen oder die Unterhaltung fremder unterseeischer Kabel nicht behindern, vorbehaltlich seines Rechts, angemessene Maßnahmen zur Erforschung des Festlandsockels, zur Ausbeutung seiner natürlichen Ressourcen und zur Verhütung, Verringerung und Überwachung der Verschmutzung durch Rohrleitungen zu treffen. Eine Maßnahme ist dann nicht mehr angemessen, wenn sie entweder andere Meeresnutzungen und/oder das Verlegerecht ungerechtfertigt bzw. unangemessen beeinträchtigt. Insgesamt stellt Art. 79 Abs. 2 SRÜ eine sachgerechte Interessenabwägung zwischen dem Gemeingebrauch der Hohen See und dem Schelfmonopol des Küstenstaates dar.[108]

Auf Art. 79 Abs. 2 SRÜ kann der Küstenstaat auch nachträgliche Maßnahmen stützen, wie beispielsweise das Verlangen, eine Rohrleitung nachträglich zu verdecken, wenn Gründe des Meeresumweltschutzes dies erforderlich machen. Die Entfernung einer Rohrleitung oder eine dahingehende nachträgliche Anordnung an den Rohrleitungseigentümer oder dessen Heimatstaat ist hingegen auch dann unzulässig, wenn der Küstenstaat beabsichtigt, seine Nutzungsrechte im betreffenden Festlandsockel-Gebiet auszuüben (Art. 77 Abs. 1 SRÜ). Eine besondere Zustimmung des Küstenstaates zur Durchführung von Unterhaltungsmaßnahmen ist nicht erforderlich, da Unterhaltungsmaßnahmen, z. B. Reparaturen, notwendigerweise der Verlegefreiheit unterliegen. Angemessen erscheint hingegen aber eine Pflicht zur Mitteilung über Art, Ort und Umfang der Unterhaltungsmaßnahmen.

3. Festlegung der Trasse (Art. 79 Abs. 3 SRÜ)

Gemäß Art. 79 Abs. 3 SRÜ bedarf die Festlegung der Trasse für das Legen unterseeischer Rohrleitungen auf dem Festlandsockel der Zustimmung des Küstenstaates. Diese Vorschrift ist die einzige im SRÜ, die den Küstenstaat zu einer konkreten Maßnahme in Bezug auf Rohrleitungen berechtigt.[109] Der Küstenstaat nimmt bereits im Voraus einer

---

[108] So auch *H. Meyer-Lindenberg*, Das Genfer Übereinkommen über den Festlandsockel, (5) 23.

[109] So auch *W. Wiese*, Seeverlegte Rohrleitungen im Völkerrecht, 242. Siehe zur Geltung für Seekabel *B. Kwiatkowska*, The 200 Mile Exclusive Economic Zone, 217; *R. Lagoni/A. Proelß*, Festlandsockel und ausschließliche Wirt-

Rohrleitungsverlegung unmittelbaren Einfluss auf den Verlauf der Trasse und kann damit seine Rechte am Festlandsockel wahren, den Schutz der Meeresumwelt gewährleisten und andere Meeresnutzer schützen, insbesondere im Hinblick auf das Rücksichtnahmegebot.[110] Da das Erfordernis der ausdrücklichen Zustimmung[111] einen präventiven Zweck erfüllt, ohne dass bestimmte Rechte des Küstenstaates unmittelbar gefährdet sein müssen, geht das Zustimmungserfordernis über Art. 79 Abs. 2 SRÜ hinaus.[112] Eine Versagung der Zustimmung zur Trassenlegung ist daher insbesondere aus folgenden Gründen zulässig: Die geplante Trasse birgt die Gefahr einer Beschädigung der Rohrleitung und damit eine Gefahr für die Meeresumwelt; die geplante Trasse beeinträchtigt Meeresnutzungen des Küstenstaates (insbesondere Ausbeutungsinteressen, Art. 77 SRÜ) und anderer Staaten (Schifffahrt) übermäßig; die geplante Trasse verletzt das Rücksichtnahmegebot des Art. 79 Abs. 5 SRÜ für bereits vorhandene Kabel und Rohrleitungen.[113]

a) Verhandlungsgeschichte

Für Art. 79 Abs. 3 SRÜ gibt es keine Vorläufervorschrift im FSÜ und HSÜ.[114] Die Bestimmung geht auf einen Vorschlag zurück, den China dem Meeresbodenkomitee vorlegte und der die Zustimmung des Küs-

schaftszone, (161) 210, Rn. 156; *W. Wiese*, Seeverlegte Rohrleitungen im Völkerrecht, 243, 366; *E.D. Brown*, The Significance of a Possible EC EEZ, (115) 137.

110 Siehe *W. Wiese*, Seeverlegte Rohrleitungen im Völkerrecht, 243, 250; siehe auch *R. Lagoni/A. Proelß*, Festlandsockel und ausschließliche Wirtschaftszone, (161) 210, Rn. 154.

111 Siehe *W. Wiese*, Seeverlegte Rohrleitungen im Völkerrecht, 253 ff., zu Form und Verfahren der Zustimmung, u. a. zur Frage einer stillschweigenden Zustimmung.

112 *R. Lagoni/A. Proelß*, Festlandsockel und ausschließliche Wirtschaftszone, (161) 210, Rn. 154.

113 Anschauliche Untersuchung bei *W. Wiese*, Seeverlegte Rohrleitungen im Völkerrecht, 251 f.

114 *W. Wiese*, Seeverlegte Rohrleitungen im Völkerrecht, 244 m. w. N., lehnt zutreffend die Auffassung ab, Art. 4 FSÜ sei ein Zustimmungsrecht bzw. ein Recht, Bedingungen für die Trasse vorzuschreiben, zu entnehmen.

tenstaates für die Trassenfestlegung vorsah.[115] Während der Ersten Seerechtskonferenz wurde 1958 ein von Venezuela eingebrachter Vorschlag abgelehnt, der vorsah, dass das Recht des Küstenstaates „(...) to impose prior conditions as to the route to be followed (...)“ unberührt bleiben solle.[116] Auf den Beratungen der Dritten Seerechtskonferenz machte Dänemark 1975 in der informellen Konsultativgruppe zum Festlandsockel den über den jetzigen Art. 79 Abs. 3 SRÜ hinausgehenden Vorschlag, dass die tatsächliche Verlegung von der Zustimmung des Küstenstaates abhängig sein sollte.[117] Dieser Vorschlag, der einen allgemeinen Zustimmungsvorbehalt für das Verlegen vorgesehen hätte, wurde abgelehnt, aufrechterhalten wurde jedoch die Idee, die Trassenführung einer Seepipeline auf dem Festlandsockel von der Zustimmung des Küstenstaates abhängig zu machen.

b) Vereinbarkeit mit der Verlegefreiheit auf dem Festlandsockel

Aufgrund des weiten Zustimmungsvorbehalts des Küstenstaates wird die Vereinbarkeit des Art. 79 Abs. 3 SRÜ mit der Freiheit der Verlegung von Rohrleitungen auf dem Festlandsockel in Frage gestellt.[118] Insbesondere wegen des weitreichenden Zustimmungsvorbehalts zur Trassenführung habe die Verlegefreiheit auf dem Festlandsockel ihren Charakter als Freiheit der Hohen See verloren und sei als reguliertes Recht anzusehen.[119]

---

[115] Siehe *W. Wiese*, Seeverlegte Rohrleitungen im Völkerrecht, 14, 145; siehe ausführlich zur Entwicklung *M. Roelandt*, La condition juridique des pipelines, 131 f.

[116] Siehe *W. Heller*, Das internationale Seekabelrecht in Friedenszeiten, 116. Siehe ausführlich *W. Wiese*, Seeverlegte Rohrleitungen im Völkerrecht, 244 f.

[117] Siehe *R.-J. Dupuy/D. Vignes*, A Handbook on the New Law of the Sea, Vol. I, 374; *B. Kwiatkowska*, The 200 Mile Exclusive Economic Zone, 202 m. w. N.; ausführlich *J. Crowley*, The Ekofisk-Emden Gas Pipeline, (39) 49 f.; *W. Wiese*, Seeverlegte Rohrleitungen im Völkerrecht, 263.

[118] So *R.R. Churchill/A.V. Lowe*, The Law of the Sea, 174; kritisch auch *J. Crowley*, The Ekofisk-Emden Gas Pipeline, (39) 48 f.

[119] Siehe *R.-J. Dupuy/D. Vignes*, A Handbook on the New Law of the Sea, Vol. I, 374: „(...) bearing in mind that this [i. e. the laying of submarine cables and pipelines on the continental shelf] is therefore a regulated right and not a freedom.“ Siehe auch *J. Crowley*, The Ekofisk-Emden Gas Pipeline, (39) 48, 49: „(...) better approached from the standpoint of an offshore economic activity under the control – or at least the supervision – of the coastal State.“

Zugegebenermaßen enthält gerade der küstenstaatliche Zustimmungsvorbehalt in Bezug auf den Trassenverlauf seeverlegter Rohrleitungen eine bedeutende Einschränkung der Verlegefreiheit auf dem Festlandsockel. Deshalb ist Art. 79 Abs. 3 SRÜ als Ausnahmevorschrift eng auszulegen.[120] Dies ergibt sich auch aus der Verhandlungsgeschichte der Norm. Bei einer solchen restriktiven Interpretation des Art. 79 Abs. 3 SRÜ ist sichergestellt, dass das Verlegerecht nicht leerläuft. Art. 79 Abs. 3 SRÜ kann also durch Auslegung in Einklang mit der Verlegefreiheit gebracht werden.

aa) Inhaltliche Beschränkungen

Zunächst stellt sich die Frage, ob die Zustimmung zur Trassenführung in Anknüpfung an Art. 79 Abs. 2 SRÜ „angemessen" sein muss. Oder steht dem Küstenstaat freies Ermessen bei der Entscheidung zu?[121] Zwar spricht der Wortlaut, der kein einschränkendes Kriterium der Angemessenheit enthält, dagegen, für den Trassenführungs-Vorbehalt die gleichen Maßstäbe aufzustellen wie bei Art. 79 Abs. 2 SRÜ. Allerdings spricht allein schon die Tatsache, dass die Verlegefreiheit auf dem Festlandsockel weiter gilt, gegen ein ungebundenes, freies Ermessen des Küstenstaates. Der Küstenstaat muss auch bezüglich der Trassenführung auf der Grundlage des Rücksichtnahmegebots einen Interessenausgleich zwischen seinen eigenen Interessen sowie denen der verlegenden Staaten und der Drittstaaten herstellen.[122] Darüber hinaus erscheint es erforderlich, den Küstenstaat zur Begründung seiner Zustimmungsverweigerung zu verpflichten, um dem verlegenden Staat die Möglichkeit zu geben, die Interessen und die Verhältnismäßigkeit der küstenstaatlichen Zustimmungsverweigerung nachzuvollziehen, und ihn in die Lage zu versetzen, eine alternative Trasse zu planen.[123]

Der Küstenstaat übt also bei der Entscheidung über seine Zustimmung zum Trassenverlauf kein freies Ermessen aus und ist u. a. zur Begründung seiner Entscheidung verpflichtet. Des Weiteren ist der Küstenstaat an den Grundsatz von Treu und Glauben gebunden und darf seine Zu-

---

[120] *W. Wiese*, Seeverlegte Rohrleitungen im Völkerrecht, 260 f.

[121] So *J. Crowley*, The Ekofisk-Emden Gas Pipeline, (39) 46: „(...) this consent would appear to confer upon the coastal State an absolute discretion (...)."

[122] Im Ergebnis so auch *W. Wiese*, Seeverlegte Rohrleitungen im Völkerrecht, 253.

[123] Siehe *W. Wiese*, Seeverlegte Rohrleitungen im Völkerrecht, 256.

stimmung nicht vollständig verweigern.[124] Ein Küstenstaat, der unter dem Deckmantel seines Rechts auf Zustimmung zum Trassenverlauf wiederholt Trassenverläufe ablehnt, insbesondere wenn diese deutlich voneinander abweichen, würde seine Pflicht verletzen, die Verlegung der Rohrleitung nicht zu behindern.[125] Ein solches Verhalten kann einen Rechtsmissbrauch i. S. d. Art. 300 SRÜ darstellen.

Darüber hinaus kann der Küstenstaat seine Interessen gegenüber dem an der Verlegung interessierten Staat nicht völlig durchsetzen, sondern muss dessen Interessen berücksichtigen, insbesondere das wirtschaftliche Interesse an einer möglichst kostengünstigen Trasse.[126] Der Küstenstaat ist aufgrund des eindeutigen Wortlautes des Art. 79 Abs. 3 SRÜ auch nicht berechtigt, die Trassenführung selbst vorzunehmen.[127] Verweigert der Küstenstaat mehrmals seine Zustimmung zu vorgeschlagenen Trassenführungen, kann er verpflichtet sein, bestimmte Gebiete anzugeben und konkrete Auflagen hinsichtlich der Streckenführung zu machen. Unter Umständen kann er sogar zu anteiligen Kostentragung für Trassenuntersuchungen verpflichtet werden.[128]

Eine Zustimmung unter dem Vorbehalt der nachträglichen Änderung der Trassenführung ist aufgrund der Einschränkungen für die Verlegefreiheit und der hohen Kosten der Trassenänderung nur im Ausnahmefall zulässig, insbesondere wenn sich Ausbeutungspläne in dem

---

[124] *R. Lagoni/A. Proelß*, Festlandsockel und ausschließliche Wirtschaftszone, (161) 210, Rn. 154. Siehe mit ausführlicher Begründung *W. Wiese*, Seeverlegte Rohrleitungen im Völkerrecht, 264. Anders *S. Kaye*, International measures, (377) 400: „(…) article 79 (3) gives a coastal State the right to veto any route for the laying of a pipeline."

[125] So auch *R.-J. Dupuy/D. Vignes*, A Handbook on the New Law of the Sea, Vol. I, 375; *W. Wiese*, Seeverlegte Rohrleitungen im Völkerrecht, 255 f.

[126] Siehe *R. Lagoni/A. Proelß*, Festlandsockel und ausschließliche Wirtschaftszone, (161) 210, Rn. 154; *W. Wiese*, Seeverlegte Rohrleitungen im Völkerrecht, 255.

[127] So auch *W. Wiese*, Seeverlegte Rohrleitungen im Völkerrecht, 247; a. A. *B. Kwiatkowska*, The 200 Mile Exclusive Economic Zone, 217. Auch in Bezug auf Art. 26 Abs. 2 HSÜ wurde betont, dass der Küstenstaat bei der Trassenführung zwar das Recht habe, bestimmte Zonen zu verbieten, in denen er die Ressourcen des Festlandsockels ausbeutet, jedoch nicht selbst den Trassenverlauf festlegen könne. Siehe *M.-R. Simonnet*, La Convention sur la Haute Mer, 138.

[128] *W. Wiese*, Seeverlegte Rohrleitungen im Völkerrecht, 256, 257, zur Kostentragung bei Mehrkosten durch eine Steckenverlängerung.

betreffenden Gebiet hinreichend konkretisiert haben, was der Küstenstaat dem an der Verlegung interessierten Staat mitteilen muss.[129]

bb) Zeitliche Beschränkungen

Es schließt sich die Frage an, ob sich der Zustimmungsvorbehalt auch auf vorbereitende Maßnahmen im Bereich der Trassenführung bezieht. Fallen Erkundungsmaßnahmen unter den Begriff der „Festlegung der Trasse"?[130] Die Beeinträchtigungen, die der Küstenstaat durch vorbereitende Maßnahmen, insbesondere Untersuchungen des Trassenverlaufs, erfahren kann, sind weit weniger einschneidend als die dauerhafte Verlegung der Rohrleitung.[131] Könnte der Küstenstaat bereits zu Erkundungsmaßnahmen seine Zustimmung verweigern, würde das in Art. 79 Abs. 1 SRÜ verankerte Verlegungsrecht leerlaufen. Der Küstenstaat kann aber bei den Vorbereitungshandlungen die nach Art. 79 Abs. 2 SRÜ erforderlichen und angemessenen Maßnahmen ergreifen.

Abschließend soll die Frage behandelt werden, ob der Ersatz einer Rohrleitung einer erneuten Zustimmung des Küstenstaates unterliegt, wenn z. B. Reparaturmaßnahmen nicht mehr möglich oder wirtschaftlich nicht mehr vertretbar sind.[132] Beim Ersatz einer Rohrleitung, bei dem es sich nicht um bloße Unterhaltungsmaßnahmen handelt, ist der Küstenstaat berechtigt, die Trassenführung von seiner Zustimmung abhängig zu machen. Dies kommt einer Neuausübung der Verlegefreiheit gleich, für die dem Küstenstaat ein Zustimmungsvorbehalt zur Trassenführung zusteht.[133] Andernfalls wäre eine einmal erklärte Zustimmung zur Trassenführung auf Dauer für den Küstenstaat bindend, was mit der Aufteilung der Rechte auf dem Festlandsockel zwischen Küstenstaat und anderen Staaten unvereinbar wäre.

---

[129] Siehe ausführlich *W. Wiese*, Seeverlegte Rohrleitungen im Völkerrecht, 259.

[130] *R. Lagoni*, Legal Aspects of Submarine HVDC Cables, 65 f., stellt zudem die Frage, ob Erkundungsmaßnahmen neben Art. 79 Abs. 3 SRÜ auch unter den Zustimmungsvorbehalt der wissenschaftlichen Meeresforschung fallen.

[131] *W. Wiese*, Seeverlegte Rohrleitungen im Völkerrecht, 261.

[132] Siehe zum nachfolgenden Absatz mit ausführlicher Begründung *W. Wiese*, Seeverlegte Rohrleitungen im Völkerrecht, 261 f.

[133] *W. Wiese*, Seeverlegte Rohrleitungen im Völkerrecht, 198, schlussfolgert dies überzeugend, indem er die einzelnen Elemente des Art. 51 Abs. 2 S. 2 SRÜ zueinander in Bezug setzt.

c) Zusammenfassung zu Art. 79 Abs. 3 SRÜ

Art. 79 Abs. 3 SRÜ ist aufgrund der weitreichenden Einschränkungen für die Verlegefreiheit restriktiv zu interpretieren. Der Küstenstaat muss auch bezüglich der Trassenführung auf der Grundlage des Rücksichtnahmegebots einen Interessenausgleich zwischen seinen eigenen Interessen sowie denen von verlegenden Staaten und Drittstaaten suchen. Der Küstenstaat darf seine Zustimmung nicht vollständig verweigern und ist an den Grundsatz von Treu und Glauben gebunden. Er kann seine Interessen gegenüber dem an der Verlegung interessierten Staat nicht rücksichtslos durchsetzen, sondern muss dessen Interessen berücksichtigen, insbesondere das wirtschaftliche Interesse an einer möglichst kostengünstigen Trasse. Die Einzelfragen in Zusammenhang mit der Zustimmung zur Trassenführung lassen sich ohne Verhandlungen zwischen dem Küstenstaat und dem an der Verlegung interessierten Staat kaum klären. Zwar ist in Art. 79 Abs. 3 SRÜ eine Pflicht zur Kooperation nicht ausdrücklich vorgesehen, allerdings ergibt sich diese aus dem Rücksichtnahmegebot und dem Regelungsgefüge des Art. 79 SRÜ.

4. Pflicht zur Ergreifung von Umweltschutzmaßnahmen

Bisher wurden die aus Art. 79 Abs. 2 und 3 SRÜ fließenden *Rechte* des Küstenstaates in Bezug auf angemessene Umweltschutzmaßnahmen und sein Zustimmungsvorbehalt bei der Trassenführung untersucht. Anknüpfungspunkt für die *Pflichten* im Bereich des Meeresumweltschutzes sind zunächst die Art. 192 ff. SRÜ, insbesondere Art. 194 SRÜ. Diese allgemeine Verpflichtung wird durch die spezielleren Verpflichtungen der Art. 207 ff. SRÜ konkretisiert.

Wie oben dargestellt, stellen Verlegung, Einbettung, Ummantelung, Betrieb und Nicht-Entfernung unterseeischer Rohrleitungen kein Einbringen i. S. d. Art. 1 Abs. 1 Nr. 5 lit. (a) SRÜ dar, weshalb für den Bereich der AWZ bzw. des Festlandsockels Art. 210 Abs. 5 SRÜ nicht anwendbar ist.[134] Art. 210 Abs. 5 SRÜ ist aber einschlägig, wenn eine Rohrleitung nach Stilllegung geborgen und an einer anderen Stelle im Meer versenkt wird. Des Weiteren wurde oben untersucht, dass die Bestimmung des Art. 207 SRÜ in Bezug auf eine Verschmutzung von Land aus nach ihrem Sinn und Zweck keine Transportrohrleitungen erfasst, die von Land aus ins Meer verlegt werden, um Erdöl oder Erdgas oder andere Stoffe zu transportieren. Art. 207 SRÜ greift jedoch bei

134 Siehe S. 129 ff.

Rohrleitungen, die dazu verlegt werden, Abwässer von Land aus ins Meer zu leiten. Art. 207 und 210 SRÜ können zudem einschlägig sein, wenn Rohrleitungen vor der Inbetriebnahme mit antikorrosiv wirkenden Flüssigkeiten durchgespült werden und diese danach ins Meer geleitet werden.

Als Anknüpfungspunkt kommt hier also insbesondere Art. 208 SRÜ in Betracht, der die Staaten verpflichtet, eine Verschmutzung durch Meeresbodentätigkeiten, unter die auch Verlegung, Betrieb, Unterhaltung und (Nicht-)Entfernung seeverlegter Rohrleitungen fallen, zu verhüten und vermeiden. Im Folgenden soll nun erörtert werden, welcher Staat auf dem Festlandsockel bzw. in der AWZ in die Pflicht genommen werden kann, Maßnahmen zu ergreifen, um eine Verschmutzung der Meeresumwelt durch Rohrleitungen zu vermeiden und zu minimieren – und welcher Art diese Maßnahmen sein können. Dies ist zunächst der verlegende Staat, dem grundsätzlich die Hoheitsbefugnisse über Rohrleitungen auf dem Festlandsockel zukommen. Doch auch der Küstenstaat kann in bestimmten Fällen verpflichtet (und nicht nur berechtigt) sein, Umweltschutzmaßnahmen in Bezug auf seine eigenen oder fremde Rohrleitungen zu ergreifen.

a) Hoheitsbefugnisse der verlegenden Staaten

Da die Hoheitsbefugnisse über unterseeische Rohrleitungen (und notwendige Pump- und Begleitinstallationen) auf dem Festlandsockel grundsätzlich beim verlegenden Staat verbleiben, ist zunächst dieser im Bereich des Meeresumweltschutzes verpflichtet.[135] Aus Art. 208 Abs. 2 i.V.m. Abs. 1 SRÜ ist der verlegende Staat in der Pflicht, Gesetze zur Verhütung, Verringerung und Überwachung der Verschmutzung der Meeresumwelt durch Verlegung, Betrieb und Liegenlassen einer unterseeischen Rohrleitung auf dem Festlandsockel bzw. in der AWZ zu erlassen, und diese nach Art. 214 SRÜ durchzusetzen.

Der verlegende Staat hat bei der Rohrleitungsverlegung auf dem Festlandsockel die Pflicht, im Vorfeld einer Rohrleitungsverlegung die Trasse zu untersuchen, insbesondere nach möglichen Hindernissen und Gefahren wie z. B. Minen. In Anknüpfung hieran muss der verlegende Staat die Rohrleitung in ausreichendem Abstand um Hindernisse herum legen. Darüber hinaus kommt dem verlegenden Staat die Pflicht zu, eine seeverlegte Rohrleitung regelmäßig zu warten, zu kontrollieren und si-

---

135 Siehe ausführliche Untersuchung oben S. 189 ff.

cherzustellen, dass von der Rohrleitung keine Gefahren ausgehen bzw. dass die Rohrleitung selbst nicht gefährdet ist, z. B. durch Veränderungen des Meeresbodens. Insbesondere die Unterhaltungspflicht ist unverzichtbarer Bestandteil des Rechtes, Rohrleitungen zu verlegen.[136]

b) Küstenstaatliche Hoheitsbefugnisse

Aufgrund des eindeutigen Wortlauts des Art. 79 Abs. 2 „vorbehaltlich seines Rechts, angemessene Maßnahmen zu ergreifen", kann eine Pflicht zur Ergreifung von Umweltschutzmaßnahmen durch den Küstenstaat grundsätzlich nicht auf Art. 79 Abs. 2 SRÜ gestützt werden.

Eine Verpflichtung für den Küstenstaat, Maßnahmen zur Verhütung, Verringerung und Überwachung der Verschmutzung der Meeresumwelt durch Verlegung, Betrieb und Liegenlassen einer unterseeischen Rohrleitung auf dem Festlandsockel bzw. in der AWZ zu erlassen, kann sich zunächst aus Art. 208 Abs. 1 SRÜ ergeben. Da auf dem Festlandsockel verlegte Rohrleitungen grundsätzlich unter der Hoheitsbefugnis des verlegenden Staates bleiben, greift diese küstenstaatliche Verpflichtung aus Art. 208 Abs. 1 SRÜ nur bei Rohrleitungen, die in Zusammenhang mit Anlagen und Bauwerken und der Ausbeutung der natürlichen Ressourcen stehen (sog. „field-to-field pipelines", „field-to-coast pipelines" und Feldleitungen) und/oder die der Küstenstaat selbst verlegt.[137] Für alle anderen Arten von Rohrleitungen auf dem Festlandsockel bleibt der verlegende Staat verantwortlich.

Der Küstenstaat muss demnach die erforderlichen Gesetze zur Verhütung, Verringerung und Überwachung der Verschmutzung der Meeresumwelt durch Verlegung, Betrieb und Liegenlassen einer „field-to-field pipeline", „field-to-coast pipeline" oder Feldleitung auf dem Festlandsockel erlassen, insbesondere auch, wenn er diese selbst verlegt. In diesen Gesetzen muss der Küstenstaat beispielsweise sicherstellen, dass Verlegegesellschaften im Vorfeld einer Rohrleitungsverlegung die Trasse untersuchen, insbesondere nach möglichen Hindernissen und Gefahren wie z. B. Minen, und die Rohrleitung dann in ausreichendem Abstand um Hindernisse herum legen. Des Weiteren kommen bestimmte Anforderungen an die Sicherheit und den Betrieb, beispielsweise eine regelmäßige Wartung, in Betracht.

---

[136] *W. Wiese*, Seeverlegte Rohrleitungen im Völkerrecht, 239.

[137] Ähnlich *M. Roelandt*, La condition juridique des pipelines, 181.

c) Sicherheitszonen und andere Schutzmaßnahmen

Die Verlegefreiheit des Art. 79 Abs. 1 SRÜ umfasst nicht das Recht des Verlegestaates, auf einem fremden Festlandsockel bzw. in einer fremden AWZ entlang seiner Rohrleitung eine Sicherheitszone zu errichten.[138] Dies würde dem Rücksichtnahmegebot sowie den küstenstaatlichen Ausbeutungsrechten und Interessen widersprechen. Nur der Küstenstaat ist berechtigt und u. U. sogar verpflichtet, entlang einer Rohrleitung auf seinem Festlandsockel eine Sicherheitszone einzurichten oder andere vergleichbare Schutzmaßnahmen zu treffen. Der Küstenstaat kann auch vom verlegenden Staat verlangen, eine Sicherheitszone einzurichten oder andere Schutzmaßnahmen zu ergreifen.

aa) Anwendbarkeit des Art. 60 Abs. 4-7 SRÜ?

Art. 60 Abs. 4-7 SRÜ enthalten für den Bereich des Festlandsockels Sonderbestimmungen in Bezug auf Sicherheitszonen und andere Schutzmaßnahmen für Anlagen. Gemäß Art. 60 Abs. 4 SRÜ kann der Küstenstaat, wo es notwendig ist, um künstliche Inseln, Anlagen und Bauwerke angemessene Sicherheitszonen einrichten, in denen er geeignete Maßnahmen ergreifen kann, um die Sicherheit der Schifffahrt sowie der künstlichen Inseln, Anlagen und Bauwerke zu gewährleisten. Alle Schiffe müssen diese Sicherheitszonen beachten sowie die darauf bezogenen allgemein anerkannten internationalen Regeln und Normen einhalten (Art. 60 Abs. 6 SRÜ, ähnlich Art. 5 Abs. 3 S. 2 FSÜ). Gemäß Art. 60 Abs. 5 SRÜ (siehe auch Art. 5 Abs. 3 S. 1 FSÜ) dürfen sich diese Sicherheitszonen nicht über eine Entfernung von 500 m hinaus erstrecken. Größte Gefahr für die Anlagen stellen dabei Kollisionen von Schiffen dar, zumal bei schlechter Sicht. Deshalb ist sowohl die Errichtung der Anlage selbst (Art. 60 Abs. 3 S. 1 SRÜ) als auch der Sicherheitszone (Art. 60 Abs. 5 letzter Satz SRÜ) bekanntzumachen. Des Weiteren sind ständige Warneinrichtungen wie Bojen zu unterhalten (Art. 60 Abs. 3 S. 1 SRÜ, siehe auch Art. 5 Abs. 5 S. 1 FSÜ). Gemäß Art. 60 Abs. 7 SRÜ (siehe auch Art. 5 Abs. 6 FSÜ) dürfen Anlagen und Bauwerke und Sicherheitszonen dort nicht errichtet werden, wo dies die Benutzung anerkannter und für die internationale Schifffahrt wichtiger Schifffahrtswege behindern kann.

Die Errichtung einer Sicherheitszone gemäß Art. 60 SRÜ kann nach dem Wortlaut des Art. 60 Abs. 4 SRÜ zweierlei bezwecken: Zum einen

---

[138] So auch *W. Wiese*, Seeverlegte Rohrleitungen im Völkerrecht, 280.

soll die Sicherheit der Schifffahrt garantiert werden, zum anderen aber auch die der Anlagen selbst; diese beiden Ziele stehen gleichrangig nebeneinander.[139] Zwar ist der Schutz von Anlagen vor Fischereiaktivitäten nicht ausdrücklich als Schutzziel genannt, jedoch ist die 2. Alternative „um die Sicherheit (...) der künstlichen Inseln, Anlagen und Bauwerke zu gewährleisten“ so offen formuliert, dass hierunter auch der Schutz einer Anlage vor Fischereiaktivitäten fällt.[140] Der Schutz der Anlagen bei gefährlichen Tätigkeiten in ihrer Nähe dient dabei gerade auch (indirekt) dem Schutz der Meeresumwelt vor den negativen Auswirkungen der Beschädigung der Anlage.

Deshalb kann der Küstenstaat eine Sicherheitszone um eine Anlage auch einrichten, um die lebenden Ressourcen bzw. die Meeresumwelt vor der Gefährdung einer Kollision zu schützen. Dies folgt auch aus der Vorgängervorschrift Art. 5 FSÜ, die sich nicht auf die Nennung bestimmter Ziele beschränkte: Nach Art. 5 Abs. 2 a. E. FSÜ ist der Küstenstaat berechtigt „(...) to establish safety zones around such installations and devices and to take in those zones measures necessary for their protection“. Gemäß Art. 5 Abs. 7 FSÜ ist der Küstenstaat sogar verpflichtet „(...) to undertake, in the safety zone, all appropriate measures for the protection of the living resources of the sea from harmful agents.“[141]

Teilweise wird mit Bezug zu Art. 5 FSÜ vertreten, dass die dort vorgesehenen Sicherheitszonen und Schutzmaßnahmen auch auf Rohrleitungen anwendbar seien.[142] Hierbei wird jedoch nicht näher erörtert, ob

---

139 Ähnlich *M.H. Nordquist* (ed.), UNCLOS Commentary, Vol. II, 586, Para. 60.15(g); a. A. *S. Kaye*, International measures, (377), 386, der die Sicherheit der Schifffahrt als primäres Ziel einer Sicherheitszone sieht.

140 Zurückhaltender *M.H. Nordquist* (ed.), UNCLOS Commentary, Vol. II, 586, Para. 60.15(g): „If navigation is regulated within the safety zones, regulations against other incompatible activities would also seem permissible for the coastal State; the Convention, however, does not make that clear.“

141 *S. Kaye*, International measures, (377) 383, sieht in Art. 5 Abs. 7 FSÜ „an early form of environmental jurisdiction“.

142 So *J. Soubeyrol*, La condition juridique des pipe-lines en droit international, (157) 181 f.; *UNECE*, The Legal Status of International Gas Pipelines, 76: „Accordingly, that State [i. e. the coastal State] may establish safety zones in that area [i. e. the continental shelf] and take measures necessary for the protection of submarine cables and pipelines, the term ‚installations and devices‘ used in the Convention obviously being applicable to such works and their ancillary installations.“ Siehe auch Diskussion bei *H. Esmaeili*, The Legal Regime of

Rohrleitungen generell Anlagen („installations") i. S. d. Vorschrift darstellen – oder ob dies nur für Rohrleitungen gilt, die im Zusammenhang mit der Ausbeutung der natürlichen Ressourcen des Festlandsockels stehen. Eine solche verallgemeinernde Anwendung ist jedoch zu ungenau: Da Rohrleitungen normalerweise keine Anlagen i. S. d. Art. 60, 80 SRÜ sind, kann entlang einer Pipeline grundsätzlich keine Sicherheitszone nach Art. 60 Abs. 4-6 SRÜ eingerichtet werden.[143]

Für seeverlegte Feldleitungen, die innerhalb eines Feldes oder mehrerer Felder Ölplattformen verbinden, gilt Folgendes: Häufig dürften diese Feldleitungen innerhalb der Sicherheitszone liegen, dann stellt sich die Frage nach einer eigenen Sicherheitszone der Leitung nicht.[144] Für Feldleitungen außerhalb der Sicherheitszone, „field-to-field pipelines" sowie „field-to-coast pipelines" ist Art. 60 Abs. 4-6 SRÜ anwendbar, da solche Feldleitungen dem rechtlichen Status der Anlagen und Bauwerke folgen, die sie verbinden.

Subsumiert man Pump- und andere Begleitinstallationen unter Art. 60 SRÜ, können um sie herum Sicherheitszonen i. S. d. Art. 60 Abs. 4-6 SRÜ errichtet werden. Doch auch wenn man davon ausgeht, dass die Begleitinstallationen notwendige Bestandteile der Rohrleitungen sind und dem Rohrleitungsrecht folgen, sollte dem Küstenstaat analog zu Art. 60 Abs. 4-6 SRÜ das Recht zuerkannt werden, um diese Installationen herum Sicherheitszonen zu errichten, da die Gefahrenlage für die Schifffahrt einerseits und die Begleitinstallation andererseits ähnlich gelagert ist.[145] Auch der auf internationale Schifffahrtswege bezogene Art. 60 Abs. 7 SRÜ findet aus o. g. Gründen keine Anwendung auf Seerohr-

---

Offshore Oil Rigs, 122; ausführliche Erörterung bei *W. Wiese*, Seeverlegte Rohrleitungen im Völkerrecht, 277 ff.

[143] So *R. Lagoni/A. Proelß*, Festlandsockel und ausschließliche Wirtschaftszone, (161) 212, Rn. 166; siehe auch Diskussion bei *S. Kaye*, International measures, (377), 379 ff., 382, 386; *M. Roelandt*, La condition juridique des pipelines, 83, bezieht sich auf den Wortlaut „autour", der nicht auf Rohrleitungen passe.

[144] Siehe zur Verlegung von Rohrleitungen im Bereich von Sicherheitszonen *W. Wiese*, Seeverlegte Rohrleitungen im Völkerrecht, 281 f.

[145] *R. Lagoni/A. Proelß*, Festlandsockel und ausschließliche Wirtschaftszone, (161) 213, Rn. 168, beziehen sich auf die Staatenpraxis, die bisher nicht zu Protesten geführt habe, weshalb ein entstehendes Gewohnheitsrecht anzunehmen sei.

leitungen, ist allerdings auf die Errichtung von Begleitinstallationen entsprechend anwendbar.[146]

bb) Recht bzw. Pflicht zur Einrichtung von Sicherheitszonen und zur Ergreifung anderer Schutzmaßnahmen

Da um die meisten Rohrleitungen keine Sicherheitszonen nach Art. 60 Abs. 4-6 SRÜ eingerichtet werden dürfen, ist es im Bereich des Festlandsockels (wie im Bereich der Hohen See) grundsätzlich Angelegenheit des Flaggenstaates, Fischerei- und Ankerverbote in der Umgebung von Rohrleitungen für unter seiner Flagge fahrende Schiffe zu erlassen. Der Verlegestaat selbst darf auf einem fremden Festlandsockel bzw. in einer fremden AWZ entlang seiner Rohrleitung keine Sicherheitszone errichten, da dies die küstenstaatlichen Rechte (und die anderen Freiheiten der Hohen See) zu sehr einschränken würde.

Ob die Errichtung einer Sicherheitszone eine angemessene Maßnahme zur Verhütung, Verringerung und Überwachung der Verschmutzung durch Rohrleitungen i. S. d. Art. 79 Abs. 2 SRÜ darstellt, ist fraglich, da Sicherheitszonen in Form von Schifffahrts-, Fischerei- und Ankerverboten die Freiheiten der Hohen See sehr einschränken und das Rücksichtnahmegebot verletzt sein könnte.

Auch aus den umweltschützenden Bestimmungen, insbesondere aus Art. 194 Abs. 3 lit. (c) und (d) SRÜ, könnte das Recht zur Errichtung einer Sicherheitszone hergeleitet werden. Aufgrund der möglichen weitreichenden Einschränkungen der Freiheiten der Hohen See anderer Staaten durch solche Sicherheitszonen entlang einer Rohrleitung ist aber auch hier äußerste Zurückhaltung geboten, was explizit im speziellen Rücksichtnahmegebot des Art. 194 Abs. 4 SRÜ festgelegt ist. Eine Pflicht zur Errichtung von Sicherheitszonen durch den Küstenstaat entlang seeverlegter Rohrleitungen auf dem Festlandsockel ergibt sich hieraus nicht.

Aus Art. 79 Abs. 2 SRÜ und Art. 194 Abs. 3 lit. (c) und (d) SRÜ kann sich aber das Recht des Küstenstaates ergeben, zur Gewährleistung der Sicherheit einer Rohrleitung Warneinrichtungen wie Bojen in eng umgrenzten Bereichen einzurichten, und die Lage der Rohrleitung zu veröffentlichen bzw. in Seekarten einzutragen.[147] Ein etwaiges Sicherheits-

---

[146] *R. Lagoni/A. Proelß*, Festlandsockel und ausschließliche Wirtschaftszone, (161) 213, Rn. 169.

[147] Siehe auch *W. Wiese*, Seeverlegte Rohrleitungen im Völkerrecht, 318.

interesse des verlegenden Staates an einer Nichtveröffentlichung tritt auf dem Festlandsockel hinter die küstenstaatlichen und umweltschutzbezogenen Belange zurück.

Der verlegende Staat kann in dem Ausnahmefall, dass eine bereits seit längerer Zeit verlegte Rohrleitung nach ihrer Verlegung durch andere Meeresnutzungen erheblich gefährdet wird, einen Anspruch gegen den Küstenstaat auf das Ergreifen von Schutzmaßnahmen haben, wenn dies für den störungsfreien und sicheren Betrieb der Rohrleitung unbedingt erforderlich ist und eine Abstimmung der verschiedenen Nutzungen nicht gelingt. Die Erforderlichkeit der Errichtung einer Sicherheitszone (Anker- und Fischereiverbot) dürfte jedoch meist zu verneinen sein, da bei eingegrabenen bzw. mit Beton erschwerten Rohrleitungen weniger einschneidende Maßnahmen wie eine Kennzeichnung ausreichen dürften.[148]

d) Entfernungspflicht für aufgegebene/nicht mehr genutzte Rohrleitungen

Ein Recht bzw. eine Pflicht zur Entfernung aufgegebener bzw. nicht mehr genutzter Rohrleitungen auf dem Festlandsockel bzw. in der AWZ könnte sowohl dem Küstenstaat als auch dem verlegenden Staat gewährt bzw. auferlegt werden.[149]

aa) Pflicht des verlegenden Staates

Für Rohrleitungen, die nicht den Hoheitsbefugnissen des Küstenstaates unterliegen, ist der verlegende Staat aus Art. 208 Abs. 2 i.V.m. Abs. 1 SRÜ dazu verpflichtet, Maßnahmen zur Verhütung, Verringerung und Überwachung der Verschmutzung der Meeresumwelt durch Verlegung, Betrieb und Liegenlassen seiner unterseeischen Rohrleitung zu erlassen. Im Ausnahmefall kann sich hieraus auch eine Pflicht ergeben, eine stillgelegte Rohrleitung ganz oder teilweise von einem fremden Festlandsockel zu entfernen, wenn von der verbleibenden Rohrleitung in erhebli-

---

148 Zu weitgehend *W. Wiese*, Seeverlegte Rohrleitungen im Völkerrecht, 280.

149 Siehe zu den nationalen Gesetzen *J.M. Anderson*, Decommissioning Pipelines and Subsea Equipment, 3.3. National Legislation zur Gesetzgebung in Großbritannien. Zu bilateralen Abkommen und der Staatenpraxis *M. Roelandt*, La condition juridique des pipelines, 185 ff.

chem Maße abträgliche Wirkungen für die Meeresumwelt zu erwarten sind, oder wenn der Küstenstaat beabsichtigt, seine Nutzungsrechte am Festlandsockel in dem betroffenen Gebiet auszuüben. Die Verlegefreiheit ist in einem solchen Fall nicht eingeschränkt, die sie bei der Entfernung gerade nicht mehr ausgeübt wird. Die Interessen der verlegenden Staaten sind dann hauptsächlich finanzieller Art, da die Bergung vom Meeresboden enorme Kosten verursacht.

bb) Beseitigungspflicht aus Art. 60 Abs. 3 SRÜ

Art. 60 Abs. 3 S. 2 – S. 4 SRÜ ist Ausdruck des allgemeinen Rücksichtnahmegebots[150] und sieht eine Beseitigungspflicht für Anlagen oder Bauwerke auf dem Festlandsockel vor: „Alle aufgegebenen oder nicht mehr benutzten Anlagen oder Bauwerke sind zu beseitigen, um die Sicherheit der Schifffahrt zu gewährleisten; dabei sind die allgemein anerkannten internationalen Normen zu berücksichtigen, die in dieser Hinsicht von der zuständigen internationalen Organisation festgelegt sind. Bei der Beseitigung ist auch auf die Fischerei, den Schutz der Meeresumwelt sowie die Rechte und Pflichten anderer Staaten gebührend Rücksicht zu nehmen. Tiefe, Lage und Ausdehnung nicht vollständig beseitigter Anlagen oder Bauwerke sind in geeigneter Weise bekanntzumachen."

Eine Beseitigungspflicht von Anlagen nach Art. 60 Abs. 3 S. 2 SRÜ ist also nur zur Gewährleistung der Sicherheit der Schifffahrt gegeben. Die anderen in Art. 60 Abs. 3 S. 3 SRÜ genannten Tätigkeiten bzw. Umstände (Fischerei, Schutz der Meeresumwelt, Rechte und Pflichten anderer Staaten) lösen keine Pflicht zur Entfernung aus, auf sie ist nur gebührend Rücksicht zu nehmen.[151] Hintergrund für diese unterschiedliche Einordnung ist die Tatsache, dass Anlagen insbesondere für die Schifffahrt enorme Einschränkungen mit sich bringen. Zudem würde eine strikte Beseitigungspflicht aus Gründen der Rücksichtnahme auf alle anderen Meeresnutzungen sowie unter Umweltschutzaspekten den Staat bzw. Betreiber einer solchen Anlage vor erhebliche finanzielle wie logistische Herausforderungen stellen.

Auch eine teilweise Entfernung kann je nach den Umständen erlaubt oder gar geboten sein (siehe Art. 60 Abs. 3 S. 4 SRÜ), wenn dies bei-

---

[150] *W. Wiese*, Seeverlegte Rohrleitungen im Völkerrecht, 308.

[151] Siehe auch *E.D. Brown*, The Significance of a Possible EC EEZ, (115) 127 ff.

spielsweise aus Umweltschutzgründen weniger belastend ist als die vollständige Entfernung oder die Anlage noch genutzt werden kann, z. B. als künstliches Riff, wobei jedoch dann zurückbleibende Ölreste oder eine mögliche Korrosion eine Gefahr für die Meeresumwelt darstellen können.[152] Art. 5 Abs. 5 S. 2 FSÜ sah hingegen noch eine vollständige Beseitigungspflicht für aufgegebene oder nicht mehr genutzte Anlagen vor.[153] Die nach Art. 60 Abs. 3 S. 2 SRÜ zu berücksichtigenden Normen der zuständigen internationalen Organisation sind insbesondere die „IMO Guidelines and Standards for the Removal of Offshore Installations and Structures on the Continental Shelf and in the Exclusive Economic Zone“ von 1989, in denen Rohrleitungen jedoch nicht erwähnt werden.[154]

Da Rohrleitungen i. d. R. keine Anlagen i. S. d. Art. 60 Abs. 3 SRÜ sind, sind grundsätzlich weder der betreffende Art. 60 Abs. 3 SRÜ noch die IMO Guidelines and Standards von 1989 auf Rohrleitungen anwendbar.[155] Für seeverlegte Feldleitungen, „field-to-field pipelines“

---

[152] Siehe *H. Esmaeili*, The Legal Regime of Offshore Oil Rigs, 192 ff. zu Alternativen der Entfernung von Anlagen; 197 f. zu den Verhandlungen auf der Dritten Seerechtskonferenz; siehe auch *R. Higgins*, Abandonment of Energy Sites and Structures, (6) 11, 13 ff.

[153] Art. 5 Abs. 5 S. 2 FSÜ: „Alle aufgegebenen oder nicht mehr benutzten Anlagen sind vollständig zu entfernen.“ Siehe ausführlich zu Art. 5 Abs. 5 FSÜ *H. Esmaeili*, The Legal Regime of Offshore Oil Rigs, 195 ff.; *R. Higgins*, Abandonment of Energy Sites and Structures, (6) 7 ff., zur Frage, ob das internationale Recht eine vollständige Beseitigung erforderte und Art. 5 Abs. 5 FSÜ gewohnheitsrechtlich gelte.

[154] IMO Resolution A 672(16), 19 October 1989, abrufbar unter: http://www.imo.org/Environment/mainframe.asp?topic_id=1026, Stand Juli 2010). Siehe *W. Wiese*, Seeverlegte Rohrleitungen im Völkerrecht, 303 ff.; siehe ebenfalls *E.D. Brown*, The Significance of a Possible EC EEZ, (115) 129 f.; *R. Higgins*, Abandonment of Energy Sites and Structures, (6) 10 f., 16; *S. Kaye*, International measures, (377) 395 f.; siehe Details zu Stilllegung nicht mehr genutzter Ölplattformen *H. Esmaeili*, The Legal Regime of Offshore Oil Rigs, 190 ff.

[155] Siehe *E.D. Brown*, The Significance of a Possible EC EEZ, (115) 126 ff.; *W. Wiese*, Seeverlegte Rohrleitungen im Völkerrecht, 304; *R. Lagoni/A. Proelß*, Festlandsockel und ausschließliche Wirtschaftszone, (161) 216, Rn. 183; *R. Higgins*, Abandonment of Energy Sites and Structures, (6) 15 f. m. w. N.; siehe Details zu den IMO Guidelines *H. Esmaeili*, The Legal Regime of Offshore Oil Rigs, 203 f.; *J.M. Anderson*, Decommissioning Pipelines and Subsea Equipment, 3.1. International Legislation and Standards zu allgemein: „It is also generally accepted that ‚installations and structures‘ do not include sub-sea pipelines.“

sowie „field-to-coast pipelines“ ist eine teilweise oder vollständige Beseitigungspflicht aus Art. 60 Abs. 3 SRÜ (bzw. aus den IMO Guidelines and Standards von 1989) anzunehmen, da solche Seepipelines dem rechtlichen Status der Anlagen und Bauwerke folgen, die sie verbinden. In diesem Falle ergibt sich eine solche Pflicht für den Küstenstaat auch aus Art. 208 Abs. 1 SRÜ.

Subsumiert man Pump- und andere Begleitinstallationen unter Art. 60 SRÜ, unterliegen sie ebenfalls der Beseitigungspflicht aus Art. 60 Abs. 3 SRÜ. Doch auch wenn die Begleitinstallationen notwendige Bestandteile der Rohrleitungen sind und dem Rohrleitungsrecht folgen, sollten diese analog zu Art. 60 Abs. 3, 80 SRÜ der Pflicht zur (teilweisen) Entfernung nicht mehr benutzter Anlagen unterworfen werden. Diese Pflicht zur Entfernung obliegt primär dem Küstenstaat, insbesondere wenn dieser Hoheitsbefugnisse über die Rohrleitung ausübt. Es wäre jedoch zu weitgehend, dem Küstenstaat aus Art. 60 Abs. 3 SRÜ die Pflicht aufzuerlegen, Pump- und Begleitinstallationen zu entfernen, die dritte Staaten auf fremdem Festlandsockel errichten. In diesem Fall können nur die verlegenden Staaten in die Pflicht genommen werden.

cc) Beseitigungspflicht: Art. 79 SRÜ, Rücksichtnahmegebot und Gründe des Meeresumweltschutzes

Für Rohrleitungen, die in keinem Zusammenhang mit den küstenstaatlichen Ausbeutungsrechten oder Anlagen stehen, insbesondere solchen, die eine unabhängige Transportfunktion erfüllen, ergibt sich aus Art. 60 Abs. 3, 80 SRÜ keine Pflicht des Küstenstaates, diese nach der Stilllegung zu entfernen. Aufgrund der Tatsache, dass weder das Verlegen noch das Nicht-Entfernen einer seeverlegten Rohrleitung ein Einbringen i. S. d. Art. 210 SRÜ darstellen, ergibt sich aus Art. 210 SRÜ auch für den Festlandsockel bzw. die AWZ keine Pflicht des Küstenstaates zur Entfernung einer Rohrleitung.

Für Rohrleitungen, die gemäß Art. 79 Abs. 4 dem Recht des Küstenstaates unterliegen, Bedingungen festzulegen (Alt. 1), bzw. die den Hoheitsbefugnissen des Küstenstaates unterfallen (Alt. 2), können Anordnungen des Küstenstaates zur Entfernung der Rohrleitung auf Art. 79

Siehe zur britischen Rechtslage *E.D. Brown*, The Significance of a Possible EC EEZ, (115) 133 ff.; allgemein zu Großbritannien *H.W. Wilkinson*, Pipes, Mains, Cables and Sewers, 169 ff.

Abs. 4 SRÜ gestützt werden.[156] Für nicht unter Art. 79 Abs. 4 SRÜ fallende Rohrleitungen kann dem Küstenstaat aus Art. 79 Abs. 2 SRÜ das Recht zukommen, Bedingungen für die Entfernung der Rohrleitung nach deren Stilllegung zu formulieren, wenn diese eine angemessene Maßnahme i. S. d. Vorschrift darstellen.[157]

Wie bereits oben für den Bereich des Meeresbodens jenseits nationaler Hoheitsbefugnisse erörtert, kann nach den allgemeinen umweltrechtlichen Verpflichtungen der Art. 192, 194 SRÜ eine teilweise oder vollständige Beseitigung nach den konkreten Umständen geboten sein, wenn von der verbleibenden Rohrleitung in erheblichem Maße abträgliche Wirkungen für die Meeresumwelt zu erwarten sind. Ähnliches gilt für das Rücksichtnahmegebot des Art. 56 Abs. 2, 58 Abs. 3 SRÜ, das im besonderen Fall einer erheblichen Behinderung z. B. der Schifffahrt oder küstenstaatlicher Ausbeutungsinteressen durch eine verbleibende Rohrleitung zu einer Beseitigungspflicht erstarken kann.

Allerdings ist bei einer solchen Interpretation aus mehreren Gründen Zurückhaltung geboten: Zum einen ist nach dem eindeutigen Wortlaut des Art. 60 Abs. 3 SRÜ eine Beseitigungspflicht sogar für Anlagen (die in der Regel zu einer weitergehenden Beeinträchtigung und Gefährdung der Schifffahrt führen als Rohrleitungen) auf dem Festlandsockel nur aus Gründen der Sicherheit der Schifffahrt gegeben, auf Belange der Fischerei, den Schutz der Meeresumwelt sowie die Rechte und Pflichten anderer Staaten ist lediglich gebührend Rücksicht zu nehmen. Zumindest für Anlagen und Bauwerke auf dem Festlandsockel haben die SRÜ-Verfasser sich demnach bewusst dagegen entschieden, eine generelle Beseitigungspflicht aus Gründen des Meeresumweltschutzes zu verlangen. Des Weiteren stellt die Beseitigungspflicht die verlegenden Staaten (und Küstenstaaten) vor enorme finanzielle und technische Probleme; eine vollständige Beseitigung aller Seepipelines erscheint bei der Vielzahl der Rohrleitungen, die mittlerweile auf dem Meeresboden liegen, unrealistisch.[158] Der beste und häufig gewählte Weg, um eine (teilweise) Entfernung unterseeischer Rohrleitungen nach deren Stilllegung zu gewährleisten, sind bilaterale Verträge, in denen Regelungen

---

[156] Ähnlich *W. Wiese*, Seeverlegte Rohrleitungen im Völkerrecht, 302.

[157] So *R. Lagoni*, Pipelines, EPIL, 298; zurückhaltender *W. Wiese*, Seeverlegte Rohrleitungen im Völkerrecht, 306 f.

[158] Sehr kritisch zu einer Beseitigungspflicht in Bezug auf Art. 60 Abs. 3 SRÜ äußert sich auch *W. Wiese*, Seeverlegte Rohrleitungen im Völkerrecht, 301 m. w. N.

über die Bergung seeverlegter Rohrleitungen vom Meeresboden getroffen werden.[159]

e) Zusammenfassung zu den Pflichten im Bereich der Sicherheit und des Meeresumweltschutzes

Da die Hoheitsbefugnisse über unterseeische Rohrleitungen (und notwendige Pump- und Begleitinstallationen) beim verlegenden Staat verbleiben, ist grundsätzlich dieser im Bereich des Meeresumweltschutzes verpflichtet. Aus Art. 208 Abs. 2 i.V.m. Abs 1 SRÜ ist der verlegende Staat in der Pflicht, Maßnahmen zur Verhütung, Verringerung und Überwachung der Verschmutzung der Meeresumwelt durch Verlegung, Betrieb und Liegenlassen einer unterseeischen Rohrleitung zu erlassen, und diese nach Art. 214 SRÜ durchzusetzen.

Eine Verpflichtung für den Küstenstaat, Maßnahmen zur Verhütung, Verringerung und Überwachung der Verschmutzung der Meeresumwelt durch Verlegung, Betrieb und Liegenlassen einer unterseeischen Rohrleitung auf dem Festlandsockel bzw. in der AWZ zu erlassen (und nach Art. 214 SRÜ durchzusetzen), ergibt sich aus Art. 208 Abs. 1 SRÜ bei Rohrleitungen, die in unmittelbarem Zusammenhang mit Anlagen und Bauwerken und der Ausbeutung der natürlichen Ressourcen stehen (sog. „field-to-field pipelines", „field-to-coast pipelines" und Feldleitungen) und/oder die der Küstenstaat selbst verlegt.

In Bezug auf eine Beseitigungspflicht ergibt sich folgendes Bild: Im Ausnahmefall kann sich aus Art. 208 Abs. 2 i.V.m. Abs. 1 SRÜ eine Pflicht für den verlegenden Staat ergeben, eine stillgelegte Rohrleitung, die seinen Hoheitsbefugnissen unterfällt, ganz oder teilweise von einem fremden Festlandsockel zu entfernen, wenn von der verbleibenden Rohrleitung in erheblichem Maße abträgliche Wirkungen für die Meeresumwelt zu erwarten sind, oder wenn der Küstenstaat beabsichtigt, seine Nutzungsrechte am Festlandsockel auszuüben.

Für seeverlegte Feldleitungen, die innerhalb eines Feldes oder mehrerer Felder Ölplattformen verbinden, sowie für „field-to-coast pipelines", ergibt sich eine teilweise oder vollständige Beseitigungspflicht aus Art. 60 Abs. 3 SRÜ, da solche Rohrleitungen dem rechtlichen Status der Anlagen und Bauwerke folgen, die sie verbinden. In diesem Falle ergibt sich eine solche Pflicht für den Küstenstaat auch aus Art. 208 Abs. 1 SRÜ.

---

[159] Siehe hierzu *M. Roelandt*, La condition juridique des pipelines, 185 f.

Subsumiert man Pump- und andere Begleitinstallationen unter Art. 60 SRÜ, unterliegen sie ebenfalls der Beseitigungspflicht aus Art. 60 Abs. 3 SRÜ. Doch auch wenn die Begleitinstallationen notwendige Bestandteile der Rohrleitungen sind und dem Rohrleitungsrecht folgen, sollten diese analog zu Art. 60 Abs. 3, 80 SRÜ der Pflicht zur (teilweisen) Entfernung nicht mehr benutzter Anlagen unterworfen werden.

Gemäß den allgemeinen umweltrechtlichen Verpflichtungen der Art. 192, 194 SRÜ kann eine teilweise oder vollständige Beseitigung nach den konkreten Umständen geboten sein, wenn von der verbleibenden Rohrleitung in erheblichem Maße abträgliche Wirkungen für die Meeresumwelt zu erwarten sind. Ähnliches gilt für das Rücksichtnahmegebot des Art. 56 Abs. 2, 58 Abs. 3 SRÜ, das im besonderen Fall einer erheblichen Behinderung z. B. der Schifffahrt oder küstenstaatlicher Ausbeutungsinteressen durch eine verbleibende Rohrleitung zu einer Beseitigungspflicht erstarken kann. Allerdings ist bei einer solchen Interpretation Zurückhaltung geboten.

Hinsichtlich der Errichtung von Sicherheitszonen im Bereich des Festlandsockels lässt sich zusammenfassen: Die Verlegefreiheit des Art. 79 Abs. 1 SRÜ umfasst nicht das Recht des Verlegestaates, auf einem fremden Festlandsockel bzw. in einer fremden AWZ entlang seiner Rohrleitung eine Sicherheitszone zu errichten. Da Rohrleitungen grundsätzlich keine Anlagen i. S. d. Art. 60, 80 SRÜ sind, kann der Küstenstaat um sie herum prinzipiell keine Sicherheitszonen nach Art. 60 Abs. 4-6 SRÜ einrichten. Für Feldleitungen, „field-to-field pipelines" und „field-to-coast pipelines" ist Art. 60 Abs. 4-6 SRÜ anwendbar, da solche Rohrleitungen dem rechtlichen Status der Anlagen und Bauwerke folgen.

Bei für den Rohrleitungsbetrieb verzichtbaren Pump- und anderen Begleitinstallationen ist Art. 60 SRÜ anwendbar, um sie herum können Sicherheitszonen i. S. d. Art. 60 Abs. 4-6 SRÜ errichtet werden. Doch auch wenn die Begleitinstallationen notwendige Bestandteile der Rohrleitungen sind und dem Rohrleitungsrecht folgen, sollte dem Küstenstaat analog zu Art. 60 Abs. 4-6 SRÜ das Recht zuerkannt werden, um diese Installationen herum, falls erforderlich, angemessene Sicherheitszonen zu errichten, da die Gefahrenlage für Schifffahrt und Begleitinstallation ähnlich gelagert ist.

Da um die meisten Rohrleitungen – mit Ausnahme der Feldleitungen, „field-to-field pipelines" und „field-to-coast pipelines" – keine Sicherheitszonen nach Art. 60 Abs. 4-6 SRÜ eingerichtet werden dürfen, ist es im Bereich des Festlandsockels (wie im Bereich der Hohen See) grundsätzlich Angelegenheit des Flaggenstaates, Fischerei- und Ankerverbote in der Umgebung von Rohrleitungen für unter seiner Flagge fahrende

Schiffe zu erlassen. Eine Pflicht zur Errichtung von Sicherheitszonen durch den Küstenstaat entlang seeverlegter Rohrleitungen auf dem Festlandsockel ist grundsätzlich abzulehnen.

Aus Art. 79 Abs. 2 SRÜ und Art. 194 Abs. 3 lit. (c) und (d) SRÜ kann sich aber das Recht des Küstenstaates ergeben, zur Gewährleistung der Sicherheit einer Rohrleitung Warneinrichtungen wie Bojen in eng umgrenzten Bereichen einzurichten, und die Lage der Rohrleitung zu veröffentlichen bzw. in Seekarten einzutragen.

5. Erweiterte Bedingungen für anlandende Rohrleitungen (Art. 79 Abs. 4 Alt. 1 SRÜ)

Gemäß Art. 79 Abs. 4 Alt. 1 SRÜ wird das Recht des Küstenstaates, Bedingungen für Rohrleitungen aufzustellen, die in sein Hoheitsgebiet oder sein Küstenmeer führen, durch Teil VI nicht berührt. Die Regelung ist – trotz des Wortlautes „in sein Küstenmeer führen" – auch auf Rohrleitungen anwendbar, die ohne Landberührung lateral durch ein Küstenmeer führen, da die Interessenlage des Küstenstaates vergleichbar ist.[160] Des Weiteren können auch Rohrleitungen, die aus dem Hoheitsgebiet des Küstenstaates herausführen, der Regelung des Art. 79 Abs. 4 Alt. 1 SRÜ unterfallen, wenn die Interessenlage vergleichbar ist. Diese Vorschrift gilt jedoch nicht für Rohrleitungen, die nur auf einem fremden Festlandsockel verlegt werden. Für solche sog. Transitrohrleitungen, die den Hoheitsbefugnissen des verlegenden Staates unterstehen (sofern bilateral nichts anderes vereinbart wurde), gelten die Art. 79 Abs. 1-3 SRÜ ohne weitere Modifikationen.[161]

Wie bereits oben festgestellt,[162] ergibt sich das weitergehende Recht bezüglich des Abschnitts der Rohrleitung, der sich im Küstenmeer befindet, bereits aus der Tatsache, dass sich die Souveränität des Küstenstaates auf das Küstenmeer erstreckt. Art. 79 Abs. 4 Alt. 1 SRÜ ist insoweit nicht konstitutiv. Welche Bedeutung hat die Bestimmung aber für den Teil der Rohrleitung, der sich jenseits des Küstenmeeres auf dem Festlandsockel befindet?

---

[160] Siehe zum Küstenmeer und anlandenden Rohrleitungen oben S. 184 ff. *W. Wiese*, Seeverlegte Rohrleitungen im Völkerrecht, 167 mit ausführlicher Begründung; *R. Lagoni/A. Proelß*, Festlandsockel und ausschließliche Wirtschaftszone, (161) 210, Rn. 157; *R. Lagoni*, Pipelines, EPIL, 298.

[161] So auch *W. Wiese*, Seeverlegte Rohrleitungen im Völkerrecht, 183.

[162] Siehe oben S. 184 ff.

a) Rohrleitungsabschnitt auf dem Festlandsockel

Art. 79 Abs. 4 Alt. 1 SRÜ ist auch auf den Teil der Rohrleitung anwendbar, der sich auf dem (erweiterten) Festlandsockel befindet. Dies folgt zum einen bereits daraus, dass Art. 79 SRÜ auf Rohrleitungen auf dem Festlandsockel bezogen ist. Des Weiteren hätte es angesichts der Souveränität des Küstenstaates im Küstenmeer kein Klarstellungsbedürfnis gegeben, wäre die Bestimmung nur für den Teil der Rohrleitung im Küstenmeer anwendbar.[163]

Demnach kann der Küstenstaat weitergehende Bedingungen für anlandende Rohrleitungen festlegen und ist dabei nicht an das Festlandsockel-Regime gebunden („dieser Teil berührt nicht das Recht"). Der Küstenstaat bestimmt die Bedingungen auf der Grundlage seiner Souveränität nach seinem innerstaatlichen Recht.[164] Durch die Bestimmung des Art. 79 Abs. 4 Alt. 1 SRÜ kann der Küstenstaat Bedingungen festlegen, die nicht unbedingt – wie in Art. 79 Abs. 2 SRÜ – angemessen sein müssen, sondern weiter reichen können. In Bezug auf die Trasse kann der Küstenstaat, in Abweichung von Art. 79 Abs. 3 SRÜ, einen größeren Einfluss auf die Trassenführung nehmen und diese u. U. selbst bestimmen.

Da der Küstenstaat aber nur Bedingungen festlegen darf, kann er auch bei anlandenden Rohrleitungen deren Verlegung für den Bereich des Festlandsockels nicht verhindern.[165] Als strengere Bedingungen kann der Küstenstaat das Maß der Rohrleitung, Anforderungen an die technische Sicherheit, die Trasse, die Art und Weise sowie den Zeitpunkt

---

[163] Siehe *W. Wiese*, Seeverlegte Rohrleitungen im Völkerrecht, 168.

[164] Siehe *R. Lagoni/A. Proelß*, Festlandsockel und ausschließliche Wirtschaftszone, (161) 210, Rn. 157; vgl. auch Art. III KSV. *J. Crowley*, The Ekofisk-Emden Gas Pipeline, (39) 47: „(...) to fix whatever conditions [the coastal State] sees fit to the construction, maintenance and operation of [such] pipelines (...)."

[165] Anders *R. Wolf*, Rechtliche Rahmenbedingungen für die geplante Ostsee-Pipeline, (24) 26, nach dem der Küstenstaat bei anlandenden Rohrleitungen die Verlegung gänzlich untersagen darf. *R. Wolf* beschränkt die Anwendbarkeit des Art. 79 Abs. 4 SRÜ allerdings auf die „Ausgangs- und Endpunkte" einer Trasse, ohne dies näher zu spezifizieren. Meint er damit den in den inneren Gewässern bzw. im Küstenmeer liegenden Teil der Rohrleitung, ist diese Aussage zutreffend, da der Küstestaat kraft seiner Souveränität im Küstenmeer die Verlegung verbieten darf. Für den Teil der Rohrleitung, der in der AWZ bzw. auf dem Festlandsockel verläuft, trifft diese Aussage jedoch nicht zu, da ansonsten das Verlegerecht des Art. 79 Abs. 1 SRÜ leerlaufen würde.

der Verlegung, z. B. das Einspülen oder das Eingraben in den Meeresuntergrund oder die Tiefe der Verlegung, festlegen oder bestimmte Gebiete ausschließen.[166] Des Weiteren kommen Bestimmungen über die Durchsatzkapazität, die Benutzung der Rohrleitung durch Dritte, Tarifvorschriften oder Kontrollrechte in Betracht.[167] Für die Durchleitung kann der Küstenstaat auch Gebühren erheben.[168] Der Küstenstaat kann auch den Punkt festlegen, an dem die Rohrleitung in sein Küstenmeer eintreten soll – und damit den Punkt, an dem die Rohrleitung den küstenstaatlichen Festlandsockel verlassen soll.[169] Des Weiteren kann der Küstenstaat bei anlandenden Rohrleitungen Auflagen zur Entfernung der Rohrleitung machen, die weiter reichen können als bei anderen Rohrleitungen.[170]

Mit dem Recht, Bedingungen festzulegen, hat der Küstenstaat einen erheblichen tatsächlichen Einfluss auf die technischen Bedingungen der Rohrleitung, auch wenn diese seiner Hoheitsgewalt außerhalb des Küstenmeeres nicht unterworfen ist.[171] Auch bei anlandenden Rohrleitungen i. S. d. Art. 79 Abs. 4 SRÜ ist der Küstenstaat jedoch insbesondere nicht von der Rücksichtnahmepflicht gegenüber fremden Kabeln und Rohrleitungen befreit.[172]

---

166 Siehe *R. Lagoni/A. Proelß*, Festlandsockel und ausschließliche Wirtschaftszone, (161) 211, Rn. 158; siehe auch *H. Esmaeili*, The Legal Regime of Offshore Oil Rigs, 242; *R. Wolf*, Rechtliche Rahmenbedingungen für die geplante Ostsee-Pipeline, (24) 26; *J. Crowley*, The Ekofisk-Emden Gas Pipeline, (39) 47.

167 *W. Wiese*, Seeverlegte Rohrleitungen im Völkerrecht, 169 m. w. N.; siehe auch *J. Crowley*, The Ekofisk-Emden Gas Pipeline, (39) 47. *S. Kaye*, International measures, (377) 420, wendet Art. 79 Abs. 4 SRÜ bei terroristischen Angriffen auf Rohrleitungen an.

168 *R. Wolf*, Rechtliche Rahmenbedingungen für die geplante Ostsee-Pipeline, (24) 26.

169 Siehe *R. Lagoni/A. Proelß*, Festlandsockel und ausschließliche Wirtschaftszone, (161) 210, Rn. 158.

170 Ähnlich *W. Wiese*, Seeverlegte Rohrleitungen im Völkerrecht, 302.

171 *R. Lagoni/A. Proelß*, Festlandsockel und ausschließliche Wirtschaftszone, (161) 211, Rn. 159, beziehen diese Feststellung auf die gesamte Rohrleitung, ohne zu spezifizieren, ob damit auch der Teil jenseits des Festlandsockels gemeint ist.

172 Siehe *R. Lagoni/A. Proelß*, Festlandsockel und ausschließliche Wirtschaftszone, (161) 207, Rn. 140.

b) Rohrleitungsabschnitt jenseits des Festlandsockels

Abschließend stellt sich die Frage, was für den Teil der anlandenden Rohrleitung jenseits des (erweiterten) Festlandsockels gilt. Da der Teil der Rohrleitung auf dem Meeresboden jenseits nationaler Hoheitsbefugnisse der Einflusssphäre des Küstenstaates entzogen ist, ist Art. 79 Abs. 4 Alt. 1 SRÜ nicht auf den Teil der anlandenden Pipeline anwendbar, der sich im Bereich der Hohen See bzw. des Gebiets befindet. Es würde zu weit gehen, dem Küstenstaat das Recht zuzugestehen, weitreichende Bedingungen für den Teil der Rohrleitung festzulegen, der sich jenseits seiner Einflusssphäre befindet. Für den Abschnitt einer anlandenden Rohrleitung im Bereich der Hohen See gilt demnach das Recht des Staates, dessen Hoheitsgewalt der Eigentümer oder Betreiber der Leitung unterliegt.[173]

6. Durchsetzung im Bereich der AWZ bzw. des Festlandsockels

Im SRÜ finden sich keine Vorschriften, die sich explizit auf die Durchsetzung bei Verlegung, Betrieb, Unterhaltung oder Entfernung seeverlegter Rohrleitungen in der AWZ bzw. auf dem Festlandsockel beziehen.

a) Durchsetzung durch verlegende Staaten

Art. 214 SRÜ gewährt den Staaten Durchsetzungsbefugnisse in Bezug auf die Verschmutzungen durch Tätigkeiten auf dem Meeresboden. Ausgangspunkt der Durchsetzungskompetenzen ist die Frage, welcher Staat über die Rohrleitungen Hoheitsbefugnisse ausübt. Da die Hoheitsbefugnisse über unterseeische Rohrleitungen (und notwendige Pump- und Begleitinstallationen) grundsätzlich beim verlegenden Staat verbleiben, ist dieser auch zur Durchsetzung der Bestimmungen ermächtigt und verpflichtet, die er in Bezug auf Verlegung, Betrieb und Entfernung erlässt. Da der Küstenstaat grundsätzlich keine Hoheitsbefugnisse über diese Rohrleitungen ausübt, darf er keine Durchsetzungsmaßnahmen vornehmen. Aufgrund der auch in der AWZ gelten-

---

173 Ähnlich *W. Wiese*, Seeverlegte Rohrleitungen im Völkerrecht, 184.

den Hoheit des Flaggenstaates darf ein Küstenstaat grundsätzlich auch nicht an Bord eines Verlegeschiffes gehen oder dieses durchsuchen.[174]

b) Durchsetzung durch Küstenstaaten

Der Küstenstaat ist allerdings gemäß Art. 214 SRÜ zur Durchsetzung bei Rohrleitungen befugt, die im unmittelbaren Zusammenhang mit Anlagen und Bauwerken und der Ausbeutung der natürlichen Ressourcen stehen (sog. „field-to-field pipelines", „field-to-coast pipelines" und Feldleitungen) und/oder die der Küstenstaat selbst verlegt und über die er demnach Hoheitsbefugnisse ausübt.

In einem ähnlichen Kontext steht auch Art. 73 Abs. 1 SRÜ, nach dem der Küstenstaat bei der Ausübung seiner souveränen Rechte zur Erforschung, Ausbeutung, Erhaltung und Bewirtschaftung der lebenden Ressourcen in der AWZ die erforderlichen Maßnahmen einschließlich des Anhaltens, der Überprüfung, der Festhaltens und gerichtlicher Verfahren ergreifen kann, um die Einhaltung der von ihm erlassenen Gesetze sicherzustellen. Diese souveränen Rechte umfassen auch das Recht, Verletzungen der Funktionsfähigkeit einer Pipeline zu verhindern.[175] Sind die souveränen Rechte des Küstenstaates betroffen, verfügen der Küstenstaat und der Flaggenstaat des Schiffes, das die Pipeline beschädigt hat, über eine konkurrierende strafrechtliche Kompetenz.[176]

Bei der Durchsetzung von Maßnahmen, die der Küstenstaat auf der Grundlage des Art. 79 Abs. 2 SRÜ erlässt, ist Art. 73 Abs. 1 SRÜ nur anwendbar, wenn die küstenstaatlichen Ausbeutungsrechte betroffen sind. Maßnahmen, die der Küstenstaat zum Schutz der Meeresnutzungen anderer Staaten oder der Meeresumwelt ergreift, können nicht nach Art. 73 Abs. 1 SRÜ durchgesetzt werden.[177] Aus Art. 79 Abs. 2 SRÜ kann aber unmittelbar das Recht zu eigenen Kontrollen und Inspektionen bzw. zur Teilnahme an Kontrollen des Betreibers sowie ein Recht zur Überprüfung von Sicherheitsstandards abgeleitet werden, da die

---

[174] Siehe auch Art. X KSV, nach dem eine Durchsuchung, ein Festhalten oder eine Beschlagnahme des Schiffes nicht erlaubt ist. Siehe *R. Lagoni*, Submarine Cables, EPIL, 50; *M.P. Green/D.R. Burnett*, Security of International Submarine Cable Infrastructure, (557) 572, Fn. 43.

[175] *M. Roelandt*, La condition juridique des pipelines, 178.

[176] Siehe *M. Roelandt*, La condition juridique des pipelines, 179.

[177] So auch *W. Wiese*, Seeverlegte Rohrleitungen im Völkerrecht, 268.

weite Formulierung „Maßnahmen" auch exekutive Maßnahmen umfasst.[178] Aus Art. 79 Abs. 2 SRÜ kann auch eine (konkurrierende) strafrechtliche Jurisdiktion des Küstenstaates über ein fremdes Schiff hergeleitet werden, das eine Unterbrechung einer von einem dritten Staat verlegten Rohrleitung verursacht hat – auch in den Fällen, in denen der Küstenstaat keine Hoheitsbefugnisse über die Rohrleitung ausübt.[179]

c) Durchsetzungsbefugnisse bei terroristischen Anschlägen auf unterseeische Rohrleitungen

Besonderheiten könnten für terroristische Akte gegen Rohrleitungen auf dem Festlandsockel gelten. In diesem Falle könnte das SUA-Protokoll von 1988 einschlägig sein, das in Anlehnung an die SUA-Konvention bestimmte Akte gegen sog. „fixed platforms" unter Strafe stellt, wie z. B. das Zerstören oder Beschädigen einer Plattform (siehe Art. 2 Abs. 1 lit. (c) SUA-Protokoll von 1988). Zum einen könnten Rohrleitungen selbst unter den Begriff der „fixed platforms" fallen. Zum anderen könnte das SUA-Protokoll von 1988 einschlägig sein, wenn bei Anschlägen gegen Offshore-Installationen auf dem Festlandsockel Rohrleitungen zerstört werden.

Gemäß Art. 1 Abs. 3 SUA-Protokoll von 1988 bedeutet „fixed platform (...) an artificial island, installation or structure permanently attached to the sea-bed for the purpose of exploration or exploitation of resources or for other economic purposes." Rohrleitungen, die in unmittelbarem Zusammenhang mit der Aubeutung der Festlandsockel-Ressourcen stehen, fallen unter diesen Begriff. Bei anderen Transportleitungen ist dies fraglich. Voraussetzung wäre dann, dass sie permanent mit dem Meeresboden verbunden sind und zu anderen ökonomischen Zwecken betrieben werden. Dies wird hier nicht näher untersucht, da zum einen, wie bereits oben angedeutet, die Gefahr eines terroristischen Anschlags auf eine Seepipeline gering ist (zumal jenseits der inneren Gewässer bzw. des Küstenmeeres).[180] Zum anderen erweitern weder das SUA-

---

[178] Vgl. *R. Lagoni*, Pipelines, EPIL, 298; bei *W. Wiese*, Seeverlegte Rohrleitungen im Völkerrecht, 213, 233 ff. anschauliche Illustration der küstenstaatlichen Befugnisse. *S. Kaye*, International measures, (377) 420, bezieht sich in dieser Hinsicht auf Art. 79 Abs. 4 SRÜ.

[179] Siehe *M. Roelandt*, La condition juridique des pipelines, 179.

[180] Siehe oben S. 166 ff. Siehe in Bezug auf Plattformen ausführlich *S. Kaye*, International measures, (377) 391 ff.

Protokoll von 1988 noch die 2005 angenommenen Änderungen dieses Protokolls die küstenstaatlichen Durchsetzungskompetenzen in Bezug auf Anlagen auf dem Festlandsockel.[181]

Es bleibt demnach grundsätzlich bei den oben genannten Durchsetzungsbefugnissen. Bei einem Angriff auf eine auf seinem Festlandsockel verlegte Pipeline können dem Küstenstaat demnach Interventionsrechte aus Art. 79 Abs. 2, 3 SRÜ bzw. Art. 56 Abs. 1 lit. (b) (iii) SRÜ zukommen.[182]

7. Zusammenfassung zum Festlandsockel und zur AWZ: Regulierte Freiheit und Interessenausgleich

Wegen der Weitergeltung der Verlegefreiheit auf dem Festlandsockel übt grundsätzlich der verlegende Staat Hoheitsbefugnisse über Rohrleitungen aus, die er auf einem fremden Festlandsockel verlegt und betreibt. Er ist demnach auch zum Erlass und zur Durchsetzung der Vorschriften, die Verlegung, Betrieb und Entfernung von Seepipelines betreffen, verpflichtet (siehe insbesondere Art. 208, 214 SRÜ). Dem Küstenstaat kommen bei solchen Rohrleitungen jedoch aufgrund der Bestimmung des Art. 79 Abs. 2 SRÜ weitreichende Rechte u. a. im Bereich des Meeresumweltschutzes zu; die darauf gestützten Regelungs- oder Durchsetzungsmaßnahmen müssen jedoch angemessen sein. Art. 79 Abs. 3 SRÜ gewährt dem Küstenstaat einen Zustimmungsvorbehalt bei der Trassenführung, den dieser jedoch nicht dahingehend missbrauchen darf, dass er eine Verlegung faktisch unmöglich macht, indem er immer wieder seine Zustimmung verweigert.

Der Küstenstaat übt hingegen Hoheitsbefugnisse über Rohrleitungen aus, die er selbst verlegt (dann ist er auch verlegender Staat) und/oder die in unmittelbarem Zusammenhang mit Anlagen und Bauwerken und der Ausbeutung der natürlichen Ressourcen stehen (sog. „field-to-field pipelines", „field-to-coast pipelines" und Feldleitungen). Bei derartigen

---

181 Siehe *S. Kaye*, International measures, (377) 393 ff.; 408 ff., zum sog. SUA-Protokoll von 2005, das u. a. das Protokoll von 1988 erweitert. Für das Protokoll von 1988 erweitert oder verändert es jedoch nicht die Durchsetzungsbefugnisse im Bereich des Festlandsockels (Protocol of 2005 to the Protocol for the Suppression of Unlawful Acts Against the Safety of Fixed Platforms Located on the Continental Shelf, IMO Doc. LEG/CONF. 15/22, 14. Februar 2006, in Kraft getreten am 28. Juli 2010).

182 Siehe hierzu *S. Kaye*, International measures, (377) 422 f.

Rohrleitungen ist der Küstenstaat insbesondere aus Art. 208 und 214 SRÜ verpflichtet, Maßnahmen zur Verhütung, Verringerung und Überwachung der Verschmutzung der Meeresumwelt durch Verlegung, Betrieb und Liegenlassen einer unterseeischen Rohrleitung auf dem Festlandsockel bzw. in der AWZ zu erlassen und diese durchzusetzen.

Besonderheiten in diesem Kompetenzgefüge zwischen Küstenstaat und verlegenden Staaten ergeben sich bei sog. anlandenden Rohrleitungen, also bei solchen Pipelines, die in bzw. durch das Küstenmeer oder die inneren Gewässer des Küstenstaates führen. Gemäß Art. 79 Abs. 4 Alt. 1 SRÜ kann der Küstenstaat weitergehende Bedingungen für anlandende Rohrleitungen im Bereich des Festlandsockels festlegen und ist dabei nicht an das Festlandsockel-Regime gebunden, insbesondere nicht an das Gebot der „Angemessenheit" des Art. 79 Abs. 2 SRÜ. Der Küstenstaat bestimmt die Bedingungen auf der Grundlage seiner Souveränität nach seinem innerstaatlichen Recht. Mit diesem Recht hat der Küstenstaat einen erheblichen tatsächlichen Einfluss auf die technischen Bedingungen der Rohrleitung, auch wenn diese seiner Hoheitsgewalt außerhalb des Küstenmeeres nicht unterworfen ist. Art. 79 Abs. 4 Alt. 1 SRÜ ist jedoch nicht für den Teil einer anlandenden Rohrleitung jenseits des (erweiterten) Festlandsockels anwendbar, hier bleibt es bei den Rechten und Pflichten der verlegenden Staaten.

Russland, Deutschland, die Niederlande, Frankreich sowie u. U. die Schweiz sind für die *Nord Stream-Pipeline* verlegende Staaten.[183] Russland und Deutschland haben des Weiteren als Ursprungs- bzw. Zielstaat der *Nord Stream-Pipeline* als Küstenstaaten Einfluss auf die Rohrleitung. Die *Nord Stream-Pipeline* führt aber bei der Insel *Bornholm* auch durch dänisches Küstenmeer. Dies bedeutet, dass diesbezüglich Art. 79 Abs. 4 Alt. 1 SRÜ anwendbar ist, d. h. dass Dänemark nicht nur erheblichen Einfluss auf den Teil der *Nord Stream-Pipeline* gewinnt, der sich in seinem Küstenmeer befindet, sondern auch auf denjenigen auf seinem Festlandsockel.[184]

---

[183] Deutschland ist dem SRÜ am 14. Oktober 1994 beigetreten; Russland hat das SRÜ am 10. Dezember 1982 unterzeichnet und am 12. März 1997 ratifiziert; die Niederlande haben das SRÜ am 10. Dezember 1982 unterzeichnet und am 28. Juni 1996 ratifiziert; Frankreich hat das SRÜ 10. Dezember 1982 unterzeichnet und am 11. April 1996 ratifiziert; die Schweiz hat das SRÜ am 17. Dezember 1984 unterzeichnet und am 1. Mai 2009 ratifiziert.

[184] Dänemark hat das SRÜ am 10. Dezember 1982 unterzeichnet und am 16. November 2004 ratifiziert.

Aufgrund der Tatsache, dass der Küstenstaat für einen Teil der Rohrleitung (im Küstenmeer und auf dem Festlandsockel) umfassende Auflagen machen kann, gewinnt er einen bedeutenden tatsächlichen Einfluss auf die gesamte Rohrleitung. Technisch ist es kaum durchführbar, je nach Lage der Rohrleitung unterschiedliche Sicherheitsmaßstäbe – z. B. für die Bauweise der Rohrleitung – aufzustellen. Dies kann in der Praxis dazu führen, dass der Staat, der im Geflecht aus Küsten- und verlegenden Staaten die strengsten Maßstäbe aufstellt, diese für die gesamte Rohrleitung vorgibt.[185] Dies kann auch ein Küstenstaat sein, in oder durch dessen Hoheitsgebiet eine Rohrleitung als anlandende Rohrleitung führt, auch wenn die Pipeline nur wenige km in seinem Küstenmeer verlegt wird. Der tatsächliche Einfluss eines solchen Küstenstaates und die Einschränkungen der Verlegefreiheit auf dem Festlandsockel aufgrund des Art. 79 Abs. 4 Alt. 1 SRÜ, aber auch in tatsächlicher Hinsicht im Bereich der Hohen See sind enorm. Dies verdeutlicht, dass Verlegung und Betrieb unterseeischer Rohrleitungen ohne (institutionalisierte) Kooperationsmechanismen zwischen den beteiligten Staaten nur schwer durchführbar sind.

Insgesamt ist festzuhalten, dass der Einfluss des Küstenstaates auch bei solchen Rohrleitungen groß ist, die nicht seinen Hoheitsbefugnissen unterliegen, gerade im Bereich des Meeresumweltschutzes und bei der Trassenführung. Verstärkt sind die küstenstaatlichen Rechte und Pflichten bei anlandenden Rohrleitungen. Diese weitreichenden Eingriffe in die Verlegefreiheit auf dem Festlandsockel, insbesondere zugunsten der küstenstaatlichen Ausbeutungsrechte, bei der Trassenführung und aus umweltschutzbezogenen Überlegungen heraus, führen dazu, dass die Verlegefreiheit ihren Charakter als Freiheit der Hohen See auf dem Festlandsockel – vorsichtig formuliert – zumindest verändert. Andere ziehen hieraus sogar den Schluss, dass die Verlegefreiheit auf dem Festlandsockel ihren Charakter als Freiheit der Hohen See verloren habe und als reguliertes Recht anzusehen sei.[186]

---

[185] Auch die WWF-Studie *WWF Germany*, Eco-check for submarine pipelines in the Baltic Sea, 25, geht davon aus, dass der betroffene Staat, der den höchsten Standard setzt, diesen als Maßstab für die anderen betroffenen Staaten setzt.

[186] Siehe *R.-J. Dupuy/D. Vignes*, A Handbook on the New Law of the Sea, Vol. I, 374: „(…) bearing in mind that this [i. e. the laying of submarine cables and pipelines on the continental shelf] is therefore a regulated right and not a freedom.“ Siehe auch *J. Crowley*, The Ekofisk-Emden Gas Pipeline, (39) 48, 49: „(…) better approached from the standpoint of an offshore economic activity

Hier zeigt sich wieder der Unterschied zur Schifffahrtsfreiheit: Auch die Schifffahrtsfreiheit ist in der AWZ in zunehmendem Maße Einschränkungen unterworfen, u. a. durch das detaillierte Regelungswerk der IMO.[187] Der Status der Schifffahrtsfreiheit als Freiheit der Hohen See wird jedoch nicht in dem Maße in Frage gestellt, wie dies bei der Verlegefreiheit der Fall ist. Letztendlich ist es begrüßenswert, dass dem Küstenstaat bei allen Arten seeverlegter Rohrleitungen weitreichende Kompetenzen zukommen, da er von der Rohrleitungsverlegung durch Dritte auf seinem Festlandsockel direkt betroffen ist. Des Weiteren hat der Küstenstaat auch ein gesteigertes Interesse an Umweltschutzmaßnahmen. Dem Küstenstaat kommt zudem eine Art „Schlichterfunktion" zu, indem er die grundsätzlich gleichrangigen Meeresnutzungen in einen Ausgleich bringen soll.[188]

under the control – or at least the supervision – of the coastal State." Siehe auch *W. Wiese*, Seeverlegte Rohrleitungen im Völkerrecht, 367 ff.; 260, 261 m. w. N. sehr kritisch bezüglich der Vereinbarkeit des Zustimmungsvorbehalts des Art. 79 Abs. 3 SRÜ mit der Verlegefreiheit.

[187] Siehe eingehend *M. Gavouneli*, Functional Jurisdiction in the Law of the Sea, 157 ff.

[188] Siehe auch *W. Wiese*, Seeverlegte Rohrleitungen im Völkerrecht, 229 f., 266.

Kapitel 4: Gebot gegenseitiger Rücksichtnahme, Interessenausgleich, Pflicht zur Zusammenarbeit und Streitbeilegung

Wie die vorangegangene Untersuchung gezeigt hat, beziehen sich im SRÜ nur wenige Bestimmungen ausdrücklich auf seeverlegte Pipelines und gestalten die Rechte und Pflichten der betroffenen Staaten und der IMB näher aus. Deshalb sind die allgemeinen Bestimmungen des SRÜ, die das Rücksichtnahmegebot, einen Interessenausgleich und die Zusammenarbeit betreffen, entscheidend, um den Inhalt und Umfang der jeweiligen Rechte und Pflichten der Staaten und der IMB näher zu bestimmen.

I. Gebot gegenseitiger Rücksichtnahme und Interessenausgleich

Das SRÜ kennt zwei Ausprägungen des Rücksichtnahmegebots: Bei jeder Ausübung der Freiheit der Hohen See muss auf die Freiheiten, Nutzungen und Interessen anderer Staaten Rücksicht genommen werden. Für die Hohe See enthält das SRÜ solche Rücksichtnahmegebote mit Bezug auf die Ausübung der anderen Freiheiten der Hohen See, insbesondere der Schifffahrt und der Fischerei (Art. 87 Abs. 2 SRÜ), auf bereits verlegte Kabel und Rohrleitungen (Art. 112 Abs. 2 i.V.m. Art. 79 Abs. 5 SRÜ) sowie auf Tätigkeiten im Gebiet (Art. 87 Abs. 2, 147 Abs. 1, 3 SRÜ). Für die AWZ sehen Art. 56 Abs. 2, 58 Abs. 3, 58 Abs. 1 i.V.m. 87 Abs. 2 SRÜ ähnliche Rücksichtnahmegebote vor. Für den Festlandsockel findet sich ein Rücksichtnahmegebot auf bereits vorhandene Kabel und Rohrleitungen in Art. 79 Abs. 5 SRÜ. Art. 78 Abs. 2 SRÜ beschränkt die Rechte des Küstenstaates im Hinblick auf die auf dem Festlandsockel ausgeübten Freiheiten und Rechte anderer Staaten. Im Küstenmeer gilt wegen der küstenstaatlichen Souveränität das Gebot der Rücksichtnahme nicht. Art. 21 SRÜ bzw. das Recht der friedlichen Durchfahrt können aber als Ausdruck des Rücksichtnahmegebots gesehen werden, da der Küstenstaat die friedliche Durchfahrt einerseits sowie seine eigenen (Ausbeutungs-)Interessen und andere Nutzungen andererseits in Ausgleich bringen muss.

Die zweite Ausprägung des Rücksichtnahmegebotes betrifft das Verhältnis der Freiheiten der Hohen See bzw. Nutzungen des Meeres einerseits und den Schutz der Meeresumwelt andererseits. Zum einen sind die Staaten verpflichtet, bei der Ausübung der Freiheiten der Hohen See die marine Umwelt zu schützen. Zum anderen muss aber auch beim Ergreifen von Umweltschutzmaßnahmen Rücksicht auf Tätigkeiten und Interessen anderer Staaten genommen werden. Dies ist ausdrücklich in Art. 194 Abs. 4 SRÜ niedergelegt, kommt aber auch in anderen Bestimmungen, z. B. in Art. 79 Abs. 2 SRÜ, zum Ausdruck, nach dem der Küstenstaat bei der Rohrleitungsverlegung auf seinem Festlandsockel das Recht hat, angemessene Maßnahmen zur Verhütung, Verringerung und Überwachung der Verschmutzung durch Rohrleitungen zu treffen. In der Einschränkung, dass die umweltschutzbezogenen Maßnahmen angemessen sein müssen, ist ein Element der Rücksichtnahme zu sehen.

1. Das Rücksichtnahmegebot als Ausdruck des Äquivalenz- und Verhältnismäßigkeitsprinzips

Wegen der zunehmenden Nutzung der Meere, gerade der küstennahen Meereszonen, und der immer neuen Möglichkeiten der Nutzbarmachung der Meere, beispielsweise durch Offshore-Windkraft- oder Gezeitenanlagen oder die Speicherung von CO_2 im Meeresuntergrund[189], verstärken sich die Konflikte zwischen den verschiedenen Meerestätigkeiten. Der Abmilderung dieser Konflikte dient das Gebot der gebührenden Berücksichtigung der Interessen anderer Staaten, das eine Regel des Völkergewohnheitsrechts darstellt.[190] Das Gebot gegenseitiger Rücksichtnahme bedeutet, dass kein Staat ein die anderen Freiheiten überragendes Recht an der Ausübung der Freiheit der Hohen See hat.[191] Es relativiert die Nutzungsmöglichkeiten der Hohen See auf der Grundlage der Gleichheit der Staaten dahingehend, das eigene Interesse an der Nutzung der See mit den entsprechenden Interessen anderer Staaten im Einzelfall und unter Berücksichtigung aller Umstände abzustimmen.[192] Das Gebot gegenseitiger Rücksichtnahme fügt dem Prinzip

---

[189] Siehe hierzu *P.-T. Stoll/F. Lehmann*, Die Speicherung von CO 2 im Meeresuntergrund – die völkerrechtliche Sicht, (281) 282 ff.

[190] Siehe nur *R. Lagoni*, Legal Aspects of Submarine HVDC Cables, 14 m. w. N.

[191] Siehe statt vieler *T. Treves*, High Seas, EPIL, Rn. 31.

[192] Siehe *G. Dahm/J. Delbrück/R. Wolfrum*, Völkerrecht, Band I/2, 348, § 117; *D.P. O'Connell/I.A. Shearer*, The International Law of the Sea, Vol. I, 57; *R. Lagoni*, Legal Aspects of Submarine HVDC Cables, 14; *R.R. Churchill/A.V.*

der Freiheit der Hohen See einen Aspekt der Staatengleichheit und des Ausgleichs sich überlagernder oder konkurrierender Interessen hinzu. Die seerechtlichen Nutzungsrechte können nur unter Berücksichtigung der Rechte anderer Staaten und der Staatengemeinschaft insgesamt ausgeübt werden, es ergeben sich Verhandlungspflichten und die Pflicht zum Interessenausgleich.[193]

Die Normen, die im SRÜ ein Gebot der gebührenden Berücksichtigung etablieren, konkretisieren das Rücksichtnahmegebot des allgemeinen Völkerrechts.[194] Dieses Gebot der gegenseitigen Rücksichtnahme steht im Zusammenhang mit anderen allgemeinen Prinzipien des Völkerrechts (wie „good faith" und „resonable use"[195]) sowie den verfahrensrechtlichen Pflichten der Kooperation und Koordinierung. Das Rücksichtnahmegebot ist auch Ausdruck der dem Seerecht zugrundeliegenden Äquivalenz- und Verhältnismäßigkeitsprinzipien.[196] Diese beiden Prinzipien begründen keine *a priori*-Hierarchie zwischen den verschiedenen Nutzungen, sondern erfordern die Überprüfung der Interessen und Prioritäten in jedem Einzelfall.[197]

Zwar ist das Kriterium gebührenden Berücksichtigung sehr allgemein und für die Praxis nur bedingt geeignet, um wirklich eine Koordination und Beschränkung staatlicher Aktivitäten herbeizuführen, zumal die Staaten selbst entscheiden, ob die von ihnen vorgenommene Nutzung noch als angemessen im Hinblick auf die Nutzung anderer Staaten anzusehen ist.[198] Das Rücksichtnahmegebot wird jedoch zu Recht als einer der wichtigsten Grundsätze des Seevölkerrechts bezeichnet und wird in Zukunft eine immer bedeutendere Rolle spielen, indem es eine

---

Lowe, The Law of the Sea, 206; ausführlich *R. Wolfrum*, Die Internationalisierung staatsfreier Räume, 129 f.

[193] Ähnlich in Bezug auf die küstenstaatlichen Rechte *R. Bernhardt*, Der Einfluß der UN-Seerechtskonvention auf das geltende und künftige internationale Seerecht, (213) 220.

[194] So für Art. 56 Abs. 2 SRÜ und Art. 58 Abs. 3 SRÜ *R. Lagoni/A. Proelß*, Festlandsockel und ausschließliche Wirtschaftszone, (161) 264, Rn. 279.

[195] Siehe hierzu *D. Anderson*, Modern Law of the Sea, Part 2 Chapter 12 III., 248.

[196] *B. Kwiatkowska*, The 200 Mile Exclusive Economic Zone, 204, ausführlich 212 ff., 234.

[197] So *B. Kwiatkowska*, The 200 Mile Exclusive Economic Zone, 213 m. w. N., 215.

[198] *R. Wolfrum*, Die Internationalisierung staatsfreier Räume, 683.

juristische Basis für die Lösung vieler praktischer Probleme und für den Ausgleich widerstreitender Interessen und Nutzungen bietet.[199] Nutzungskonflikte müssen im Wege des Interessenausgleichs bzw. der Zusammenarbeit zwischen den Staaten und der IMB gelöst werden. Die betroffenen Staaten stehen gemäß Art. 300 SRÜ unter dem Gebot von Treu und Glauben und haben das Verbot des Rechtsmissbrauchs zu beachten.

Im Bereich des Seerechts gibt es grundsätzlich auch keine Vermutung des Vorrangs einer etablierten Nutzung gegenüber einer neuen Nutzung.[200] Bei einer Kollision zwischen einer neuen und einer alten Nutzung kann sich das Rücksichtnahmegebot jedoch zu Lasten der neuen Nutzung verschieben. Dies zeigt sich beispielsweise darin, dass bei der Verlegung von Seekabeln und -rohrleitungen die Reparaturmöglichkeiten bereits vorhandener Kabel und Rohrleitungen nicht beeinträchtigt werden dürfen.[201]

2. *Rücksichtnahmegebote im Bereich des marinen Umweltschutzes*

Die für die Rohrleitungsverlegung wichtigsten Rücksichtnahmegebote im Bereich des Umweltvölkerrechts sind das Verbot grenzüberschreitender Umweltbeeinträchtigungen bzw. das Gebot der Rücksichtnahme auf die Umwelt anderer Staaten sowie die Verpflichtung, beim Ergreifen von Umweltschutzmaßnahmen Rücksicht auf Tätigkeiten und Interessen anderer Staaten zu nehmen.

a) Art. 194 Abs. 2 SRÜ: Das Verbot grenzüberschreitender Umweltbeeinträchtigungen

Art. 194 Abs. 2 SRÜ verpflichtet die Staaten, alle notwendigen Maßnahmen zu ergreifen, damit die ihren Hoheitsbefugnissen oder ihrer Kontrolle unterstehenden Tätigkeiten so durchgeführt werden, dass anderen Staaten und ihrer Umwelt kein Schaden durch Verschmutzung zugefügt wird, und damit eine Verschmutzung als Folge von Ereignissen oder Tätigkeiten, die ihren Hoheitsbefugnissen oder ihrer Kontrolle

---

[199] Ähnlich *B. Kwiatkowska*, The 200 Mile Exclusive Economic Zone, 215 m. w. N.

[200] So aber *R.R. Churchill/A.V. Lowe*, The Law of the Sea, 206.

[201] Zu den Details siehe unten S. 254 ff.

unterstehen, sich nicht über die Gebiete hinaus ausbreitet, in denen sie in Übereinstimmung mit dem SRÜ souveräne Rechte ausüben. Die Definition des Schadens enthält nach einer neueren Entwicklung nicht nur die „klassischen" Schäden an Leib und Leben oder Eigentum sowie die einklagbaren Kosten angemessener Vorsorge- oder Bekämpfungsmaßnahmen, sondern auch den Schaden an der Umwelt selbst, was auch in Art. 194 Abs. 2 SRÜ deutlich wird.[202]

Art. 194 Abs. 2 SRÜ ist Ausdruck des allgemeinen Rechtsprinzips *sic utere tuo ut alienum non laedas*, das besagt, dass ein Staat seine Rechte so auszuüben hat, dass andere Staaten keine Schäden erleiden.[203] Dieses Prinzip wiederum ist Grundlage des Verbotes (erheblicher) grenzüberschreitender Umweltbeeinträchtigungen, das als Grundsatz des Völkergewohnheitsrecht gilt.[204] Kehrseite des Verbots (erheblicher) grenzüberschreitender Umweltbeeinträchtigungen ist das Gebot der Rücksichtnahme auf die Umwelt anderer Staaten.[205] Auch Art. 194 Abs. 2 SRÜ ist Bestandteil des Völkergewohnheitsrechts.[206] In eine ähnliche Richtung weist Art. 3 der ILC „Draft Articles on the Prevention of Transboundary Harm from Hazardous Activities" von 2001, der den Ursprungsstaat verpflichtet, alle notwendigen Maßnahmen zu treffen, um erhebliche grenzüberschreitende Schäden zu vermeiden oder in je-

---

[202] Siehe hierzu oben S. 112 ff.

[203] Dieser Grundsatz ist eine der wichtigsten Grundlagen des internationalen Umweltrechts. Siehe *H. Esmaeili*, The Legal Regime of Offshore Oil Rigs, 150. Siehe auch *M.H. Nordquist* (ed.), UNCLOS Commentary, Vol. IV, 66, Para. 194.10(f); sehr detailliert *U. Beyerlin*, Grenzüberschreitender Umweltschutz und allgemeines Völkerrecht, (37) 58 f.; *A. Epiney/M. Scheyli*, Umweltvölkerrecht, 98 f.; *G. Bornheim*, Haftung für grenzüberschreitende Umweltbeeinträchtigungen im Völkerrecht und Internationalen Privatrecht, 132 f.; *M. Gavouneli*, Pollution from Offshore Installations, 76 ff.

[204] Details *U. Beyerlin*, Umweltvölkerrecht, 55 Rn. 117; *U. Stiegel*, Espoo-Übereinkommen, 45 m. w. N., ausführlich 50 ff. Siehe auch *A. Epiney*, Das „Verbot erheblicher grenzüberschreitender Umweltbeeinträchtigungen", (309) 309 ff.; siehe insbesondere zur geschichtlichen Entwicklung *R. Wolfrum*, Purposes and Principles of International Environmental Law, (308) 309 ff.

[205] *U. Beyerlin*, Umweltvölkerrecht, 57, Rn. 121.

[206] Siehe *MOX Plant Case (Ireland v. United Kingdom)*, Provisional Measures, Beschluss vom 3. Dezember 2001, ITLOS No. 10, Separate Opinion of *Judge Wolfrum*, 3.

dem Fall das Risiko solcher Schäden zu minimieren.[207] In engem Zusammenhang zum Verbot (erheblicher) grenzüberschreitender Umweltbeeinträchtigungen steht auch Art. 195 SRÜ, der den Staaten die Verpflichtung auferlegt, beim Ergreifen von umweltschutzbezogenen Maßnahmen so zu handeln, dass sie Schäden oder Gefahren weder unmittelbar noch mittelbar von einem Gebiet in ein anderes verlagern oder eine Art der Verschmutzung in eine andere umwandeln.

Der erste Halbsatz des Art. 194 Abs. 2 SRÜ ist mit der Formulierung „ihren Hoheitsbefugnissen oder ihrer Kontrolle unterstehenden Tätigkeiten“ so weit formuliert, dass neben Küstenstaaten auch verlegende Staaten erfasst werden, da auf dem Boden der Hohen See verlegte Rohrleitungen den Hoheitsbefugnissen der verlegenden Staaten unterfallen. Der letzte Halbsatz, der Bezug nimmt zu Gebieten, in denen die Staaten souveräne Rechte ausüben, deutet allerdings darauf hin, dass sich die Bestimmung nur auf küstenstaatliche Meereszonen, insbesondere die AWZ und den Festlandsockel, bezieht (Jurisdiktion *ratione loci*). Die Formulierung „Verschmutzung als Folge von Ereignissen oder Tätigkeiten, die ihren Hoheitsbefugnissen oder ihrer Kontrolle unterstehen“ hingegen deutet auf eine Jurisdiktion *ratione materiae* hin.[208] Hätten die Verfasser des SRÜ die Anwendbarkeit des Art. 194 Abs. 2 SRÜ auf Küstenstaaten beschränken wollen, hätten sie im *chapeau* nur diese genannt und nicht allgemein „die Staaten“. Zudem richtet sich Art. 194 SRÜ als Ausgangsvorschrift für die speziellen Verschmutzungsursachen an alle Staaten.

Art. 194 Abs. 2 SRÜ bezieht sich demnach neben Küstenstaaten auch auf verlegende Staaten, wenn man den letzten Halbsatz ohne den Zusatz „in denen sie (...) souveräne Rechte ausüben“ liest. Verlegende Staaten und Küstenstaaten haben also Maßnahmen zu ergreifen, damit die unter ihren Hoheitsbefugnissen wahrgenommene Verlegefreiheit so

---

[207] Art. 3 der ILC Draft Articles 2001: „The State of origin shall take all appropriate measures to prevent significant transboundary harm or at any event to minimize the risk thereof." Abrufbar unter: http://untreaty.un.org/ilc/texts/instruments/english/draft%20articles/9_7_2001.pdf. Der Begriff Schaden ist dabei in Art. 2 lit. (b) der Draft Articles 2001 definiert als „harm caused to persons, property or the environment“. Eine nähere Beschreibung des Schadens findet sich allerdings nicht, auch nicht im im entsprechenden Kommentar. Siehe S. 153 Article 2 Commentary 8. Abrufbar unter: http://untreaty.un.org/ilc/texts/instruments/english/commentaries/9_7_2001.pdf (Stand Juli 2010).

[208] *M.H. Nordquist* (ed.), UNCLOS Commentary, Vol. IV, 65, Para. 194.10(e).

ausgeübt wird, dass anderen Staaten und ihrer Umwelt kein Schaden durch Verschmutzung zugefügt wird, und damit eine Verschmutzung als Folge von Verlegung und Betrieb unterseeischer Rohrleitungen sich nicht ausbreitet.

b) Art. 194 Abs. 4 SRÜ

Art. 194 Abs. 4 SRÜ verpflichtet die Staaten, sich beim Ergreifen von Maßnahmen zur Verhütung, Verringerung und Überwachung der Verschmutzung der Meeresumwelt jedes ungerechtfertigten Eingriffs in Tätigkeiten zu enthalten, die andere Staaten in Ausübung ihrer Rechte und in Erfüllung ihrer Pflichten im Einklang mit dem SRÜ durchführen. Damit setzt Art. 194 Abs. 4 SRÜ der Unbedingtheit des Meeresumweltschutzes im Bereich des Seerechts die Grenzen, die sich aus den rechtmäßigen Tätigkeiten anderer Staaten ergeben. Der weite Wortlaut des Art. 194 Abs. 4 SRÜ schützt hierbei nicht nur die Ausübung der Freiheiten der Hohen See, sondern auch andere Tätigkeiten, beispielsweise das Recht der friedlichen Durchfahrt durch das Küstenmeer.

Art. 194 Abs. 4 SRÜ ist, wie bereits oben dargestellt, für die Verlegung und den Betrieb unterseeischer Rohrleitungen insbesondere bei der Frage nach möglichen Sicherheitseinrichtungen entlang einer seeverlegten Pipeline bedeutend.[209] Solche Sicherheitseinrichtungen, insbesondere Sicherheitszonen, eine Kennzeichnung durch Bojen oder die Veröffentlichung der Lage einer Rohrleitung, sind aus Gründen des Meeresumweltschutzes sinnvoll und können u. U. sogar verpflichtend sein. Dies gilt insbesondere für die Pflicht, die Lage bzw. den Trassenverlauf einer seeverlegten Rohrleitung zu veröffentlichen, da sich hierbei keine Einschränkungen anderer Staaten ergeben und in der Regel die Sicherheitsinteressen des verlegenden Staates einer Veröffentlichung nicht entgegenstehen. Gerade bei der Einrichtung von Sicherheitszonen entlang einer Rohrleitung ist jedoch aufgrund der möglichen weitreichenden Einschränkungen der Meeresnutzungen anderer Staaten äußerste Zurückhaltung geboten, was sich auch aus dem Rücksichtnahmegebot des Art. 194 Abs. 4 SRÜ ergibt. Aus diesem Grunde kann der Küstenstaat auch Bojen entlang einer Seepipeline nur in sehr eng begrenzten Bereichen nahe der Küste, v. a. in Hafeneinfahrten, errichten.

---

[209] Siehe oben S. 137 ff.

c) Ansätze für eine Umweltverträglichkeitsprüfung (UVP) im SRÜ

Das Verfahren einer UVP ist im SRÜ insbesondere im Verbot grenzüberschreitender Umweltbeeinträchtigungen des Art. 194 Abs. 2 SRÜ sowie in Art. 204-206 SRÜ angelegt.[210] Art. 194 Abs. 2 SRÜ enthält bereits – in sehr allgemeiner Form – eine UVP als Verfahren, in dem die voraussichtlichen grenzüberschreitenden Auswirkungen einer geplanten Tätigkeit auf die Umwelt beurteilt werden. Konkretisiert wird diese Verpflichtung in Art. 204-206 SRÜ. Gemäß Art. 204 Abs. 2 SRÜ sind die Staaten verpflichtet, ständig die Auswirkungen aller Tätigkeiten, die sie genehmigen oder selbst durchführen, zu überwachen, um festzustellen, ob diese Tätigkeiten die Meeresumwelt verschmutzen können. Die entsprechenden Ergebnisse werden gemäß Art. 205 SRÜ veröffentlicht. Haben Staaten begründeten Anlass zur Annahme, dass geplante, ihren Hoheitsbefugnissen oder ihrer Kontrolle unterstehende Tätigkeiten eine wesentliche Verschmutzung oder beträchtliche und schädliche Veränderungen der Meeresumwelt zur Folge haben können, so beurteilen sie, soweit durchführbar, die möglichen Auswirkungen dieser Tätigkeiten auf die Meeresumwelt und veröffentlichen die Ergebnisse (Art. 206 SRÜ).[211]

In diesen Bestimmungen kommt zum einen das Verhütungsprinzip zum Ausdruck, das Grundlage der Forderung nach einer UVP für Tätigkeiten ist, die die Meeresumwelt gefährden können.[212] Die Pflicht zur Durchführung einer UVP ist gleichzeitig aber auch Ausprägung präventiven Umweltschutzes[213] und damit des Vorsorgeprinzips.[214] Das Vorsorgeprinzip bzw. der Vorsorgeansatz („precautionary principle" bzw. „precautionary approach") besagt, dass die Staaten selbst dann

---

[210] Siehe Details zum UVP-Verfahren unten S. 325 ff.

[211] Auffallend ist, dass Art. 206 SRÜ, anders als Art. 207-211 SRÜ, nicht auf anwendbare internationale Regeln und Normen (und damit u. a. auf die EK) verweist. Siehe *A. E. Boyle*, The Environmental Jurisprudence of ITLOS, (369) 277.

[212] So *G. Hafner*, Meeresumwelt, Meeresforschung und Technologietransfer, (347) 370, Rn. 54. Nach *A. E. Boyle*, The Environmental Jurisprudence of ITLOS, (369) 376, erfordert Art. 206 SRÜ eine UVP.

[213] So *W. Graf Vitzthum*, Raum und Umwelt im Völkerrecht, 464, Rn. 116.

[214] So *A. E. Boyle*, Further Developments in the Law of the Sea Convention: Mechanisms for Change, (563) 573.

Verhütungsmaßnahmen treffen müssen, wenn keine ausreichende wissenschaftliche Sicherheit über mögliche Schäden besteht.[215]

Insbesondere die Formulierung des Art. 206 SRÜ *„begründeten Anlass zu der Annahme*, dass geplante, ihren Hoheitsbefugnissen oder ihrer Kontrolle unterstehende Tätigkeiten eine wesentliche Verschmutzung oder beträchtliche und schädliche Veränderungen der Meeresumwelt zur Folge haben *können*, so beurteilen sie, *soweit durchführbar*, die möglichen Auswirkungen dieser Tätigkeiten auf die Meeresumwelt und veröffentlichen die Ergebnisse“ (Hervorhebungen hinzugefügt) weist auf das Vorsorgeprinzip hin. Interpretiert man Art. 206 SRÜ in Übereinstimmung mit dem Vorsorgeprinzip, so kommt man zu dem Schluss, dass Art. 206 SRÜ einen niedrigen Grad der Beweisführung erfordert.[216]

Die UVP, die diverse prozedurale Verpflichtungen verbindet und sich auf einige der Grundprinzipien des Meeresschutzes stützt, dient für die Rohrleitungsverlegung als Forum dafür, Informationen auszutauschen,

---

215 Siehe auch United Nations Conference on Environment and Development, Rio Declaration on Environment and Development, 3.-14. Juni 1992, Principle 15: „In order to protect the environment, the precautionary approach shall be widely applied by States according to their capabilities. Where there are threats of serious or irreversible damage, lack of full scientific certainty shall not be used as a reason for postponing cost-effective measures to prevent environmental degradation.“ Abrufbar unter: (http://www.unep.org/Documents.Multilingual/Default.asp?DocumentID=78&ArticleID=1163, Stand Juli 2010). Siehe zum Vorsorgeprinzip im Seerecht *A. Proelß*, Meeresschutz, 81 f.; *G. Hafner*, Meeresumwelt, Meeresforschung und Technologietransfer, (347) 372, Rn. 61; ausführlich *D.M. Dzidzornu*, Four Principles in Marine Environment Protection, (91) 98 ff.; *A. Fabra*, The LOSC and the Implementation of the Precautionary Principle, (14) 14 ff.; *D. Vanderzwaag*, The Precautionary Principle and Marine Environmental Protection, (165) 165 ff.; *S.J. Mead*, The Precautionary Principle, (137) 158 ff., zur Frage, ob es sich dabei um einen Ansatz („approach“) oder bereits ein Prinzip („principle“) handelt; 165 ff. zur völkergewohnheitsrechtlichen Geltung; *S. Marr*, The Precautionary Principle in the Law of the Sea, 17 ff. zu „precautionary principle v. precautionary approach“. Auch der ISGH hat sich im *Southern Bluefin Tuna Case* (ITLOS Reports, 1999 (280) 296) auf wissenschaftliche Unsicherheit berufen und kommt damit der Anwendung des Vorsorgeprinzips bzw. -ansatzes sehr nahe, auch wenn die Verwendung des Terminus vermieden wird. Siehe ausführlich *A. E. Boyle*, The Environmental Jurisprudence of ITLOS, (369) 373 ff.

216 *A. E. Boyle*, The Environmental Jurisprudence of ITLOS, (369) 377; *ders.*, Further Developments in the Law of the Sea Convention: Mechanisms for Change, (563) 573 f.

die entsprechenden Maßnahmen zu koordinieren und gerade im Hinblick auf die Sicherheit der Rohrleitung und den Meeresumweltschutz zu kooperieren. Die UVP ist für die Verlegung unterseeischer Rohrleitungen das entscheidende Instrument, mit dem die materiellen Rechte und Pflichten der verlegenden Staaten und der betroffenen Küstenstaaten formell abgesichert und koordiniert werden. Hierin zeigt sich, wie wichtig die verfahrensbezogenen Verpflichtungen – Kontrolle, Information, Koordination und Kooperation – im Bereich des marinen Umweltschutzes, aber auch zur Koordinierung sich überlagernder und teilweise konträrer Meeresnutzungen sind.

3. Rücksichtnahmegebote jenseits nationaler Hoheitsbefugnisse

a) Rücksichtnahme in Bezug auf die Ausübung anderer Freiheiten der Hohen See (Art. 87 Abs. 2 SRÜ)

Gemäß Art. 87 Abs. 2 SRÜ werden die Freiheiten der Hohen See von jedem Staat unter gebührender Berücksichtigung der Interessen anderer Staaten an der Ausübung der Freiheit der Hohen See sowie der Rechte ausgeübt, die dieses Übereinkommen im Hinblick auf Tätigkeiten im Gebiet vorsieht.

Art. 87 Abs. 2 SRÜ verwendet die Formel „unter gebührender Berücksichtigung der Interessen anderer Staaten“ (im Englischen „with due regard for the interests of other States in their exercise of the freedom of the high seas“).[217] Gemäß Art. 2 a. E. HSÜ, der Vorgängervorschrift zu Art. 87 Abs. 2 SRÜ, werden die Freiheiten der Hohen See von jedem Staat unter angemessener Berücksichtigung („reasonable regard“) des Interesses ausgeübt, das die anderen Staaten an der Freiheit der Hohen See haben.[218] Zum Teil wird vertreten, dass mit der Änderung von „reasonable regard“ in „due regard“ Art. 87 Abs. 2 SRÜ gegenüber Art. 2 HSÜ verschärft werden sollte.[219] Jedoch ist aus der Verhandlungsge-

---

[217] Siehe eingehend zu der Vorschrift *R. Lagoni*, Legal Aspects of Submarine HVDC Cables, 13 ff.; kritisch *G. Dahm/J. Delbrück/R. Wolfrum*, Völkerrecht, Band I/2, 347, § 117.

[218] Englischer Originalwortlaut des Art. 2 HSÜ: „(…) These freedoms, and others which are recognised by the general principles of international law, shall be exercised by all States with reasonable regard to the interests of other States in their exercise of the freedom of the high seas.“

[219] So *G. Dahm/J. Delbrück/R. Wolfrum*, Völkerrecht, Band I/2, 347 f. m. w. N., § 117.

schichte nicht ersichtlich, dass der Inhalt des „reasonable regard"-Test durch den neuen Wortlaut abgeändert werden sollte, die Änderung war rein semantischer Natur.[220] Zudem wollten die Verfasser des SRÜ eine einheitliche Terminologie in Art. 87 Abs. 2 SRÜ und in Art. 79 Abs. 5 SRÜ schaffen.

Kern des „reasonable regard"-Tests ist eine Interessenabwägung zwischen den verschiedenen Nutzungsformen: Bei der Frage nach der Angemessenheit einer bestimmten Nutzungsform muss eine Abwägung zwischen dem mit der konkreten Nutzung verfolgten Ziel und der Schwere der Beeinträchtigung anderer Nutzer vorgenommen werden.[221] Erst wenn die Nutzung zu einer so starken Beeinträchtigung der übrigen Staaten führt, dass sie als unangemessen bewertet werden muss, unterfällt sie nicht mehr dem Prinzip der Freiheiten der Hohen See und ist unzulässig.[222] Eng verknüpft mit dem Gebot der gebührenden Berücksichtigung der Interessen anderer Staaten ist die Verpflichtung zu Information, Koordination und Kooperation.[223]

Bei der Verlegung und dem Betrieb unterseeischer Rohrleitungen können insbesondere die Freiheit der Schifffahrt, der Fischerei, andere Kabel und Rohrleitungen sowie Meeresboden-Aktivitäten betroffen sein. Auch zwischen der wissenschaftlichen Meeresforschung, die in Teil XIII SRÜ geregelt ist, und der Verlegung unterseeischer Rohrleitungen kann es zu Konflikten kommen, wenn z. B. Forschungsinstrumente eingesetzt werden, die Seepipelines beschädigen können.[224]

---

220 Siehe nur *D. Anderson*, Modern Law of the Sea, Part 2 Chapter 12 II. B., 234; so auch *R. Lagoni*, Legal Aspects of Submarine HVDC Cables, 14. *J. Crowley*, The Ekofisk-Emden Gas Pipeline, (39) 43, 45, bezeichnet die Beziehung zwischen „due regard" und „reasonable regard" als unklar.

221 *D. König*, Durchsetzung internationaler Bestands- und Umweltschutzvorschriften auf Hoher See, 59 zu Art. 2 HSÜ.

222 *D. König*, Durchsetzung internationaler Bestands- und Umweltschutzvorschriften auf Hoher See, 59 m. w. N.

223 Siehe *R. Lagoni*, Submarine Cables, EPIL, 48; *W. Wiese*, Seeverlegte Rohrleitungen im Völkerrecht, 285 m. w. N.

224 Siehe auch Art. 240 lit. (c) SRÜ: „Für die Durchführung der wissenschaftlichen Meeresforschung gelten folgende Grundsätze: die wissenschaftliche Meeresforschung darf die sonstige rechtmäßige, mit diesem Übereinkommen zu vereinbarende Nutzung des Meeres nicht ungerechtfertigt beeinträchtigen; sie wird bei dieser Nutzung gebührend berücksichtigt." Eingehend zu diesem Themenkomplex *W. Wiese*, Seeverlegte Rohrleitungen im Völkerrecht, 285 f.

Wie bereits ausführlich begründet, ist es aufgrund des Rücksichtnahmegebots nicht statthaft, Sicherheitszonen mit Schifffahrts-, Anker- oder Fischereiverboten bzw. Warneinrichtungen wie Bojen entlang einer Seepipeline einzurichten, da dies die Ausübung der anderen Freiheiten der Hohen See unangemessen benachteiligen würde.[225] Nach dem Prinzip gegenseitiger Rücksichtnahme müssen ankernde Schiffe und Schleppnetzfischer ihrerseits Rücksicht nehmen auf seeverlegte Rohrleitungen und Kabel.[226] Diese wiederum sollen in den Meeresgrund eingelassen bzw. eingegraben werden, was in der Regel auch geschieht.

Bedeutung erlangt Art. 87 Abs. 2 SRÜ auch hinsichtlich einer möglichen Beseitigung stillgelegter Seerohrleitungen: Im besonderen Fall einer erheblichen Behinderung der Schifffahrt, der Fischerei oder von Meeresbodenaktivitäten durch eine verbleibende Rohrleitung kann die Pflicht zur gebührenden Berücksichtigung der Interessen anderer Staaten zu einer Beseitigungspflicht erstarken.[227] Dies gilt insbesondere dann, wenn die Behinderungen nicht durch andere Maßnahmen wie Warneinrichtungen zu vermeiden sind und ein Untätigbleiben rechtsmissbräuchlich i. S. d. Art. 300 SRÜ wäre.

b) Rücksichtnahme auf bereits vorhandene Kabel und Rohrleitungen (Art. 112 Abs. 2 i.V.m. Art. 79 Abs. 5 SRÜ)

Art. 79 Abs. 5 SRÜ bestimmt für den Festlandsockel, dass beim Legen unterseeischer Kabel und Rohrleitungen auf bereits vorhandene Kabel und Rohrleitungen gebührend Rücksicht („due regard“) zu nehmen ist und insbesondere die Möglichkeiten für die Reparatur dieser Kabel und Rohrleitungen nicht beeinträchtigt werden dürfen. Art. 112 Abs. 2 SRÜ erklärt den bei den Vorschriften über den Festlandsockel stehenden Art.

---

[225] Siehe oben S. 135 ff.

[226] Ein während der Ersten Seerechtskonferenz 1951 vorgelegter Entwurf des Berichterstatters *François*, nach dem alle Schleppnetze in einer solchen Art und Weise konstruiert und in Stand gehalten werden sollten, dass das Risiko der Verknäuelung bzw. Verwicklung mit unterseeischen Kabeln minimiert werde, wurde jedoch weder im HSÜ noch im SRÜ übernommen. Siehe *R.-J. Dupuy/D. Vignes*, A Handbook on the New Law of the Sea, Vol. II, 980 m. w. N.

[227] Siehe ausführliche Untersuchung m. w. N. oben S. 135 ff.

79 Abs. 5 SRÜ für Rohrleitungen und Kabel anwendbar, die auf dem Boden der Hohen See verlegt sind.[228]

Art. 112 SRÜ i.V.m. Art. 79 Abs. 5 SRÜ sowie Art. 26 Abs. 3 HSÜ[229] sind bezüglich der Rücksichtnahme auf bereits verlegte Kabel und Rohrleitungen spezieller als das allgemeine Rücksichtnahmegebot des Art. 87 Abs. 2 SRÜ. Sie dienen darüber hinaus einem anderen Zweck als Art. 87 Abs. 2 SRÜ, da sie nicht die Freiheit der Verlegung gewährleisten, sondern die vorhandenen Einrichtungen vor Unterbrechungen, Beschädigungen und Beeinträchtigungen schützen und ihre Funktionsfähigkeit sichern sollen.[230]

Die Verlegung unterseeischer Kabel und Rohrleitungen über bereits vorhandene ist unvermeidlich, da die Verlegetätigkeit zunimmt sowie Rohrleitungen und Kabel eine relativ lange Bestandsdauer haben und selten vom Meeresboden geborgen werden. Das Rücksichtnahmegebot des Art. 112 SRÜ i.V.m. Art. 79 Abs. 5 SRÜ umfasst kein generelles Verbot, Kabel oder Rohrleitungen dort zu verlegen, wo bereits Kabel oder Rohrleitungen vorhanden sind; ein Übereinanderlegen von Rohrleitungen und Kabeln ist demnach grundsätzlich zulässig.[231] Es existiert kein „Recht des ersten Besetzers" des Meeresbodens, das Kreuzen eines bereits vorhandenen Kabels oder einer bereits vorhandenen Rohrleitung bedarf nicht der Erlaubnis des Eigentümers, da dessen Eigentum in der Regel nicht beeinträchtigt wird, insbesondere wenn Brückenkon-

---

[228] Es fällt auf, dass hier eine Einschränkung wie bei Art. 58 Abs. 2 SRÜ („soweit sie mit diesem Teil nicht unvereinbar sind") oder wie in Art. 80 SRÜ („sinngemäß") fehlt.

[229] Art. 26 Abs. 3 HSÜ: „When laying such cables or pipelines the State in question shall pay due regard to cables and pipelines already in position on the seabed. In particular, possibilities of repairing existing cables or pipelines shall not be prejudiced." Siehe zu dieser Vorschrift *W. Wiese*, Seeverlegte Rohrleitungen im Völkerrecht, 288 f.; *R.-J. Dupuy/D. Vignes*, A Handbook on the New Law of the Sea, Vol. II, 983 ; *M.-R. Simonnet*, La Convention sur la Haute Mer, 138.

[230] *R. Lagoni/A. Proelß*, Festlandsockel und ausschließliche Wirtschaftszone, (161) 211, Rn. 160 f.

[231] Siehe *R. Lagoni/A. Proelß*, Festlandsockel und ausschließliche Wirtschaftszone, (161) 211 f., Rn. 163; *W. Wiese*, Seeverlegte Rohrleitungen im Völkerrecht, 290 m. w. N.; a. A. für Rohrleitungen ohne nähere Begründung: *J. Crowley*, The Ekofisk-Emden Gas Pipeline, (39) 58.

struktionen verwendet werden.[232] Der Eigentümer der Rohrleitung, die verlegt werden soll, ist jedoch aus dem allgemeinen Kooperationsgebot verpflichtet, den Eigentümer bereits verlegter Kabel oder Rohrleitungen zu informieren, insbesondere wenn diese sich kreuzen.[233] Solche Rohrleitungs- und Kabelkreuzungen werden in der Praxis von den beteiligten Unternehmen selbst geregelt, meist durch den Abschluss privatrechtlicher Abkommen, in denen die technischen Einzelheiten wie Ort und Art der Kreuzung sowie Kosten und Fragen der Reparatur geregelt sind.[234] Um Unterbrechungen und Beschädigungen zu vermeiden und Reparaturmöglichkeiten nicht zu beeinträchtigen, ist zwischen parallel zueinander verlegten Kabeln und Rohrleitungen ein ausreichender Abstand zu halten, da Rohrleitungen und Kabel ihre Lage durch Strömungen und Veränderungen des Meeresbodens ändern können.[235]

Nach dem Wortlaut des Art. 79 Abs. 5 SRÜ bezieht sich die Pflicht zur Rücksichtnahme auf bereits vorhandene Kabel und Rohrleitungen nur auf das „Legen“ einer neuen Rohrleitung, nicht jedoch auf andere Maßnahmen wie Reparaturen. Im Hinblick auf Art. 114 SRÜ erscheint dies lückenhaft, da diese Vorschrift eine Schadensersatzpflicht nicht nur bei einer Beschädigung einer bereits vorhandenen Rohrleitung durch die Verlegung einer neuen Rohrleitung vorsieht, sondern auch für den Fall, dass eine Rohrleitung durch die Reparatur einer anderen beschädigt

---

232 Siehe nur *R. Lagoni/A. Proelß*, Festlandsockel und ausschließliche Wirtschaftszone, (161) 212, Rn. 164; *W. Wiese*, Seeverlegte Rohrleitungen im Völkerrecht, 290 ff., ausführlich zu den Verhandlungen des KSV sowie den jeweiligen Pflichten; a. A. *H. Esmaeili*, The Legal Regime of Offshore Oil Rigs, 241, der aus Art. 79 Abs. 5 SRÜ schließt, dass bereits verlegte Kabel und Rohrleitungen Priorität haben, ohne dies jedoch näher zu begründen.

233 Für Kabel siehe *R. Lagoni*, Submarine Cables, EPIL, 48. Zustimmend *W. Wiese*, Seeverlegte Rohrleitungen im Völkerrecht, 291. Ein dahingehender italienischer Vorschlag wurde auf den Beratungen des KSV allerdings mehrheitlich abgelehnt. Aus *R. Lagoni/A. Proelß*, Festlandsockel und ausschließliche Wirtschaftszone, (161) 212, Fn. 227.

234 *R. Lagoni/A. Proelß*, Festlandsockel und ausschließliche Wirtschaftszone, (161) 212, Rn. 165 m. w. N.; *R. Lagoni*, Legal Aspects of Submarine HVDC Cables, 14 f.; *W. Wiese*, Seeverlegte Rohrleitungen im Völkerrecht, 290 m. w. N.

235 Siehe *R. Lagoni/A. Proelß*, Festlandsockel und ausschließliche Wirtschaftszone, (161) 212, Rn. 163. *R. Lagoni*, Legal Aspects of Submarine HVDC Cables, 14, weist darauf hin, dass der Abstand von den Umständen des Einzelfalls abhänge. Dieses Abstandsgebot kann auch bei Anlagen und Abbaugebieten gelten. Siehe *W. Wiese*, Seeverlegte Rohrleitungen im Völkerrecht, 276, 292.

wird.[236] Die in Art. 79 Abs. 5 SRÜ nicht ausdrücklich genannte Pflicht zur Rücksichtnahme auf bereits vorhandene Rohrleitungen und Kabel bei der Reparatur einer Rohrleitung kann demnach der Entschädigungsvorschrift des Art. 114 SRÜ, dem Sinn und Zweck des Art. 79 Abs. 5 SRÜ sowie dem allgemeinen Rücksichtnahmegebot entnommen werden.[237] Gleiches gilt für andere Unterhaltungsmaßnahmen zur Überprüfung und Aufrechterhaltung der Funktionsfähigkeit einer Rohrleitung.

c) Vereinbarkeit von Tätigkeiten im Gebiet und anderen Tätigkeiten in der Meeresumwelt (Art. 87 Abs. 2, 147 Abs. 1, 3 SRÜ)

Ein weiteres Rücksichtnahmegebot ist im SRÜ in Bezug auf Tätigkeiten im Gebiet festgelegt. Gemäß Art. 87 Abs. 2 SRÜ werden die Freiheiten der Hohen See von jedem Staat unter gebührender Berücksichtigung („due regard") auch der Rechte ausgeübt, die das SRÜ im Hinblick auf Tätigkeiten im Gebiet vorsieht.[238] In die gleiche Richtung weist Art. 147 Abs. 3 SRÜ, der bestimmt, dass bei anderen Tätigkeiten in der Meeresumwelt auf Tätigkeiten im Gebiet in angemessener Weise („reasonable regard") Rücksicht zu nehmen ist. Das Gegenstück zu dieser Verpflichtung stellt Art. 147 Abs. 1 SRÜ dar, nach dem bei Tätigkeiten im Gebiet auf andere Tätigkeiten in der Meeresumwelt in angemessener Weise Rücksicht zu nehmen ist.

Der Begriff „Tätigkeiten im Gebiet" ist auf solche Tätigkeiten beschränkt, die in unmittelbarem Zusammenhang mit der Ausbeutung der Ressourcen des Gebiets stehen – also auf Rohrleitungen, die Öl oder Gas von einem möglichen Vorkommen im Bereich des Gebiets transportieren oder die entsprechenden Ausbeutungsanlagen verbinden. Bei solchen Rohrleitungen ist angemessen Rücksicht auf „andere Tätigkeiten der Meeresumwelt" zu nehmen.[239]

---

236 *W. Wiese*, Seeverlegte Rohrleitungen im Völkerrecht, 289.

237 Siehe *W. Wiese*, Seeverlegte Rohrleitungen im Völkerrecht, 289; *R. Lagoni/A. Proelß*, Festlandsockel und ausschließliche Wirtschaftszone, (161) 211, Rn. 161.

238 Es fällt auf, dass Art. 147 Abs. 1, 3 SRÜ das Gebot der „angemessenen Berücksichtigung" („reasonable regard") vorsieht, im Gegensatz zum „due regard"-Gebot des Art. 87 Abs. 2 SRÜ. Doch wie bereits oben erörtert, ist hierin wohl nur ein semantischer Unterschied zu sehen.

239 Siehe ausführliche Untersuchung oben S. 149 ff.

Verlegung, Betrieb oder Entfernung von Transportrohrleitungen, die von den Ressourcen des Gebiets unabhängig sind, können hingegen nicht unter den Begriff „Tätigkeiten im Gebiet“ subsumiert werden. Die Verlegung solcher Rohrleitungen fällt unter den Terminus „andere Tätigkeiten in der Meeresumwelt“, d. h. es ist nach Art. 147 Abs. 3 SRÜ angemessen Rücksicht zu nehmen auf Ausbeutungstätigkeiten im Gebiet. Doch auch hier bleibt es bei der Anwendbarkeit des allgemeinen Rücksichtnahmegebots des Art. 87 Abs. 2 SRÜ, da Teil XI des SRÜ gemäß Art. 135 SRÜ nicht den Rechtsstatus der Gewässer über dem Gebiet berührt.[240]

Das Rücksichtnahmegebot des Art. 147 Abs. 1, 3 SRÜ schafft also zusammen mit Art. 87 Abs. 2 SRÜ einen Ausgleich zwischen dem Tiefseebergbau und anderen Nutzungen im Wege einer reziproken Verpflichtung.[241] Die genannten Artikel etablieren zusammen ein Gebot gegenseitiger Rücksichtnahme, das keiner der Tätigkeiten einen Vorrang gibt. So dürfen z. B. seeverlegte Rohrleitungen, die nicht im Zusammenhang mit dem Tiefseebergbau stehen, nicht bzw. nur mit Einschränkungen in einem Gebiet verlegt werden, in denen es klare Anzeichen dafür gibt, dass Tiefseebergbau stattfinden könnte oder bereits autorisiert wurde.

4. *Rücksichtnahmegebote in der AWZ und auf dem Festlandsockel*

In den küstenstaatlichen Funktionshoheitsräumen AWZ und Festlandsockel ist das Gebot gegenseitiger Rücksichtnahme besonders wichtig, um die Ausübung der Freiheiten der Hohen See untereinander sowie mit den Rechten und Interessen des Küstenstaates in Ausgleich zu bringen.

a) Rücksichtnahmegebote in der AWZ (Art. 56 Abs. 2, 58 Abs. 3, 58 Abs. 1 i.V.m. Art. 87 Abs. 2 SRÜ)

Gemäß Art. 56 Abs. 2 SRÜ berücksichtigt der Küstenstaat bei der Ausübung seiner Rechte und der Erfüllung seiner Pflichten aus dem SRÜ in der AWZ gebührend die Rechte und Pflichten anderer Staaten und handelt in einer Weise, die mit dem SRÜ vereinbar ist. Dieses Gebot der

---

[240] So auch *W. Wiese*, Seeverlegte Rohrleitungen im Völkerrecht, 208.

[241] *E.D. Brown*, The International Law of the Sea, Vol. I, 316.

gebührenden Berücksichtigung der Rechte und Pflichten anderer Staaten bezieht sich ausdrücklich auch auf die Pflichten des Küstenstaates und wird insbesondere bei dessen Pflichten in Bezug auf die Verminderung, Verhütung und Überwachung der Meeresverschmutzung in seiner AWZ relevant. Trotz der Unbedingtheit des Meeresumweltschutzes muss der Küstenstaat bei der Umsetzung seiner umweltschutzbezogenen Pflichten die Interessen anderer Staaten, insbesondere deren Schifffahrtsfreiheit, gebührend berücksichtigen und kann beispielsweise keine Maßnahmen erlassen oder durchsetzen, die einen ungerechtfertigen Eingriff in die Schifffahrtsfreiheit dritter Staaten bedeuten würden (siehe auch Art. 194 Abs. 4 SRÜ).

Gegenstück zu Art. 56 Abs. 2 SRÜ ist Art. 58 Abs. 3 SRÜ. Dieser verpflichtet die Staaten, bei der Ausübung ihrer Rechte und der Erfüllung ihrer Pflichten aus dem SRÜ in der AWZ die Rechte und Pflichten des Küstenstaates gebührend zu berücksichtigen und die von diesem in Übereinstimmung mit dem SRÜ und sonstigen Regeln des Völkerrechts erlassenen Vorschriften einzuhalten, sofern sie nicht mit den AWZ-Bestimmungen unvereinbar sind.

Aus dem Verweis des Art. 58 Abs. 1 SRÜ auf Art. 87 Abs. 2 SRÜ ergibt sich, dass Staaten bei der Ausübung ihrer Freiheiten der Hohen See in der AWZ die Interessen anderer Staaten an der Ausübung deren Freiheiten gebührend berücksichtigen müssen (und *vice versa*).[242] Für die schwierig zu beantwortende Frage, ob die küstenstaatlichen Rechte oder die Kommunikationsfreiheiten in der AWZ im Konfliktfall Vorrang haben, kommt neben den genannten Bestimmungen dem Rechtsstatus der AWZ maßgebliche Bedeutung zu.[243] Aus der Dominanz küstenstaatlicher wirtschaftlicher Interessen und dem doppelten Vorbehalt des Art. 58 Abs. 1, 2 SRÜ wird teilweise hergeleitet, in Konfliktfällen sei im Zweifel ein Vorrang der küstenstaatlichen Rechtsposition anzunehmen.[244] Bei Konflikten, die nicht die Ausbeutung der Ressourcen betreffen, wird daran anknüpfend angenommen, dass Art. 59 SRÜ in

---

242 Die Offenheit der Tatbestandsmerkmale des Art. 58 Abs. 1 SRÜ ist Ausdruck des im Rahmen der Dritten Seerechtskonferenz erzielten Kompromisses. Siehe *R. Lagoni/A. Proelß*, Festlandsockel und ausschließliche Wirtschaftszone, (161) 259, Rn. 271. Siehe ausführlich zur Problematik *L. Gündling*, Die 200 Seemeilen-Wirtschaftszone, 273 ff.

243 *R. Lagoni/A. Proelß*, Festlandsockel und ausschließliche Wirtschaftszone, (161) 260, Rn. 273.

244 So *R. Lagoni/A. Proelß*, Festlandsockel und ausschließliche Wirtschaftszone, (161) 260, Rn. 273.

Richtung einer Bevorzugung der Interessen der anderen Staaten und der internationalen Gemeinschaft ziele.[245] Wieder andere interpretieren die küstenstaatlichen Rechte in den küstenstaatlichen Meereszonen, insbesondere in der AWZ, restriktiv, unter weitestgehender Respektierung der Rechte anderer Staaten.[246] Dies würde für einen Vorrang der Kommunikationsfreiheiten sprechen.

Den Rücksichtnahmegeboten des Art. 56 Abs. 2 und Art. 58 Abs. 3 SRÜ ist jedoch weder ein Vorrang des Küstenstaates noch der Kommunikationsfreiheiten zu entnehmen. Dass in der AWZ weder ein Vorrang der küstenstaatlichen Rechte noch der Kommunikationsfreiheiten herrschen soll, macht bereits die Einordnung der AWZ als Zone *sui generis* zwischen Küstenmeer und Hoher See deutlich. Ein weiteres Argument gegen eine Vorrangstellung lässt sich aus Art. 59 SRÜ entwickeln. Für Fälle, in denen das SRÜ weder dem Küstenstaat noch anderen Staaten Rechte oder Hoheitsbefugnisse in der AWZ zuweist und ein Konflikt zwischen den Interessen des Küstenstaaten und einem oder mehreren anderen Staaten entsteht, gilt gemäß Art. 59 SRÜ Folgendes: Ein solcher Konflikt soll auf der Grundlage der Billigkeit und unter Berücksichtigung aller maßgeblichen Umstände gelöst werden, wobei der Bedeutung dieser Interessen für die einzelnen Parteien sowie für die internationale Gemeinschaft als Ganzes Rechnung zu tragen ist.[247] Der dem Art. 59 SRÜ zugrundeliegende Rechtsgedanke einer Konfliktlösung auf der Grundlage der Billigkeit und unter Berücksichtigung aller maßgeblichen Umstände kann auch auf Fälle angewandt werden, in denen das SRÜ dem Küstenstaat oder anderen Staaten Rechte und Pflichten zu-

---

245 *M.H. Nordquist* (ed.), UNCLOS Commentary, Vol. II, 568, Para. 59.6(b): „Given the functional nature of the exclusive economic zone, where the economic interests are the principal concern this formula would normally favor the coastal State. Where conflicts arise on issues not involving the exploration for and exploitation of resources, the formula would tend to favor the interests of other States or of the international community as a whole."

246 Siehe *R. Bernhardt*, Der Einfluß der UN-Seerechtskonvention auf das geltende und künftige internationale Seerecht, (213) 217.

247 Siehe zum Interessenausgleich in der AWZ *M. Gavouneli*, Functional Jurisdiction in the Law of the Sea, 62 ff. Siehe zu Art. 59 SRÜ im Detail *S. Karagiannis*, L'article 59 de la Convention des Nations Unies sur le droit de la mer, (325) 325 ff.; *B. Kwiatkowska*, The 200 Mile Exclusive Economic Zone, 227 ff. Die Bezugnahme zu den Interessen der internationalen Gemeinschaft stellt eine Neuerung dar und ist Ausdruck internationaler Solidarität, die die Dritte Seerechtskonferenz entscheidend inspirierte. Ähnlich *P. Vincent*, Droit de la Mer, 109.

weist, aber für einen Konfliktfall keine Lösung andeutet. Demnach ergibt sich auch aus Art. 59 SRÜ, dass es in der AWZ keine Vermutung zugunsten der Rechte und Interessen des Küstenstaates oder der Freiheiten anderer Staaten gibt.

b) Rücksichtnahmegebote in Bezug auf den Festlandsockel (Art. 78 Abs. 2, 79 Abs. 5 SRÜ)

Gemäß Art. 78 Abs. 2 SRÜ darf die Ausübung der Rechte des Küstenstaates über den Festlandsockel die Schifffahrt sowie die sonstigen Rechte und Freiheiten anderer Staaten nach dem SRÜ weder beeinträchtigen noch in ungerechtfertigter Weise behindern. Bei der Frage, wie ein angemessener Ausgleich zwischen dem Verlegungsrecht einerseits und den Rechten des Küstenstaates andererseits gefunden werden könne, spielt das grundlegende Verhältnis zwischen dem Grundsatz der Freiheit der Meere und der entstehenden Konzeption des Festlandsockels eine entscheidende Rolle.[248] Die Frage nach einem Vorrang des Verlegungsrechts einerseits oder der Interessen des Küstenstaates andererseits im Bereich des Festlandsockels wurde während der gesamten Beratungen der ILC kontrovers diskutiert.[249]

aa) Rücksichtnahme auf bereits vorhandene seeverlegte Kabel und Rohrleitungen (Art. 79 Abs. 5 SRÜ)

Art. 79 Abs. 5 SRÜ enthält die Pflicht, beim Verlegen von Seepipelines auf dem Festlandsockel und bei Reparatur- und Unterhaltungsmaßnahmen auf bereits vorhandene Kabel und Rohrleitungen Rücksicht zu nehmen. Zur Vermeidung von Wiederholungen ist hier im Wesentlichen auf die Untersuchung des Art. 79 Abs. 5 SRÜ i.V.m. Art. 112 Abs. 2 SRÜ für den Bereich der Hohen See zu verweisen.[250] Besonderheiten können sich für Rohrleitungen ergeben, die der Küstenstaat in Zusammenhang mit Offshore-Anlagen verlegt und die damit der Ausbeutung der natürlichen Ressourcen des Festlandsockels dienen. In einem solchen Fall ergibt sich das Verlegungsrecht des Küstenstaates unmittelbar

---

[248] Siehe *W. Wiese*, Seeverlegte Rohrleitungen im Völkerrecht, 125 f.

[249] Siehe ausführlich *W. Wiese*, Seeverlegte Rohrleitungen im Völkerrecht, 125 f., 132, 135 m. w. N.

[250] Siehe oben S. 247 ff.

aus dessen Recht, die natürlichen Ressourcen des Festlandsockels zu nutzen. Deshalb können im Einzelfall küstenstaatliche Maßnahmen, wie z. B. Reparaturmaßnahmen an Rohrleitungen, die im Zusammenhang mit dem küstenstaatlichen Ausbeutungsrecht verlegt werden, gegenüber Rohrleitungen und Kabeln dritter Staaten prioritär sein.

bb) Vorrangregelung zugunsten des Verlegungsrechts?

Frühere Interpretationen der Genfer Konventionen von 1958 tendierten dazu, der Verlegefreiheit auf dem Festlandsockel vor den Rechten des Küstenstaates Vorzug zu geben.[251] Doch auch heute wird zum Teil aufgrund der enormen Bedeutung der Freiheiten der Hohen See noch angenommen, dass die Freiheiten der Hohen See gegenüber den wirtschaftlich orientierten souveränen Rechten des Küstenstaates in der AWZ und auf dem Festlandsockel vorrangig seien.[252] Ob dies für andere Freiheiten der Hohen See, beispielsweise die Schifffahrtsfreiheit, zutreffen mag, ist hier nicht zu erörtern.

Für die Verlegefreiheit auf dem Festlandsockel ist dieser Ansicht jedenfalls nicht zuzustimmen, da die Rechte des Küstenstaates diesbezüglich weit reichen. Dem Küstenstaat kommt neben einem Zustimmungsvorbehalt zur Trassenführung (Art. 79 Abs. 3 SRÜ) gemäß Art. 79 Abs. 2 SRÜ das Recht zu, angemessene Maßnahmen zur Erforschung des Festlandsockels, zur Ausbeutung seiner natürlichen Ressourcen und zur Verhütung, Verringerung und Überwachung der Verschmutzung durch Rohrleitungen zu ergreifen. Diese Bestimmungen sprechen dagegen, eine Vorrangregelung zugunsten des Verlegerechts dritter Staaten auf dem Festlandsockel anzunehmen.

---

[251] Beispielhaft *M.-R. Simonnet*, La Convention sur la Haute Mer, 137, zu Art. 26. Abs. 2 HSÜ und Art. 4 FSÜ: „La priorité est donnée par ce texte au droit des États non-riverains de poser et d'entretenir des câbles ou pipe-lines sur le sol du plateau continental." Ähnlich auch *W. Heller*, Das internationale Seekabelrecht in Friedenszeiten, 119 f. *E.D. Brown*, The Significance of a Possible EC EEZ, (115) 117, 120, geht von einer „legal presumption in favor of the freedom of the sea" in Bezug auf die Genfer Konventionen aus, jedoch nicht mehr nach dem SRÜ.

[252] So z. B. *R. Wolfrum*, Das Streitbeilegungssystem des VN-Seerechtsübereinkommens, (461) 472, Rn. 30; *T. Treves*, High Seas, EPIL, Rn. 37 f.

cc) Genereller Vorbehalt küstenstaatlicher Rechte vor der Verlegefreiheit?

Wegen der weitreichenden küstenstaatlichen Rechte, die die Verlegefreiheit auf dem Festlandsockel einschränken, geht die Tendenz eher dahin, einen generellen Vorbehalt küstenstaatlicher Rechte vor der Verlegefreiheit anzunehmen. Bereits dem Entwurf der ILA von 1948 wurde eine Nachrangigkeit des Verlegungsrechts zum Monopol des Küstenstaates an der Erforschung und Ausbeutung der Naturschätze entnommen.[253] Auch während der Beratungen der ILC wurde die Frage aufgeworfen, was zu geschehen habe, wenn die Ausbeutungsabsicht des Küstenstaates und die Absicht eines anderen Staates, eine Rohrleitung zu verlegen, miteinander kollidierten.[254]

Einige sind der Ansicht, dass im Konfliktfall die Rechte des Küstenstaates gegenüber dem Recht der Verlegung von Kabeln[255] und Rohrleitungen[256] vorrangig seien. Zudem wird von einigen eine Art Prioritätsrecht des Küstenstaates für das Errichten von Rohrleitungen auf seinem Festlandsockel angenommen.[257] Begründet wird dies mit den souveränen Ausbeutungsrechten des Küstenstaates. Des Weiteren wird wegen der weitreichenden Rechte des Küstenstaates gänzlich in Frage gestellt, ob die Verlegefreiheit auf dem Festlandsockel überhaupt als Freiheit der Hohen See qualifiziert werden könne und nicht vielmehr als „droit réglementé" anzusehen sei.[258] In Bezug auf seeverlegte Rohrleitungen wird als weiteres Argument angeführt, dass bei Rohrleitungen – im Gegensatz zu Kabeln – Begleitinstallationen notwendig sein können. Dies werfe die Frage auf, ob das Recht der Verlegung von Rohrleitungen ei-

---

[253] Siehe *W. Heller*, Das internationale Seekabelrecht in Friedenszeiten, 108.

[254] Siehe hierzu *W. Wiese*, Seeverlegte Rohrleitungen im Völkerrecht, 216 f. m. w. N.

[255] So *R. Lagoni*, Submarine Cables, EPIL, 49; siehe auch *W. Heller*, Das internationale Seekabelrecht in Friedenszeiten, 118.

[256] So *J. Soubeyrol*, La condition juridique des pipe-lines en droit international, (157) 181.

[257] So z. B. *J. Soubeyrol*, La condition juridique des pipe-lines en droit international, (157) 181.

[258] Ablehnend *W. Wiese*, Seeverlegte Rohrleitungen im Völkerrecht, 368 f. m. w. N.

nerseits und Kabeln andererseits nicht unterschiedlich behandelt werden müsse.[259]

Jedoch können auch diese Ansichten nicht überzeugen: Der Küstenstaat hat zwar im Bereich des Festlandsockels einen Zustimmungsvorbehalt hinsichtlich des Trassenverlaufs und enorme Einflussmöglichkeiten bezüglich der Sicherheit der Rohrleitung und des Meeresumweltschutzes. Er kann aber nach dem Wortlaut des Art. 79 Abs. 2 SRÜ die Verlegung und den Betrieb der Rohrleitung nicht gänzlich verhindern und auch nur bis zu einem gewissen Grade behindern. Darüber hinaus müssen die nach Art. 79 Abs. 2 SRÜ ergriffenen Maßnahmen im Einzelfall „angemessen" sein. Zudem darf die Ausübung der Rechte des Küstenstaates über den Festlandsockel gemäß Art. 78 Abs. 2 SRÜ die Schifffahrt sowie die sonstigen Rechte und Freiheiten anderer Staaten nach dem SRÜ weder beeinträchtigen noch in ungerechtfertigter Weise behindern. Aus diesen Gründen ist auch ein Vorbehalt der küstenstaatlichen Rechte vor der Verlegefreiheit abzulehnen.

dd) Interessenausgleich und Kooperation

Kommt es im Rahmen des Art. 79 SRÜ zu einer Kollision zwischen den Interessen des Küstenstaates, insbesondere dessen Ausbeutungsinteressen, und denjenigen von verlegenden Staaten, so vertritt die überwiegende Ansicht, dass ein prinzipieller Vorrang des einen über das andere Recht nicht anzunehmen sei.[260] Unter der grundlegenden Gleichstellung der Nutzungen müsse im Einzelfall ein Ausgleich der Nutzungsrechte gesucht werden, auf der Grundlage der Billigkeit und unter Berücksichtigung aller maßgeblichen Umstände.[261] In Ermangelung einer Vorrangregelung müssen die Nutzungen im Einzelfall koordiniert und mögliche Konflikte über die Abstimmung der Politiken (Art. 194 Abs. 1, 208 Abs. 4 SRÜ), über eine Zusammenarbeit (Art. 197 SRÜ)

---

[259] Ähnlich *D.P. O'Connell/I.A. Shearer*, The International Law of the Sea, Vol. I, 508, 509.

[260] Siehe nur *R. Lagoni/A. Proelß*, Festlandsockel und ausschließliche Wirtschaftszone, (161) 208, Rn. 146; *W. Wiese*, Seeverlegte Rohrleitungen im Völkerrecht, 219 f.

[261] Siehe *W. Wiese*, Seeverlegte Rohrleitungen im Völkerrecht, 220, der sich u. a. auf Art. 59 SRÜ bezieht.

sowie im Wege von Verhandlungen gelöst werden.[262] So muss der Küstenstaat rechtzeitig über das Legen der Rohrleitungen informiert werden,[263] was Informationen über die Art der Rohrleitung und die geplante Trasse einschließt. Es besteht also eine Notwendigkeit, die Nutzungsinteressen der Küstenstaaten an dem Festlandsockel und die Interessen der verlegenden Staaten zu koordinieren.[264]

5. Zusammenfassung

Im SRÜ wird versucht, mit Hilfe verschiedenartiger Rücksichtnahmegebote unterschiedliche Meeresnutzungen und Maßnahmen in Einklang zu bringen und die zum Teil widerstreitenden Interessen auszugleichen. Rücksichtnahmegebote finden sich im SRÜ für den Bereich des Meeresumweltschutzes (Art. 194 Abs. 2, 4 SRÜ) sowie in den einzelnen Meereszonen.

In den küstenstaatlichen Funktionshoheitsräumen zielen Art. 56 Abs. 2, 58 Abs. 3, 58 Abs. 1 i.V.m. 87 Abs. 2 SRÜ für die AWZ sowie Art. 78 Abs. 2 SRÜ, 79 Abs. 5 SRÜ für den Festlandsockel auf einen angemessenen Interessenausgleich zwischen widerstreitenden Interessen und Nutzungen im Wege einer gebührenden Berücksichtigung bzw. Rücksichtnahme. Das SRÜ enthält weder einen Vorrang küstenstaatlicher Rechte noch der Freiheiten dritter Staaten. Für AWZ und Festlandsockel gilt, dass weder der Küstenstaat noch der Staat, der eine Freiheit der Hohen See ausübt, eine Vorrangposition bzw. ein die anderen Staaten überragendes Recht innehaben. Auch die Nutzungsmöglichkeiten des Küstenstaates sind dahingehend relativiert, das eigene Interesse an der Nutzung der See mit den entsprechenden Interessen anderer Staaten im Einzelfall und unter Berücksichtigung aller Umstände abzustimmen. Dem Küstenstaat kommt in Bezug auf die konkurrierende Ausübungen der Freiheiten der Hohen See in den küstenstaatlichen Funktionshoheitsräumen eine Art Mittlerrolle zu, da er u. a. primär dafür verantwortlich ist, dass diese nicht eingeschränkt werden und der Meeresumweltschutz respektiert wird.

---

[262] Siehe *R. Lagoni/A. Proelß*, Festlandsockel und ausschließliche Wirtschaftszone, (161) 208, Rn. 147; *W. Wiese*, Seeverlegte Rohrleitungen im Völkerrecht, 352 f. 221 f.

[263] Siehe zu Kabeln *R. Lagoni*, Submarine Cables, EPIL, 49.

[264] *G. Dahm/J. Delbrück/R. Wolfrum*, Völkerrecht, Band I/2, 386, § 122.

II. Zusammenarbeit bei Verlegung, Betrieb und Entfernung unterseeischer Rohrleitungen

Eine Zusammenarbeit bei Verlegung, Betrieb und Entfernung unterseeischer Rohrleitungen ist von entscheidender Bedeutung, um die Sicherheit der Rohrleitung zu gewährleisten und eine Verschmutzung der Meeresumwelt auf ein Mindestmaß zu beschränken. Dieses Prinzip der Kooperation steht in engem Zusammenhang mit dem Gebot der Rücksichtnahme und des Interessenausgleichs und stellt eines der grundlegenden Prinzipien des See- und Umweltvölkerrechts dar. Das SRÜ nimmt in keiner Bestimmung besonderen Bezug auf eine Kooperation bei Verlegung und Betrieb unterseeischer Rohrleitungen. Allerdings sind die allgemeinen Kooperationspflichten im Bereich des Meeresumweltschutzes, insbesondere Art. 197 SRÜ, auch auf unterseeische Rohrleitungen anwendbar.

1. Das Kooperationsprinzip im See- und Umweltvölkerrecht

Das Kooperationsprinzip wird in zwei Ausprägungen relevant: Zum einen ist mittlerweile eine Pflicht der Staaten zur zwischenstaatlichen Kooperation anerkannt, die im engen Zusammenhang mit dem Prinzip der guten Nachbarschaft[265] und dem Solidaritätsprinzip[266] steht. Für den Bereich der Ostsee wird diese Kooperation im Rahmen des HÜK besonders deutlich, institutionell abgesichert durch die HELCOM, die

---

265 Siehe zum Prinzip der guten Nachbarschaft *U. Beyerlin*, Umweltschutz und lokale grenzüberschreitende Zusammenarbeit (rechtliche Grundlagen), (293) 294 ff.; *M. Gavouneli*, Pollution from Offshore Installations, 82 f.; *I. Herzog*, Die Umweltveträglichkeitsprüfung im grenzüberschreitenden Bereich, 78 ff.; sehr detailliert *U. Beyerlin*, Grenzüberschreitender Umweltschutz und allgemeines Völkerrecht, (37) 54 ff.

266 Nach dem Solidaritätsprinzip haben die Staaten bei der Ergreifung nationaler Maßnahmen die Interessen anderer Staaten zu berücksichtigen. Siehe zum Kooperationsprinzip United Nations Conference on Environment and Development, Rio Declaration on Environment and Development, 3.-14. Juni 1992, Principle 7: „States shall cooperate in a spirit of global partnership to conserve, protect and restore the health and integrity of the Earth's ecosystem. In view of the different contributions to global environmental degradation, States have common but differentiated responsibilities (...).“ Abrufbar unter: http://www.unep.org/Documents.Multilingual/Default.asp?DocumentID=78&ArticleID=1163 (Stand Juli 2010). Anschaulich *A. Epiney/M. Scheyli*, Umweltvölkerrecht, 99 f. m. w. N.; *P. Sands*, Principles of International Environmental Law, 249 ff.

eine für die regionale Kooperation im Bereich des Meeresumweltschutz zuständige internationale Organisation i. S. d. Art. 197 SRÜ ist.[267] Der Internationale Seegerichtshof (ISGH) hat im *MOX Plant Case* und dem *Land Reclamation Case* die Bedeutung der Pflicht zur Kooperation im Bereich des Meeresumweltschutzes hervorgehoben.[268] Die Pflicht zur Kooperation mit einem anderen Staat, dessen Interessen betroffen sein können, sei eine „Grundnorm" des Teil XII SRÜ sowie des Völkergewohnheitsrechts.[269] Die Kooperation zur Vermeidung von Umweltrisiken ist zudem eines der zentralen Elemente des allgemeinen Umweltvölkerrechts.[270] Dieser Kooperationspflicht kommt grundsätzlich ein rein formaler Charakter zu, da die Staaten nur miteinander in Kontakt treten müssen, um nach möglichen Lösungen zu suchen. Über die konkreten Formen der Kooperation und die zu erreichenden Ergebnisse sagt das Grundprinzip grundsätzlich nichts aus, sein materieller Gehalt ist demnach beschränkt.[271]

Zum anderen ist das Kooperationsprinzip aber auch im Sinne einer Kooperation zwischen staatlichen und gesellschaftlichen Institutionen in einem demokratischen Staat zu verstehen, in dem Umweltschutz als gesamtgesellschaftliche Aufgabe angesehen wird: Der Sachverstand aus dem gesellschaftlich-privaten Bereich soll in staatliche Entscheidungen einfließen, wodurch u. a. Akzeptanz und Vollzug umweltschützender

---

[267] Siehe *U. Jenisch*, The Development of Environmental Standards for the Baltic Sea, (63) 63 f.

[268] *MOX Plant Case (Ireland v. United Kingdom)*, Provisional Measures, Beschluss vom 3. Dezember 2001, ITLOS No. 10, Para. 82; *Case Concerning Land Reclamation by Singapore in and around the Straits of Johor (Malaysia v. Singapore)*, Provisional Measures, Beschluss vom 8. Oktober 2003, ITLOS No. 12, Para. 92: „*Considering*, however, that the duty to cooperate is a fundamental principle in the prevention of pollution of the marine environment under Part XII of the Convention and general international law and that rights arise therefrom which the Tribunal may consider appropriate to preserve under article 290 of the Convention (…)." Siehe auch *P. Sands*, Principles of International Environmental Law, 251.

[269] *MOX Plant Case (Ireland v. United Kingdom)*, Provisional Measures, Beschluss vom 3. Dezember 2001, ITLOS No. 10, Separate Opinion of *Judge Wolfrum*, 4.

[270] *A. E. Boyle*, The Environmental Jurisprudence of ITLOS, (369) 379.

[271] *A. Epiney/M. Scheyli*, Umweltvölkerrecht, 100.

Maßnahmen verbessert werden können.[272] Dabei spielen NGOs im Umweltbereich eine bedeutende Rolle.[273] Wesentliche Bestandteile einer Kooperation zwischen staatlichen und gesellschaftlichen Institutionen sind die staatlichen Informationspflichten gegenüber betroffenen Institutionen, Gruppen und Bürgern und eine umfassende Verfahrensbeteiligung dieser Kräfte.[274]

2. Kooperation im Bereich des Meeresumweltschutzes (Art. 123, 197 SRÜ)

Neben der bereits in Art. 194 Abs. 1 SRÜ angelegten Pflicht zur Kooperation und Koordination enthält das SRÜ weitere Vorschriften, die im Bereich des marinen Umweltschutzes eine globale oder regionale Kooperation der Staaten vorsehen. Art. 197 SRÜ bestimmt, dass die Staaten auf weltweiter und gegebenenfalls auf regionaler Ebene unmittelbar oder im Rahmen der zuständigen internationalen Organisationen bei der Abfassung und Ausarbeitung von mit dem SRÜ übereinstimmenden internationalen Regeln, Normen und empfohlenen Gebräuchen und Verfahren zum Schutz und zur Bewahrung der Meeresumwelt zusammenarbeiten, wobei sie charakteristische regionale Eigenheiten berücksichtigen. Gemäß Art. 123 SRÜ sollen die Anliegerstaaten eines umschlossenen oder halbumschlossenen Meeres bei der Ausübung ihrer Rechte und der Erfüllung ihrer Pflichten aus diesem Übereinkommen zusammenarbeiten.[275] Zu diesem Zweck bemühen sie sich, unmittelbar oder im Rahmen einer geeigneten internationalen Organisation, u. a. die

---

[272] Siehe *M. Kloepfer*, Umweltschutzrecht, 73, Rn. 24 f.; *W. Erbguth/S. Schlacke*, Umweltrecht, 52, Rn. 17: „Dem Kooperationsprinzip zufolge bildet Umweltschutz die Aufgabe aller gesellschaftlichen Kräfte, nicht allein diejenige das Staates." Siehe ausführlich *K. Morrow*, Public Participation in the Assessment of the Effects of Certain Plans and Programmes on the Environment, (49) 53 f.

[273] Siehe *U. Beyerlin*, A Critical Account of NGO Participation in International Environmental Cooperation, (7) 7, 21 f. zum Status von NGOs im Völkerrecht. Kritische Untersuchung der Rolle von NGOs als „agents of public participation" bei *K. Morrow*, Public Participation in the Assessment of the Effects of Certain Plans and Programmes on the Environment, (49) 53 ff.

[274] Siehe *M. Kloepfer*, Umweltschutzrecht, 74, Rn. 27.

[275] Wie bereits oben erläutert, ist die Ostsee ein halbumschlossenes Meer i. S. d. Art. 122 SRÜ. Siehe zu Art. 123 SRÜ (bzw. dem Vorgänger im ICNT) *I. von Münch*, Internationales Seerecht, Die gegenwärtige Situation der Ostsee und die Zusammenarbeit zwischen den Anliegerstaaten, 168 ff.

Ausübung ihrer Rechte und die Erfüllung ihrer Pflichten hinsichtlich des Schutzes und der Bewahrung der Meeresumwelt zu koordinieren (Art. 123 lit. (b) SRÜ).

Gemäß Art. 198 SRÜ benachrichtigt ein Staat, wenn er von Fällen Kenntnis erhält, in denen die Meeresumwelt von Verschmutzungsschäden unmittelbar bedroht ist oder solche Schäden erlitten hat, sofort die anderen Staaten, die nach seinem Dafürhalten von diesen Schäden betroffen werden können, sowie die zuständigen internationalen Organisationen.[276] Der verlegende Staat ist nach dieser Vorschrift also u. a. verpflichtet, wenn er davon Kenntnis erlangt, dass eine unter seiner Hoheitsgewalt verlegte und betriebene Rohrleitung beschädigt ist und ein Verschmutzungsschaden unmittelbar bevorsteht oder bereits eingetreten ist, möglicherweise betroffene Küstenstaaten zu unterrichten, ggf. auch die IMB als internationale Organisation. In diesen in Art. 198 SRÜ bezeichneten Fällen arbeiten gemäß Art. 199 SRÜ die Staaten des betroffenen Gebiets entsprechend ihren Möglichkeiten und die zuständigen internationalen Organisationen soweit wie möglich zusammen, um die Auswirkungen der Verschmutzung zu beseitigen und Schäden zu verhüten oder auf ein Mindestmaß zu beschränken.

3. *Pflicht zur Kooperation*

Gerade bei der Verlegung und dem Betrieb unterseeischer Rohrleitungen ist eine Kooperation entscheidend, v. a. aufgrund der Besonderheit, dass je nach Meereszone verschiedenen Staaten Hoheitsbefugnisse oder Rechte und Pflichten über Teilstücke einer Seepipelines zukommen können. Dies kann zum Beispiel im Bereich der küstenstaatlichen Funktionshoheitsräume zu einer konkurrierenden Jurisdiktion führen.

Das Zusammenspiel von verlegenden Staaten und Küstenstaaten sowie die Rücksichtnahmegebote führen dazu, dass bei Verlegung und Betrieb einer unterseeischen Rohrleitung eine Pflicht zur horizontalen und vertikalen Kooperation besteht. Eine vertikale Kooperation in dem Sinne, dass die Staaten, die in einem Meeresgebiet Freiheiten der Hohen See ausüben, kooperieren, um Konflikte zu vermeiden und einen Interessenausgleich zu schaffen. Horizontal ist die Zusammenarbeit insbesondere zwischen Küstenstaaten und verlegenden Staaten, um einheitliche

---

[276] Diese Bestimmung ist Ausdruck der zwischenstaatlichen Informations- bzw. Warnpflicht. Siehe hierzu *A. Epiney/M. Scheyli*, Umweltvölkerrecht, 125 ff.

Standards für die gesamte Rohrleitung zu schaffen. Die verlegenden Staaten müssen aber auch untereinander zusammenarbeiten.

Gerade bei „coast-to-coast pipelines“ wie der *Nord Stream-Pipeline* sind wegen der Vielzahl der beteiligten Staaten die Zusammenarbeit und der Abschluss zwischenstaatlicher Verträge entscheidend. Meist schließen die beteiligten Staaten – verlegende Staaten und Küstenstaaten – zwischenstaatliche Verträge, in denen die Verlegung, der Trassenverlauf, der Betrieb und ggf. auch die Entfernung einer unterseeischen Rohrleitung geregelt sind. Auch nicht-staatliche Akteure wie Öl- und Gasunternehmen, die Fischereiindustrie[277], Betreiber von Plattformen und unterseeischen Rohrleitungen sind zu einer verstärkten Kooperation aufgerufen. Für den Bereich jenseits nationaler Hoheitsbefugnisse institutionalisieren internationale Organisationen die zwischenstaatliche Kooperation,[278] was sich in Ansätzen auch bei der IMB zeigt.

Aufgrund dieser Erwägungen ist es nicht zutreffend, wenn kritisiert wird, dass im SRÜ *expressis verbis* keine Prozeduren der Kooperation und Koordination für die Küstenstaaten vorgesehen sind, auf deren Festlandsockeln eine Rohrleitung führt.[279] Dass solche Mechanismen erforderlich sind, um gemeinsam Anforderungen an die Trassenführung, die technische Beschaffenheit, die Umweltstandards und den Verlegungszeitraum zu entwickeln und aufeinander abzustimmen, ist nicht anzuzweifeln. Diese speziellen Verfahrenspflichten jedoch in der Rahmenkonvention SRÜ zu suchen, ist verfehlt. Grundlegende Eigenschaft des SRÜ ist es gerade, dass es einen ausfüllungs- und implementierungsbedürftigen Rechtsrahmen schafft, der dann in anderen globalen oder regionalen völkerrechtlichen Konventionen konkretisiert wird.

Dies wird auch der Verlegung und des Betriebs von Rohrleitungen deutlich: Das SRÜ schafft als Rahmenkonvention das grundlegende Gefüge von Rechten und Pflichten der verlegenden Staaten, Küstenstaaten, der IMB und anderen Meeresnutzungen für die Hohe See und die

---

[277] So hat die *Nord Stream AG* am 15. September 2009 Vereinbarungen mit Fischereiverbänden geschlossen, in denen u. a. Entschädigungs- und Minderungsmaßnahmen vorgesehen sind, Details unter: http://www.nord-stream.com/uploads/media/Nord_Stream_Statement_Fishery_Agreements_ger_20090915.pdf (Stand Juli 2010)

[278] *J.C. Friedland*, Der Schutz der biologischen Vielfalt der Tiefseehydrothermalquellen, 71; siehe *R. Wolfrum*, Die Internationalisierung staatsfreier Räume, 511.

[279] Diese Kritik äußert *R. Wolf*, Rechtliche Rahmenbedingungen für die geplante Ostsee-Pipeline, (24) 27.

küstenstaatlichen Meereszonen. Zudem schafft es im Bereich des Meeresumweltschutzes Anknüpfungspunkte für eine Kooperation zwischen den an der Rohrleitungslegung beteiligten Staaten (siehe insbesondere Art. 123, 197 SRÜ). Diese Rechte und Pflichten werden dann in anderen völkerrechtlichen Übereinkommen tätigkeits- oder gebietsbezogen spezifiziert. In speziellen Völkerrechtskonventionen, die auf einzelne Tätigkeiten (wie eine Verschmutzung durch Einbringen) oder regional auf ein bestimmtes Gebiet bezogen sind, können die Besonderheiten der einzelnen Tätigkeit und des betroffenen Gebiets sowie die spezifischen Gefahren für die Meeresumwelt besser berücksichtigt und adäquater an neue Entwicklungen angepasst werden. Dies wird nachfolgend für den Bereich der Ostsee zu zeigen sein.

III. Beilegung von Streitigkeiten in Bezug auf unterseeische Rohrleitungen

Abschließend stellt sich die Frage, welche gerichtlichen Verfahrensmöglichkeiten das SRÜ vorsieht, wenn im Zusammenhang mit Verlegung, Betrieb, Unterhaltung oder (Nicht-)Entfernung unterseeischer Rohrleitungen zwischenstaatliche Konflikte auftreten und die beteiligten Staaten (und ggf. die IMB) sich nicht durch Verhandlungen einigen können.[280]

1. Anwendbarkeit des Streitbeilegungssystems des SRÜ auf unterseeische Rohrleitungen

In Teil XV SRÜ (Art. 279 ff. SRÜ) wurde ein eigenständiges System für die verbindliche Beilegung von Rechtsstreitigkeiten geschaffen, das

280 Siehe hierzu auch *G. Ismar*, Endlich neue Fälle für den Seegerichtshof? Piraterie, Ostsee-Pipeline, Klimawandel: Der Präsident des internationalen Tribunals sieht weitere Herausforderungen, *Welt Online*, 24. Juli 2008. Auch der WWF hat im Falle der Nichteinhaltung von Umweltauflagen eine Klage vor dem EuGH angedroht; *Die Zeit*, Ostseepipeline: Pünktlicher Baubeginn?, 2. Juli 2009, 27. Am 23. April 2010 einigte sich die *Nord Stream AG* außergerichtlich mit dem BUND Mecklenburg-Vorpommern und dem WWF Deutschland, weitere Informationen unter: http://www.nordstream.com/uploads/media/Nord_Stream_Press_Release_German_NGO_Agreement_ger_20100423.pdf (Stand Juli 2010).

grundsätzlich von einer Streitbeilegung unter Einschaltung unabhängiger Institutionen ausgeht (IGH, ISGH, *ad hoc* eingerichtete Schiedsgerichte, *ad hoc* eingerichtete Schiedsgerichte für besondere Fragen sowie Vergleichskommissionen, siehe Art. 287 SRÜ).[281] Sofern keine Verpflichtungen aus regionalen oder zweiseitigen Übereinkünften bestehen (Art. 282 SRÜ) und die Vertragsparteien keine Streitbeilegung durch friedliche Mittel eigener Wahl vereinbart haben (Art. 280), greift dieses Streitbeilegungssystem des SRÜ. Gemäß Art. 288 Abs. 1 SRÜ ist ein Gericht bzw. Gerichtshof grundsätzlich allzuständig, d. h. die Zuständigkeit erfasst alle Rechtsstreitigkeiten über die Auslegung und Anwendung des SRÜ. Eine Ausnahme existiert für Streitigkeiten aus dem Meeresbergbauregime, diesbezüglich ist nur die Meeresbodenkammer des ISGH zuständig.[282]

Rechtsstreitigkeiten über die Anwendung und Ausübung küstenstaatlicher souveräner Rechte oder Hoheitsbefugnisse sind nicht der obligatorischen Streitbeilegung des SRÜ unterworfen, es sei denn, sie sind in der Positivliste des Art. 297 SRÜ als Ausnahmen von diesem Grundsatz gekennzeichnet.[283] Für die vorliegende Arbeit könnten Art. 297 Abs. 1 lit. (a), (b) und (c) SRÜ einschlägig sein.[284] Die verlegenden Staaten

---

[281] Siehe *R. Wolfrum*, Das Streitbeilegungssystem des VN-Seerechtsübereinkommens, (461) 463 f., Rn. 1, 2.

[282] *R. Wolfrum*, Das Streitbeilegungssystem des VN-Seerechtsübereinkommens, (461) 471 f., Rn. 27.

[283] *R. Wolfrum*, Das Streitbeilegungssystem des VN-Seerechtsübereinkommens, (461) 473, Rn. 33, erklärt die Bestimmung auch für das Küstenmeer für anwendbar, was jedoch insbesondere für Art. 297 Abs. 1 lit. (a) und (b) SRÜ u. a. wegen deren Wortlautes (souveräne Rechte und Hoheitsbefugnisse und nicht Souveränität), der Bezugnahme zu Art. 58 SRÜ und zu den Freiheiten der Hohen See angezweifelt werden kann. Siehe zu Art. 297 SRÜ auch *T. Treves*, Dispute Settlement Clauses, (6) 7; *T.A. Mensah*, The International Tribunal and the Protection and Preservation of the Marine Environment, (216) 216.

[284] Art. 297 Abs. 1 SRÜ: „Streitigkeiten über die Auslegung oder Anwendung dieses Übereinkommens hinsichtlich der Ausübung der in dem Übereinkommen vorgesehenen souveränen Rechte oder Hoheitsbefugnisse durch einen Küstenstaat werden in folgenden Fällen den in Abschnitt 2 vorgesehenen Verfahren unterworfen: (a) wenn behauptet wird, dass ein Küstenstaat gegen die Bestimmungen dieses Übereinkommens hinsichtlich der Freiheiten und der Rechte der Schifffahrt, des Überflugs oder der Verlegung unterseeischer Kabel und Rohrleitungen oder hinsichtlich anderer völkerrechtlich zulässiger Nutzungen des Meeres nach Artikel 58 verstoßen hat; (b) wenn behauptet wird, dass ein Staat in Ausübung der genannten Freiheiten, Rechte oder Nutzungen

könnten sich auf Art. 297 Abs. 1 lit. (a) SRÜ stützen, wenn ein Küstenstaat ihrer Ansicht nach gegen die Bestimmungen des SRÜ hinsichtlich der Freiheit der Verlegung von Rohrleitungen in der AWZ bzw. auf dem Festlandsockel verstoßen hat.[285] Ein Küstenstaat könnte sich auf Art. 297 Abs. 1 lit. (b) SRÜ berufen, wenn der verlegende Staat seiner Einschätzung nach die Bestimmungen des Küstenstaates nicht eingehalten hat. Hierunter fallen auch nach Art. 79 Abs. 2, 3 SRÜ erlassene Vorschriften zum Schutz der marinen Umwelt oder in Bezug auf die Trassenführung, da der Begriff „Hoheitsbefugnisse" in Art. 297 Abs. 1 SRÜ weit zu verstehen ist.[286] Hat ein Küstenstaat gegen bestimmte im SRÜ vorgesehene und auf ihn anwendbare Normen zum Schutz und zur Bewahrung der Meeresumwelt verstoßen (z. B. Art. 194, 210 SRÜ), so greift gemäß Art. 297 Abs. 1 lit. (c) SRÜ ebenfalls das verbindliche Streitbeilegungssystem des SRÜ. Art. 297 Abs. 1 lit. (b) SRÜ schützt die Rechte des Küstenstaates und stellt dabei ein Gegengewicht zu den drittschützenden Vorschriften des Art. 297 Abs. 1 lit. (a), (c) dar.[287]

2. *Streitbeilegungssystem und Meeresumweltschutz*

In Art. 297 Abs. 1 lit. (b), (c) SRÜ findet die Kompetenz internationaler Gerichte in Streitigkeiten über Umweltfragen einen Anknüpfungspunkt.[288] Solche Streitigkeiten im Bereich des Meeresumweltschutzes

---

gegen dieses Übereinkommen oder gegen Gesetze oder sonstige Vorschriften des Küstenstaats verstoßen hat, die dieser im Einklang mit dem Übereinkommen und sonstigen mit dem Übereinkommen nicht unvereinbaren Regeln des Völkerrechts erlassen hat, oder (c) wenn behauptet wird, dass ein Küstenstaat gegen bestimmte auf ihn anwendbare internationale Regeln und Normen zum Schutz und zur Bewahrung der Meeresumwelt verstoßen hat, die durch dieses Übereinkommen oder durch eine zuständige internationale Organisation oder eine diplomatische Konferenz in Übereinstimmung mit dem Übereinkommen festgelegt worden sind."

[285] Vgl. auch *R. Wolfrum*, Das Streitbeilegungssystem des VN-Seerechtsübereinkommens, (461) 472, Rn. 29.

[286] Ausführliche Begründung siehe bei *W. Wiese*, Seeverlegte Rohrleitungen im Völkerrecht, 369 f.

[287] Siehe *R. Wolfrum*, Das Streitbeilegungssystem des VN-Seerechtsübereinkommens, (461) 472, Rn. 30.

[288] Siehe *T. De Bondt*, Competence of International Courts and Tribunals Concerning Marine Environmental Matters, (31) 35 ff.; siehe ausführlich zum

gewinnen an Bedeutung, weshalb der ISGH eine Spezialkammer für Meeresumweltstreitigkeiten, die *Chamber for Marine Environment Disputes*, eingerichtet hat.[289] Art. 290 SRÜ sieht in bestimmten Fällen die Anordnung vorläufiger Maßnahmen vor, um u. a. schwere Schäden für die Meeresumwelt zu verhindern.[290]

Der ISGH hat bisher zwei Fälle – den *MOX Plant Case* und den *Land Reclamation Case* – entschieden, in denen er die Bestimmungen des Teil XII SRÜ interpretierte, darunter die in Art. 206 SRÜ zum Ausdruck kommende Problematik der UVP und die Pflicht zur Kooperation und Konsultation.[291] In beiden Fällen wurde den Parteien aufgegeben, ihre Kooperation zu verbessern, sich gegenseitig zu konsultieren, Informationen auszutauschen, die Risiken und Auswirkungen ihrer Aktivitäten zu überwachen und zu überprüfen sowie Maßnahmen zur Vermeidung einer Verschmutzung festzulegen.[292] Zudem forderte der ISGH die Parteien zu einer Kooperation in Anwendung des Vorsorgeprinzips auf, wenn es Beweise dafür gibt, dass der Meeresumwelt ein schwerer Schaden droht, selbst wenn das Risiko unsicher ist und der mögliche Scha-

---

ISGH *A. E. Boyle*, The Environmental Jurisprudence of ITLOS, (369) 369 ff.; *P. Gautier*, Le Tribunal International du Droit de la Mer, (45) 45 ff.

[289] Art. 15 Statut des Internationalen Seegerichtshofes, Anlage VI zum SRÜ: „(1) The Tribunal may form such chambers, composed of three or more of its elected members, as it considers necessary for dealing with particular categories of disputes. (2) The Tribunal shall form a chamber for dealing with a particular dispute submitted to it if the parties so request. (…).“

[290] Art. 290 Abs. 1 SRÜ: „Ist ein Gerichtshof oder Gericht, dem eine Streitigkeit ordnungsgemäß unterbreitet worden ist, der Auffassung, aufgrund dieses Teils oder des Teils XI Abschnitt 5 prima facie (nach dem ersten Anschein) zuständig zu sein, so kann der Gerichtshof oder das Gericht die vorläufigen Maßnahmen anordnen, die sie unter den gegebenen Umständen für erforderlich halten, um bis zur endgültigen Entscheidung die Rechte jeder Streitpartei zu sichern oder schwere Schäden für die Meeresumwelt zu verhindern.“ Siehe eingehend *P. Gautier*, Le Tribunal International du Droit de la Mer, (45) 59 f.

[291] *MOX Plant Case (Ireland v. United Kingdom)*, Provisional Measures, Beschluss vom 3. Dezember 2001, ITLOS No. 10; *Case Concerning Land Reclamation by Singapore in and around the Straits of Johor (Malaysia v. Singapore)*, Provisional Measures, Beschluss vom 8. Oktober 2003, ITLOS No. 12. Siehe *A. E. Boyle*, The Environmental Jurisprudence of ITLOS, (369) 372, 380.

[292] *A. E. Boyle*, The Environmental Jurisprudence of ITLOS, (369) 378.

den nicht notwendigerweise irreparabel ist.[293] Dabei hat der ISGH gezeigt, dass er bereit ist, das SRÜ flexibel zu interpretieren und innerhalb der zulässigen Grenzen auf Veränderungen und Weiterentwicklungen im internationalen Umweltrecht zu reagieren.[294]

Bislang stand bei Rechtsstreitigkeiten in Meeresumweltschutzfragen meist die Frage im Vordergrund, ob staatliche Maßnahmen bzw. das Unterlassen solcher Maßnahmen im Bereich des marinen Umweltschutzes adäquat waren oder nicht, beispielsweise ob eine angemessene UVP durchgeführt wurde.[295] Auch bei der Verlegung unterseeischer Rohrleitungen ist denkbar, dass ein internationaler Gerichtshof darüber entscheidet, ob staatliche Maßnahmen zum Schutz und zur Bewahrung der Meeresumwelt angemessen bzw. ausreichend sind oder nicht. In diesem Zusammenhang könnten auch Inhalt und Umfang der durchzuführenden UVP einer Überprüfung unterzogen werden.

3. Streitbeilegungssystem und Tätigkeiten im Gebiet

Wie bereits oben erwähnt, ist für Streitigkeiten in Bezug auf Tätigkeiten im Gebiet allein die Meeresbodenkammer des ISGH zuständig (siehe Art. 187 SRÜ), der diesbezüglich das „Monopol der Auslegung des Meeresbodenregimes“ zusteht.[296] Die Meeresbodenkammer ist gemäß Art. 187 SRÜ u. a. zuständig für Streitigkeiten zwischen den SRÜ-Vertragsstaaten über die Auslegung und Anwendung des Tiefseebodenregimes (lit. (a)); für Streitigkeiten zwischen einem Vertragsstaat und der IMB über Handlungen oder Unterlassungen, von denen behauptet wird, dass sie gegen das Tiefseebodenregime verstoßen (lit. (b) (i)); so-

---

[293] Siehe *A. E. Boyle*, The Environmental Jurisprudence of ITLOS, (369) 378. Siehe zum Vorsorgeprinzip in den Urteilen des ISGH *P. Gautier*, Le Tribunal International du Droit de la Mer, (45) 61 f.

[294] Siehe *A. E. Boyle*, The Environmental Jurisprudence of ITLOS, (369) 380.

[295] Siehe *A. E. Boyle*, The Environmental Jurisprudence of ITLOS, (369) 370, 376.

[296] *R. Wolfrum*, Das Streitbeilegungssystem des VN-Seerechtsübereinkommens, (461) 485, Rn. 83; siehe auch *T.A. Mensah*, The International Tribunal and the Protection and Preservation of the Marine Environment, (216) 218. Art. 15 Statut des Internationalen Seegerichtshofes: „A Seabed Disputes Chamber shall be established in accordance with the provisions of section 4 of this Annex. Its jurisdiction, powers and functions shall be as provided for in Part XI, section 5.“ Siehe auch Art. 35 ff. Statut des Internationalen Seegerichtshofes.

wie für Streitigkeiten über Handlungen der IMB, von denen behauptet wird, dass sie deren Zuständigkeit überschreiten oder einen Missbrauch ihrer Befugnisse darstellen (lit. (b) (ii)).

In Bezug auf unterseeische Rohrleitungen könnte eine Streitigkeit beispielsweise dann vor der Meeresbodenkammer des ISGH verhandelt werden, wenn vorgebracht wird, ein verlegender Staat halte sich bei der Verlegung einer Seepipeline im Gebiet nicht an die von der IMB aufgestellten Regeln für Tätigkeiten im Gebiet, die im Einzelfall auch unterseeische Rohrleitungen betreffen können.[297] Umgekehrt könnte ein Vertragsstaat die Meeresbodenkammer anrufen, wenn er der Ansicht ist, dass die IMB beim Erlass von Umweltschutzbestimmungen, die z. B. die Verlegung unterseeischer Rohrleitungen im Gebiet einschränken oder von der Erfüllung von Auflagen abhängig machen, ihre Zuständigkeit überschreitet oder ihre Befugnisse missbraucht.[298]

Das Besondere am Streitbeilegungssystem des SRÜ ist zudem, dass es neben Staaten in einigen wenigen Ausnahmefällen auch natürlichen und juristischen Personen offensteht (Art. 291 Abs. 2 SRÜ).[299] Dies ist gemäß Art. 187 lit. (c), (d) und (e) SRÜ bei Meeresbodenstreitigkeiten der Fall, in die natürliche oder juristische Personen verwickelt sind.[300] Dies

---

[297] Siehe zu den Konstellationen, in denen Seerohrleitungen unter das Regelungswerk für Tätigkeiten im Gebiet fallen können, ausführliche Untersuchung S. 149 ff.

[298] Siehe zu den diesbezüglichen Kompetenzen der IMB oben S. 153 ff.

[299] Art. 291 SRÜ: „(1) Den Vertragsstaaten stehen alle in diesem Teil aufgeführten Verfahren zur Beilegung von Streitigkeiten offen. (2) Die in diesem Teil aufgeführten Verfahren zur Beilegung von Streitigkeiten stehen Rechtsträgern, die nicht Vertragsstaaten sind, nur so weit offen, wie in diesem Übereinkommen ausdrücklich vorgesehen." Siehe auch Art. 285 SRÜ. Siehe zur Bedeutung der Beteiligung Privater in Umweltstreitigkeiten *A. E. Boyle*, UNCLOS, the Marine Environment and the Settlement of Disputes, (241) 256.

[300] Art. 187 SRÜ: „(…) (c) Streitigkeiten zwischen Parteien eines Vertrags, die Vertragsstaaten sind, der Behörde oder dem Unternehmen, staatlichen Unternehmen und natürlichen oder juristischen Personen nach Artikel 153 Absatz 2 Buchstabe b) über i) die Auslegung oder Anwendung eines entsprechenden Vertrags oder eines Arbeitsplans oder ii) Handlungen oder Unterlassungen einer Partei des Vertrags, die sich auf Tätigkeiten im Gebiet beziehen und gegen die andere Partei gerichtet sind oder deren berechtigte Interessen unmittelbar berühren; (d) Streitigkeiten zwischen der Behörde und einem künftigen Vertragsnehmer, den ein Staat nach Artikel 153 Absatz 2 Buchstabe b) befürwortet und der die Bedingungen der Anlage III Artikel 4 Absatz 6 und Artikel 13 Absatz 2 ordnungsgemäß erfüllt hat, über die Ablehnung eines Vertrags oder eine

gilt jedoch nur bei Tätigkeiten im Gebiet, also auch nur bei Rohrleitungen, die in unmittelbarem Zusammenhang mit den Ausbeutungsaktivitäten im Gebiet verlegt werden, da Art. 187 lit. (c), (d) und (e) SRÜ jeweils auf Art. 153 Abs. 2 lit. (b) SRÜ verweisen, der auf Tätigkeiten im Gebiet beschränkt ist.[301] Privatpersonen können zudem, wie Art. 21 ISGH-Statut belegt, Streitigkeiten durch vertragliche Einigung vor den ISGH bringen.[302]

---

bei der Aushandlung des Vertrags auftretende Rechtsfrage; (e) Streitigkeiten zwischen der Behörde und einem Vertragsstaat, einem staatlichen Unternehmen oder einer natürlichen oder juristischen Person, die nach Artikel 153 Absatz 2 Buchstabe b) von einem Vertragsstaat befürwortet wird, wenn behauptet wird, dass die Behörde nach Anlage III Artikel 22 haftet (...).“

301 Art. 153 Abs. 2 lit. (b) SRÜ: „Die Tätigkeiten im Gebiet werden (...) ausgeübt unter Einbeziegung der Behörde von Vertragsstaaten, staatlichen Unternehmen sowie natürlichen oder juristischen Personen, welche die Staatsangehörigkeit eines Vertragsstaats besitzen oder von ihm oder seinen Staatsangehörigen tatsächlich kontrolliert werden, wenn sie von den Staaten befürwortet werden, oder von einer Gruppe der vorgenannten Kategorien, welche die in diesem Teil und in Anlage III genannten Voraussetzungen erfüllt.“

302 Art. 21 Statut des Internationalen Seegerichtshofes, Anlage VI zum SRÜ: „The jurisdiction of the Tribunal comprises all disputes and all applications submitted to it in accordance with this Convention and all matters specifically provided for in any other *agreement* which confers jurisdiction on the Tribunal.“ Hervorhebung hinzugefügt. Diese Vorschrift spricht von „agreement“ und nicht von „international agreement“. Siehe ausführlich zu diesem Komplex *R. Wolfrum*, The Legislative History of Articles 20 and 21 of the Statute of the International Tribunal for the Law of the Sea, (342) 342 ff. Siehe auch *U. Beyerlin*, The Role of NGOs in International Environmental Litigation, (357) 358, der sich auf Annex VII und VIII des SRÜ bezieht.

Dritter Teil: Rechte und Pflichten in Bezug auf unterseeische Rohrleitungen und Meeresumweltschutz nach völkerrechtlichen Übereinkommen für den Bereich der Ostsee

Die von Rohrleitungen verursachte Verschmutzung der Meeresumwelt spielt in internationalen Umweltschutzübereinkommen eine lediglich untergeordnete Rolle. Das Hauptaugenmerk globaler wie regionaler Meeresumweltverträge liegt – ähnlich dem SRÜ – auf der durch Schiffe und „Dumping" verursachten Verschmutzung. Rohrleitungen werden zwar in einigen der regionalen bzw. globalen Übereinkommen als mögliche Quelle der Verschmutzung genannt, meist in den Präambeln.[1] Explizit auf Rohrleitungen anwendbare Normen finden sich jedoch selten.

Im Schwerpunkt werden nachfolgend das regional auf die Ostsee anwendbare Helsinki-Übereinkommen (HÜK)[2] sowie die Espoo-Konvention (EK)[3] untersucht. Das HÜK strebt einen umfassenden und

---

1 So die Präambel der Londoner Dumping-Konvention: „(...) NOTING that marine pollution originates in many sources, such as dumping and discharges through the atmosphere, rivers, estuaries, outfalls and pipelines, and that it is important that States use the best practicable means to prevent such pollution and develop products and processes which will reduce the amount of harmful wastes to be disposed of; (...)." Siehe auch Präambel des HÜK 1974: „NOTING with deep concern the increasing pollution of the Baltic Sea Area, originating from many sources such as discharges through rivers, estuaries, outfalls and pipelines, dumping and normal operation of vessels as well as through airborne pollutants; (...)." Siehe *W. Wiese*, Seeverlegte Rohrleitungen im Völkerrecht, 347.

2 Übereinkommen über den Schutz der Meeresumwelt des Ostseegebiets (Convention on the Protection of the Marine Environment of the Baltic Sea), 22. März 1974; ILM Vol. 13 (1974), 546 ff. Am 9. April 1992 wurde eine neue Helsinki-Konvention unterzeichnet, die am 17. Januar 2000 in Kraft trat; UNTS Bd. 2099, 195 ff.; deutsche Fassung BGBl. 1994 II, 1397-1410.

3 Konvention über die Umweltverträglichkeitsprüfung im grenzüberschreitenden Rahmen, Convention on Environmental Impact Assessment in a Transboundary Context, 25. Februar 1991, in Kraft getreten am 10. September 1997; UNTS Bd. 1989, 309 ff.; 30 ILM (1991), 800 ff.; deutsche Fassung BGBl. 2002 II, 1406-1436.

alle Quellen der Meeresverschmutzung erfassenden Schutz der Ostsee an. In der eigens geschaffenen Institution, der Helsinki-Kommission (HELCOM), spiegelt sich die grundsätzlich als vorbildlich zu wertende Kooperation der Ostseeanrainerstaaten wider. Anhand der im Rahmen der UN-Wirtschaftkommission für Europa (United Nations Economic Commission for Europe, ECE) verabschiedeten EK lässt sich die Pflicht zur Koordinierung, zum Informationsaustausch und zur Kooperation bei Verlegung, Betrieb und (Nicht-)Entfernung seeverlegter Pipelines besonders veranschaulichen, insbesondere die Pflicht zur Durchführung einer UVP. Bei der Untersuchung der Verpflichtungen aus der EK wird auch die – ebenfalls im Rahmen der ECE abgeschlossene – Aarhus-Konvention vom 25. Juni 1998 relevant, die am 30. Oktober 2001 in Kraft trat und von allen Ostseeanrainerstaaten (außer Russland) sowie der EU ratifiziert wurde.[4]

Aus den folgenden Gründen werden andere völkerrechtliche Konventionen nicht näher untersucht: Die Anwendbarkeit der Londoner Dumping-Konvention von 1972 bzw. des Londoner Dumping-Protokolls von 1996 auf seeverlegte Rohrleitungen wurde bereits verneint, da weder Betrieb, Unterhaltung noch Nicht-Entfernung einer Pipeline als „Dumping“ i. S. d. Konvention zu qualifizieren sind.[5]

Nicht zu untersuchen ist auch das Übereinkommen zum Schutz der Meeresumwelt des Nordostatlantiks von 1992 (sog. OSPAR-Übereinkommen)[6], das mit seinem Inkrafttreten 1994 das Übereinkommen zur Verhütung der Meeresverschmutzung vom Lande aus von 1974 (sog. Pariser Übereinkommen)[7] sowie das Übereinkommen zur Verhütung der Meeresverschmutzung durch das Einbringen durch

---

[4] Convention on Access to Information, Public Participation in Decision-Making and Access to Justice in Environmental Matters, Aarhus, 38 ILM (1999), 517. Ratifizierungen: Estland 2001; Lettland, Litauen, Polen 2002; Norwegen 2003; Finnland 2004; Schweden, EG 2005; Deutschland 2007.

[5] Anwendbar könnte die Konvention jedoch sein, wenn eine Rohrleitung vor Inbetriebnahme mit einer giftigen Flüssigkeit durchspült wird oder wenn eine stillgelegte Pipeline an anderer Stelle im Meer versenkt wird. Siehe oben S. 129 ff.

[6] Convention for the Protection of the Marine Environment of the North-East Atlantic, 22. September 1992, in Kraft getreten am 25. März 1998; BGBl. 1994 II, 1360 ff.

[7] Convention for the Prevention of Marine Pollution from Land-Based Sources, 21. Februar 1974, BGBl. 1981 II, 870 ff.

Schiffe und Luftfahrzeuge von 1972 (sog. Osloer Übereinkommen)[8] ersetzte (siehe Art. 31 Abs. 1 OSPAR-Übereinkommen). Gemäß Art. 1 lit. (a) (i) (1) OSPAR-Übereinkommen ist die Ostsee explizit vom Anwendungsbereich der Konvention ausgenommen, weshalb das OSPAR-Übereinkommen für die vorliegende Arbeit von untergeordneter Bedeutung ist.[9]

Auch Maßnahmen politischer Foren, in denen wie im Ostseerat[10] eine umweltpolitische Kooperation angestrebt wird, werden hier nicht weiter erörtert, da sich in diesen keine rechtlich verbindlichen Vorgaben für die Verlegung, den Betrieb oder die Entfernung seeverlegter Pipelines finden.

Nicht näher untersucht werden soll auch der Energy Charter Treaty (ECT), der am 17. Dezember 1994 unterzeichnet wurde und am 16. Ap-

---

[8] Convention for the Prevention of Marine Pollution by Dumping from Ships and Aircraft, 15. Februar 1972; BGBl. 1977 II, 165 ff.; Protokoll vom 2. März 1983, BGBl. 1986 II, 998 ff.; Protokoll vom 5. Dezember 1989, BGBl. 1994 II, 1355 ff.

[9] Art. 1 OSPAR-Konvention: „(a) ‚Maritime area' means the internal waters and the territorial seas of the Contracting Parties, the sea beyond and adjacent to the territorial sea under the jurisdiction of the coastal state to the extent recognised by international law, and the high seas, including the bed of all those waters and its sub-soil, situated within the following limits: (i) those parts of the Atlantic and Arctic Oceans and their dependent seas which lie north of 36 north latitude and between 42 west longitude and 51 east longitude, but excluding: (1) the Baltic Sea (…)." Details zu den Bestimmungen der OSPAR-Konvention und Seerohrleitungen bei *W. Wiese*, Seeverlegte Rohrleitungen im Völkerrecht, 348.

[10] Der Ostseerat (Council of the Baltic Sea States) wurde im Jahre 1992 in Kopenhagen gegründet, Mitglieder sind die neun Ostseeanrainerstaaten (Russland, Estland, Lettland, Litauen, Polen, Deutschland, Dänemark, Schweden und Finnland) sowie Norwegen, Island und die Europäische Kommission. Frankreich, Großbritannien, Italien, die Niederlande, die Slowakei, die Ukraine und die USA haben Beobachterstatus. Ziel des Ostseerates ist neben der wirtschaftlichen, politischen und kulturellen auch die umweltpolitische Kooperation. Siehe auch die Webseite, abrufbar unter: http://www.cbss.st/history/ (Stand Juli 2010). Siehe zum Ostseerat *H. Hubel/S. Gänzle*, Der Ostseerat: Neue Funktionen subregionaler Zusammenarbeit im Kontext der EU-Osterweiterung, 3 ff.; *A. Krohn*, The Council of Baltic Sea States (CBSS): Fostering Cooperation in the Baltic Sea Region, 65 ff.

ril 1998 in Kraft trat.[11] Der ECT geht auf eine politische Initiative zurück, mit der seit Anfang der 1990er Jahre die ökonomische Teilung Europas während des Kalten Krieges überwunden werden sollte, u. a. durch den vereinfachten Transit von Energie. Alle Ostseeanrainerstaaten (bis auf Russland) sowie die EU sind Vertragsstaaten des ECT.[12] Nach Art. 1 Abs. 10 ECT bezieht sich der ECT auch auf das Küstenmeer sowie den Festlandsockel der Vertragsstaaten, gemäß und in Übereinstimmung mit internationalem Seerecht.[13] Von Bedeutung für den unterseeischen Rohrleitungstransport ist Art. 7 Abs. 1 ECT, nach dem der Transit von Energieprodukten wie Öl und Gas erleichtert werden soll.[14] Art. 7 Abs. 8 ECT bestimmt diesbezüglich allerdings ausdrücklich: „Nothing in this Article shall derogate from a Contracting Party's rights and obligations under international law including customary international law, existing bilateral or multilateral agreements, including rules concerning submarine cables and pipelines." Die EU, deren Mitgliedstaaten und u. a. Norwegen wiesen in einer Erklärung mit Bezug zu Art. 7 ECT darauf hin „(...) that Article 7 is not intended to affect the interpretation of existing international law on jurisdiction over submarine cables and pipelines, and cannot be considered as doing

---

[11] Energy Charter Treaty of 1994, ILM 34 (1995), 360 ff. Siehe hierzu *R. Tarnogórski*, North European Gas Pipeline, (104) 112 f.; ausführlich *K. Hobér*, The Energy Charter Treaty: An Overview, (323) 323 ff.

[12] Russland hat den ECT zwar unterzeichnet, aber nicht ratifiziert, wendet den ECT allerdings vorläufig an. Siehe http://www.encharter.org/fileadmin/user_upload/document/Public_ratification_Treaty.pdf (Stand Juli 2010). Siehe zur Rolle der EU *J. Touscoz*, The Role of the European Union in the Framework of the Energy Charter Treaty, (23) 23 ff.; sowie *I. Seidl-Hohenveldern*, The Energy Charter Treaty and the Energy Policy of the European Community, (139) 139 ff.

[13] Art. 1 Abs. 10 ECT: „‚Area' means with respect to a state that is a Contracting Party: (a) the territory under its sovereignty, it being understood that territory includes land, internal waters and the territorial sea; and (b) subject to and in accordance with the international law of the sea: the sea, sea-bed and its subsoil with regard to which that Contracting Party exercises sovereign rights and jurisdiction."

[14] Art. 7 Abs. 1 ECT: „Each Contracting Party shall take the necessary measures to facilitate the Transit of Energy Materials and Products consistent with the principle of freedom of transit and without distinction as to the origin, destination or ownership of such Energy Materials and Products or discrimination as to pricing on the basis of such distinctions, and without imposing any unreasonable delays, restrictions or charges."

so."[15] Der ECT enthält damit im Bereich des See- und Umweltvölkerrechts keine besonderen Vorgaben in Bezug auf Seerohrleitungen, sondern weist explizit auf die anwendbaren internationalen Regeln über Rohrleitungen hin. Einer näheren Untersuchung bedarf er daher hier nicht.

[15] Declaration VI, 3 with respect to Article 7, The Energy Charter Treaty and related Documents, A Framework for International Energy Cooperation, 31: „The European Communities and their Member States and Austria, Norway, Sweden and Finland declare that the provisions of Article 7 are subject to the conventional rules of international law on jurisdiction over submarine cables and pipelines or, where there are no such rules, to general international law. They further declare that Article 7 is not intended to affect the interpretation of existing international law on jurisdiction over submarine cables and pipelines, and cannot be considered as doing so." Abrufbar unter: http://www.encharter.org/fileadmin/user_upload/document/EN.pdf (Stand Juli 2010).

Kapitel 1: Helsinki-Übereinkommen (HÜK): Meeresumweltschutzkonvention der Ostsee

Das Übereinkommen über den Schutz der Meeresumwelt des Ostseegebiets (sog. Helsinki-Übereinkommen, HÜK) von 1974 bzw. 1992 ist die wichtigste regional auf die Ostsee bezogene Meeresumweltschutzkonvention. Im HÜK bezieht sich keine Bestimmung explizit auf unterseeische Rohrleitungen. Einige der auf besondere Verschmutzungsursachen bezogenen Normen des HÜK sind jedoch auf bestimmte Arten von Rohrleitungen bzw. auf von Pipelines verursachte Ereignisse (sog. Verschmutzungsereignisse) anwendbar. Weitaus bedeutender ist jedoch, dass die im HÜK niedergelegten allgemeinen Prinzipien des Umweltvölkerrechts, insbesondere das Vorsorgeprinzip und das Verbot grenzüberschreitender Umweltbeeinträchtigungen, im Rahmen des HÜK spezieller ausformuliert und weitergehend sind als im SRÜ. Gleiches gilt für die verfahrensbezogenen Pflichten der Konsultation, der Kooperation, des Informationsaustausches und der Unterrichtung der Öffentlichkeit. Zudem schafft das HÜK mit Hilfe der UVP-Pflicht zusammen mit der EK, auf die es verweist, einen organisationsrechtlichen Rahmen für Maßnahmen des marinen Umweltschutzes bei Verlegung, Betrieb, Unterhaltung und (Nicht-)Entfernung von Seepipelines in der Ostsee. Dieser ist grundsätzlich positiv zu werten, er weist aber auch Defizite gerade in Bezug auf Seepipelines auf.

I. Entstehungsgeschichte und Anwendungsgebiet des HÜK sowie Rolle der Helsinki-Kommission (HELCOM)

1. Entstehungsgeschichte: HÜK 1974 und 1992

Im Zuge der Erkenntnis, dass die Ostsee schon Anfang der 1970er Jahre eines der am meisten verschmutzten Meere weltweit war, wurde am 22. März 1974 das Übereinkommen über den Schutz der Meeresumwelt des Ostseegebiets unterzeichnet, das jedoch erst sechs Jahre später, am 3. Mai 1980, in Kraft trat.[16] Der Abschluss dieses regionalen Meeres-

[16] Nachweis siehe Fn. 31, Einleitung. Im Folgenden HÜK 1974. Siehe zum HÜK 1974: *P. Birnie*, The New Helsinki Convention: Background and Commentary, (346) 346; *U. Jenisch/R. Wagner*, La Mer Baltique, (99) 119 ff.; *M. Fitzmaurice*, The 1992 Convention on the Baltic Sea Environment, (24) 25 f.; *dies.*, The 1974 Helsinki Convention on the Protection of the Marine Environ-

schutzübereinkommens ist u. a. darauf zurückzuführen, dass sich seit Ende der 1960er Jahre ein verstärktes Interesse der Öffentlichkeit und Staatengemeinschaft an Regelungen zugunsten des Schutzes der Meeresumwelt entwickelte.[17] Dieses erhöhte Umweltbewusstsein ist u. a. auf die zunehmende Anzahl von Tankerunglücken mit verheerenden Auswirkungen auf die Meeresumwelt ganzer Küstenregionen zurückzuführen, wie dem *Torrey Canyon*-Desaster von 1967.[18]

In zweierlei Hinsicht war das HÜK 1974 ein Meilenstein: Zum einen war es mit seinem integrativen Ansatz eine der innovativsten Umweltkonventionen der damaligen Zeit. Es wurden erstmals Schadstoffeinträge aus allen Verschmutzungsquellen, einschließlich der von Land und der Luft ausgehenden Verschmutzung, erfasst.[19] Zum anderen war der Abschluss des HÜK zu Zeiten des Kalten Krieges und der beginnenden Entspannungspolitik politisch besonders wichtig, da es eine enge regionale Kooperation von Staaten mit unterschiedlichen politischen und wirtschaftlichen Systemen zum Ziel hatte.[20] Der Meeresumweltschutz

---

ment in the Baltic Sea Area, (312) 313 ff.; detailliert zur Entstehungsgeschichte *R. Dieter*, Das Umweltregime der Ostsee, 179 ff.; *M.A. Fitzmaurice*, International Legal Problems of the Environmental Protection of the Baltic Sea, 47 ff.

[17] Details *G. Hafner*, Meeresumwelt, Meeresforschung und Technologietransfer, (347) 355 f., Rn. 2 ff. Siehe eingehend *U. Beyerlin*, Umweltvölkerrecht, 109 f., Rn. 220 f.

[18] Details *G. Hafner*, Meeresumwelt, Meeresforschung und Technologietransfer, (347) 355 f., Rn. 2 ff.

[19] Siehe *M. Fitzmaurice*, The 1992 Convention on the Baltic Sea Environment, (24) 25; *R. Wolfrum*, The Protection of the Baltic Sea: The Convention on the Protection of the Marine Environment of the Baltic Sea Area, (71) 72; *P. Ehlers*, Das neue Helsinki-Übereinkommen – Ein weiterer Schritt zum Schutz der Ostsee, (202) 202 f.; *ders.*, Der Schutz der Ostsee – Ein Beitrag zur regionalen Zusammenarbeit, (661) 661; *ders.*, Die Zusammenarbeit beim Meeresumweltschutz aus Sicht der Helsinki-Kommission, (93) 93; *A. Ballschmidt-Boog*, Küstenökosysteme der Ostsee, 90. Kritisch zum geringen Erfolg des HÜK 1974 *V. Frank*, The European Community and Marine Environmental Protection in the International Law of the Sea, 35.

[20] Namentlich der NATO-Staaten Dänemark und Deutschland, der Ostblockstaaten DDR, Volksrepublik Polen und UdSSR sowie der neutralen Staaten Schweden und Finnland. Siehe *R. Dieter*, Das Umweltregime der Ostsee, 221; *A. Ballschmidt-Boog*, Küstenökosysteme der Ostsee, 90; *U. Bahnsen*, Zur Internalisierung grenzüberschreitender externer Effekte, 98 f. Siehe ausführlich zur Entwicklung des HÜK 1974 *L. Gelberg*, Maritime Cooperation of the Baltic States, 105 ff. Siehe Details zu den Bestimmungen des HÜK 1974 *M.A.*

wurde mit Abschluss des HÜK zu einem der ersten Bereiche, in dem sich die Ostseestaaten zu einer Zusammenarbeit über ideologische und politische Grenzen hinweg entschlossen.[21]

Infolge der veränderten politischen Rahmenbedingungen – insbesondere des europäischen Einigungsprozesses – und der Weiterentwicklungen im Umweltvölkerrecht und internationalen Seerecht wurde am 9. April 1992 eine neue Helsinki-Konvention unterzeichnet, die am 17. Januar 2000 in Kraft trat und damit das HÜK von 1974 außer Kraft setzte.[22] Inhaltlich wie strukturell folgt das HÜK 1992 der ursprünglichen Konvention, es enthält jedoch Verschärfungen und Konkretisierungen der ursprünglichen Konventionspflichten, um das Umweltschutzregime für die Ostsee auszuweiten, zu stärken und zu modernisieren, insbesondere was das Vorsorge- und Verursacherprinzip anbelangt.[23] Alle Ostseean-

---

Fitzmaurice, International Legal Problems of the Environmental Protection of the Baltic Sea, 50 ff.

[21] Siehe *U. Jenisch*, The Baltic Sea: The Legal Regime and Instruments for Co-operation, (47) 59; *P. Ehlers*, Das neue Helsinki-Übereinkommen – Ein weiterer Schritt zum Schutz der Ostsee, (202) 203 m. w. N.; *ders.*, Das revidierte Helsinki-Übereinkommen, (103) 104 f.

[22] Siehe Art. 36 Abs. 4 HÜK. Im Folgenden HÜK oder HÜK 1992. Wenn die Fassung des HÜK von 1974 betroffen ist, wird der Begriff HÜK 1974 verwendet.

[23] Dies wird auch in der Präambel des HÜK 1992 deutlich: „(…) DETERMINED to embody developments in international environmental policy and environmental law into a new Convention to extend, strengthen and modernize the legal regime for the protection of the Marine Environment of the Baltic Sea Area; (…).“ *M. Fitzmaurice*, The 1992 Convention on the Baltic Sea Environment, (24) 29, bezeichnet das HÜK als „one of a new generation of regional environmental conventions“. Siehe *P. Birnie*, The New Helsinki Convention: Background and Commentary, (346) 346 f., 350: „The 1992 Convention is much more ecologically orientated and is wider in scope *ration[e] loci, personae and materiae* than the 1974 one (…).“ Siehe auch *P. Ehlers*, Das neue Helsinki-Übereinkommen – Ein weiterer Schritt zum Schutz der Ostsee, (202) 202; *ders.*, Die Zusammenarbeit beim Meeresumweltschutz aus Sicht der Helsinki-Kommission, (93) 93; *R. Dieter*, Das Umweltregime der Ostsee, 222; *W. Adamczak*, The Legal Protection of the Baltic Sea, (77) 83.

rainer-Staaten haben das HÜK ratifiziert,[24] auch die EU ist Vertragspartei.[25]

2. *Anwendungsgebiet des HÜK*

Das Anwendungsgebiet des HÜK erstreckt sich auf die gesamte Ostsee, inklusive der inneren Gewässer und Küstenmeere der Vertragsstaaten (Art. 1 und 4 Abs. 2 HÜK).[26] In der Fassung des HÜK von 1974 waren die inneren Gewässer vom Anwendungsbereich der Konvention auf Drängen der UdSSR ausgenommen (siehe Art. 1 S. 2 HÜK 1974). In Art. 4 Abs. 3 HÜK 1974 verpflichteten sich die Vertragsparteien allerdings, die Ziele der Konvention auch in den inneren Gewässern zu be-

24 Deutschland, Lettland, Schweden (1994), Finnland, Estland (1995), Dänemark (1996), Litauen (1997), Polen und Russland (1999).

25 Beschluss des Rates 94/156/EG vom 21. Februar 1994 über den Beitritt der Gemeinschaft zum Übereinkommen über den Schutz der Meeresumwelt des Ostseegebiets (Helsinki-Übereinkommen 1974), Amtsbl. Nr. L 73 vom 16. März 1994, 1. Beschluss des Rates 94/157/EG vom 21. Februar 1994 über den Abschluss des Übereinkommens über den Schutz der Meeresumwelt des Ostseegebiets im Namen der Gemeinschaft (Helsinki-Übereinkommen in seiner Fassung von 1992), Amtsbl. Nr. L 73 vom 16. März 1994, 19. Art. 35 Abs. 4 HÜK bestimmt diesbezüglich: „Die Europäische Wirtschaftsgemeinschaft und jede andere Organisation der regionalen Wirtschaftsintegration, die Vertragspartei dieses Übereinkommens wird, üben in Angelegenheiten ihrer Zuständigkeit im eigenen Namen die Rechte aus und erfüllen die Verantwortlichkeiten, die das Übereinkommen ihren Mitgliedstaaten zuweist. In diesen Fällen sind die Mitgliedstaaten dieser Organisationen nicht berechtigt, die Rechte einzeln auszuüben." Das HÜK ist damit eines der gemischten Abkommen, die sowohl Zuständigkeiten der EU als auch der Mitgliedstaaten berühren, was Probleme bei der Kompetenzabgrenzung mit sich bringt. Siehe Details hierzu *M. Fitzmaurice*, The 1992 Convention on the Baltic Sea Environment, (24) 29; *P. Birnie*, The New Helsinki Convention: Background and Commentary, (346) 357.

26 Art. 1 HÜK: „Dieses Übereinkommen findet Anwendung auf das Ostseegebiet. Im Sinne dieses Übereinkommens bezeichnet der Ausdruck ‚Ostseegebiet' die Ostsee und den im Skagerrak durch den Breitengrad von Kap Skagen (...) begrenzten Eingang zur Ostsee. Er umfasst die inneren Gewässer (...)." Art. 4 Abs. 2 HÜK: „Unbeschadet ihrer Souveränität wendet jede Vertragspartei dieses Übereinkommen innerhalb ihres Küstenmeeres und ihrer inneren Gewässer durch ihre innerstaatlichen Behörden an."

achten.[27] In der Erkenntnis, dass Schadstoffe meist aus den inneren Gewässern in die Ostsee gelangen, werden nun ausdrücklich auch die inneren Gewässer in den Anwendungsbereich des HÜK einbezogen.[28]

Das HÜK betrifft gemäß Art. 4 Abs. 1 HÜK den Schutz der Meeresumwelt des Ostseegebiets, welches die Wassersäule und den Meeresboden einschließlich ihrer lebenden Ressourcen sowie sonstige Formen der Tier- und Pflanzenwelt des Meeres umfasst. Der Begriff Meeresboden schließt dabei den Meeresgrund und dessen Untergrund ein, gerade in Bezug auf den Meeresbergbau, was die Formulierung „ihres Teils des Meeresbodens oder seines Untergrundes" in Art. 12 Abs. 1 HÜK bezogen auf Offshore-Aktivitäten verdeutlicht. Diese Formulierung macht auch eine weitere Problematik des HÜK deutlich: Keine der Bestimmungen des HÜK bezieht sich ausdrücklich auf die Funktionshoheitsräume AWZ und Festlandsockel. Hintergrund dieser fehlenden Bezugnahme dürfte sein, dass die Verhandlungen über den räumlichen Anwendungsbereich des HÜK von der Frage dominiert wurden, ob die inneren Gewässer ausdrücklich einbezogen werden sollten oder nicht. Die Vertragsparteien fürchteten, in ihrer Souveränität über die inneren Gewässer zu sehr durch die Umweltschutzbestimmungen des HÜK eingeschränkt zu werden. In den *per se* nur auf bestimmte souveräne Rechte und Hoheitsbefugnisse zugeschnittenen Funktionshoheitsräumen AWZ und Festlandsockel war die Befürchtung nicht so groß, Einflussmöglichkeiten zu verlieren.

Dass auch die AWZ und der Festlandsockel vom Anwendungsbereich des HÜK erfasst sein sollen, ergibt sich bereits aus der allgemeinen Formulierung des Art. 1 HÜK, wonach sich das HÜK auf das gesamte Ostseegebiet erstreckt. Einzelne Bestimmungen des HÜK sind also auch in der AWZ bzw. auf dem Festlandsockel insoweit anwendbar, als sie im internationalen Seerecht der Einflusssphäre des Küstenstaates unterworfen sind. Art. 12 HÜK ist demnach mit der Formulierung „ihres Teils des Meeresbodens oder seines Untergrundes" so zu verstehen,

---

[27] Siehe *R. Wolfrum*, The Protection of the Baltic Sea: The Convention on the Protection of the Marine Environment of the Baltic Sea Area, (71) 71 f. Details zum HÜK 1974 *M.A. Fitzmaurice*, International Legal Problems of the Environmental Protection of the Baltic Sea, 51 ff.

[28] *P. Ehlers*, Das neue Helsinki-Übereinkommen – Ein weiterer Schritt zum Schutz der Ostsee, (202) 204; *P. Birnie*, The New Helsinki Convention: Background and Commentary, (346) 351; *A. Ballschmidt-Boog*, Küstenökosysteme der Ostsee, 91. Siehe zum Anwendungsbereich ausführlich *R. Dieter*, Das Umweltregime der Ostsee, 185 ff.

dass er sich auch auf den Festlandsockel (und ggf. die AWZ als darüberliegende Wassersäule) des betroffenen Küstenstaates erstreckt.

Für Meeresrohrleitungen bedeutet dies Folgendes: Unterseeische Rohrleitungen, die in der Ostsee verlegt werden, unterfallen dem Anwendungsbereich des HÜK. Das HÜK wendet sich, seinem Charakter als regionaler Meeresumweltschutzkonvention entsprechend, an die Vertragsparteien und unterscheidet nicht zwischen Flaggen-, Küsten-, Hafen- oder verlegenden Staaten, wie dies beim SRÜ, insbesondere bei den Bestimmungen über die küstenstaatlichen Meereszonen, der Fall ist.[29] Das HÜK sieht eine solche Differenzierung nicht vor. Sein Anwendungsbereich ist eröffnet, wenn die HÜK-Vertragsstaaten selbst bestimmte meeresbezogene Aktivitäten vornehmen oder in ihren Meereszonen von Dritten durchführen lassen. Bezogen auf die *Nord Stream-Pipeline* sind Russland und Deutschland als Vertragsstaaten des HÜK verpflichtet, die sogleich zu untersuchenden und auf Seepipelines anwendbaren Normen des HÜK zu beachten, da sie Personalhoheit über die die Rohrleitung verlegenden Privatgesellschaften haben, also verlegende Staaten sind.[30] Aber auch andere Vertragsstaaten des HÜK wie Schweden oder Dänemark, durch deren Küstenmeer und/oder auf deren Festlandsockel die *Nord Stream-Pipeline* verlegt werden soll, sind als Küstenstaaten verpflichtet, die Vorschriften des HÜK, die für Meeresrohrleitungen gelten, in ihren küstenstaatlichen Meereszonen einzuhalten.

3. Rolle der HELCOM

Die Zusammenarbeit der Vertragsparteien im Rahmen des HÜK erfolgt im Wesentlichen im Rahmen der HELCOM, die bereits vor Inkrafttre-

---

29 Siehe zum Verhältnis des HÜK zu anderen Übereinkünften Art. 29 HÜK: „Dieses Übereinkommen berührt nicht die Rechte und Pflichten der Vertragsparteien aus bestehenden oder künftigen Verträgen zur Förderung und Entwicklung der diesem Übereinkommen zugrundeliegenden allgemeinen Grundsätze des Seerechts und insbesondere von Bestimmungen zur Verhütung der Verschmutzung der Meeresumwelt."

30 Im November 2007 stieg die niederländische *Gasunie*, im Juli 2009 die französische *GDF Suez* beim *Nord Stream-Projekt* mit ein. Die Niederlande und Frankreich sind als Nicht-Ostseeanrainer nicht Vertragsstaaten des HÜK, weshalb sie auch nicht durch dessen Bestimmungen verpflichtet werden können.

ten des HÜK 1974 ihre Arbeit aufnahm.[31] Der HELCOM gehören Vertreter aller Vertragsparteien – auch der EU – an.[32] Sie treffen sich mindestens einmal jährlich und werden vom Sekretariat mit Sitz in Helsinki unterstützt.[33] Gemäß Art. 20 Abs. 1 HÜK hat die HELCOM u. a. die Aufgabe, die Durchführung des HÜK ständig zu beobachten, Maßnahmen zu empfehlen, die mit den Zielen des HÜK zusammenhängen, den Inhalt des HÜK einschließlich seiner Anlagen an aktuelle Anforderungen anzupassen, Grundsätze für die Überwachung der Verschmutzung und Ziele für eine Verringerung der Verschmutzung festzulegen sowie in enger Zusammenarbeit mit den zuständigen staatlichen Stellen und ggf. unter Mitarbeit geeigneter regionaler oder sonstiger internationaler Organisationen zusätzliche Maßnahmen zum Schutz der Meeresumwelt zu fördern.[34] Gerade die letztgenannte Aufgabenzuweisung,

---

[31] Siehe *P. Ehlers*, Der Schutz der Ostsee – Ein Beitrag zur regionalen Zusammenarbeit, (661) 662; *ders.*, Das neue Helsinki-Übereinkommen – Ein weiterer Schritt zum Schutz der Ostsee, (202) 203, 210; *A.C. Brusendorff*, HELCOM's Contribution to the Prevention of Marine Pollution, (85) 88 f., zur neuen Rolle nach den EU-Beitritten der baltischen Staaten und Polens.

[32] Bei der Überprüfung und Weiterentwicklung der HELCOM-Empfehlungen spielen neben Maßnahmen, die im Bereich anderer internationaler Umweltorganisation entwickelt wurden, insbesondere EU-Richtlinien eine bedeutende Rolle. Siehe zum Projekt „Harmonization of HELCOM Recommendations with EU Directives and OSPAR Decisions and Recommendations" (Final Report, Helsinki Commission, March 2001) anschaulich und mit kritischer Wertung des Erfolgs der Harmonisierung *E.A. Kirk/H.M. Silfverberg*, Harmonisation in the Baltic Sea Region, (235) 257 f. Siehe auch *P. Ehlers*, Der Schutz der Ostsee – Ein Beitrag zur regionalen Zusammenarbeit, (661) 665 f.

[33] Siehe Informationen unter http://www.helcom.fi/helcom/en_GB/aboutus/. Die Entscheidungen werden im Plenum getroffen, unterstützt und vorbereitet werden sie seit 1999 von fünf Arbeitsgruppen bzw. Fachausschüssen: HELCOM Maritime, HELCOM Response, HELCOM Land, HELCOM Monas, HELCOM Habitat. Details abrufbar unter: http://www.helcom.fi/groups/en_GB/groups/ (Stand Juli 2010). Siehe *P. Ehlers*, Die Zusammenarbeit beim Meeresumweltschutz aus Sicht der Helsinki-Kommission, (93) 96 ff.

[34] Siehe zur Rolle der HELCOM *M.A. Fitzmaurice*, International Legal Problems of the Environmental Protection of the Baltic Sea, 55 ff.; *F. Ferrari*, La protection de l'environnement de la mer Baltique, (19) 27 f.; *R. Dieter*, Das Umweltregime der Ostsee, 215 ff.; *P. Ehlers*, Der Schutz der Ostsee – Ein Beitrag zur regionalen Zusammenarbeit, (661) 662 f.; 663 f. zur Überwachung des Zustandes der Ostsee. Zu Letzterem auch *ders.*, Die Zusammenarbeit beim Meeresumweltschutz aus Sicht der Helsinki-Kommission, (93) 94 f.; *M.A. Fitzmaurice-Lachs*, Monitoring Compliance and Enforcement of Compliance

zusätzliche Maßnahmen zum Schutz der Meeresumwelt zu fördern, gibt der HELCOM zusammen mit der nach Art. 20 Abs. 2 HÜK[35] möglichen Aufgabenerweiterung einen weiten Handlungsspielraum. Des Weiteren kommt der HELCOM eine wichtige Rolle bei Änderungen des HÜK und dessen Anlagen zu, die gemäß Art. 28 HÜK Bestandteil des Übereinkommens sind (siehe Art. 31, 32 HÜK).[36] Die Funktion der HELCOM bei den verfahrensrechtlichen Pflichten des Informationsaustausches, der Unterrichtung der Öffentlichkeit und der Kooperation wird unten näher erläutert.[37]

Temporär sind ca. 120 HELCOM-Empfehlungen in Kraft, die als solche nicht verbindlich sind („soft law"), jedoch gerade durch das Erfordernis der Einstimmigkeit bei ihrer Verabschiedung den festen politischen Willen manifestieren, sie anzuwenden und zu beachten.[38] Die Umsetzung der von der HELCOM beschlossenen Maßnahmen liegt primär in der Verantwortung der einzelnen Ostseestaaten. Die HELCOM hat keine Kompetenz, die Umsetzung der Maßnahmen zu erzwingen, sie kann die Durchführung des Übereinkommens aber ständig

---

through the Helsinki Convention, (73) 76 ff.; *M. Fitzmaurice*, The 1974 Helsinki Convention on the Protection of the Marine Environment in the Baltic Sea Area, (312) 315 ff.; *U. Bahnsen*, Zur Internalisierung grenzüberschreitender externer Effekte, 109 ff., insbesondere auch zum Internationalen Rat für Meeresforschung (International Council for the Exploration of the Sea, ICES).

[35] Art. 20 Abs. 2 HÜK: „Die Kommission kann alle sonstigen Aufgaben übernehmen, die sie zur Förderung der Zwecke dieses Übereinkommens für erforderlich hält."

[36] Insbesondere Art. 31 Abs. 2 HÜK: „Die Kommission kann Änderungen der Artikel dieses Übereinkommens empfehlen. (...)." Siehe Details, auch im Vergleich zum HÜK 1974, *P. Ehlers*, Das neue Helsinki-Übereinkommen – Ein weiterer Schritt zum Schutz der Ostsee, (202) 211.

[37] Siehe S. 316 ff.

[38] Art. 19 Abs. 5 HÜK: „Sofern in diesem Übereinkommen nichts anderes bestimmt ist, fasst die Kommission ihre Beschlüsse einstimmig." Liste der gültigen Empfehlungen unter: http://www.helcom.fi/Recommendations/en_GB/valid/ (Stand Juli 2010). Siehe *P. Ehlers*, Der Schutz der Ostsee – Ein Beitrag zur regionalen Zusammenarbeit, (661) 663; *ders.*, Das neue Helsinki-Übereinkommen – Ein weiterer Schritt zum Schutz der Ostsee, (202) 203; *U. Jenisch*, The Baltic Sea: The Legal Regime and Instruments for Co-operation, (47) 61; *A. Ballschmidt-Boog*, Küstenökosysteme der Ostsee, 102; *V. Frank*, The European Community and Marine Environmental Protection in the International Law of the Sea, 36; Details *M.A. Fitzmaurice*, International Legal Problems of the Environmental Protection of the Baltic Sea, 72 ff.

beobachten (Art. 20 Abs. 1 lit. (a) HÜK).[39] In Ergänzung zu den regelmäßigen HELCOM-Sitzungen auf Beamtenebene wird die Zusammenarbeit im Rahmen des HÜK durch Ministertreffen und -konferenzen gefördert, die zwischen 1988 bis 2010 bisher neun – ebenfalls rechtlich unverbindliche – politische Erklärungen abgegeben haben.[40]

Keine der HELCOM-Empfehlungen und auch keine der Ministererklärungen beziehen sich *expressis verbis* auf Erdöl- oder Gaspipelines, der Schwerpunkt liegt auf der wissenschaftlichen Zusammenarbeit zur Beurteilung des Zustandes der Ostsee sowie auf den von Land und von Schiffen ausgehenden Verschmutzungen. Die HELCOM-Empfehlungen konkretisieren jedoch einige auch auf Verlegung, Betrieb und Unterhaltung von Seepipelines anwendbare allgemeine Bestimmungen des HÜK und dessen Anlagen, u. a. der Kooperation und Konsultation. Auch die Ministererklärungen betonen beispielsweise die Notwendigkeit des Schutzes der Meeresumwelt, der Durchführung einer UVP und

---

[39] Siehe zur Umsetzung im Rahmen des HÜK *P. Ehlers*, Die Zusammenarbeit beim Meeresumweltschutz aus Sicht der Helsinki-Kommission, (93) 98 ff., 103.

[40] Text der Erklärungen abrufbar unter: http://www.helcom.fi/ministerial_declarations/en_GB/declarations/ (Stand Juli 2010). 1990 wurde in Ronneby ein gemeinsames Ostsee-Umweltaktionsprogramm (Baltic Sea Joint Comprehensive Environmental Action Programme, JCP) beschlossen und später konkretisiert, das zum Ziel hat, die Schadstoffeinträge in die Ostsee drastisch zu reduzieren und das ökologische Gleichgewicht der Ostsee wiederherzustellen. Baltic Sea Declaration, Ronneby, Sweden, 2.-3. September 1990, abrufbar unter: http://www.helcom.fi/stc/files/MinisterialDeclarations/RonnebyDecl1990.pdf. Mittlerweile wurde das Projekt in die normale Arbeit der HELCOM Land integriert. Siehe zum Projekt: http://www.helcom.fi/projects/jcp/en_GB/pitf/ (Stand Juli 2010).

Am 15. November 2007 wurde auf einem Ministertreffen in Krakau der sog. HELCOM Baltic Sea Action Plan (BSAP) beschlossen, mit dessen Hilfe ein guter ökologischer Zustand der Ostsee bis 2021 erreicht werden soll. Abrufbar unter: http://www.helcom.fi/stc/files/BSAP/BSAP_Final.pdf. Details zum Projekt unter http://www.helcom.fi/BSAP/en_GB/intro/ (Stand Juli 2010).

Siehe zum Ganzen *U. Jenisch*, The Baltic Sea: The Legal Regime and Instruments for Co-operation, (47) 63; *F. Ferrari*, La protection de l'environnement de la mer Baltique, (19) 31 ff.; *U. Bahnsen*, Zur Internalisierung grenzüberschreitender externer Effekte, 113 ff.; *P. Ehlers*, Das neue Helsinki-Übereinkommen – Ein weiterer Schritt zum Schutz der Ostsee, (202) 203 f.; *ders.*, Der Schutz der Ostsee – Ein Beitrag zur regionalen Zusammenarbeit, (661) 663; *ders.*, 22 Jahre Helsinki-Übereinkommen: Kritische Zwischenbilanz, (291) 294 f.

der bi- und multilateralen Kooperation und weisen dabei u. a. auf die Bedeutung der EK hin.[41] Die möglicherweise einschlägigen HELCOM-Empfehlungen bzw. Ministererklärungen sind sogleich jeweils bei den konkreten Rechten und Pflichten zu untersuchen, auf die sich sich beziehen.

II. Konkrete Rechte und Pflichten der HÜK-Vertragsstaaten in Bezug auf unterseeische Rohrleitungen und Meeresumweltschutz

Eine Bestimmung, die explizit umweltschützende Maßnahmen bei Verlegung und Betrieb von Rohrleitungen vorsieht, findet sich im HÜK nicht. Dies ist u. a. darauf zurückzuführen, dass seeverlegte Rohrleitungen für den Bereich der Ostsee bisher lediglich eine geringe Rolle gespielt haben. Anders ist dies in der Nordsee, wo Seepipelines eine weitaus bedeutendere Funktion zukommt, gerade in Zusammenhang mit Offshore-Tätigkeiten. In Para. 4 der Präambel des HÜK 1974 waren Rohrleitungen explizit als eine Verschmutzungsursache für die Ostseeregion genannt.[42] In der Präambel des HÜK von 1992 sind die einzelnen Verschmutzungsquellen, auch Rohrleitungen, nicht mehr aufgezählt, was dem integrativen und umfassenden Ansatz des HÜK geschuldet ist.

1. Wesentliche Grundsätze und Pflichten im Bereich des Meeresumweltschutzes in der Ostsee

Die wesentlichen Grundsätze und Pflichten hinsichtlich des marinen Umweltschutzes in der Ostseeregion wurden in Art. 3 HÜK im Vergleich zum HÜK 1974 begrifflich verschärft und um die explizite Nennung von wesentlichen Grundprinzipien des Umweltvölkerrechts erweitert. Damit wurden neue Entwicklungen im Bereich des Umwelt-

---

41 Siehe Communique of the Ministerial Session, 26. März 1998, 19th Meeting, HELCOM 19/98, 15/1, Annex 29, 159; abrufbar unter: http://www.helcom.fi/stc/files/MinisterialDeclarations/Communique1998.pdf (Stand Juli 2010).

42 Para. 4 der Präambel des HÜK 1974: „NOTING with deep concern the increasing pollution of the Baltic Sea Area, originating from many sources such as discharges through rivers, estuaries, outfalls and pipelines, dumping and normal operation of vessels as well as through airborne pollutants; (…).“

völkerrechts in das HÜK integriert.[43] Gemäß Art. 3 Abs. 1 HÜK treffen die Vertragsparteien einzeln oder gemeinsam alle geeigneten Maßnahmen zur Verhütung und Beseitigung der Verschmutzung, um die ökologische Wiederherstellung des Ostseegebiets und die Erhaltung seines ökologischen Gleichgewichts zu fördern.[44] Auf diesem vorrangigen Grundsatz beruhen die nachfolgenden Absätze des Art. 3 HÜK, in denen wesentliche Prinzipien des Umweltvölkerrechts für die Vertragsstaaten des HÜK verbindlich werden.

An Art. 3 Abs. 1 HÜK anknüpfend, verpflichtet Art. 15 HÜK die Vertragsparteien zu Maßnahmen zum Naturschutz, zum Erhalt der natürlichen Lebensräume und der biologischen Vielfalt und zur Gewährleistung der nachhaltigen Nutzung der Ressourcen der Ostsee.[45] Diese

---

[43] Bei der Untersuchung wird an die Darstellung der Strukturmerkmale und allgemeinen Umweltschutz-Verpflichtungen im Rahmen des SRÜ (siehe oben S. 108 ff.) angeknüpft. Siehe anschaulich zu den im HÜK verankerten Grundprinzipien *P. Birnie*, The New Helsinki Convention: Background and Commentary, (346) 352; *P. Ehlers*, Das neue Helsinki-Übereinkommen – Ein weiterer Schritt zum Schutz der Ostsee, (202) 205 f.; *ders.*, 22 Jahre Helsinki-Übereinkommen: Kritische Zwischenbilanz, (291) 291 f.; *R. Dieter*, Das Umweltregime der Ostsee, 189 ff.

[44] Der Begriff Verschmutzung ist in Art. 2 Abs. 1 HÜK definiert und ist – bis auf eine unbedeutende Ausnahme – identisch mit der Formulierung in Art. 1 Abs. 1 Nr. 4 SRÜ. Art. 2 Abs. 1 HÜK: „Der Ausdruck ‚Verschmutzung' bezeichnet die unmittelbare oder mittelbare Zuführung von Stoffen oder Energie durch den Menschen ins Meer einschließlich der Flussmündungen, aus der sich eine Gefährdung der menschlichen Gesundheit, eine Schädigung der lebenden Ressourcen und der Meeresökosysteme, eine Behinderung der rechtmäßigen Nutzung des Meeres einschließlich der Fischerei, eine Beeinträchtigung des Gebrauchswerts des Meerwassers sowie eine Verringerung der Annehmlichkeiten der Umwelt ergeben können." Der Unterschied zu Art. 1 Abs. 1 Nr. 4 SRÜ wird insbesondere im Englischen deutlich: Im HÜK wird den Ausdruck „which are liable to" verwendet, während im SRÜ die Formulierung gewählt wurde „results or is likely to result". Im Ergebnis reicht bei beiden das bloße Gefährdungspotential aus. Siehe *P. Ehlers*, Das neue Helsinki-Übereinkommen – Ein weiterer Schritt zum Schutz der Ostsee, (202) 205; *ders.*, Das revidierte Helsinki-Übereinkommen, (103) 107.

[45] Art. 15 HÜK: „Die Vertragsparteien treffen einzeln und gemeinsam alle geeigneten Maßnahmen hinsichtlich des Ostseegebiets und seiner von der Ostsee beeinflussten Küstenökosysteme, um natürliche Lebensräume und die biologische Vielfalt zu erhalten und ökologische Abläufe zu schützen. Sie treffen solche Maßnahmen auch, um die nachhaltige Nutzung der natürlichen Ressourcen im Ostseegebiet zu gewährleisten. (...)." Siehe hierzu *R. Dieter*, Das Um-

Verpflichtung wird durch die HELCOM-Empfehlung 15/5 über die Einrichtung sog. „Baltic Sea Protected Areas" (BSPA) konkretisiert, in der den einzelnen Anrainerstaaten zu schützende Gebiete vorgeschlagen werden.[46] Für die Verlegung von Meeresrohrleitungen bedeutet dies, dass diese nicht bzw. nur mit Einschränkungen in besonders geschützten und ökologisch sensiblen Gebieten der Ostsee verlegt werden dürfen, wie z. B. in den Seegebieten um *Bornholm* oder im *Greifswalder Bodden*, die im Anhang zur HELCOM-Empfehlung 15/5 als BSPA vorgeschlagen werden.[47]

Gemäß Art. 3 Abs. 3 HÜK fördern die Vertragsparteien zur Verhütung und Beseitigung der Verschmutzung des Ostseegebiets die Anwendung der besten Umweltpraxis und der besten verfügbaren Technologie.[48] Dies gilt auch in Bezug auf unterseeische Rohrleitungen, einer technisch komplexen und gefährlichen Meerestätigkeit, bei deren Verlegung, Betrieb, Unterhaltung und Entfernung die Anwendung moderner und umweltschonender Techniken essentiell ist.[49]

---

weltregime der Ostsee, 212 f.; *A. Ballschmidt-Boog*, Küstenökosysteme der Ostsee, 97 ff.; *P. Ehlers*, Das neue Helsinki-Übereinkommen – Ein weiterer Schritt zum Schutz der Ostsee, (202) 209 f., 212, kritisch zur Tatsache, dass das HÜK Umweltschutzmaßnahmen in Bezug auf die Fischerei nicht spezifiziert.

46 HELCOM Recommendation 15/5, 10. März 1994, „System of Coastal and Marine Baltic Sea Protected Areas (BSPA)". Abrufbar unter: http://www.helcom.fi/Recommendations/en_GB/rec15_5/ (Stand Juli 2010). Siehe hierzu *A. Ballschmidt-Boog*, Küstenökosysteme der Ostsee, 100 f.

47 Siehe Anhang HELCOM Recommendation 15/5, 10. März 1994, „System of Coastal and Marine Baltic Sea Protected Areas (BSPA)", in dem 62 Gebiete als BSPA vorgeschlagen werden.

48 Die Kriterien für die Anwendung der besten Umweltpraxis und der besten verfügbaren Technologie werden in Anlage II „Kriterien für die Anwendung der besten Umweltpraxis und der besten verfügbaren Technologie" und HELCOM Empfehlung 13/6 „Definition of Best Environmental Practice" (6. Februar 1992, abrufbar unter: http://www.helcom.fi/Recommendations/en_GB/rec13_6/) festgelegt (Stand Juli 2010). *R. Wolfrum*, Precautionary Principle, (203) 209 f., zum Zusammenhang zwischen Vorsorgeprinzip und der Verpflichtung, die beste verfügbare Umwelttechnologie zu verwenden.

49 Siehe Studie des *WWF Germany*, Eco-check for submarine pipelines in the Baltic Sea, 17 ff.

a) Verhütungsprinzip (Art. 5 HÜK)

Art. 5 HÜK ist Ausdruck des Verhütungsprinzips und folgt wie das SRÜ einem ganzheitlichen Ansatz, indem die Vertragsparteien verpflichtet werden, die Verschmutzung der Meeresumwelt des Ostseegebiets durch Schadstoffe[50] aus allen Quellen in Übereinstimmung mit dem HÜK zu verhüten und zu beseitigen. Aufgrund dieses ganzheitlichen Ansatzes der Konvention sind die Vertragsparteien verpflichtet, auch eine durch Meeresrohrleitungen hervorgerufene Verschmutzung der Meeresumwelt der Ostsee zu verhüten und zu beseitigen, auch wenn diese Verschmutzungsursache nicht ausdrücklich im HÜK genannt ist.

b) Verursacherprinzip (Art. 3 Abs. 4 HÜK)

Gemäß Art. 3 Abs. 4 HÜK wenden die Vertragsparteien das Verursacherprinzip („polluter pays principle") an, das die Umwelt dadurch schützt, dass die Kosten für Maßnahmen zur Vermeidung, Verringerung, Beseitigung und Kontrolle von Umweltbeeinträchtigungen dem Verursacher zugerechnet werden.[51] Zudem ist vom Verursacherprinzip die Verpflichtung umfasst, dass ein Staat, von dessen Jurisdiktionsbereich aus einem anderen Staat ein Schaden zugefügt wird, die Kosten der Schadensbegrenzung und -beseitigung zu zahlen hat.[52] An Art. 3 Abs. 4 HÜK anknüpfend, verpflichtet Art. 25 HÜK die Vertragsparteien, gemeinsam Vorschriften über die Verantwortlichkeit für Schäden zu treffen, in denen u. a. die Grenzen der Verantwortlichkeit, die Kriterien

---

[50] Nach Art. 2 Abs. 7 HÜK bezeichnet der Ausdruck „Schadstoff" „jeden Stoff, der bei Zuführung ins Meer Verschmutzung verursachen kann". Der Terminus „gefährlicher Stoff" bezeichnet „jeden Schadstoff, der aufgrund der ihm eigenen Eigenschaften beständig oder giftig ist oder zur biologischen Anreicherung neigt". Anlage I HÜK enthält vorrangige, allgemein anerkannte Schadstoffgruppen, zu denen nach Regel 1.2 (e) Anlage I HÜK auch aus Erdöl gewonnene Öle und Kohlenwasserstoffe, also auch Gas, gehören. Siehe *A. Ballschmidt-Boog*, Küstenökosysteme der Ostsee, 92 f.; *P. Ehlers*, Das neue Helsinki-Übereinkommen – Ein weiterer Schritt zum Schutz der Ostsee, (202) 207.

[51] *D.M. Dzidzornu*, Four Principles in Marine Environment Protection, (91) 102.

[52] Siehe *D.M. Dzidzornu*, Four Principles in Marine Environment Protection, (91) 103.

und Verfahren für die Festlegung der Haftung sowie die möglichen Rechtsmittel vorzusehen sind.[53]

Bezogen auf unterseeische Rohrleitungen bedeutet dies, dass in Anwendung des Verursacherprinzips ein Vertragsstaat des HÜK zunächst verpflichtet ist, die Kosten der Beseitigung oder Wiederherstellung zu tragen, wenn von seinem Jurisdiktionsbereich aus – von seinem Hoheitsgebiet aus oder durch eine seiner Hoheitsgewalt unterstehende Person oder Behörde – einem anderen Staat ein Schaden durch eine rohrleitungsbedingte Verschmutzung zugefügt wird. Demnach können die Vertragsparteien als verlegende Staaten oder Küstenstaaten verpflichtet sein, wenn sie die entsprechenden Normen nicht in innerstaatliches Recht umgesetzt haben, der Betreiber der Rohrleitung nicht die erforderlichen Sicherheitsvorkehrungen trifft und beispielsweise durch Korrosion der Pipeline Öl austritt. Andererseits können die Vertragsparteien aber auch als Flaggenstaaten verpflichtet sein, dafür zu sorgen, dass ihrer Flaggenhoheit unterstehende Schiffe beim Ankern oder Fischen die notwendigen Sicherheitsmaßnahmen beachten, damit Seepipelines nicht beschädigt werden. Zudem müssen die Vertragsstaaten nach dem Verursacherprinzip sicherstellen, dass der Verursacher einer durch Rohrleitung ausgehenden Verschmutzung nach dem innerstaatlichen Recht die Kosten für Maßnahmen zur Vermeidung, Verringerung, Beseitigung und Kontrolle von daraus resultierenden Umweltbeeinträchtigungen zu tragen hat.

c) Grenzüberschreitende Verschmutzung (Art. 3 Abs. 6 HÜK)

Die Vertragsparteien sorgen gemäß Art. 3 Abs. 6 S. 1 HÜK nach besten Kräften dafür, dass die Durchführung des HÜK keine grenzüberschreitende Verschmutzung in Gebieten außerhalb der Ostsee verursacht. Darüber hinaus dürfen nach Art. 3 Abs. 6 S. 2 HÜK die einschlägigen Maßnahmen für andere Umweltmedien keine unvertretbaren Belastungen zur Folge haben, was der Erkenntnis entspricht, dass der Meeres-

---

53 Die schwierigen Erörterungen in der HELCOM haben gezeigt, dass weder über die Notwendigkeit noch über den Inhalt derartiger gemeinsamer Normen ausreichend Klarheit besteht. Siehe *P. Ehlers*, Das neue Helsinki-Übereinkommen – Ein weiterer Schritt zum Schutz der Ostsee, (202) 211.

umweltschutz nur medien- und zonenübergreifend angestrebt werden kann.[54]

Zwar ist Art. 3 Abs. 6 S. 1 HÜK nur auf grenzüberschreitende Verschmutzungen in Gebieten außerhalb des Ostseegebiets bezogen und nicht allgemein – wie z. B. Art. 194 Abs. 2 SRÜ – darauf gerichtet, die Umwelt benachbarter Staaten, also der anderen Ostseeanrainer, vor grenzüberschreitenden Verschmutzungen zu bewahren. Da die Vertragsstaaten des HÜK jedoch durch das in Art. 5 HÜK niedergelegte Verhütungsprinzip zu einer Verhütung und Beseitigung der Verschmutzung der Meeresumwelt des Ostseegebiets durch Schadstoffe aus allen Quellen verpflichtet sind, schützt das HÜK auch die Umwelt benachbarter Ostseeanrainer. Darüber hinaus sind auch im allgemeinen Umweltvölkerrecht erhebliche grenzüberschreitende Umweltbeeinträchtigungen verboten.

Für die Verlegung von Rohrleitungen folgt daraus, dass verlegende Staaten und Küstenstaaten Maßnahmen zu ergreifen haben, damit die unter ihren Hoheitsbefugnissen wahrgenommene Verlegefreiheit so ausgeübt wird, dass anderen Staaten und ihrer Umwelt kein Schaden durch Verschmutzung zugefügt und damit eine Verschmutzung als Folge von Verlegung und Betrieb unterseeischer Rohrleitungen möglichst vermieden wird.

d) Vorsorgeprinzip (Art. 3 Abs. 2 HÜK)

Das Vorsorgeprinzip als Grundprinzip des Meeresschutzes wurde in Art. 3 Abs. 2 HÜK erstmals in einem Meeresschutzübereinkommen völkerrechtlich verbindlich wie folgt verankert:[55] „Die Vertragsparteien

---

54 Siehe *P. Ehlers*, Das neue Helsinki-Übereinkommen – Ein weiterer Schritt zum Schutz der Ostsee, (202) 206. Art. 3 Abs. 6 HÜK: „Die Vertragsparteien sorgen nach besten Kräften dafür, dass die Durchführung dieses Übereinkommens keine grenzüberschreitende Verschmutzung in Gebieten außerhalb des Ostseegebiets verursacht. Darüber hinaus dürfen die einschlägigen Maßnahmen nicht zu unvertretbaren Umweltbelastungen in Bezug auf die Luftqualität und die Atmosphäre, die Gewässer, den Boden und das Grundwasser, zu unvertretbar schädlicher oder wachsender Abfallentsorgung oder zu erhöhten Gefahren für die Gesundheit des Menschen führen."

55 Siehe *P. Ehlers*, Das neue Helsinki-Übereinkommen – Ein weiterer Schritt zum Schutz der Ostsee, (202) 205; *U. Jenisch*, The Baltic Sea: The Legal Regime and Instruments for Co-operation, (47) 63. *M. Fitzmaurice*, The 1992 Convention on the Baltic Sea Environment, (24) 26, bezeichnet die Formulierung des

wenden das Vorsorgeprinzip an, d. h. sie treffen Verhütungsmaßnahmen, wenn Grund zu der Annahme besteht, dass unmittelbar oder mittelbar der Meeresumwelt zugeführte Stoffe oder Energie eine Gefährdung der menschlichen Gesundheit, eine Schädigung der lebenden Ressourcen und der Meeresökosysteme, eine Beeinträchtigung der Annehmlichkeiten der Umwelt oder eine Behinderung der sonstigen rechtmäßigen Nutzung des Meeres verursachen können, auch wenn es keinen schlüssigen Beweis für einen ursächlichen Zusammenhang zwischen den Einträgen und ihren angeblichen Auswirkungen gibt."

Das Vorsorgeprinzip ist für Meeresrohrleitungen insbesondere dann von Bedeutung, wenn es um sog. „Nebenwirkungen" der Nutzung unterseeischer Pipelines geht. Es ist unbestritten, dass die Staaten dafür Sorge tragen müssen, dass kein Öl oder Gas aus einer unterseeischen Rohrleitung austritt, da in einem solchen Fall die Auswirkungen auf Meeresflora und -fauna nachweisbar negativ sind. Wie ist aber mit anderen negativen Auswirkungen seeverlegter Pipelines zu verfahren? Wie sieht es mit möglichen Wellen oder akustischen Signalen aus, die dadurch entstehen können, dass in einer Rohrleitung hoher Druck herrscht? Dies könnte Meeressäuger bei der Orientierung stören und damit negative Auswirkungen auf die lebenden Ressourcen des Meeres haben. Zudem ist es noch nicht endgültig geklärt, welche Auswirkungen der Verbleib von nicht mehr genutzten bzw. stillgelegten Rohrleitungen am oder im Meeresboden hat.

In derartigen Fällen könnte das Vorsorgeprinzip greifen, d. h. die betroffenen Vertragsstaaten des HÜK müssten auch bzw. bereits dann Verhütungsmaßnahmen treffen, wenn es keinen schlüssigen Beweis für einen ursächlichen Zusammenhang zwischen der Verlegung, dem Betrieb oder der Nichtentfernung unterseeischer Rohrleitungen einerseits

---

Vorsorgeprinzips im HÜK als objektiver und damit wünschenswerter als die Formulierung in Art. 2 Abs. 2 lit. (a) OSPAR-Übereinkommen. Insbesondere weiche die Formulierung „Grund zur Annahme" bzw. „reason to assume" in Art. 3 Abs. 2 HÜK von der in Art. 2 Abs. 2 lit. (a) OSPAR-Übereinkommen „reasonable grounds for concern" ab. *R. Wolfrum*, The Protection of the Marine Environment after the Rio Conference, (1003) 1017, merkt an, dass sich nach der Rio-Konferenz von 1992 im Bereich des marinen Umweltschutzes der Schwerpunkt von sog. „remedial measures" zu Maßnahmen im präventiven Bereich verschoben habe. Dies zeige sich besonders deutlich im HÜK 1992.

und den möglicherweise negativen Auswirkungen gibt, jedoch Grund zur Annahme eines solchen Kausalzusammenhangs besteht.[56]

2. *Verpflichtungen aus Art. 11 i.V.m. Art. 2 Abs. 4 HÜK (Einbringen)?*

Gemäß Art. 11 Abs. 1 HÜK sind die Vertragsstaaten verpflichtet, das Einbringen im Ostseegebiet zu verbieten, wenn keine der in Art. 11 Abs. 2 bis 4 HÜK genannten Ausnahmen greift.[57] Die Definition des Einbringens in Art. 2 Abs. 4 HÜK[58] ist wortlautidentisch mit der des Art. 1 Abs. 1 Nr. 5 lit. (a) SRÜ. Wie bereits oben dargestellt, fallen weder Verlegung, Ummantelung, Einbettung, Betrieb noch Nicht-Entfernung einer seeverlegten Rohrleitung unter die Definition des Einbringens i. S. d. Art. 1 Abs. 1 Nr. 5 lit. (a) SRÜ.[59] Gleiches gilt für das HÜK: Verlegung, Ummantelung, Einbettung, Betrieb und Nicht-

---

[56] *I. Gawłowicz/P. Łaski*, Russian-German North Gas Pipeline in View of Public International Law, (149) 156 f., stützen mögliche Maßnahmen zur Verhinderung der *Nord Stream-Pipeline*, beispielsweise wegen der von Munition ausgehenden Gefahren, auf das Vorsorgeprinzip des Art. 3 Abs. 2 HÜK. Warum solche Maßnahmen gerade auf das Vorsorgeprinzip und nicht auf andere Umweltvölkerrechtsprinzipien gestützt werden, begründen sie nicht näher.

[57] Eine Ausnahme ist – außer in Notsituationen – nur bei Baggergut vorgesehen, das mit vorheriger Sondererlaubnis der zuständigen innerstaatlichen Behörde nach Maßgabe der Anlage V eingebracht werden darf (siehe Art. 11 Abs. 2 HÜK).

[58] Art. 2 Abs. 4 HÜK: „(a) Der Ausdruck ‚Einbringen' (dumping) bezeichnet (i) jede auf See oder in den Meeresboden erfolgende vorsätzliche Beseitigung von Abfällen oder sonstigen Stoffen von Schiffen, sonstigen auf See errichteten Bauwerken oder Luftfahrzeugen aus; (ii) jede auf See erfolgende vorsätzliche Beseitigung von Schiffen, sonstigen auf See errichteten Bauwerken oder Luftfahrzeugen. (b) Der Ausdruck ‚Einbringen' umfasst nicht (i) die auf See erfolgende Beseitigung von Abfällen oder sonstigen Stoffen, die mit dem normalen Betrieb von Schiffen, sonstigen auf See errichteten Bauwerken oder Luftfahrzeugen sowie mit ihrer Ausrüstung zusammenhängen oder davon herrühren, mit Ausnahme von Abfällen oder sonstigen Stoffen, die durch zur Beseitigung dieser Stoffe betriebene Schiffe, sonstige auf See errichtete Bauwerke oder Luftfahrzeuge befördert oder auf sie verladen werden, sowie von Abfällen oder sonstigen Stoffen, die aus der Behandlung solcher Abfälle oder sonstigen Stoffe auf solchen Schiffen, Bauwerken oder Luftfahrzeugen herrühren; (ii) das Absetzen von Stoffen zu einem anderen Zweck als dem der bloßen Beseitigung, sofern es nicht den Zielen dieses Übereinkommens widerspricht."

[59] Siehe zum Ganzen oben S. 129 ff.

Entfernung seeverlegter Rohrleitungen dienen nicht der bloßen Beseitigung der Rohrleitung bzw. der Materialien und widersprechen auch nicht den Zielen des HÜK. Die Definition des Einbringens in Art. 2 Abs. 4 HÜK und die Pflicht des Art. 11 Abs. 1 HÜK, ein solches zu verbieten, greifen bei Rohrleitungen demnach grundsätzlich nicht.

Wird eine geborgene Rohrleitung jedoch an anderer Stelle vorsätzlich im Meer beseitigt, ist ein Einbringen zu bejahen, da die Definition des Einbringens (in der Alternative der „sonstigen auf See errichteten Bauwerke") in diesem Fall einschlägig ist und eine solche Handlung dem HÜK widerspricht. Werden Rohrleitungen vor der Inbetriebnahme mit antikorrosiv wirkenden Flüssigkeiten durchgespült, die danach ins Meer geleitet werden, könnte dies ebenfalls als Einbringen qualifiziert werden, das je nach verwendetem Mittel nach der HÜK zu verbieten wäre.

Aus Art. 11 i.V.m. Art. 2 Abs. 4 HÜK ergeben sich demnach in Bezug auf Rohrleitungen, außer in den Fällen der Reinigung mit gefährlichen Stoffen sowie einer vorsätzlichen Beseitigung einer stillgelegten Rohrleitung an anderer Stelle, keine konkreten Verpflichtungen in Bezug auf Verlegung und Entfernung unterseeischer Rohrleitungen.

3. Verpflichtungen aus Art. 6 i.V.m. Art. 2 Abs. 2 HÜK (Verschmutzung vom Land aus)?

Die Vertragsparteien des HÜK verpflichten sich in Art. 6 Abs. 1 HÜK, die Verschmutzung des Ostseegebiets vom Land aus zu verhüten und zu beseitigen.[60] Gemäß Art. 2 Abs. 2 HÜK bezeichnet der Ausdruck „Verschmutzung vom Lande aus" die „Verschmutzung des Meeres durch punktuelle oder diffuse Einträge aus allen Quellen an Land, die auf dem Wasser- oder Luftweg oder unmittelbar von der Küste aus ins Meer gelangen. Er umfasst auch die Verschmutzung durch eine vorsätzliche Beseitigung unter dem Meeresboden mit Zugang vom Land aus durch Tunnel, Rohrleitungen oder andere Mittel." Bei Rohrleitungen, die von Land ins Meer führen, wird in Art. 2 Abs. 2 S. 2 HÜK aus-

---

[60] Die alte Fassung dieser Vorschrift, Art. 6 HÜK 1974, verpflichtete die Vertragsparteien lediglich dazu, alle geeigneten Maßnahmen zu treffen, um eine Verschmutzung vom Lande aus zu kontrollieren und zu minimieren. *P. Ehlers*, Das neue Helsinki-Übereinkommen – Ein weiterer Schritt zum Schutz der Ostsee, (202) 208, 212, kritisch zu den nur begrenzten unmittelbaren Einleitverboten und -beschränkungen.

drücklich auf eine vorsätzliche Beseitigung Bezug genommen. Dies legt den Schluss nahe, dass Art. 2 Abs. 2 und Art. 6 HÜK insbesondere Rohrleitungen erfassen, die eigens zur Einleitung von Abwasser und anderen Stoffen von Land ins Meer verlegt wurden. Dass der Schwerpunkt bei einer Verschmutzung vom Lande aus im Rahmen des HÜK auf Abwässern liegt, zeigt auch Anlage III HÜK, die u. a. auf industrielle und kommunale Abwässer bezogen ist.[61]

Rohrleitungen, die vom Land aus ins Meer verlegt werden, um Erdöl oder Erdgas zu transportieren, werden nach Wortlaut sowie Sinn und Zweck der Vorschrift grundsätzlich nicht von Art. 2 Abs. 2 und Art. 6 HÜK erfasst, auch dann nicht, wenn Erdöl oder -gas aufgrund einer Beschädigung aus einer solchen Rohrleitung austreten. Wird eine von Land aus verlegte Seerohrleitung allerdings mit antikorrosiv wirkenden Mitteln gespült und werden diese dann ins Meer geleitet, so könnte dies als vorsätzliche Verschmutzung vom Lande aus angesehen werden.

Aus diesen Überlegungen heraus sind Art. 2 Abs. 2 und 6 HÜK bei Verlegung und Betrieb seeverlegter Transportrohrleitungen grundsätzlich nicht einschlägig und konkretisieren demnach die Rechte und Pflichten der Vertragsstaaten nicht – außer für den besonderen Fall der Spülung einer Rohrleitung mit gefährlichen Stoffen.

4. Maßgaben in Bezug auf Offshore-Tätigkeiten (Art. 12 i.V.m. Anlage VI HÜK)

Es schließt sich die Frage an, ob sich aus Art. 12 i.V.m. Anlage VI HÜK, die Verschmutzungen durch die Ausbeutung des Meeresbodens betreffen, weitere Maßgaben für die Errichtung und den Betrieb unterseeischer Rohrleitungen ergeben. Gemäß Art. 12 Abs. 1 HÜK trifft jede Vertragspartei alle Maßnahmen, um eine Verschmutzung der Meeresumwelt des Ostseegebiets durch die Erforschung oder Ausbeutung ihres Teils des Meeresbodens und seines Untergrundes oder durch damit zusammenhängende Tätigkeiten zu verhüten und eine sofortige Be-

---

[61] Siehe zur Verschmutzung vom Lande im Rahmen des HÜK ausführlich *R. Dieter*, Das Umweltregime der Ostsee, 197 ff.; siehe auch *A. Ballschmidt-Boog*, Küstenökosysteme der Ostsee, 93 f.; *P. Ehlers*, Das revidierte Helsinki-Übereinkommen, (103) 112 f.; *ders.*, Das neue Helsinki-Übereinkommen – Ein weiterer Schritt zum Schutz der Ostsee, (202) 207; detailliert *M.A. Fitzmaurice*, International Legal Problems of the Environmental Protection of the Baltic Sea, 59 ff.

kämpfung von Verschmutzungsereignissen sicherzustellen, die durch solche Tätigkeiten verursacht werden.[62] Art. 12 Abs. 2 HÜK verpflichtet die Vertragsparteien, zur Verhütung und Beseitigung der durch Erforschungs- und Ausbeutungstätigkeiten verursachten Verschmutzung die in Anlage VI aufgeführten Verfahren und Maßnahmen durchzuführen, soweit diese anwendbar sind.[63]

Art. 12 HÜK ist mit der Formulierung „ihres Teils des Meeresbodens oder seines Untergrundes“ so zu verstehen, dass er sich nur auf Offshore-Tätigkeiten bezieht, die in küstenstaatlichen Meereszonen, also im Küstenmeer oder auf den Festlandsockel, vorgenommen werden.[64] Gemäß Art. 12 HÜK sind also in erster Linie die Küstenstaaten in Bezug auf die der Küste vorgelagerten Ausbeutungsaktivitäten, die im Küstenmeer oder in der AWZ bzw. auf dem Festlandsockel stattfinden, verpflichtet, eine aus diesen Aktivitäten resultierende Verschmutzung zu vermeiden und zu beseitigen. Die betroffenen Küstenstaaten müssen durch innerstaatliches Recht sicherstellen, dass privatwirtschaftliche Unternehmen und andere Staaten, die Ausbeutungsaktivitäten in ihren Küstenzonen vornehmen, die küstenstaatlichen Normen und internationales Recht einhalten.

---

62 Siehe zur Definition des Terminus Verschmutzungsereignis und der Anwendbarkeit der entsprechenden Normen unten S. 301 ff. In der alten Fassung des HÜK, in Art. 10 HÜK 1974, war der Umweltschutz beim Meeresbergbau nur sehr allgemein angesprochen. Siehe *P. Ehlers*, Das neue Helsinki-Übereinkommen – Ein weiterer Schritt zum Schutz der Ostsee, (202) 208; ausführlich *R. Dieter*, Das Umweltregime der Ostsee, 203 ff.

63 Zu erwähnen ist an dieser Stelle auch die HELCOM Empfehlung 18/2 vom 12. März 1997 für Offshore-Aktivitäten, die sich inhaltlich weitestgehend mit Annex VI HÜK deckt, diese in technischer Hinsicht teilweise spezifiziert und Berichts-Schemata enthält (HELCOM Recommendation 18/2, Offshore Activities, abrufbar unter: http://www.helcom.fi/Recommendations/en_GB/rec18_2/, Stand Juli 2010). Die HELCOM Empfehlung 19/17 vom 24. März 1998 bezieht sich auf Maßnahmen, um eine Verschmutzung durch Offshore-Anlagen zu bekämpfen (HELCOM Recommendation 19/17, Measures in order to Combat Pollution from Offshore Units, abrufbar unter: http://www.helcom.fi/Recommendations/en_GB/rec19_17/, Stand Juli 2010). Weiterer Untersuchung bedürfen diese beiden Empfehlungen jedoch nicht, da sie keine besonderen Bestimmungen für Verlegung, Betrieb und Entfernung unterseeischer Rohrleitungen enthalten.

64 Wie bereits oben erwähnt, ist die Ostsee vollständig verzont, d. h. im Ergebnis bezieht sich die Vorschrift auf die gesamte Ostsee.

a) Anwendbarkeit auf unterseeische Rohrleitungen

Zunächst ist zu untersuchen, ob und in welchem Umfang Verlegung und Betrieb unterseeischer Rohrleitungen unter den Begriff der „Offshore-Tätigkeit“ oder einer damit zusammenhängenden Tätigkeit fallen bzw. ob und welche unterseeischen Rohrleitungen „Offshore-Anlagen“ i. S. d. HÜK sind. Nach Regel 1 Abs. 1 Anlage VI HÜK ist „Offshore-Tätigkeit“ jede Aufsuchung und Gewinnung von Öl und Gas mit Hilfe einer festen oder schwimmenden Plattform einschließlich aller damit zusammenhängenden und darauf stattfindenden Tätigkeiten. Gemäß Regel 1 Abs. 2 Anlage VI HÜK bezeichnet der Ausdruck „Offshore-Anlage“ jede der Küste vorgelagerte feststehende oder schwimmende Einrichtung oder ein solches Bauwerk, die bzw. das für die Aufsuchung, Gewinnung oder Förderung von Gas und Öl oder für das Laden oder Löschen von Öl eingesetzt wird. Bereits diese beiden Definitionen zeigen, dass Art. 12 und Anlage VI HÜK primär auf Öl- und Gas-Plattformen bezogen sind.

Werden Rohrleitungen verlegt, um Offshore-Einrichtungen untereinander oder mit dem Land zu verbinden (sog. „field-to-coast pipelines“, „field-to-field pipelines“ oder Feldleitungen), so stehen sie in unmittelbarem Zusammenhang mit einer Offshore-Aktivität zur Gewinnung von Öl oder Gas. Das Legen, der Betrieb und die (Nicht-)Entfernung solcher Rohrleitungen fällt unter den Begriff „Offshore-Tätigkeit“. Wenn die Rohrleitung zur Förderung von Gas oder Öl oder für das Laden oder Löschen von Öl eingesetzt wird, wäre die Rohrleitung selbst als „Offshore-Anlage“ zu bezeichnen.

Wie verhält es sich mit seeverlegten Rohrleitungen, die in keinem Zusammenhang stehen mit der Offshore-Gewinnung von Öl und Gas und die, wie die *Nord Stream-Pipeline*, eine unabhängige Transportfunktion erfüllen? Können auch sie als Offshore-Tätigkeiten bzw. -Anlagen qualifiziert werden?

Der Wortlaut der Definitionen der Regel 1 Abs. 1 und Abs. 2 Anlage VI HÜK spricht dagegen, da solche Rohrleitungen nicht im Zusammenhang mit der Aufsuchung, Gewinnung oder Förderung von Öl und Gas vor der Küste stehen, sondern davon unabhängigen Transportzwecken dienen. Solche Transportrohrleitungen werden auch nicht für das Laden oder Löschen von Öl eingesetzt, da auch dieses Begriffspaar untrennbar mit der Offshore-Förderung verbunden ist. Inhaltlich werden also die Errichtung und der Betrieb von Rohrleitungen zum Transport von

Erdöl und -gas von Art. 12 und Anlage VI HÜK grundsätzlich nicht erfasst.[65]

Man könnte argumentieren, dass es für den Sinn und Zweck des HÜK, die Verschmutzung der Ostsee zu verhüten und beseitigen, keinen Unterschied mache, ob das Gas in der Ostsee gewonnen oder nur durch diese transportiert werde. Zudem könnte der in Art. 5 HÜK zum Ausdruck kommende ganzheitliche Ansatz, nach dem eine Verschmutzung aus allen Quellen zu verhüten und zu beseitigen ist, dafür sprechen, auch Transportrohrleitungen in den Anwendungsbereich des Art. 12 und der Anlage VI HÜK einzubeziehen, um einen möglichst umfassenden und effektiven Schutz der Ostsee zu gewährleisten. Demnach würden von den Termini „Offshore-Tätigkeit" bzw. „Offshore-Anlage" alle Rohrleitungen erfasst, auch wenn dies nicht ausdrücklich im HÜK geregelt ist.[66]

Eine solche Interpretation verkennt jedoch die im HÜK und im SRÜ zum Ausdruck kommende Besonderheit der Offshore-Aktivitäten und der zu diesem Zwecke errichteten Anlagen und Bauwerke. Ein Rück-

---

65 So auch *P. Ehlers*, Das neue Helsinki-Übereinkommen – Ein weiterer Schritt zum Schutz der Ostsee, (202) 208. Auch die oben genannten HELCOM Empfehlungen 18/2 „Offshore Activities" sowie 19/17 „Measures in order to Combat Pollution from Offshore Units" enthalten keine explizit auf unterseeische Rohrleitungen bezogenen Bestimmungen.

66 Teilweise wird dies ohne nähere Begründung oder Spezifizierung angenommen: Im Zusammenhang mit den Bedrohungen der Ostsee bezeichnete *P. Ehlers* auf einer HELCOM-Sitzung Rohrleitungen und Kabel ohne nähere Begründung als vom Begriff Offshore-Aktivitäten umfasst: „(...) offshore activities, including pipelines and cables as well as the extraction of sand and gravel. (…)." Siehe HELCOM Jubilee Session, Helsinki, Finland, 4. März 2004, Presenting the Past, Present and Future, Baltic Sea Environment Proceedings No. 97, 25. Abrufbar unter: http://www.helcom.fi/stc/files/Publications/Proceedings/bsep97.pdf (Stand Juli 2010). Siehe auch *P. Ehlers*, Das neue Helsinki-Übereinkommen – Ein weiterer Schritt zum Schutz der Ostsee, (202) 208.

In eine ähnliche Richtung geht eine Erklärung des HELCOM Ministertreffens vom 15. November 2007, in der es unter der Überschrift „Minimum threats from offshore installations" heißt: „HAVING IN MIND that the Baltic Sea faces an increasing number of – in many cases – competing uses and that the installation such as underwater cables, pipelines and offshore windfarms put increasing pressure on the Baltic Sea ecosystem (…)." HELCOM Baltic Sea Action Plan, HELCOM Ministerial Meeting, Krakow, Poland, 15. November 2007, 27. Abrufbar unter: http://www.helcom.fi/stc/files/BSAP/BSAP_Final.pdf (Stand Juli 2010).

griff auf den ganzheitlichen Ansatz des Art. 5 HÜK führt zwar dazu, dass die HÜK-Vertragsstaaten verpflichtet sind, eine Verschmutzung der Ostsee durch unterseeische Rohrleitungen zu verhüten und beseitigen. Der Schutz der Ostsee vor der Verschmutzungsquelle „Rohrleitung" muss jedoch nicht zwingend über die den Meeresbergbau betreffenden besonderen Bestimmungen geschehen.

Die Anwendung der Regel 8 Anlage VI HÜK würde darüber hinaus zu einer starren Pflicht der vollständigen Beseitigung aller seeverlegten Rohrleitungen nach deren Stilllegung führen.[67] Dies würde die Staaten angesichts der technischen und finanziellen Schwierigkeiten einer vollständigen Beseitigung aller Seepipelines in ihrer Verlegefreiheit erheblich beschränken und weder dem Rücksichtnahmegebot noch einer Interessenabwägung gerecht werden.

Eine solche Interpretation würde auch Art. 27 HÜK zuwiderlaufen, nach dem das HÜK nicht so auszulegen ist, dass es die Freiheit der Schifffahrt, der Fischerei, der wissenschaftlichen Meeresforschung und der sonstigen rechtmäßigen Nutzung der Hohen See beeinträchtigt. Bei einer Abwägung zwischen dem Meeresumweltschutz und der Rohrleitungsverlegung ist also darauf zu achten, dass die Verlegefreiheit nicht unangemessen beeinträchtigt wird. Zudem würde es die Souveränität des Küstenstaates erheblich einschränken, von ihm im Küstenmeer einen vollständigen Abbau nicht mehr genutzter Pipelines, die in keinem Zusammenhang mit Offshore-Aktivitäten stehen, zu verlangen. Dies gilt umso mehr, da nach dem SRÜ eine Entfernungspflicht stillgelegter Pipelines im Küstenmeer nur im Ausnahmefall angenommen werden kann, insbesondere wenn erheblich abträgliche Auswirkungen für die Meeresumwelt zu befürchten sind.[68]

Nach diesen Überlegungen sind Art. 12 und Anlage VI HÜK nur auf „field-to-coast pipelines", „field-to-field pipelines" und Feldleitungen anwendbar, nicht jedoch auf Transportrohrleitungen, die wie die *Nord Stream-Pipeline* in keinem Zusammenhang mit Offshore-Anlagen oder -tätigkeiten stehen.[69]

---

[67] So auch *W. Wiese*, Seeverlegte Rohrleitungen im Völkerrecht, 317.

[68] Siehe ausführliche Begründung oben S. 183 ff.

[69] Diese Interpretation deckt sich auch mit den Bestimmungen des OSPAR-Übereinkommens, die sog. Offshore-Quellen („offshore sources") im Nordostatlantik betreffen: Art. 5 OSPAR-Übereinkommen und der diesen konkretisierende Annex III „On the Prevention and Elimination of Pollution from Offshore Sources" verwenden den Oberbegriff „offshore sources". Art. 5 und 8

b) Anwendbare Bestimmungen in Bezug auf Offshore-Tätigkeiten und -Anlagen

Bei sog. „field-to-coast pipelines“, „field-to-field pipelines“ oder Feldleitungen sind demnach Art. 12 und Anlage VI HÜK anwendbar, sofern die Bestimmungen inhaltlich passen. Gemäß Art. 12 Abs. 1 HÜK muss eine Vertragspartei alle Maßnahmen treffen, um eine Verschmutzung der Meeresumwelt des Ostseegebiets durch die Verlegung, den Betrieb und die (Nicht-)Entfernung solcher unterseeischen Rohrleitungen, die mit der Erforschung oder Ausbeutung ihres Teils des Meeresbodens und seines Untergrundes zusammenhängen, zu verhüten und eine sofortige Bekämpfung von Verschmutzungsereignissen sicherzustellen, die durch solche Rohrleitungen verursacht werden.

Daran anknüpfend legt Anlage VI umfangreiche Schutzmaßnahmen fest und stellt besondere Anforderungen an Offshore-Vorhaben: So enthält Regel 3 Anlage VI HÜK eine spezielle UVP für Offshore-Tätigkeiten sowie eine besondere Überwachungspflicht in der Aufsuchungs- und Gewinnungsphase.[70] Regel 8 Anlage VI HÜK verpflichtet die Vertragsparteien, dafür zu sorgen, dass verlassene, stillgelegte und durch Unfälle zerstörte Offshore-Anlagen – also auch mit diesen zusammenhängende

---

Annex III OSPAR-Übereinkommen unterscheiden bei der Entfernung zwischen nicht mehr genutzten Offshore-Anlagen und Offshore-Pipelines. Nach Art. 1 lit. (k) OSPAR-Übereinkommen umfasst der Begriff „offshore sources“ „offshore installations and offshore pipelines from which substances or energy reach the maritime area“. Der Begriff „offshore installation“ meint daran anknüpfend „any man-made structure, plant or vessel or parts thereof, whether floating or fixed to the seabed, placed within the maritime area for the purpose of offshore activities“ (Art. 1 lit. (l) OSPAR-Übereinkommen). Gemäß Art. 1 lit. (m) OSPAR-Übereinkommen ist der Begriff der „offshore pipeline“ auf eine Rohrleitung begrenzt „which has been placed in the maritime area for the purpose of offshore activities“. Art. 1 lit. (j) OSPAR-Übereinkommen wiederum definiert „offshore activities“ als „activities carried out in the maritime area for the purposes of the exploration, appraisal or exploitation of liquid and gaseous hydrocarbons“. Aus dieser Verweiskette wird deutlich, dass das OSPAR-Übereinkommen nur Rohrleitungen unter die Normen über Meeresbodentätigkeiten fasst, die für solche Erforschungs- und Ausbeutungsaktivitäten verwendet werden – und nicht Pipelines, die eine von Meeresbodentätigkeiten unabhängige Transportfunktion erfüllen.

[70] In der alten Fassung des HÜK, in Art. 10 HÜK 1974, war der Umweltschutz beim Meeresbergbau nur sehr allgemein geregelt. Siehe *P. Ehlers*, Das neue Helsinki-Übereinkommen – Ein weiterer Schritt zum Schutz der Ostsee, (202) 208; ausführlich *R. Dieter*, Das Umweltregime der Ostsee, 203 ff.

Rohrleitungen – unter der Verantwortung des Eigentümers vollständig abgebaut und an Land gebracht werden.

Diese vollständige Beseitigungspflicht und Pflicht des An-Land-Bringens geht über das hinaus, was Art. 60 und 80 SRÜ bezogen auf nicht mehr genutzte Anlagen in der AWZ bzw. auf dem Festlandsockel fordern, da nach Art. 60 Abs. 3 S. 4 SRÜ auch eine teilweise Beseitigung möglich ist.[71] Das OSPAR-Übereinkommen verfolgt in dieser Hinsicht einen anderen Ansatz als das HÜK: Gemäß Art. 5 Anlage III OSPAR-Übereinkommen kann eine aufgegebene Offshore-Anlage oder Offshore-Pipeline mit der Erlaubnis der zuständigen Behörde der betroffenen Vertragspartei ganz oder teilweise am Meeresboden zurückgelassen werden, jedoch mit der Einschränkung, dass insbesondere eine Gefährdung der Meeresumwelt oder anderer Meeresnutzungen nicht eintreten oder wahrscheinlich sein darf.[72]

Diese OSPAR-Bestimmung ist flexibler und realitätsbezogener als die starre Beseitigungspflicht des HÜK. Im Nordostatlantik und gerade in der Nordsee sind weitaus mehr Ölplattformen und daran angeschlossene Rohrleitungen zu finden als in der Ostsee. Diese sind zum großen Teil auch schon älter, was die Frage nach einer Beseitigung oder einem Zurücklassen solcher Konstruktionen aktueller macht als in der Ostsee. In der Nordsee führte der politische Handlungsdruck dazu, eine praktikable Lösung zu finden, wann Offshore-Anlagen und deren Rohrleitungen (teilweise) beseitigt werden müssen oder zurückgelassen werden dürfen. Die zunehmende Aktualität der Thematik in der Ostsee könnte dazu führen, dass die starre Beseitigungspflicht des HÜK für Offshore-

---

[71] *P. Ehlers*, Das neue Helsinki-Übereinkommen – Ein weiterer Schritt zum Schutz der Ostsee, (202) 209, bezeichnet Regel 8 Anlage VI HÜK als „wegweisend".

[72] Art. 5 Annex III OSPAR-Übereinkommen: „(1) No disused offshore installation or disused offshore pipeline shall be dumped and no disused offshore installation shall be left wholly or partly in place in the maritime area without a permit issued by the competent authority of the relevant Contracting Party on a case-by-case basis. The Contracting Parties shall ensure that their authorities, when granting such permits, shall implement the relevant applicable decisions, recommendations and all other agreements adopted under the Convention. (2) No such permit shall be issued if the disused offshore installation or disused offshore pipeline contains substances which result or are likely to result in hazards to human health, harm to living resources and marine ecosystems, damage to amenities or interference with other legitimate uses of the sea. (...)." Siehe hierzu *R. Wolfrum/N. Matz*, Conflicts in International Environmental Law, 111.

Anlagen in Frage gestellt wird und die Ostseeanrainer auf eine Ausnahmeregelung hinwirken müssen, um technisch und wirtschaftlich vertretbare Lösungen zu finden und diese mit dem Umweltschutz in Einklang zu bringen.

5. Verpflichtungen bei Verschmutzungsereignissen (Art. 2 Abs. 9, 13, 14 i.V.m. Anlage VII HÜK)

Das HÜK enthält auch besondere Bestimmungen zur Unterrichtung, Konsultation und Zusammenarbeit bei sog. Verschmutzungsereignissen.[73] Ein „Verschmutzungsereignis" i. S. d. Art. 2 Abs. 9 HÜK bezeichnet einen „Zwischenfall oder eine Reihe von Zwischenfällen gleichen Ursprungs, die zu einem Einleiten von Öl oder sonstigen Schadstoffen führen oder führen können und die Meeresumwelt der Ostsee beziehungsweise die Küstenlinie oder damit zusammenhängende Interessen einer oder mehrerer Vertragsparteien bedrohen oder bedrohen können und Sofortmaßnahmen oder andere sonstige Bekämpfungsmaßnahmen erfordern".[74]

Wird eine unterseeische Rohrleitung, insbesondere durch Fischereiaktivitäten, Ankern oder Meeresbodentätigkeiten, beschädigt und treten Öl oder Gas aus der Leitung aus (bzw. besteht die Gefahr eines Austritts), so könnte ein solcher Zwischenfall unter den Terminus „Verschmutzungsereignis" i. S. d. Art. 2 Abs. 9 HÜK subsumiert werden. Die Bestimmungen des HÜK und seiner Anlage VII, die die Bekämpfung von Verschmutzungsereignissen betreffen, sind primär auf Ölverschmutzungen durch Schiffe zugeschnitten. Spezielle Normen für ein Verschmutzungsereignis, das von einer Meeresrohrleitung ausgeht, enthält das HÜK nicht. Die allgemeinen Vorschriften der Art. 13 und 14 HÜK und der Anlage VII HÜK sind jedoch auch auf durch Seepipelines her-

---

73 Die Normen, die Verschmutzungsereignisse betreffen, sind Ausdruck der außerordentlichen zwischenstaatlichen Informations- bzw. Warnpflicht. Siehe hierzu *A. Epiney/M. Scheyli*, Umweltvölkerrecht, 125 ff.

74 Das SRÜ kennt den Begriff „Verschmutzungsereignis" nicht. Art. 221 Abs. 2 SRÜ definiert den Begriff „Seeunfall" („maritime casualty") als „einen Schiffszusammenstoß, das Stranden, ein sonstiges mit der Führung eines Schiffes zusammenhängendes Ereignis oder einen anderen Vorfall an Bord oder außerhalb eines Schiffes, durch die Sachschaden an Schiff oder Ladung entsteht oder unmittelbar zu entstehen droht." Siehe zur Frage, ob Art. 221 SRÜ bei einem Angriff auf eine Anlage durch Terroristen und einer daraus resultierenden Umweltkatastrophe anwendbar ist: *S. Kaye*, International measures, (377) 412 f.

vorgerufene Verschmutzungsereignisse anwendbar, sofern sie ihrem Inhalt und Verfahren nach passen.[75]

Tritt ein Verschmutzungsereignis in Bezug auf eine unterseeische Rohrleitung ein, ist die Vertragspartei, in deren Hoheitsgebiet sich das Verschmutzungsereignis ereignet hat,[76] gemäß Art. 13 Abs. 1 HÜK verpflichtet, unverzüglich die Vertragsparteien zu unterrichten, deren Interessen berührt sind oder wahrscheinlich berührt werden, wenn das Verschmutzungsereignis wahrscheinlich zu einer Verschmutzung außerhalb ihres Hoheitsgebiets (bzw. ihrer Funktionshoheitsräume) führt. Gemäß Art. 13 Abs. 2 HÜK sollen Konsultationen zur Verhütung, Verringerung und Überwachung dieser Verschmutzung stattfinden, wenn die betroffenen Vertragsparteien dies für erforderlich halten. Art. 14 HÜK verweist in diesem Zusammenhang auf Anlage VII HÜK und bestimmt, dass die Vertragsparteien einzeln und gemeinsam alle geeigneten Maßnahmen treffen, um in der Lage zu sein, Verschmutzungsereignisse zu bekämpfen, damit die Folgen dieser Ereignisse für die Meeresumwelt des Ostseegebiets beseitigt oder auf ein Mindestmaß beschränkt werden.[77]

In Regel 1 Abs. 1 Anlage VII HÜK verpflichten sich die Vertragsparteien, dafür zu sorgen, dass Verschmutzungsereignisse, die die Meeresumwelt des Ostseegebiets bedrohen, jederzeit bekämpft werden können, was u. a. geeignete Ausrüstungen, Schiffe und Arbeitskräfte erfordert und wozu innerstaatliche bzw. zwei- oder mehrseitige Notfallpläne aufgestellt werden (Regel 2 Anlage VII HÜK).[78] Regel 1 Abs. 2 Anlage

---

[75] So befasst sich Regel 3 Anlage VII HÜK beispielsweise mit der Überwachung der durch Schiffe verursachten Verschmutzungsereignisse; Regel 5 und 6 Anlage VII HÜK beziehen sich auf die im Rahmen der IMO verabschiedete MARPOL-Konvention; und Regel 10 Abs. 1 lit. (a) Anlage VII HÜK betrifft auf See treibende Felder von Öl und sonstigen Schadstoffen. Solche Ölfelder, die auf der Meeresoberfläche treiben, stehen meist in Zusammenhang mit Schiffskollisionen oder einem betriebsbedingten Einleiten von Öl.

[76] Der Begriff „Hoheitsgebiet“ in Bezug auf Verschmutzungsereignisse i. S. d. HÜK umfasst sowohl das Küstenmeer als auch die Funktionshoheitsräume AWZ und Festlandsockel.

[77] Siehe hierzu *R. Dieter*, Das Umweltregime der Ostsee, 206 ff; *P. Ehlers*, Das neue Helsinki-Übereinkommen – Ein weiterer Schritt zum Schutz der Ostsee, (202) 209.

[78] Regel 1 Abs. 1 Anlage VII HÜK: „Die Vertragsparteien verpflichten sich, dafür zu sorgen, dass Verschmutzungsereignisse, welche die Meeresumwelt des Ostseegebiets bedrohen, jederzeit bekämpft werden können. Hierzu gehören

VII HÜK geht über den soeben genannten Art. 13 HÜK hinaus, indem sie eine Mitteilungspflicht auch für Verschmutzungsereignisse vorsieht, bei denen es nicht zu einer grenzüberschreitenden Verschmutzung kommt, die Interessen anderer Vertragsparteien aber tatsächlich oder wahrscheinlich berührt sind (Regel 1 Abs. 2 lit. (a) Anlage VII HÜK).[79] Bei einem umfangreichen Verschmutzungsereignis werden gemäß Regel 1 Abs. 2 lit. (b) Anlage VII HÜK auch andere Vertragsparteien sowie die HELCOM so bald wie möglich unterrichtet. Regel 1 Abs. 3 Anlage VII HÜK greift die Kooperationsverpflichtung zwischen den Vertragsparteien bei der Bekämpfung von Verschmutzungsereignissen wieder auf, allerdings vereinbaren sie eine Kooperation nur im Rahmen ihrer Möglichkeiten und der zur Verfügung stehenden Mittel und wenn die Schwere des Ereignisses dies rechtfertigt.[80] Neben diesen genannten Maßnahmen ergreifen die Vertragsparteien nach Regel 1 Abs. 4 Anlage VII HÜK weitere Maßnahmen einer regelmäßigen Überwachung außerhalb ihrer Küstenlinie und zur sonstigen Zusammenarbeit und zum Informationsaustausch mit anderen Vertragsparteien, um ihre Fähigkeit zur Bekämpfung von Verschmutzungsereignissen zu verbessern.

Gemäß Regel 7 Abs. 1 Anlage VII HÜK nimmt die Vertragspartei, in deren Zuständigkeitsbereich die Bekämpfung eines Verschmutzungsereignisses fällt, die erforderlichen Beurteilungen der Lage vor und trifft die geeigneten Bekämpfungsmaßnahmen, um Verschmutzungswirkungen zu vermeiden oder auf ein Mindestmaß zu beschränken.[81] Regel 8

---

geeignete Ausrüstungen, Schiffe und Arbeitskräfte, die für Einsätze in Küstengewässern und auf Hoher See vorbereitet sind."

[79] Regel 1 Abs. 2 Anlage VII HÜK: „(a) Außer den in Artikel 13 genannten Ereignissen teilen die Vertragsparteien unverzüglich auch die Verschmutzungsereignisse mit, die innerhalb des Bereichs vorkommen, in dem sie für die Bekämpfung zuständig sind, und die Interessen anderer Vertragsparteien tatsächlich oder wahrscheinlich berühren. (b) Bei einem umfangreichen Verschmutzungsereignis werden auch andere Vertragsparteien und die Kommission so bald wie möglich benachrichtigt."

[80] Regel 1 Abs. 3 Anlage VII HÜK: „Die Vertragsparteien vereinbaren, dass sie im Rahmen ihrer Möglichkeiten und der zur Verfügung stehenden entsprechenden Mittel bei der Bekämpfung von Verschmutzungsereignissen zusammenarbeiten, wenn die Schwere des Ereignisses dies rechtfertigt."

[81] Vorzugsweise sind dabei mechanische Mittel zu benutzen, ausnahmsweise dürfen auch chemische Wirkstoffe eingesetzt werden. Siehe Regel 7 Abs. 2 lit. (a), (b) Anlage VII HÜK. Gemäß Regel 4 Anlage VII HÜK treffen die Vertragsparteien zwei- oder mehrseitige Vereinbarungen über diejenigen Bereiche des Ostseegebiets, in denen sie Überwachungstätigkeiten durchführen und Be-

Anlage VII HÜK sieht eine gegenseitige Hilfeleistung bei der Bekämpfung von Verschmutzungsereignissen vor, die Erstattung der Kosten einer solchen Hilfeleistung ist in Regel 9 Anlage VII HÜK festgelegt. Regel 10 Anlage VII HÜK konkretisiert den Informationsaustausch u. a. über die innerstaatlich zuständigen Behörden sowie die regelmäßige Zusammenarbeit, inklusive gemeinsamer Einsatz- und Alarmübungen für die Bekämpfung von Verschmutzungsereignissen.[82]

Diese in Regel 1 Anlage VII HÜK sowie in den anderen zitierten Bestimmungen der Anlage VII HÜK niedergelegten allgemeinen Benachrichtigungs-, Überwachungs-, Hilfeleistungs- und Kooperationspflichten sind auch auf Verschmutzungsereignisse anwendbar, die von einer Rohrleitung ausgehen.

Die in Anlage VII HÜK festgelegten Kooperations-, Informations- und Überwachungspflichten sind dabei in vielen Aspekten detaillierter als die allgemeinen Kooperationspflichten des Umweltvölkerrechts bzw. des SRÜ. Regel 10 Anlage VII HÜK beispielsweise sieht eine Informationsverpflichtung über die jeweils zuständigen Behörden oder über getroffene Maßnahmen der Bekämpfung und Hilfeleistung vor. Art. 13 HÜK füllt das Verbot grenzüberschreitender Umweltbeeinträchtigungen mit Inhalt, indem er eine Unterrichtung und Konsultation bei grenzüberschreitenden Verschmutzungsereignissen vorsieht. Anlage VII HÜK geht über diese Pflichten bei grenzüberschreitenden Verschmutzungsereignissen sogar noch hinaus, insbesondere indem in Regel 1 Abs. 2 lit. (a) Anlage VII HÜK eine Mitteilungspflicht bereits dann vorgesehen ist, wenn die Interessen anderer Vertragsparteien wahrscheinlich berührt sind, was zumindest bei benachbarten Anrai-

---

kämpfungsmaßnahmen treffen, sobald ein umfangreiches Verschmutzungsereignis auftritt oder auftreten könnte.

[82] Regel 10 Anlage VII HÜK: „(1) Jede Vertragspartei erteilt den anderen Vertragsparteien und der Kommission Informationen (a) über ihre Organisation, die für die Behandlung von auf See treibenden Feldern von Öl und sonstigen Schadstoffen zuständig ist; (b) über ihre Vorschriften und sonstigen Angelegenheiten, die sich unmittelbar auf die Vorbereitung auf die Meeresverschmutzung durch Öl und andere Schadstoffe und auf deren Bekämpfung beziehen; (c) über die zuständige Behörde, die für die Entgegennahme und Weiterleitung von Meldungen über eine Meeresverschmutzung durch Öl und andere Schadstoffe verantwortlich ist; (d) über die für Fragen der gegenseitigen Hilfeleistung, Benachrichtigung und Zusammenarbeit zwischen den Vertragsparteien aufgrund dieser Anlage zuständigen Behörden (...). (3) Die Vertragsparteien veranlassen, dass regelmäßig gemeinsame Einsatzübungen für die Bekämpfung sowie Alarmübungen abgehalten werden. (...)."

nerstaaten selbst bei kleineren Verschmutzungsereignissen zu bejahen sein dürfte.

6. *Informationsaustausch, Kooperation und Umweltverträglichkeitsprüfung (UVP)*

Die für Seepipelines wichtigen Bestimmungen des HÜK liegen im Bereich des Verfahrens: in Kooperations-, Informations- und Konsultationspflichten und insbesondere in der Pflicht zur Durchführung einer UVP. Das HÜK legt einen Schwerpunkt auf diese prozeduralen Pflichten, die sich zum einen in den Normen finden, die auf spezielle Verschmutzungsursachen bezogen sind, z. B. in dem gerade untersuchten Art. 13 HÜK für sog. Verschmutzungsereignisse, zum anderen in den allgemeinen und nicht auf spezielle Verschmutzungsquellen bezogenen Pflichten der Art. 16 bis 18 HÜK. In diesen Bestimmungen wird auch die Rolle der HELCOM für den Meeresumweltschutz in der Ostsee deutlich, insbesondere in verfahrensrechtlicher Hinsicht. Eine UVP ist in Art. 7 HÜK sowie in Regel 3 Anlage VI HÜK in Bezug auf Offshore-Tätigkeiten und -Anlagen niedergelegt. Auch die HELCOM-Empfehlung 17/3 „Information and Consultation with Regard to Construction of New Installations Affecting the Baltic Sea“ vom 12. März 1996 ist bezüglich der verfahrensrechtlichen Vorgaben besonders wichtig und formuliert konkrete Informations- und Konsultationspflichten bei bestimmten Vorhaben, die die Ostsee betreffen.[83]

a) Informationsaustausch und Unterrichtung der Öffentlichkeit

Eine wichtige Neuerung des HÜK 1992 stellen die Informationspflichten der Vertragsparteien gegenüber der HELCOM und der Öffentlichkeit dar, die Anfang der 1990er Jahre in keinem anderen internationalen Übereinkommen im Bereich des Meeresumweltschutzes ähnlich konkret ausgestaltet waren.[84] Die Informationspflichten gegenüber anderen

---

[83] HELCOM Recommendation 17/3, Information and Consultation with Regard to Construction of New Installations Affecting the Baltic Sea, 12. März 1996, abrufbar unter: http://www.helcom.fi/Recommendations/en_GB/rec17_3/ (Stand Juli 2010).

[84] Siehe *P. Ehlers*, Das neue Helsinki-Übereinkommen – Ein weiterer Schritt zum Schutz der Ostsee, (202) 210; ausführlich *R. Dieter*, Das Umweltregime der Ostsee, 211 ff.

Vertragsparteien, der HELCOM und der Öffentlichkeit können zu einer Kollision mit Verschwiegenheitspflichten führen. Dieses Spannungsverhältnis berücksichtigt Art. 18 HÜK, der den Schutz von Informationen betrifft, die einer anderen Vertragspartei geliefert werden, insbesondere was den Schutz geistigen Eigentums und der nationalen Sicherheit anbelangt.[85]

aa) Berichterstattung, Informationsaustausch und Kooperation (Art. 16, 24 HÜK)

Art. 16 Abs. 1 HÜK schafft ein einheitliches Berichtssystem im Rahmen des HÜK, bei dem die Vertragsparteien der HELCOM in regelmäßigen Zeitabständen über gesetzgeberische, verordnungsrechtliche und sonstige Maßnahmen zur Durchführung des HÜK einschließlich der Anlagen und Empfehlungen, deren Wirksamkeit und bei der Durchführung auftretende Probleme berichten. Art. 16 Abs. 2 HÜK betrifft den Informationsaustausch der Vertragsparteien untereinander und mit der HELCOM: Die Vertragsparteien stellen auf Ersuchen einer anderen Vertragspartei oder der HELCOM Informationen über Einleitungserlaubnisse, Emissionsdaten oder Umweltqualitätsdaten zur Verfügung, soweit solche Angaben verfügbar sind. Mit der in Art. 16 HÜK niedergelegten Berichtspflicht wird der HELCOM ein nicht zu unterschätzendes Instrument an die Hand gegeben, um die Durchführung des HÜK und der Kommissionsbeschlüsse zwar nicht durch eigene Überwachungstätigkeit, aber durch Auswertung der vorzulegenden Informationen zu kontrollieren.[86] Dieses umfassende Berichtssystem trägt

---

[85] Art. 18 HÜK: „(1) Dieses Übereinkommen lässt die Rechte oder Pflichten einer Vertragspartei aufgrund ihres innerstaatlichen Rechts und geltender supranationaler Vorschriften zum Schutz von Informationen in Zusammenhang mit geistigem Eigentum einschließlich Geschäfts- und Betriebsgeheimnissen oder der nationalen Sicherheit und der Vertraulichkeit personenbezogener Daten unberührt. (2) Beschließt eine Vertragspartei dennoch, einer anderen Vertragspartei solche geschützten Informationen zu liefern, so hat die Vertragspartei, welche die Informationen erhält, die Vertraulichkeit der Informationen und die Bedingungen, unter denen sie geliefert wurden, zu beachten und die Informationen ausschließlich für die Zwecke zu verwenden, für die sie geliefert wurden.“ Siehe hierzu *P. Ehlers*, Das neue Helsinki-Übereinkommen – Ein weiterer Schritt zum Schutz der Ostsee, (202) 210. Siehe auch die detailliertere Bestimmung des Art. 9 Abs. 3 OSPAR-Übereinkommen.

[86] *P. Ehlers*, Das neue Helsinki-Übereinkommen – Ein weiterer Schritt zum Schutz der Ostsee, (202) 210.

der Verpflichtung der Staaten zum regelmäßigen Informationsaustausch Rechnung.

In Art. 24 HÜK finden sich Details zur wissenschaftlichen und technischen Zusammenarbeit: Die Vertragsparteien verpflichten sich, u. a. auf dem Gebiet der Wissenschaft, Technik und sonstigen Forschung zusammenzuarbeiten, Daten sowie sonstige wissenschaftliche Informationen auszutauschen und ihr Vorgehen bei Genehmigungsverfahren aufeinander abzustimmen.[87] In Art. 24 Abs. 4 HÜK wird die bedeutende Rolle der HELCOM auch bei der wissenschaftlichen und technischen Zusammenarbeit deutlich: Organisation und Umfang der Arbeit im Zusammenhang mit der Durchführung der in den Abs. 1 bis 3 genannten Aufgaben der wissenschaftlichen und technischen Zusammenarbeit sollen in erster Linie von der HELCOM festgelegt werden.

bb) Öffentlichkeitsbeteiligung (Art. 17 HÜK)

Im Interesse einer größeren Transparenz sorgen die Vertragsparteien gemäß Art. 17 Abs. 1 HÜK dafür, dass die Öffentlichkeit über den Zustand der Ostsee und der Gewässer in ihrem Einzugsgebiet, über bereits ergriffene oder vorgesehene Maßnahmen zur Verhütung und Beseitigung von Verschmutzungen sowie über die Wirksamkeit dieser Maß-

---

87 Art. 24 HÜK: „(1) Die Vertragsparteien verpflichten sich, unmittelbar oder gegebenenfalls im Rahmen der geeigneten regionalen oder sonstigen internationalen Organisationen auf dem Gebiet der Wissenschaft, Technik und sonstigen Forschung zusammenzuarbeiten und Daten sowie sonstige wissenschaftliche Informationen für die Zwecke dieses Übereinkommens auszutauschen. Um die Forschungs- und Überwachungstätigkeiten im Ostseegebiet zu erleichtern, verpflichten sich die Vertragsparteien, ihr Vorgehen bei Genehmigungsverfahren hinsichtlich der Durchführung solcher Tätigkeiten aufeinander abzustimmen. (...). (3) Unbeschadet des Artikels 4 Absatz 2 dieses Übereinkommens verpflichten sich die Vertragsparteien, unmittelbar oder gegebenenfalls im Rahmen der geeigneten regionalen oder sonstigen internationalen Organisationen und auf der Grundlage der nach den Absätzen 1 und 2 dieses Artikels gewonnenen Informationen und Daten bei der Entwicklung untereinander vergleichbarer Beobachtungsmethoden, der Durchführung grundlegender Untersuchungen und der Erstellung einander ergänzender oder gemeinsamer Überwachungsprogramme zusammenzuarbeiten. (...).“ Siehe hierzu *M. Fitzmaurice*, The 1992 Convention on the Baltic Sea Environment, (24) 28; *P. Ehlers*, Das neue Helsinki-Übereinkommen – Ein weiterer Schritt zum Schutz der Ostsee, (202) 210 zu den Problemen der Genehmigung von Forschungsvorhaben; ausführlich zum Themenkomplex *R. Dieter*, Das Umweltregime der Ostsee, 208 ff.

nahmen unterrichtet wird und ihr die entsprechenden Informationen zugänglich gemacht werden.[88] Nach Art. 17 Abs. 2 HÜK gewährleistet jede Vertragspartei, dass der Öffentlichkeit diese Informationen zu jeder vernünftigen Zeit zugänglich sind, und sorgt für ausreichende Einrichtungen, damit der Einzelne gegen Zahlung einer angemessenen Gebühr Kopien der Einträge in die Register der Vertragspartei erhalten kann. Die Informationsmöglichkeiten der Öffentlichkeit sind im HÜK also nicht nur hinsichtlich des Inhalts der Angaben näher bestimmt, sondern auch bei tatsächlichen Fragen wie dem Zugang zu vernünftigen Zeiten und bezahlbaren Kopiermöglichkeiten. Art. 17 Abs. 2 HÜK ist wegen seiner konkreten Vorgaben für einen internationalen Vertrag bemerkenswert.

Mit Art. 17 HÜK kommt das HÜK Forderungen nach einer stärkeren Beteiligung und einem besseren Informationszugang der Öffentlichkeit nach.[89] Durch diese Offenlegungspflichten werden die Einfluss- sowie Überprüfungsmöglichkeiten der Öffentlichkeit und umweltrechtlicher NGOs sichergestellt sowie Transparenz geschaffen. Bei der *Nord Stream-Pipeline* zeigt sich diese Beteiligung der Öffentlichkeit, der Medien und der NGOs besonders deutlich, nicht nur im Rahmen der EK. In den deutschen Medien wurde seit Bekanntgabe des Projektes 2005 regelmäßig, zum Teil beinahe wöchentlich über die *Nord Stream-Pipeline* und insbesondere deren Gefahrenpotential für die Meeresumwelt der Ostsee berichtet. Auch eine Studie des *WWF Deutschland* re-

---

[88] Art. 17 Abs. 1 HÜK: „Die Vertragsparteien sorgen dafür, dass die Öffentlichkeit über den Zustand der Ostsee und der Gewässer in ihrem Einzugsgebiet, über bereits ergriffene oder vorgesehene Maßnahmen zur Verhütung und Beseitigung von Verschmutzung sowie über die Wirksamkeit dieser Maßnahmen unterrichtet wird. Zu diesem Zweck stellen die Vertragsparteien sicher, dass der Öffentlichkeit folgende Informationen zugänglich gemacht werden: (a) die ausgestellten Erlaubnisse und die damit verknüpften Auflagen; (b) die Ergebnisse der Entnahme von Gewässer- und Abwasserproben, die zum Zweck der Überwachung und Beurteilung durchgeführt wurden, sowie die Ergebnisse von Überprüfungen, inwieweit die Qualitätsziele für Gewässer erreicht oder die mit der Erlaubnis verknüpften Auflagen eingehalten werden; und (c) die Qualitätsziele für Gewässer. (2) Jede Vertragspartei gewährleistet, dass der Öffentlichkeit diese Information zu jeder vernünftigen Zeit zugänglich sind, und sorgt für ausreichende Einrichtungen, damit der einzelne gegen Zahlung einer angemessenen Gebühr Kopien der Einträge der Einträge in die Register der Vertragspartei erhalten kann."

[89] *P. Ehlers*, Das neue Helsinki-Übereinkommen – Ein weiterer Schritt zum Schutz der Ostsee, (202) 210.

flektiert und artikuliert das Interesse und die Sorgen der europäischen Öffentlichkeit.[90] Die Internetpräsenz der *Nord Stream AG* ist – unter Bezugnahme auf das HÜK und die EK – sehr detailliert, alle wichtigen Informationen über den Trassenverlauf, die Sicherheit und Umweltschutzaspekte sowie die im Rahmen der Konsultationsverfahren abgegebenen Stellungnahmen können online abgerufen werden.[91] Auch die HELCOM stellt auf ihrer Webseite der interessierten Öffentlichkeit ausführliche Informationen zur Verfügung und informiert über neue Entwicklungen im Bereich der Ostsee und über ihre Tätigkeiten.[92] Hierin zeigt sich, dass die Pflicht zu einer umfassenden Information der Öffentlichkeit im Ostseeraum ernst genommen wird und die Staaten und die HELCOM ihren Informationspflichten in der Regel nachkommen, soweit dies hier überprüft werden konnte.

b) UVP, Konsultations- und Kooperationspflicht

Wie bereits erwähnt, nimmt das HÜK in zwei Bestimmungen auf eine UVP Bezug: in der Verweisnorm des Art. 7 HÜK sowie in Regel 3 Anlage VI HÜK, die eine UVP bei Offshore-Tätigkeiten bzw. -Anlagen vorsieht.

---

90 *WWF Germany*, Eco-check for submarine pipelines in the Baltic Sea, 17 f., 19, 25: „Broad, early, comprehensive, transnational participation based on equality of all relevant political sectors, economic actors, social groups and administration levels in the planning and approval processes should be targeted.“ In dieser Studie setzt sich der *WWF Deutschland* nicht nur mit den technischen Fragen der Pipelineverlegung und der besten Umwelttechnik für diese auseinander, sondern auch mit Umfang sowie Art und Weise der Beteiligung der Öffentlichkeit. In Bezug auf verschiedene Meeresregionen sollten frei zugängliche Datenbanken geschaffen bzw. erweitert werden, bei deren Errichtung und Aktualisierung internationalen Organisationen wie der HELCOM eine entscheidende Rolle zukommen könnte.

91 Startseite http://www.nord-stream.com/de/. Die in den einzelnen Staaten abgegebenen Kommentare sowie das Konsultationsverfahren sind abrufbar unter: http://www.nord-stream.com/de/sicherheit-umweltschutz/permitting-process-eia/international-consultation-process/notification.html (Stand Juli 2010).

92 Siehe http://www.helcom.fi/ (Stand Juli 2010).

aa) UVP und Konsultationspflicht aus Art. 7 HÜK

Art. 7 HÜK ist ohne Vorbild in anderen regionalen Abkommen zum Meeresumweltschutz:[93] Gemäß dieser Bestimmung benachrichtigt jede Ursprungs-Vertragspartei die HELCOM sowie jede andere Vertragspartei, die durch eine grenzüberschreitende Auswirkung auf das Ostseegebiet betroffen sein kann, über jede beabsichtigte Tätigkeit, die wahrscheinlich eine erhebliche nachteilige Auswirkung auf die Meeresumwelt des Ostseegebiets haben wird und für die aufgrund des Völkerrechts oder einer für sie geltenden supranationalen Vorschrift eine UVP erforderlich ist. Zudem nimmt die Ursprungs-Vertragspartei gemäß Art. 7 Abs. 2 HÜK mit jeder Vertragspartei, die wahrscheinlich von einer derartigen grenzüberschreitenden Auswirkung betroffen ist, Konsultationen auf, wenn diese aufgrund des Völkerrechts oder einer für die Ursprungs-Vertragspartei geltenden supranationalen Vorschrift erforderlich sind. Art. 7 Abs. 3 HÜK verpflichtet schließlich die Vertragsparteien, die gemeinsame genzüberschreitende Gewässer in der Ostsee haben, zusammenzuarbeiten, um sicherzustellen, dass die möglichen Auswirkungen auf die Meeresumwelt des Ostseegebiets durch die UVP umfassend untersucht werden. Zudem treffen die betreffenden Vertragsparteien gemeinsam geeignete Maßnahmen zur Verhütung und Beseitigung der Verschmutzung einschließlich schädlicher kumulativer Wirkungen.

Bereits der Wortlaut des Art. 7 HÜK macht deutlich, dass die Bestimmung keine eigene Pflicht zur Durchführung einer UVP aufstellt und keine materiellen Anforderungen an eine solche enthält.[94] Art. 7 HÜK beschränkt sich auf einen Verweis auf andere völkerrechtliche und supranationale Instrumente und enthält eine Informations- und Konsultationspflicht.[95] Bezug genommen wird in Art. 7 HÜK insbesondere auf die Vorschriften der EK.[96] Die EK sieht gemäß Art. 2 Abs. 3 EK bei einer Tätigkeit, die voraussichtlich erhebliche nachteilige grenzüberschreitende Auswirkungen haben wird (u. a. bei Öl- und Gaspipelines großen Durchmessers), eine UVP vor. Im Rahmen einer solchen UVP

---

[93] Siehe Details *R. Dieter*, Das Umweltregime der Ostsee, 205 f.

[94] Siehe *R. Dieter*, Das Umweltregime der Ostsee, 206; *A. Ballschmidt-Boog*, Küstenökosysteme der Ostsee, 97.

[95] Siehe *P. Ehlers*, Das neue Helsinki-Übereinkommen – Ein weiterer Schritt zum Schutz der Ostsee, (202) 206; *ders.*, Das revidierte Helsinki-Übereinkommen, (103) 111; *R. Dieter*, Das Umweltregime der Ostsee, 206.

[96] *R. Dieter*, Das Umweltregime der Ostsee, 206 m. w. N.

sind die betroffenen Staaten nach der EK zu Konsultationen, zu einem Informationsaustausch und zu einer Benachrichtigung der Öffentlichkeit verpflichtet.

Der Begriff der sog. „Ursprungs-Vertragspartei", die die HELCOM und jede andere möglicherweise betroffene Vertragspartei über die Tätigkeit und die wahrscheinlich erheblichen nachteiligen Auswirkungen auf die Meeresumwelt benachrichtigt, ist im HÜK nicht näher definiert. Aufgrund des Verweises auf die EK empfiehlt sich ein Rückgriff auf die Definition des Art. 2 lit. (ii) EK, der „Ursprungspartei" als die Vertragspartei definiert, in deren Hoheitsbereich eine geplante Tätigkeit durchgeführt werden soll. Dies wären bei der Rohrleitungsverlegung die Küstenstaaten, durch deren Küstenmeer oder AWZ bzw. auf deren Festlandsockel eine unterseeische Rohrleitung verlegt werden soll; auch die verlegenden Staaten selbst wären als Ursprungsparteien zu qualifizieren, da sie die Personalhoheit über die die Rohrleitung verlegenden Privatpersonen bzw. -gesellschaften ausüben.[97]

Es schließt sich die Frage an, ob sich die Bedeutung des Art. 7 HÜK in einem bloßen Verweis auf völkerrechtliche bzw. supranationale Normen erschöpft, oder ob der Vorschrift in bestimmten Fällen eine eigenständige Bedeutung zukommt. Diesbezüglich weisen der englische und der deutsche Wortlaut eine Differenz auf. Den englischen Originalwortlaut "[w]henever an environmental impact assessment of a proposed activity (…) is required by international law or supra-national regulations *applicable to the Contracting Party of origin* (…)"[98] kann man in zwei Richtungen interpretieren: Einerseits könnte man zu dem Schluss kommen, dass sowohl die entsprechende völkerrechtliche als auch die supranationale Norm, die jeweils eine UVP vorsehen, für die Ursprungs-Vertragspartei anwendbar sein müssten. Dies hieße in Bezug auf die völkerrechtliche Verpflichtung, dass die Vertragspartei entweder Vertragspartei des Übereinkommens sein müsste, auf das in Art. 7 HÜK Bezug genommen wird, oder dass die Norm völkergewohnheitsrechtlich gelten müsste. Der deutsche Wortlaut „[w]enn aufgrund des Völkerrechts *oder einer für die Ursprungs-Vertragspartei geltenden* supranationalen Vorschrift eine Umweltverträglichkeitsprüfung vorgesehen ist (...)"[99] legt jedoch eine andere Interpretation nahe. Im deutschen

---

97 Siehe zu den Einzelheiten der Definition des Terminus „Ursprungspartei" unten S. 342 ff.

98 Kursivschreibweise hinzugefügt von Verfasserin.

99 Kursivschreibweise hinzugefügt von Verfasserin.

Wortlaut bezieht sich der Zusatz, nach dem die Vorschrift für die Ursprungs-Vertragspartei gelten muss, nur auf die supranationale Norm, nicht jedoch auf das Völkerrecht.

Bei einer solchen Interpretation kommt Art. 7 HÜK im folgenden Fall eine besondere Bedeutung zu: Russland, das die EK nicht ratifiziert hat, wäre bei der Verlegung einer unterseeischen Rohrleitung nicht an das EK-Verfahren gebunden und müsste kein internationales UVP-Verfahren durchführen. Über die Verweisnorm des Art. 7 HÜK ist Russland, das das HÜK 1999 ratifiziert hat, allerdings dazu verpflichtet, die HELCOM und andere möglicherweise betroffene Vertragsparteien über die Rohrleitungsverlegung und deren Auswirkungen zu informieren, mit diesen Vertragsparteien Konsultationen aufzunehmen, die möglichen Auswirkungen umfassend zu untersuchen und geeignete Maßnahmen zur Verhütung und Vermeidung der Verschmutzung zu treffen. Zwar kommen diese in Art. 7 HÜK niedergelegten Pflichten nicht dem detaillierten UVP-Verfahren der EK gleich. Aber zusammen mit den anderen HÜK-Pflichten, insbesondere der Kooperation und einer Beteiligung der Öffentlichkeit, nähern sich die HÜK-Bestimmungen denen der EK an. Von besonderer Bedeutung für alle Vertragsstaaten des HÜK ist dabei, dass bei der Rohrleitungsverlegung auch die HELCOM in den Prozess mit eingebunden werden muss.

bb) UVP und Überwachung bei Offshore-Tätigkeiten bzw. -Anlagen (Regel 3 Anlage VI HÜK)

Anders als Art. 7 HÜK, der keine materiellen Anforderungen an eine UVP und deren Durchführung stellt, enthält Regel 3 Anlage VI HÜK eine eigenständige UVP mit inhaltlichen Vorgaben für Offshore-Tätigkeiten bzw. -Anlagen.[100] Wie bereits oben untersucht, ist Regel 3 Anlage VI HÜK nur auf „field-to-coast pipelines", „field-to-field pipelines" oder Feldleitungen anwendbar, da es sich nur bei diesen um Offshore-Tätigkeiten bzw. -Anlagen handelt. Auf Seerohrleitungen, die wie die *Nord Stream-Pipeline* in keinem Zusammenhang mit Offshore-

---

[100] Ein Verweis auf Art. 7 HÜK findet sich in Regel 3 Abs. 1 Anlage VI HÜK nicht. Teilweise wird Regel 3 Abs. 1 Anlage VI HÜK ein Verweis auf Art. 7 HÜK ohne nähere Begründung zugrundegelegt mit der Folge, dass ggf. eine Beteiligung der Kommission und anderer Vertragsstaaten erforderlich ist. Siehe *P. Ehlers*, Das neue Helsinki-Übereinkommen – Ein weiterer Schritt zum Schutz der Ostsee, (202) 209.

Anlagen oder -Tätigkeiten stehen, ist die in Regel 3 Anlage VI HÜK vorgesehene UVP nicht anwendbar.

Regel 3 Abs. 1 Anlage VI HÜK bestimmt zunächst, dass eine UVP durchgeführt wird, bevor die Genehmigung zur Aufnahme einer Offshore-Tätigkeit erteilt wird.[101] Im Zusammenhang mit der UVP soll nach Regel 3 Abs. 2 Anlage VI HÜK die Umweltempfindlichkeit des um eine geplante Offshore-Anlage befindlichen Gebiets im Hinblick auf verschiedene Faktoren untersucht werden, darunter die Bedeutung des Gebiets für Vögel und Meeressäugetiere, als Fischfang- und Laichgrund und für Erholungszwecke sowie die Zusammensetzung des Sediments und die Fülle und Vielfalt der Meeresbodenfauna. Regel 3 Abs. 3 und 4 Anlage VI HÜK sehen Untersuchungen zur Überwachung der aus der Aufsuchungs- und Gewinnungsphase der Offshore-Tätigkeit folgenden Auswirkungen vor.[102]

Für seeverlegte Pipelines, die im Zusammenhang mit Offshore-Anlagen stehen, ist insbesondere Regel 3 Abs. 4 Anlage VI HÜK von Bedeutung: Nach dieser Bestimmung müssen Untersuchungen zumindest der Zusammensetzung des Sediments des betroffenen Meeresbodens sowie der Fülle und Vielfalt der Meeresbodenfauna und des CO_2-Gehalts im betroffenen Meeresgebiet vorgenommen werden, um die Auswirkungen der Rohrleitung zu überwachen. Zwar sind die Auswirkungen von Rohrleitungen, die in unmittelbarer Nähe der Offshore-Anlagen verlegt

---

[101] So der englische Originalwortlaut von Regel 3 Abs. 1 Anlage VI HÜK: „An environmental impact assessment shall be made before an offshore activity is permitted to start. In case of exploitation referred to in Regulation 5 the outcome of this assessment shall be notified to the Commission before the offshore activity is permitted to start.“ Die deutsche Übersetzung der Regel 3 Abs. 1 Anlage VI HÜK ist ungenau: „Bevor die Genehmigung zur Aufnahme einer Offshore-Tätigkeit erteilt wird, wird eine Gewinnungstätigkeit, auf die sich Regel 5 bezieht, vorgenommen. Im Fall der Prüfung der Umweltverträglichkeit wird das Ergebnis der Kommission mitgeteilt, bevor die Genehmigung zur Aufnahme der Offshore-Tätigkeit erteilt wird.“

[102] Regel 3 Abs. 3 und 4 Anlage VI HÜK: „(3) Zur Überwachung der aus der Aufsuchungsphase der Offshore-Tätigkeit folgenden Auswirkungen werden zumindest die in Absatz 2 Buchstabe d genannten Untersuchungen vor Aufnahme und nach Einstellung des Betriebs vorgenommen. (4) Zur Überwachung der aus der Gewinnungsphase der Offshore-Tätigkeit folgenden Auswirkungen werden zumindest die in Absatz 2 Buchstabe d und e genannten Untersuchungen vor Aufnahme des Betriebs, im Abstand von je einem Jahr während des Betriebs und nach Einstellung des Betriebs vorgenommen.“ Siehe kritisch *A. Ballschmidt-Boog*, Küstenökosysteme der Ostsee, 96 f.

werden, im Vergleich zu den Umweltbelastungen der Ausbeutungstätigkeit selbst gering. Werden Rohrleitungen aber von einer Bohrplattform über eine längere Strecke an Land gelegt, um das abgebaute Öl oder Gas zu transportieren, so erlangt die Meeresverschmutzung durch die Rohrleitung eigenständige Bedeutung.

Zudem ist Regel 3 Abs. 4 Anlage VI HÜK für seeverlegte Pipelines deshalb so bedeutend, weil die genannten Untersuchungen vor Aufnahme des Betriebs (also vor der Verlegung der Pipeline), im Abstand von je einem Jahr während des Betriebs und nach Einstellung des Betriebs (und damit der Stilllegung der Rohrleitung) vorgenommen werden müssen. Diese konkreten Vorgaben gehen über das hinaus, was im SRÜ explizit festgeschrieben ist. Insbesondere die in Ein-Jahres-Abständen vorgesehenen Überwachungsmaßnahmen während des Betriebs einer Seerohrleitung, die auch die erforderlichen Erhaltungsmaßnahmen erfassen, sind spezieller als die entsprechenden Normen des SRÜ.

Regel 3 Anlage VI HÜK stellt also für Offshore-Tätigkeiten bzw. -Anlagen inhaltliche Maßstäbe für die durchzuführende UVP und eine Überwachung auf, die detaillierter sind als die allgemeinen Bestimmungen des internationalen Seerechts. Die in Regel 3 Anlage VI HÜK niedergelegte UVP stellt auch insoweit eine Besonderheit im Umweltvölkerrecht dar, als umweltvölkerrechtliche Konventionen im Schwerpunkt verfahrensrechtliche Vorgaben enthalten und nur in wenigen Fällen konkret materiell-rechtliche Anforderungen für die durchzuführende UVP aufstellen.[103]

c) HELCOM-Empfehlung 17/3

Die bereits erwähnte HELCOM-Empfehlung 17/3 „Information and Consultation with Regard to Construction of New Installations Affecting the Baltic Sea" vom 12. März 1996 formuliert konkrete Informations- und Konsultationspflichten bei bestimmten Vorhaben, die die Ostsee betreffen. Nach lit. (a) HELCOM-Empfehlung 17/3 wird den Vertragsparteien empfohlen „[to] inform and, where necessary, consult with any Contracting Party likely to be significantly affected by the construction of an installation with a significant potential adverse impact on the Baltic Sea where an Environmental Impact Assessment is required by either national or international law; or where the environ-

---

[103] Siehe Details zur UVP im internationalen Recht unten S. 325 ff.

mental significance of proposed activities (e.g. fixed links, submarine power cables, oil-terminals etc.) satisfies one or more criteria contained in the Attachment."[104] Lit. (b) HELCOM-Empfehlung 17/3 empfiehlt „[to] ensure that where two or more Contracting Parties share a common water body (including sediments), the relevant authorities of those countries cooperate to ensure that the significant adverse environmental effects on that body of water of a proposal (including where appropriate, the effects of related proposals and cumulative effects) are fully investigated before a decision on that proposal is made. (...)". Gemäß lit. (c) HELCOM-Empfehlung 17/3 soll die HELCOM über solche Einrichtungen oder Aktivitäten informiert werden.

Auch die HELCOM-Empfehlung 17/3 verweist in lit. (a) auf die EK, die außerdem in der Einleitung erwähnt wird.[105] Sie verweist jedoch – anders als Art. 7 HÜK – nicht auf supranationale Vorschriften und damit EU-Recht,[106] sondern auf nationales Recht, nach dem eine UVP vorgesehen ist. Da für unterseeische Gas- und Ölleitungen eine UVP nach der EK und im nationalen Recht vieler Mitgliedstaaten vorgesehen ist, wird nach der HELCOM-Empfehlung 17/3 jeder Vertragspartei empfohlen, jede andere Vertragspartei, die voraussichtlich in erheblicher Weise von der Konstruktion einer solchen Rohrleitung betroffen sein wird, und die HELCOM zu informieren und nötigenfalls zu konsultieren.

Da sich die HELCOM-Empfehlung 17/3 in weiten Teilen mit Art. 7 HÜK deckt, liegt ihr Mehrwert insbesondere darin, dass in lit. (b) HELCOM-Empfehlung 17/3 der Zeitpunkt der Kooperation in die Planungsphase vorverlegt wird („before a decision on that proposal is made") und dass lit. (a) 2. Alternative Informations-, Konsultations- und Kooperationspflichten auch bei anderen Vorhaben, wie beispielsweise unterseeischen Elektrizitätskabeln, vorsieht.

---

[104] Der Anhang zur HELCOM-Empfehlung 17/3 enthält als Kriterien für die zweite Kategorie Größe, Lage und Auswirkungen der vorgeschlagenen Tätigkeit.

[105] HELCOM Recommendation17/3: „The Commission, (...) HAVING REGARD FURTHER to Article 2, para 5 of the ECE Convention on Environmental Impact Assessment in a Transboundary Context, 1991, (...)."

[106] Auf EU-Recht wird allerdings in der Einleitung Bezug genommen, HELCOM Recommendation17/3: „The Commission, (...) HAVING REGARD to Article 4 of the EC-Directive 85/337/EEC on the Assessment of the Effects of Certain Public and Private Projects on the Environment, (...)."

Eine HELCOM-Empfehlung bezogen auf die Konstruktionsweise, die Verlegung und den Betrieb unterseeischer Rohrleitungen existiert bisher nicht. Dies wäre aber sinnvoll, da in einer solchen Empfehlung u. a. der Umfang der Untersuchungen im Genehmigungsverfahren festgelegt werden könnte und die HELCOM damit ihre Rolle bei Verlegung, Betrieb und Entfernung seeverlegter Pipelines spezifizieren könnte.[107]

d) Rolle der HELCOM in einem Meer regionaler Kooperation

Im Rahmen des HÜK, das die Grundlage für eine weitreichende umweltpolitische Zusammenarbeit der Ostsee-Küstenstaaten schafft, bildet die HELCOM eine wichtige Plattform für einen ständigen Informationsaustausch zwischen den HÜK-Vertragsstaaten.[108] Auf der Grundlage des HÜK und seiner Anlagen hat die HELCOM ein wirksames und enges Netzwerk für die Zusammenarbeit zum Schutz der Ostsee geschaffen, das thematisch alle Aspekte von der Überwachung und Bewertung des Zustandes der Meeresumwelt bis zur Erarbeitung von Schutzmaßnahmen für alle Verschmutzungsursachen und deren Umsetzung erfasst.[109] Hauptaufgabe der HELCOM ist es, mit Hilfe der mitgliedstaatlichen Berichts- und Informationspflichten dafür zu sorgen, dass notwendige Maßnahmen zügig ergriffen und die Grundprinzipien des HÜK von den Vertragsparteien auch wirklich befolgt werden.[110]

---

[107] Siehe *WWF Germany*, Eco-check for submarine pipelines in the Baltic Sea, 4, 25.

[108] Siehe *P. Ehlers*, Das neue Helsinki-Übereinkommen – Ein weiterer Schritt zum Schutz der Ostsee, (202) 203, 212; *R. Dieter*, Das Umweltregime der Ostsee, 221. Die Kooperation in regionalen Meeren kann entweder im Rahmen einer einzigen Institution, die alle Bereiche betrifft (wie die HELCOM), oder durch mehrere Organisationen erreicht werden, die jeweils für einen bestimmten Teilaspekt zuständig sind. Für Letzteres im Bereich der Ostsee optiert *T.A. Clingan Jr.*, What the 1982 UN Convention on the Law of the Sea has to say to the Baltic Sea, (85) 90. *U. Beyerlin*, Staatliche Souveränität und internationale Umweltschutzkooperation, (937) 947 f., zum Zusammenhang zwischen Vertragsorganen wie Kommissionen und staatlicher Souveränität.

[109] Siehe *P. Ehlers*, Der Schutz der Ostsee – Ein Beitrag zur regionalen Zusammenarbeit, (661) 666. *R. Wolf*, Rechtliche Rahmenbedingungen für die geplante Ostsee-Pipeline, (24) 27, kritisiert, dass diese Ansätze zur Kooperation rudimentär und gegenständlich auf den Schutz der Umwelt beschränkt bleiben.

[110] *P. Ehlers*, Das neue Helsinki-Übereinkommen – Ein weiterer Schritt zum Schutz der Ostsee, (202) 212.

Positiv zu werten sind auch Umfang und Aktualität der Informationen, die der Öffentlichkeit via Internet durch die HELCOM zugänglich gemacht werden. Wie bei anderen Kommissonen regionaler Meeresumweltschutzübereinkommen, z. B. der OSPAR-Kommission,[111] können bei den Treffen der HELCOM zwischenstaatliche Organisationen oder NGOs als Beobachter zugelassen werden, die eine spezielle technische, wissenschaftliche oder andere vergleichbare Expertise in Bezug auf die Ziele des HÜK haben.[112]

Der große Verdienst von Regionalmeerkonventionen wie dem HÜK besteht also darin, einen Rahmen für eine Zusammenarbeit festzulegen.[113] Zutreffend wird die Ostsee auch als ein „Meer der Kooperation" beschrieben: Im gesamten Ostseeraum kooperieren Staaten, Regionen,

---

[111] Hinsichtlich der OSPAR-Kommission ist der Beobachterstatus von NGOs bereits im OSPAR-Übereinkommen selbst festgelegt. Siehe Art. 11 OSPAR-Übereinkommen: „(1) The Commission may, by unanimous vote of the Contracting Parties, decide to admit as an observer: (a) any State which is not a Contracting Party to the Convention; (b) any international governmental or any non-governmental organisation the activities of which are related to the Convention. (2) Such observers may participate in meetings of the Commission but without the right to vote and may present to the Commission any information or reports relevant to the objectives of the Convention. (3) The conditions for the admission and the participation of observers shall be set in the Rules of Procedure of the Commission."

[112] Regel 1.4 Rules of Procedure der Helsinki-Kommission (abrufbar unter: http://www.helcom.fi/helcom/rules/en_GB/procedure/, Stand Juli 2010): „Upon invitation by the Commission any intergovernmental organization and non-governmental international organization with specialized technical, scientific or equivalent expertise pertinent to objectives of the Convention may be represented at the meetings of the Commission as an observer. The criteria and the selection process for granting such status, the suspension of such status as well as the rights and obligations of such an observer in the deliberations of the Commission is adopted by the Commission." Regel 11.1: „At the end of each meeting the Commission shall adopt a list of decisions. The Executive Secretary shall, in consultation with the Chairman and in time decided by the meeting, submit minutes of the meeting including the list of main decisions, to all Contracting Parties and to any Government, intergovernmental organization and non-governmental international organization invited to send observers to the meeting."

[113] Siehe *M. Bothe*, Versuch einer Bilanz, (329) 331. *R. Dieter*, Das Umweltregime der Ostsee, 225, weist dem HÜK gerade auch im Bereich der Verankerung des Kooperationsprinzips Vorbildfunktion für andere Regionalmeerregime zu.

Kommunen, internationale und nicht-staatliche Organisationen auf unterschiedlichen Ebenen.[114] Dieser dem HÜK zugrundeliegende Kooperationsgedanke wird auch in Art. 26 HÜK betreffend die Beilegung von Streitigkeiten deutlich, der zunächst bei Streitigkeiten über die Auslegung und Anwendung des HÜK den Verhandlungsweg, bei mangelnder Einigung eine Vermittlung einer dritten Vertragspartei, einer geeigneten internationalen Organisation oder einer geeigneten Persönlichkeit und erst dann – in gegenseitigem Einvernehmen – ein Verfahren vor einem Schiedsgericht oder dem IGH vorsieht.[115]

---

[114] Siehe *G. Strätker/S. Kalhorn*, Die Kooperation der Regionalparlamente von Mecklenburg-Vorpommern, Pommern, Schleswig-Holstein, Westpommern, Kaliningrad und Schonen in der Südlichen Ostsee im Vorfeld einer integrierten Europäischen Meerespolitik, (143) 143. Bereits in der Präambel des HÜK wird die enge regionale Zusammenarbeit an mehreren Stellen erwähnt. *U. Jenisch*, The Baltic Sea: The Legal Regime and Instruments for Co-operation, (47) 67, merkt an, dass die regionalen Autoritäten mehr als die Regierungen eine leitende Rolle bei der Kooperation der Ostseeanrainer einnehmen. *U. Beyerlin*, Rechtsprobleme der lokalen grenzüberschreitenden Zusammenarbeit, 9, nennt drei Ebenen einer lokalen grenzüberschreitenden Kooperation: Gliedstaatenebene (bei Bundesstaaten), Regionalebene und Kommunalebene; 43 ff. zur lokalen Kooperationspraxis im westeuropäischen Raum. Siehe zu Letzterem auch *ders.*, Dezentrale grenzüberschreitende Zusammenarbeit als transnationales Rechtsphänomen, (286) 289 ff.

[115] Art. 26 HÜK: „(1) Bei Streitigkeiten zwischen Vertragsparteien über die Auslegung oder Anwendung dieses Übereinkommens sollen diese Vertragsparteien eine Lösung auf dem Verhandlungsweg anstreben. Können die betreffenden Parteien keine Einigung erzielen, so sollen sie die guten Dienste einer dritten Vertragspartei, einer geeigneten internationalen Organisation oder einer geeigneten Persönlichkeit in Anspruch nehmen oder diese gemeinsam um Vermittlung ersuchen. (2) Waren die betreffenden Parteien nicht in der Lage, ihre Streitigkeit auf dem Verhandlungsweg beizulegen, oder konnten sie sich nicht auf Maßnahmen der oben beschriebenen Art einigen, so werden derartige Streitigkeiten in gegenseitigem Einvernehmen einem Ad hoc-Schiedsgericht, einem ständigen Schiedsgericht oder dem Internationalen Gerichtshof vorgelegt.“ Siehe hierzu *R. Dieter*, Das Umweltregime der Ostsee, 220 f. Siehe auch die detailliertere Bestimmung des Art. 32 OSPAR-Übereinkommen.

III. Zusammenfassung der Rechte und Pflichten in Bezug auf unterseeische Rohrleitungen nach dem HÜK

Auch wenn sich im HÜK und dessen Anlagen keine Bestimmung explizit auf unterseeische Rohrleitungen bezieht, so ist dennoch festzustellen, dass das HÜK im Vergleich zum SRÜ einen bedeutenden Mehrwert hinsichtlich des Meeresumweltschutzes bei Verlegung, Betrieb und (Nicht-)Entfernung unterseeischer Rohrleitungen hat. Dieser Mehrwert liegt nicht nur darin, dass bestimmte Arten von Rohrleitungen bzw. bestimmte Ereignisse, die mit dem Rohrleitungsbetrieb zusammenhängen, unter die speziellen Verschmutzungsursachen fallen, die im HÜK und dessen Anlagen spezieller ausgestaltet sind als im SRÜ. Der Mehrwert ist gerade in der Verankerung der Grundprinzipien und -pflichten des Umweltvölkerrechts sowie in den Konsultations-, Kooperations-, Informations- und anderen verfahrensrechtlichen Pflichten zu sehen, insbesondere auch in den Bestimmungen, die die Durchführung einer UVP betreffen.

Dabei zeigt sich in Form des HÜK die Verknüpfung zwischen internationalem Umweltrecht und Seerecht besonders anschaulich. Insbesondere das internationale Umweltrecht beeinflusst das Regelungswerk für den Schutz und die Bewahrung der Meeresumwelt vor Verschmutzungen und Schäden. Dies wird u. a. darin deutlich, dass im Umweltvölkerrecht entwickelte Prinzipien wie das Verhütungs- oder Vorsorgeprinzip auch im Seerecht ihren Niederschlag gefunden haben und in einigen Bereichen im Seerecht mittlerweile spezifischer ausgestaltet sind als in umweltvölkerrechtlichen Verträgen. Dass das Seerecht eines der dynamischsten Gebiete ist, in denen das Umweltvölkerrecht progressiv weiterentwickelt wird,[116] zeigt sich auch beim HÜK: Die erstmalige Verankerung grundlegender umweltpolitischer Prinzipien insbesondere in Art. 3 HÜK war von zukunftsweisender Bedeutung für das internationale Umweltrecht – und Vorbild für das auf den Nordostatlantik bezogene OSPAR-Übereinkommen.[117]

Zwar wird auch hinsichtlich des HÜK kritisiert, dass es – wie andere umweltvölkerrechtliche Konventionen – nur materielle Leitlinien vorgebe, die ob ihrer Allgemeinheit der konkreten Ausfüllung bedürften;

---

[116] *R. Wolfrum/V. Röben/F.L. Morrison*, Chapter 7: Preservation of the Marine Environment, (225) 229.

[117] Siehe *P. Ehlers*, Das neue Helsinki-Übereinkommen – Ein weiterer Schritt zum Schutz der Ostsee, (202) 211 f.

konkrete Handlungsanleitungen hingegen fehlten.[118] Gerade im Bereich des Meeresumweltschutzes wird jedoch deutlich, dass viele Bestimmungen des SRÜ im HÜK nicht nur inhaltlich ausgefüllt, sondern verbessert und weiterentwickelt wurden, wie die ausdrückliche Verankerung des Vorsorgeprinzips in Art. 3 Abs. 2 HÜK, das im SRÜ nur in wenigen Bestimmungen angedeutet ist, insbesondere in Art. 206 SRÜ.[119]

Im Vergleich zur globalen Verfassung der Meere, dem SRÜ, bei dem die zonale Ordnung der Meere und der Umfang und die Begrenzungen der damit verbundenen Kompetenzen der Staaten als Flaggen- und Küstenstaaten die Schlüsselfragen darstellten, wird beim HÜK die andere Schwerpunktsetzung deutlich. Zwar spielen bei der Verlegefreiheit auch im SRÜ Umweltschutzaspekte eine wichtige Rolle, was sich insbesondere in Art. 79 Abs. 2 SRÜ zeigt, jedoch stehen das Rücksichtnahmegebot auf andere Freiheiten der Hohen See und die küstenstaatlichen Interessen deutlich im Vordergrund.

Im Gegensatz hierzu betrifft die regionale Meeresschutzkonvention HÜK schon gegenständlich den Meeresumweltschutz des Ostseegebiets, weshalb die Rechte und Pflichten hinsichtlich der Vermeidung und Verringerung einer Verschmutzung konkreter ausformuliert sind. Dies zeigt sich gerade bei den allgemeinen Prinzipien des Umweltvölkerrechts und den verfahrensrechtlichen Pflichten, die mit der HELCOM in einer Institution gebündelt werden. Das HÜK schafft mit der UVP-Pflicht und dem Verweis auf die EK einen organisationsrechtlichen regionalen Rahmen für Maßnahmen des marinen Umweltschutzes bei Verlegung, Betrieb, Unterhaltung und (Nicht-)Entfernung von Seepipelines in der Ostsee.[120]

---

[118] Vgl. *M. Bothe*, Versuch einer Bilanz, (329) 331.

[119] Siehe *P. Ehlers*, 22 Jahre Helsinki-Übereinkommen: Kritische Zwischenbilanz, (291) 295; *ders.*, Marine Environment Protection – The Baltic Example, (93) 95 f.; *ders.*, Das revidierte Helsinki-Übereinkommen, (103) 125. *R. Dieter*, Das Umweltregime der Ostsee, 223, ist der Ansicht, dass sich der regionale Ostseeumweltschutz zunehmend zu einem vollwertigen Umweltregime entwickelt.

[120] So *P. Ehlers*, Der Schutz der Ostsee – Ein Beitrag zur regionalen Zusammenarbeit, (661) 666. *Ders.*, Marine Environment Protection – The Baltic Example, (93) 104, gibt allerdings zu bedenken, dass im Rahmen der HÜK jedoch verstärkt darauf zu achten sei, dass die Zusammenarbeit nicht zum Selbstzweck werde, entscheidend seien die Ergebnisse.

„Field-to-coast pipelines“, „field-to-field pipelines“ oder Feldleitungen sind – im Gegensatz zu bloßen Transportrohrleitungen wie der *Nord Stream-Pipeline* – nach Art. 12 i.V.m. Anlage VI HÜK aufgrund der Besonderheit, dass sie im Zusammenhang mit Offshore-Aktivitäten stehen, einer besonderen, auch materiell ausgestalteten Pflicht zur Durchführung einer UVP und einer Beseitigungspflicht unterworfen. Dass solche speziellen Rohrleitungen restriktiver behandelt werden als von Offshore-Anlagen unabhängige Pipelines, ist vor dem Hintergrund der besonderen Bestimmungen im SRÜ zu Anlagen und Bauwerken auf dem Festlandsockel (Art. 60, 80 SRÜ) nur konsequent.

Bevor die Genehmigung zur Aufnahme einer Offshore-Tätigkeit – auch zum Bau einer damit zusammenhängenden Rohrleitung – erteilt wird, muss eine UVP durchgeführt werden (Regel 3 Abs. 1 HÜK). Im Zusammenhang mit der UVP soll nach Regel 3 Abs. 2 Anlage VI HÜK die Umweltempfindlichkeit des um eine geplante Offshore-Anlage befindlichen Gebiets im Hinblick auf verschiedene Faktoren untersucht werden, darunter die Bedeutung des Gebiets für Vögel und Meeressäugetiere sowie als Fischfang- und Laichgrund. Regel 3 Abs. 4 Anlage VI HÜK ist für seeverlegte Pipelines deshalb so bedeutend, weil die genannten Untersuchungen u. a. der Meeresbodenfauna und des CO_2-Gehalts im betroffenen Gebiet vor Aufnahme des Betriebs (also vor der Verlegung der Pipeline), im Abstand von je einem Jahr während des Betriebs und nach Einstellung des Betriebs (und damit der Stilllegung der Rohrleitung) vorgenommen werden müssen.

Regel 8 Anlage VI HÜK verpflichtet die Vertragsparteien schließlich, dafür zu sorgen, dass verlassene, stillgelegte und durch Unfälle zerstörte Offshore-Anlagen und auch mit diesen zusammenhängende Rohrleitungen unter der Verantwortung des Eigentümers vollständig abgebaut und an Land gebracht werden. Diese vollständige Beseitigungspflicht und Pflicht des An-Land-Bringens geht über das hinaus, was Art. 60, 80 HÜK bezogen auf nicht mehr genutzte Anlagen in der AWZ bzw. auf dem Festlandsockel fordern, da nach Art. 60 Abs. 3 S. 4 SRÜ auch eine teilweise Beseitigung möglich ist.

Art. 7 HÜK, der auf die EK verweist, kommt gerade im Falle Russlands, das zwar das HÜK, nicht aber die EK ratifiziert hat, Bedeutung zu: Über die Verweisnorm des Art. 7 HÜK ist Russland dazu verpflichtet, die HELCOM und andere möglicherweise betroffene Vertragsparteien über die Rohrleitungsverlegung und deren Auswirkungen zu informieren, mit diesen Vertragsparteien Konsultationen aufzunehmen und die möglichen Auswirkungen umfassend zu untersuchen und geeignete Maßnahmen zur Verhütung und Vermeidung der Verschmutzung zu treffen. Zwar kommen diese in Art. 7 HÜK niedergelegten Pflichten nicht dem detaillierten UVP-Verfahren der EK gleich. Zusammen mit den anderen HÜK-Pflichten, insbesondere der Kooperation und einer Beteiligung der Öffentlichkeit, nähern sich die HÜK-Bestimmungen denen der EK an. Von besonderer Bedeutung für alle Vertragsstaaten des HÜK ist dabei auch, dass auch die HELCOM in den Prozess der Rohrleitungsverlegung mit eingebunden werden muss.

Kapitel 2: UVP-Verfahren nach der Espoo-Konvention (EK)

Die im Rahmen der UN-Wirtschaftkommission für Europa (United Nations Economic Commission for Europe, ECE)[121] verabschiedete Konvention über die Umweltverträglichkeitsprüfung im grenzüberschreitenden Rahmen (Espoo-Konvention, EK)[122] sieht bei Vorhaben mit möglicherweise erheblichen grenzüberschreitenden Auswirkungen – auch bei Rohrleitungen großen Durchmessers zum Transport von Öl oder Gas – die Beteiligung aller voraussichtlich betroffenen Staaten und deren Öffentlichkeit am sog. UVP-Verfahren vor. Die einzelnen Schritte dieses UVP-Verfahrens und der jeweiligen Beteiligung der Öffentlichkeit sind in der EK und deren Anlagen detailliert ausgearbeitet. Die UVP dient auch für die Rohrleitungsverlegung als Forum für einen Informationsaustausch, eine Koordinierung und eine Kooperation, gerade im Bereich der Sicherheit der Rohrleitung und des Meeresumweltschutzes.

Bisher wurde das Espoo-Verfahren meist bei Projekten durchgeführt, die in einer Grenzregion zwischen zwei Staaten realisiert wurden, wie Brücken, Dämme oder Pipelines, und bei denen meist zwei Staaten ein Zulassungsverfahren durchführen mussten und wenige andere Staaten betroffen waren.[123] Mit der *Nord Stream-Pipeline* unterfällt der EK nun ein Projekt bisher unbekannten Ausmaßes, für das fünf Staaten ein Zulassungsverfahren durchführen müssen und von dem sämtliche Ostseeanrainer betroffen sind.[124] Deshalb ist auch zu untersuchen, inwieweit das in der EK niedergelegte UVP-Verfahren den neuen Herausforderungen gewachsen ist, wenn bei einem Großprojekt wie der *Nord Stream-Pipeline* eine Vielzahl von Staaten und anderen Akteuren wie

---

[121] Die ECE wurde 1947 vom ECOSOC (United Nations Economic and Social Council) ins Leben gerufen und ist eine von fünf regionalen Kommissionen. Neben dem Hauptziel der wirtschaftlichen Kooperation und Integration liegen wichtige Handlungsfelder der ECE im Bereich des Umweltschutzes und der Energie, gerade im Bereich der Vermeidung und Verminderung der grenzüberschreitenden Umweltbeeinträchtigungen. *U. Stiegel*, Espoo-Übereinkommen, 16 f., zu weiteren im Rahmen der ECE abgeschlossenen Umweltschutzabkommen, Resolutionen und Studien. Weitere Informationen auch unter: http://www.unece.org/about/about.htm (Stand Juli 2010).

[122] Siehe Nachweis Fn. 33, Einleitung.

[123] Siehe *C. Abromeit*, Die Ostseepipeline, (354) 354.

[124] *C. Abromeit*, Die Ostseepipeline, (354) 354 f.

die HELCOM und NGOs beteiligt sind, das Projekt von enormer wirtschaftspolitischer und geostrategischer Bedeutung ist und einer gesteigerten Aufmerksamkeit und einem erhöhten Informationsbedürfnis der Öffentlichkeit unterliegt.

I. Entstehungsgeschichte der EK und Anwendbarkeit auf unterseeische Rohrleitungen

Kern der EK ist das in Art. 2 ff. EK niedergelegte Verfahren zur Durchführung einer UVP vor einer Entscheidung über bestimmte Projekte, die voraussichtlich erhebliche nachteilige grenzüberschreitende Auswirkungen haben. Ihrem Ursprung nach ist die UVP ein innerstaatliches systematisches Verfahren zur Beurteilung der voraussichtlichen Auswirkungen einer geplanten Tätigkeit auf die Umwelt. Im Rahmen des UVP-Verfahrens werden vor der Durchführung eines Projektes, das erhebliche Auswirkungen auf die Umwelt haben kann, Art und Umfang dieser Umweltauswirkungen ermittelt.[125] Im Prinzip 17 der Rio-Deklaration von 1992 heißt es wie folgt: „Environmental impact assessment, as a national instrument, shall be undertaken for proposed activities that are likely to have a significant adverse impact on the environment and are subject to a decision of a competent national authority."[126] Daran anknüpfend definiert Art. 1 lit. (vi) EK die UVP als ein „innerstaatliches Verfahren zur Beurteilung der voraussichtlichen Auswirkungen einer geplanten Tätigkeit auf die Umwelt".

Ausgehend von der UVP als innerstaatlichem Verfahren ist mittlerweile auch ein UVP-Verfahren bei grenzüberschreitenden Auswirkungen anerkannt. Neben der hier näher untersuchten EK und dem bereits erörterten HÜK sehen auch andere internationale Konventionen eine UVP vor, z. B. Art. 14 der Konvention über die biologische Vielfalt von 1992.[127] Im SRÜ ist eine UVP als Verfahren nicht ausdrücklich genannt,

---

[125] *U. Stiegel*, Espoo-Übereinkommen, 1 m. w. N.

[126] The United Nations Conference on Environment and Development, Rio Declaration on Environment and Development, 3.-14. Juni 1992, Principle 17. Abrufbar unter: http://www.unep.org/Documents.Multilingual/Default.asp?DocumentID=78&ArticleID=1163 (Stand Juli 2010). Eingehend zur UVP *P.W. Birnie/A. E. Boyle*, International Law & the Environment, 130 ff.

[127] Convention on Biological Diversity (CBD), 5. Juni 1992, in Kraft getreten am 29. Dezember 1993; 31 ILM (1992), 818. Art 14 CBD: „(1) Each Con-

in einzelnen Bestimmungen des Teil XII SRÜ jedoch angelegt, insbesondere in Art. 194 Abs. 2 SRÜ sowie in Art. 204-206 SRÜ.[128]

1. Entstehungsgeschichte: Die UVP im internationalen, europäischen und nationalen Recht

Seit den 1970er Jahren ist die Verpflichtung, für bestimmte Projekte eine UVP durchzuführen, bevor sie zugelassen werden, in zahlreichen Staaten vorgesehen. Die Mitgliedstaaten der EU sind seit 1985 zur Einführung einer UVP verpflichtet. Diese nationalen und europarechtlichen Entwicklungen haben die Entstehung der EK maßgeblich beeinflusst.

a) Zweck der UVP und Prinzipien des Umweltvölkerrechts

Ziel der UVP ist es, Umweltschäden dadurch zu vermeiden, dass die voraussichtlichen Umweltauswirkungen eines Projektes in der Entscheidung darüber, ob und in welcher Weise das Vorhaben durchgeführt wird, berücksichtigt werden. Die UVP bezweckt also eine wirksame Umweltvorsorge[129] und ist als Verfahren der Gefährdungseinschätzung

---

tracting Party, as far as possible and as appropriate, shall: (a) Introduce appropriate procedures requiring environmental impact assessment of its proposed projects that are likely to have significant adverse effects on biological diversity with a view to avoiding or minimizing such effects and, where appropriate, allow for public participation in such procedures; (b) Introduce appropriate arrangements to ensure that the environmental consequences of its programmes and policies that are likely to have significant adverse impacts on biological diversity are duly taken into account; (c) Promote, on the basis of reciprocity, notification, exchange of information and consultation on activities under their jurisdiction or control which are likely to significantly affect adversely the biological diversity of other States or areas beyond the limits of national jurisdiction, by encouraging the conclusion of bilateral, regional or multilateral arrangements, as appropriate; (…).“ Siehe ausführlich zur Synergie der EK mit anderen internationalen Konventionen *V. Roumeliotou*, Issues Related to the Application of the Espoo Convention, (59) 72 ff., 80 ff. zur CBD.

[128] So für Art. 206 SRÜ auch *A. Epiney/M. Scheyli*, Umweltvölkerrecht, 134 f. Siehe oben S. 243 ff.

[129] *A. Epiney/M. Scheyli*, Umweltvölkerrecht, 132; *U. Stiegel*, Espoo-Übereinkommen, 1 m. w. N.

im präventiven Bereich des Umweltschutzes anzusiedeln.[130] Die grundsätzliche Erwartung an die UVP ist, dass die Umweltauswirkungen eines Projektes – auf Boden, Wasser, Luft, Flora, Fauna und Klima – frühzeitig so umfassend abgeschätzt werden, dass die Genehmigungsentscheidung dadurch auf eine tragfähige Grundlage gestellt wird und die Umweltauswirkungen auf diese Weise besser in die Entscheidung mit einfließen können.[131] Durch die Hinwendung zu einem integrativen Umweltgüterschutz sollen nicht nur die Einzelauswirkungen eines Vorhabens, sondern auch mögliche Belastungsverlagerungen von einem Umweltsektor auf einen anderen und die Gesamtbelastung identifiziert, beschrieben und bewertet werden.[132] Im internationalen Recht zielt die UVP zudem darauf, dass bei der endgültigen Entscheidung über eine geplante Tätigkeit grenzüberschreitende Umweltauswirkungen vermieden bzw. vermindert werden.

Eine UVP ist zunächst projektbezogen, d. h. sie ist für bestimmte Projekte, die besonders umweltgefährdend sein können, vorgesehen. Nach einer neueren Entwicklung im nationalen, europäischen und internationalen Recht ist eine Strategische Umweltprüfung (SUP) auch bei Plänen und Programmen vorgesehen, also bereits in der der Projektebene vorgelagerten Planungsebene.

Von diesen Zielen ausgehend, basiert die UVP auf einigen wichtigen Grundprinzipien des Umweltvölkerrechts: auf dem Verhütungs- und Vorsorgeprinzip,[133] auf dem Verbot erheblicher grenzüberschreitender Umweltbeeinträchtigungen und – als dessen Kehrseite – dem Gebot der Rücksichtnahme auf die Umwelt anderer Staaten sowie dem Kooperationsprinzip, insbesondere den darin enthaltenen Informations- und Konsultationspflichten.[134]

Zur Anwendbarkeit des UVP-Verfahrens der EK auf eine geplante Tätigkeit ist erforderlich, dass die geplante Tätigkeit voraussichtlich erhebliche nachteilige grenzüberschreitende Auswirkungen hat. Hierin findet sich das völkergewohnheitsrechtlich geltende Verbot erheblicher grenzüberschreitender Umweltbeeinträchtigungen wieder, dem ein prä-

[130] *W. Graf Vitzthum*, Raum und Umwelt im Völkerrecht, 464, Rn. 116, sieht die UVP als Ausprägung präventiven Umweltschutzes.

[131] *U. Stiegel*, Espoo-Übereinkommen, 12 m. w. N.

[132] *U. Stiegel*, Espoo-Übereinkommen, 12 m. w. N.

[133] So zum Vorsorgeprinzip *A. E. Boyle*, Further Developments in the Law of the Sea Convention: Mechanisms for Change, (563) 573.

[134] So auch u. a. A. *Epiney/M. Scheyli*, Umweltvölkerrecht, 133.

ventiver Charakter in dem Sinne zukommt, dass die Staaten dazu verpflichtet sind, künftige grenzüberschreitende Umweltauswirkungen zu vermeiden.[135] Das Verbot erheblicher grenzüberschreitender Auswirkungen steht damit auch in engem Zusammenhang mit dem Vorsorgeprinzip, d. h. dass die Staaten bereits handeln müssen, wenn keine ausreichende wissenschaftliche Sicherheit über mögliche grenzüberschreitende Auswirkungen besteht.

Das Kooperationsprinzip ist im Rahmen der UVP in zweierlei Hinsicht von Relevanz: Zum einen spiegeln sich in den Schritten des UVP-Verfahrens – Notifizierung, Dokumentation und Konsultation – die einzelnen Elemente des zwischenstaatlichen Kooperationsprinzips wider.[136] Zum anderen findet im UVP-Verfahren mit dem Erfordernis einer Beteiligung der Öffentlichkeit auch das Kooperationsprinzip im Sinne einer Kooperation zwischen staatlichen und gesellschaftlichen Institutionen Ausdruck.

Zusammenfassend kann festgehalten werden, dass sich im Völkerrecht eine Reihe von Verfahrenspflichten herausgebildet haben, die alle Mittel zur Verwirklichung des Verbots erheblicher grenzüberschreitender Umweltbeeinträchtigungen sind.[137] Die UVP basiert also nicht nur auf einigen der bedeutendsten Umweltvölkerrechtsprinzipien, sondern vereinigt auch wichtige verfahrensrechtliche Pflichten in sich, insbesondere die Pflicht zur Information, Kooperation und Öffentlichkeitsbeteiligung.

b) Die UVP im nationalen Recht

Ihre Grundlage hat die UVP, wie bereits erwähnt, im nationalen Recht: Mit Erlass des *National Enviromental Policy Act* (NEPA) in den USA

---

[135] *U. Stiegel*, Espoo-Übereinkommen, 45 f. m. w. N., 52 ff., zur völkergewohnheitsrechtlichen präventiven Wirkung des Verbots. Siehe auch *A. Epiney/M. Scheyli*, Umweltvölkerrecht, 119.

[136] Um die allgemeine nachbarliche Kooperationspflicht für den grenzüberschreitenden Umweltschutz operabel zu machen, wird sie inhaltlich in folgende Einzelpflichten spezifiziert: Information, Konsultation, Koordinierung, Verhandlung und vertragliche Einigung. Siehe *U. Beyerlin*, Umweltschutz und lokale grenzüberschreitende Zusammenarbeit (rechtliche Grundlagen), (293) 295. *A. Epiney/M. Scheyli*, Umweltvölkerrecht, 100, bezeichnet diese Verfahrenspflichten als Konkretisierungen des Kooperationsprinzips.

[137] Vgl. *U. Stiegel*, Espoo-Übereinkommen, 55 f.

im Dezember 1969 wurde erstmals ein nationalstaatliches UVP-Verfahren eingeführt, nach dem allen Vorhaben, bei denen mit erheblichen Folgen für die Umwelt zu rechnen ist, eine detaillierte Stellungnahme zu den möglichen Umweltauswirkungen beizufügen ist (sog. „Environmental Impact Statement", EIS).[138] Seit den 1970er Jahren ist die Verpflichtung, für bestimmte Projekte eine UVP durchzuführen, bevor sie zugelassen werden, in zahlreichen Staaten vorgesehen. Mittlerweile sind die nationalen UVP-Gesetze im westeuropäischen Raum maßgeblich von den Entwicklungen im internationalen Recht beeinflusst, insbesondere der EK.[139]

Nach § 2 Abs. 1 des deutschen UVP-Gesetzes[140] ist die UVP „ein unselbständiger Teil verwaltungsbehördlicher Verfahren, die der Entscheidung über die Zulässigkeit von Vorhaben dienen. Die Umweltverträglichkeitsprüfung umfasst die Ermittlung, Beschreibung und Bewertung der unmittelbaren und mittelbaren Auswirkungen eines Vorhabens auf 1. Menschen, einschließlich der menschlichen Gesundheit, Tiere, Pflanzen und die biologische Vielfalt, 2. Boden, Wasser, Luft, Klima und Landschaft, 3. Kulturgüter und sonstige Sachgüter sowie 4. die Wechselwirkung zwischen den vorgenannten Schutzgütern. Sie wird unter Beteiligung der Öffentlichkeit durchgeführt. (...)."

Anlage I UVP-Gesetz enthält eine Liste „UVP-pflichtiger Vorhaben". Die *Nord Stream-Pipeline* fällt unter Nr. 19.5.1 der Anlage I, da sie eine Rohrleitung zum Befördern nichtverflüssigter Gase von mehr als 40 km Länge und einem Durchmesser von mehr als 800 mm ist.[141] Das deut-

---

[138] Übersetzt mit „Einschätzung der Umweltauswirkungen", weshalb statt „Umweltverträglichkeitsprüfung" der Begriff „Umweltfolgenabschätzung" passender gewesen wäre. Zur (ungenauen) Übersetzung des englischen Begriffs ins Deutsche *U. Stiegel*, Espoo-Übereinkommen, 10 ff. m. w. N.; Details zum US-amerikanischen EIS 5 ff.

[139] Zur Umsetzung der EK in Finnland *T. Koivurova*, The Transnational EIA Procedure of the Espoo Convention, (161) 184 ff. Zur Implementierung der EK in Griechenland *S. Pouli*, The Espoo Convention: Implementation of Environmental Impact Assessment in Greece, (119) 119 ff. Siehe zur UVP nach griechischem Recht *M. Florou*, Environmental Impact Assessment in the Greek National Legal System, (103) 106 ff.

[140] Gesetz über die Umweltverträglichkeitsprüfung (UVP-Gesetz) vom 25. Juni 2005 (BGBl. I, 1757, 2797), zuletzt geändert durch Artikel 2 des Gesetzes vom 23. Oktober 2007 (BGBl. I, 2470).

[141] Siehe *R. Wolf*, Rechtliche Rahmenbedingungen für die geplante Ostsee-Pipeline, (24) 30.

sche UVP-Gesetz gibt detaillierte Bestimmungen zu den einzelnen Verfahrensschritten einer UVP vor, auch bei möglichen grenzüberschreitenden Auswirkungen: Gemäß § 8 UVP-Gesetz ist eine grenzüberschreitende Behördenbeteiligung vorgesehen, § 9 UVP-Gesetz sieht eine Beteiligung der eigenen Öffentlichkeit vor, § 9a UVP-Gesetz als Gegenstück eine Teilnahme der Öffentlichkeit eines dritten betroffenen Staates.[142]

c) Die UVP im europäischen Recht

Nach fünfjährigen Beratungen und inspiriert durch die nationalen UVP-Verfahren wurde am 27. Juni 1985 die Richtlinie des Rates über die Umweltverträglichkeitsprüfung bei bestimmten öffentlichen und privaten Projekten (UVP-Richtlinie) verabschiedet.[143] Gemäß Art. 1 UVP-Richtlinie ist Gegenstand dieser Richtlinie die UVP bei öffentlichen und privaten Projekten, die möglicherweise erhebliche Auswirkungen auf die Umwelt haben. Die UVP ist auch im europäischen Recht vorwiegend ein Verfahrensinstrument, das der Entscheidungsvorbereitung für bestimmte Projekte dient. In Art. 3 UVP-Richtlinie heißt es wie folgt: „Die Umweltverträglichkeitsprüfung identifiziert, beschreibt und bewertet in geeigneter Weise nach Maßgabe eines jeden Einzelfalls (...) die unmittelbaren und mittelbaren Auswirkungen eines

---

[142] Siehe zu Zulassung, Betrieb und Überwachung nach dem deutschen UVP-Gesetz: *T. Wilrich*, Zulassung, Betrieb und Überwachung von Rohrleitungsanlagen, 787 ff.; *G. Janssen*, Einrichtung von Meeresschutzgebieten in der Ostsee, 246; *H.-J. Peters*, Planfeststellungsverfahren mit integrierter Umweltverträglichkeitsprüfung bei Rohrleitungsanlagen, (146) 146 ff.; *I. Herzog*, Die Umweltveträglichkeitsprüfung im grenzüberschreitenden Bereich, 11 ff. zur historischen Entwicklung. *U. Stiegel*, Espoo-Übereinkommen, 129 ff. zur Durchführung der EK im UVP-Gesetz, 139 ff. in anderen Fachgesetzen. *C. Abromeit*, Die Ostseepipeline, (354) 359 zur Umsetzung der EK in Deutschland. *R. Wolf*, Rechtliche Rahmenbedingungen für die geplante Ostsee-Pipeline, (24) 28 ff. zu den Anforderungen an die *Nord Stream-Pipeline* nach deutschem Recht.

[143] Richtlinie 85/337/EWG des Rates vom 27. Juni 1985 über die Umweltverträglichkeitsprüfung bei bestimmten öffentlichen und privaten Projekten (Amtsbl. Nr. L 175 vom 5. Juli 1985, 40-48), geändert durch Richtlinie 97/11/EG des Rates vom 3. März 1997 (Amtsbl. Nr. L 73 vom 14. März 1997, 5-11), sowie durch Richtlinie 2003/35/EG des Europäischen Parlaments und des Rates vom 26. Mai 2003 (Amtsbl. Nr. L 156, 25. Juni 2003, 17-24). Siehe zur Entwicklung der UVP-Richtlinie *U. Stiegel*, Espoo-Übereinkommen, 8 f.

Projekts auf folgende Faktoren: Mensch, Fauna und Flora; Boden, Wasser, Luft, Klima und Landschaft; Sachgüter und kulturelles Erbe; die Wechselwirkung zwischen den (...) genannten Faktoren."

Gaspipelines wie die *Nord Stream-Pipeline* mit einem Durchmesser von mehr als 800 mm und einer Länge von mehr als 40 km gehören zu den Projekten, bei denen die Mitgliedstaaten einer UVP-Pflicht i. S. d. Art. 5 bis 10 UVP-Richtlinie unterworfen werden (siehe Art. 4 Abs. 1 i.V.m. Anhang I Ziff. 16 UVP-Richtlinie).[144] In Weiterentwicklung der UVP-Richtlinie ist in der Richtlinie des Rates vom 24. September 1996 über die integrierte Vermeidung und Verminderung der Umweltverschmutzung (IVU-Richtlinie) für bestimmte Projekte ein Genehmigungsverfahren mit Beteiligung der Öffentlichkeit vorgesehen.[145] Im Vorgriff auf neue Entwicklungen im Rahmen der EK wurde am 27. Juni 2001 die

[144] Siehe zur UVP-Richtlinie und zu unterseeischen Rohrleitungen *R. Wolf*, Rechtliche Rahmenbedingungen für die geplante Ostsee-Pipeline, (24) 28. Ausführlich zur UVP-Richtlinie *A. Näckel*, Umweltprüfung für Pläne und Programme, 136 ff.; *I. Herzog*, Die Umweltveträglichkeitsprüfung im grenzüberschreitenden Bereich, 117 ff., zur Umsetzung in deutsches Recht 190 ff.; *H.-J. Peters*, Umweltverträglichkeitsprüfung im und am Meer, (123) 123 ff.; *U. Stiegel*, Espoo-Übereinkommen, 9 f., 94 ff. zur Durchführung der EK in der UVP-Richtlinie; siehe auch *G. Karipsiades*, The EC Environmental Impact Assessment Law in a Transboundary Context, (87) 87 ff.; zu Entscheidungen des EuGH bezogen auf eine UVP *P. Kunzlig/B. Jacobson*, Environmental Impact Assessment, (87), 88 ff.; *K. Kim*, Ostseepipeline „Nord Stream" – ein meeresumweltrechtliches Problem?, (170) 175 f.

[145] Richtlinie 96/61/EG des Rates vom 24. September 1996 über die integrierte Vermeidung und Verminderung der Umweltverschmutzung, Amtsbl. Nr. L 257, 10. Oktober 1996, 26-40. Da die IVU-Richtlinie mehrfach und in wesentlichen Punkten geändert worden ist, findet sich aus Gründen der Übersichtlichkeit und Klarheit eine kodifizierte Fassung dieser Richtlinie in der Richtlinie 2008/1/EG des Europäischen Parlaments und Rates vom 15. Januar 2008, Amtsbl. Nr. L 24, 29. Januar 2008, 8-29. Siehe zur IVU-Richtlinie eingehend: *J. Zöttel*, Integrierter Umweltschutz in der neuesten Rechtsentwicklung, 148 ff. zum Inhalt der IVU-Richtlinie, 269 ff. zur Umsetzung in deutsches Recht; *F. Schreiber*, Das Regelungsmodell der Genehmigung im integrierten Umweltschutz, 103 ff.; *S. List*, Richtlinie zur integrierten Vermeidung und Verminderung der Umweltverschmutzung, 64 ff., zu den einzelnen Bestimmungen der IVU-Richtlinie; *K.-P. Dolde*, IVU-Richtlinie, (313) 317 zur Beteiligung der Öffentlichkeit; *U. Stiegel*, Espoo-Übereinkommen, 112 ff. zur Durchführung der EK durch die IVU-Richtlinie.

Richtlinie über die Prüfung bestimmter Pläne und Programme (SUP-Richtlinie) erlassen.[146]

d) Die UVP nach der EK

Die am 25. Februar 1991 in Espoo im Rahmen der ECE verabschiedete EK trat am 10. September 1997 in Kraft. Die Arbeiten der ECE waren inhaltlich beeinflusst von dem US-amerikanischen UVP-Modell und der UVP-Richtlinie, die EU war federführend an der Entwicklung der EK beteiligt.[147] Ziel der EK ist die verfahrenstechnische Ausgestaltung der grenzüberschreitenden Zusammenarbeit zwischen Staaten im Rahmen einer UVP von Großprojekten.[148] Da in den meisten Vertragsstaaten bereits innerstaatliche UVP-Verfahren vorgesehen waren, war es möglich, die UVP über die Grenzen der Staaten hinweg auszudehnen. Die EK ist das erste verbindliche völkerrechtliche Instrument, das die UVP speziell für grenzüberschreitende Auswirkungen auf die Umwelt regelt, und ist in zweierlei Hinsicht von Bedeutung:[149] Zum einen werden auf internationaler Ebene für die grenzüberschreitende UVP erstmals eindeutige Rechtspflichten geschaffen. Zum anderen wird in der EK die UVP als Mittel genutzt, um erhebliche grenzüberschreitende Umweltbeeinträchtigungen zu minimieren, die UVP wird also für den grenzüberschreitenden Umweltschutz eingesetzt.

Alle Ostseeanrainer sowie die EU haben die EK ratifiziert bzw. sind ihr beigetreten, außer Russland, das die EK bisher lediglich unterzeichnet hat.[150] Am 27. Februar 2001 wurde die EK auf dem zweiten Vertrags-

---

[146] Richtlinie 2001/42/EG des Europäischen Parlaments und Rates vom 27. Juni 2001 über die Prüfung bestimmter Pläne und Programme, Amtsbl. Nr. L 197 vom 21. Juli 2001, 30-37.

[147] Details zur Entstehungsgeschichte der EK, insbesondere zu den sechs Treffen der *ad hoc*-Arbeitsgruppe zwischen Oktober 1988 und September 1990 bei *U. Stiegel*, Espoo-Übereinkommen, 18 ff.

[148] *R. Dieter*, Das Umweltregime der Ostsee, 95.

[149] *U. Stiegel*, Espoo-Übereinkommen, 1 f.

[150] Schweden (1992), Finnland (1995), Dänemark, Polen, EU (1997), Lettland (1998), Estland, Litauen (2001), Deutschland (2002); Zeichnung Russlands am 6. Juni 1991. Siehe zum Verhältnis der EK zur Convention on the Protection of the Environment between Denmark, Finland, Norway and Sweden (Nordic Environment Protection Convention, unterzeichnet am 19. Februar 1974, in

staatentreffen in Sofia erstmals geändert, es wurde insbesondere die Rolle der NGOs gestärkt.[151] Diese Änderungen sind jedoch noch nicht in Kraft getreten.[152] Auf diesem zweiten Vertragsstaatentreffen wurde auch ein sog. „Implementation Committee" eingerichtet, das die Einhaltung der EK-Verpflichtungen durch die Vertragsstaaten überprüft und hierzu regelmäßige Berichte veröffentlicht.

Ein zweites Mal geändert wurde die EK am 4. Juni 2004 auf dem dritten Vertragsstaatentreffen in Cavtat, Kroatien.[153] Auch diese Änderungen sind noch nicht in Kraft.[154] Wichtigster Bestandteil dieser Änderungen ist, dass die in Anhang I[155] enthaltene Liste mit Tätigkeiten, für die eine UVP erforderlich ist, geändert wurde: Eine UVP ist neben Öl- und Gas-Rohrleitungen großen Durchmessers nun auch bei Rohrleitungen vorgesehen, in denen Chemikalien transportiert werden.[156]

Am 21. Mai 2003 wurde in Kiew das Protokoll über die Strategische Umweltprüfung (SUP) zum Übereinkommen über die Umweltverträglichkeitsprüfung im grenzüberschreitenden Rahmen unterzeichnet.[157] Im Juni 2004 wurde ein „Leitfaden für die praktische Anwendung der Espoo-Konvention" angenommen, der sich insbesondere an die zuständigen Behörden und Kontaktstellen auf nationaler, regionaler und

Kraft getreten am 5 Oktober 1976; UNTS Bd. 1092, 279 ff.) *T. Koivurova*, The Future of the Nordic Environment Protection Convention, (505) 508 ff., 513 ff.

[151] Decision II/14, siehe Text der Änderungen unter: http://www.unece.org/env/eia/documents/legaltexts/1st_amendment_en.pdf (Stand Juli 2010). Siehe zur Tagung der Vertragsstaaten Art. 11 EK, zur Änderung der EK Art. 14 EK.

[152] Siehe unter: http://treaties.un.org/doc/Publication/MTDSG/Volume%20II/Chapter%20XXVII/XXVII-4-a.en.pdf (Stand Juli 2010).

[153] Decision III/7. Siehe Text der Änderungen unter: http://www.unece.org/env/documents/2004/eia/decision.III.7.e.pdf (Stand Juli 2010).

[154] Siehe unter: http://treaties.un.org/doc/Publication/MTDSG/Volume%20II/Chapter%20XXVII/XXVII-4-c.en.pdf (Stand Juli 2010).

[155] Nach Art. 10 EK sind die diesem Übereinkommen beigefügten Anhänge Bestandteil des Übereinkommens.

[156] Anhang I lit. 8 EK wurde von: „Large-diameter oil and gas pipelines" in „Large-diameter pipelines for the transport of oil, gas or chemicals" abgeändert.

[157] Text abrufbar unter http://www.unece.org/env/eia/documents/legaltexts/protocolenglish.pdf (Stand Juli 2010).

lokaler Ebene, aber auch an Projektwerber, internationale Finanzierungsinstitutionen, NGOs und die Öffentlichkeit richtet.[158]

2. Anwendbarkeit der EK auf unterseeische Rohrleitungen

Die Anwendbarkeit der EK auf Verlegung, Betrieb und (Nicht-)Entfernung unterseeischer Rohrleitungen, insbesondere die darin enthaltene Pflicht zur Durchführung einer UVP, zur Beteiligung der betroffenen Staaten und der Öffentlichkeit, setzt insbesondere voraus, dass es sich bei Meeresrohrleitungen um eine geplante Tätigkeit handelt, die voraussichtlich erhebliche nachteilige grenzüberschreitende Auswirkungen hat.

Zunächst ist jedoch kurz auf die seerechtliche Dimension der EK einzugehen. Die EK sieht keine Besonderheiten für Tätigkeiten vor, die auf den Raum Meer bezogen sind. So bezieht sich auch keine der EK-Bestimmungen ausdrücklich auf die küstenstaatlichen Meereszonen. Anknüpfungspunkt für die Anwendbarkeit der EK ist eine Tätigkeit, die im Hoheitsbereich einer Vertragspartei durchgeführt werden soll, sowie deren Auswirkungen auf eine andere Vertragspartei. Die EK ist also stärker tätigkeitsbezogen und in ihrer räumlichen Spezifizierung weniger ausgeprägt als seerechtliche Konventionen.[159] Entscheidend für die Anwendbarkeit der EK in küstenstaatlichen Meereszonen ist also die Frage, was unter dem Begriff „Hoheitsbereich einer Vertragspartei" i. S. d. EK zu verstehen ist. Da diese Problematik bei der Frage nach der sog. Ursprungspartei relevant wird, ist dies unten näher zu beleuchten.[160]

---

[158] Auf Deutsch unter: http://www.bmu.de/files/pdfs/allgemein/application/pdf/espoo_leitfaden.pdf (Stand Juli 2010). Dieser Leitfaden befasst sich in erster Linie mit Fragen, die bei der Anwendung des Übereinkommens erkennbar Schwierigkeiten verursacht haben oder deren Berücksichtigung bei der Erarbeitung bi- oder multilateraler Übereinkünfte zur Unterstützung der Anwendung des Übereinkommens wichtig ist.

[159] Siehe zum Verhältnis der EK zu anderen völkerrechtlichen Übereinkommen Art. 2 Abs. 10 EK: „Dieses Übereinkommen lässt völkerrechtliche Verpflichtungen der Vertragsparteien in Bezug auf Tätigkeiten unberührt, die grenzüberschreitende Auswirkungen haben oder voraussichtlich haben werden."

[160] Siehe unten S. 342 ff.

a) Geplante Tätigkeit: Definition von „large-diameter pipeline"

Die EK definiert die Tätigkeiten, die in ihren Anwendungsbereich fallen, in Art. 1 lit. (v) sowie in Anhang I näher. Die Definition der geplanten Tätigkeit in Art. 1 lit. (v) EK ist weit: Danach bedeutet „geplante Tätigkeit" jede Tätigkeit oder jede größere Änderung einer Tätigkeit, über die von einer zuständigen Behörde[161] nach einem anwendbaren innerstaatlichen Verfahren entschieden werden muss. Nicht nur eine Tätigkeit selbst, sondern auch jede größere Änderung einer Tätigkeit fällt also in den Anwendungsbereich der EK. In der Praxis sind dies stationäre Aktivitäten, was auch die in Anhang I enthaltene Liste zeigt.[162] Die EK bezieht sich des Weiteren nur auf individuelle Aktivitäten und nicht auf generelle Pläne und Programme, die vom Kiew-Protokoll von 2003 erfasst werden.[163]

In der in Anhang I EK enthaltenen Liste der Tätigkeiten finden sich unter lit. 8 „Öl- und Gaspipelines großen Durchmessers" („large-diameter oil and gas pipelines"). Auf dem dritten Vertragsstaatentreffen am 4. Juni 2004 wurde die in Anhang I enthaltene Liste geändert, diese Änderung ist jedoch, wie bereits erwähnt, noch nicht in Kraft getreten: Nach lit. 8 sind in der Liste der geplanten Tätigkeiten nun Rohrleitungen großen Durchmessers, in denen Öl, Gas oder Chemikalien transportiert werden, aufgenommen.[164] Dabei wurde dem Umstand Rechnung getragen, dass auch von Chemikalien eine große Umweltgefahr ausgehen kann. Für den Unterwassertransport per Rohrleitung ist der Chemikalien-Transport allerdings – anders als bei landverlegten Rohrleitungen – bisher nicht von Relevanz. Mit dieser Änderung wurde die in Anhang I

---

161 Gemäß Art. 1 lit. ix) EK „bedeutet ‚zuständige Behörde' die von einer Vertragspartei für die Wahrnehmung der von diesem Übereinkommen erfassten Aufgaben als zuständig bestimmte(n) nationale(n) Behörde(n) und/oder die von einer Vertragspartei mit Entscheidungsbefugnissen in Bezug auf eine geplante Tätigkeit ausgestattete(n) Behörde(n)."

162 Siehe *T. Koivurova*, The Transnational EIA Procedure of the Espoo Convention, (161) 167.

163 Art. 2 Abs. 7 EK bestimmt, dass die nach diesem Übereinkommen vorgeschriebenen UVP zumindest in der Planungsphase der geplanten Tätigkeit vorgenommen werden, die Vertragsparteien sich aber auch bemühen, die Grundsätze der Umweltverträglichkeitsprüfung in geeignetem Umfang auf Politiken, Pläne und Programme anzuwenden. Siehe *T. Koivurova*, The Transnational EIA Procedure of the Espoo Convention, (161) 167.

164 Anhang I lit. 8 EK wurde von: „Large-diameter oil and gas pipelines" in „Large-diameter pipelines for the transport of oil, gas or chemicals" abgeändert.

EK enthaltene Liste auch der Liste in Anhang I der Aarhus-Konvention angepasst, in der es in Nr. 14 heißt: „Pipelines for the transport of gas, oil or chemicals with a diameter of more than 800 mm and a length of more than 40 km."[165] Es besteht zudem die Möglichkeit, die EK auch auf andere, nicht in Anhang I genannte Großprojekte anzuwenden, wenn sich die beteiligten Staaten damit einverstanden erklären.[166]

Für die Verlegung einer Meeresrohrleitung wie der *Nord Stream-Pipeline* sind – zumindest in der hier interessierenden Ostseeregion – innerstaatliche Verfahren vorgesehen, insbesondere Genehmigungs- und damit zusammenhängende UVP-Verfahren. Die Frage, ab wann eine Rohrleitung großen Durchmessers ist, wird weder in der EK noch in Anhang I EK näher problematisiert, hier verbleibt den Staaten ein Beurteilungsspielraum.[167] Zieht man Nr. 14 Anhang I der Aarhus-Konvention zur Auslegung heran, so kann eine Rohrleitung mit einer Länge von mehr als 40 km und einem Durchmesser von mehr als 800 mm als große Rohrleitung angesehen werden. Die *Nord Stream-Pipeline* fällt als Gaspipeline mit einem Durchmesser von 140 cm und einer Länge von 1200 km unzweifelhaft unter den Begriff der Gaspipeline großen Durchmessers.

b) Voraussichtlich erhebliche nachteilige grenzüberschreitende Auswirkungen

Zur Anwendbarkeit der EK auf eine geplante Tätigkeit ist des Weiteren erforderlich, dass diese Tätigkeit voraussichtlich erhebliche nachteilige

---

[165] Siehe Nr. 14 Annex I „List of Activities Referred to in Article 6, Paragraph 1 (a)" Aarhus-Konvention. Art. 6 Abs. 1 Aarhus-Konvention: „Each Party shall apply the provisions of this article with respect to decisions on whether to permit proposed activities listed in annex I."

[166] Art. 2 Abs. 5 EK: „Die beteiligten Vertragsparteien nehmen auf Betreiben einer von ihnen Gespräche darüber auf, ob eine oder mehrere nicht in Anhang I aufgeführte geplante Tätigkeiten voraussichtlich erhebliche nachteilige grenzüberschreitende Auswirkungen haben und daher so behandelt werden sollen, als seien sie dort aufgeführt. Kommen die Vertragsparteien dahingehend überein, so wird die Tätigkeit beziehungsweise werden die Tätigkeiten entsprechend behandelt. Anhang III enthält allgemeine Richtlinien zur Festlegung von Kriterien, anhand deren festgestellt werden kann, ob eine geplante Tätigkeit erhebliche nachteilige Auswirkungen hat." Siehe *R. Dieter*, Das Umweltregime der Ostsee, 97.

[167] Siehe *U. Stiegel*, Espoo-Übereinkommen, 32.

grenzüberschreitende Auswirkungen hat. Die Pflicht zur Durchführung einer UVP ist in der Regel an drei materielle Voraussetzungen geknüpft: Nachteilige Auswirkungen auf die Umwelt, die zumindest wahrscheinlich sein müssen und einen gewissen Grad an Erheblichkeit voraussetzen.[168] Diese materiellen Elemente werden in der EK wie folgt spezifiziert:

aa) Grenzüberscheitende Auswirkungen

Art. 1 lit. (vii) EK definiert „Auswirkungen" sehr weit als jede Auswirkung einer geplanten Tätigkeit auf die Umwelt, insbesondere auf die Gesundheit und Sicherheit des Menschen, auf die Pflanzen- und Tierwelt, auf Wasser und Klima.[169] Diese Definition zeigt, dass die moderne Definition des Begriffs „Umwelt" über einen rein anthropozentrischen Begriff hinaus reicht und die Umwelt als solche als schutzwürdig erachtet wird.

In Art. 1 lit. (viii) EK ist der Terminus „grenzüberschreitende Auswirkungen" definiert als „jede Auswirkung – nicht nur globaler Art – innerhalb eines Gebiets unter der Hoheitsgewalt einer Vertragspartei infolge einer geplanten Tätigkeit, deren natürlicher Ursprung sich ganz oder teilweise in einem Gebiet unter der Hoheitsgewalt einer anderen Vertragspartei befindet." Demnach sind Auswirkungen, die sich vom Hoheitsgebiet einer Vertragspartei auf Gebiete jenseits nationaler Hoheitsgewalt erstrecken und nicht auf das Gebiet einer anderen Vertragspartei ausdehnen, vom Anwendungsbereich der EK ausgenommen,[170] was jedoch für die Ostsee nicht relevant ist, da diese vollständig verzont ist.

---

[168] *A. Epiney/M. Scheyli*, Umweltvölkerrecht, 137 ff.

[169] Art. 1 lit. (vii) EK: „bedeutet ‚Auswirkungen' jede Auswirkung einer geplanten Tätigkeit auf die Umwelt, insbesondere auf die Gesundheit und Sicherheit des Menschen, auf die Pflanzen- und Tierwelt, auf Boden, Luft, Wasser, Klima, Landschaft und geschichtliche Denkmäler oder andere natürliche Bauwerke oder eine Wechselwirkung zwischen mehreren dieser Faktoren; hierzu zählen außerdem Auswirkungen auf das kulturelle Erbe oder auf sozioökonomische Bedingungen infolge von Veränderungen dieser Faktoren." Dies war eine der umstrittensten Definitionen der EK, siehe *U. Stiegel*, Espoo-Übereinkommen, 22, 33; siehe auch *T. Koivurova*, The Transnational EIA Procedure of the Espoo Convention, (161) 167 f.

[170] Siehe *T. Koivurova*, The Transnational EIA Procedure of the Espoo Convention, (161) 168.

bb) Kriterium der Erheblichkeit

Zur Frage, wann eine solche grenzüberschreitende Auswirkung als „erheblich" zu qualifizieren ist, macht die EK keine näheren Angaben.[171] Allerdings enthält Anhang III „Allgemeine Kriterien als Anhaltspunkte für die Feststellung der Umweltbelastung durch nicht in Anhang I aufgeführte Tätigkeiten" Richtlinien zur Festlegung von Kriterien, anhand derer festgestellt werden kann, ob eine geplante Tätigkeit erhebliche nachteilige Auswirkungen hat (siehe Art. 2 Abs. 5 3. HS EK). Solche Kriterien sind gemäß lit. 1 Anhang III EK insbesondere Umfang und Ort sowie die vielschichtigen Folgen einer Tätigkeit.[172]

Bei der Beurteilung der Erheblichkeit einer geplanten Tätigkeit kommt darüber hinaus den grundlegenden Prinzipien des Umweltvölkerrechts, insbesondere dem Vorsorgeprinzip und dem Prinzip der nachhaltigen Entwicklung, eine entscheidende Bedeutung zu.[173] Weiterer Anhalts-

---

[171] Siehe allgemein zum Kriterium der Erheblichkeit beim Verbot erheblicher grenzüberschreitender Umweltbeeinträchtigungen: *A. Epiney/M. Scheyli*, Umweltvölkerrecht, 109 ff.; *U. Beyerlin*, Umweltvölkerrecht, 55 f., Rn. 118 f.; *G. Handl*, Transboundary Impacts, (531) 535 ff.; *P. Patronos*, The Espoo Convention, (17) 22 ff., sehr umfassend und anschaulich zum Kriterium der Erheblichkeit im Rahmen der EK. Zu den Umweltbeeinträchtigungen unterhalb der Erheblichkeitsschwelle und deren völkergewohnheitsrechtlichem Verbot *U. Stiegel*, Espoo-Übereinkommen, 54 f.

[172] Lit. 1 Anhang III EK: „Bei der Prüfung geplanter Tätigkeiten, auf die Artikel 2 Absatz 5 Anwendung findet, können die beteiligten Vertragsparteien prüfen, ob die Tätigkeit voraussichtlich erhebliche nachteilige grenzüberschreitende Auswirkungen hat, insbesondere anhand einzelner oder mehrerer der folgenden Kriterien: (a) Umfang: geplante Tätigkeiten, die ihrer Art nach umfangreich sind; (b) Standort: geplante Tätigkeiten, deren Standort sich in oder nahe bei einem Gebiet befindet, das ökologisch besonders empfindlich oder bedeutsam ist (...); ferner geplante Tätigkeiten an Standorten, an denen die Merkmale des geplanten Vorhabens voraussichtlich erhebliche Folgen für die Bevölkerung hätten; (c) Folgen: geplante Tätigkeiten mit besonders vielschichtigen und möglicherweise nachteiligen Folgen; dazu gehören Tätigkeiten, die schwerwiegende Folgen für den Menschen oder für wertvolle Arten oder Organismen haben, Tätigkeiten, welche die weitere oder mögliche Nutzung eines betroffenen Gebiets gefährden, sowie Tätigkeiten, die eine zusätzliche Belastung verursachen, welche die Belastbarkeit der Umwelt übersteigt." Siehe *P. Patronos*, The Espoo Convention, (17) 38 ff.

[173] Eingehend zu den einzelnen wichtigen Prinzipien *P. Patronos*, The Espoo Convention, (17) 24 ff., 33 ff., 39; *A. Epiney/M. Scheyli*, Umweltvölkerrecht, 139. Das Konzept bzw. Prinzip der nachhaltigen Entwicklung bzw. Nachhaltigkeit („principle of sustainable development") kommt auch in Art. 193 SRÜ

punkt für die Beurteilung der Erheblichkeit einer geplanten Tätigkeit kann die Tatsache sein, dass ein Gebiet reich an (bedrohter) Biodiversität ist oder einem speziellen Schutzregime unterliegt, z. B. als MPA speziell geschützt ist.[174] Demnach sind nicht nur Art und Umfang der Tätigkeit von Bedeutung, sondern auch das Ökosystem, in dem die Tätigkeit geplant ist, insbesondere wenn dieses besonders sensibel und/oder geschützt ist.[175]

Aus einem Umkehrschluss aus Art. 2 Abs. 5 EK sowie den weiteren Bestimmungen der EK ergibt sich, dass bei den in Anhang I gelisteten Vorhaben die Erheblichkeit der negativen grenzüberschreitenden Auswirkungen vermutet wird bzw. in aller Regel wahrscheinlich ist.[176] Umgekehrt wird bei nicht in Anhang I gelisteten Vorhaben vermutet, dass sie grundsätzlich keine erheblichen nachteiligen grenzüberschreitenden Auswirkungen haben.[177]

cc) Einordnung der Auswirkungen unterseeischer Rohrleitungen in den Kontext der EK

Die Auswirkungen einer am Meeresboden verlegten Rohrleitung auf die Meeresumwelt sind bedeutend, selbst wenn man mögliche Beschädigungen und ein Austreten von Öl und Gas außer Betracht lässt: Die Verlegung einer Rohrleitung auf dem Meeresboden und der Verlegevorgang selbst stellen erheblich Eingriffe in die Meeresumwelt dar, gerade bei einer über 1.000 km langen Rohrleitung wie der *Nord Stream*-

---

zum Ausdruck. Art. 193 SRÜ: „Die Staaten haben das souveräne Recht, ihre natürlichen Ressourcen im Rahmen ihrer Umweltpolitik und im Übereinstimmung mit ihrer Pflicht zum Schutz und zur Bewahrung der Meeresumwelt auszubeuten." Siehe zum Leitbild der nachhaltigen Entwicklung *W. Graf Vitzthum*, Raum und Umwelt im Völkerrecht, 475, Rn. 144; 461 ff., Rn. 112 ff.; *R. Wolfrum*, The Impact of UNCLOS on the Progressive Development of International Law, (615) 620 ff. *K. Morrow*, Public Participation in the Assessment of the Effects of Certain Plans and Programmes on the Environment, (49), 61 zur Rolle der UVP bei der nachhaltigen Entwicklung.

[174] Siehe *P. Patronos*, The Espoo Convention, (17) 28 ff., 31 ff., 39 f.

[175] Siehe *P. Patronos*, The Espoo Convention, (17) 40.

[176] Siehe *U. Stiegel*, Espoo-Übereinkommen, 33 m. w. N.; *T. Koivurova*, The Transnational EIA Procedure of the Espoo Convention, (161) 175.

[177] *T. Koivurova*, The Transnational EIA Procedure of the Espoo Convention, (161) 176.

Pipeline, die die gesamte Ostsee quert. Zudem bringen die vorbereitenden Maßnahmen einer Verlegung, wie das Einebnen von Felsriffen, das Ausheben der Rohrleitungstrasse, das Sprengen von Munition und das Ausspülen einer Rohrleitung mit antikorrosiv wirkenden Mitteln, grenzüberschreitende Auswirkungen mit sich, die gerade in einem ökologisch besonders sensiblen Gebiet wie der Ostsee erheblich sind.

Da sowohl eine auf dem Meeresboden verbleibende stillgelegte Seepipeline als auch die mögliche (teilweise) Entfernung einer solchen erhebliche Auswirkungen auf die Meeresumwelt haben kann, ist auch dieser Umstand bei der UVP zu berücksichtigen. So könnte zum einen bereits in der UVP über die Verlegung der Rohrleitung festgelegt werden, wann und in welchem Umfang die Rohrleitung entfernt werden muss, wenn sie nicht mehr genutzt wird. Die Genehmigung einer unterseeischen Rohrleitung könnte z. B. unter die Auflage erteilt werden, dass Seerohrleitungen so konstruiert sein müssen, dass sie nach Einstellung des Betriebes ohne größere grenzüberschreitende Umweltbeeinträchtigungen entfernt werden können. Zum anderen könnte aber auch die Entfernung einer seeverlegten Pipeline eine neue UVP-Pflicht und ein neues UVP-Verfahren auslösen.[178]

Im Ergebnis ist festzuhalten, dass eine seeverlegte Rohrleitung wie die *Nord Stream-Pipeline* eine in lit. 8 Anhang I EK aufgeführte Tätigkeit darstellt, die voraussichtlich erhebliche nachteilige grenzüberscheitende Auswirkungen hat, und damit in den Anwendungsbereich der EK fällt.

II. Rechte und Pflichten der Espoo-Vertragsstaaten in Bezug auf unterseeische Rohrleitungen und Meeresumweltschutz: UVP-Verfahren

Die EK besteht primär aus Bestimmungen, die die Vertragsstaaten dazu verpflichten, bestimmte Verfahrensschritte bei einem grenzüberschreitenden UVP-Verfahren einzuhalten. Daneben finden sich in der EK noch einige weitere allgemeine Kooperationspflichten, die im Folgenden kurz erläutert werden sollen, bevor auf die einzelnen Verfahrensschritte des in der EK niedergelegten UVP-Verfahrens und die daran beteiligten Vertragsstaaten näher eingegangen wird.

---

[178] Siehe auch Art. 1 lit. (v) EK, nach dem nicht nur eine Tätigkeit selbst, sondern auch jede größere Änderung einer Tätigkeit in den Anwendungsbereich der EK fällt.

Nach Art. 2 Abs. 1 EK, der insbesondere Ausdruck des Verhütungsprinzips und des Verbots erheblicher grenzüberschreitender Umweltbeeinträchtigungen ist, ergreifen die Vertragsparteien einzeln oder gemeinsam alle geeigneten und wirksamen Maßnahmen zur Verhütung, Verringerung und Bekämpfung erheblicher nachteiliger grenzüberschreitender Auswirkungen einer geplanten Tätigkeit auf die Umwelt.[179] Gemäß Art. 2 Abs. 2 EK ergreift jede Vertragspartei die erforderlichen rechtlichen, verwaltungsmäßigen und sonstigen Maßnahmen zur Durchführung der EK, darunter für Tätigkeiten, die voraussichtlich erhebliche nachteilige grenzüberschreitende Auswirkungen haben, die Schaffung eines Verfahrens zur Umweltverträglichkeitsprüfung, das eine Beteiligung der Öffentlichkeit sowie die Ausarbeitung der in Anhang II EK beschriebenen Dokumentation zur UVP zulässt.[180] Bereits Art. 2 Abs. 2 EK verpflichtet die Vertragsparteien also zur Schaffung eines nationalen UVP-Verfahrens mit einer Beteiligung der Öffentlichkeit und detaillierten Dokumentationspflichten.

Gemäß Art. 8 EK können die Vertragsparteien zwei- oder mehrseitige Übereinkünfte fortsetzen oder neue schließen, um ihre Verpflichtungen aus der EK zu erfüllen.[181] Im Rahmen dieser zwei- oder mehrseitigen Übereinkünfte können die Vertragsparteien strengere als die in der EK vorgesehenen Maßnahmen ergreifen (Art. 2 Abs. 9 EK).[182] Art. 9 EK sieht die Einführung oder Intensivierung bestimmter Forschungsprogramme vor, u. a. mit dem Ziel, Methoden zur Prüfung der Auswirkungen geplanter Tätigkeiten zu verbessern. Kommt es über die Anwendung oder Auslegung der EK zu einer Streitigkeit zwischen zwei oder mehreren Vertragsparteien, so bemühen sich diese, durch Verhandlung oder eine andere Methode der Streitbeilegung eine Lösung herbeizuführen (siehe Art. 15 Abs. 1 EK). Kann eine Streitigkeit nicht auf diesem

---

[179] Siehe ausführlich *T. Koivurova*, The Transnational EIA Procedure of the Espoo Convention, (161) 169 ff.

[180] Siehe zu Art. 2 Abs. 2 EK *T. Koivurova*, The Transnational EIA Procedure of the Espoo Convention, (161) 172 f.

[181] Diese Übereinkünfte oder sonstigen Vereinbarungen können sich auf die in Anhang VI „Grundlagen für die zweiseitige und mehrseitige Zusammenarbeit" aufgeführten Grundlagen stützen. Siehe ausführlich hierzu *P. Patronos*, The Espoo Convention, (17) 51 ff.

[182] Art. 2 Abs. 9 EK: „Dieses Übereinkommen lässt das Recht einzelner Vertragsparteien unberührt, gegebenenfalls aufgrund einer zweiseitigen oder mehrseitigen Übereinkunft strengere als die in dem Übereinkommen vorgesehenen Maßnahmen zu ergreifen."

Weg beigelegt werden, so kann eine Vertragspartei erklären, dass sie die Vorlage der Streitigkeit beim IGH oder ein Schiedsverfahren nach Anlage VII EK als obligatorisch ansieht.[183]

Kern der EK ist das in Art. 2 ff. EK niedergelegte besondere Verfahren der UVP vor einer Entscheidung über bestimmte Projekte, die voraussichtlich nachteilige grenzüberschreitende Auswirkungen haben. Gemäß Art. 2 Abs. 3 EK stellt die sog. Ursprungspartei sicher, dass vor einer Entscheidung über die Genehmigung oder Durchführung einer in Anhang I aufgeführten geplanten Tätigkeit, die voraussichtlich erhebliche nachteilige grenzüberschreitende Auswirkungen hat, eine UVP nach Maßgabe der EK durchgeführt wird. Das UVP-Verfahren der EK gliedert sich im Wesentlichen in folgende Schritte: die Notifizierung des Projektes, die Durchführung der UVP (insb. Konsultationen und Öffentlichkeitsbeteiligung), die Entscheidung über die geplante Tätigkeit sowie die Analyse nach der Durchführung des Vorhabens.

1. Beteiligte Vertragsparteien gemäß der EK

An dem UVP-Verfahren der EK beteiligt sind die sog. Ursprungspartei und die sog. betroffene Vertragspartei. Art. 1 lit. (iv) EK definiert „beteiligte Vertragsparteien“ als „die Ursprungspartei und die betroffene Vertragspartei, die eine Umweltverträglichkeitsprüfung nach diesem Übereinkommen vornehmen“. Dabei sind die Rechte und Pflichten der Ursprungspartei und der betroffenen Parteien unterschiedlicher Natur, auch was die Seerohrleitungsverlegung betrifft. Gemäß Art. 2 Abs. 3 EK stellt die Ursprungspartei sicher, dass vor einer Entscheidung über die Verlegung einer unterseeischen Pipeline, die voraussichtlich erhebliche nachteilige grenzüberschreitende Auswirkungen haben wird, eine UVP nach Maßgabe der EK durchgeführt wird. Die Ursprungspartei ist

---

[183] Art. 15 EK: „(...) (2) Bei der Unterzeichnung, der Ratifikation, der Annahme oder der Genehmigung dieses Übereinkommens beziehungsweise beim Beitritt zu ihm oder jederzeit danach kann eine Vertragspartei dem Verwahrer schriftlich erklären, dass sie für eine nicht nach Absatz 1 beigelegte Streitigkeit eines der folgenden Mittel der Streitbeilegung oder beide gegenüber jeder anderen Vertragspartei, welche dieselbe Verpflichtung übernimmt, als obligatorisch anerkennt: (a) die Vorlage der Streitigkeit beim Internationalen Gerichtshof; (b) ein Schiedsverfahren nach dem in Anhang VII festgelegten Verfahren. (3) Haben die Streitparteien beide in Absatz 2 genannten Mittel der Streitbeilegung anerkannt, so darf die Streitigkeit nur dem Internationalen Gerichtshof vorgelegt werden, sofern die Parteien nichts anderes vereinbaren.“

also, wie sich zeigen wird, der Staat, der primär verpflichtet ist, eine UVP durchzuführen und die betroffenen Vertragsparteien sowie die Öffentlichkeit zu unterrichten und zu beteiligen. Jedoch treffen auch die betroffenen Vertragsparteien bestimmte Pflichten, insbesondere hinsichtlich der Kooperation und des Informationsaustausches.

a) Definition von Ursprungspartei

Art. 1 lit. (ii) EK definiert „Ursprungspartei" („party of origin") als „die Vertragspartei oder die Vertragsparteien dieses Übereinkommens, in deren Hoheitsbereich eine geplante Tätigkeit durchgeführt werden soll". Die Formulierung „in deren Hoheitsbereich" hat eine ausgeprägte räumliche Komponente und ist im Sinne „Hoheitsgebiet" bzw. Gebiet, in dem ein Staat seine Hoheitsrechte ausüben darf, zu verstehen. Im meeresbezogenen Kontext ist diese Formulierung problematisch, gerade hinsichtlich der Nichtstaatsgebiete Hohe See bzw. Meeresboden jenseits nationaler Hoheitsbefugnisse sowie der Funktionshoheitsräume AWZ und Festlandsockel. In der entsprechenden englischen und französischen Formulierung „under whose jurisdiction" bzw. „sous la juridiction de laquelle" wird deutlicher, wer als Ursprungspartei bei der Verlegung unterseeischer Rohrleitungen zu qualifizieren ist.[184]

Nach dieser Definition sind hinsichtlich der Verlegung untermeerischer Rohrleitungen die verlegenden Staaten als Ursprungsparteien i. S. d. EK anzusehen, da sie Personalhoheit über die die Rohrleitung verlegenden Privatgesellschaften haben und damit die Tätigkeit der Rohrleitungsverlegung unter ihrer Jurisdiktion durchgeführt wird. Für die *Nord Stream-Pipeline* sind demnach Russland und Deutschland als die Staaten, unter deren Personalhoheit die dem Konsortium *Nord Stream AG* angehörenden Unternehmen stehen, als Ursprungsparteien anzusehen. Russland hat die EK bislang lediglich am 6. Juni 1991 gezeichnet, hat sich aber, soweit es seine nationale Gesetzgebung erlaubt, bereiterklärt, als Ursprungspartei hinsichtlich der *Nord Stream-Pipeline* zu handeln.[185] Im November 2007 stieg die niederländische *Gasunie* beim

---

[184] Gemäß Art. 20 EK sind der englische, französische und russische Wortlaut der EK gleichermaßen verbindlich.

[185] *C. Abromeit*, Die Ostseepipeline, (354) 356. Auszug aus der russischen Notifizierung des *Nord Stream-Pipeline*-Projektes: „(...) Russian Federation is a signatory but not a Party to the Espoo-Convention. However, Russian Federation will act as a Party of origin as far as it considers it possible according to its legislation. (...)." Abrufbar unter: http://www.bsh.de/de/Meeresnutzung/

Nord Stream-Projekt ein, weshalb auch die Niederlande, die die EK am 28. Februar 1995 angenommen haben, als Ursprungspartei i. S. d. EK anzusehen wären. Da der französische Konzern *GDF Suez* im Juli 2009 beim *Nord Stream-Projekt* einstieg, wäre auch Frankreich, das die EK am 15. Juni 2001 angenommen hat, Ursprungspartei i. S. d. EK. Auch für die Schweiz, die der EK am 16. September 1996 beigetreten ist, könnte ähnliches gelten: Auch sie könnte als verlegender Staat anzusehen sein, da die *Nord Stream AG* als Aktiengesellschaft ins Schweizer Handelsregister eingetragen ist und ihren Hauptsitz in Zug hat. Die Niederlande, Frankreich und die Schweiz sind bislang allerdings nicht am EK-Verfahren als Ursprungsparteien beteiligt.

Auch ein Küstenstaat, durch dessen Küstenmeer eine Pipeline führen soll, ist Ursprungspartei, da die Tätigkeit in seinem Hoheitsgebiet bzw. unter seiner Jurisdiktion stattfindet. So ist Dänemark hinsichtlich der *Nord Stream-Pipeline* als Ursprungspartei anzusehen, da diese bei der Insel *Bornholm* durch dänisches Küstenmeer führen soll.

Ist aber auch ein Küstenstaat, durch dessen AWZ bzw. auf dessen Festlandsockel eine unterseeische Rohrleitung führen soll, Ursprungspartei? In diesen Funktionshoheitsräumen hat der Küstenstaat gerade keine volle Souveränität, sondern übt nur funktional begrenzte Hoheitsbefugnisse aus.

Steht eine Rohrleitung im Zusammenhang mit einer Offshore-Plattform zur Ausbeutung der Öl- und Gasressourcen des Festlandsockels („field-to-coast pipelines", „field-to-field pipelines" und Feldleitungen), so wäre der Küstenstaat als Ursprungspartei anzusehen, da Ausbeutungsaktivitäten und mit diesen zusammenhängende Tätigkeiten zu seinen souveränen Rechten gehören und damit seiner Jurisdiktion unterfallen.

Bei unabhängigen Transportrohrleitungen, die durch einen küstenstaatlichen Festlandsockel führen, ist dies problematischer. Der Bau bzw. die Verlegung einer solchen unterseeischen Rohrleitung findet nicht unter der küstenstaatlichen Jurisdiktion statt, da die verlegenden Staaten aufgrund der Weitergeltung der Verlegefreiheit in der AWZ bzw. auf dem Festlandsockel die Jurisdiktion über die auf einem fremden Festlandsockel verlegten Rohrleitungen behalten.

Der Küstenstaat hat allerdings u. a. ein Zustimmungsrecht zum Verlauf der Trasse (Art. 79 Abs. 3 SRÜ) und die Verpflichtung, den Meeresum-

---

Wirtschaft/Rohrleitungen/Notification_from_Russian_Federation.pdf (Stand Juli 2010).

weltschutz in seiner AWZ zu gewährleisten und durchzusetzen (siehe insbesondere Art. 79 Abs. 2 SRÜ). Aufgrund dieser bedeutenden Einflussnahmemöglichkeiten des Küstenstaates in Bezug auf den Meeresumweltschutz einer auf seinem Festlandsockel von einem dritten Staat verlegten Rohrleitungen und nach Sinn und Zweck der EK ist deshalb auch ein Küstenstaat als Ursprungspartei i. S. d. EK anzusehen, durch dessen AWZ bzw. auf dessen Festlandsockel eine Transportleitung wie die *Nord Stream-Pipeline* verläuft. Auch die Staatenpraxis stützt dieses Ergebnis, da neben Deutschland und Dänemark auch Schweden und Finnland als Ursprungsparteien am EK-Verfahren bei der *Nord Stream-Pipeline* beteiligt sind, obwohl die *Nord Stream-Pipeline* bei beiden Staaten nur durch die AWZ bzw. entlang des Festlandsockels führen soll.[186]

Im Ergebnis ist festzuhalten, dass in Bezug auf die *Nord Stream-Pipeline* Deutschland, Dänemark, Finnland und Schweden als Ursprungsparteien i. S. d. EK anzusehen sind und im Rahmen der EK auch als solche auftreten.[187] Russland hat sich bereiterklärt, als Ursprungspartei hinsichtlich der *Nord Stream-Pipeline* zu handeln, und nimmt insofern als Nicht-Vertragsstaat eine Sonderrolle ein. Wegen des Einstiegs der niederländischen *Gasunie* sowie des französischen Konzerns *GDF Suez* beim *Nord Stream-Projekt* wären eigentlich auch die Niederlande und Frankreich als Ursprungsparteien i. S. d. EK anzusehen, bislang sind beide Staaten allerdings (noch) nicht am EK-Verfahren beteiligt. Gleiches gilt für die Schweiz.

b) Definition der betroffenen Vertragspartei

Gemäß Art. 1 lit. (iii) EK bedeutet „betroffene Vertragspartei" („affected party") „die Vertragspartei oder die Vertragsparteien dieses Übereinkommens, die voraussichtlich von den grenzüberschreitenden Auswirkungen einer geplanten Tätigkeit betroffen ist oder sind". In einem halbumschlossenen Meer geringer Ausdehnung wie der Ostsee ist da-

---

[186] Auch *T. Koivurova*, The Transnational EIA Procedure of the Espoo Convention, (161) 164, wendet die EK auf das Küstenmeer, die AWZ und den Festlandsockel an, ohne dies jedoch näher zu begründen.

[187] So auch *C. Abromeit*, Die Ostseepipeline, (354) 357; *K. Kim*, Ostseepipeline „Nord Stream" – ein meeresumweltrechtliches Problem?, (170) 174 ohne nähere Begründung; *L. Simonet*, Le Gazoduc Nord Stream et la Mer Baltique, (81) 91 ohne weitere Begründung.

von auszugehen, dass bei einer Pipeline, die wie die *Nord Stream-Pipeline* die gesamte Ostsee der Länge nach durchquert, alle Ostseeanrainer auch betroffene Parteien sind. Hinsichtlich der *Nord Stream-Pipeline* sind dies also – neben den Ursprungsparteien – die baltischen Staaten sowie Polen. Dies bedeutet, dass bei der *Nord Stream-Pipeline* alle Ostseeanrainerstaaten als Ursprungsparteien bzw. betroffene Vertragsparteien beteiligt sind.

2. *Verfahrensschritte des UVP-Verfahrens nach der EK*

Ausgangspunkt für das UVP-Verfahren der EK ist der bereits mehrfach erwähnte Art. 2 Abs. 3 EK, nach dem die Ursprungspartei sicherstellt, dass vor einer Entscheidung über die Genehmigung oder Durchführung eines Vorhabens wie der Verlegung einer unterseeischen Pipeline, das voraussichtlich erhebliche nachteilige grenzüberschreitende Auswirkungen hat, eine UVP nach Maßgabe der EK durchgeführt wird. Nach Art. 2 Abs. 4 EK stellt die Ursprungspartei insbesondere sicher, dass betroffene Vertragsparteien von einer solchen Tätigkeit benachrichtigt werden. Im nächsten Schritt wird gemäß Art. 4 EK i.V.m. Anhang II EK die Dokumentation zur UVP ausgearbeitet, auf deren Grundlage die Ursprungsparteien mit den betroffenen Parteien Konsultationen aufnehmen (Art. 5 EK), um unter anderem über die möglichen grenzüberschreitenden Umweltauswirkungen und deren Verminderung und Vermeidung zu verhandeln. Die Öffentlichkeit in den voraussichtlich betroffenen Gebieten ist über die Tätigkeit zu informieren sowie an dem UVP-Verfahren zu beteiligen. Erst nachdem diese Schritte durchgeführt worden sind, kann die endgültige Entscheidung über das Projekt auf der Grundlage der Dokumentation, der Konsultationen und öffentlichen Stellungnahmen getroffen werden (Art. 6 EK). Zudem kann eine Analyse nach Durchführung des Vorhabens gemäß Art. 7 EK vorgenommen werden.[188]

---

[188] Siehe das anschauliche Diagramm der verschiedenen Schritte im Leitfaden für die praktische Anwendung der Espoo-Konvention, 13, abrufbar unter: http://www.bmu.de/files/pdfs/allgemein/application/pdf/espoo_leitfaden.pdf (Stand Juli 2010).

a) Notifizierung des Projektes an andere Vertragsparteien (Art. 3 EK)

Ausgangspunkt des UVP-Verfahrens ist die sog. Notifizierung. Die allgemeine Pflicht der vorherigen Information bzw. Notifizierung stellt eine Regel des Völkergewohnheitsrechts dar und ist Ausdruck des Kooperationsprinzips und des Prinzips der guten Nachbarschaft.[189] In Prinzip 19 der Rio-Deklaration von 1992 heißt es: „States shall provide prior and timely notification and relevant information to potentially affected States on activities that may have a significant adverse transboundary environmental effect and shall consult with those States at an early stage and in good faith."[190] Gemäß Art. 2 Abs. 4 EK stellt die Ursprungspartei sicher, dass die betroffenen Vertragsparteien von einer Tätigkeit wie der Rohrleitungsverlegung mit voraussichtlich erheblichen nachteiligen grenzüberschreitenden Auswirkungen benachrichtigt werden.

Bevor auf Inhalt, Zeit und Umfang dieser Benachrichtigungspflicht, die in Art. 3 EK geregelt sind, näher eingegangen wird, soll kurz der in Art. 3 Abs. 7 EK geregelte Fall beschrieben werden, wenn eine Benachrichtigung unterbleibt, eine Vertragspartei sich aber dennoch für betroffen hält:[191] Ist eine Vertragspartei der Auffassung, dass sie von erheblichen nachteiligen grenzüberschreitenden Auswirkungen einer geplanten Tätigkeit betroffen sein könnte, und ist eine Benachrichtigung seitens der Ursprungspartei nicht erfolgt, so tauschen die beteiligten Vertragsparteien auf Ersuchen der betroffenen Vertragspartei Informationen aus, um die Frage der Wahrscheinlichkeit erheblicher nachteiliger grenz-

---

[189] *P. Patronos*, The Espoo Convention, (17) 46 f.; *P.W. Birnie/A. E. Boyle*, International Law & the Environment, 126 ff., zur völkergewohnheitsrechtlichen Geltung der Prinzipien der Notifikation und Konsultation. *U. Beyerlin*, Umweltschutz und lokale grenzüberschreitende Zusammenarbeit (rechtliche Grundlagen), (293) 296, stellte bereits 1982 eine zu Völkergewohnheitsrecht erstarkte gegenseitige Informations- bzw. Warnpflicht in allen Fällen fest, in denen auf dem Gebiet des einen Staates Aktivitäten in Gang gesetzt werden, die voraussichtlich erhebliche, unübliche Umweltbeeinträchtigungen auf dem Gebiet des anderen Staates verursachen werden. Siehe auch *U. Stiegel*, Espoo-Übereinkommen, 69 ff.

[190] The United Nations Conference on Environment and Development, Rio Declaration on Environment and Development, 3.-14. Juni 1992, Principle 19. Abrufbar unter: http://www.unep.org/Documents.Multilingual/Default.asp?DocumentID=78&ArticleID=1163 (Stand Juli 2010).

[191] Siehe zur Bedeutung dieser Bestimmung *P. Patronos*, The Espoo Convention, (17) 48.

überschreitender Auswirkungen zu erörtern. Stellen die Vertragsparteien übereinstimmend fest, dass erhebliche nachteilige grenzüberschreitende Auswirkungen wahrscheinlich sind, so finden die Bestimmungen der EK entsprechend Anwendung. Können sich die Vertragsparteien nicht darüber einigen, ob erhebliche nachteilige grenzüberschreitende Auswirkungen wahrscheinlich sind, so kann jede von ihnen die Frage einer Untersuchungskommission nach Anhang IV vorlegen, die über die Wahrscheinlichkeit erheblicher nachteiliger grenzüberschreitender Auswirkungen ein Gutachten erstellt.[192]

aa) Zeitpunkt der Notifizierung

Art. 3 Abs. 1 EK spezifiziert die Benachrichtigungspflicht des Art. 2 Abs. 4 EK in zeitlicher Hinsicht dahingehend, dass die Ursprungspartei zur Aufnahme sachgemäßer und wirksamer Konsultationen jede Vertragspartei, die nach ihrer Auffassung betroffen sein könnte, so bald wie möglich von der Tätigkeit unterrichtet, spätestens jedoch zu dem Zeitpunkt, zu dem sie ihre eigene Öffentlichkeit unterrichtet. Das UVP-Verfahren soll also möglichst frühzeitig einsetzen.[193] Die Anzeige hat zu einem Zeitpunkt zu erfolgen, zu dem auf den Planungprozess noch effektiv eingewirkt werden kann.[194] Der Zeitpunkt der Benachrichtigung der betroffenen Vertragspartei ist dabei davon abhängig, wann im nationalen Verwaltungsverfahren der Ursprungspartei eine formelle Beteiligung der Öffentlichkeit vorgesehen ist.[195]

bb) Inhalt der Notifizierung

Gemäß Art. 3 Abs. 2 EK enthält die Benachrichtigung der betroffenen Vertragsparteien insbesondere Informationen über die geplante Tätig-

---

[192] Siehe hierzu *U. Stiegel*, Espoo-Übereinkommen, 35 f.; *T. Koivurova*, The Future of the Nordic Environment Protection Convention, (505) 510 f.; *ders.*, The Transnational EIA Procedure of the Espoo Convention, (161) 176 f.

[193] Siehe *U. Stiegel*, Espoo-Übereinkommen, 38. Siehe auch Leitfaden für die praktische Anwendung der Espoo-Konvention, 18, abrufbar unter: http://www.bmu.de/files/pdfs/allgemein/application/pdf/espoo_leitfaden.pdf (Stand Juli 2010).

[194] *R. Dieter*, Das Umweltregime der Ostsee, 97.

[195] Siehe *U. Stiegel*, Espoo-Übereinkommen, 38.

keit, einschließlich aller zur Verfügung stehenden Informationen über ihre möglichen grenzüberschreitenden Auswirkungen, Informationen über die Art der möglichen Entscheidung und die Angabe einer angemessenen Frist, innerhalb derer eine Antwort der betroffenen Partei erforderlich ist, wobei die Art der geplanten Tätigkeit berücksichtigt wird. Zudem kann die Benachrichtigung die in Art. 3 Abs. 5 EK genannten Informationen über das UVP-Verfahren und die geplante Tätigkeit sowie deren möglicherweise erheblichen nachteiligen grenzüberschreitenden Auswirkungen enthalten. Diese erste Information der betroffenen Vertragsparteien sollte, um Rechtsklarheit zu schaffen und um adäquate und effektive Konsultationen vorzubereiten, zumindest ein Minimum an Informationen über die möglichen erheblichen grenzüberschreitenden Auswirkungen enthalten.[196]

Art. 2 Abs. 8 EK regelt den Schutz sensibler Informationen im Rahmen des EK-Verfahrens, die weitergegeben bzw. veröffentlicht werden und deren Weitergabe Betriebs- und Geschäftsgeheimnissen oder der nationalen Sicherheit schaden würde.[197]

cc) Rolle der betroffenen Vertragspartei

Die betroffene Partei antwortet der Ursprungspartei innerhalb der in der Notifizierung genannten Frist und gibt an, ob sie sich am UVP-Verfahren beteiligen will (Art. 3 Abs. 3 EK). Gibt die betroffene Vertragspartei an, dass sie sich nicht beteiligen will, oder antwortet sie nicht innerhalb der Frist, so finden die EK-Bestimmungen keine Anwendung (Art. 3 Abs. 4 S. 1 EK), d. h. das spezielle UVP-Verfahren der EK findet nicht weiter statt. In diesen Fällen bleibt das Recht der Ursprungspartei zur Entscheidung darüber, ob eine UVP auf der Grundlage ihrer innerstaatlichen Rechtsvorschriften und Praxis vorgenommen wird, unberührt, was Art. 3 Abs. 4 S. 2 EK ausdrücklich bestätigt. Hier stellt sich die Frage, ob und in welchem Umfang die Teilnahme an einem UVP-Verfahren im Ermessen der möglicherweise betroffenen Vertragspartei

---

[196] Siehe hierzu *P. Patronos*, The Espoo Convention, (17) 45 ff.

[197] Art. 2 Abs. 8 EK: „Dieses Übereinkommen lässt das Recht der Vertragsparteien unberührt, innerstaatliche Gesetze, sonstige Vorschriften, Verwaltungsbestimmungen oder die anerkannte Rechtspraxis zum Schutz von Informationen anzuwenden, deren Weitergabe der Wahrung von Betriebs- und Geschäftsgeheimnissen oder der nationalen Sicherheit schaden würde." Siehe auch den detaillierteren Art. 4 Abs. 4 Aarhus-Konvention.

liegt. Zwar spricht der Wortlaut des Art. 3 Abs. 4 EK für ein weites Ermessen, dieses dürfte aber vor dem Hintergrund der Ziele der EK und den Grundprinzipien des Umweltvölkerrechts reduziert sein mit der Folge, dass eine möglicherweise betroffene Vertragspartei sich an dem UVP-Verfahren beteiligen sollte.[198]

Nachdem die betroffene Vertragspartei fristgerecht ihren Wunsch nach Beteiligung am UVP-Verfahren mitgeteilt hat, stellt die Ursprungspartei, sofern noch nicht geschehen, der betroffenen Vertragspartei sachdienliche Informationen über das UVP-Verfahren mit Angaben zum Zeitplan für die Übermittlung von Stellungnahmen sowie sachdienliche Informationen über die geplante Tätigkeit und deren möglicherweise erhebliche nachteilige grenzüberschreitende Auswirkungen zur Verfügung (Art. 3 Abs. 5 EK). Umgekehrt stellt die betroffene Vertragspartei auf Ersuchen der Ursprungspartei gemäß Art. 3 Abs. 6 EK die in angemessener Weise erhältlichen Informationen über die möglicherweise betroffene Umwelt unter ihrer Hoheitsgewalt zur Verfügung, wenn diese Informationen für die Ausarbeitung der UVP-Dokumentation notwendig sind.[199] Diese Informationen werden umgehend und ggf. über ein gemeinsames Gremium übermittelt, falls ein solches vorhanden ist. Im Anschluss an diesen Informationsaustausch erarbeitet die Ursprungspartei die Dokumentation zur UVP.

dd) Notifizierungsverfahren bei der *Nord Stream-Pipeline*

Interessant ist zunächst bei der *Nord Stream-Pipeline* das Verfahren vor der offiziellen Notifizierung des Projektes:[200] Der Projektträger *Nord Stream AG* nahm bereits Anfang 2006 Kontakt mit den zuständigen Behörden in den Ursprungsparteien auf. Bereits zu Beginn wurde deutlich, dass das *Nord Stream-Projekt* aufgrund der Vielzahl der beteiligten Staaten, seiner politischen Bedeutung und des von Beginn an hohen öffentlichen Interesses ein Ausnahmefall unter dem Regime der EK sein und sämtliche beteiligte Vertragsparteien vor große Herausforderungen stellen würde. Im Rahmen der ersten Konsultationen wurde von den

---

[198] Ähnlich *P. Patronos*, The Espoo Convention, (17) 49.

[199] Siehe hierzu *T. Koivurova*, The Transnational EIA Procedure of the Espoo Convention, (161) 179.

[200] Siehe zum folgenden Abschnitt eingehend *C. Abromeit*, Die Ostseepipeline, (354) 356 f.; siehe auch *K. Kim*, Ostseepipeline „Nord Stream" – ein meeresumweltrechtliches Problem?, (170) 177 f.

anderen Ursprungsparteien an Deutschland der Wunsch herangetragen, eine koordinierende Funktion zu übernehmen, die nachfolgend das Bundesamt für Seeschifffahrt und Hydrographie (BSH) ausfüllte. Die Ursprungsparteien verständigten sich auf eine enge Kooperation der Genehmigungsbehörden sowie darauf, aufgrund der politischen Brisanz und des großen öffentlichen Interesses das Verfahren mit größtmöglicher Transparenz durchzuführen.

Das Notifizierungsverfahren für die *Nord Stream-Pipeline* ist mittlerweile abgeschlossen:[201] Die *Nord Stream AG* übermittelte am 14. November 2006 den nationalen Behörden der Ursprungsparteien Deutschland, Schweden, Dänemark und Finnland sowie Russland ein sog. „Project Information Document" (PID), das diese allen betroffenen Ostseeanrainern notifizierten.[202] Jede Ursprungspartei informierte jeweils alle anderen Ostseeanrainer über den unter ihrer Jurisdiktion zu genehmigenden Projektabschnitt.[203]

Der Zeitpunkt der Notifizierung war schwierig zu bestimmen, da in allen Ursprungsparteien unterschiedliche nationale Normen zur Beteiligung der Öffentlichkeit am UVP-Verfahren existieren: Man einigte sich im Interesse der Verfahrenstransparenz und zur Minimierung des erforderlichen Verwaltungsaufwandes auf eine zeitgleiche Notifizierung durch alle vier Ursprungsstaaten und Russland.[204] Der Zeitpunkt musste sich an der Ursprungspartei orientieren, die am ehesten zur Unterrichtung der betroffenen Staaten verpflichtet war: Das finnische UVP-

---

201 *C. Abromeit*, Die Ostseepipeline, (354) 359. Siehe weitere Informationen unter: http://www.nord-stream.com/de/sicherheit-umweltschutz/permitting-process-eia/international-consultation-process/notification.html (Stand Juli 2010).

202 *Nord Stream AG*, Projektdokumentation, Offshore Pipeline through the Baltic Sea, November 2006 (abrufbar unter: http://www.bsh.de/de/Meeresnutzung/Wirtschaft/Rohrleitungen/Nord_Stream_Projektinformation.pdf, Stand Juli 2010). Im Oktober 2007 reichte die *Nord Stream AG* in Erweiterung dieser Projekt-Dokumentation ein Dokument über den Status der Route bei den zuständigen nationalen Behörden ein.

203 Im Ergebnis wurden daher fünfmal acht, also vierzig Notifizierungsschreiben im Ostseeraum verschickt. Man verzichtete bewusst auf eine sog. Vertretungsregelung, nach der eine Ursprungspartei im Namen aller anderen notifiziert hätte, da diese in der EK nicht vorgesehen ist. Siehe *C. Abromeit*, Die Ostseepipeline, (354) 357.

204 *C. Abromeit*, Die Ostseepipeline, (354) 357 zu den Beteiligungsverfahren in den Ursprungsstaaten m. w. N.

Verfahren sieht eine Beteiligungspflicht der Öffentlichkeit bereits im Stadium der Festlegung des Untersuchungsrahmens für die UVP (sog. „scoping“) vor, weshalb alle Ursprungsparteien bereits in diesem frühen Stadium notifizierten.[205]

Bezüglich des Inhalts der Notifizierung verständigten sich die Ursprungsparteien darauf, im Interesse der transparenten Verfahrensführung ein möglichst einheitliches Vorgehen zu vereinbaren, und entwarfen ein Musterschreiben, in dem über das Projekt informiert, auf das Erfordernis eines UVP-Verfahrens nach der EK und eine Beteiligung der Öffentlichkeit hingewiesen, das nationale Zulassungs- und UVP-Verfahren des jeweiligen Ursprungsstaates erläutert sowie um eine Antwort, eine Erklärung über die Beteiligungsabsicht und die Übermittlung der Stellungnahmen gebeten wurde.[206]

Der Umfang der Projektinformation war jedoch zunächst umstritten:[207] Die Ansichten reichten von einer schlichten, kurzen Projektbeschreibung bis hin zu einem detaillierten Untersuchungsprogramm. Die *Nord Stream AG* erarbeitete daraufhin das bereits erwähnte PID, das neben einer generellen Projektbeschreibung eine kurze Zustandsbeschreibung der Meeresumwelt und der konkurrierenden Meeresnutzungen, einen tabellarischen Überblick über die möglichen Umweltauswirkungen des Projekts sowie Karten zu den im Bereich des Routenverlaufs liegenden Natura 2000-Gebieten, Wracks, Kulturgütern, militärischen Übungs- und Munitionsdumping-Gebieten enthält.[208] Alle betroffenen Ostseeanrainer zeigten fristgerecht ihre Beteiligungsabsicht an den Zulassungsverfahren der Ursprungsparteien an.[209]

b) Dokumentation zur UVP (Art. 4 EK i.V.m. Anhang II EK)

Nach der Notifizierung des Projektes durch die Ursprungspartei an die betroffenen Vertragsparteien, dem daran anknüpfenden Informations-

[205] Siehe *C. Abromeit*, Die Ostseepipeline, (354) 357.

[206] *C. Abromeit*, Die Ostseepipeline, (354) 358.

[207] Siehe zum Folgenden *C. Abromeit*, Die Ostseepipeline, (354) 358.

[208] *Nord Stream AG*, Projektdokumentation, Offshore Pipeline through the Baltic Sea, November 2006 (abrufbar unter: http://www.bsh.de/de/Meeresnutzung/Wirtschaft/Rohrleitungen/Nord_Stream_Projektinformation.pdf, Stand Juli 2010).

[209] *C. Abromeit*, Die Ostseepipeline, (354) 358.

austausch und der Benachrichtigung der Öffentlichkeit wird gemäß Art. 4 EK i.V.m. Anhang II EK eine Dokumentation zur UVP erstellt. Dabei lässt die EK offen, wer diese Dokumentation zur UVP anfertigt; dies bestimmt sich nach dem jeweiligen innerstaatlichen Recht der Ursprungspartei.[210] Eingeleitet wird die UVP-Dokumentation durch das Einreichen der Umweltverträglichkeitsstudie (UVS) durch den Vorhabenträger bei der zuständigen Behörde der Ursprungspartei.[211] Gemäß Art. 4 Abs. 1 EK enthält die der zuständigen Behörde der Ursprungspartei vorzulegende Dokumentation zur UVP mindestens die in Anhang II „Inhalt der Dokumentation zur Umweltverträglichkeitsprüfung" aufgeführten Informationen.

Dies sind nach Anhang II EK zumindest folgende Informationen: „(a) eine Beschreibung der geplanten Tätigkeit und ihres Zwecks; (b) gegebenenfalls eine Beschreibung vertretbarer Alternativen (beispielsweise in Bezug auf den Standort oder die Technologie) zu der geplanten Tätigkeit sowie auch die Möglichkeit, die Tätigkeit zu unterlassen; (c) eine Beschreibung der Umwelt, die durch die geplante Tätigkeit und deren Alternativen voraussichtlich erheblich betroffen sein wird; (d) eine Beschreibung der möglichen Auswirkungen der geplanten Tätigkeit und deren Alternativen auf die Umwelt sowie eine Abschätzung ihres Ausmaßes; (e) eine Beschreibung der Milderungsmaßnahmen, durch welche die nachteiligen Auswirkungen auf die Umwelt auf ein Mindestmaß beschränkt werden; (f) eine genaue Angabe der Prognosemethoden und der zugrunde liegenden Annahmen sowie der verwendeten einschlägigen Umweltdaten; (g) die Angabe von Wissenslücken und Unsicherheiten, die bei der Zusammenstellung der geforderten Informationen festgestellt wurden; (h) gegebenenfalls eine Übersicht über die Überwachungs- und Managementprogramme sowie etwaige Pläne für eine Analyse nach Durchführung des Vorhabens; (i) eine nichttechnische Zusammenfassung, gegebenenfalls mit Anschauungsmaterial (Karten, Diagramme usw.)."

Insbesondere die Prüfung von Alternativen ist entscheidend, da hierbei Grundsatzfragen wie die Standortwahl, die Durchführung des Projekts mit einer anderen Konzeption oder ein völliger Verzicht auf das Projekt

---

[210] *U. Stiegel*, Espoo-Übereinkommen, 39.

[211] *C. Abromeit*, Die Ostseepipeline, (354) 356; siehe auch *T. Koivurova*, The Future of the Nordic Environment Protection Convention, (505) 511.

(sog. Null-Alternative) zur Debatte gestellt werden.[212] Nach der EK sind nur Alternativen zu untersuchen, wenn dies angemessen ist („where appropriate"), d. h. Alternativen, die verfügbar und mit vertretbarem Aufwand zu realisieren sind.[213]

Gemäß Art. 4 Abs. 2 EK stellt die Ursprungspartei der betroffenen Vertragspartei – gegebenenfalls über ein gemeinsames Gremium, falls ein solches vorhanden ist – diese UVP-Dokumentation zur Verfügung. Die beteiligten Vertragsparteien veranlassen die Verteilung der Dokumentation an die Behörden und die Öffentlichkeit der betroffenen Vertragspartei in den voraussichtlich betroffenen Gebieten sowie die Übermittlung von Stellungnahmen innerhalb einer angemessenen Frist, bevor die endgültige Entscheidung über die geplante Tätigkeit getroffen wird.

Die *Nord Stream AG* reichte am 12. Dezember 2008 die deutschen Antragsunterlagen für den Bau und Betrieb der *Nord Stream-Pipeline* bei den zuständigen deutschen Behörden – dem Bergamt Stralsund sowie dem BSH – ein.[214] Bis Anfang März 2009 wurden die Antragsunterlagen in den betroffenen Staaten Russland, Deutschland, Finnland, Schweden und Dänemark eingereicht.[215] Schwerpunkte in allen Beteiligungsverfahren waren die Diskussionen um alternative Routenvarianten und eine mögliche Anpassung der Anträge bei einem geänderten Routenverlauf.[216]

---

[212] Im US-amerikanischen UVP-Recht wird diese Alternativprüfung sogar als Herzstück der UVP bezeichnet, siehe *U. Stiegel*, Espoo-Übereinkommen, 13 m. w. N.

[213] Hierzu *U. Stiegel*, Espoo-Übereinkommen, 40.

[214] Siehe http://www.nord-stream.com/uploads/media/Nord_Stream_Press_Rel_German_Application_ger_20081212_01.pdf (Stand Juli 2010). *C. Abromeit*, Die Ostseepipeline, (354) 359, zur Koordinierung der beiden deutschen Genehmigungsverfahren und -behörden. Kritisch hinsichtlich der Anwendbarkeit verschiedener Gesetzte und der Beteiligung verschiedener Behörden beim UVP-Verfahren *T. Koivurova*, The Transnational EIA Procedure of the Espoo Convention, (161) 174.

[215] Siehe *Nord Stream AG*, Facts Ausgabe 10/3 – 2009, 1, abrufbar unter: http://www.nord-stream.com/fileadmin/Dokumente/1__PDF/4__Newsletter/10/NORD_STREAM_FACTS_ISSUE_10_GERMAN.pdf (Stand Juli 2010).

[216] Siehe *C. Abromeit*, Die Ostseepipeline, (354) 358 f.

Ein ausführlicher Espoo-Bericht über die *Nord Stream-Pipeline* wurde am 4. März 2009 von der *Nord Stream AG* vorgelegt.[217] In diesem Espoo-Bericht (auch als Rahmen-UVP bezeichnet) wurde das Projekt *Nord Stream-Pipeline* grenzüberschreitend für den gesamten Ostseeraum im Hinblick auf seine Umweltverträglichkeit überprüft. Zwar ist eine solche grenzüberschreitende und projektweite Überprüfung nach der EK rechtlich nicht verpflichtend, die Beteiligten des Projektes erklärten sich jedoch auf freiwilliger Basis dazu bereit.[218] Gerade für den Raum Meer und bei Großprojekten wie der *Nord Stream-Pipeline* ist eine solche Rahmen-UVP zweckmäßig und zukunftsweisend: Nach der EK werden in jeder Ursprungspartei getrennte UVP-Verfahren durchgeführt, was eine Gesamtbetrachtung der negativen Umweltauswirkungen gerade für den Meeresraum schwierig macht. Diesem Defizit kann mit Hilfe einer (freiwilligen) Rahmen-UVP begegnet werden.

c) Beteiligung der Öffentlichkeit (Art. 2 Abs. 6, 3 Abs. 8, 4 Abs. 2 EK)

Die EK spricht an drei Stellen die Beteiligung der Öffentlichkeit im Rahmen des UVP-Verfahrens an. Zunächst enthält Art. 2 Abs. 6 EK eine allgemeine, auf dem Prinzip der Nicht-Diskriminierung basierende Bestimmung, nach der die Ursprungspartei der Öffentlichkeit in den voraussichtlich betroffenen Gebieten nach Maßgabe der EK Gelegenheit gibt, sich an den einschlägigen Verfahren der UVP in Bezug auf geplante Tätigkeiten zu beteiligen, und stellt dabei sicher, dass die der Öffentlichkeit der betroffenen Vertragspartei gegebene Gelegenheit der ihrer eigenen Öffentlichkeit entspricht.

Die Öffentlichkeit ist nach Maßgabe der EK zweifach zu beteiligen:[219] Erstens muss sie gemäß Art. 3 Abs. 8 EK vor Fertigstellung der UVP-Dokumentation über die geplante Tätigkeit unterrichtet werden und die Möglichkeit erhalten, Stellungnahmen oder Widersprüche abzugeben.

---

[217] Siehe *Nord Stream AG*, Facts Ausgabe 10/3 – 2009, 1, abrufbar unter: http://www.nord-stream.com/fileadmin/Dokumente/1__PDF/4__Newsletter/10/NORD_STREAM_FACTS_ISSUE_10_GERMAN.pdf. Einzelne Kapitel des Espoo-Reports abrufbar unter: http://www.nord-stream.com/en/environmental-impact-assessment-permitting/international-consultation-process/nord-stream-espoo-report.html (Stand Juli 2010).

[218] Siehe *K. Kim*, Ostseepipeline „Nord Stream" – ein meeresumweltrechtliches Problem?, (170) 178

[219] Siehe *U. Stiegel*, Espoo-Übereinkommen, 41.

Die beteiligten Vertragsparteien sorgen dann dafür, das diese Stellungnahmen oder Widersprüche entweder unmittelbar oder gegebenenfalls über die Ursprungspartei an die zuständige Behörde der Ursprungspartei übermittelt werden. Zweitens muss der Öffentlichkeit die UVP-Dokumentation nach ihrer Fertigstellung zugänglich gemacht werden und sie muss wiederum Gelegenheit zur Stellungnahme erhalten (Art. 4 Abs. 2 EK).

aa) Die Öffentlichkeitsbeteiligung im internationalen Umweltrecht

Eine Beteiligung der Öffentlichkeit an Entscheidungsprozessen im Bereich des Umweltschutzes ist wichtiger Bestandteil des Kooperationsprinzips zwischen staatlichen Institutionen und umweltpolitischen Akteuren der Zivilgesellschaft, und steht in engem Zusammenhang mit den staatlichen Informationspflichten gegenüber betroffenen Institutionen, Gruppen und Bürgern.[220] Die in der EK vorgesehene Rolle der Öffentlichkeit und der NGOs bei Projekten mit erheblichen grenzüberschreitenden Auswirkungen basiert auf dem lange entwickelten Grundgedanken, dass die Zivilgesellschaft bei der Entwicklung und Implementierung von Umweltpolitiken sowie bei konkreten Projekten eine zunehmend bedeutende Rolle spielt.[221]

Die Beteiligung der Öffentlichkeit ist in Prinzip 10 der Rio-Deklaration von 1992 wie folgt niedergelegt: „Environmental issues are best handled with participation of all concerned citizens, at the relevant level. At the national level, each individual shall have appropriate access to information concerning the environment that is held by public authorities (...) and the opportunity to participate in decision-making processes. States shall facilitate and encourage public awareness and participation by making information widely available. (...).“[222]

---

220 Siehe *A. Epiney/M. Scheyli*, Umweltvölkerrecht, 143.

221 Siehe auch *K. Morrow*, Public Participation in the Assessment of the Effects of Certain Plans and Programmes on the Environment, (49) 77.

222 The United Nations Conference on Environment and Development, Rio Declaration on Environment and Development, 3.-14. Juni 1992, Principle 10, abrufbar unter: http://www.unep.org/Documents.Multilingual/Default.asp?DocumentID=78&ArticleID=1163 (Stand Juli 2010). Siehe auch *U. Beyerlin*, A Critical Account of NGO Participation in International Environmental Cooperation, (7) 12; *A. Epiney/M. Scheyli*, Umweltvölkerrecht, 141 f.

In der Aarhus-Konvention, die mittlerweile mit ca. 40 Vertragsstaaten weite Akzeptanz gefunden hat, ist die Beteiligung der Öffentlichkeit an Entscheidungsprozessen und deren Zugang zu Informationen detailliert niedergelegt.[223] Eine Beteiligung der Öffentlichkeit, gerade auch am UVP-Verfahren, trägt zum einen zur Qualität, Legitimität, Glaubwürdigkeit und Transparenz des Entscheidungsprozesses bei, zum anderen wird das öffentliche Bewusstsein für Umweltschutzbelange geschärft.[224]

NGOs spielen bei der Beteiligung der Öffentlichkeit eine zunehmend bedeutende Rolle auf lokaler, regionaler, nationaler und internationaler Ebene, gerade wegen ihrer (relativen) Unabhängigkeit und der in ihren Reihen versammelten Expertise.[225] Auch bei Verabschiedung der Aarhus-Konvention war die Einflussnahme seitens der NGOs entscheidend.[226]

---

[223] Siehe zur Aarhus-Konvention *A. Epiney/M. Scheyli*, Umweltvölkerrecht, 145 ff.; eingehend und aktuell *S. Almeling*, Die Aarhus-Konvention, 1 ff.

[224] Siehe *V. Roumeliotou*, Issues Related to the Application of the Espoo Convention, (59) 59 f., 62. Ausführlich zu den Gründen für eine Öffentlichkeitsbeteiligung *J. Ebbesson*, Public Participation, (681) 686 ff.; ausführlich zur Beteiligung der Öffentlichkeit am UVP-Prozess *W.A. Tilleman*, Public Participation in the Environmental Impact Assessment Process, (337) 343 ff. *K. Morrow*, Public Participation in the Assessment of the Effects of Certain Plans and Programmes on the Environment, (49) 49 ff. m. w. N., 53: „(…) there has been loss of confidence in technocratic and professional decision-making processes (…)." *N. Craik*, Deliberation and Legitimacy in Transnational Governance: The Case of Environmental Impact Assessments, (381) 381 ff., kommt zu dem Schluss, dass der „deliberative democracy approach" fokussiert sei auf einen „continual process of dialogue between decision-makers and all those affected, a process of mutual justification by the exchange of reasons. (…) [T]his approach has the potential to enhance the legitimacy of environmental decision-making beyond the state."

[225] Siehe zum Ganzen *K. Morrow*, Public Participation in the Assessment of the Effects of Certain Plans and Programmes on the Environment, (49) 58 ff. m. w. N.; siehe auch *U. Beyerlin*, A Critical Account of NGO Participation in International Environmental Cooperation, (7) 7 ff.

[226] UN-Generalseketär *Kofi Annan* bezeichnete die Aarhus-Konvention als „the most ambitious example of ‚environmental democracy' so far undertaken under the auspices of the United Nations". Siehe *K. Morrow*, Public Participation in the Assessment of the Effects of Certain Plans and Programmes on the Environment, (49) 69 m. w. N.

bb) Begriff der Öffentlichkeit

Der Begriff der „Öffentlichkeit" ist in Art. 1 lit. (x) EK wie folgt näher bestimmt: „Öffentlichkeit" bedeutet „eine oder mehrere natürliche oder juristische Personen". Art. 1 lit. (x) EK wurde auf dem zweiten Vertragsstaatentreffen am 27. Februar 2001 dahingehend ergänzt, dass unter den Begriff der Öffentlichkeit, die an Verfahren im Rahmen des Übereinkommens teilnehmen kann, neben natürlichen oder juristischen Personen auch deren Zusammenschlüsse, Organisationen und Gruppen fallen.[227] Mit dieser Formulierung, die noch nicht in Kraft ist, wurde die Definition der Öffentlichkeit in der EK an die der Aarhus-Konvention von 1998 angepasst.[228] Diese neue Definition spiegelt nunmehr die bedeutende Rolle von NGOs bei Entscheidungsprozessen im Bereich des Umweltschutzes wider.

cc) Inhalt, Umfang und Zeitpunkt der Öffentlichkeitsbeteiligung

Anders als in Art. 3 EK – bezogen auf die Notifizierung der betroffenen Vertragsparteien – sind hinsichtlich der Information und Beteiligung der Öffentlichkeit weder Inhalt und Umfang noch Zeitpunkt der Benachrichtigung bzw. Beteiligungsmöglichkeiten in der EK näher geregelt.[229] Die Art und Weise der Beteiligung der Öffentlichkeit richtet

---

227 In Art. 1 lit. (x) EK wurde folgender Halbsatz (kursive Schreibweise von Verfasserin) eingefügt: „‚The Public' means one or more natural or legal persons *and, in accordance with national legislation or practice, their associations, organizations or groups.*"

228 Siehe Art. 2 Abs. 4 Aarhus-Konvention. Kritisch zur Definition der Öffentlichkeit in der Aarhus-Konvention *K. Morrow*, Public Participation in the Assessment of the Effects of Certain Plans and Programmes on the Environment, (49) 70 f., 72 zur Begründung.

229 Allerdings wurden im Rahmen der ECE Richtlinien hierzu erlassen: Guidelines on Public Participation in Environmental Impact Assessment in a Transboundary Context, Cavtat, Croatia, 1.-4. Juni 2004 (Text der Richtlinien abrufbar unter: http://www.unece.org/env/documents/2006/eia/ece.mp.eia.7.pdf, Stand Juli 2010). Eine weitere Frage ist, welcher Staat die Öffentlichkeit informiert und wie die Stellungnahmen der Öffentlichkeit der Ursprungspartei übermittelt werden. Dies könnte in der originären Verantwortlichkeit der Ursprungspartei, bei einer Kontaktstelle der betroffenen Partei oder in der gemeinsamen Verantwortlichkeit der Behörden beider Staaten liegen. Siehe hierzu *V. Roumeliotou*, Issues Related to the Application of the Espoo Convention, (59) 63. Siehe auch *U. Stiegel*, Espoo-Übereinkommen, 41 f.

sich nach den nationalen Verwaltungssystemen der beteiligten Parteien, öffentliche Anhörungen sind ebenso möglich wie eine Begrenzung auf schriftliche Äußerungen.[230] Eines der Hauptprobleme in dieser Hinsicht ist, dass die nationalen formellen Verpflichtungen hinsichtlich einer Beteiligung der Öffentlichkeit am UVP-Prozess stark variieren und harmonisiert werden müssen.[231]

Die Aarhus-Konvention von 1998 ist insoweit spezieller ausgestaltet und trägt damit zu einer Vereinheitlichung der Verwaltungsverfahren bei einer Beteiligung der Öffentlichkeit bei: Die betroffene Öffentlichkeit[232] soll in einem Entscheidungsverfahren im Umweltbereich frühzeitig, adäquat, zeitnah und effektiv informiert werden, u. a. über die zuständige Behörde und das anwendbare Verfahren sowie über Details des Projektes, insbesondere dessen Auswirkungen auf die Umwelt, mögliche Alternativen und Maßnahmen zur Vermeidung und Reduzierung der Auswirkungen.[233]

---

[230] *U. Stiegel*, Espoo-Übereinkommen, 41. Die Fragen der praktischen Anwendung der prozeduralen Erfordernisse der EK hinsichtlich einer Beteiligung der Öffentlichkeit, z. B. die Art des Publizierens der Informationen, die erforderlichen Übersetzungen und die Kostentragung, müssen in jedem Einzelfall zwischen den betroffenen Parteien, oft im Wege von bi- oder multilateralen Vereinbarungen, gelöst werden. Siehe *V. Roumeliotou*, Issues Related to the Application of the Espoo Convention, (59) 62.

[231] Eingehend *V. Roumeliotou*, Issues Related to the Application of the Espoo Convention, (59) 62 f.; zur Harmonisierung ausführlich 66 ff.; kritisch auch *T. Koivurova*, The Transnational EIA Procedure of the Espoo Convention, (161) 183 f.

[232] Art. 2 Abs. 5 Aarhus-Konvention: „'The public concerned' means the public affected or likely to be affected by, or having an interest in, the environmental decision-making; for the purpose of this definition, non-governmental organization promoting environmental protection and meeting any requirements under national law shall be deemed to have an interest."

[233] Art. 5 Aarhus-Konvention regelt den Zugang zu Umweltinformationen, Art. 6 Aarhus-Konvention postuliert eine Öffentlichkeitsbeteiligung bei konkreten Entscheidungen über umweltrelevante Tätigkeiten. Art. 6 Abs. 2 Aarhus-Konvention: „The public concerned shall be informed, either by public notice or individually as appropriate, early in an environmental decision-making procedure, and in an adequate, timely and effective manner, inter alia, of: (a) The proposed activity and the application on which a decision will be taken; (b) The nature of possible decisions or the draft decision; (c) The public authority responsible for making the decision; (d) The envisaged procedure, including, as and when this information can be provided: (i) The commencement of the pro-

Gemäß Art. 2 Abs. 6 EK gibt die Ursprungspartei der Öffentlichkeit in den voraussichtlich betroffenen Gebieten nach Maßgabe der EK Gelegenheit, sich an den einschlägigen Verfahren der UVP in Bezug auf geplante Tätigkeiten zu beteiligen; sie stellt sicher, dass die der Öffentlichkeit der betroffenen Vertragspartei gegebene Gelegenheit der ihrer eigenen Öffentlichkeit entspricht. Die Beteiligung der Öffentlichkeit des betroffenen Staates wird demnach nach dem Prinzip der Nicht-Diskriminierung organisiert, was einer der umstrittensten Punkte während der Beratungen der EK war.[234] So ist die Öffentlichkeit des betroffenen Staates dann zu informieren, wenn die Ursprungspartei nach ih-

---

cedure; (ii) The opportunities for the public to participate; (iii) The time and venue of any envisaged public hearing; (iv) An indication of the public authority from which relevant information can be obtained and where the relevant information has been deposited for examination by the public; (v) An indication of the relevant public authority or any other official body to which comments or questions can be submitted and of the time schedule for transmittal of comments or questions; and (vi) An indication of what environmental information relevant to the proposed activity is available; and (e) The fact that the activity is subject to a national or transboundary environmental impact assessment procedure."

Art. 6 Abs. 3 Aarhus-Konvention: „The public participation procedures shall include reasonable time-frames for the different phases, allowing sufficient time for informing the public in accordance with paragraph 2 above and for the public to prepare and participate effectively during the environmental decision-making."

Art. 6 Abs. 6: „(...) The relevant information shall include at least, and without prejudice to the provisions of article 4: (a) A description of the site and the physical and technical characteristics of the proposed activity, including an estimate of the expected residues and emissions; (b) A description of the significant effects of the proposed activity on the environment; (c) A description of the measures envisaged to prevent and/or reduce the effects, including emissions; (d) A non-technical summary of the above; (e) An outline of the main alternatives studied by the applicant (...)." Siehe auch *V. Roumeliotou*, Issues Related to the Application of the Espoo Convention, (59) 67 ff.; *A. Epiney/M. Scheyli*, Umweltvölkerrecht, 146 f.

[234] Siehe *T. Koivurova*, The Transnational EIA Procedure of the Espoo Convention, (161) 172; *U. Stiegel*, Espoo-Übereinkommen, 19; *K. Morrow*, Public Participation in the Assessment of the Effects of Certain Plans and Programmes on the Environment, (49) 72. *T. Koivurova*, The Future of the Nordic Environment Protection Convention, (505) 511, leitet aus Art. 2 Abs. 6 EK ein direktes Beteiligungsrecht der Öffentlichkeit der betroffenen Vertragspartei am internen Verfahren der Ursprungspartei ab.

rem innerstaatlichen Verfahren verpflichtet ist, ihre eigene Öffentlichkeit zu informieren.[235] Für den Fall, dass die betroffene Vertragspartei sich nicht an dem UVP-Verfahren nach der EK beteiligen will (siehe Art. 3 Abs. 4 EK), dürfte die Ursprungspartei aus dem Rechtsgedanken des Art. 2 Abs. 6 EK verpflichtet sein, die Öffentlichkeit der betroffenen Vertragspartei in der gleichen Art und Weise wie die eigene Öffentlichkeit dennoch am UVP-Prozess zu beteiligen.[236]

dd) Öffentlichkeitsbeteiligung bei der *Nord Stream-Pipeline*

Eine Öffentlichkeitsbeteiligung wurde bei der *Nord Stream-Pipeline* bereits zum frühen Zeitpunkt der Notifizierung durchgeführt. Man verständigte sich auf Englisch als Amtssprache auf Arbeitsebene, sämtliche Dokumente im Zusammenhang mit der Öffentlichkeitsbeteiligung wurden jedoch in die jeweilige Landessprache übersetzt.[237] So wurde das knapp 100 Seiten umfassende PID der *Nord Stream AG* in alle neun Amtssprachen der Ostseeanrainer übersetzt, es wurde mitsamt der Notifizierung in allen betroffenen Staaten öffentlich bekanntgemacht und ausgelegt.[238]

Die Vielzahl an Kommentaren, die sowohl von öffentlichen Stellen als auch von NGOs in allen Ostseeanrainerstaaten abgegeben wurden, zeigt das Interesse und Informationsbedürfnis der Öffentlichkeit in Bezug auf Projekte wie die *Nord Stream-Pipeline*.[239] Eine englische Zu-

---

[235] *T. Koivurova*, The Transnational EIA Procedure of the Espoo Convention, (161) 173.

[236] Siehe *V. Roumeliotou*, Issues Related to the Application of the Espoo Convention, (59) 64 f.

[237] *C. Abromeit*, Die Ostseepipeline, (354) 356. Die Tatsache, dass die EK nicht auf Fragen der Übersetzung eingeht, wird vielfach kritisiert, da dies gerade für eine effektive Öffentlichkeitsbeteiligung entscheidend sei. Siehe *U. Stiegel*, Espoo-Übereinkommen, 39, 41, 81; *K. Morrow*, Public Participation in the Assessment of the Effects of Certain Plans and Programmes on the Environment, (49) 73; siehe auch Leitfaden für die praktische Anwendung der Espoo-Konvention, 23 f. zu Übersetzungen, 17 zu den Kosten, abrufbar unter: http://www.bmu.de/files/pdfs/allgemein/application/pdf/espoo_leitfaden.pdf (Stand Juli 2010).

[238] *C. Abromeit*, Die Ostseepipeline, (354) 358.

[239] Link zu den in den einzelnen Staaten abgegebenen Kommentaren abrufbar unter: http://www.nord-stream.com/de/sicherheit-umweltschutz/permitting-process-eia/international-consultation-process/notification.html. So wur-

sammenfassung der Stellungnahmen der Fachbehörden, der Verbände und der Öffentlichkeit übermittelte die jeweils betroffene Partei an die Ursprungsparteien, zum Teil wurden die Originalstellungnahmen übersandt.[240] Die *Nord Stream AG* übersetzte die ca. 150 Stellungnahmen ins Englische und veröffentlichte im Juni 2008 ein sog. „White Book of Comments", in dem sie vorläufige Antworten auf die ca. 200 Kommentare und Fragen von nationalen Behörden und Interessenvertretern gab.[241] Nach Veröffentlichung des Espoo-Reports am 4. März 2009 konnte die Öffentlichkeit bis zum 8. Juni 2009 erneut Kommentare abgeben, die beteiligten Staaten informierten sich gegenseitig am 16. Juni 2009 über die jeweiligen Anmerkungen.

d) Konsultationen (Art. 5 EK)

Das weitere Verfahren nach der Fertigstellung der UVP-Dokumentation regelt Art. 5 EK: Nach Fertigstellung der UVP-Dokumentation nimmt die Ursprungspartei unverzüglich Konsultationen mit der betroffenen Vertragspartei auf, insbesondere über die möglichen grenzüberschreitenden Auswirkungen der geplanten Tätigkeit und über Maßnahmen zur Verringerung oder Beseitigung solcher Auswirkungen (Art. 5 S. 1 EK). Diese verfahrensrechtliche Pflicht zu Konsultationen stellt ein Mittel zur Verwirklichung der Pflicht zur Vermeidung erheblicher grenzüberschreitender Auswirkungen dar und ist mittlerweile zu Völkergewohnheitsrecht erstarkt.[242] Sind Staaten zu einer Konsultation verpflichtet, so dürfen sie es nicht bei einer bloßen Information über eine umweltgefährdende Aktivität belassen, sondern müssen dem betroffenen Staat die Möglichkeit der Stellungnahme und des Vorbringens

---

den in Deutschland Kommentare von elf Bundes- oder Landesbehörden, acht regionalen Behörden, einer wissenschaftlichen Einrichtung, vier Umweltschutzorganisationen sowie fünf anderen Organisationen abgegeben. Link zu den einzelnen Stellungnahmen unter: http://www.nord-stream.com/de/sicherheit-umweltschutz/permitting-process-eia/international-consultation-process/notification/neu-international-consultations/deutschland.html (Stand Juli 2010).

240 *C. Abromeit*, Die Ostseepipeline, (354) 358; siehe zu einzelnen Stellungnahmen auch *L. Simonet*, Le Gazoduc Nord Stream et la Mer Baltique, (81) 93.

241 Informationen unter: http://www.nord-stream.com/de.html (Stand Juli 2010).

242 Details *U. Stiegel*, Espoo-Übereinkommen, 72 ff. Siehe auch *A. Epiney/M. Scheyli*, Umweltvölkerrecht, 131 f.

von eigenen Vorschlägen geben. Diese hat der Ursprungsstaat in seine Überlegungen mit einzubeziehen, in seiner Entscheidung gebunden ist er letztendlich jedoch nicht.[243]

Die Konsultationen können – insoweit steht den Parteien Ermessen zu – gemäß Art. 5 S. 2 EK Folgendes zum Gegenstand haben: „(a) mögliche Alternativen zu der geplanten Tätigkeit, einschließlich der Möglichkeit, die Tätigkeit zu unterlassen, sowie mögliche Maßnahmen zur Verminderung erheblicher nachteiliger grenzüberschreitender Auswirkungen und zur Überwachung der Auswirkungen solcher Maßnahmen auf Kosten der Ursprungspartei; (b) andere Formen einer möglichen gegenseitigen Hilfeleistung zur Verringerung erheblicher nachteiliger grenzüberschreitender Auswirkungen der geplanten Tätigkeit und (c) sonstige sachdienliche Fragen im Zusammenhang mit der geplanten Tätigkeit." Die Vertragsparteien einigen sich zu Beginn der Konsultationen auf einen angemessenen zeitlichen Rahmen hinsichtlich der Dauer der Konsultationen.[244] Diese Konsultationen können über ein geeignetes gemeinsames Gremium abgehalten werden, falls ein solches vorhanden ist.[245]

In Bezug auf die *Nord Stream-Pipeline* wurde im April 2006 – also bereits lange vor der UVP-Dokumentation – der internationale Konsultationsprozess im Rahmen der EK in Gang gesetzt.[246] Bis Dezember 2008 gab es 14 Treffen mit Vertretern aller Ostseeanrainerstaaten und der *Nord Stream AG* als Projektentwickler, um weitere Schritte bei den nationalen Planungs- und Zulassungsverfahren zu koordinieren, sowie ca.

---

[243] Siehe *U. Beyerlin*, Umweltschutz und lokale grenzüberschreitende Zusammenarbeit (rechtliche Grundlagen), (293) 297. Der enge Zusammenhang zwischen Konsultation und Information wird auch in Art. 142 Abs. 2 SRÜ deutlich: „Um eine Beeinträchtigung solcher Rechte und Interessen zu vermeiden, werden mit dem entsprechenden Staat Konsultationen einschließlich vorheriger Benachrichtigung durchgeführt. (...)." Siehe hierzu *A. Epiney/M. Scheyli*, Umweltvölkerrecht, 129 m. w. N., 131 f.

[244] Siehe Details zu den Konsultationen auch im Leitfaden für die praktische Anwendung der Espoo-Konvention, 25 f., abrufbar unter: http://www.bmu.de/files/pdfs/allgemein/application/pdf/espoo_leitfaden.pdf (Stand Juli 2010).

[245] Bei einem Projekt wie der *Nord Stream-Pipeline*, das in der Ostsee geplant ist, könnte ein solches Gremium die HELCOM sein. Siehe zur Frage der Einbindung der HELCOM im Rahmen des HÜK auch oben S. 316 ff.

[246] Informationen unter: http://www.nord-stream.com/de/sicherheit-umweltschutz/permitting-process-eia/international-consultation-process.html (Stand Juli 2010).

20 öffentliche Anhörungen.[247] Dieser frühzeitige Beginn der Konsultationen war zum einen der Tatsache geschuldet, dass sich bei der *Nord Stream-Pipeline* fünf Ursprungsparteien über ein technisch wie unter Umweltgesichtspunkten schwieriges Projekt koordinieren müssen und vier weitere Staaten als betroffene Staaten beteiligt sind. Ohne einen frühzeitigen und regelmäßigen Konsultationsprozess wäre es kaum möglich gewesen, einen reibungslosen Informationsaustausch zu bewältigen. Andererseits waren dieser Konsultationsprozess und die öffentlichen Anhörungen auch deshalb so wichtig, da das Projekt von Beginn an kritisch in der Öffentlichkeit (fast) aller Ostseeanrainer diskutiert wurde.

e) Endgültige Entscheidung über die geplante Tätigkeit (Art. 6 EK)

Art. 6 EK betrifft die endgültige Entscheidung über die geplante Tätigkeit und die dabei zu berücksichtigenden Tatsachen. Nach der Verpflichtung des Art. 6 Abs. 1 EK sorgen die Vertragsparteien dafür, dass bei der endgültigen Entscheidung über die geplante Tätigkeit das Ergebnis der UVP einschließlich der UVP-Dokumentation sowie die hierzu eingegangenen Stellungnahmen der Öffentlichkeit und das Ergebnis der Konsultationen gebührend berücksichtigt werden.[248] Die Berücksichtigung der öffentlichen Stellungnahmen und der Konsultationen kann dazu führen, dass das Vorhaben erheblich verändert wird, Bedingungen auferlegt werden oder bei substanziellem Widerstand das Vorhaben nicht genehmigt wird.[249] In der EK ist nicht ausdrücklich festgelegt, dass die Durchführung eines Projekts unzulässig ist, wenn im Rahmen der UVP festgestellt wird, dass es erhebliche grenzüberschrei-

---

[247] Obwohl öffentliche Anhörungen nicht explizit in der EK erwähnt werden, sind sie eine bedeutende Form der Teilnahme der Öffentlichkeit. Siehe *V. Roumeliotou*, Issues Related to the Application of the Espoo Convention, (59) 63.

[248] Siehe auch Art. 6 Abs. 8 Aarhus-Konvention: „Each Party shall ensure that in the decision due account is taken of the outcome of public participation."

[249] *V. Roumeliotou*, Issues Related to the Application of the Espoo Convention, (59) 71; siehe auch *U. Stiegel*, Espoo-Übereinkommen, 13 m. w. N.; *T. Koivurova*, The Transnational EIA Procedure of the Espoo Convention, (161) 162.

tende Umweltauswirkungen zur Folge hat, da sich die Staaten auf eine entsprechende Regelung nicht einigen konnten.[250]

Die Ursprungspartei übermittelt gemäß Art. 6 Abs. 2 EK der betroffenen Vertragspartei die endgültige Entscheidung über die geplante Tätigkeit sowie die Begründungen und Überlegungen, die zu der Entscheidung führten. Eine Unterrichtung der Öffentlichkeit über die endgültige Entscheidung, deren Hintergründe sowie die Rolle, die die Stellungnahmen der Öffentlichkeit hierbei gespielt haben, ist in der EK nicht explizit geregelt. Die Notwendigkeit, die Öffentlichkeit über die endgültige Entscheidung sowie die Gründe zu informieren, kann sich jedoch aus Sinn und Zweck der EK sowie durch einen Rückgriff auf Art. 6 Abs. 9 Aarhus-Konvention ergeben.[251] Ein ausdrückliches Klagerecht geschädigter Personen der betroffenen Vertragspartei für den Fall, dass die zuständige Behörde des Ursprungsstaates die grenzüberschreitenden Umweltbeeinträchtigungen nicht angemessen oder fehlerhaft bewertet hat und erhebliche grenzüberschreitende Umweltbeeinträchtigungen eingetreten sind, sieht die EK nicht vor.[252]

Art. 6 Abs. 3 EK regelt, was passiert, wenn eine beteiligte Vertragspartei neue Informationen über die erheblichen grenzüberschreitenden Auswirkungen erhält: Erhält eine beteiligte Vertragspartei, bevor die Arbeit an einer geplanten Tätigkeit aufgenommen wird, zusätzliche Informationen über die erheblichen grenzüberschreitenden Auswirkungen einer geplanten Tätigkeit, die zu dem Zeitpunkt, zu dem über die betreffende Tätigkeit entschieden wurde, noch nicht verfügbar waren und die für die Entscheidung hätten ausschlaggebend sein können, so unterrichtet diese Vertragspartei sofort die anderen beteiligten Vertragsparteien. Auf Ersuchen einer der beteiligten Vertragsparteien finden Konsultationen über die Frage statt, ob die Entscheidung revidiert werden muss. Diese

---

[250] Insoweit bleibt die EK hinter dem völkergewohnheitsrechtlichen Verbot erheblicher grenzüberschreitender Umweltbeeinträchtigungen zurück. Siehe *U. Stiegel*, Espoo-Übereinkommen, 43.

[251] Art. 6 Abs. 9 Aarhus-Konvention: „Each Party shall ensure that, when the decision has been taken by the public authority, the public is promptly informed of the decision in accordance with the appropriate procedures. Each Party shall make accessible to the public the text of the decision along with the reasons and considerations on which the decision is based." Siehe auch *V. Roumeliotou*, Issues Related to the Application of the Espoo Convention, (59) 71; zurückhaltender *T. Koivurova*, The Transnational EIA Procedure of the Espoo Convention, (161) 182 f.

[252] Details *U. Stiegel*, Espoo-Übereinkommen, 44.

Bestimmung stellt sicher, dass neue Erkenntnisse über die Umweltbelastungen eines Projektes auch noch nach der Entscheidung über die Durchführung des Projektes berücksichtigt werden und ggf. zu einer Änderung bzw. Einstellung des Vorhabens führen können. Um Planungssicherheit zu gewährleisten, beinhaltet die Norm jedoch eine wichtige Einschränkung: Sie gilt nur, „bevor die Arbeit an einer geplanten Tätigkeit aufgenommen wird". Nach Aufnahme der Arbeiten kann allenfalls Art. 7 EK einschlägig sein (siehe hierzu sogleich).

Zwischen Oktober 2009 und Februar 2010 wurden in allen beteiligten Ostseestaaten die Baugenehmigungen für die *Nord Stream-Pipeline* von den jeweils zuständigen Behörden erteilt, in der Regel ohne größere Änderungen oder Auflagen.[253] Am 9. April 2010 begannen dann die Verlegearbeiten für die *Nord Stream-Pipeline* in der schwedischen AWZ und am 15. April 2010 im deutschen Anlandungsbereich der Rohrleitung in der Lubminer Heide.[254]

---

[253] In Dänemark am 20. Oktober 2009 (http://www.nord-stream.com/uploads/media/Nord_Stream_Statement_Danish_permit_ger_20091020_01.pdf), in Schweden und Finnland am 5. November 2009 (http://www.nord-stream.com/uploads/media/Nord_Stream_Press_Rel_Swedish_and_Finnish_Permit_ger_20091105.pdf), von der Umweltbehörde Südfinnlands für die finnische AWZ nach dem finnischen Wassergesetz am 12. Februar 2010 (http://www.nord-stream.com/uploads/media/Nord_Stream_Press_Rel_Finnish_Water_Permit_ger_20100212_01.pdf), in Russland am 18. Dezember 2009 (http://www.nord-stream.com/uploads/media/Nord_Stream_Statement_Russian_Permit_ger_20091218.pdf), in Deutschland vom Bergamt Stralsund für das deutsche Küstenmeer am 21. Dezember 2009 (http://www.nord-stream.com/uploads/media/Nord_Stream_Press_Release_German_Permit_ger_21122009.pdf), allerdings forderte das Bergamt Stralsund Änderungen für einen ca. 20 km langen Trassenabschnitt (http://www.nord-stream.com/uploads/media/Nord_Stream_Statement_Change_Request_ger_20100408.pdf), vom BSH für die deutsche AWZ am 28. Dezember 2009 (http://www.nord-stream.com/uploads/media/Nord_Stream_Press_Release_German_Permit_EEZ_II_ger_20091228.pdf), Stand Juli 2010.

[254] Siehe http://www.nord-stream.com/uploads/media/Nord_Stream_Statement_Start_of_Pipe_Laying_ger_20100409_01.pdf sowie http://www.nord-stream.com/uploads/media/Nord_Stream_Press_Rel_Construction_Start_Lubmin_ger_20100415.pdf (Stand Juli 2010).

f) Analyse nach Durchführung des Vorhabens (Art. 7 EK)

Das in Art. 7 EK niedergelegte Konzept der Nachkontrolle („post-project analysis“) ist freiwillig und war während der Beratungen der EK besonders wichtig.[255] Gemäß Art. 7 Abs. 1 S. 1 EK legen die beteiligten Vertragsparteien auf Ersuchen einer von ihnen fest, ob und wenn ja in welchem Umfang eine Analyse nach Durchführung des Vorhabens vorgenommen wird, wobei die voraussichtlich erheblichen nachteiligen grenzüberschreitenden Auswirkungen der Tätigkeit, für die eine UVP nach Maßgabe der EK durchgeführt wurde, berücksichtigt werden. Jede nach Durchführung des Vorhabens vorgenommene Analyse umfasst insbesondere die Überwachung der Tätigkeit und die Feststellung etwaiger nachteiliger grenzüberschreitender Auswirkungen (Art. 7 Abs. 1 S. 2 EK).

Diese Überwachung und Feststellung können im Hinblick auf die Verwirklichung der in Anhang V aufgeführten Ziele durchgeführt werden (Art. 7 Abs. 1 S. 3 EK). Ziel der Analyse ist nach Anhang V „Analyse nach Durchführung des Vorhabens“ insbesondere Folgendes: „(a) die Überwachung der Einhaltung der in der Genehmigung der Tätigkeit enthaltenen Bedingungen sowie der Wirksamkeit der Milderungsmaßnahmen; (b) die Überprüfung von Auswirkungen im Hinblick auf ein ordnungsgemäßes Management und zur Beseitigung von Unsicherheiten; (c) die Nachprüfung früherer Voraussagen, um Erfahrungswerte auf künftige gleichartige Tätigkeiten zu übertragen.“

Art. 7 Abs. 2 S. 1 EK bestimmt des Weiteren Folgendes: Hat die Ursprungspartei oder die betroffene Vertragspartei auf Grund der Analyse nach Durchführung des Vorhabens triftige Gründe zu der Annahme, dass erhebliche nachteilige grenzüberschreitende Auswirkungen vorliegen, oder sind Faktoren zutage getreten, die zu solchen Auswirkungen führen können, so teilt sie dies der anderen Vertragspartei sofort mit. Die beteiligten Vertragsparteien konsultieren einander daraufhin über notwendige Maßnahmen zur Verringerung oder Beseitigung der Auswirkungen (Art. 7 Abs. 2 S. 2 EK). Auch in einem solchen Fall dürfte es notwendig erscheinen, auch wenn dies nicht ausdrücklich in Art. 7 EK niedergelegt ist, die Öffentlichkeit an der Analyse zu beteiligen.[256]

---

[255] Siehe *U. Stiegel*, Espoo-Übereinkommen, 20; *T. Koivurova*, The Transnational EIA Procedure of the Espoo Convention, (161) 183.

[256] Siehe *V. Roumeliotou*, Issues Related to the Application of the Espoo Convention, (59) 65.

3. Protokoll über die strategische Umweltprüfung von 2003 (Kiew-Protokoll)

Die strategische Umweltprüfung (SUP, im Englischen „Strategic Environmental Assessment“, SEA) ergänzt die projektbezogene UVP und verpflichtet die Staaten zur Durchführung strategischer Umweltprüfungen für bestimmte Pläne und Programme. Während die UVP erst bei der Zulassung konkreter umwelterheblicher Vorhaben zum Zuge kommt, setzt die SUP bereits auf der Planungsebene an, wenn beispielsweise grundlegende Weichenstellungen in der Energiepolitik getroffen werden.[257]

Gemäß Art. 2 Abs. 7 EK bemühen sich die Vertragsparteien, die Grundsätze der UVP in geeignetem Umfang auf Politiken, Pläne und Programme anzuwenden. Am 21. Mai 2003 wurde daran anknüpfend in Kiew das Protokoll über die strategische Umweltprüfung zum Übereinkommen über die Umweltverträglichkeitsprüfung im grenzüberschreitenden Rahmen unterzeichnet, das am 11. Juli 2010 in Kraft getreten ist.[258]

Die Beteiligung der Öffentlichkeit bei der Entscheidung über Politiken, Pläne und Programme ist auch aufgrund der diesen politischen Entscheidungen zugrunde liegenden ethisch-sozialen Erwägungen sehr bedeutend, wegen des hohen Abstraktionsgrades ist die Mittlerrolle von NGOs hier noch wichtiger als bei konkreten Vorhaben.[259]

Im Vorgriff auf dieses Kiew-Protokoll über die strategische Umweltprüfung wurde am 27. Juni 2001 die Richtlinie des Europäischen Par-

---

[257] Siehe *K. Morrow*, Public Participation in the Assessment of the Effects of Certain Plans and Programmes on the Environment, (49) 63 f. Kritisch *N. Craik*, Deliberation and Legitimacy in Transnational Governance: The Case of Environmental Impact Assessments, (381) 400 f. Siehe auch *WWF Germany*, Eco-check for submarine pipelines in the Baltic Sea, 16.

[258] Text abrufbar unter: http://www.unece.org/env/eia/documents/legaltexts/protocolenglish.pdf (Stand Juli 2010). Seit April 2007 liegt ein Endentwurf für ein Handbuch zur Durchführung strategischer Umweltprüfungen im grenzüberschreitenden Rahmen vor. Abrufbar unter: http://www.unece.org/env/eia/sea_manual/documents/SEAmanualDraftFinalApril2007.pdf (Stand Juli 2010). Siehe Details *K. Morrow*, Public Participation in the Assessment of the Effects of Certain Plans and Programmes on the Environment, (49) 74 ff.

[259] Siehe zum Ganzen *K. Morrow*, Public Participation in the Assessment of the Effects of Certain Plans and Programmes on the Environment, (49) 63 f., 70 zu Art. 7 Aarhus-Konvention, der eine Beteiligung der Öffentlichkeit bei Plänen, Programmen und Politiken vorsieht.

laments und Rates über die Prüfung bestimmter Pläne und Programme (SUP-Richtlinie) erlassen.[260] Auch im nationalen Recht sind SUP vorgesehen, z. B. in §§ 14a bis 14o des deutschen UVP-Gesetzes mit Bestimmungen u. a. zur grenzüberschreitenden Behörden- und Öffentlichkeitsbeteiligung (§ 14j UVP-Gesetz).

III. Zusammenfassung zur EK: Die UVP als Forum der Kooperation, der Öffentlichkeitsbeteiligung und des Informationsaustausches

Zum Teil wird angenommen, die Pflicht zur Durchführung einer UVP sei bei Projekten, bei denen mit einer gewissen Wahrscheinlichkeit wesentliche grenzüberschreitende Umweltauswirkungen zu erwarten seien, Teil des Völkergewohnheitsrechts.[261] Allerdings sei eine Präzisierung dieser völkergewohnheitsrechtlichen Pflicht in Bezug auf Art und Weise der Durchführung der UVP, insbesondere hinsichtlich einer Öffentlichkeitsbeteiligung, mangels Kontinuität in der völkerrechtlichen Praxis nicht möglich.[262] Andere sind noch zurückhaltender und sehen in der Pflicht zur Durchführung einer UVP nur im Entstehen befindliches Völkergewohnheitsrecht.[263] Aus den in der EK vorgesehenen ver-

---

[260] Richtlinie 2001/42/EG des Europäischen Parlaments und Rates vom 27. Juni 2001 über die Prüfung bestimmter Pläne und Programme, Amtsbl. Nr. L 197 vom 21. Juli 2001, 30-37. Siehe zur SUP-Richtlinie eingehend: *A. Näckel*, Umweltprüfung für Pläne und Programme, 220 ff. zum wesentlichen Inhalt der Richtlinie, 241 ff. zur Umsetzung in deutsches Recht; siehe auch *S. Otto*, Umweltverträglichkeitsprüfung von Plänen und Programmen, 36 ff., 100 ff.; *K. Morrow*, Public Participation in the Assessment of the Effects of Certain Plans and Programmes on the Environment, (49) 78 ff.

[261] *A. Epiney/M. Scheyli*, Umweltvölkerrecht, 135.

[262] *A. Epiney/M. Scheyli*, Umweltvölkerrecht, 140. Siehe ausführlich *U. Stiegel*, Espoo-Übereinkommen, 56 ff. zu bi- und multilateralen Abkommen, in denen eine UVP-Pflicht vorgesehen ist.

[263] Siehe *P. Patronos*, The Espoo Convention, (17) 20 f. m. w. N., der auch zu bedenken gibt, dass sich – zumindest regional im europäischen Raum – eine völkergewohnheistrechtliche Norm bereits entwickelt haben könnte. *A. E. Boyle*, The Environmental Jurisprudence of ITLOS, (369) 376: „(...) State practice (...) points consistently in the direction of recognising that where proposed activities are likely to harm the environment, an EIA directed at transboundary

traglichen Verpflichtungen zur Durchführung einer UVP könnte man zumindest auf das „Heranwachsen eines UVP-Gebots im regionalen Völkergewohnheitsrecht" schließen.[264]

Die EK präzisiert das Kriterium der Erheblichkeit dahingehend, dass sie eine Liste von Projekten zur Verfügung stellt, die in der Regel erhebliche Auswirkungen auf die Umwelt zur Folge haben.[265] Als erster völkerrechtlicher Vertrag sieht die EK bei einem Streit über die Erheblichkeit der Umweltauswirkungen eines nicht aufgelisteten Projekts die Einschaltung einer unabhängigen Untersuchungskommission vor, die ein Gutachten zur Frage der Wahrscheinlichkeit erheblicher grenzüberschreitender Umweltauswirkungen anfertigt.[266] Zudem konkretisiert die EK die UVP-Pflicht inhaltlich, indem sie genaue Angaben zum Inhalt der UVP-Dokumentation macht, insbesondere die sog. „Null-Alternative" erwähnt, sowie den Inhalt der Konsultationen näher beschreibt.[267] Die EK präzisiert auch die völkergewohnheitsrechtliche Pflicht zur rechtzeitigen Information, indem sie in Art. 3 EK genau festlegt, welche Informationen die Ursprungspartei der betroffenen Partei zu übermitteln hat – und dass der betroffene Staat seinerseits auf Ersuchen der Ursprungspartei verpflichtet wird, Informationen über die betroffene Umwelt in seinem Zuständigkeitsbereich zu übermitteln.[268] Bemerkenswert ist auch, dass die EK der ausländischen Öffentlichkeit im Rahmen des UVP-Verfahrens gleiche Beteiligungsrechte einräumt wie der innerstaatlichen Öffentlichkeit, und damit das Prinzip der Nicht-Diskriminierung in Bezug auf die Öffentlichkeitsbeteiligung etabliert.[269]

---

impacts is a necessary preliminary to consultation and co-operation with other potentially affected States."

264 So *U. Beyerlin*, Umweltvölkerrecht, 57, Rn. 121; 58, Rn. 123 m. w. N. Auch hinsichtlich der Herausbildung regionalen Völkergewohnheitsrechts ist jedoch angesichts des immer noch geringen Umfangs der völkerrechtlichen Übung Zurückhaltung geboten: Die Pflicht zur Durchführung einer UVP stelle zwar noch keine völkergewohnheitsrechtliche Regel dar, eine solche sei aber im Entstehen. Siehe *U. Stiegel*, Espoo-Übereinkommen, 65 f., 79.

265 *U. Stiegel*, Espoo-Übereinkommen, 68, 80, 207 f.

266 *U. Stiegel*, Espoo-Übereinkommen, 68 f., 80.

267 Details *U. Stiegel*, Espoo-Übereinkommen, 69, 74, 80.

268 *U. Stiegel*, Espoo-Übereinkommen, 71, 80.

269 Insofern ist die EK ein Indiz dafür, dass die Pflicht zur Gleichbehandlung der in- und ausländischen Öffentlichkeit eine im Entstehen begriffene völker-

Hinsichtlich der Ausgestaltung der UVP gibt die EK kaum konkretes materielles Recht vor. Sie enthält schwerpunktmäßig Verfahrensnormen, die die Vertragsstaaten dazu verpflichten, bestimmte Verfahrensschritte bei einem grenzüberschreitenden UVP-Verfahren einzuhalten.[270] Hierin liegt einer der wesentlichen Unterschiede zu den nationalen UVP-Gesetzen, die detaillierte materiell-rechtliche Vorgaben für nationale UVP-Verfahren enthalten. Auch in den erwähnten europäischen Richtlinien werden den Mitgliedstaaten konkrete materiell-rechtliche Vorgaben für die nationalen UVP-Verfahren gemacht.

Jedoch gibt auch die EK in einigen Bestimmungen materiell-rechtliche Verpflichtungen vor. Zu nennen sind hier insbesondere die allgemeine Verpflichtung des Art. 2 Abs. 1 EK sowie die Verpflichtungen der Art. 2 Abs. 2, 3 EK, in denen den Vertragsstaaten aufgegeben wird, ein nationales UVP-Verfahren zu schaffen und bei umweltgefährdenden Projekten eine UVP durchzuführen. Von besonderer Bedeutung ist auch die Verpflichtung des Art. 6 EK, bei der endgültigen Entscheidung über die geplante Tätigkeit die Dokumentation zur UVP, die Stellungnahmen der Öffentlichkeit sowie das Ergebnis der Konsultationen zu berücksichtigen. Zwar bleibt dem Ursprungsstaat ein weiter Ermessensspielraum in Bezug auf die endgültige Entscheidung über das Projekt.[271] Die zu berücksichtigenden Ergebnisse sind aber dennoch sehr bedeutend, da sie dazu führen können, dass das geplante Vorhaben erheblich verändert, überhaupt nicht genehmigt oder die Genehmigung nur unter Auflagen erteilt wird. Auch das HÜK enthält, wie oben untersucht, mit Regel 3 Anlage VI HÜK eine Vorschrift, in der die Anforderungen an die UVP für Offshore-Tätigkeiten bzw. -Anlagen materiell-rechtlich ausgestaltet sind.[272]

Neben diesen wenigen, aber wichtigen materiellen Verpflichtungen der EK ist gerade auch die konkrete Ausgestaltung des UVP-Verfahrens in der EK mit einer verpflichtenden Beteiligung der betroffenen Vertragsstaaten, der Öffentlichkeit und der Durchführung von Konsultationen bemerkenswert. Der große Verdienst der EK ist es, dass die grundsätz-

---

gewohnheitsrechtliche Verpflichtung darstellt. Siehe *U. Stiegel*, Espoo-Übereinkommen, 80, 75 ff. Details m. w. N., 208.

[270] So *R. Dieter*, Das Umweltregime der Ostsee, 97, 99; *T. Koivurova*, The Transnational EIA Procedure of the Espoo Convention, (161) 198.

[271] *T. Koivurova*, The Transnational EIA Procedure of the Espoo Convention, (161) 198.

[272] Siehe oben S. 312 ff.

lich nur auf bilateraler Ebene vereinbarten gegenseitigen Informations- und Kooperationspflichten bei grenzüberschreitenden Auswirkungen mit dieser Konvention auf multilaterale Ebene transportiert wurden und dadurch für mittlerweile über 40 Vertragsstaaten (Stand Juli 2010) bindend sind. Positiv zu werten sind bei der EK auch der integrative Ansatz zum Umweltschutz sowie die detaillierte verfahrenstechnische Ausgestaltung der allgemeinen, im Umweltvölkerrecht niedergelegten Kooperationspflicht.[273] Die EK bietet damit ein Forum für das präventive Management der grenzüberschreitenden Umweltauswirkungen bestimmter Projekte.[274]

Die UVP erweist sich zudem als ein geeignetes Mittel zur Verwirklichung der völkergewohnheitsrechtlichen Pflicht, erhebliche grenzüberschreitende Umweltbeeinträchtigungen zu vermeiden. Sie stellt sicher, dass durch eine Kooperation, Information und Konsultation der betroffenen Parteien sowie durch eine Beteiligung der ausländischen Öffentlichkeit wahrscheinliche grenzüberschreitende Umweltauswirkungen geplanter Projekte verlässlich abgeschätzt und Maßnahmen zur Verminderung oder Vermeidung grenzüberschreitender Umweltbelastungen erörtert werden.[275] Das UVP-Verfahren wird demnach zutreffend als Rückgrat des internationalen Umweltverfahrensrechts bezeichnet, indem es Staaten eine Methode an die Hand gibt, grenzüberschreitende Umweltverschmutzungen zu reduzieren und zu vermeiden.[276]

Die Kritik, aus der EK ergeben sich keine Ansätze für eine multilaterale Koordination transnationaler Vorhaben,[277] greift zu kurz. Ziel der EK ist die verfahrenstechnische Ausgestaltung der grenzüberschreitenden Zusammenarbeit zwischen Staaten im Rahmen einer UVP von Großprojekten.[278] Die EK ist demnach eine geeignete Grundlage für die Durchführung eines koordinierten, internationalen UVP-Verfahrens

---

[273] Siehe *R. Dieter*, Das Umweltregime der Ostsee, 98. Nach *T. Koivurova*, The Future of the Nordic Environment Protection Convention, (505) 510, verfolge die EK die traditionelle zwischenstaatliche Kooperationsstrategie.

[274] Siehe *T. Koivurova*, The Transnational EIA Procedure of the Espoo Convention, (161) 161.

[275] Siehe *U. Stiegel*, Espoo-Übereinkommen, 79, 207.

[276] Vgl. *P. Patronos*, The Espoo Convention, (17) 17, 19.

[277] So *R. Wolf*, Rechtliche Rahmenbedingungen für die geplante Ostsee-Pipeline, (24) 27.

[278] *R. Dieter*, Das Umweltregime der Ostsee, 95.

mit einer Vielzahl beteiligter Staaten.[279] Jedoch ist es auch und gerade für den Meeresraum wichtig, dass neben den einzelstaatlichen UVP-Verfahren das geplante Projekt grenzüberschreitend und projektweit auf seine Umweltverträglichkeit hin überprüft wird und damit eine Gesamtbetrachtung der negativen Umweltauswirkungen vorgenommen wird. Hier ist die EK defizitär, da die Staaten (bisher) zu keiner solchen Rahmen-UVP verpflichtet werden.

Dies wird, wie gezeigt, am Beispiel des Großprojekts der *Nord Stream-Pipeline* deutlich, bei dem fünf Staaten ein UVP-Verfahren durchführen müssen und an dem sämtliche Ostseeanrainer als betroffene Staaten beteiligt sind. Das bisherige Espoo-Verfahren bei der *Nord Stream-Pipeline* hat gezeigt, dass die EK den neuen Herausforderungen gewachsen ist, wenn bei einem Großprojekt wie der *Nord Stream-Pipeline* eine Vielzahl von Staaten und anderen Akteuren wie die HELCOM und NGOs beteiligt sind. Hinzu kommt, dass das Projekt der *Nord Stream-Pipeline* von enormer wirtschaftspolitischer und geostrategischer Bedeutung ist und einer gesteigerten Aufmerksamkeit und einem erhöhten Informationsbedürfnis der Öffentlichkeit unterliegt. In einem solchen grenzüberschreitenden Verfahren mit einer Vielzahl von Beteiligten und einem hohen Maß an Konfliktpotential sowie politischer und öffentlicher Aufmerksamkeit sind größtmögliche Transparenz, eine frühzeitige Einbindung der Öffentlichkeit, der Fachbehörden und Verbände in allen beteiligten Staaten sowie eine enge Kooperation und Koordinierung entscheidend.[280]

Die UVP ist auch für die Verlegung unterseeischer Rohrleitungen das entscheidende Medium, mit dem die materiellen Rechte und Pflichten der verlegenden Staaten und betroffenen Küstenstaaten formell abgesichert und koordiniert werden. Hierin zeigt sich, wie wichtig die verfahrensbezogenen Verpflichtungen – Kontrolle, Information, Koordination und Kooperation – im Bereich des marinen Umweltschutzes, aber auch zur Koordinierung sich überlagernder und teilweise konträrer Meeresnutzungen sind.

---

[279] *C. Abromeit*, Die Ostseepipeline, (354) 355, 359.

[280] *C. Abromeit*, Die Ostseepipeline, (354) 359. Der Leitfaden für die praktische Anwendung der Espoo-Konvention, 30 ff. (abrufbar unter: http://www.bmu.de/files/pdfs/allgemein/application/pdf/espoo_leitfaden.pdf, Stand Juli 2010), betitelt solche Verfahren nach der EK als „gemeinsame UVP“ und bezieht sich auf Art. 2 Abs. 1, Anhang VI lit. (g) EK. Außer einer verstärkten Koordinierung und Kooperation hinsichtlich der einzelnen Schritte ergeben sich keine Besonderheiten bei einer solchen gemeinsamen UVP.

Vierter Teil: Zusammenfassung – Fazit – Ausblick

Kapitel 1: Ergebnisse und Bewertung

Trotz ihrer unterschiedlichen Ausrichtung weisen SRÜ, HÜK und EK viele Gemeinsamkeiten bei der Einordnung und Behandlung unterseeischer Rohrleitungen auf, die ebenso wie die Unterschiede im Folgenden zusammenfassend dargestellt werden.

(1) Das *SRÜ* ist als „Verfassung der Meere“ zonal ausgerichtet und behandelt schwerpunktmäßig die Freiheiten der Hohen See sowie Inhalt und Umfang der Kompetenzen der Küstenstaaten in den küstenstaatlichen Meereszonen. Daneben ist das SRÜ wegen seines ganzheitlichen Ansatzes und der Verankerung der wichtigsten Grundprinzipien des Meeresumweltschutzes in Teil XII SRÜ eine bedeutende Umweltkonvention, in der neben Kooperationspflichten auch das Verfahren der UVP angelegt ist.

Das *HÜK* hat als regionale Meeresumweltschutzkonvention primär den umfassenden Schutz der Ostsee und der darin lebenden Ressourcen zum Ziel und behandelt die (meisten) Verschmutzungsursachen umfassend. Das HÜK geht zwar von der Weitergeltung der Freiheiten der Hohen See in den küstenstaatlichen Funktionshoheitsräumen aus (Art. 27 HÜK), schränkt diese aber wegen seiner umweltrechtlichen Ausrichtung weiter ein als das SRÜ.

In der *EK* finden sich keine Besonderheiten für Tätigkeiten, die auf den Raum Meer bezogen sind. Sie ist in ihrer seerechtlichen Dimension weit weniger ausgeprägt als die beiden anderen Konventionen und hauptsächlich verfahrensrechtlich ausgerichtet.

(2) Die Verlegefreiheit weist im *Vergleich zu den anderen Freiheiten der Hohen See* wichtige Besonderheiten auf. Diese ergeben sich zum einen daraus, dass die Freiheit der Verlegung unterseeischer Kabel und Rohrleitungen nicht zu den traditionellen Freiheiten der Hohen See wie die Schifffahrt und die Fischerei zählt und erst Mitte des 20. Jahrhunderts völkerrechtlich den allgemeinen Freiheiten der Hohen See zugeordnet wurde. Die Verlegefreiheit ist demnach eine verhältnismäßig junge Freiheit der Hohen See. Sie war und ist, sowohl was die Staatenpraxis anbelangt, als auch hinsichtlich ihrer Rezeption in internationalen Kon-

ventionen und Gremien, gerade im Vergleich zur Schifffahrtsfreiheit von geringer Bedeutung.

Zum anderen hat die Verlegefreiheit eine ausgeprägte räumliche Komponente und ist in ihrer Ausübung stationär und dauerhaft. Gerade dieser räumliche Bezug zum Meeresboden unterscheidet sie von den meisten anderen Freiheiten der Hohen See. Bei der Nutzung seeverlegter Kabel und Rohrleitungen werden andere Meeresnutzungen mehr eingeschränkt als bei der Ausübung der klassischen Freiheiten der Hohen See. So sind insbesondere die Einschränkungen für die Schifffahrt und für Fischereiaktivitäten erheblich, die sich durch die Verlegung von Seekabeln und -rohrleitungen ergeben können. Die Verlegung unterseeischer Kabel und Rohrleitungen sowie Ausbeutungsaktivitäten in einem Gebiet schließen sich normalerweise sogar aus.

(3) Auch bei einem *Vergleich zwischen seeverlegten Rohrleitungen und Kabeln* ergeben sich Unterschiede. Seekabel spielten, sowohl in der Staatenpraxis seit Verlegung des ersten Seekabels 1850 als auch hinsichtlich der Rezeption in internationalen Übereinkommen, fast 100 Jahre eine weitaus bedeutendere Rolle als seeverlegte Rohrleitungen. Beispielhaft seien hierfür insbesondere der KSV von 1884 sowie die Beratungen auf der Ersten Seerechtskonferenz in den 1950er Jahren genannt.

Während der Beratungen der Dritten Seerechtskonferenz seit Anfang der 1970er Jahre gewannen unterseeische Rohrleitungen im Vergleich zu Seekabeln erstmals an Bedeutung. Mit Art. 79 Abs. 2 und 3 SRÜ wurde zum ersten Mal eine Vorschrift eingeführt, die Rohrleitungen mehr Aufmerksamkeit schenkt als Kabeln. Dieser Trend scheint sich in den letzten 25 Jahren seit Verabschiedung des SRÜ verstärkt zu haben. Insbesondere im regionalen Bereich wird zunehmend versucht, den Gefahren einer durch Seerohrleitungen verursachten Verschmutzung zu begegnen. Dies zeigt sich besonders deutlich bei der EK, deren UVP-Verfahren bei seeverlegten Gas- und Ölpipelines anwendbar ist, nicht jedoch bei Seekabeln. Auch das HÜK ist für Seekabel in weitaus geringerem Umfang von Bedeutung als für Seepipelines.

Der wichtigste Unterschied zwischen Seekabeln und -rohrleitungen ist, dass die potentielle Gefährdung für die Meeresumwelt bei Rohrleitungen wegen der transportierten Produkte Öl oder Gas sehr viel größer ist als bei Unterwasserkabeln, die der Nachrichtenübermittlung und dem Stromtransport dienen. Deshalb sind Umweltschutzbestimmungen und Fragen der Sicherheit bei Pipelines wichtiger als bei Kabeln. Auch in technischer Hinsicht werfen seeverlegte Rohrleitungen größere Probleme auf als Seekabel. Die küstenstaatlichen Ausbeutungsinteressen werden durch Seerohrleitungen in der Regel mehr beeinträchtigt als durch Unterwasserkabel.

Der enge Zusammenhang zwischen seeverlegten Rohrleitungen und der Machtressource Öl und Gas lässt Rohrleitungen zu einem bedeutenden sicherheits- und geopolitischen Faktor werden, regional und global. Mittlerweile hat sich für den Transport von Öl und Gas eine Infrastruktur von Rohrleitungsnetzen entwickelt, neben den Tankerrouten die wichtigsten „Arterien der Energieversorgung". Zudem spielen Pipelines eine zunehmende Rolle bei der Energieversorgungssicherheit gerade der EU, was die *Nord Stream-Pipeline* verdeutlicht.

(4) Inhalt und Umfang der Rechte und Pflichten, die den Staaten bei der Rohrleitungsverlegung in den verschiedenen *Meeresgebieten* nach SRÜ, HÜK und EK auferlegt bzw. gewährt werden, werden nachfolgend zusammengefasst. Auf besondere Arten von Rohrleitungen wie z. B. anlandende Rohrleitungen ist sogleich einzugehen (siehe 5).

(a) In den *inneren Gewässern* und im *Küstenmeer*, also in den Meereszonen, die der Küste am nächsten liegen und in denen der Küstenstaat Souveränität ausübt, dürfen fremde Staaten nur mit der Erlaubnis und unter der Ägide des Küstenstaates Rohrleitungen verlegen. Ein dem Recht der friedlichen Durchfahrt analoges „Recht der friedlichen Kabel- und Rohrleitungspassage" existiert weder im Küstenmeer noch in den inneren Gewässern. Der Küstenstaat hat aufgrund seiner Souveränität grundsätzlich das uneingeschränkte Recht, der Rohrleitungsverlegung durch dritte Staaten in seinem Küstenmeer und in seinen inneren Gewässern zuzustimmen, diese zu verweigern, von Auflagen abhängig zu machen und diese Auflagen durchzusetzen. Nicht nur der Verlegevorgang selbst, sondern alle Handlungen im Zusammenhang mit der Rohrleitungsverlegung – Maßnahmen im Vorfeld der Verlegung wie Trassenuntersuchungen, Unterhaltungsmaßnahmen oder eine (Nicht-) Entfernung der Rohrleitung – bedürfen der ausdrücklichen Zustimmung des Küstenstaates. Der Küstenstaat kann kraft seiner Souveränität über das Küstenmeer auch die Entfernung einer von dritten Staaten gelegten Pipeline nach deren Stilllegung verlangen.

Der Küstenstaat ist zudem berechtigt und verpflichtet, für unterseeische Rohrleitungen, die er selbst oder die ein dritter Staat legt, Bestimmungen zur Verhütung, Verringerung und Überwachung der Verschmutzung der Meeresumwelt zu erlassen und diese durchzusetzen. Diese Pflicht ergibt sich zum einen aus dem SRÜ, insbesondere aus Art. 208, 213 SRÜ, zum anderen auch aus dem HÜK, da sich Art. 4 Abs. 2 HÜK ausdrücklich auf die inneren Gewässer und das Küstenmeer der Vertragsstaaten bezieht. Nach der EK ist – neben den jeweiligen verlegenden Staaten – auch ein Küstenstaat als Ursprungspartei zur Durchführung einer UVP sowie zur Kooperation und Konsultation verpflichtet, wenn eine Seepipeline durch sein Küstenmeer oder seine inneren Gewässer führt.

Des Weiteren kann der Küstenstaat Maßnahmen ergreifen, um die Verlegung von Rohrleitungen und die friedliche Durchfahrt von Schiffen zu koordinieren. Dabei darf insbesondere das Recht der friedlichen Durchfahrt durch das Küstenmeer nicht unangemessen behindert werden. Dies gilt auch für Rohrleitungen, die der Küstenstaat in seinem Küstenmeer selbst verlegt. In einem solchen Fall müssen die Souveränitätsinteressen des Küstenstaates und das Recht der friedlichen Durchfahrt in einen angemessenen Ausgleich gebracht werden. Diesem Ausgleich wohnt ein Element der Rücksichtnahme inne, auch wenn im Küstenmeer das Gebot gegenseitiger Rücksichtnahme aufgrund der küstenstaatlichen Souveränität grundsätzlich nicht gilt.

(b) In den Funktionshoheitsräumen *AWZ* und *Festlandsockel* ist Art. 79 SRÜ die entscheidende Vorschrift für die Verlegung unterseeischer Rohrleitungen. Das Recht aller Staaten, auf dem Festlandsockel Rohrleitungen zu verlegen, umfasst auch das Recht des Küstenstaates, auf seinem eigenen Festlandsockel Pipelines zu legen. Wenn der Küstenstaat auf seinem eigenen Festlandsockel selbst eine Rohrleitung verlegt, übt er als verlegender Staat über diese Rohrleitung Hoheitsbefugnisse aus und ist in Bezug auf eine solche Seerohrleitung zu umweltschützenden Maßnahmen verpflichtet.

Der Küstenstaat hat hingegen grundsätzlich keine Hoheitsbefugnisse über Rohrleitungen, die dritte Staaten auf seinem Festlandsockel verlegen (Ausnahmen siehe unter 5). Auf dem Festlandsockel verlegte Rohrleitungen fallen grundsätzlich nicht unter Art. 60, 80 SRÜ. Dies gilt insbesondere für Rohrleitungen wie die *Nord Stream-Pipeline*, die eine unabhängige Transportfunktion erfüllen. Die Hoheitsbefugnisse bleiben bei den verlegenden Staaten (Art. 79 Abs. 1 SRÜ).

Das Recht der Staaten, auf einem fremden Festlandsockel eine Rohrleitung zu verlegen, ist nicht auf das Verlegen beschränkt, sondern umfasst auch den Betrieb, die Unterhaltung und die Reparatur der Rohrleitungen. Die Verlegefreiheit des Art. 79 Abs. 1 SRÜ berechtigt den Verlegestaat jedoch nicht dazu, auf einem fremden Festlandsockel bzw. in einer fremden AWZ entlang seiner Rohrleitung eine Sicherheitszone zu errichten.

Der verlegende Staat ist aufgrund seiner Hoheitsbefugnisse zum Erlass und zur Durchsetzung der Meeresumweltschutzvorschriften verpflichtet (siehe insbesondere Art. 208, 214 SRÜ). Er hat bei der Rohrleitungsverlegung auf dem Festlandsockel die Pflicht, im Vorfeld die Trasse zu untersuchen, insbesondere nach möglichen Hindernissen und Gefahren wie Minen. Im Ausnahmefall kann sich aus Art. 208 Abs. 1, 2 SRÜ für den verlegenden Staat die Pflicht ergeben, eine stillgelegte Rohrleitung, die seinen Hoheitsbefugnissen unterliegt, ganz oder teilweise von einem fremden Festlandsockel zu entfernen, wenn von der verbleibenden Rohrleitung in erheblichem Maße abträgliche Wirkungen für die Meeresumwelt zu erwarten sind, oder wenn der Küstenstaat beabsichtigt, seine Nutzungsrechte am Festlandsockel auszuüben.

Obwohl der Küstenstaat über Pipelines dritter Staaten grundsätzlich keine Hoheitsbefugnisse ausübt, kommen ihm aufgrund der Bestimmung des Art. 79 Abs. 2 SRÜ weitreichende Rechte u. a. im Bereich des Meeresumweltschutzes zu. Die auf Art. 79 Abs. 2 SRÜ gestützten Regelungs- oder Durchsetzungsmaßnahmen müssen jedoch angemessen sein. Art. 79 Abs. 3 SRÜ gewährt dem Küstenstaat einen Zustimmungsvorbehalt bei der Trassenführung, den dieser jedoch nicht dahingehend missbrauchen darf, dass er eine Verlegung faktisch unmöglich macht, indem er immer wieder seine Zustimmung zu unterschiedlichen Trassen verweigert. Aus Art. 79 Abs. 2 SRÜ und Art. 194 Abs. 3 lit. (c) und (d) SRÜ kann sich das Recht des Küstenstaates ergeben, zur Gewährleistung der Sicherheit einer Rohrleitung Warneinrichtungen wie Bojen in eng umgrenzten Bereichen einzurichten, und die Lage der Rohrleitung zu veröffentlichen bzw. in Seekarten einzutragen. Ein Recht bzw. eine Pflicht zur Errichtung von Sicherheitszonen durch den Küstenstaat entlang seeverlegter Rohrleitungen auf dem Festlandsockel ist jedoch abzulehnen.

Bereits aus der allgemeinen Formulierung des Art. 1 HÜK, wonach sich das HÜK auf das gesamte Ostseegebiet erstreckt, ergibt sich, dass auch die AWZ und der Festlandsockel vom Anwendungsbereich des HÜK erfasst sind. Für Meeresrohrleitungen bedeutet dies Folgendes: Unterseeische Rohrleitungen, die in der Ostsee verlegt werden, unterfallen dem Anwendungsbereich des HÜK. Dieser ist eröffnet, wenn die HÜK-Vertragsstaaten selbst bestimmte meeresbezogene Aktivitäten vornehmen oder diese in ihren Meereszonen von Dritten durchführen lassen. Küstenstaaten, auf deren Festlandsockel bzw. in deren AWZ eine Rohrleitung verlegt wird, sind demnach verpflichtet, die Vorschriften des HÜK einzuhalten, die für Meeresrohrleitungen gelten.

Nach der EK ist – neben den jeweiligen verlegenden Staaten – auch ein Küstenstaat als Ursprungspartei zur Durchführung einer UVP sowie zur Kooperation und Konsultation verpflichtet, wenn eine Seepipeline in seiner AWZ bzw. auf seinem Festlandsockel verlegt wird. Für seeverlegte Rohrleitungen dritter Staaten ergibt sich dies – trotz der fehlenden küstenstaatlichen Hoheitsbefugnisse – aus den bedeutenden Einflussnahmemöglichkeiten des Küstenstaates in Bezug auf den Meeresumweltschutz und die Trassenführung sowie nach Sinn und Zweck der EK. Auch die Staatenpraxis stützt dieses Ergebnis, da bei der *Nord Stream-Pipeline* auch Schweden und Finnland als Ursprungsparteien am EK-Verfahren beteiligt sind, obwohl die *Nord Stream-Pipeline* bei beiden Staaten nur auf dem Festlandsockel verlegt werden soll.

(c) Für die *Hohe See* bzw. den *Meeresboden jenseits nationaler Hoheitsbefugnisse* sind zunächst die verlegenden Staaten berechtigt und verpflichtet, Umwelt- und Sicherheitsmaßnahmen bei Verlegung, Betrieb und (Nicht-)Entfernung unterseeischer Rohrleitungen zu ergreifen. Die Kompetenzen der IMB in Bezug auf Rohrleitungen, die nicht in Zusammenhang mit der Ausbeutung der mineralischen Ressourcen des Gebiets stehen (hierzu unter 5), sind begrenzt, auch im Bereich des Meeresumweltschutzes. Der IMB kommt grundsätzlich kein Zustimmungsvorbehalt zu. Sie kann jedoch beispielsweise das Verlegen einer Rohrleitung gemäß Art. 157 Abs. 2 SRÜ in einem Gebiet verbieten, wenn dadurch bereits bestehende Ausbeutungsaktivitäten in dem betreffenden Gebiet gefährdet würden. Über den engen Wortlaut des Art. 145 SRÜ hinausgehend kommen der IMB auch im Bereich der Meeresverschmutzung Kompetenzen bei der Rohrleitungslegung zu, die insbesondere aus der Annexkompetenz des Art. 157 Abs. 2 SRÜ i.V.m. Art. 145 SRÜ hergeleitet werden. Besteht z. B. die Gefahr, dass im Gebiet verlegte Rohrleitungen durch Tiefseebergbau-Aktivitäten gefährdet werden, so kann die IMB deren Entfernung oder andere Sicherungen vorschreiben, um die Meeresumwelt zu schützen.

Konkrete Rechte und Pflichten der verlegenden Staaten jenseits nationaler Hoheitsbefugnisse lassen sich für das SRÜ in der Regel nur aus den allgemeinen Bestimmungen im Bereich des Meeresumweltschutzes und aus den Rücksichtnahmegeboten entwickeln. Aus den Vorschriften im Bereich des Meeresumweltschutzes ergibt sich u. a. die Pflicht, im Vorfeld einer Rohrleitungsverlegung die Trasse zu untersuchen, insbesondere nach möglichen Hindernissen und Gefahren, wie z. B. Minen. Weiterhin kommt dem verlegenden Staat die Pflicht zu, eine seeverlegte Rohrleitung regelmäßig zu warten und sicherzustellen, dass von der Rohrleitung keine Gefahren ausgehen bzw. die Rohrleitung selbst nicht gefährdet ist, z. B. durch Veränderungen des Meeresbodens.

Aus der Freiheit der Rohrleitungsverlegung selbst ergibt sich kein Recht, entlang einer Rohrleitung Sicherheitszonen – im Sinne von

Schifffahrts-, Fischerei- oder Ankerverboten – zu errichten. Auch aus den umweltschutzbezogenen Bestimmungen des SRÜ, insbesondere aus Art. 194 Abs. 3 lit. (c) und (d) SRÜ, folgt, dass verlegende Staaten weder das Recht noch die Pflicht haben, entlang einer unterseeischen Rohrleitung eine Sicherheitszone zu errichten. Eine Sicherheitszone entlang einer Rohrleitung würde die anderen Freiheiten der Hohen See unangemessen beschränken und dem Rücksichtnahmegebot widersprechen.

Aus den gleichen Gründen besteht jenseits nationaler Hoheitsbefugnisse auch keine Kennzeichnungs- und Warnpflicht für unterseeische Rohrleitungen, beispielsweise mit Bojen. Aufgrund der Tatsache, dass andere Meeresnutzungen durch solche Markierungen unverhältnismäßig beeinträchtigt werden können, kommt sogar ein Verbot der Kennzeichnung von Rohrleitungen in Betracht. Die Staaten sind aber berechtigt und mittlerweile auch verpflichtet, die Lage einer Rohrleitung öffentlich bekannt zu geben und in Seekarten verzeichnen zu lassen.

Eine Pflicht zur Entfernung einer unterseeischen Rohrleitung lässt sich grundsätzlich weder aus den Rücksichtnahmegeboten noch aus den allgemeinen umweltrechtlichen Verpflichtungen der Art. 192, 194 SRÜ ableiten. Eine teilweise oder vollständige Beseitigung kann jedoch nach den konkreten Umständen geboten sein, wenn von der verbleibenden Rohrleitung in erheblichem Maße abträgliche Wirkungen für die Meeresumwelt zu erwarten sind. Ähnliches gilt für das Rücksichtnahmegebot des Art. 87 Abs. 2 SRÜ: Im besonderen Fall einer erheblichen Behinderung der Schifffahrt, der Fischerei oder von Meeresbodenaktivitäten durch eine verbleibende Rohrleitung kann die Pflicht zur gebührenden Berücksichtigung der Interessen anderer Staaten zu einer Beseitigungspflicht erstarken. Dies gilt insbesondere dann, wenn die Behinderungen nicht durch andere Maßnahmen wie Warneinrichtungen zu vermeiden sind und eine Untätigkeit rechtsmissbräuchlich i. S. d. Art. 300 SRÜ wäre.

Da die Ostsee vollständig verzont ist, ist das HÜK für die Meeresgebiete jenseits nationaler Hoheitsbefugnisse nicht weiter bedeutend. Gemäß der EK kommt einer Vertragspartei, die eine Rohrleitung auf dem Meeresboden jenseits nationaler Hoheitsbefugnisse verlegt und nutzt, die Pflicht zu, eine UVP durchzuführen sowie mit anderen betroffenen Vertragsparteien zu kooperieren.

(5) Sowohl im SRÜ als auch im HÜK ergeben sich *Besonderheiten* für bestimmte Arten von Rohrleitungen bzw. für einzelne Tätigkeiten, die mit der Nutzung seeverlegter Rohrleitungen zusammenhängen. Aus der EK lassen sich keine besonderen Rechte und Pflichten für bestimmte

Arten von Rohrleitungen herleiten, die über die Normen hinausgehen, die auf alle Öl- und Gaspipelines anwendbar sind.

(a) Für Rohrleitungen, die im *Zusammenhang mit der Ausbeutung der nicht-lebenden Ressourcen des Meeresbodens* stehen, ergeben sich sowohl für den Festlandsockel bzw. die AWZ als auch für den Meeresboden jenseits nationaler Hoheitsbefugnisse Besonderheiten. Für unabhängige Transportrohrleitungen wie die *Nord Stream-Pipeline* gelten diese speziellen Bestimmungen nicht.

(aa) Auf dem *Festlandsockel* bzw. in der *AWZ* übt der Küstenstaat Hoheitsbefugnisse über Rohrleitungen aus, die in unmittelbarem Zusammenhang mit der Ausbeutung der natürlichen Ressourcen des Festlandsockels stehen (sog. „field-to-coast pipelines“, „field-to-field pipelines“ und Feldleitungen, siehe Art. 60, 79 Abs. 4 Alt. 2 SRÜ). Bei solchen Rohrleitungen ist der Küstenstaat regelmäßig auch verlegender Staat. Ein Küstenstaat übt jedoch auch Hoheitsbefugnisse über solche Rohrleitungen aus, die ein anderer Staat von einer Bohrinsel des Küstenstaates an seine eigene Küste verlegt.

Bei derartigen Rohrleitungen ist der Küstenstaat insbesondere aus Art. 208, 214 SRÜ verpflichtet, Maßnahmen zu erlassen und durchzusetzen, um eine Verschmutzung der Meeresumwelt durch Verlegung, Betrieb und Liegenlassen einer unterseeischen Rohrleitung auf dem Festlandsockel zu verhüten, zu verringern und zu überwachen. Neben Art. 208, 214 SRÜ sind für solche Rohrleitungen auch Art. 60, 80 SRÜ einschlägig. Dies bedeutet, dass diese Pipelines der teilweisen oder vollständigen Beseitigungspflicht des Art. 60 Abs. 3 SRÜ unterliegen. Der Küstenstaat ist nach Art. 60 Abs. 4-6 SRÜ auch berechtigt bzw. verpflichtet, entlang derartiger Rohrleitungen Sicherheitszonen einzurichten.

Auch aus dem HÜK ergeben sich für solche „field-to-coast pipelines“, „field-to-field pipelines“ und Feldleitungen Besonderheiten, da diese Rohrleitungen im Zusammenhang mit Offshore-Aktivitäten stehen bzw. selbst Offshore-Anlagen sind. Gemäß Art. 12 i.V.m. Anlage VI HÜK sind sie v. a. einer besonderen, auch materiell ausgestalteten Pflicht zur Durchführung einer UVP und einer Beseitigungspflicht unterworfen. Bevor die Genehmigung zum Bau einer mit einer Offshore-Tätigkeit zusammenhängenden Rohrleitung erteilt wird, muss eine UVP durchgeführt werden, bei der die Umweltempfindlichkeit des betroffenen Gebiets im Hinblick auf verschiedene Faktoren untersucht wird, z. B. die Bedeutung des Gebiets für Vögel und Meeressäugetiere sowie als Fischfang- und Laichgrund (Regel 3 Anlage VI HÜK). Regel 3 Abs. 4 Anlage VI HÜK ist für seeverlegte Pipelines deshalb so bedeutend, weil die genannten Untersuchungen u. a. der Meeresbodenfauna und des CO_2-Gehalts im betroffenen Gebiet vor der Verlegung der Pipeline, im Abstand von je einem Jahr während des Betriebs und nach Stilllegung der Rohrleitung vorgenommen werden müssen.

Regel 3 Anlage VI HÜK legt also für Offshore-Tätigkeiten bzw. -Anlagen inhaltliche Maßstäbe für die durchzuführende UVP und eine Überwachung fest, die detaillierter sind als die allgemeinen Bestimmungen des internationalen Seerechts. Die in Regel 3 Anlage VI HÜK niedergelegte UVP stellt insoweit auch eine Besonderheit im Umweltvölkerrecht dar, als umweltvölkerrechtliche Konventionen im Schwerpunkt verfahrensrechtliche Vorgaben enthalten und nur in wenigen Fällen konkret materiell-rechtliche Anforderungen an die durchzuführende UVP stellen.

Regel 8 Anlage VI HÜK verpflichtet die Vertragsparteien schließlich, dafür zu sorgen, dass verlassene, stillgelegte und durch Unfälle zerstörte Offshore-Anlagen unter der Verantwortung des Eigentümers vollständig abgebaut und an Land gebracht werden. Diese vollständige Beseitigungspflicht und Pflicht des An-Land-Bringens geht über das hinaus, was Art. 60, 80 HÜK bezogen auf nicht mehr genutzte Anlagen in der AWZ bzw. auf dem Festlandsockel fordern, da nach Art. 60 Abs. 3 S. 4 SRÜ auch eine teilweise Beseitigung möglich ist.

(bb) Für den *Meeresboden jenseits nationaler Hoheitsbefugnisse* ist bei Rohrleitungen, die im Zusammenhang mit der Ausbeutung der mineralischen Ressourcen des Gebiets stehen und die damit „Tätigkeiten im Gebiet" darstellen, die IMB zuständig. Verlegung, Betrieb und (Nicht-)Entfernung solcher Rohrleitungen bedürfen der Zustimmung der IMB. Diese kann solche Leitungen verhindern, sie von Auflagen abhängig machen und z. B. eine Entfernung nach der Stilllegung fordern. Sollte mit der Ausbeutung der Erdöl- und Erdgas-Reserven im Gebiet begonnen werden, bei dem auch Rohrleitungen zum Einsatz kämen, so wäre die IMB in der Pflicht, in Bezug auf solche Rohrleitungen Bestimmungen zu entwickeln und durchzusetzen, um eine Verschmutzung der Meeresumwelt zu vermeiden (siehe insbesondere Art. 145 SRÜ). Eine Zusammenarbeit mit den verlegenden Staaten wäre dabei unerlässlich.

(b) Für *Pump- und Begleitinstallationen*, die auf dem Festlandsockel bzw. in der AWZ errichtet werden, gilt Folgendes: Sind sie notwendige Bestandteile einer Rohrleitung (also für diese unverzichtbar), unterliegen sie dem Recht der Rohrleitungen, also insbesondere Art. 79 SRÜ. Solche Pump- und Begleitinstallationen unterstehen damit der Hoheitsgewalt des verlegenden Staates und nicht den ausschließlichen Hoheitsbefugnissen des Küstenstaates gemäß Art. 56 Abs. 1 lit. (b) (i), 60 Abs. 2 SRÜ. Um einen angemessenen Ausgleich zwischen den Interessen des verlegenden Staates und des Küstenstaates zu schaffen, sollte dem Küstenstaat aber zumindest das Recht zuerkannt werden, um solche Pump- und Begleitinstallationen, wenn erforderlich, angemessene Sicherheitszonen zu errichten und diese Installationen der Pflicht zur Entfernung nicht mehr benutzter Anlagen zu unterwerfen (Art. 80, 60 Abs. 3 bis 7 SRÜ analog), da die Gefahrenlage sowohl für die Schifffahrt als auch für die Begleitinstallation vergleichbar ist.

Sind Begleitinstallationen nicht notwendige Bestandteile einer Rohrleitung und für deren Betrieb verzichtbar, so bleibt es bei den ausschließlichen Hoheitsbefugnissen des Küstenstaates gemäß Art. 56 Abs. 1 lit. (b) (i), 60 Abs. 2 SRÜ über derartige Anlagen. Sie unterliegen insbesondere der Beseitigungspflicht aus Art. 60 Abs. 3 SRÜ. Zudem können um sie herum Sicherheitszonen i. S. d. Art. 60 Abs. 4-6 SRÜ errichtet werden.

(c) Weitere Besonderheiten ergeben sich für sog. *anlandende Rohrleitungen*. Gemäß Art. 79 Abs. 4 Alt. 1 SRÜ kann der Küstenstaat für Rohrleitungen, die in sein Hoheitsgebiet, also die inneren Gewässer und/oder das Küstenmeer, führen oder dieses durchqueren, „Bedingungen" festlegen.

Aufgrund der Souveränität des Küstenstaates im Küstenmeer und den inneren Gewässern sowie der umfassenden Hoheitsbefugnisse, die der Küstenstaat in diesen Zonen auch über fremde Rohrleitungen ausübt, ist Art. 79 Abs. 4 Alt. 1 SRÜ bezüglich des Teils der Rohrleitung, der sich im Küstenmeer bzw. in den inneren Gewässern befindet, lediglich deklaratorisch.

Auf den Teil einer anlandenden Rohrleitung jenseits des (erweiterten) Festlandsockels ist Art. 79 Abs. 4 Alt. 1 SRÜ nicht anwendbar, hier bleibt es bei den Rechten und Pflichten der verlegenden Staaten, dem Küstenstaat kommen keine Rechte und Pflichten zu.

Für den Teil der anlandenden Rohrleitung, der sich auf dem (erweiterten) Festlandsockel befindet, ist Art. 79 Abs. 4 Alt. 1 SRÜ jedoch von großer Bedeutung: Der Küstenstaat kann weitergehende Bedingungen für solche anlandenden Rohrleitungen im Bereich des Festlandsockels festlegen und ist dabei nicht an das Festlandsockel-Regime gebunden, insbesondere nicht an das Gebot der „Angemessenheit" des Art. 79 Abs. 2 SRÜ. Der Küstenstaat bestimmt die Bedingungen auf der Grundlage seiner Souveränität nach seinem innerstaatlichen Recht. Mit diesem Recht hat der Küstenstaat einen erheblichen tatsächlichen Einfluss auf die technischen Bedingungen der gesamten Rohrleitung, auch wenn diese seiner Hoheitsgewalt außerhalb des Küstenmeeres nicht unterworfen ist. Dies kann in der Praxis dazu führen, dass der Staat, der im Geflecht aus Küstenstaaten und verlegenden Staaten die strengsten Maßstäbe aufstellt, diese für die gesamte Rohrleitung vorgibt. Dies kann auch ein Küstenstaat sein, in oder durch dessen Hoheitsgebiet eine Rohrleitung als anlandende Rohrleitung führt, auch wenn die Pipeline nur wenige Kilometer in seinem Küstenmeer verlegt wird. Bei der *Nord Stream-Pipeline* kommt Dänemark ein solch bedeutender Einfluss zu, da ein kurzer Abschnitt der *Nord Stream-Pipeline* südlich der Insel *Bornholm* durch dänisches Küstenmeer führt.

(d) Grundsätzlich sind die Bestimmungen, die eine *Verschmutzung vom Land aus* sowie ein *Einbringen („Dumping")* betreffen, für seeverlegte Rohrleitungen nicht einschlägig. So sind dem Grunde nach weder Art. 210, 216 SRÜ noch Art. 2 Abs. 4, 11 Abs. 1 HÜK, die ein Einbringen betreffen, auf unterseeische Rohrleitungen anwendbar. Auch eine Verschmutzung von Land aus liegt grundsätzlich nicht vor: Rohrleitungen, die vom Land aus ins Meer verlegt werden, um Erdöl oder Erdgas zu transportieren, werden nach Wortlaut sowie Sinn und Zweck grundsätzlich weder von Art. 207, 213 SRÜ noch von Art. 6, 2 Abs. 2 HÜK erfasst, und zwar auch dann nicht, wenn Erdöl oder -gas aus einer solchen Rohrleitung aufgrund einer Beschädigung versehentlich austreten.

Art. 207, 213 SRÜ sowie Art. 6, 2 Abs. 2 HÜK greifen aber bei Rohrleitungen, die dazu verlegt werden, Abwässer von Land aus ins Meer zu leiten. Des Weiteren können die genannten Normen anwendbar sein, wenn eine von Land aus verlegte Seerohrleitung mit antikorrosiv wirkenden Flüssigkeiten gespült wird und diese danach ins Meer geleitet werden, da dies je nach verwendeter Flüssigkeit als vorsätzliche Verschmutzung vom Land aus angesehen werden kann. In diesem Fall können auch Art. 210, 216 SRÜ sowie Art. 2 Abs. 4, 11 Abs. 1 HÜK anwendbar sein, da eine solche Handlung als Einbringen qualifiziert werden kann. Diese Dumping-Bestimmungen sind zwar nicht einschlägig, wenn eine aufgegebene oder nicht mehr genutzte Rohrleitung auf dem Meeresboden belassen wird, da in diesem Fall kein Einbringen vorliegt. Wird eine geborgene Rohrleitung jedoch an anderer Stelle vorsätzlich im Meer beseitigt, ist ein Einbringen zu bejahen.

Kapitel 2: Fazit: Kooperation, Rücksichtnahmegebote und UVP bei Verlegung, Betrieb und (Nicht-)Entfernung unterseeischer Rohrleitungen in der Ostsee

Die internationalen und regionalen Konventionen, die im Ostseeraum Anwendung finden, sind grundsätzlich geeignet, eine Verschmutzung der Meeresumwelt durch Verlegung, Betrieb und (Nicht-)Entfernung unterseeischer Rohrleitungen zu vermeiden bzw. möglichst zu minimieren. Es ist zwar richtig, dass sich aus EK und HÜK kein umfassendes und in sich geschlossenes Regelungsregime für den Pipelinebau ergibt.[1] Im Vergleich zu den Regelungen über die Verschmutzung durch Schiffe, maßgeblich vom Regelungswerk der IMO bestimmt, war und ist das Schutzsystem im SRÜ und HÜK für die Verlegung und den Betrieb von Seepipelines immer noch wenig ausgestaltet, sowohl für die Hohe See als auch für die küstenstaatlichen Meereszonen.

Dennoch ist das regulative Potential von HÜK und EK für die Pipelineverlegung wesentlich, insbesondere im Zusammenhang mit den SRÜ-Bestimmungen. Das SRÜ schafft für die Verlegung, den Betrieb und die mögliche Entfernung einer Seepipeline einen völkerrechtlichen Rahmen, der für den Bereich des Meeresumweltschutzes im HÜK als regionaler Umweltkonvention ausgestaltet und konkretisiert wird. Ergänzt werden diese beiden Übereinkommen durch das im Rahmen der EK durchzuführende UVP-Verfahren.

Das HÜK ist eine bedeutende und wegweisende Konvention im Bereich des Meeresumweltschutzes. Dem HÜK kommt gerade hinsichtlich einer Kooperation, institutionalisiert durch die HELCOM, eine Vorbildfunktion für andere regionale Umweltschutzkonventionen zu. Dabei steht die Ostsee wegen ihrer Natur als halbumschlossenes Meer, ihrer intensiven Nutzung als Transport- und Wirtschaftsraum und ihrer ökologischen Sensibilität im Fokus des neuen Seerechts.[2]

Im HÜK sind die Grundprinzipien und -pflichten des Umweltvölkerrechts sowie die allgemeinen Konsultations-, Kooperations-, Informations- und anderen verfahrensrechtlichen Pflichten weitergehend als im

---

[1] Ähnliche Kritik bei *R. Wolf*, Rechtliche Rahmenbedingungen für die geplante Ostsee-Pipeline, (24) 27; *M.C. Pröfrock*, Energieversorgungssicherheit im Recht der EU/EG, 184; bezogen auf das HÜK auch *K. Kim*, Ostseepipeline „Nord Stream“ – ein meeresumweltrechtliches Problem?, (170) 174.

[2] Siehe *U. Jenisch*, The Baltic Sea: The Legal Regime and Instruments for Co-operation, (47) 51.

SRÜ. Dies zeigt u. a. die ausdrückliche Verankerung des Vorsorgeprinzips in Art. 3 Abs. 2 HÜK, das im SRÜ nur in wenigen Bestimmungen angedeutet ist, z. B. in Art. 206 SRÜ. Auch die im HÜK für sog. Verschmutzungsereignisse festgelegten Kooperations-, Informations- und Überwachungspflichten (Art. 13 HÜK i.V.m. Anlage VII HÜK) sind dabei in vielen Belangen detaillierter als die allgemeinen Pflichten des SRÜ.

Das Kooperationsprinzip, eines der grundlegenden Prinzipien des Umweltvölkerrechts, ist in seiner zwischenstaatlichen Ausprägung auch in der Ostsee sehr bedeutend.[3] Der große Verdienst von Regionalmeerkonventionen wie dem HÜK besteht gerade darin, dass sie einen Rahmen der Zusammenarbeit festlegen.[4] Die Ostsee-Anliegerstaaten sind zu einer solchen Koordination und Kooperation nach internationalem Seerecht auch verpflichtet, insbesondere nach Art. 123 SRÜ als Anliegerstaaten eines halbumschlossenen Meeres. Auch zu Zeiten der Ost-West-Konfrontation war die regionale Zusammenarbeit in der Ostsee gut, was u. a. darin deutlich wird, dass 1974 das HÜK verabschiedet wurde.[5] Trotz – oder gerade wegen – der enormen energiepolitischen und geostrategischen Bedeutung des Ostseeraumes sind Kooperation, Informationsaustausch und Koordinierung im Ostseegebiet vorbildlich, was bisher auch das Verfahren bei der *Nord Stream-Pipeline* gezeigt hat. Die Kooperation ist im Ostseeraum im Rahmen des HÜK, im Ostseerat, auf europäischer Ebene und mit Russland eng, trotz der unterschiedlichen Nutzungsinteressen, Konfliktpotentiale und andauernden Ost-West-Spannungen.[6] Auch auf kommunaler Ebene wird im Ostsee-

---

[3] Das Völkerrecht hat sich insgesamt mittlerweile von einem Recht der Koexistenz und Koordinierung zu einem Recht der zwischenstaatlichen Kooperation entwickelt. Siehe *R. Wolfrum*, The Impact of UNCLOS on the Progressive Development of International Law, (615) 615; *A. Epiney/M. Scheyli*, Umweltvölkerrecht, 99 m. w. N.

[4] Siehe *M. Bothe*, Versuch einer Bilanz, (329) 331. *R. Dieter*, Das Umweltregime der Ostsee, 225, weist dem HÜK gerade auch im Bereich der Verankerung des Kooperationsprinzips Vorbildfunktion für andere Regionalmeerregime zu. Zutreffend kann die Ostsee demnach auch als ein „Meer der Kooperation" beschrieben werden.

[5] Siehe *U. Jenisch*, The Baltic Sea: The Legal Regime and Instruments for Co-operation, (47) 51.

[6] Siehe zur Kooperation der Ostseeanrainer auch *I. von Münch*, Internationales Seerecht, Die gegenwärtige Situation der Ostsee und die Zusammenarbeit zwischen den Anliegerstaaten, 159 ff. Am Beispiel der Ostsee wird die Tendenz

raum intensiv kooperiert.[7]

Eng mit einer zwischenstaatlichen Kooperation verknüpft ist das Gebot gegenseitiger Rücksichtnahme, das gerade auch für ein räumlich begrenztes Meer wie die Ostsee von großer Bedeutung ist. Betroffene Staaten müssen ihre Interessen anerkennen, eng kooperieren und in Verhandlungen treten, um jeden möglichen Schaden zu verhindern bzw. zu minimieren.

Die Zusammenarbeit in der Ostseeregion erfasst auch nichtstaatliche Organisationen, Interessenverbände und Vereinigungen. Wesentliche Bestandteile einer Kooperation zwischen staatlichen und gesellschaftlichen Institutionen sind die staatlichen Informationspflichten gegenüber betroffenen Institutionen, Gruppen und Bürgern und eine umfassende Verfahrensbeteiligung dieser Kräfte. Auch in dieser Hinsicht haben das HÜK und die EK, im Zusammenhang mit der Aarhus-Konvention, Vorbildcharakter. Im Hinblick auf das Projekt der *Nord Stream-Pipeline* wurde die Öffentlichkeit seit Beginn der Planungen umfassend informiert und beteiligt.

Die UVP erweist sich – gerade auch für die Rohrleitungslegung – als ein geeignetes Medium, um eine Kooperation und Information sowie die Rücksichtnahmegebote formell abzusichern und zu institutionalisieren. Hierin zeigt sich, wie wichtig die verfahrensbezogenen Verpflichtungen der Kontrolle, Information, Koordination und Kooperation im Bereich des marinen Umweltschutzes, aber auch zur Koordinierung sich überlagernder und teilweise konträrer Meeresnutzungen sind.

Zudem stellt die UVP das wohl wichtigste Instrument zur Verwirklichung der völkergewohnheitsrechtlichen Pflicht dar, erhebliche grenzüberschreitende Umweltbeeinträchtigungen zu vermeiden. Durch das Verfahren der UVP wird sichergestellt, dass durch die Kooperation der betroffenen Parteien sowie durch eine Beteiligung der Öffentlichkeit

---

zu einem „marinen Regionalismus“ in einer „meeresorientierten Region“ deutlich. Siehe *M.A. Fitzmaurice*, International Legal Problems of the Environmental Protection of the Baltic Sea, 6 ff., 9.

[7] Siehe *P. Ehlers*, Der Schutz der Ostsee – Ein Beitrag zur regionalen Zusammenarbeit, (661) 661 m. w. N.; siehe allgemein zur regionalen und lokalen grenzüberschreitenden Zusammenarbeit *U. Beyerlin*, Neue rechtliche Entwicklungen der regionalen und lokalen grenzüberschreitenden Zusammenarbeit, (118) 118 ff.; *U. Jenisch*, The Baltic Sea: The Legal Regime and Instruments for Co-operation, (47) 47, nennt ca. 15 Foren auf den unterschiedlichen Ebenen Regierung, Regionen, Kommunen und NGOs, die zur nachhaltigen Entwicklung beitragen.

die möglichen grenzüberschreitenden Umweltauswirkungen geplanter Projekte verlässlich abgeschätzt und Maßnahmen zur Verminderung oder Vermeidung grenzüberschreitender Umweltbelastungen erörtert werden. Das UVP-Verfahren wird demnach zutreffend als Rückgrat des internationalen Umweltverfahrensrechts bezeichnet, indem es Staaten eine Methode zur Hand gibt, grenzüberschreitende Umweltverschmutzungen zu reduzieren und zu vermeiden.[8]

Die EK ist eine geeignete Grundlage für die Durchführung eines koordinierten, internationalen UVP-Verfahrens mit einer Vielzahl beteiligter Staaten. Hinsichtlich der *Nord Stream-Pipeline* werden HÜK und EK vor große Herausforderungen gestellt, da fünf Staaten als Ursprungsstaaten und alle neun Ostseeanrainer als betroffene Staaten am UVP-Verfahren teilnehmen. Jedoch ist es auch und gerade für den Meeresraum wichtig, dass neben den einzelstaatlichen UVP-Verfahren das geplante Projekt grenzüberschreitend und projektweit auf seine Umweltverträglichkeit hin überprüft wird und damit eine Gesamtbetrachtung der negativen Umweltauswirkungen vorgenommen wird. Hier ist die EK defizitär, da die Staaten (bisher) nicht zu einer solchen Rahmen-UVP verpflichtet werden.

Das Espoo-Verfahren bei der *Nord Stream-Pipeline* hat gezeigt, dass die EK den neuen Herausforderungen gewachsen ist, wenn bei einem Großprojekt wie der *Nord Stream-Pipeline* eine Vielzahl von Staaten und anderen Akteuren, wie die HELCOM und NGOs, beteiligt sind. Hinzu kommt, dass das Projekt *Nord Stream-Pipeline* von enormer wirtschaftspolitischer und geostrategischer Bedeutung ist sowie einer gesteigerten Aufmerksamkeit und einem erhöhten Informationsbedürfnis der Öffentlichkeit unterliegt. In einem solchen grenzüberschreitenden Verfahren mit einer Vielzahl von Beteiligten und einem hohen Maß an Konfliktpotential sowie politischer und öffentlicher Aufmerksamkeit sind größtmögliche Transparenz, eine frühzeitige Einbindung der Öffentlichkeit, der Fachbehörden und Verbände in allen beteiligten Staaten sowie eine enge Kooperation und Koordinierung entscheidend.

---

8 Vgl. *P. Patronos*, The Espoo Convention, (17) 17, 19.

Kapitel 3: Ausblick

Infolge der Intensivierung traditioneller Nutzungen und neuer Nutzungsmöglichkeiten des Meeres treten verstärkt vertikale und horizontale Nutzungskonflikte im Raum Meer auf, die neben zwischenstaatlichen Konflikten auch eine zunehmende und kumulative Verschmutzung der Meeresumwelt zur Folge haben.[9] Diese Intensivierung der Meeresnutzungen zeigt sich besonders deutlich auf dem Meeresboden. Ein weit verzweigtes Netz unterseeischer Kabel konkurriert mit einer zunehmenden Anzahl von Seepipelines, Anlagen zur Ausbeutung der natürlichen Ressourcen des Meeresbodens (Öl, Gas, Sand, Kies), Windenergieanlagen und Gezeitenkraftwerken.[10] Mittlerweile hat sich, gerade in Randmeeren wie der Nordsee, ein weit verzweigtes Netz seeverlegter Pipelines gebildet, das ein enormer energie- und wirtschaftspolitischer sowie geostrategischer Faktor ist. Um Konflikten zwischen den Meeresnutzungen vorzubeugen und einen effektiven Umweltschutz zu garantieren, ist es unerlässlich, gerade die stationären Nutzungsformen des Meeres untereinander und mit anderen „mobilen" Freiheiten der Hohen See zu koordinieren. Dies wird die Staaten und internationale Organisationen, regionale wie die HELCOM, aber auch die IMB, vor neue Herausforderungen stellen.[11]

Hierbei gewinnen die Verpflichtungen im Bereich des Verfahrens – insbesondere die Pflichten zur Kontrolle, Information und Kooperation – zunehmend an Bedeutung. Mit Hilfe einer UVP kann sichergestellt werden, dass die inhaltlich gesetzten Standards eingehalten, um- und durchgesetzt werden. Gerade im multilateralen Verhältnis von Staaten sind Verfahren zur Kooperation, Koordination und Information entscheidend für die erfolgreiche Einhaltung, Um- und Durchsetzung völkerrechtlicher Pflichten. Umweltvölkerrecht und Seerecht sehen des-

---

[9] Siehe *G. Hafner*, Meeresumwelt, Meeresforschung und Technologietransfer, (347) 356, Rn. 5.

[10] Gerade die AWZ wird zunehmend durch immer dichter werdende und intensivere sowie miteinander um Standorte und Trassen konkurrierende Nutzungsansprüche ortsfester Anlagen belegt. Siehe *R. Wolf*, Grundfragen der Entwicklung einer Raumordnung für die Ausschließliche Wirtschaftszone, (176) 177.

[11] *H. Esmaeili*, The Legal Regime of Offshore Oil Rigs, 125, bemängelt, dass das internationale Recht es bisher nicht geschafft habe, ein verständliches Rechtsregime zu schaffen, um die Konflikte zwischen verschiedenen Meeresnutzungen zu lösen.

halb bereits seit langem – verstärkt jedoch in den letzten Jahrzehnten – verfahrensrechtliche Verpflichtungen vor, um einen möglichst umfassenden und effektiven Schutz der marinen Umwelt zu garantieren und durchzusetzen. Auch für die Verlegung unterseeischer Rohrleitungen sind Informationsaustausch, Benachrichtigung, Kooperation und Koordination sowie das Gebot gegenseitiger Rücksichtnahme und ein Interessenausgleich entscheidend, um den Meeresumweltschutz bei Verlegung, Betrieb und (Nicht-)Entfernung unterseeischer Rohrleitungen zu garantieren.

Seit einigen Jahren wird verstärkt über eine sog. maritime Raumordnung („maritime spatial planning“, MSP) bzw. ein maritimes Infrastrukturrecht[12] als Instrument zur Koordinierung verschiedener Meeresnutzungen diskutiert, um die Nutzung des Meeresraumes zu optimieren, Konflikte zu minimieren und gleichzeitig einen Ausgleich zwischen der wirtschaftlichen Entwicklung und dem Schutz der Meeresumwelt zu schaffen. Auch die Europäische Kommission hat im November 2008 eine maritime Raumordnung in Europa als Teil der integrierten Meerespolitik der EU ausdrücklich befürwortet und inhaltlich näher ausgestaltet.[13] Mit Hilfe einer solchen maritimen Raumordnung wird versucht, durch eine grenzüberschreitende Kooperation und Konsultation, verbesserte Entscheidungsmechanismen und eine verstärkte Beteiligung der Öffentlichkeit eine nachhaltige Entwicklung der maritimen Wirtschaft zu gewährleisten und die Herausforderungen zu bewältigen, die sich aus der zunehmenden konkurrierenden Nutzung der Meere und dem Klimawandel ergeben.[14] Im Vergleich zu einer Raum-

---

[12] Siehe zum Begriff *W. Erbguth*, Nationales Infrastrukturrecht zur See, (265) 265 f.

[13] Siehe *Commission of the European Communities*, Roadmap for Maritime Spatial Planning: Achieving Common Principles in the EU, 25. November 2008, COM(2008) 791 final, abrufbar unter: http://eur-lex.europa.eu/LexUriServ/LexUriServ.do?uri=COM:2008:0791:FIN:EN:PDF (Stand Juli 2010). Siehe auch Richtlinie 2008/56/EG des Europäischen Parlaments und Rates vom 17. Juni 2008 zur Schaffung eines Ordnungsrahmens für Maßnahmen der Gemeinschaft im Bereich der Meeresumwelt (Meeresstrategie-Richtlinie), Amtsbl. Nr. L 164 vom 25. Juni 2008, 19-40.

[14] Siehe u. a. *Commission of the European Communities*, Roadmap for Maritime Spatial Planning: Achieving Common Principles in the EU, 25. November 2008, COM(2008) 791 final, 2, abrufbar unter: http://eur-lex.europa.eu/LexUriServ/LexUriServ.do?uri=COM:2008:0791:FIN:EN:PDF (Stand Juli 2010); *R. Wolf*, Grundfragen der Entwicklung einer Raumordnung für die Ausschließliche Wirtschaftszone, (176) 177.

ordnung an Land begegnet eine maritime Raumordnung besonderen Anforderungen und Schwierigkeiten, die sich aufgrund der Besonderheiten des dreidimensionalen Raumes Meer (Meeresboden, Wassersäule und Oberfläche), der mobilen Natur vieler Meeresnutzungen sowie des Fehlens staatlicher Souveränität in den meisten Meeresräumen ergeben.[15]

Eine maritime Raumordnung kann in den inneren Gewässern und im Küstenmeer aufgrund der nur wenig beschränkten küstenstaatlichen Souveränität weit reichen und nahezu alle Meeresnutzungen koordinieren und regulieren. Hier ist es insbesondere im Bereich der Küstenzone erforderlich, dass die im Rahmen einer maritimen Raumordnung erlassenen Bestimmungen mit denjenigen kompatibel sind, die an Land gelten.[16]

Für die AWZ bzw. für den Festlandsockel ist eine maritime Raumordnung nur in den Grenzen möglich, die den Küstenstaaten durch das internationale Seerecht vorgegeben werden. In Bezug auf seeverlegte Rohrleitungen bedeutet dies, dass der Küstenstaat in seine maritime Raumordnung solche Rohrleitungen nahezu uneingeschränkt einbeziehen kann (und muss), über die er Hoheitsbefugnisse ausübt, also sog. anlandende Rohrleitungen, vom Küstenstaat selbst verlegte Pipelines sowie Rohrleitungen, die in Zusammenhang mit der Ausbeutung der natürlichen Ressourcen des Festlandsockels verlegt werden („field-to-coast pipelines", „field-to-field pipelines" und Feldleitungen). Die Regelungs- und Durchsetzungbefugnisse des Küstenstaates über alle anderen Arten von Rohrleitungen, die unter den Hoheitsbefugnissen der

[15] Siehe auch *Commission of the European Communities, Directorate-General for Maritime Affairs and Fisheries*, Legal aspects of maritime spatial planning, Summary report, 1, abrufbar unter: http://ec.europa.eu/maritimeaffairs/pdf/legal_aspects_msp_summary_en.pdf (Stand Juli 2010); *R. Wolf*, Grundfragen der Entwicklung einer Raumordnung für die Ausschließliche Wirtschaftszone, (176) 181.

[16] Siehe auch *Commission of the European Communities, Directorate-General for Maritime Affairs and Fisheries*, Legal aspects of maritime spatial planning, Summary report, 14 f., abrufbar unter: http://ec.europa.eu/maritimeaffairs/pdf/legal_aspects_msp_summary_en.pdf (Stand Juli 2010). Siehe zum deutschen Küstenmeer *W. Erbguth*, Nationales Infrastrukturrecht zur See, (265) 267 ff.

verlegenden Staaten verlegt werden, sind auch im Rahmen einer maritimen Raumordnung begrenzt.[17]

Für die küstenstaatlichen Funktionshoheitsräume AWZ und Festlandsockel könnte eine sich verfestigende maritime Raumordnung dazu führen, dass sich der Territorialisierungstrend weiter verstärkt. Die Freiheiten der Hohen See, zumindest die stationär geprägten, könnten in diesen Funktionshoheitsräumen immer weiter zugunsten der küstenstaatlichen Rechte und Pflichten zurückgedrängt werden. Vor dem Hintergrund einer verbesserten Koordinierung der verschiedenen Meeresnutzungen, einer optimierten Nutzung des Meeresraumes und der zunehmenden Belastungen der Meeresumwelt ist die Entwicklung einer maritimen Raumordnung jedoch dringend notwendig und überfällig. Ein wichtiger erster Schritt ist in vielen Küstenstaaten auf nationaler Ebene bereits getan, allerdings zeigt sich gerade hier die Notwendigkeit eines einheitlichen, Küstenmeer und AWZ übergreifenden maritimen Infrastrukturrechts.[18] Eine maritime Raumordnung muss aber auch grenzüberschreitende Elemente beinhalten und sollte deshalb, soweit möglich, auf supranationaler Ebene geschaffen werden. Gerade im europäischen Rahmen bieten sich hier enorme Möglichkeiten, die die Europäische Kommission im Rahmen einer integrierten Meerespolitik der EU erkannt hat und weiter ausbauen sollte.

Für die Meeresgebiete jenseits nationaler Hoheitsbefugnisse ist eine maritime Raumordnung nur auf internationaler Ebene regelbar. Hier könnte die Lösung für eine effektive und umfassende Planung und Koordinierung verschiedener Meeresnutzungen zum Schutz und zur Bewahrung der Meeresumwelt in einer gestärkten Rolle der IMB liegen. Diese erweiterten Kompetenzen der IMB stoßen vielfach auf Kritik: In Bezug auf die zunehmende Einflussnahme der internationalen Gemeinschaft auf Räume jenseits nationaler Hoheitsbefugnisse wird bereits der Begriff „creeping common heritage“ verwendet, in Anlehnung an die

---

[17] Siehe auch *Commission of the European Communities*, Legal Aspects of Maritime Spatial Planning, Final Report to DG Maritime Affairs and Fisheries, Oktober 2008, 55, Rn. 300, abrufbar unter: http://ec.europa.eu/maritimeaffairs/studies/legal_aspects_maritime_monitoring_en.pdf (Stand Juli 2010); *R. Wolf*, Grundfragen der Entwicklung einer Raumordnung für die Ausschließliche Wirtschaftszone, (176) 181.

[18] Siehe zur deutschen AWZ und zum Fortentwicklungsbedarf *W. Erbguth*, Nationales Infrastrukturrecht zur See, (265) 269 ff., 272 ff.; *R. Wolf*, Grundfragen der Entwicklung einer Raumordnung für die Ausschließliche Wirtschaftszone, (176) 180 ff.

Tendenz der „creeping jurisdiction“ in den küstenstaatlichen Meereszonen.[19]

Zutreffend an dieser Kritik ist, dass grundsätzlich jede Kompetenzerweiterung der IMB und Überwindung der Verbindung zu den mineralischen Ressourcen der Tiefsee die Zustimmung der Staaten zu einer Änderung des SRÜ erfordern würde.[20] Doch auch ohne Änderung des SRÜ ist es bei einer weiten Interpretation der Art. 145, 147 Abs. 1, 3 und 157 Abs. 2 SRÜ möglich, die Kompetenz der IMB zu stärken und insbesondere auf Maßnahmen im Bereich der Vermeidung und Verringerung von Umweltverschmutzungen zu erweitern, die von Tätigkeiten ausgehen, die nicht in unmittelbarem Zusammenhang mit dem Tiefseebergbau stehen. Die IMB ist dabei von einem evolutionären Ansatz geprägt: Ihre Aufgaben und ihr Organisationsgrad werden in dem Grad wachsen, in dem die Tätigkeiten im Gebiet in Zukunft ausgeübt werden.[21] Bisher hat die IMB (noch) nicht damit begonnen, einheitliche Standards für die Verlegung, den Betrieb, die Unterhaltung und die (Nicht-)Entfernung unterseeischer Rohrleitungen zu schaffen.

Eine solche gestärkte Rolle der IMB steht auch im Einklang mit neueren Entwicklungen im Umweltvölkerrecht: Im Bereich der Ressourcenbewahrung der Hohen See entwickelt sich ein sog. ökosystemarer Ansatz („ecosystem approach“) zur Erhaltung der marinen Biodiversität.[22] Dieser ökosystemare Ansatz sieht ein integriertes Management für die Ressourcenbewahrung im Bereich der Hohen See vor, basierend insbesondere auf dem Vorsorgeprinzip. Die IMB könnte sich als geeignete Institution zur Regelung und Durchsetzung für einen solchen öko-

---

[19] So *E. Franckx*, The 200-Mile Limit, (467) 471, 485 f. m. w. N. *T.M. Franck/E.R. Chesler*, An International Regime for the Sea-bed Beyond National Jurisdiction, (579) 599, schrieben bereits 1975 diesbezüglich: „There is no reason to expect an International Authority for the High Seas and Sea-Bed to behave differently.“

[20] *M. Gavouneli*, Functional Jurisdiction in the Law of the Sea, 144, 146.

[21] *R. Wolfrum*, Legitimacy of International Law and the Exercise of Administrative Functions, (2039) 2046: „(…) the establishment and function of the organs and the subsidiary bodies of the Authority are based on an evolutionary approach which has not yet been fully completed. The organization of the Authority and its functions, therefore, will grow in accordance with the development of deep seabed activities.“

[22] Siehe Bericht des siebten Treffens des UNICPOLOS (*United Nations Open-ended Informal Consultative Process on Oceans and the Law of the Sea*) an die UN-GA, 17. Juli 2006, A/61/156, Para 6.

systemaren Ansatz erweisen, insbesondere wenn regionale Institutionen wie die HELCOM keine Kompetenzen haben oder wenn in einem Meeresgebiet keine solchen regionalen Institutionen eingerichtet wurden.

Auch der ISGH könnte durch sich intensivierende und neue Meeresnutzungen als Institution zur Beilegung von Meeresstreitigkeiten an Bedeutung gewinnen. Bisher hat der ISGH lediglich 17 Fälle entschieden, die meisten bezogen auf sofortige Schiffsfreigaben gemäß Art. 292 SRÜ (Stand Juli 2010). Die Rolle des ISGH bei der Beilegung maritimer Streitigkeiten ist bisher gering, insbesondere im Vergleich zum IGH und zu *ad hoc*-Gerichten. Für den ISGH eröffnen deshalb gerade die neuartigen Nutzungsformen der Meere und damit einhergehende neue Konflikte die Möglichkeit, sich wegen seiner Spezialisierung als das geeignete internationale Gericht zur Beilegung von Meeresstreitigkeiten und zur Lösung vertikaler und horizontaler Konflikte im Raum Meer zu etablieren.

Summary

Submarine Pipelines and Marine Environmental Protection: The Example of the Baltic Sea under Public International Law

Outline of the Thesis

The present thesis deals with an issue that has become more and more important during the last decades: Submarine oil and gas pipelines and marine environmental protection. Submarine pipelines connect either offshore installations with other offshore or land structures or they serve as a transport medium to transport oil or gas from one coast to another. One prominent example of such submarine transport pipeline is the *Nord Stream Pipeline* that will transport gas from Russia to Germany across the Baltic Sea, scheduled to come on stream in late 2011. The *Nord Stream Pipeline* will pass through the territorial seas of Russia, Germany and Denmark as well as through the Exclusive Economic Zones (EEZ) and on the continental shelves of Finland and Sweden.

Against this background, the present thesis examines the rights and duties of States and international organizations under international law of the sea and international environmental law regarding safety and security of submarine pipelines and marine environmental protection, focussing on the Baltic Sea and on procedural rights such as the rights to cooperation and public participation, the principle of due regard and the need for Environmental Impact Assessment (EIA).

Its first introductory part deals, in particular, with the history, definition and technical characteristics of submarine pipelines as well as with the problem of marine pollution of the Baltic Sea and conflicts of interests between States bordering the Baltic Sea.

The second and most important part of the thesis examines the rights and duties under the United Nations Convention on the Law of the Sea (UNCLOS), the "constitution of the oceans". An introductory chapter outlines the right to lay submarine pipelines as a freedom of the high seas (arts 87 para. 1 lit. (c), 112 para. 1 UNCLOS), the jurisdictional rights States exercise over pipelines and the UNCLOS systems of maritime zones and of marine environmental protection. As submarine pipelines in many cases pass through different maritime zones of several

States and as the rights and duties in those maritime zones may vary, a submarine pipeline has to be divided into segments in order to properly assess the nature and content of the rights and duties in the respective zones.

The second chapter analyses the rights and duties of States under the auspices of which a pipeline is laid (so called laying States) and of the International Seabed Authority (ISBA) in areas beyond national jurisdiction, i.e. the high seas and the Area.

The third chapter is devoted to the rights and duties of States regarding submarine pipelines in coastal States' maritime zones, i.e. internal waters, territorial sea, EEZ and continental shelf. In these coastal States' zones, the rights and duties are divided between the laying States and the coastal State, depending primarily on the character of the maritime zone and on the nature of the pipeline.

As submarine pipelines in most cases are laid under the auspices of more than one State, pass through different maritime zones of different States and may be in conflict with other uses of the ocean, the need to cooperate and to pay reasonable/due regard to the interests of other States (see arts 56 para. 2, 58 para. 3, 79 para. 5, 87 para. 2, 147 para. 1, 3 UNCLOS) and the settlement of disputes are of utmost importance for laying submarine pipelines, especially for preventing conflicts of interest and marine pollution, issues which are dealt with in the fourth chapter.

Besides UNCLOS, two other multilateral treaties are of special importance for laying, maintaining and decommissioning submarine pipelines in the Baltic Sea: the regional Convention on the Protection of the Marine Environment of the Baltic Sea (Helsinki Convention) and the Convention on Environmental Impact Assessment in a Transboundary Context (Espoo Convention). The first chapter of the third part examines the special rights and duties States have under the Helsinki Convention if they lay a submarine pipeline in the Baltic Sea. The Helsinki Commission (HELCOM) plays a decisive role in this regard. The second chapter is devoted to the Espoo Convention that obliges States to assess the environmental impacts of projects such as large-diameter oil and gas pipelines. The procedure of an EIA combines various procedural rights and duties such as cooperation, information exchange, consultation and public participation.

The fourth and last part of the thesis summarizes the findings of the analysis, taking into account the interplay of these three international conventions, and gives an outlook on submarine pipelines and marine environmental protection in the Baltic Sea.

Conclusions of the Thesis

Summarizing the findings of the present study, the following conclusions may be drawn for submarine pipelines in general, particularly those that are not connected to any offshore installation transporting oil and gas from one coast to another such as the *Nord Stream Pipeline* (1), and for special types of submarine pipelines, in particular those connected to offshore installations, as well as for special activities linked to submarine pipelines (2). Finally, the general conclusions of the thesis are summarized, especially as regards the significance of an EIA and maritime spatial planning (MSP) for avoiding maritime conflicts of interests and for enhancing an environmentally sound use of marine space (3).

(1) (a) As regards *submarine pipelines in general*, States that have laid a submarine pipeline on the *bed of the high seas beyond the continental shelf* have the right and duty under international law of the sea to adopt and enforce environmental, safety and security measures as regards the laying, maintenance and abandonment or disuse of such pipeline. These measures include, *inter alia*, screening the seabed before laying the pipeline, monitoring and safety measures during operation and after abandonment of the pipeline. Where grave threats to the marine environment or to other freedoms of the high seas may occur, the laying State is obliged to remove a disused pipeline from the seabed of the high seas (obligation derived from arts 192, 194; 87 para. 2 UNCLOS). The laying State neither has the right nor the duty to establish a safety zone along a pipeline in which shipping or fishing activities are totally or partially prohibited as this would disproportionately delimit these freedoms of the high seas. The same applies for marking a pipeline on the high seas with buoys. The laying State, though, is obliged to publish the route of a pipeline in nautical charts.

Generally spoken, the ISBA does not have competences regarding submarine pipelines that do not serve the exploitation of the resources of the Area like oil and gas resources. However, in special cases, especially grave threats to the marine environment of the Area, the ISBA has limited competences in this regard, deduced from arts 145, 157 para. 2 UNCLOS.

Under the Espoo Convention, States that plan to lay a pipeline on the seabed of the high seas are, first and foremost, obliged to process an EIA and to cooperate. The Helsinki Convention is of no special importance for submarine pipelines on the seabed of the high seas as the Baltic Sea is totally divided into coastal zones, lacking any high seas area.

(b) With regard to submarine (transport) pipelines laid *in the EEZ* or *on the continental shelf* of a coastal State, the exclusive jurisdiction over such pipelines rests with the laying State (see art. 79 para. 1 UNCLOS); arts 60, 80 UNCLOS do not apply. According to art. 79 para. 2 UNCLOS, the coastal State may not impede the laying or maintenance of such pipelines, subject to its right to take reasonable measures for the exploration of the continental shelf, the exploitation of its natural resources and the prevention, reduction and control of pollution from pipelines. The criterion of "reasonableness" is of utmost importance in order to define the competences of the coastal State. Furthermore, the delineation of the course for the laying of such pipelines on the continental shelf is subject to the consent of the coastal State (art. 79 para. 3 UNCLOS). In order to secure the safety of a pipeline, the coastal State is entitled to publish the route of the pipeline in sea charts and to mark a pipeline with buoys in spatially limited areas (deduced from arts 79 para. 2, 194 para. 3 lit. (c), (d) UNCLOS). The coastal State does not, however, have the right to establish safety zones along the pipeline in its EEZ/on its continental shelf as this would disproportionately delimit the other freedoms of the high seas.

The Helsinki Convention and its environmental obligations are, according to its art. 1, applicable to the laying of submarine pipelines in the EEZ/on the continental shelf in the Baltic Sea. Under the Espoo Convention, States laying a pipeline in the EEZ/on the continental shelf as well as the respective coastal State are obliged as "parties of origin" to process an EIA and to cooperate.

(c) As the coastal State exercises sovereignty in its *territorial sea* and *internal waters*, a third State may only lay a submarine pipeline in those maritime zones with the consent of the respective coastal State. There exists no "right of innocent cable or pipeline passage" through these coastal States zones in international law of the sea. The coastal State may consent to the laying of a submarine pipeline or it may reject or condition such consent. Likewise, all measures linked to the laying of a pipeline such as screening the seabed or removing a disused pipeline are subject to the consent of the coastal State. In particular, the coastal State has to balance the laying of submarine cables and pipelines with the right of innocent passage of vessels through the territorial sea (see esp. art. 21 para. 1 lit. (c), (f) UNCLOS).

According to art. 4 para. 2 Helsinki Convention, the Convention and its obligations apply to the internal waters and the territorial sea of States Parties. Under the Espoo Convention, the State that has laid a pipeline in the internal waters or the territorial sea of another State as well as the coastal State are obliged as "parties of origin" to process an EIA and to cooperate.

(2) As regards *special types of submarine pipelines*, especially those connected to offshore installations, as well as *special activities* linked to submarine pipelines, the following conclusions may be drawn:

(a) Submarine pipelines serving the *exploitation of the non-living resources of the Area* qualify as "activities in the Area" and are therefore subject to the express consent of the ISBA. The ISBA may prevent such pipelines in the Area, condition their laying or use or may request their removal if they are no longer used. The ISBA is also obliged to adopt and enforce regulations in order to protect the marine environment from harmful effects which may arise from the laying of submarine pipelines connected to exploitation installations in the Area.

Similarly, the coastal State exercises jurisdiction over pipelines serving the *exploitation of the non-living resources of its continental shelf* (so called "field-to-coast pipelines", "field-to-field pipelines" and "intra-field pipelines", see esp. arts 60, 79 para. 4 alt. 2, 80 UNCLOS). The coastal State is obliged to adopt and enforce measures in order to prevent marine pollution by such pipelines (see esp. arts 208, 214 UNCLOS). Furthermore, the coastal State has to remove, partially or entirely, abandoned or disused pipelines to ensure the safety of navigation, and having due regard to fishing, the protection of the marine environment and the rights and duties of other States (see art. 60 para. 3 UNCLOS). According to art. 60 paras 4-6 UNCLOS, the coastal State may, where necessary, establish reasonable safety zones along such pipelines in which it may take appropriate measures to ensure the safety of both navigation and the pipeline.

Likewise, under the Helsinki Convention, special norms apply to such "field-to-coast pipelines", "field-to-field pipelines" and "intra-field pipelines": They are subject to particular and detailed EIA procedures and to a total – and not only a partial – removal after being disused (see art. 12 and Annex VI Helsinki Convention), both obligations going beyond those laid down in UNCLOS.

(b) If *installations associated to submarine pipelines such as pumping stations* are essential for the functioning of the pipeline, they follow the pipeline regime; especially art. 79 UNCLOS is applicable. In order to guarantee the rights of the coastal State, it may establish reasonable safety zones around such associated installations and remove them if they are no longer used (arts 80, 60 para. 3-7 UNCLOS *mutatis mutandis*). If such associated installations are not essential for the submarine pipeline, the coastal State exercises exclusive jurisdiction over them and has the rights and duties derived from UNCLOS with regard to installations and structures (see esp. arts 56 para. 1 lit. (b) (i), 60 paras 2-6 UNCLOS).

(c) Another special category of submarine pipelines are those that *enter the territory or territorial sea* of a coastal State. Because of the sovereignty the coastal State exercises in its internal waters and territorial sea, art. 79 para. 4 alt. 1 UNCLOS is only declaratory in nature with regard to the segment of such a pipeline in the internal waters or the territorial sea. For the part of the submarine pipeline beyond the (extended) continental shelf, art. 79 para. 4 alt. 1 UNCLOS is not applicable, which means that the coastal State does not have any rights or duties, which remain with the laying State. Said article is, however, of utmost importance for the part of the pipeline that lies on the (extended) continental shelf: The coastal State may impose far reaching conditions for such submarine pipelines and is not bound by the continental shelf regime of Part VI UNCLOS, especially not by the criterion of "reasonableness" of art. 79 para. 2 UNCLOS.

(d) In principle, the international law of the sea rules on *dumping* (arts 210, 216 UNCLOS; arts 2 para. 4, 11 para. 1 Helsinki Convention) are not applicable to submarine pipelines. According to art. 1 para. 1 lit. 5 UNCLOS and art. 2 para. 4 Helsinki Convention, neither the laying nor the use of a submarine pipeline qualify as dumping. Likewise, said norms are not applicable if a disused pipeline is only left on the seabed, but they apply if a removed pipeline is dumped intentionally at another maritime place. If a submarine pipeline is washed with corrosion preventing devices before being used and those devices are discharged in the ocean, the dumping provisions also apply.

Likewise, the rules on *pollution from land-based sources* (arts 207, 213 UNCLOS; arts 6, 2 para. 2 Helsinki Convention) are generally not applicable to the use of submarine pipelines, which can be derived from their wordings and purposes. However, said provisions are applicable if a pipeline is laid in order to discharge waste-water into the sea. The same applies for the discharging of corrosion preventing devices used to wash the pipeline.

(3) During the last decades traditional uses of the sea like shipping and fishing have tremendously intensified and new possibilities of making use of ocean space have developed, such as wind energy installations. As a consequence, threats to the marine environment as well as vertical and horizontal conflicts of interests have grown. In particular, the permanent use of the seabed by laying submarine pipelines and cables and exploiting oil and gas resources has caused various conflicts, especially in coastal areas, but recently and increasingly also in areas farer away from the coast.

In order to avoid such conflicts and to aim for an environmentally sound use of marine space, it is crucial to advance information exchange, coordination and cooperation as well as the principle of due regard. In this regard, especially the procedure of an EIA presents an opportunity to link different procedural rights and duties, such as information exchange, coordination and public participation. So far, an EIA seems to be the best modus in international law to enhance coordination and to avoid conflicts between diverging interests and uses and to minimize marine environmental pollution. The EIA procedure is also closely linked to the UNCLOS principles of due regard and balance of interests.

In this context, the need for a MSP has been increasingly recognized during the last years, also at European Union level. MSP is a concept that aims to enhance coordination of different uses of the ocean, to avoid conflicts and to find an equilibrium between the economic development of the oceans and the need for marine environmental protection. Compared to spatial planning on land, MSP has its particularities and difficulties as for the three dimensions of the ocean (seabed, water column and surface), the mobile character of most ocean uses and the lack of full State sovereignty in most maritime zones.

Because of the sovereignty the coastal State exercises in its internal waters and territorial sea, its competences regarding MSP in these zones are far reaching, also with regard to laying submarine pipelines and cables. In its EEZ and on its continental shelf, the options for a MSP are limited as are the competences granted to the coastal State in these zones by international law of the sea. In particular, a MSP can only to a certain extent affect and encompass transport pipelines that are not connected to offshore installations. As regards MSP in coastal States' zones, transboundary aspects have to be taken into account. Therefore, coordination of MSP policies at a supranational as well as on an international – regional and global – level is crucial for its success. In areas beyond national jurisdiction, MSP can only be developed at an international – regional and global – level. In this respect, the role of the ISBA regarding planning and coordination of different uses of the sea as well as marine environmental protection should be enhanced.

Literaturverzeichnis

Abromeit, Carolin, Die Ostseepipeline: Praxisbericht einer grenzüberschreitenden Verfahrensbeteiligung nach der Espoo-Konvention, in: ZUR 7-8 (2007), S. 354-358

Adamczak, Wojciech, The Legal Protection of the Baltic Sea, in: *Müller-Wille*, Michael (ed.), Third Conference of Baltic University Rectors, 16th-19th September 1992 at Kiel, Report, Kiel 1993, S. 77-85

Addison-Agyei, Sange, The Liability Annex – One Step Toward a Comprehensive Regime, in: EPL 37/4 (2007), S. 313-320

Almeling, Stefanie, Die Aarhus-Konvention: Auswirkungen auf das deutsche Recht, Diss. Münster 2008, Berlin 2008

Amarasuriya, Rajeev, The Third United Nations Conference on the Law of the Sea: An Introductory Insight, in: Sri Lanka J. Int'l. L. 13 (2001), S. 137-156

Anand, Ram Prakash, Non-European Sources of the Law of the Sea, in: *Ehlers*, Peter/*Mann-Borgese*, Elisabeth/*Wolfrum*, Rüdiger (eds.), Marine Issues: From a Scientific, Political and Legal Perspective, The Hague et al. 2002, S. 19-35

Anderson, David, Modern Law of the Sea, Selected Essays, Leiden, Boston 2008

Anderson, J.M., Decommissioning Pipelines and Subsea Equipment, in: Underwater Technology 25/2 (2002) (*Anmerkung*: Online-Ressource ohne Seitenangabe)

Attard, David Joseph, The Exclusive Economic Zone in International Law, Oxford et al. 1987

de Azcárraga, José Luis, Régimen Jurídico de los Espacios Marítimos, Madrid 1953

Bahnsen, Uta, Zur Internalisierung grenzüberschreitender externer Effekte durch internationale Vereinbarungen dargestellt am Beispiel des Übereinkommens zum Schutz der Meeresumwelt des Ostseegebiets von 1992 (Helsinki-Konvention), Diss. Hamburg 2001, Münster u. a. 2002

Ballschmidt-Boog, Annette, Rechtliche Vorgaben und Defizite beim Schutz der Küstenökosysteme der Ostsee – Unter besonderer Berücksichtigung des Naturschutzrechts, Diss. Rostock 1999, Baden-Baden 2000

Basedow, Jürgen, Perspektiven des Seerechts, in: JZ 54/1 (1999), S. 9-15

Beckert, Erwin/*Breuer,* Gerhard, Öffentliches Seerecht, Berlin, New York 1991

Berber, Friedrich, Lehrbuch des Völkerrechts, Band I: Allgemeines Friedensrecht, 2., neubearbeitete Aufl., München 1975

Berman, Sir Franklin, The ILC within the UN's Legal Framework: Its Relationship with the Sixth Committee, in: GYIL 49 (2006), S. 107-127

Bernhardt, Rudolf, Der Einfluß der UN-Seerechtskonvention auf das geltende und künftige internationale Seerecht, in: *Delbrück*, Jost (Hrsg.), Das neue Seerecht: Internationale und nationale Perspektiven, Referate und Diskussionen eines Symposiums veranstaltet vom Institut für Internationales Recht an der Universität Kiel vom 1.- 4.12.1982, Berlin 1984, S. 213-226

Beyerlin, Ulrich, Umweltschutz und lokale grenzüberschreitende Zusammenarbeit (rechtliche Grundlagen), in: *Bothe*, Michael/*Prieur*, Michel/*Ress*, Georg (Hrsg.), Rechtsfragen grenzüberschreitender Umweltbelastungen – Les problèmes juridiques posés par les pollutions transfrontières, Fachtagung/Colloque Saarbrücken vom 13.-15. März 1982, Regensburg u. a. 1984, S. 293-310

Beyerlin, Ulrich, Rechtsprobleme der lokalen grenzüberschreitenden Zusammenarbeit, Habilitationsschrift 1986, Berlin u. a. 1988

Beyerlin, Ulrich, Dezentrale grenzüberschreitende Zusammenarbeit als transnationales Rechtsphänomen, in: AVR 27 (1989), S. 286-327

Beyerlin, Ulrich, Grenzüberschreitender Umweltschutz und allgemeines Völkerrecht, in: *Hailbronner*, Kai/*Ress*, Georg/*Stein*, Torsten (Hrsg.), Staat und Völkerrechtsordnung, Festschrift für Karl Doehring, Berlin 1989, S. 37-61

Beyerlin, Ulrich, Staatliche Souveränität und internationale Umweltschutzkooperation: Gedanken zur Entwicklung des Umweltvölkerrechts, in: *ders.*/*Bothe*, Michael/*Hofmann*, Rainer/*Petersmann*, Ernst-Ulrich (Hrsg.), Recht zwischen Umbruch und Bewahrung, Völkerrecht – Europarecht – Staatsrecht, Festschrift für Rudolf Bernhardt, Berlin u. a. 1995, S. 937-956

Beyerlin, Ulrich, Neue rechtliche Entwicklungen der regionalen und lokalen grenzüberschreitenden Zusammenarbeit, in: *Brunn*, Gerhard/*Schmitt-Egner*, Peter (Hrsg.), Grenzüberschreitende Zusammenarbeit in Europa, Theorie – Empirie – Praxis, Internationale Konferenz, Aachen, 18.-19. September 1997, Baden-Baden 1998, S. 118-134

Beyerlin, Ulrich, Umweltvölkerrecht, unter Mitarbeit von *Eberle*, Cornelia/*Kellersmann*, Bettina/*Schubert*, Anja, München 2000

Beyerlin, Ulrich, The Role of NGOs in International Environmental Litigation, in: ZaöRV 61 (2001) 2/3, S. 357-378

Beyerlin, Ulrich, A Critical Account of NGO Participation in International Environmental Cooperation, in: Miscellanea iuris gentium 5-6 (2002-2003), S. 7-22

Bimboes, Detlef, Die Ostseepipeline: Das Erdgas aus dem Osten und der neue Kalte Krieg, in: Friedenschratschlag, AG Friedensforschung der Uni Kassel, 2. April 2006, S. 1-28 (online-Ressource: http://www.uni-kassel.de/fb5/frieden/themen/oel/bimboes.html, Stand 1. Juli 2010)

Bimboes, Detlef, Nordeuropa zwischen Konflikt und Kooperation mit Russland: Die Ostseepipeline, das Erdgas in der Barentssee und die Angst vor Russland, in: Friedensratschlag, AG Friedensforschung der Uni Kassel, 15. April 2007, S. 1-12 (online-Ressource: http://www.uni-kassel.de/fb5/frieden/themen/oel/bimboes2.html, Stand 1. Juli 2010)

Birnie, Patricia W., 15. The New Helsinki Convention: Background and Commentary, in: *Platzöder*, Renate/*Verlaan*, Philomène (eds.), The Baltic Sea: New Developments in National Policies and International Cooperation, The Hague et al. 1996, S. 346-359

Birnie, Patricia W./*Boyle*, Alan E., International Law & the Environment, Second edition, Oxford 2002

Bleckmann, Albert, Völkerrecht, 1. Aufl., Baden-Baden 2001

Boczek, Boleslaw A., Law and Politics in the Baltic Area: A Historical Perspective, in: *Platzöder*, Renate/*Verlaan*, Philomène (eds.), The Baltic Sea: New Developments in National Policies and International Cooperation, The Hague et al. 1996, S. 37-47

De Bondt, Tim, Competence of International Courts and Tribunals Concerning Marine Environmental Matters, in: *Franckx*, Erik/*Pauwels*, Ann (eds.), Vessel-source Pollution and Coastal State Jurisdiction in the South-eastern Baltic Sea, Antwerp 2006, S. 31-41

Bornheim, Gaby, Haftung für grenzüberschreitende Umweltbeeinträchtigungen im Völkerrecht und Internationalen Privatrecht, Diss. Münster 1994, Frankfurt a. M. 1995

Bothe, Michael, Versuch einer Bilanz: Ratifizierungs-, Durchsetzungs-, Ausfüllungs- und Überwachungsdefizite, in: *Koch*, Hans-Joachim/*Lagoni*, Rainer (Hrsg.), Meeresumweltschutz für Nord- und Ostsee. Zum Zusammenspiel von Völkerrecht und nationalem Umweltrecht, Baden-Baden 1996, S. 329-338

Bothe, Michael, The Protection of the Marine Environment against the Impacts of Seabed Mining: An Assessment of the New Mining Code of the International Seabed Authority, in: *Ehlers*, Peter/*Mann-Borgese*, Elisabeth/*Wolfrum*, Rüdiger (eds.), Marine Issues: From a Scientific, Political and Legal Perspective, The Hague et al. 2002, S. 221-231

Boyle, Alan E., Marine Pollution under the Law of the Sea Convention, in: AJIL 79 (1985), S. 347-372

Boyle, Alan E., UNCLOS, the Marine Environment and the Settlement of Disputes, in: *Ringbom*, Henrik (ed.), Competing Norms in the Law of Marine Environmental Protection – Focus on Ship Safety and Pollution Prevention, London et al. 1997, S. 241-256

Boyle, Alan E., Further Developments in the Law of the Sea Convention: Mechanisms for Change, in: ICLQ 54 (2005), S. 563-584

Boyle, Alan E., The Environmental Jurisprudence of the International Tribunal for the Law of the Sea, in: IJMCL 22/3 (2007), S. 369-381

Brandt, Edmund/*Dreher*, Jörg, Die Genehmigung von Kabeln zur Ableitung von Strom aus Offshore-Erzeugung, in: NordÖR 4 (2003), S. 138-144

Brinkmann, Rainer/*Peters*, Dirk, Herausforderung maritime Sicherheit, in: *Zimmermann*, Andreas/*Tams*, Christian J. (Hrsg.), Seesicherheit vor neuen Herausforderungen, Workshop des Walter-Schücking-Instituts für Internationales Recht der Universität Kiel, 5./6. Juli 2007, Kiel 2008, S. 43-67

Brodecki, Zdzisław/*Pyć*, Dorota, Statement: Maritime Security – General Concept, in: *Karpen*, Ulrich/*Lukic*, Djoko/*Heinze*, Sonja (eds.), Maritime Security – Current Problems in the Baltic Sea, Conference in Cooperation with the International Tribunal for the Law of the Sea, May 9th-11th, 2007, Baden-Baden 2008, S. 152-163

Brown, Edward Duncan, Freedom of the High Seas versus the Common Heritage of Mankind: Fundamental Principles in Conflict, in: San Diego L. Rev. 20 (1982-1983), S. 521-560

Brown, Edward Duncan, The Significance of a Possible EC EEZ for the Law Relating to Artificial Islands, Installations, and Structures, and to Cables and Pipelines, in the Exclusive Economic Zone, in: ODIL 23 (1992), S. 115-144

Brown, Edward Duncan, The International Law of the Sea, Volume I, Introductory Manual, Aldershot u. a. 1994

Brown, Edward Duncan, The 1994 Agreement on the Implementation of Part XI of the United Nations Convention on the Law of the Sea: breakthrough or universality?, in: MP 19/1 (1995), S. 5-20

Brownlie, Ian, Principles of Public International Law, Sixth Edition, Oxford 2003

Brunnée, Jutta, Chapter 23: Common Areas, Common Heritage, and Common Concern, in: *Bodansky*, Daniel/*Brunnée*, Jutta/*Hey*, Ellen (eds.), The Oxford Handbook of International Environmental Law, Oxford 2007, S. 550-573

Brusendorff, Anne Christine, HELCOM's Contribution to the Prevention of Marine Pollution, in: *Basedow*, Jürgen/*Magnus*, Ulrich (eds.), Pollution of the Sea – Prevention and Compensation, Berlin u. a. 2007, S. 85-94

Brusendorff, Anne Christine/*Ehlers*, Peter, The HELCOM Copenhagen Declaration: A Regional Environmental Approach for Safer Shipping, in: IJMCL 17/3 (2002), S. 351-395

Burton, Steven J., Freedom of the Seas: International Law Applicable to Deep Seabed Mining Claims, in: Stan. L. Rev. 29 (1976-1977), S. 1135-1180

Cassese, Antonio, International Law, Second Edition, Oxford 2005

Castringius, Katharina, Meeresschutzgebiete – Die völkerrechtliche Zulässigkeit mariner Natura 2000-Gebiete, Diss. Hamburg 2005, Baden-Baden 2006

Cavaré, Louis/*Quéneudec*, Jean-Pierre, Le Droit International Public Positif, Tome II, Les Modalités des Relations Juridiques Internationales, Les Competences Respectives des États, Troisième Édition, Paris 1969

Chappez, Jean, Les câbles sous-marins de télécommunications, in: AFDI XXXII (1986), S. 760-778

Churchill, Robin R./*Lowe*, Alan Vaughan, The Law of the Sea, 3. edition, Manchester 1999

Clingan, Jr., Thomas J., What the 1982 UN Convention on the Law of the Sea has to say to the Baltic Sea, in: *Platzöder*, Renate/*Verlaan*, Philomène (eds.), The Baltic Sea: New Developments in National Policies and International Cooperation, The Hague et al. 1996, S. 85-90

Coffen-Smout, Scott/*Herbert*, Glen J., Submarine Cables: a challenge for ocean management, in: MP 24 (2000), S. 441-448

Cole, Bernard D., Sea Lanes and Pipelines: Energy Security in Asia, Westport, London 2008

Colombos, C. John, The International Law of the Sea, Sixth Revised Edition, London 1967

Craik, Neil, Deliberation and Legitimacy in Transnational Governance: The Case of Environmental Impact Assessments, in: Victoria University of Wellington L. Rev. 38/2 (2007), S. 381-401

Craven, John P., The Baltic Sea: Legend, History and Modern Times, in: *Platzöder*, Renate/*Verlaan*, Philomène (eds.), The Baltic Sea: New Developments in National Policies and International Cooperation, The Hague et al. 1996, S. 19-37

Crowley, John, International Law and Coastal State Control over the Laying of Submarine Pipelines on the Continental Shelf: The Ekofisk-Emden Gas Pipeline, in: NJIL 56 (1987), S. 39-68

Czybulka, Detlef/*Stredak*, Katrin, Rechtsfragen der marinen Kies- und Sandgewinnung in Nord- und Ostsee, Zulassungserfordernisse und Umweltauswirkungen, Baden-Baden 2008

Dahm, Georg (Begr.)/*Delbrück*, Jost/*Wolfrum*, Rüdiger (Hrsg.), Völkerrecht, Band I/1, Die Grundlagen. Die Völkerrechtssubjekte, 2., völlig neu bearbeitete Aufl., Berlin 1989

Dahm, Georg (Begr.)/*Delbrück*, Jost/*Wolfrum*, Rüdiger (Hrsg.), Völkerrecht Band I/2, Der Staat und andere Völkerrechtssubjekte. Räume unter internationaler Verwaltung, 2., völlig neu bearbeitete Aufl., Berlin 2002

Daillier, Patrick/*Pellet*, Alain/*Dinh*, Nguyen Quoc (Begr.), Droit international public, 7e édition, Paris 2002

Dean, Arthur H., The Geneva Conference on the Law of the Sea: What was accomplished?, in: AJIL 52 (1958), S. 607-628

Dieter, Robert, Das Umweltregime der Ostsee – völker- und europarechtliche Aspekte, Diss. Tübingen 1992, Bonn 1993

Doehring, Karl, Völkerrecht, Ein Lehrbuch, 2., neubearbeitete Aufl., Heidelberg 2004

Dolde, Klaus-Peter, Die EG-Richtlinie über die integrierte Vermeidung und Verminderung der Umweltverschmutzung (IVU-Richtlinie) – Auswirkungen auf das deutsche Umweltrecht, in: NVwZ 4 (1997), S. 313-320

Dolzer, Rudolf, Sechster Abschnitt, Wirtschaft und Kultur, in: *Graf Vitzthum, Wolfgang* (Hrsg.), Völkerrecht, 4., neu bearbeitete Aufl., Berlin 2007, S. 491-576

Dupuy, Pierre-Marie, Droit international public, 8e édition, Paris 2006

Dupuy, René-Jean/*Vignes*, Daniel (eds.), A Handbook on the New Law of the Sea, Vol. I and II, Dordrecht et al. 1991

Dzidzornu, David M., Four Principles in Marine Environment Protection: A Comparative Analysis, in: ODIL 29 (1998), S. 91-123

Ebbesson, Jonas, Chapter 29: Public Participation, in: *Bodansky*, Daniel/*Brunnée*, Jutta/*Hey*, Ellen (eds.), The Oxford Handbook of International Environmental Law, Oxford 2007, S. 681-703

Ehlers, Peter, Das neue Helsinki-Übereinkommen – Ein weiterer Schritt zum Schutz der Ostsee, NUR 15/5 (1993), S. 202-212

Ehlers, Peter, Das revidierte Helsinki-Übereinkommen, in: *Koch*, Hans-Joachim/*Lagoni*, Rainer (Hrsg.), Meeresumweltschutz für Nord- und Ostsee. Zum Zusammenspiel von Völkerrecht und nationalem Umweltrecht, Baden-Baden 1996, S. 103-128

Ehlers, Peter, 22 Jahre Helsinki-Übereinkommen: Kritische Zwischenbilanz, in: *Lozán*, José L./*Lampe*, Reinhard/*Matthäus*, Wolfgang/*Rachor*, Eike/*Rumohr*, Heye/*von Westernhagen*, Hein (Hrsg.), Warnsignale aus der Ostsee, Wissenschaftliche Fakten, Berlin 1996, S. 291-296

Ehlers, Peter, Der Schutz der Ostsee – Ein Beitrag zur regionalen Zusammenarbeit, NUR 23/12 (2001), S. 661-666

Ehlers, Peter, Marine Environment Protection – The Baltic Example, in: *ders.*/*Mann-Borgese*, Elisabeth/*Wolfrum*, Rüdiger (eds.), Marine Issues: From a Scientific, Political and Legal Perspective, The Hague et al. 2002, S. 93-104

Ehlers, Peter, Die Zusammenarbeit beim Meeresumweltschutz aus Sicht der Helsinki-Kommission, in: *Bull*, Hans Peter (Hrsg.), Umweltverwaltung in den Ostsee-Anrainerstaaten, Tagung der Deutschen Sektion des Internationalen Instituts für Verwaltungswissenschaften, Hamburg, 27.-28. September 2001, Baden-Baden 2002, S. 93-103

Ehlers, Peter, Nutzungsregime in der Ausschließlichen Wirtschaftszone (AWZ), in: NordÖR 2/2004, S. 51-58

Epiney, Astrid, Das „Verbot erheblicher grenzüberschreitender Umweltbeeinträchtigungen“: Relikt oder konkretisierungsbedürftige Grundnorm?, in: AVR 33 (1995), S. 309-360

Epiney, Astrid/*Scheyli*, Martin, Umweltvölkerrecht. Völkerrechtliche Bezugspunkte des schweizerischen Umweltrechts, Bern 2000

Erbguth, Wilfried, Nationales Infrastrukturrecht zur See, in: DVBl. 5/124 (2009), S. 265-274

Erbguth, Wilfried/*Schlacke*, Sabine, Umweltrecht, 2. Aufl., Baden-Baden 2008

Erichsen, Sven, Der ökologische Schaden im internationalen Umwelthaftungsrecht: Völkerrecht und Rechtsvergleichung, Diss. Heidelberg 1993, Frankfurt a. M. u. a. 1993

Esmaeili, Hossein, The Legal Regime of Offshore Oil Rigs in International Law, Aldershot 2001

Fabra, Adriana, The LOSC and the Implementation of the Precautionary Principle, in: YIEL 10 (1995), S. 15-24

Ferrari, François, La protection de l’environnement de la mer Baltique, in: Revue de l’Indemer, La Baltique « Méditerranée nordique », No 5 (1997), S. 19-36

Fioravanzo, Giuseppe, La Libertà dei Mari, Rom 1942

Fitzmaurice, Malgosia A., International Legal Problems of the Environmental Protection of the Baltic Sea, Dordrecht et al. 1992

Fitzmaurice, Malgosia A., The 1992 Convention on the Baltic Sea Environment, in: RECIEL 2/1 (1993), S. 24-30

Fitzmaurice, Malgorzata, 12. The 1974 Helsinki Convention on the Protection of the Marine Environment in the Baltic Sea Area, in: *Platzöder*, Renate/*Verlaan*, Philomène (eds.), The Baltic Sea: New Developments in National Policies and International Cooperation, The Hague et al. 1996, S. 312-329

Fitzmaurice-Lachs, Malgosia A., Monitoring Compliance and Enforcement of Compliance through the Helsinki Convention, in: *Ehlers*, Peter/*Mann-Borgese*, Elisabeth/*Wolfrum*, Rüdiger (eds.), Marine

Issues: From a Scientific, Political and Legal Perspective, The Hague et al. 2002, S. 73-91

Florou, Maria, Environmental Impact Assessment in the Greek National Legal System, in: *Papadimitriou*, Georgios/*Patronos*, Petros (eds.), The Implementation of the Espoo Convention: A Hellenic Approach, Athen, Brüssel 2002, S. 103-117

Franck, Thomas M./*Chesler*, Evan R., An International Regime for the Sea-Bed Beyond National Jurisdiction, in: Osgoode Hall L. J. 13 (1975), S. 579-601

Franckx, Erik, Maritime Boundary Delimitation in the Baltic Sea, in: *Platzöder*, Renate/*Verlaan*, Philomène (eds.), The Baltic Sea: New Developments in National Policies and International Cooperation, The Hague et al. 1996, S. 167-177

Franckx, Erik, Les délimitations maritimes en mer Baltique, in: Revue de l'Indemer, La Baltique « Méditerranée nordique », No 5 (1997), S. 37-76

Franckx, Erik, Regional Marine Environment Protection Regimes in the Context of UNCLOS, in: IJMCL 13 (1998), S. 307-324

Franckx, Erik, Maritime Boundaries in the Baltic Sea: Post-1991 Developments, in: Georgia Journal of International and Comparative Law 28 (1999-2000), S. 249-266

Franckx, Erik, The 200-Mile Limit: Between Creeping Jurisdiction and Creeping Common Heritage. Some Law of the Sea Considerations from Professor Louis Sohn's former LL.M. Student, in: The George Washington International L. Rev. 39 (2007), S. 467-498

Frank, Veronica, The European Community and Marine Environmental Protection in the International Law of the Sea: Implementing Global Obligations at the Regional Level, Leiden et al. 2007

Friedland, Julia Christine, Der Schutz der biologischen Vielfalt der Tiefseehydrothermalquellen: Ein internationales Regime für die genetischen Tiefseeressourcen, Diss. Hamburg 2006, Baden-Baden 2007

Gaster, Jens-Leinhard, Der Meeresbodenbergbau unter der Hohen See: Neuland des Seevölkerrechts und der nationalen Gesetzgebung, Seabed Mining under the High Seas: A new topic in international law of the sea and in national legislation, Diss. Saarbrücken 1985, Köln u. a. 1987

Gautier, Philippe, Le Tribunal International du Droit de la Mer, le règlement des différends relatifs à la Convention des Nations Unies de 1982 et la protection de l'environnement, in: L'Observateur des Nations Unies No. 16 (2004), S. 45-66

Gavouneli, Maria, Pollution from Offshore Installations, International and Environmental Law and Policy Series, London et al. 1995

Gavouneli, Maria, From Unity to Fragmentation? The Ability of the UN Convention on the Law of the Sea to Accommodate New Uses and Challenges, in: *Strati*, Anastasia/*Gavouneli*, Maria/*Skourtos*, Nikolaos (eds.), Unresolved Issues and New Challenges to the Law of the Sea, Time Before and Time After, Leiden, Boston 2006, S. 205-234

Gavouneli, Maria, Functional Jurisdiction in the Law of the Sea, Leiden, Boston 2007

Gawłowicz, Izabela/*Łaski*, Piotr, Russian-German North Gas Pipeline in View of Public International Law, in: The Polish Yearbook of International Law XXVIII (2006-2008), 149-162

Gelberg, Ludwik, Maritime Cooperation of the Baltic States: Legal Problems, Wrocław u. a. 1981

Gidel, Gilbert, Le droit international public de la mer: Les temps de paix, Tome I (La Haute Mer), Paris 1932

Giguère, Silvain, Chapter 1: Integration, Growth and Governance in the Baltic Sea Region, in: *ders.* (ed.), Baltic Partnerships: Integration, Growth and Local Governance in the Baltic Sea Region, OECD Paris 2007, S. 17-34

Girg, Bastian, Tauwetter am Nordpol: Kalter Krieg um Rohstoffe? Die Arktis im Zeichen des Klimawandels, SWP-Diskussionspapier, FG3-DP 01, Berlin Mai 2008

Glass, Christian, Die gemeinsame, aber unterschiedliche Verantwortlichkeit als Bestandteil eines umweltvölkerrechtlichen Prinzipiengefüges: Konkretisierungsvorschläge für künftige Übereinkommen zum Schutz globaler Umweltgüter, Diss. Trier 2007, Berlin 2008

Gloria, Christian, 12. Kapitel: Internationales öffentliches Seerecht, in: *Ipsen*, Knut/*Menzel*, Eberhard (Begr.), Völkerrecht, 5., völlig neu bearbeitete Aufl., München 2004, S. 816-895

Götz, Roland, Die Ostseegaspipeline: Instrument der Versorgungssicherheit oder politisches Druckmittel?, SWP-Aktuell 41, Berlin September 2005

Götz, Roland, Rußlands Erdöl und der Welterdölmarkt: Trends und Prognosen, SWP-Studie, S 40, Berlin Dezember 2005

Götz, Roland, Wird Deutschland „Energiedrehscheibe“ für Russlands Erdgas? Gasproms Kehrtwendung beim Schtokman-Gasfeld und die deutsch-russischen Energiebeziehungen, SWP-Aktuell 49, Berlin Oktober 2006

Götz, Roland, Gasproms Zukunftsstrategie: Marktbeherrschung und Expansion, SWP-Aktuell 39, Berlin Juli 2007

Götz, Roland, Russian Gas and European Energy Security, SWP Research Paper RP 10, Berlin November 2007

Gornig, Gilbert Hanno/*Despeux*, Gilles, Seeabgrenzungsrecht in der Ostsee: Eine Darstellung des völkerrechtlichen Seeabgrenzungsrechts unter besonderer Berücksichtigung der Praxis der Ostseestaaten, Frankfurt a. M. u. a. 2002

Green, Mick P./*Burnett*, Douglas R., Security of International Submarine Cable Infrastructure. Time to Rethink? (mit Diskussion), in: *Nordquist*, Myron H./*Wolfrum*, Rüdiger/*Moore*, John Norton/ *Long*, Ronán (eds.), Legal Challenges in Maritime Security, Leiden, Boston 2008, S. 557-592

Grigoryev, Yuli, The Russian Gas Industry, its Legal Structure, and its Influence on World Markets, in: Energy Law Journal 28 (2007), S. 125-144

de Groot, S.J., On the Interference Between Beamtrawls and Submarine Telephone Cables in the Southern North Sea – A Way out of the Problem, in: Ocean Management 5 (1979), S. 285-294

de Groot, S.J., The Impact of Laying and Maintaining of Offshore Pipelines on the Marine Environment and the North Sea Fisheries, in: Ocean Management 8 (1982), S. 1-27

de Groot, S.J., Full Scale Tests on the Interaction between Bottom Fishing Gear and an 18-inch Marine Gas Pipeline in the North Sea, in: Ocean Management 10 (1986), S. 1-10

Grotius, Hugo, Mare liberum, sive de iure, quod Batavis competit ad Indicana commercia, dissertatio, Leiden 1609

Gündling, Lothar, Die 200 Seemeilen-Wirtschaftszone: Entstehung eines neuen Regimes des Meeresvölkerrechts, Berlin u. a. 1983

Guggenheim, Paul, Lehrbuch des Völkerrechts, Unter Berücksichtigung der internationalen und schweizerischen Praxis, Band I, Basel 1948

Hafner, Gerhard, Kapitel 5: Meeresumwelt, Meeresforschung und Technologietransfer, in: *Graf Vitzthum,* Wolfgang (Hrsg.), Handbuch des Seerechts, München 2006, S. 347-460

Hakapää, Kari, Marine Pollution in International Law: Material Obligations and Jurisdiction with Special Reference to the Third United Nations Conference on the Law of the Sea, Diss. Helsinki 1981, Helsinki 1981

Hakapää, Kari, National Interests and Policies of Finland in the Baltic Sea: A Law of the Sea Perspective, in: *Platzöder*, Renate/*Verlaan*, Philomène (eds.), The Baltic Sea: New Developments in National Policies and International Cooperation, The Hague et al. 1996, S. 387-398

Handl, Günther, Chapter 22: Transboundary Impacts, in: *Bodansky*, Daniel/*Brunnée*, Jutta/*Hey*, Ellen (eds.), The Oxford Handbook of International Environmental Law, Oxford 2007, S. 531-549

Harders, Johannes Enno, Deep Sea-Bed Mining and the Protection of the Environment: Developments in Pollution Control, Responsibility and Liability, in: *Wolfrum*, Rüdiger (ed.), Law of the Sea at the Crossroads: The Continuing Search for a Universally Accepted Régime, Proceedings of an Interdisciplinary Symposium of the Kiel Institute of International Law, Berlin 1991, S. 431-454

Harks, Enno, Der globale Ölmarkt: Herausforderungen und Handlungsoptionen für Deutschland, SWP-Studie S 11, Berlin Mai 2007

Harrison, Peter, Offshore Oil and Gas: Development, Transportation, and Coastal Impacts, in: *Mann Borgese,* Elisabeth/*Ginsburg,* Norton (eds.), Ocean Yearbook 4, Chicago, London 1987, S. 319-346

Hasselmann, Cord-Georg, Die Freiheit der Handelsschiffahrt: Eine Analyse der UN-Seerechtskonvention, The Freedom of Navigation for Merchant Vessels, Diss. Hamburg 1986, Kehl am Rhein u. a. 1987

Heintschel von Heinegg, Wolff, Ökologisierung des Schadensbegriffs und Rückführung der Haftungsbeschränkungen im Seerecht, in: *Ehlers*, Peter/*Erbguth*, Wilfried (Hrsg.), Aktuelle Entwicklungen im Seerecht, Dokumentation der Rostocker Gespräche zum Seerecht 1996-1999, Baden-Baden 2000, S. 83-106

Heintschel von Heinegg, Wolff, Terrorism, NATO, Rules of Engagement, in: *Karpen*, Ulrich/*Lukic*, Djoko/*Heinze*, Sonja (eds.), Maritime Security – Current Problems in the Baltic Sea, Conference in

Cooperation with the International Tribunal for the Law of the Sea, May 9th-11th, 2007, Baden-Baden 2008, S. 103-120

Heller, Werner, Das internationale Seekabelrecht in Friedenszeiten und seine Wandlungen durch die neue völkerrechtliche Entwicklung. Zugleich ein Beitrag zum Grundsatz der Meeresfreiheit und zur Lehre vom Festlandsockel, Diss. Kiel 1965

Hellin, Frederick P., Pipelines in Europa, Wien u. a. 1966

Herata, Heike, Die Stoffeinträge in der Nord- und Ostsee, in: *Koch*, Hans-Joachim/*Lagoni*, Rainer (Hrsg.), Meeresumweltschutz für Nord- und Ostsee. Zum Zusammenspiel von Völkerrecht und nationalem Umweltrecht, Baden-Baden 1996, S. 47-78

Herdegen, Matthias, Völkerrecht, 7., überarbeitete und erweiterte Aufl., München 2008

Hermanns, Caspar David/*Thomsen*, Katrin, Abwehrrechte gegen Hochspannungsleitungen zur Anbindung von Offshore-Windparks an das Stromnetz, in: NordÖR 2 (2006), S. 51-55

Herzog, Ingrid, Die Umweltverträglichkeitsprüfung im grenzüberschreitenden Rahmen, Diss. Tübingen 1989, Osnabrück 1989

Hess, Peter, Die rechtliche Behandlung der Rohrleitungen zur Beförderung von flüssigen und gasförmigen Brenn- und Treibstoffen, Diss. Zürich 1968, Zürich 1969

Higgins, A. Pearce, Submarine Cables and International Law, in: BYBIL 27/2 (1921-1922), S. 27-36

Higgins, Rosalyn, Abandonment of Energy Sites and Structures: Relevant International Law, in: Journal of Energy and National Resources Law 11 (1993), S. 6-16

Hobér, Kaj, The Energy Charter Treaty: An Overview, in: The Journal of World Investment and Trade 8/3 (2007), S. 323-356

Hofmann, Björn, Das Küstenmeer im Völkerrecht, Diss. Tübingen 2006, Baden-Baden 2008

Hubel, Helmut/*Gänzle*, Stefan, Der Ostseerat: Neue Funktionen subregionaler Zusammenarbeit im Kontext der EU-Osterweiterung, in: Aus Politik und Zeitgeschichte Bd. 19-20 (2002), S. 3-11

International Energy Agency (IEA), Organisation for Economic Cooperation and Development (OECD), Natural Gas Transportation: Organisation and Regulation, Paris 1994

International Energy Agency (IEA), Organisation for Economic Co-operation and Development (OECD), Natural Gas Market Review 2007, Security in a Globalising Market to 2005, Paris 2007

Janssen, Gerold, Die rechtlichen Möglichkeiten der Einrichtung von Meeresschutzgebieten in der Ostsee: Unter besonderer Berücksichtigung des deutschen und schwedischen Naturschutzrechts, Diss. Rostock 2001, Baden-Baden 2002

Jenisch, Uwe, The Baltic Sea: The Legal Regime and Instruments for Co-operation, in: IJMCL 11/1 (1996), S. 47-67

Jenisch, Uwe, The Development of Environmental Standards for the Baltic Sea, in: *Ehlers*, Peter/*Mann-Borgese*, Elisabeth/*Wolfrum*, Rüdiger (eds.), Marine Issues: From a Scientific, Political and Legal Perspective, The Hague et al. 2002, S. 63-72

Jenisch, Uwe, 10 Jahre neues Internationales Seerecht – Eine Bilanz des UN-Seerechtsübereinkommens 1994-2004, in: NUR 2 (2006), S. 79-86

Jenisch, Uwe, Sicherheit auf See – Risiken weltweit und in deutschen Hoheitsgewässern, in: Sicherheit und Frieden 26/3 (2008), S. 154-163

Jenisch, Uwe/*Wagner*, Rüdiger, 3.3. La Mer Baltique, in: *Graf Vitzthum*, Wolfgang/*Imperiali*, Claude (ed.), La Protection Régionale de l'Environnement Marin: Approche Européenne, Paris 1992, S. 99-124

Jessup, Philip C., The United Nations Conference on the Law of the Sea, in: Columbia Law Review 59/2 (1959), S. 234-268

Jewett, M. L., The Evolution of the Legal Regime of the Continental Shelf, in: Canadian Yearbook of International Law 22 (1984), S. 153-193

Jouhannaud, Pierre, Les câbles sous-marins: Leur protection en temps de paix et en temps de guerre, Paris 1904

Karagiannis, Syméon, L'article 59 de la Convention des Nations Unies sur le droit de la mer (ou les mystères de la nature juridique de la zone économique exclusive), in: RBDI 37/2 (2004), S. 325-418

Karipsiades, George, The EC Environmental Impact Assessment Law in a Transboundary Context, in: *Papadimitriou*, Georgios/*Patronos*, Petros (eds.), The Implementation of the Espoo Convention: A Hellenic Approach, Athen, Brüssel 2002, S. 87-101

Kaye, Stuart, Implementing high seas biodiversity conservation: global geopolitical considerations, in: MP 28 (2004), S. 221-226

Kaye, Stuart, International measures to protect oil platforms, pipelines, and submarine cables from attack, in: Tulane Maritime Law Journal 31 (2007), S. 377-423

Kiderlen, Hans-Joachim, The Baltic: A Mare Clausum Lutheranum, in: *Platzöder*, Renate/*Verlaan*, Philomène (eds.), The Baltic Sea: New Developments in National Policies and International Cooperation, The Hague et al. 1996, S. 48-50

Kilian, Werner, Neue Tendenzen zur Einengung der Meeresfreiheit, Diss. London/Bonn 1965

Kim, Kathrin, Ostseepipeline „Nord Stream" – ein meeresumweltrechtliches Problem?, in: NUR 31 (2009), S. 170-178

Kirk, Elizabeth A./*Silfverberg* Harriet M., Harmonisation in the Baltic Sea Region, in: IJMCL 21/2 (2006), S. 235-258

Kiss, Alexandre/*Shelton*, Dinah, International Environmental Law, Second Edition, New York 2000

Kloepfer, Michael, Umweltschutzrecht, München 2008

Klumbyte, Skirmante, Environment Protection: Pipelines (mit Diskussion), in: *Karpen*, Ulrich (ed.), Maritime Safety – Current Problems of Use of the Baltic Sea, Conference in Cooperation with the International Tribunal for the Law of the Sea, April 21st – 23rd, 2004, Baden-Baden 2005, S. 66-75

Knudsen, Andreas, Sicherheitsrisiko Ostseepipeline: Umwelt- und Sicherheitssorgen werfen große Schatten auf ein Milliardenprojekt, in: Marine Forum 1/2 (2007), S. 9-11

König, Doris, Durchsetzung internationaler Bestands- und Umweltschutzvorschriften auf Hoher See, Diss. Kiel 1988/89, Berlin 1990

König, Doris, The Enforcement of International Law of the Sea by Coastal and Port States, in: ZaöRV 62 (2002) 1/2, S. 1-19

König, Doris/*Neumann*, Thilo, Streit um die Arktis: Bestehendes Vertragswerk reicht aus, in: Vereinte Nationen 1/2008, S. 20-24

Koivurova, Timo, The Future of the Nordic Environment Protection Convention, in: NJIL 66 (1997), S. 505-526

Koivurova, Timo, The Transnational EIA Procedure of the Espoo Convention, in: The Finnish Yearbook of International Law VIII (1997), S. 161-199

Kopf, Wolfgang/*Lemos Pereira*, R. Rui, Ordnungspolitische Rahmenbedingungen für Seekabel – ein Überblick, in: Kommunikation und Recht 8 (2000), S. 389-398

Krohn, Axel, The Council of Baltic Sea States (CBSS): Fostering Cooperation in the Baltic Sea Region, in: GYIL 43 (2000), S. 65-76

Kunzlig, Peter/*Jacobson*, Browne, Environmental Impact Assessment: *Bund Naturschutz*, *Großkrotzenburg* and The Commission's Retreat on the "Pipeline" Point, in: European Environmental Law Review 5/3 (1996), S. 87-93

Kwiatkowska, Barbara, The 200 Mile Exclusive Economic Zone in the New Law of the Sea, Dordrecht et al. 1989

Lagoni, Rainer, Pipelines, in: *Bernhardt*, Rudolf (Hrsg.), Encyclopedia of Public International Law, Bd. 9, International Relations and Legal Cooperation in General Diplomacy and Consular Relations, Amsterdam 1986, S. 296-299

Lagoni, Rainer, Cables, Submarines, in: *Bernhardt*, Rudolf (Hrsg.), Encyclopedia of Public International Law, Bd. 11, Law of the Sea, Air and Space, Amsterdam 1989, S. 48-51

Lagoni, Rainer, Internal Waters, in: *Bernhardt*, Rudolf (Hrsg.), Encyclopedia of Public International Law, Bd. 11, Law of the Sea, Air and Space, Amsterdam 1989, S. 153-155

Lagoni, Rainer, Legal Aspects of Submarine High Voltage Direct Current (HVDC) Cables, Schriften zum See- und Hafenrecht Bd. 4, Hamburg 1998

Lagoni, Rainer, Völkerrechtliche Vorgaben für die Anwendung des Umweltschadensgesetzes in der Ausschließlichen Wirtschaftszone und auf dem Festlandsockel. Rechtsgutachten im Auftrag des Bundesamtes für Naturschutz, Baden-Baden 2007

Lagoni, Rainer/*Proelß*, Alexander, Kapitel 3: Festlandsockel und ausschließliche Wirtschaftszone, in: *Graf Vitzthum*, Wolfgang (Hrsg.), Handbuch des Seerechts, München 2006, S. 161-286

Lang, Kai-Olaf, Polens Energiepolitik: Interessen und Konfliktpotentiale in der EU und im Verhältnis zu Europa, SWP-Studie S 13, Berlin Juni 2007

Lautenbach, Max, Die Strafbarkeit der Beschädigung unterseeischer Telegraphenkabel auf hoher See, Diss. Halle-Wittenberg 1889

Lenz, Jürgen/*Andres*, Hans-Georg/*Gollasch*, Stephan/*Dammer*, Mark, Einschleppung fremder Organismen in Nord- und Ostsee: Untersuchungen zum ökologischen Gefahrpotenzial durch den Schiffsverkehr, Forschungsbericht im Auftrag des Umweltbundesamtes, Berlin April 2000

Lindpere, Heiki, Some new Maritime Security Issues for the Coastal States of the Baltic Sea, in: *Karpen*, Ulrich/*Lukic*, Djoko/*Heinze*, Sonja (eds.), Maritime Security – Current Problems in the Baltic Sea, Conference in Cooperation with the International Tribunal for the Law of the Sea, May 9th-11th, 2007, Baden-Baden 2008, S. 39-41

List, Martin, Umweltschutz in zwei Meeren: Vergleiche der internationalen Zusammenarbeit zum Schutz der Meeresumwelt in Nord- und Ostsee, Diss. Tübingen 1991, München 1991

List, Sabine, Die Entstehung europäischen Umweltrechts dargestellt am Beispiel der Richtlinie zur integrierten Vermeidung und Verminderung der Umweltverschmutzung, Diss. Frankfurt a. M. 2003, Aachen 2004

Loch, Harald, Untergrundorganisation. Ein Großteil von Öl und Gas, von Strom und Daten der Nord- und Ostseeanrainer wird heute auf dem Meeresboden transportiert. Im Gewirr der Rohre, Kabel, Leitungen – wer behält da den Überblick?, in: mare No. 69, August/September 2008, S. 52-55

MacDougal, Myres Smith/*Burke*, William T., The Public Order of the Oceans: A Contemporary International Law of the Sea, New Haven, London 1962

Mann Borgese, Elisabeth, The Ocean Regime: A Suggested Statute for the Peaceful Uses of the High Seas and the Sea-Bed Beyond the Limits of National Jurisdiction, Draft Statute of the International Regime for the Peaceful Uses of the High Seas and of the Sea-Bed Beyond the Limits of National Jurisdiction, Santa Barbara 1968

Mann Borgese, Elisabeth, The Process of Creating an International Ocean Regime to Protect the Ocean's Resources, in: *Van Dyke*, Jon M./*Zaelke*, Durwood/*Hewison*, Grant (eds.), Freedom for the Seas in the 21st Century, Ocean Governance and Environmental Harmony, Washington D.C. et al. 1993, S. 23-37

Marr, Simon, The Precautionary Principle in the Law of the Sea: Modern Decision Making in International Law, The Hague et al. 2003

Mead, Stephanie Joan, The Precautionary Principle: A Discussion of the Principle's Meaning and Status in an Attempt to Further Define and Understand the Principle, in: New Zealand Journal of Environmental Law 8 (2004), S. 137-176

Mensah, Thomas A., The International Tribunal and the Protection and Preservation of the Marine Environment, in: EPL 28/5 (1998), S. 216-219

Meyer-Lindenberg, Hermann, Das Genfer Übereinkommen über den Festlandsockel vom 29. April 1958, in: ZaöRV 20 (1959), S. 5-35

Mishalchenko, Yury, Statement: Law and Economics – Aspects of National and International Regulation, in: *Karpen*, Ulrich/*Lukic*, Djoko/*Heinze*, Sonja (eds.), Maritime Security – Current Problems in the Baltic Sea, Conference in Cooperation with the International Tribunal for the Law of the Sea, May 9th-11th, 2007, Baden-Baden 2008, S. 133-151

Morell, James B., The Law of the Sea, An Historical Analysis of the 1982 Treaty and Its Rejection by the United States, Jefferson 1992

Morrow, Karen, Public Participation in the Assessment of the Effects of Certain Plans and Programmes on the Environment – Directive 2001/42/EC, the UN/ECE Espoo Convention, and the Kiev Protocol, in: Yearbook of European Environmental Law 4 (2005), S. 49-84

Müller-Michaelis, Wolfgang, Öl und Gas aus der Nordsee, in: *Krämer*, Hans R. (Hrsg.), Die wirtschaftliche Nutzung der Nordsee und die Europäische Gemeinschaft, Baden-Baden 1979, S. 55-65

Münch, Fritz, Der Pardo-Entwurf zum Meeresvölkerrecht, in: *Böhme*, Eckart/*Kehden*, Max Ivers (eds.), From the Law of the Sea towards an Ocean Space Regime, Practical and Legal Implications of the Marine Revolution, Hamburg 1972, S. 47-60

von Münch, Ingo, Internationales Seerecht, Seerechtliche Abhandlungen 1958-1982 mit einer Einführung in das Internationale Seerecht, Heidelberg 1985

Näckel, Antje, Umweltprüfung für Pläne und Programme: Die Richtlinie 2001/42/EG des Europäischen Parlaments und Rates über die Prüfung der Umweltauswirkungen bestimmter Pläne und Programme und ihre Umsetzung in deutsches Recht, Diss. Rostock 2000/2001, Baden-Baden 2003

Nordquist, Myron H./*Nandan*, Satya N./*Rosenne*, Shabtai (eds.), United Nations Convention on the Law of the Sea 1982, A Commentary, Vol. II, Articles 1 to 85, The Hague et al. 1993

Nordquist, Myron H./*Nandan*, Satya N./*Rosenne*, Shabtai (eds.), United Nations Convention on the Law of the Sea 1982, A Commentary, Vol. III, Articles 86 to 132, The Hague et al. 1995

Nordquist, Myron H./*Nandan*, Satya N./*Yankow*, Alexander (eds.), United Nations Convention on the Law of the Sea 1982, A Commentary, Vol. IV, Articles 192 to 278, The Hague et al. 1991

Nordquist, Myron H./*Rosenne*, Shabtai/*Sohn*, Louis B. (eds.), United Nations Convention on the Law of the Sea 1982, A Commentary, Vol. V, Articles 279 to 320, The Hague et al. 1989

Nordquist, Myron H./*Nandan*, Satya N./*Lodge*, Michael W./*Rosenne*, Shabtai (eds.), United Nations Convention on the Law of the Sea 1982, A Commentary, Vol. VI, Articles 133 to 191, The Hague et al. 2002

O'Connell, Daniel Patrick (Begr.)/*Shearer*, Ivan Anthony (Bearb./Hrsg.), The International Law of the Sea, Vol. I, Oxford 1982; Vol. II, Oxford 1984

Oda, Shigeru, International Law of the Resources of the Sea, Germantown 1979

Orrego Vicuña, Francisco, The Exclusive Economic Zone: Regime and Legal Nature Under International Law, Cambridge et al. 1989

Otto, Sandra, Umweltverträglichkeitsprüfung von Plänen und Programmen: Vorschlag der Kommission für eine EU-Richtlinie des Rates über die Prüfung der Umweltauswirkungen bestimmter Pläne und Programme – Umsetzung in nationales Recht, Diss. Berlin 1999, Sinzheim 1999

Oude Elferink, Alex G., The Regime of the Area: Delineating the Scope of Application of the Common Heritage Principle and Freedom of the High Seas, in: IJMCL 22/1 (2007), S. 143-176

Oxman, Bernhard H., Jurisdiction of States, in: *Wolfrum,* Rüdiger (Ed.), The Max Planck Encyclopedia of Public International Law, Oxford University Press, 2008, online edition, www.mpepil.com, Stand 1. Juli 2010

Panjuschkin, Waleri/*Sygar*, Michail, Gazprom: Das Geschäft mit der Macht, München 2008

Pardo Segovia, Fernando, Zonas marítimas previstas en la Convención sobre el Derecho del Mar: los casos del mar territorial, zona contigua, plataforma continental y zona económica exclusiva, in: *Namihas*, Sandra (ed.), Derecho del Mar, Análisis de la Convención de 1982, primera edición, Lima 2001, S. 97-137

Patronos, Petros, The Espoo Convention: An Analysis of its Function and an Attempt to Clarify Important Issues – in the Specific Light of the Hellenic-Bulgarian Bilateral EIA Relations, in: *Papadimitriou*, Georgios/*Patronos*, Petros (eds.), The Implementation of the Espoo Convention: A Hellenic Approach, Athen, Brüssel 2002, S. 17-57

Perdrix, Victor, Les câbles sous-marins et leur protection internationale, Convention internationale du 14 mars 1884, thèse Paris 1903

Pestke, Silvia, Offshore-Windfarmen in der Ausschließlichen Wirtschaftszone – Im Zielkonflikt zwischen Klima- und Umweltschutz, Diss. Bremen 2007, Baden-Baden 2008

Peters, Heinz-Joachim, Planfeststellungsverfahren mit integrierter Umweltverträglichkeitsprüfung bei Rohrleitungsanlagen, in: Zeitschrift für Wasserrecht 41/3 (2002), S. 146-160

Peters, Heinz-Joachim, Umweltverträglichkeitsprüfung im und am Meer, in: *Czybulka*, Detlef (Hrsg.), Naturschutz und Rechtsregime im Küsten- und Offshore-Bereich, Vierter Warnemünder Naturschutzrechtstag, Baden-Baden 2003, S. 123-136

Platzöder, Renate, Völkerrechtliche und politische Auswirkungen der Dritten Seerechtskonferenz der Vereinten Nationen auf Nord- und Ostsee, SWP – S 266, Ebenhausen Oktober 1978

Platzöder, Renate/*Graf Vitzthum*, Wolfgang (ext.), Zur Neuordnung des Meeresvölkerrechts auf der Dritten Seerechtskonferenz der Vereinten Nationen, Vorgeschichte – Verfahren – Problemfelder – Vorentscheidungen, SWP – S 225, Ebenhausen Mai 1974

Pörzgen, Gemma, Gasprom: Die Macht der Pipeline, Hamburg 2008

Posselt, Jens-Christian, Umweltschutz in umschlossenen und halbumschlossenen Meeren, Diss. Hamburg 1995, Münster 1995

Pouli, Stavroula, The Espoo Convention: Implementation of Environmental Impact Assessment in Greece, in: *Papadimitriou*, Georgios/*Patronos*, Petros (eds.), The Implementation of the Espoo Convention: A Hellenic Approach, Athen, Brüssel 2002, S. 119-128

Prawitz, Helmut, Die Freiheit der Meere in Friedenszeiten, Diss. Kiel 1919, Leipzig 1919

Pröfrock, Matthias Christoph, Energieversorgungssicherheit im Recht der Europäischen Union/Europäischen Gemeinschaften, Diss. Tübingen 2007 (*Anmerkung*: Online-pdf-Dokument der UB Tübingen, abrufbar unter: http://tobias-lib.ub.uni-tuebingen.de/volltexte/2007/3012/pdf/Dissertation_Proefrock_Energieversorgungssicherheit.pdf, Stand 1. Juli 2010)

Proelß, Alexander, Meeresschutz im Völker- und Europarecht: Das Beispiel des Nordostatlantiks, Diss. Tübingen 2003, Berlin 2004

Der Rat von Sachverständigen für Umweltfragen (SRU), Meeresumweltschutz für Nord- und Ostsee, Sondergutachten, Baden-Baden Februar 2004

Rauch, Elmar, Military Uses of the Oceans, in: GYIL 28 (1985), S. 238-267

Roelandt, Marc, La condition juridique des pipelines dans le droit de la mer, thèse Paris 1990

Roggenkamp, Martha M., Petroleum Pipelines in the North Sea: Questions of Jurisdiction and Practical Solutions, in: Journal of Energy and National Resources Law 16 (1998), S. 92-109

Roumeliotou, Vivi, Issues Related to the Application of the Espoo Convention: I. Public Participation, II. Synergy with other International Environmental Treaties, in: *Papadimitriou*, Georgios/ *Patronos*, Petros (eds.), The Implementation of the Espoo Convention: A Hellenic Approach, Athen, Brüssel 2002, S. 59-85

Rousseau, Charles, Droit International Public, Onzième édition, Paris 1987

Sage, Bénédicte, Precautionary Coastal States' Jurisdiction, in: ODIL 37 (2006), S. 359-387

Salchow, Roland, Die Belastung der Nord- und Ostsee, in: *Koch*, Hans-Joachim/*Lagoni*, Rainer (Hrsg.), Meeresumweltschutz für Nord- und Ostsee. Zum Zusammenspiel von Völkerrecht und nationalem Umweltrecht, Baden-Baden 1996, S. 9-46

Sands, Philippe, Principles of International Environmental Law, Second Edition, Cambridge 2003

Schätzing, Frank, Der Schwarm, Roman, 13. Aufl., Frankfurt a. M. 2007

Schreiber, Frank, Das Regelungsmodell der Genehmigung im integrierten Umweltschutz: Ein Beitrag zur Lehre vom Verbot mit Erlaubnisvorbehalt unter besonderer Berücksichtigung der Richtlinie 96/61/EG des Rates vom 24. September 1996 über die integrierte Vermeidung und Verminderung der Umweltverschmutzung, Diss. Regensburg 1999, Berlin 2000

Schröder, Hans-Henning/*Tull*, Denis M. (Hrsg.), Europäische Energiesicherheit 2020 – Szenarien für mögliche Entwicklungen in Europa und seinen energiepolitisch wichtigsten Nachbarregionen, SWP-Studie S 4, Berlin März 2008

Schult, Henning, Das völkerrechtliche Schiffssicherheitsregime: Eine Analyse der Kompetenzen von Küsten-, Hafenstaaten, regionalen Organisationen und Europäischer Gemeinschaft zum Schutz der Meere vor Verschmutzung durch Öltankerunfälle, Diss. Tübingen 2004, Berlin 2005

Schuster, Ludwig, Landtelegraphen und unterseeische Kabel im Krieg, Diss. Erlangen 1914, Bamberg 1915

Schwörbel, Herbert, Freiheit der Meere und Meistbegünstigung, ihre völkerrechtliche Geltung unter dem Gesichtspunkt des Rechts der Völker auf Existenz, Diss. Berlin 1939, Leipzig 1939

Scovazzi, Tullio, The UNCLOS and the New Trends in International Law of the Sea, in: *Namihas*, Sandra (ed.), Derecho del Mar, Análisis de la Convención de 1982, primera edición, Lima 2001, S. 321-351

Scovazzi, Tullio, Mining, Protection of the Environment, Scientific Research and Bioprospecting: Some Considerations on the Role of the International Sea-Bed Authority, in: IJMCL 19/4 (2004), S. 383-409

Seidl-Hohenveldern, Ignatz, The Energy Charter Treaty and the Energy Policy of the European Community, in: *Dony*, Marianne (ed.), Mélanges en hommage à Michel Waelbroeck, Band 1, Bruxelles 1999, S. 139-152

Selden, John/*Boxhorn*, Markus Z./*Heuterus*, Pontus, Mare clausum, seu De Dominio Maris, Libri Duo, Londini 1936

Shaw, Malcolm N., International Law, Fifth Edition, Cambridge 2003

Siedler, Gerold/*Hatje*, Gerhart, 6. Temperatur, Salzgehalt und Dichte, in: *Magaard*, Lorenz/*Rheinheimer*, Gerhard (Hrsg.), Meereskunde der Ostsee, Berlin 1974, S. 43-60

Silva Chau, Marisela, Zonas marítimas previstas en la Convención sobre el Derecho del Mar: el caso de la alta mar y la zona internacional de los fondos marinos. Convergencias y divergencias, in: *Namihas*, Sandra (ed.), Derecho del Mar, Análisis de la Convención de 1982, primera edición, Lima 2001, S. 139-174

Simonet, Loic, Le Gazoduc Nord Stream et la Mer Baltique: Le Droit International au Service de la Préservation d'un Espace Fragile, in: Annuaire du Droit de la Mer XIII (2008), S. 81-95

Simonnet, Maurice-René, La Convention sur la Haute Mer, Adoptée à Genève le 29 avril 1958 par la Conférence des Nations Unies sur le droit de la mer, Paris 1966

Smith, C.J., Offshore Pipelines in European Maritime Areas – The Years Ahead, in: Marine Technology 17 (1986), S. 62-63

Sohn, Louis B., Managing the Law of the Sea: Ambassador Pardo's Forgotten Second Idea, in: Columbia Journal of Transnational Law 36 (1998), S. 285-306

Soubeyrol, Jacques, La condition juridique des pipe-lines en droit international, in: AFDI IV (1958), S. 157-185

Spickhoff, Andreas, Art. 43 EGBGB, in: *Bamberger*, Heinz Georg/ *Roth*, Herbert (Hrsg.), Beck'scher Online-Kommentar, BGB, 17. Edition, Stand 1.5.2010, München 2010

Stålvant, Carl-Einar, Swedish Interests in the Baltic Sea, in: *Platzöder*, Renate/*Verlaan*, Philomène (eds.), The Baltic Sea: New Developments in National Policies and International Cooperation, The Hague et al. 1996, S. 399-406

Stevenson, John R./*Oxman*, Bernhard H., The Future of the United Nations Convention on the Law of the Sea, in: AJIL 88 (1994), S. 488-499

Stiegel, Ute, Das Übereinkommen über die Umweltverträglichkeitsprüfung im grenzüberschreitenden Rahmen (Espoo-Übereinkommen), Diss. Heidelberg 2000, Frankfurt a. M. 2001

Stier-Somlo, Fritz, Die Freiheit der Meere und das Völkerrecht, Leipzig 1917

Stoll, Tobias, Meeresschutz im Küsten- und Offshore-Bereich im Hinblick auf nicht-stoffliche Einflüsse, in: NUR 12 (1999), S. 666-674

Stoll, Peter-Tobias/*Lehmann*, Friederike, Die Speicherung von CO 2 im Meeresuntergrund – die völkerrechtliche Sicht, in: ZUR 6 (2008), S. 281-285

Strätker, Georg/*Kalhorn*, Stefan, Die Kooperation der Regionalparlamente von Mecklenburg-Vorpommern, Pommern, Schleswig-Holstein, Westpommern, Kaliningrad und Schonen in der Südlichen Ostsee im Vorfeld einer integrierten Europäischen Meerespolitik, in: *Rühr*, Christian (Hrsg.), Staatsfinanzen: Aktuelle und grundlegende Fragen der Rechts- und Verwaltungswissenschaft, Liber discipulorum Maximilian Wallerath, Baden-Baden 2007, S. 143-155

Stuart, R.J., Developments in the Design of Subsea Pipelines, Report of a one-day Seminar, 16 September 1987, in: Underwater Technology 4 (1988), S. 14-24

Tanaka, Yoshifumi, Reflections on the Conservation and Sustainable Use of Genetic Resources in the Deep Seabed Beyond the Limits of National Jurisdiction, in: ODIL 39 (2008), S. 129-149

Tarnogórski, Rafał, North European Gas Pipeline. Legal Aspects, in: The Polish Quarterly of International Affairs 1 (2006), S. 104-118

Tilleman, William A., Public Participation in the Environmental Impact Assessment Process: A Comparative Study of Impact Assessment in Canada, the United States and the European Union, in: Columbia Journal of Transnational Law 33 (1995), S. 337-439

Tomuschat, Christian, The International Law Commission – An Outdated Institution, in: GYIL 49 (2006), S. 77-105

Touscoz, Jean, The Role of the European Union in the Framework of the Energy Charter Treaty, in: European Foreign Affairs Review 2/1 (1997), S. 23-32

Treves, Tullio, Dispute-Settlement Clauses in the Law of the Sea Convention and their Impact on the Protection of the Marine Environment: Some Observations, in: RECIEL 8/1 (1999), S. 6-9

Treves, Tullio, The Law of the Sea Convention Ten Years after Entry into Force: Positive Developments and Reasons for Concern, in: *Caron*, David D./*Scheiber*, Harry N. (eds.), Bringing New Law to Ocean Waters, Leiden, Boston 2004, S. 349-354

Treves, Tullio, High Seas, in: *Wolfrum,* Rüdiger (Ed.), The Max Planck Encyclopedia of Public International Law, Oxford University Press, 2008, online edition, www.mpepil.com, Stand 1. Juli 2010

Trümpler, Kai, Grenzen und Abgrenzungen des Küstenmeeres, Diss. Tübingen 2005, Berlin 2007

Tuerk, Helmut, The Landlocked States and the Law of the Sea, in: RBDI 2007/1, S. 91-112

United Nations Economic Commission for Europe (UNECE), The Legal Status of International Gas Pipelines, New York 1967

United Nations Economic Commission for Europe (UNECE), Gas Networks in Europe: Interconnection and Extension, The ECE Energy Series No. 13, New York 1993

Vanderzwaag, David, The Precautionary Principle and Marine Environmental Protection: Slippery Shores, Rough Seas, and Rising Normative Tides, in: ODIL 33 (2002), S. 165-188

Verdross, Alfred/*Simma*, Bruno, Universelles Völkerrecht, Theorie und Praxis, 3., völlig neu bearbeitete Aufl., Berlin 1984

Vincent, Philippe, Droit de la Mer, Bruxelles 2008

Graf Vitzthum, Wolfgang, Der Rechtsstatus des Meeresbodens: Völkerrechtliche Probleme der Zuordnung und Nutzung des Grundes und Untergrundes der Hohen See außerhalb des Festlandsockels, Diss. Freiburg 1971, Berlin 1972

Graf Vitzthum, Wolfgang, Der Meinungsstreit um ein internationales Meeresregime, in: *Böhme*, Eckart/*Kehden*, Max Ivers (eds.), From the Law of the Sea towards an Ocean Space Regime, Practical and Legal Implications of the Marine Revolution, Hamburg 1972, S. 11-28

Graf Vitzthum, Wolfgang, Terranisierung des Meeres – Die Tendenz zu einem rohstoffbezogenen Seerecht, in: EA 4 (1976), S. 129-138

Graf Vitzthum, Wolfgang, Neue Weltwirtschaftsordnung und neue Weltmeeresordnung. Innere Widersprüche bei zwei Ansätzen zu sektoralen Weltordnungen, in: EA 15 (1978), S. 455-468

Graf Vitzthum, Wolfgang, The Search for Sectoral World Orders – Parallels Between Attempts to Build Maritime and Economic World Orders, in: *ders.* (Hrsg.), Aspekte der Seerechtsentwicklung. Die Bundesrepublik Deutschland und die Dritte Seerechtskonferenz der Vereinten Nationen, München 1980, S. 273-325

Graf Vitzthum, Wolfgang, Die Gleichschaltung von Land und Meer, in: *ders.* (Hrsg.), Die Plünderung der Meere. Ein gemeinsames Erbe wird zerstückelt, Frankfurt a. M. 1981, S. 49-76

Graf Vitzthum, Wolfgang, From the Rhodian Sea Law to UNCLOS III, in: *Ehlers*, Peter/*Mann-Borgese*, Elisabeth/*Wolfrum*, Rüdiger (eds.), Marine Issues: From a Scientific, Political and Legal Perspective, The Hague et al. 2002, S. 1-17

Graf Vitzthum, Wolfgang, Kapitel 1: Begriff, Geschichte und Rechtsquellen des Seerechts, in: *ders.* (Hrsg.), Handbuch des Seerechts, München 2006, S. 1-61

Graf Vitzthum, Wolfgang, Kapitel 2: Maritimes Aquitorium und Anschlusszone, in: *ders.* (Hrsg.), Handbuch des Seerechts, München 2006, S. 63-159

Graf Vitzthum, Wolfgang, Fünfter Abschnitt, Raum und Umwelt im Völkerrecht, in: *ders.* (Hrsg.), Völkerrecht, 4., neu bearbeitete Aufl., Berlin 2007, S. 387-489

Vöneky, Silja, The Liability Annex to the Protocol on Environmental Protection to the Antarctic Treaty, in: *König*, Doris/*Stoll*, Peter-Tobias/*Röben*, Volker/*Matz-Lück*, Nele (eds.), International Law Today: New Challenges and the Need for Reform?, Berlin u. a. 2008, S. 165-197

Vrancken, Patrick, South African judicial decisions, Submarine Telecommunication Cables in the Territorial Sea, Telkom SA Ltd v MEC for Agricultural and Environmental Affairs, KwaZulu-Natal 2003 4 SA 23 (SCA), in: South African Yearbook of International Law 29 (2004), S. 282-289

Wagner, Eric, Submarine cables and protection provided by the law of the sea, in: MP 19/2 (1995), S. 127-136 (= *ders.*, Submarine cables and protection provided by the law of the sea, in: *Mensah, T.A.* (ed.), Ocean Governance: Strategies and Approaches for the 21st Century, Honolulu 1996, S. 95-109)

Wendehorst, Christiane, Art. 43 EGBGB, in: *Rebmann*, Kurt/*Säcker*, Franz Jürgen/*Rixecker*, Roland (Hrsg.), *Sonnenberger*, Hans Jürgen (Red.), Münchener Kommentar zum BGB, Band 11, 4. Auflage, München 2004

Whiteman, Marjorie M., Conference on the Law of the Sea: Convention on the Continental Shelf, in: AJIL 52 (1958), S. 629-659

Wiese, Wolfgang, Grenzüberschreitende Landrohrleitungen und seeverlegte Rohrleitungen im Völkerrecht, Diss. Hamburg 1994/95, Berlin 1997

Wilkinson, Harold W., Pipes, Mains, Cables and Sewers, Fifth Edition, London 1989

Wilrich, Thomas, Zulassung, Betrieb und Überwachung von Rohrleitungsanlagen, in: NVwZ 7 (2003), S. 787-792

Wolf, Rainer, Grundfragen der Entwicklung einer Raumordnung für die Ausschließliche Wirtschaftszone, in: ZUR 4 (2005), S. 176-184

Wolf, Rainer, Transnationale Vorhaben und nationalstaatliches Zulassungsregime: Rechtliche Rahmenbedingungen für die geplante Ostsee-Pipeline, in: ZUR 1 (2007), S. 24-32

Wolf, Sarah, Neue Tendenzen zur Ausdehnung küstenstaatlicher Umweltkompetenzen auf See: Eine Untersuchung am Beispiel der französischen „zone de protection écologique" im Mittelmeer, ZaöRV 66 (2006) 1, S. 73-141

Wolf, Sarah, Ecological Protection Zones, in: *Wolfrum*, Rüdiger (Ed.), The Max Planck Encyclopedia of Public International Law, Oxford University Press, 2008, online edition, www.mpepil.com, Stand 1. Juli 2010

Wolf, Sarah, Marine Protected Areas, in: *Wolfrum*, Rüdiger (Ed.), The Max Planck Encyclopedia of Public International Law, Oxford University Press, 2008, online edition, www.mpepil.com, Stand 1. Juli 2010

Wolf, Sarah, Territorial Sea, in: *Wolfrum*, Rüdiger (Ed.), The Max Planck Encyclopedia of Public International Law, Oxford University Press, 2008, online edition, www.mpepil.com, Stand 1. Juli 2010

Wolfrum, Rüdiger, Der Umweltschutz auf Hoher See – Internationale wie nationale Maßnahmen und Bestrebungen, in: Verfassung und Recht in Übersee 8 (1975), S. 201-219

Wolfrum, Rüdiger, The Principle of the Common Heritage of Mankind, in: ZaöRV 43 (1983), S. 312-337

Wolfrum, Rüdiger, Die Internationalisierung staatsfreier Räume: Die Entwicklung einer internationalen Verwaltung für Antarktis, Weltraum, Hohe See und Meeresboden, Habilitationsschrift Bonn 1980/1981, Berlin u. a. 1984

Wolfrum, Rüdiger, Die UN-Seerechtskonvention in der Perspektive der Neuen Weltwirtschaftsordnung, in: *Delbrück*, Jost (Hrsg.), Das neue Seerecht: Internationale und nationale Perspektiven, Referate und Diskussionen eines Symposiums veranstaltet vom Institut für Internationales Recht an der Universität Kiel vom 1.- 4.12.1982, Berlin 1984, S. 97-118

Wolfrum, Rüdiger, The Emerging Customary Law of Marine Zones: State Practice and the Convention on the Law of the Sea, in: NYIL Vol. XVIII (1987), S. 121-144

Wolfrum, Rüdiger, Purposes and Principles of International Environmental Law, in: GYIL 33 (1990), S. 308-330

Wolfrum, Rüdiger, The Protection of the Baltic Sea: The Convention on the Protection of the Marine Environment of the Baltic Sea Area (Helsinki Convention), in: *Müller-Wille*, Michael (ed.), Third

Conference of Baltic University Rectors, 16th-19th September 1992 at Kiel, Report, Kiel 1993, S. 71-76

Wolfrum, Rüdiger, The Protection of the Marine Environment after the Rio Conference: Progress or Stalemate?, in: *Beyerlin*, Ulrich/*Bothe*, Michael/*Hofmann*, Rainer/*Petersmann*, Ernst-Ulrich (Hrsg.), Recht zwischen Umbruch und Bewahrung, Völkerrecht – Europarecht – Staatsrecht, Festschrift für Rudolf Bernhardt, Berlin u. a. 1995, S. 1003-1017

Wolfrum, Rüdiger, The Impact of the United Nations Convention on the Law of the Sea on the Progressive Development of International Law, in: Indian Journal of International Law 39 (1999), S. 615-625

Wolfrum, Rüdiger, The Legislative History of Articles 20 and 21 of the Statute of the International Tribunal for the Law of the Sea, in: Rabels Zeitschrift für ausländisches und internationales Privatrecht 63 (1999), S. 342-349

Wolfrum, Rüdiger, Die Entwicklung des Seerechts zum Recht der marinen Umwelt, in: *Ehlers*, Peter/*Erbguth*, Wilfried (Hrsg.), Aktuelle Entwicklungen im Seerecht, Dokumentation der Rostocker Gespräche zum Seerecht 1996-1999, Baden-Baden 2000, S. 69-81

Wolfrum, Rüdiger, 14. Precautionary Principle, in: *Beurier*, Jean-Pierre/*Kiss*, Alexandre/*Mahmoudi*, Said (eds.), New Technologies and Law of the Marine Environment, Nouvelles Technologies et Droit de l'Environnement Marin, The Hague et al. 2000, S. 203-213

Wolfrum, Rüdiger, Kapitel 4: Hohe See und Tiefseeboden (Gebiet), in: *Graf Vitzthum*, Wolfgang (Hrsg.), Handbuch des Seerechts, München 2006, S. 287-345

Wolfrum, Rüdiger, Kapitel 6: Streitbeilegung, in: *Graf Vitzthum*, Wolfgang (Hrsg.), Handbuch des Seerechts, München 2006, S. 461-489

Wolfrum, Rüdiger, Maritime Pollution – Compensation or Enforcement?, in: *Basedow*, Jürgen/*Magnus*, Ulrich (eds.), Pollution of the Sea – Prevention and Compensation, Berlin et al. 2007, S. 129-136

Wolfrum, Rüdiger, Legitimacy of International Law and the Exercise of Administrative Functions: The Example of the International Seabed Authority, the International Maritime Organization (IMO) and International Fisheries Organizations, in: German Law Journal 9/11 (2008), S. 2039-2059

Wolfrum, Rüdiger/*Langenfeld*, Christine, unter Mitarbeit von *Renke*, Ilona/*Baker Röben*, Betsy/*Wolf*, Christian Ulrich, Umweltschutz durch internationales Haftungsrecht, Berichte Umweltbundesamt 7/98, Berlin 1999

Wolfrum, Rüdiger/*Matz*, Nele, Conflicts in International Environmental Law, Beiträge zum ausländischen öffentlichen Recht und Völkerrecht Band 164, Berlin u. a. 2003

Wolfrum, Rüdiger/*Röben*, Volker/*Morrison*, Fred L., Chapter 7: Preservation of the Marine Environment, in: *Morrison*, Fred L./*Wolfrum*, Rüdiger (eds.), International, Regional and National Environmental Law, The Hague et al. 2000, S. 225-283

Wolfrum, Rüdiger/*Wolf*, Sarah, The Antarctic Liability Regime, in: *G. Tamburelli* (ed.), The Antarctic Legal System: The Protection of the Environment of the Polar Regions, Milano 2008, S. 161-183

World Wide Fund for Nature (WWF) Germany, Hintergrundinformation: Öko-Check für die Ostsee-Pipeline, Hamburg Mai 2006

World Wide Fund for Nature (WWF) Germany, Eco-check for submarine pipelines in the Baltic Sea, Frankfurt a. M. May 2006

Zöttel, Johannes, Integrierter Umweltschutz in der neuesten Rechtsentwicklung: Die EG-Richtlinie über die integrierte Vermeidung und Verminderung der Umweltverschmutzung und ihre Umsetzung in deutsches Recht, Würzburg Diss. 1998, Baden-Baden 1998

Sachregister

Die Begriffe „Rohrleitungen" und „Kabel" beziehen sich auf „unterseeische Rohrleitungen" und „unterseeische Kabel"

Max-Planck-Institut für ausländisches öffentliches Recht und Völkerrecht

Beiträge zum ausländischen öffentlichen Recht und Völkerrecht

Hrsg.: A. von Bogdandy, R. Wolfrum

Bde. 27–59 erschienen im Carl Heymanns Verlag KG Köln, Berlin (Bestellung an: Max-Planck-Institut für Völkerrecht, Im Neuenheimer Feld 535, 69120 Heidelberg); ab Band 60 im Springer-Verlag Berlin, Heidelberg, New York, London, Paris, Tokyo, Hong Kong, Barcelona

---

228 Matthias *Ruffert*, Sebastian *Steinecke*: **The Global Administrative Law of Science.** 2011. IX, 140 Seiten. Geb. € 59,95

227 Sebastian *Pritzkow*: **Das völkerrechtliche Verhältnis zwischen der EU und Russland im Energiesektor.** 2011. XXIV, 304 Seiten. Geb. € 79,95

226 Sarah *Wolf*: **Unterseeische Rohrleitungen und Meeresumweltschutz.** 2011. XXIII, 442 Seiten. Geb. € 94,95

225 Clemens *Feinäugle*: **Hoheitsgewalt im Völkerrecht.** 2011. XXVI, 418 Seiten. Geb. € 89,95

224 David *Barthel*: **Die neue Sicherheits- und Verteidigungsarchitektur der Afrikanischen Union.** 2011. XXV, 443 Seiten. Geb. € 94,95

223 Tilmann *Altwicker*: **Menschenrechtlicher Gleichheitsschutz.** 2011. XXX, 549 Seiten. Geb. € 99,95

222 Stephan *Bitter*: **Die Sanktion im Recht der Europäischen Union.** 2011. XV, 351 Seiten. Geb. € 84,95

221 Holger *Hestermeyer*, Nele *Matz-Lück*, Anja *Seibert-Fohr*, Silja *Vöneky* (eds.): **Law of the Sea in Dialogue.** 2011. XII, 189 Seiten. Geb. € 69,95 zzgl. landesüblicher MwSt.

220 Jan *Scheffler*: **Die Europäische Union als rechtlich-institutioneller Akteur im System der Vereinten Nationen.** 2011. XXXV, 918 Seiten. Geb. € 149,95

219 Mehrdad *Payandeh*: **Internationales Gemeinschaftsrecht.** 2010. XXXV, 629 Seiten. Geb. € 99,95

218 Jakob *Pichon*: **Internationaler Strafgerichtshof und Sicherheitsrat der Vereinten Nationen.** 2011. XXVI, 399 Seiten. Geb. € 89,95

217 Michael *Duchstein*: **Das internationale Benchmarkingverfahren und seine Bedeutung für den gewerblichen Rechtsschutz.** 2010. XXVI, 528 Seiten. Geb. € 99,95

216 Tobias *Darge*: **Kriegsverbrechen im nationalen und internationalen Recht.** 2010. XXXV, 499 Seiten. Geb. € 94,95

215 Markus *Benzing*: **Das Beweisrecht vor internationalen Gerichten und Schiedsgerichten in zwischenstaatlichen Streitigkeiten.** 2010. L, 846 Seiten. Geb. € 139,95

214 Urs *Saxer*: **Die internationale Steuerung der Selbstbestimmung und der Staatsentstehung.** 2010. XLII, 1140 Seiten. Geb. € 169,95

213 Rüdiger *Wolfrum*, Chie *Kojima* (eds.): **Solidarity: A Structural Principle of International Law.** 2010. XIII, 238 Seiten. Geb. € 69,95

212 Ramin S. *Moschtaghi*: **Die menschenrechtliche Situation sunnitischer Kurden in der Islamischen Republik Iran.** 2010. XXIII, 451 Seiten. Geb. € 94,95

211 Georg *Nolte* (ed.): **Peace through International Law. The Role of the International Law Commission.** 2009. IX, 195 Seiten. Geb. € 64,95 zzgl. landesüblicher MwSt.

210 Armin *von Bogdandy*, Rüdiger *Wolfrum*, Jochen *von Bernstorff*, Philipp *Dann*, Matthias *Goldmann* (eds.): **The Exercise of Public Authority by International Institutions.** 2010. XIII, 1005 Seiten. Geb. € 149,95 zzgl. landesüblicher MwSt.

209 Norman *Weiß*: **Kompetenzlehre internationaler Organisationen.** 2009. XVIII, 540 Seiten. Geb. € 99,95

208 Michael *Rötting*: **Das verfassungsrechtliche Beitrittsverfahren zur Europäischen Union.** 2009. XIV, 317 Seiten. Geb. € 79,95

207 Björn *Ahl*: **Die Anwendung völkerrechtlicher Verträge in China.** 2009. XIX, 419 Seiten. Geb. € 89,95

206 Mahulena *Hofmann*: **Von der Transformation zur Kooperationsoffenheit?** 2009. XIX, 585 Seiten. Geb. € 99,95

205 Rüdiger *Wolfrum*, Ulrike *Deutsch* (eds.): **The European Court of Human Rights Overwhelmed by Applications: Problems and Possible Solutions.** 2009. VIII, 128 Seiten. Geb. € 59,95 zzgl. landesüblicher MwSt.

204 Niels *Petersen*: **Demokratie als teleologisches Prinzip.** 2009. XXVII, 280 Seiten. Geb. € 79,95

203 Christiane *Kamardi*: **Die Ausformung einer Prozessordnung sui generis durch das ICTY unter Berücksichtigung des Fair-Trial-Prinzips.** 2009. XVI, 424 Seiten. Geb. € 89,95

202 Leonie F. *Guder*: **The Administration of Debt Relief by the International Financial Institutions.** 2009. XVIII, 355 Seiten. Geb. € 84,95 zzgl. landesüblicher MwSt.

201 Silja *Vöneky*, Cornelia *Hagedorn*, Miriam *Clados*, Jelena *von Achenbach*: **Legitimation ethischer Entscheidungen im Recht.** 2009. VIII, 351 Seiten. Geb. € 84,95

200 Anja Katarina *Weilert*: **Grundlagen und Grenzen des Folterverbotes in verschiedenen Rechtskreisen.** 2009. XXX, 474 Seiten. Geb. € 94,95

199 Suzette V. *Suarez*: **The Outer Limits of the Continental Shelf.** 2008. XVIII, 276 Seiten. Geb. € 79,95 zzgl. landesüblicher MwSt.

198 Felix *Hanschmann*: **Der Begriff der Homogenität in der Verfassungslehre und Europarechtswissenschaft.** 2008. XIII, 370 Seiten. Geb. € 84,95

197 Angela *Paul*: **Kritische Analyse und Reformvorschlag zu Art. II Genozidkonvention.** 2008. XVI, 379 Seiten. Geb. € 84,95

196 Hans Fabian *Kiderlen*: **Von Triest nach Osttimor.** 2008. XXVI, 526 Seiten. Geb. € 94,95

195 Heiko *Sauer*: **Jurisdiktionskonflikte in Mehrebenensystemen.** 2008. XXXVIII, 605 Seiten. Geb. € 99,95

194 Rüdiger *Wolfrum*, Volker *Röben* (eds.): **Legitimacy in International Law.** 2008. VI, 420 Seiten. Geb. € 84,95 zzgl. landesüblicher MwSt.

193 Doris *König*, Peter-Tobias *Stoll*, Volker *Röben*, Nele *Matz-Lück* (eds.): **International Law Today: New Challenges and the Need for Reform?** 2008. VIII, 260 Seiten. Geb. € 69,95 zzgl. landesüblicher MwSt.

192 Ingo *Niemann*: **Geistiges Eigentum in konkurrierenden völkerrechtlichen Vertragsordnungen.** 2008. XXV, 463 Seiten. Geb. € 94,95

191 Nicola *Wenzel*: **Das Spannungsverhältnis zwischen Gruppenschutz und Individualschutz im Völkerrecht.** 2008. XXXI, 646 Seiten. Geb. € 99,95

190 Winfried *Brugger*, Michael *Karayanni* (eds.): **Religion in the Public Sphere: A Comparative Analysis of German, Israeli, American and International Law.** 2007. XVI, 467 Seiten. Geb. € 89,95 zzgl. landesüblicher MwSt.

189 Eyal *Benvenisti*, Chaim *Gans*, Sari *Hanafi* (eds.): **Israel and the Palestinian Refugees.** 2007. VIII, 502 Seiten. Geb. € 94,95 zzgl. landesüblicher MwSt.

188 Eibe *Riedel*, Rüdiger *Wolfrum* (eds.): **Recent Trends in German and European Constitutional Law.** 2006. VII, 289 Seiten. Geb. € 74,95 zzgl. landesüblicher MwSt.

187 Marcel *Kau*: **United States Supreme Court und Bundesverfassungsgericht.** 2007. XXV, 538 Seiten. Geb. € 99,95 zzgl. landesüblicher MwSt.

186 Philipp *Dann*, Michał *Rynkowski* (eds.): **The Unity of the European Constitution.** 2006. IX, 394 Seiten. Geb. € 79,95 zzgl. landesüblicher MwSt.

185 Pál *Sonnevend*: **Eigentumsschutz und Sozialversicherung.** 2008. XVIII, 278 Seiten. Geb. € 74,95

184 Jürgen *Bast*: **Grundbegriffe der Handlungsformen der EU.** 2006. XXI, 485 Seiten. Geb. € 94,95

183 Uwe *Säuberlich*: **Die außervertragliche Haftung im Gemeinschaftsrecht.** 2005. XV, 314 Seiten. Geb. € 74,95

182 Florian *von Alemann*: **Die Handlungsform der interinstitutionellen Vereinbarung.** 2006. XVI, 518 Seiten. Geb. € 94,95

181 Susanne *Förster*: **Internationale Haftungsregeln für schädliche Folgewirkungen gentechnisch veränderter Organismen.** 2007. XXXVI, 421 Seiten. Geb. € 84,95

180 Jeanine *Bucherer*: **Die Vereinbarkeit von Militärgerichten mit dem Recht auf ein faires Verfahren gemäß Art. 6 Abs. 1 EMRK, Art. 8 Abs. 1 AMRK und Art. 14 Abs. 1 des UN-Paktes über bürgerliche und politische Rechte.** 2005. XVIII, 307 Seiten. Geb. € 74,95

179 Annette *Simon*: **UN-Schutzzonen – Ein Schutzinstrument für verfolgte Personen?** 2005. XXI, 322 Seiten. Geb. € 74,95

178 Petra *Minnerop*: **Paria-Staaten im Völkerrecht?** 2004. XXIII, 579 Seiten. Geb. € 99,95

177 Rüdiger *Wolfrum*, Volker *Röben* (eds.): **Developments of International Law in Treaty Making.** 2005. VIII, 632 Seiten. Geb. € 99,95 zzgl. landesüblicher MwSt.

FSC
www.fsc.org
MIX
Papier | Fördert gute Waldnutzung
FSC® C083411

Kolibri 360 GmbH
Ferdinand-Jühlke-Straße 7
99095 Erfurt, Deutschland
produktsicherheit@kolibri360.de